复杂数据
质量控制技术

曹建军 郑奇斌 刘 艺 翁年凤 著

清华大学出版社

北 京

内 容 简 介

复杂性是大数据区别于小数据的本质特性,也是当前大数据质量控制与数据治理面临的核心挑战。本书围绕大数据的复杂性开展研究,旨在探索当前数据资源建设与利用过程中面临的挑战和技术难题,促进数据价值的充分释放。

全书分为6部分,共24章。第1部分概述(第1、2章),综述所研究数据控制技术的基本概念和任务定位,以及国内外的研究进展;第2部分实体分辨技术(第3～13章),研究了高维数据实体分辨、名称分辨、XML数据实体分辨和跨模态数据实体分辨等;第3部分真值发现技术(第14～18章),研究了单真值发现、多真值发现、文本数据真值发现,以及基于多蚁群优化和基于深度神经网络的真值发现等;第4部分基于数据依赖的数据质量控制技术(第19～21章),研究了数据录入辅助预测与推理方法、不一致数据检测与修复方法,以及有限先验知识下的全局数据质量评估;第5部分系统与平台(第22、23章),介绍了数据质量控制系统,以及数据治理平台的设计与实现;第6部分结束语(第24章),归纳总结了当前面临的风险和挑战。

本书务实求新,系统性强,易读性和可操作性好,既可作为数据质量控制与数据治理领域的进阶用书,又可作为数据资源建设与利用、信息技术等相关学科领域的教学参考或工程实践指导用书。

图书在版编目(CIP)数据

复杂数据质量控制技术/曹建军等著.—北京:清华大学出版社,2023.8
ISBN 978-7-302-62334-2

Ⅰ.①复… Ⅱ.①曹… Ⅲ.①数据处理－研究 Ⅳ.①TP274

中国版本图书馆 CIP 数据核字(2022)第 254631 号

责任编辑:贾 斌
封面设计:贾 斌
责任校对:韩天竹
责任印制:丛怀宇

出版发行:清华大学出版社
　　　　　网　　　址:http://www.tup.com.cn,http://www.wqbook.com
　　　　　地　　　址:北京清华大学学研大厦 A 座　　　**邮　　编:**100084
　　　　　社 总 机:010-83470000　　　　　　　　　　**邮　　购:**010-62786544
　　　　　投稿与读者服务:010-62776969,c-service@tup.tsinghua.edu.cn
　　　　　质量反馈:010-62772015,zhiliang@tup.tsinghua.edu.cn
　　　　　课件下载:http://www.tup.com.cn,010-83470236
印 装 者:三河市人民印务有限公司
经　　销:全国新华书店
开　　本:185mm×260mm　　　**印　张:**29　　　　　　　　**字　　数:**706 千字
版　　次:2023 年 9 月第 1 版　　　　　　　　　　　　　　**印　　次:**2023 年 9 月第 1 次印刷
印　　数:1～2000
定　　价:168.00 元

产品编号:095724-01

《复杂数据质量控制技术》撰写组

组织与统稿　曹建军

主　　审　刁兴春

撰　　写　（按姓氏拼音排序）

曹建军　常　宸　冯　钦　刘　艺　尚玉玲

谭明超　翁年凤　郑奇斌　周金陵　周　星

国防科技大学迎接建校 70 周年系列学术著作

国防科技大学从1953年创办的著名"哈军工"一路走来,到今年正好建校70周年,也是习主席亲临学校视察10周年。

七十载栉风沐雨,学校初心如炬、使命如磐,始终以强军兴国为己任,奋战在国防和军队现代化建设最前沿,引领我国军事高等教育和国防科技创新发展。坚持为党育人、为国育才、为军铸将,形成了"以工为主、理工军管文结合、加强基础、落实到工"的综合性学科专业体系,培养了一大批高素质新型军事人才。坚持勇攀高峰、攻坚克难、自主创新,突破了一系列关键核心技术,取得了以天河、北斗、高超、激光等为代表的一大批自主创新成果。

新时代的十年间,学校更是踔厉奋发、勇毅前行,不负党中央、中央军委和习主席的亲切关怀和殷切期盼,当好新型军事人才培养的领头骨干、高水平科技自立自强的战略力量、国防和军队现代化建设的改革先锋。

值此之年,学校以"为军向战、奋进一流"为主题,策划举办一系列具有时代特征、军校特色的学术活动。为提升学术品位、扩大学术影响,我们面向全校科技人员征集遴选了一批优秀学术著作,拟以"国防科技大学迎接建校70周年系列学术著作"名义出版。该系列著作成果来源于国防自主创新一线,是紧跟世界军事科技发展潮流取得的原创性、引领性成果,充分体现了学校应用引导的基础研究与基础支撑的技术创新相结合的科研学术特色,希望能为传播先进文化、推动科技创新、促进合作交流提供支撑和贡献力量。

在此,我代表全校师生衷心感谢社会各界人士对学校建设发展的大力支持!期待在世界一流高等教育院校奋斗路上,有您一如既往的关心和帮助!期待在国防和军队现代化建设征程中,与您携手同行、共赴未来!

国防科技大学校长

2023 年 6 月 26 日

序

大量用户使用互联网软件的过程中所产生的大数据驱动了智能化服务的发展,同时人机物互联促使人类社会从数字化迈向基于大数据的智能化。数据、算力、算法共同促进了当今人工智能的高速发展,而其中大数据和人工智能时代的算法已经超越了具有有限性、确定性、唯一性、终止性特征的经典算法。网络计算让人们看到了持续成长的人工智能系统,这个持续成长的人工智能系统似乎超越了经典图灵机。人类智能与人工智能相互持续赋能都是现实可期的,由此产生如何理解人机相互赋能的潜移默化学习演化等新的科学问题。可以看出,大数据实践可能超越经典算法的理论边界,改变我们对人工智能的认知,同时带来新的科学研究方法,这就是基于大数据的科学研究方法。

然而,数据质量直接决定数据的可用性,高质量数据是算力真正发挥效能、算法产生有价值结果的前提和基础,数据质量控制的重要性不言而喻。作者团队十余年来,从引进国际经典著作到出版专著,再到出版"大数据治理与应用丛书",从数据采集中的相似重复记录检测到跨模态实体分辨,再到系统软件研发与应用,形成了工程需求驱动、前沿理论技术突破、系统软件应用不断见效的可持续发展的研究生态。更为可喜的是,作者团队还培养了一批数据质量控制与数据治理方面的专业人才。

新科学革命可能来自复杂系统科学的新发展,复杂性是大数据区别于小数据的本质特征,而我们首先面临的就是大数据的复杂性。本书立足大数据的复杂性开展数据质量控制技术研究,选材主要来自作者科学研究与实践的总结和体会,内容新颖、充实,特色鲜明,主要包括实体分辨技术、真值发现技术、数据采集时的质量控制技术、系统与平台的设计实现,以及对数据领域面临的风险和挑战的客观讨论,形成了比较完整的技术体系。全书从具体技术细节、系统平台、数据领域现状及发展等不同视角,呈现了数据质量控制技术的复杂性,书中很多方面不仅认真总结了经验,还提出了创新思路。内容既有结构化数据质量控制技术的优化改进,又有跨模态数据实体分辨、文本数据真值发现等非结构化数据质量控制技术的研究进展;既从落地应用的角度介绍数据质量控制系统和数据治理平台,又客观冷静地讨论现实挑战和风险。除技术层面的工作外,本书的观点对纠正大数据领域存在的"重管理轻技术""对技术复杂性估计不足"的认识偏差提供有力参考。

大数据领域的发展需要大批一线科研人员,脚踏实地、不断突破层出不穷的技术难题!很欣慰作者团队在数据质量控制与数据治理方向的执着坚守。

国防科技大学教授

中国科学院院士

2023 年 4 月于长沙

数据质量是数据管理领域永恒的话题,多年来一直是企业关注的重点,但是随着企业内外部环境的变化、大数据技术的快速发展,数据质量管理也面临了很多新的挑战,特别是人工智能技术在数据质量管理方面的应用,本书紧跟数据质量领域的发展趋势,提出了适用于数据质量问题智能化监测的算法、模型,对于大数据环境下的数据质量管理具有重要的参考价值。

——宾军志,中国电子信息行业联合会专家

数据是企业的核心资产。要加大数据治理工作力度,建立数据质量管理体系,实现数据资产化、集中化、平台化管理,确保数据的及时性、准确性和完整性,提高数据集成共享能力,充分挖掘数据资产价值,夯实数字化转型基础。《复杂数据质量控制技术》一书全面地介绍复杂数据质量基本概念和任务定位、国内外研究进展,系统研究了实体分辨技术、真值发现技术、数据依赖质量控制技术和数据质量控制系统与平台。该书具有很好的理论学习参考价值和工程实践指导意义,可以作为企业领域干部、数据从业人员、数据政策制定者、数据研究专家和相关专业学生数据治理方面的工具书。

——蔡春久,数据治理专家、DAMA 中国理事、数据工匠俱乐部创始人,出版专著《数据治理:工业企业数字化转型之道》和《数据标准化:企业数据治理的基石》

多源数据只有经过客体辨识、去伪存真、容错提升,实现数据间有效关联、整合和提炼,才能成为高品质、高价值的生产要素。《复杂数据质量控制技术》论述了应用于上述数据质量管控过程中的最新开拓性研究成果。数据管理工作者、数据工程师若能结合场景,将这些成果整合到数据质量处理中,将会有效提升数据品质,为数据驱动的价值创造夯实要素基础。

——车春雷,中国建设银行总行数据管理部数据标准处处长

数字经济是数据时代必然的发展趋势与目标,安全和可靠的数据采集、组织、管理、传输、利用、分享和交易是数据经济重要的组成活动,为了避免"垃圾入垃圾出"所造成的错误结果,高质量的数据是实现这些活动的基础,通过数据实体分辨、真值发现、数据检测与修复等工作可以达到高水平数据质量的要求,实现数据质量管理的目标。《复杂数据质量控制技术》是曹建军老师团队近几年的成果,从基础理论、前沿算法和实证分析的角度同时解决了数据形式、算法模型、质量控制技术以及质量控制过程四重复杂性问题,具有很强的可操作

性和专业性,属于数据治理实践不可多得的参考和指引。

——黄文彬,副教授、博士生导师、北京大学信息管理系主任助理、大数据管理与应用专业负责人

数据质量控制是全流程化大数据智能化分析应用的首要环节。信息质量研究组(IQRG)是国内较早系统化开展数据质量控制技术研究与实践的团队,取得了一系列原创性技术与系统成果,2017 年出版了国内首部数据质量学术专著(《数据质量导论》,国防工业出版社)。复杂性是大数据区别于小数据的本质特征,本书是该团队新近又一力作,旨在探索当前数据资源建设与利用过程中面临的挑战和技术难题。本书不仅系统阐述团队近年来的研究进展与成果,更以求真务实的态度分析该领域仍然面临的技术挑战和风险,对相关领域技术人员和管理者具有很好的参考价值。

——黄宜华,南京大学 PASA 大数据实验室教授、博导,南京大学大数据技术研究中心主任,中国计算机学会大数据专委会副主任,江苏省计算机学会大数据专家委员会主任

数字化经济时代,高质量数据要素是数字化转型与数据价值创造的生产资料,数据质量提升是各行各业数据治理的主要目标。一直以来,业界对于数据质量管理的探讨多围绕组织、制度、流程、标准方面,而技术方面多为数据治理的软件功能技术。本书所探讨的使用数据统计与智能化算法解决数据质量问题的相关研究和实践,为业界提供了学术视角与可落地的技术和方法,相信将十分有助于数据质量管理的智能化,提高数据治理的工作效率。

——刘晨,御数坊(北京)科技有限公司 CEO

数据管理的目标是挖掘数据价值,而获取价值的基础要求数据满足质量要求,数据质量是数据管理知识体系(DMBOK)中最重要的领域,大数据时代,无论是数据集的特征、数据处理方法、质量控制手段等各方面都呈现出相比传统小数据更高的复杂性,本书从多角度为我们做了归纳总结和系统阐述,是学习 DMBOK 难得的拓展资料。

——马欢,《DAMA-DMBOK2:DAMA 数据管理知识体系知识指南》《首席数据官管理手册:建立并运行组织的数据供应链》的主译者

大数据是人工智能尤其是机器学习的发展基础,没有大数据就没有今天的人工智能。优质大数据是机器学习算法成功的关键。曹建军博士十多年来一直从事数据质量控制与数据治理的研究工作,《复杂数据质量控制技术》是曹建军博士等人近几年主要的研究进展。本书系统地介绍了数据实体分辨、真值发现、数据质量控制等理论与方法,并在本书最后给出具体的数据质量控制平台和数据治理平台实例,是国内数据质量控制与数据治理领域不可多得的一个路标。

——皮德常,南京航空航天大学计算机科学与技术学院教授、博导,江苏省计算机学会云计算专家委员会副主任

数字化转型已经进入数据驱动的时代,ChatGPT 的横空出世打开了一扇从数据中寻找世界问题解法的门。而这一切的基础都来自高质量的数据要素。每秒,数据都以无法估量

的速度爆炸增长,人类如何驾驭这头巨兽?技术和 AI 一定会成为数据管理的主要工具。《复杂数据质量控制技术》汇集了作者团队最新的数据质量控制技术研究成果,是一本很好的大数据技术参考书。

　　——史凯,精益数据方法论创始人、中国大数据产业十大趋势人物,著有《精益数据方法论:数据驱动的数字化转型》

　　曹建军老师是本人作为数据质量管理国际峰会(DQMIS)组委会执行负责人,在邀请数据质量领域研究卓有成就的学者作为 DQMIS 评委时认识的,曹老师是《数据质量导论》的第一作者,而且在 2017 年就已经出版了这本书,可以说在中国极其有前瞻性,即使在当下也依然是在这个领域有着重要参考指导价值的研究成果。非常高兴得知曹老师及他的团队再次延伸了他们的研究,他们的研究成果《复杂数据质量控制技术》即将出版,曹老师及其团队潜心研究并富有成果,尤其在数据质量技术领域,可以说新作《复杂数据质量控制技术》是在《数据质量导论》基础上由系统性的理论体系进一步研究复杂数据质量管理的技术实现。

　　数据质量管理,可以说是数据治理的核心,而数据质量管理技术,尤其是针对海量数据的"快""省""准"数据处理技术包括数据剖析、数据质量评测、数据匹配、跨界异构数据集成等技术的发展,都依托于底层相关理论和算法的突破。智能、高效、精准、自动化处理,已经成为当下数据治理技术的要求和发展方向。降低数据处理成本及缩短数据处理窗口时间,已经是数据治理面临的技术挑战,也是行业创新和突破的前沿领域。《复杂数据质量控制技术》在上述领域给业界带来启发性的研究成果,为该领域的研究提供极其重要的参考。

　　——谭海华,数据质量管理国际峰会(DQMIS)创始人及执行负责人、国家交通运输部城市公共交通智能化行业重点实验室(数据治理中心)主任、华矩科技创始人及董事长兼 CEO

　　后疫情时代,城市轨道交通被赋予"新基建"七大板块之一的重要定位,中国城市轨道交通行业在未来很长一段时间内仍将处于建设高峰期,以 5G 和工业互联网为代表的新一代通信技术驱动轨道交通行业迈向"智慧交通"新阶段。伴随整个行业的迅猛发展,在建设、运营、开发、经营等活动中逐步产生和积累海量复杂的数据,如何利用、挖掘、分析、应用城轨大数据已成为行业内争相研究和探索的新领域,建设大数据平台也成为当前各城轨企业的标配。但如何真正发掘数据的价值,应用于业务本身,则普遍缺少方法,数据质量和数据质量的控制则是其中无法逾越的环节,曹建军老师统筹编撰的《复杂数据的质量技术控制》一书正是帮助城市轨道交通行业真正理解数据、处理数据、应用数据,提升行业生产力和竞争力的重要指导书目。本书对国内外数据控制的理论最新发展研究情况进行了大量的收集和整理,系统性强,易读性和可操作性好,既可作为城轨企业数字化相关工作人员的数据治理指导书,又可作为一线数据工作人员解决问题的工具书,值得城轨行业推广使用。城轨行业要真正迈向数字化,仍需每个从事数据工作的人耐得住寂寞,解决好每一个数据质量问题,为业务服务。正如本书提到"数据是符号,信息赋予数据意义,领域业务使信息产生价值,价值才是数据资源建设的最终目的"!

　　——姚世峰,中国城市轨道交通协会信息化专委会秘书长按照 DMBOK2,数据管理有 12 项原则,其中第三项就是:管理数据意味着对数据质量的管理。数据质量是数据管理的首要和最直接目标。《复杂数据质量控制技术》是一本深入系统的数据质量控制技术专著,兼具概念性、指导性和实操性,是数据相关专业人员的优选图书。

——汪广盛,国际数据管理协会(DAMA)中国分会主席

数据作为新的生产要素,对其价值的挖掘利用,是当前加快数字化发展、建设数字中国的必由之路,是现代政府企业社会都必须面对,且必须做好的必答题。而做好数据,特别是大数据的质量管理与控制,则是数据资源体系建设、数据要素价值发挥的根本和基础。本书围绕复杂数据的质量控制技术,对其概念、定位、特性、实例、解决方案、应用场景等进行了条分缕析、深入浅出地阐述,既有科学严谨的理论研究、详实深入的实践探索,又有着眼于全局的宏观视野、深刻清醒的现实思考。作为读者,无论是单位管理者,还是具体业务执行者,抑或是大数据从业人员,都能从中汲取营养、引发思考、得到成长。

——张鹏,新华三集团副总裁、首席数字官,著有《数字化改革:引领全球数字变革的中国力量》《融合生长的数字政府与智慧社会》等

数字经济时代的基础是数据,数据质量问题是影响数据发挥价值的主要阻力,数据质量是一个综合性课题,既要有技术上的突破,又要有管理上的创新,数据质量是国际数据管理协会(DAMA)数据管理知识体系中的一个重要领域,也是 DAMA 一直以来致力解决的主要问题,尤其是大数据质量控制与数据治理正面临诸多问题和挑战。本书围绕大数据的复杂性特性开展数据质量控制技术研究,旨在探索当前数据资源建设与利用过程中面临的挑战和技术难题,促进数据价值的充分释放。

数据是对客观世界中的客体、客体关系、客体发展变化的真实描述,客体来自哲学概念,客体在数据的逻辑描述中便是实体,客观世界中,任何一个实体都是唯一存在的,是数据质量控制的主要对象和载体。在实践中,因实体的命名和定义未遵守统一标准和规范,导致出现实体名称不同但本质相同、名称相近本质不同等诸多问题。因此,实体分辨是数据质量管控的首要工作,在本书的第二部分中介绍了分实体分辨技术,研究了高维数据实体分辨、名称分辨、XML 数据实体分辨和跨模态数据实体分辨;基于实体辨别技术对实体完成分辨后,需要对实体中的数据进行真值发现,在本书的第三部分全面且深入地介绍了真值发现技术,研究了单真值发现、多真值发现、文本数据真值发现,以及基于多蚁群优化和基于深度神经网络的真值发现;数据质量检测和数据修复是发现和解决数据质量问题的主要技术,在本书的第四部分介绍了基于数据依赖的数据质量控制技术,研究了不一致数据检测与修复方法、数据录入辅助预测与推理方法,以及有限先验知识下的全局数据质量评估。

本书务实求新,系统性强,易读性和可操作性好,对推动数据质量领域的技术发展作出了巨大贡献。DAMA 尽管汇聚了全球众多数据管理方面的专家,但是本书在数据质量管控技术方面的创新和贡献,远大于 DAMA 在此方面做出的努力,值得广大从事数据工作者认真研读,特此推荐。

——郑保卫,国际数据管理协会(DAMA)中国理事

信息质量研究组(IQRG)自 2008 年成立以来始终专注数据质量控制与数据治理的研究与实践,其执着与坚守令人欣慰。2014 年 3 月 26 日,曹建军博士带领团队专程到苏州大学先进数据分析实验室与我有过正式会谈,当时谈及了数据质量框架、数据质量描述语言、数据收集质量、数据完整性、实体分辨等研究主题,令人欣喜的是 IQRG 对以上主题进行了持续深入研究并取得了系列成果。数据质量控制是让数据用起来的最直接"抓手",也是数据治理的基础和目标,《复杂数据质量控制技术》汇集了 IQRG 的近年研究成果,全书内容系统深入、概念清晰,兼顾实用性和前沿性,是一本难得的大数据技术专业书籍。

——周晓方,香港科技大学计算机科学与工程学系潘乐淘讲座教授、系主任,曾任澳大利亚昆士兰大学计算机科学教授、数据与知识工程研究室主任

前言

复杂性是大数据区别于小数据的本质特性,也是当前大数据质量控制与数据治理面临的核心挑战。高维性、非结构性、多模态性等是大数据复杂性的具体表现,数据复杂性直接加剧了模型和算法的复杂性,进而导致技术的复杂性。本书围绕大数据的复杂性开展研究,旨在探索当前数据资源建设与利用过程中面临的挑战和技术难题,促进数据价值的充分释放。

国防科技大学信息质量研究组(Information Quality Research Group,IQRG)成立于2008年,以结合我国信息环境特点系统开展数据质量控制与数据治理研究和实践为己任,随着相关工作推进至深水区,我们对国内数据资源建设现状及面临的真正挑战体会愈深。

2008年以来,信息质量研究组陆续出版了译著《数据质量工程实践》(2010年11月)、《信息质量》(2013年3月)和《数据质量改进实践指南》(2016年8月),后两者得到了装备科技译著出版基金的资助。三本译著对国内普及数据质量理论与实践体系、提升数据质量认知发挥了积极作用。为了有计划地推出研究成果,立足我国信息环境特点,逐步构建数据治理与应用理论技术体系,2016年上半年,受国防工业出版社之邀,信息质量研究组启动了"大数据治理与应用丛书"的出版工作,译著《数据质量改进实践指南》是丛书的开卷,随后又出版了专著《数据质量导论》(2017年10月)、译著《数据与信息质量:维度、原理和技术》(2022年8月)。

本书聚焦于复杂数据的质量控制技术,包括《数据质量导论》出版后信息质量研究组取得的主要研究进展,是丛书第4个成员。

本书分为6部分,共24章。本书除第1部分、第6部分外,其他各部分甚至各章支持读者按需选择阅读,使读者快速获取感兴趣的知识,以提升本书的使用效率。

本书由曹建军全面筹划,负责第1部分概述(第1、2章)、第6部分结束语(第24章)的撰写工作,并参与了其他各章的研究撰写;在第2部分实体分辨技术(第3~13章)中,刘艺负责第3~6章的研究撰写,尚玉玲负责第7~9章的研究撰写,周星负责第10章的研究撰写,郑奇斌负责第11~13章的研究撰写;在第3部分真值发现技术(第14~18章)中,冯钦负责第14、15章的研究撰写,常宸负责第16~18的研究撰写;周金陵负责第4部分基于数据依赖的数据质量控制技术(第19~21章)的研究撰写;第5部分系统与平台(第22、23章)由翁年凤负责研究撰写;谭明超参加了第2章、第9章的研究撰写。聂子博、余旭、王孟大参加了部分材料收集整理的工作,盛艳萍负责了部分格式调整的工作。刁兴春对全书内容进行了审校。

本书出版得到了信息质量研究组瞿雷、汪挺、江春、袁震、严浩、丁鲲、蒋国权、王芳潇、张慧、许永平、彭琮、周晓磊、张骁雄、范强、刘茗、刘姗姗等其他成员的支持和帮助。

在本书内容的研究撰写过程中，广泛参考了国内外相关成果，并与多家兄弟科研团队及多位专家同仁进行了有益的长期交流研讨，在此一并致以诚挚的谢意。

受水平所限，书中难免有错误和不妥之处，恳请广大读者批评指正，并欢迎与作者直接交流。

作　者

2023 年 1 月

目 录

第 1 部分　概述

第 5 部分　系统与平台

第 6 部分　结束语

第1部分

概　述

第1章

绪　论

1.1　研究背景及意义

在人类历史的长河中,社会从未像今天这样丰富多彩,科技特别是信息技术的发展已经给人们的生产生活带来许多颠覆性影响。从世纪之初加入世界贸易组织以来,我国正在以高速的发展模式融入到世界经济的一体化中,尤其是大数据战略使得互联网已经深入到每个角落。观看网络新闻、使用微博互动、通过聊天软件视频、预约顺风车、网络购物、二维码支付和手机导航等,网络应用的迅速普及改变了人们的工作、学习、生活和交流方式。对于这些看得见的应用而言,始终有一双看不见的手在支撑——数据。当前,无论是政府、企业亦或是个人无不一致认为,数据已经成为产业重塑和发展的驱动力,正是数据这双看不见的手在不断推动社会经济的发展和变革[1]。政府的社会治理、企业的商业决策、网站的个性化推荐以及导航路线的规划等都是基于数据应用和分析的结果,数据正在成为各企业和国家的战略资源,掌握了数据就掌握了行业内乃至国家间竞争发展的主动权,数据的重要性不言而喻!

数据是装备,更是战斗力,美国海军部数据与分析优化战略指出,收集和分析数据是美军所有工作的基础,必须更好地利用海军庞大并且不断增长的数据资源。而在全球竞争中,各国均尝试从数据中得到更好的洞察力与前瞻力。随着我国信息化建设的不断深入,数据量不断增长,但数据收集过程缺乏必要的质量控制手段,导致数据质量问题日益凸显,数据清洗和汇总整理任务繁重,数据质量问题成为我国信息建设的短板。

"数据即资产"的理念正在得到广泛认同,对数据的重视程度被提到前所未有的高度。然而,不是所有的数据都能成为资产,数据的价值与数据质量密切相关。

本书书名"复杂数据质量控制技术"中的"复杂"一词的完整含义如下:一是大数据较小数据的复杂性,如高维性、非结构性、多模态性、来源复杂等;二是涉及的数据处理算法和模型的复杂性,如多目标优化模型及求解算法、深度神经网络等;三是简单数据的深度质量控制技术的复杂性,如多真值发现、关系型数据实体分辨的基于关联关系的数据清洗(Relationship-based Data Cleaning,RelDC);四是数据质量控制过程的复杂性,数据质量问题贯穿数据全生命周期的各阶段,面对的具体领域数据往往体量巨大、复杂多样,初次数据清洗耗时长、难度大,需要常态化数据质量监测与控制,要综合应用多种数据质量控制技术手段。

1.2　基本概念和任务定位

作为本书主体内容的预备知识,本节介绍主要数据质量控制技术的基本概念和任务定位。

1.2.1　实体分辨

实体分辨(Entity Resolution)是提高数据质量的重要技术之一。在不同背景下,实体分辨有着不同的名称,例如:记录链接(Record Linkage)、重复检测(Duplicate Detection)、数据匹配(Data Matching)、共指消解(Co-reference Resolution)、参照消歧(Reference Disambiguation)、合并/消除(Merge/Purge)等。实体分辨是从一个或多个数据集中,分辨出描述同一个客观实体的不同表示,正确分辨出数据集中的所有不同客观实体。

实体分辨的形式化描述如定义 1-1。

定义 1-1　实体分辨(Entity Resolution) 给定描述 k 个客观实体的 N 条记录集合 $R = \{r_1, r_2, \cdots, r_i, \cdots, r_N\}$,实体分辨的目的是将 R 划分为一组子集 $R_1, R_2, \cdots, R_k$,满足 $\forall m, n(m, n = \{1, 2, \cdots, k\}$ 且 $m \neq n)$,$R_m \bigcap R_n = \varnothing$ 且 $R_1 \bigcup R_2 \bigcup \cdots \bigcup R_k = R$,使得 $\forall m$,若 $r_i, r_j \in R_m (i, j = \{1, 2, \cdots, N\}$ 且 $i \neq j)$,则 r_i 和 r_j 描述的是同一客观实体。

实体分辨的流程大体可分为 5 个步骤,如图 1-1 所示。

图 1-1 中,预处理主要是分块前对数据进行一些必要的处理。数据分块主要适用于大数据量的实体分辨,通过某种分块技术,如双分块键、迭代 Blocking、滑动窗口、Canopy、各种 Adaptive Blocking 技术等[2-3],将对应同一实体的记录分到同一块内,然后进行块内记录间的相似度计算、匹配,提高分辨的效率。相似度计算主要是通过某种相似度计算方法度量(块内)任意两两记录间的相似程度。实体匹配根据相似度大小进行实体划分,实体匹配结果可分为匹配、不匹配和可能匹配三种,对于可能匹配的记录,当前一般的处理方法是利用专家知识进行人工匹配。实体匹配效果的优劣通过评价指标衡量,当前常用的评价指标是查准率、查全率和 $F1$ 指标。实体分辨这五个步骤并不是缺一不可,如对于规模较小的数据集,可以跳过步骤 2 的数据分块。

1.2.2　高维数据实体分辨

本节讨论高维数据实体分辨的相关概念,首先给出对高维数据的描述,然后引出高维数

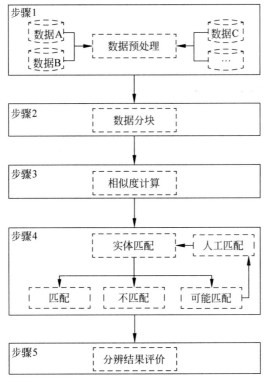

图 1-1　实体分辨的一般流程

据实体分辨问题。

在目前的研究中,高维数据并没有统一的定义,通常采用三种方式描述高维数据。第一种是通过举例的方式说明哪些数据是高维数据,如文本数据、基因微阵列数据、图片数据和音视频数据等[4]。第二种方式是引用定义"实例个数远远小于特征个数的数据是高维数据"[5],然而 2015 年谷歌推出的图片整理工具仅用 1 年时间就存储了用户上传的 16 亿张图片,显著多于当前 4K(4096×2160 个特征)高分辨率图片的特征数,因此采用该定义描述高维数据是不足的。第三种方式是指出高维数据一些性质,如维数灾难、距离集中、局部特征相关以及不相关特征等[6],但这些性质都无法全面衡量高维数据的特点。

虽然高维数据没有明确的概念,但对高维数据进行特征选择是常用的方法,也是数据预处理的关键步骤,高维数据的特征选择也是重要的研究课题[7]。在实体分辨领域,虽然鲜有高维数据实体分辨的概念,但是一些研究都隐含了针对高维数据的实体分辨方法。如通过电子医疗数据计算病人相似度,从而判断病人可能患有的疾病;采用相似连接解决手写体识别问题;使用实体分辨排除相似司法证据(包括文档和图片),以及采用升维去除对特定相似度函数的依赖等[8-10]。特别是在医疗领域,通过病人相似度和症状相似度得出疾病诊断结论是典型的高维数据实体分辨问题,得到了广泛的研究和应用[11-13]。

目前,从特征选择的角度对高维数据实体分辨问题进行研究较为少见,可从两方面说明研究的必要性:一是对高维数据进行特征选择是应用的需要,高维数据通常包含不相关特征、冗余特征或噪声特征,通过特征选择能够在一定程度上消除这些特征对算法的负面影响,提升实体分辨算法的性能和数据分析应用的效果;二是从算法鲁棒性的角度看,由于应用的需要或字段扩展,导致数据的维度不断增加,基于全部特征的实体分辨算法在面对这些数据时会产生性能的恶化,同时,也会造成运算时间的增加。

1.2.3 名称分辨

名称分辨(Name Resolution)是实体分辨的一项重要研究内容,主要包括机构名、姓名、地名的分辨,本书主要针对机构别名挖掘和姓名消歧进行深入研究。

机构泛指机关、团体或其他企事业单位,包括学校、公司、医院、研究所、政府机关等,机构名称是专有名称的子集,数目十分庞大。通过对中文机构名称的统计分析发现,其名称一般不超过四层,命名规则为:"前缀(国名、地名、方位词、姓名、序数词、专造词、管理部门)+活动内容(学科、行业、产品、服务、创立方式)+机构性质或类别(学校、企业、医疗单位、公共机构、科研机构)"。由于机构名称的这种命名规则,导致在不同地域范围内使用时,存在各种各样的简称,如计量送检时,因委托协议书对格式没有规范化要求,基于填写人的习惯、不清楚等原因,填写的机构名称常常会出现简称现象,这会造成数据统计、分析等偏差或不准确,影响客户正确的统计检定/校准收费,直接造成少、漏、错收等现象[14]。另外,由于机构的合并、改组等原因引起的机构名称更改,以及有些机构出于其他一些原因,同时使用两个及以上完全不同的机构名称,造成同一机构实体具有多个不同名称的问题,即机构别名问题,这类机构别名不同于简称,它们一般在形式上差别较大,且几乎不存在规律。

机构别名的存在,导致机构名称的不确定性,造成信息系统中统计、分析机构信息的不准确;不同系统之间数据的集成困难,增加数据挖掘的效果和成本;对同一机构历史获知的局限、信息检索返回结果的不完整性等。例如:无论是中国知网,还是万方数据,虽然高级检索的机构名称栏都有"全称/简称/曾用名"的提示,但"曾用名"并不是有效的,即便是"模糊"检测,也只返回署名该机构名称及与其字符串较匹配的机构名称的文献记录,并不返回该机构名称所对应的曾用名(机构别名)文献记录。以在中国知网中检索"河南工业大学"及其别名"郑州粮食学院"和"郑州工程学院"为例,在中国知网中按照作者单位(机构)模糊检索"河南工业大学"的全部文献,返回结果只含有署名机构为"河南工业大学"的文献记录,而其别名"郑州粮食学院"和"郑州工程学院"的文献并无返回。因此,研究机构别名挖掘技术能提高信息检索的完整性、帮助追溯机构实体的名称演变历史等,具有重要的现实意义和应用价值。

姓名是社会发展的产物,是人类文明进步的重要标志。迄今为止,姓名的取名依然处于一种盲目自由的状态,姓名歧义问题在所难免。姓名歧义问题一直以来备受关注,是科学研究领域的热点和难点之一。姓名歧义可分为两类:①同名歧义,即不同人具有相同的姓名。中国姓名中更为严重。造成中国人同名者较多的原因可归纳为以下三点。第一,可用作名字的汉字数有限。虽然《康熙字典》收录汉字四万有余,《新华字典》收录八千余,但一般常用字仅 2500 个,由于不同地区的习俗以及人们取名时的忌讳等,可用作名字的汉字远小于2500 个(约 500 个)。第二,姓氏分布的不均衡。我国人口姓氏虽多,但分布极度不均衡,李姓人数占总人数的 7.9%,王姓占 7.4%,张姓占 7.1%,再加上刘、陈、杨、赵、黄、周、吴、徐、孙、胡、朱、高、林、何、郭、马这16个姓占33.2%,仅此19个姓氏的人数就超过了总人数的一半。第三,中国人口众多。当前中国有近14亿人口,约占世界总人口的1/5,这就造成中国人的同名问题较其他国家更为严重。有些名字的重复率在一个地区可高达数千人,如通过郑州市公安局2017年开发的"郑州警民通"的同名查询功能,分别查询"王静"和"王磊"在河南各市的同名情况,发现南阳市名为"王静"的多达5102人,同时在商丘市、信阳市、周口市也分别多达3000人;南阳市和周口市名为"王磊"的也分别有近4000人[15]。②别名歧义,即同一人的姓名具有不同的书写呈现形式。典型的别名歧义是不同期刊对作者姓名格式的要求不同以及书写错误等原因造成的。如"Wang Wei"在不同期刊中的表现形式有"Wang Wei""Wei Wang""Wang W.""Wang W""W. Wang"等;因书写错误等,可能出现"Wan Wei""Weng Wei""Wen Wei"等。本书主要研究同名科研人员的姓名消歧,在下文,姓名歧义即是同名歧义,姓名消歧即是同名消歧。

当今社会越来越重视知识和人才,数字化程度也越来越高,研究者数量和研究成果数量的与日俱增,造成了文献资料中同名作者的大量涌现。姓名歧义问题直接影响着科学研究成果及论文的归属[16]、著作权益的保护[17]、署名标识在学术社交网络上的交流[18]等,还会导致信息检索等领域多方面应用性能的下降[19],情报信息检索、学术评估、合作交流等多方面的困难和滞碍,如检索系统中,姓名歧义问题直接影响作者研究产出的统计,且不利于将作者及其论文准确关联;在搜索引擎中,降低搜索结果的准确性,丧失用户满意度;在学术传播中,增加科学界同行的识别、发现相关学术研究团队的难度,降低合作交流的机会,减少知识分享和学术交流的可能[20]。调查显示,万维网搜索中,11%~17%的搜索内容至少包含一个姓名,信息抽取中8.2%是姓名,可见姓名是搜索引擎中重要的实体搜索内容[21-22]。另外,在现有科技人才遴选与科技项目申报中,除要提供论文的总引次数外,还需出示总的他引次数证明,由于用户的信息分析能力有限,会大大影响统计结果的准确性,姓名歧义问题可以造成引用次数统计的不正确或不准确,直接影响到科技人才的遴选及项目申报。姓名消歧可以正确识别学术资源中作者的身份,提高信息检索的准确性及用户满意度;协助科研机构进行学术研究进展的追踪、了解,提升学术研究者的学术透明度;优化研究者的研究工作流程,推动跨学科、跨领域以及跨地域的合作交流等;通过使用包含姓名消歧功能的学术评价系统,可以正确评估科研人员的科研能力,有益于科技项目的合理分配等。因此,对姓名消歧进行研究,同样具有重要的现实意义和应用价值。

1.2.4　XML数据实体分辨

除了结构化数据,还存在大量的半结构化、非结构化数据,如XML数据、图数据、文本数据等。XML数据在企业信息系统、数据交换等领域应用越来越广泛。与结构化数据相比,XML数据更容易产生相似重复,因为XML数据的文本信息和模式信息都可能引起相似重复。自文献[23]开始研究以来,XML数据的实体分辨得到了越来越多的关注。

相比结构化数据,XML数据的实体分辨存在以下难点。①实体形式不确定。在结构化数据中,一条记录就是一个实体,记录的各属性就是实体的属性,而在XML数据中,哪个节点是实体节点,以及一个实体包括哪些属性节点都不确定;另外XML节点的获取方法通常需要人工指定节点名,无法自动化地抽取对应实体。②实体的结构异构。XML 数据结构灵活,同一实体可能有不同的结构[24]。

1.2.5 跨模态数据实体分辨

日益丰富的数据资源为社会经济活动和科学研究提供了沃土,是大数据产业化和人工智能新浪潮的基础支撑。特别是文本、图像等数据,已经占据互联网中数据总量的 90% 以上。这些数据之间具有广泛的潜在关联,应用价值高;但同时它们属于不同模态,由于非结构化、异构、语义稀疏等特点,其利用难度远大于传统的单模态数据。

在跨模态信息检索、多模态知识图谱等大量应用中,跨模态实体分辨一个基础性问题,即从模态不同的数据中发现语义相似的数据实例。传统的数据实体分辨主要面向结构化数据,而跨模态数据实体分辨则面向以非结构化数据为主的多模态数据,其中语言和视觉这两种模态最具代表性。语言和视觉受到特殊关注并非偶然:首先,现代认知神经科学研究表明,人类大脑共享语言和视觉的神经表示[25-26],这为语言-视觉的多模态学习可行性提供了理论依据;此外,自然语言处理和机器视觉两大研究领域近年来的迅速发展,为语言-视觉的实体分辨提供了现实的研究基础。因此,本书讨论的对象主要集中于语言和视觉信号的主要载体,即文本和图像数据。

跨模态实体分辨仍然是一个开放性问题。其中最直接的困难是由于文本和图像表征的异构性,传统的相似度计算方法难以直接用于度量它们之间的相似性。此外还存在弱语义性、信息不对称等问题,都给文本和图像间的实体分辨带来了巨大的挑战。尽管深度学习技术的发展为多模态学习任务带来了明显的进步,但仍不能断言模态差异已经被抹平。例如,作为文本-图像多模态学习中的重要基础,现有机器视觉技术主要依靠的是记忆而不是推理,其取得的性能进步主要受益于超大规模的训练数据集和强大的运算能力[27-28]。然而和单纯的机器视觉或自然语言处理任务不同,多模态训练样本的获取成本要远高于单模态训练样本,通过大规模的多模态数据集使模型获得通用的跨模态学习能力难度很大。因此,尽管深度学习技术大幅推动了文本-图像实体分辨问题的研究进展,但是该研究领域仍然具有广阔的研究空间和重要的研究价值。本书对文本-图像信息差异度量、文本和图像数据的单模态抽象表征、文本-图像的跨模态相似度计算,以及文本-图像的相似性匹配等多个关键问题进行了研究。

1.2.6 冲突消解与真值发现

对于现实世界中的同一实体,不同数据源可能对其提供冲突的描述,而如何从这些冲突的描述中找出所有真实的信息就是冲突消解问题。真值发现是语义上的冲突消解过程,是解决数据冲突问题,提高数据准确性的重要技术手段之一,近些年引起了广泛关注。真值发现通过对多个来源的冲突数据进行消解,以找出所有准确数据,能够为用户或组织提供准确数据,对提高数据质量有着非常重要的作用,具有重要的现实意义和应用价值。

数据冲突、错误数据的存在是冲突消解的动机所在。冲突消解主要是在实例层中进行,通过将冲突的数据进行消解,以得到最为准确的数据,主要用于提高数据质量中的数据准确性。

目前一些文献对数据冲突有不同的分类,如文献[29]将数据冲突分为模式冲突(Schematic Conflict)、语义冲突(Semantic Conflict)以及内涵冲突(Internal Conflict);文献[30]将实例级(Instance-Level)冲突消解定义为异构冲突、语义冲突、描述冲突、结构冲突。文献[32]根据集成数据的模式层和实例层将冲突分为两类,而根据冲突的类型又可分为内容冲突、语义冲突和结构冲突。文献[32]通过详细研究总结,指出造成冲突的原因依次为语义模糊、实例模糊、过期数据、元组单元错误和纯拼写错误等。文献[33]将冲突分为物理冲突、字段冲突、记录冲突、表冲突和共享语义冲突,并基于本体提出了采用语义技术的解决方案。

一般而言,多源数据上的冲突有以下几种分类[34]:

(1)异构冲突。多个数据来源上的数据模型不相同,有的采用树型,有的采用关系表型等;

(2)结构冲突。同一实体的某个描述在不同数据源指代不同,如在一个数据库中表示为实体,而在另一个数据库中表示为属性值;

(3)语义冲突。不同数据源对同一客观实体的描述存在着语义上的差别;

(4)描述冲突。同一客观实体在多个数据来源上的语义是一致的,但是不同数据源给出的描述有可能不相同,如英文名的缩写与全拼等。

目前国内外对冲突消解的研究主要集中在实例层上的冲突,即语义冲突和描述冲突,因为实例层的数据直接反映了数据本身的质量,而异构冲突与结构冲突只是技术实现的区别。语义冲突和描述冲突的传统解决方法大致可以分为两类。一类是基于关系扩展的方法,如连接、合并、最小化合并等聚合函数[35],通过领域专家或实际用户根据领域知识为冲突值指定不同的冲突解决函数,从而得到一致、无冲突的结果。然而这类方法使用的消解函数具有一定的随意性,因此准确率及适应性较差。另一类是基于本体的方法,通过显式地描述概念及它们之间的关系来进行逻辑推理,以获取数据的内在语义信息并生成语义映射关系,从而能够屏蔽数据源局部语义的不一致,提供用户一个统一的全局概念,以此来解决集成中的语义冲突[33]。但该类方法对数据源质量要求较高,数据源质量较差时效果不好。

近些年国内外研究较多的是如何从多个冲突值中发现真值的方法,即真值发现。真值发现是进行冲突消解的重要方法,可以解决语义冲突和描述冲突,引起了广泛关注。真值发现问题是文献[36]于2007年首先提出的,即给定多个数据源提供的对于多个真实对象的大量的冲突描述信息,研究如何从这些冲突信息中为每一个真实对象找出最准确的描述。针对这一问题,最简单直观的解决方法是采用投票机制,根据各数据对象得票数多少来判断对应数据对象的准确性。但投票机制没有考虑到不同数据源之间可能存在差异,所以投票所得到结果与现实结果之间往往存在较大的偏差。针对真值发现问题,学者们通过考虑影响真值发现判断的各种因素进行了一系列相关研究。

真值发现问题的应用场景包括关系型数据库、网页及众包数据等。以投票原则作为真值发现的基本准则,最初真值发现方法应用于结构化数据,设计简单的函数迭代计算数据源可靠度与观测值可信度完成真值发现。之后,众多综合考虑数据源可靠度评估的真值发现方法陆续被提出,这些方法使用不同的真值发现假设,同时考虑更加复杂的场景,如数据源独立性、真值的时效性、观测值准确性评估的难度或更复杂的数据结构等。

单真值场景下的真值发现算法是基于"对象真值唯一"的假设进行求解;多真值场景下的真值发现算法求解与单真值发现算法不同,多真值发现算法不但要确保找到正确的值,还要尽可能地把所有的真值都找到。

社区问答(Collaborative Question Answer,CQA)问题是一种文本数据真值发现场景。针对社区问答问题,目前有两种解决方案。部分学者从答案中抽取特征,将答案质量评估问题转换为二分类问题或排序问题[37-38]。这类方法需要高质量的训练数据以及答案特征来训练模型,而在实际问题中,这样的训练数据通常是难以获得的。另一部分学者将该问题转换为专家发现问题[39-40],通过评估回答者的可靠度来推断答案的可信度,然而这些方法需要诸如投票信息等额外信息,通常也是难以获得的。不同的问题设置及解决方案使得社区问答问题与本文所提真值发现有所区别。

答案选择(Answer Selection,AS)问题是另一种本文真值发现场景,该问题旨在从候选答案中选择正确可靠的答案,是问答系统的重要环节。传统方法基于答案的词汇特征,根据答案与问题的关系选择可信的用户答案[41-42]。之后,基于神经网络的方法通过比较问题与答案的相似度发现可靠的答案[43-44]。部分学者引入注意力机制到答案选择中以提高模型文本表征的能力[45]。然而,这些方法都是有监督方法,需要标记额外信息,与无监督真值发现方法有所区别。

1.2.7 不一致数据检测与修复

基于数据质量规则检测和修复数据,是数据质量控制的最为常规的操作,具有直观、易操作、见效快的特点。数据检测的主要目标是通过依赖规则尽可能多地发现数据中的存疑数据,数据修复的主要目标是通过依赖规则尽可能在不引入新的错误前提下修复错误数据。

在函数依赖条件下,数据检测的基本含义是:给定数据实例 D 和规则集 Σ,找出 D 中所有不满足 Σ 的记录子集[46]。与数据修复相比,数据检测的目标相对简单。

针对检测出的不一致数据,一般有三种处理措施:数据修复(Data Repair)、一致性查询应答(Consistent Query Answering)和寻找所有可能修复方案的压缩表示(Condensed Representation)[46]。数据修复是其中最常用的做法。

数据修复的基本含义为:给定数据实例 D 和规则集 Σ,修复其中的错误使得 $D \models \Sigma$,即进行"最小的修改"使得 D 满足 Σ 中的所有规则[46]。

有关"不一致数据检测与修复"基本概念和任务的更多阐述可参见《数据质量导论》的3.4节不一致数据清洗技术的发展动态(文献[47])。

1.2.8 数据录入辅助预测与修复

正如 Gartner 专家所说:一个数据的生命周期有两个值得关注的时刻,创建时刻和使用时刻。如果可以在创建数据时最大限度地减少错误并始终从源头解决质量问题,那么至少可以一定程度上确保使用时刻的数据质量。

在数据收集阶段,基于数学模型检测数据中的异常值、利用预测模型辅助用户录入可以有效地提高数据收集质量。

数据录入是数据收集最普遍的手段,数据录入员任何形式的疏忽或理解偏差,都可能导致数据质量问题。研究发现,约 75% 的数据录入员在录入数据后不会进行任何检查,对数据进行全局或局部检查的只占 25% 左右[48]。因此,在数据录入阶段,采取恰当有效的措施,及时预防、发现和纠正错误,是提高数据收集质量的重要保证。

传统数据收集有一些保证数据质量的良好措施和方法。以将调查问卷录入数据库为例,数据录入质量控制分为如下三个环节[49]:录入前,检查问卷中数据的完备性,对包含空缺值、逻辑错误的字段进行核实和确认;录入时,通过复式录入的方式[50-51],对单个数据值、数据值之间的一致性进行核查和更正;录入后,通过补充和替换字段值、检查奇异点、添加备注等方式进一步规范数据。

利用数据预测模型辅助录入、提升用户体验已经成为智能数据录入系统设计的趋势,但过去主要研究预测模型对录入效率的提升,很少关注其对数据质量的影响。近年来,数据质量领域的研究人员将数据依赖理论吸收进来,结合数据采集的相关措施,扩展了这些传统的预测模型,并结合数据录入效率和录入质量的实际需求,设计出更加多样的智能人机接口。

1.2.9 数据质量评估

数据质量评估是一个具体的概念,涉及数据质量多个维度:如数据完整性评估关注数据中包含的缺失值,数据唯一性评估关注数据中的相似重复记录,数据一致性评估关注数据中违反给定约束规则的不一致记录或值,数据准确性评估关注数据中的错误值等[52-53]。通常评估数据质量的好坏与数据分析需求相关,并不要求每个维度都尽善尽美。

数据质量评估一直被视为数据质量控制的研究范畴,常用的评估方法包括朴素比率法(Simple Ratio)、最值法(Max or Min)和加权平均法(Weighed Average)[54-55]。朴素比率法是计算期望的输出与总输出之比,1 和 0 分别表示数据质量最好和最差。准确性、完整性、一致性等经常使用这个指标。最值法分为最小值和最大值法,主要应用于某个数据质量维度由多个指标综合评估、某个数据集的质量由多条记录综合评估、某条记录的质量维度由多个字段综合评估等情形。数据的可信、时效性等维度经常使用最值法来评估。加权平均法是通过加权系数对所有指标去均值的方法,难点是加权系数的确定,一般适用于深刻了解每个指标对某个数据质量维度的贡献程度的情形。

数据质量评估最大的难点在于很难获得权威数据源或真实数据样本。比如,数据准确性的评估理论上需要比较收集的数据和权威数据源之间的差异,但现实中很难实现(否则就无须收集数据并评估其可用性而直接使用权威数据源了)。因此,现实中数据质量评估经常要通过经验丰富的领域专家对数据收集方式、数据源的权威性、抽样数据的质量等因素综合分析。然而,这种方式仍然存在一些缺陷:一方面,领域专家资源有限,不是任何时候都能满足需求;另一方面,单纯依赖人工评估效率太低,且很难实现数据质量控制的自动化。

1.3 本书内容结构安排

本书相关工作先后得到国家科技重大专项"核高基"项目"××数据清洗软件研制（No.2015ZX0104201-003）"，国家自然科学基金面上项目"基于蚁群算法和云模型的领域无关数据清洗（No.61371196）"，中国博士后科学基金特别资助项目和中国博士后科学基金面上项目"××信息质量控制方法研究及应用（No.201003797，No.20090461425）"，江苏省博士后科研资助计划项目"基于蚁群算法的领域无关数据清洗方法研究（No.0901014B）"，原解放军理工大学预研基金项目"业务领域无关的数据清洗方法研究（No.20110604）"，原解放军理工大学预研基金项目"依赖模式挖掘及在缺失数据处理中的应用（No.41150301）"等项目的支持。

本书的具体内容结构安排如下：

第一部分概述（第1、2章），第1章绪论，介绍了本书的研究及意义，本书涉及研究内容的基本概念和任务定位，以及本书的结构安排；第2章国内外研究进展，系统综述数据质量控制技术的国内外研究进展，涉及高维数据实体分辨、名称分辨、XML数据实体分辨、跨模态数据实体分辨、真值发现、不一致数据检测与修复、数据录入辅助预测与推理，以及全局数据质量评估。

第二部分实体分辨技术（第3～13章），第3章高维数据特征选择的多目标蚁群算法，提出基于等效路径更新的两档案多目标蚁群优化（Multiobjective Ant-colony-optimization Based on Two Archives and Equivalent Routes Update，MATA&ERU）算法，使用等效路径信息素增强策略，消除解的无序性与蚂蚁求解有序性之间的矛盾，将原目标转换为收敛性目标和多样性目标并设置对应的帕累托档案，提升了多目标蚁群优化（Multiobjective Ant Colony Optimization，MOACO）的扩展性，本章为第4～6章的高维数据实体分辨的进一步研究提供算法准备；第4章高维数据特征选择稳定性研究，首先通过实验分析典型的特征选择稳定性度量指标，选择具有良好性能的度量指标，同时深入研究单变量和多变量特征选择方法的集成性能，在此基础上提出演化算法稳定性提升方法，然后将该方法扩展应用到多目标蚁群算法中，进一步提升多目标蚁群算法的特征选择稳定性及其分类性能；第5章高维数据实体分辨多分类器方法，为了有效解决当前特征选择方法在高维数据实体分辨问题中特征利用率较低的不足，基于集成学习思想研究提出针对高维数据实体分辨的多分类器方法；第6章高维不平衡数据实体分辨集成学习方法，针对高维不平衡数据的实体分辨问题，为提升算法在高维不平衡数据中的分辨性能和鲁棒性，提出一种结合欠采样、特征选择和集成学习的算法，同时，结合第3～5章的研究成果，设计实现高维数据实体分辨系统，验证系统的有效性并分析其性能表现；第7章基于增强相似度数据空间转换的机构别名挖掘，提出了一种基于增强相似度数据空间转换的机构别名挖掘（Enhanced Similarity and Data Space Transformation Based Organization Alias Mining，ES-DST-OAM）方法，根据文献记录中的机构名称与作者之间的隶属关系，构造机构-作者二部图，计算机构名称间的增强相似度，依据增强相似度矩阵进行集合型-数值型数据空间的转换，再根据转换后的数值型数据,计算机构名称之间的余弦相似度,实现机构别名挖掘;第 8 章基于多重集增强相似度数据空间转换的机构别名挖掘,提出一种基于多重集增强相似度数据空间转换的机构别名挖掘(MultiSet Enhanced Similarity and Data Space Transformation Based Organization Alias Mining,MES-DST-OAM)方法,根据文献记录中的机构名称、作者以及二者之间的隶属关系,并使用作者署名机构名称发表论文的篇数,构造机构-作者加权二部图,定义多重集间的增强相似度,用于计算两机构名称间的增强相似度,依据机构名称间的多重集增强相似度矩阵,实现多重集型-数值型数据空间的转换,再根据转换后的数值型数据,计算机构名称间的余弦相似度进行机构别名挖掘;第 9 章基于合作作者和隶属机构信息的姓名消歧,提出一种基于合作作者和隶属机构信息的姓名消歧(Co-Author and Affiliate Based Name Disambiguation,CoAAND)方法,根据作者之间的合作关系以及作者与机构之间的隶属关系,构造实体关系图,定义顶点间的有效路径,根据两个待消歧顶点间有效路径的数目、长度以及路径上边的类型,计算连接强度,并通过比较连接强度和阈值的大小,实现姓名消歧;第 10 章面向 XML 数据实体分辨的树相似度,结合文本和结构相似度的分辨方法,将文本相似度引入扩展子树中,当节点名相似度大于给定阈值即建立映射,通过聚合映射的各子节点的文本相似度计算映射的文本相似度,再结合映射的文本相似度和权重计算实体的相似度;第 11 章基于语义空间结构的多模态数据表征,提出一种基于语义结构的数据表征方式——参考表征,将文本和图像对象表示为自身与多个代表语义原型的参考点间的相似度向量,以提高文本和图像数据表征的语义层次,更好地保持同模态对象之间的相似关系,并且在保持表征能力的同时,克服了原始的语义结构表征维度和计算复杂度高、难以用于大规模数据集的问题;第 12 章基于语义结构一致性的跨模态相似度度量,针对现有方法对训练样本的利用率不高,其性能对配对的多模态训练数据依赖较大的问题,使用第 11 章中的参考表征来表示文本和图像数据,将未配对训练样本用于模态内相似关系的保持,在此基础上利用不同模态数据语义结构之间的一致性,完成共同表征空间的构建及相似度的计算;第 13 章考虑"相似性漂移"的多模态匹配,常用的跨模态映射函数存在"相似性漂移"的问题,并且由于该问题的存在,较低的相似度阈值会加剧误匹配现象,为了降低"相似性漂移"问题对相似性匹配的影响,提出了近邻传播和近邻增强两种近似匹配方法,有效降低"相似性漂移"问题的影响,提高匹配精度。

第三部分真值发现技术(第 14～18 章),第 14 章基于数据源质量多属性评估的单真值发现,针对属性值缺失会导致真值发现效果变差的问题,提出了一种基于数据源质量多属性评估的真值发现算法(Multi-attribute Evaluation of Source Quality-based Truth Discovery,MESO-TD),依据 CRH 算法框架,结合多类型属性来评估数据源质量,同时根据属性对数据源质量评估贡献越大其权重应越大的思想,采用连续域蚁群算法来自动求解多类型属性的权重,避免了人工确定权重的繁琐和各种不确定因素,并且避免了数据源中的属性值缺失对数据源质量的评估的影响,能够更好地表现实际数据源的可靠度;第 15 章基于多蚁群同步优化的多真值发现,针对多真值发现问题,提出一种基于多蚁群同步优化的多真值发现算法(Multi-ant Colonies Synchronization Optimization Based Multi-truth Discovery Algorithm,MAC-SO-MTD),将对象的多真值发现过程转换成子集问题,并设计多蚁群算法同步进行真值搜索,提高了多真值发现的准确性,在对象真值集合基数较大时能较好地进行多真值发现;第 16 章基于深度神经网络嵌入的结构化数据真值发现,提出基于深度神经网络嵌入的真值发现算法(Truth Discovery Based on Neural Network Embedding,TDDNNE),利用"数据源-数据源","数据源-观测值"关系及真值发现的假设构造双损失深度神经网络,进而利用该网络将数据源与观测值嵌入到高维空间,分别表示数据源可靠度与观测值可信度,通过训练网络,使可靠数据源彼此靠近,可靠数据源与可信观测值靠近(同时,不可靠数据源与不可信观测值靠近),最后基于嵌入空间进行真值发现;第 17 章基于蚁群优化的文本数据真值发现,针对传统真值发现算法难以进行细粒度语义分析,无法直接应用于文本数据的问题,提出基于蚁群优化的文本数据真值发现算法(Truth Discovery from Multi-source Text Data Based on Ant Colony Optimization,Ant_Truth),根据文本答案的多因素性、词语使用的多样性、文本数据稀疏性等特点,对用户答案进行细粒度的划分,组成关键词候选集合,进而将文本数据真值发现问题转化为子集问题,采用多蚁群同步优化的方法寻找正确答案应当包含的关键词集合,最后依据用户答案与正确答案关键词集合的相似性对其评分并排序;第 18 章基于图卷积神经网络的文本数据真值发现,提出基于图卷积神经网络的文本数据真值发现算法(Truth Discovery Based on Graph Convolutional Neural Network,GCN_Truth),根据文本答案的自然语言特性、数据量大、稀疏性等特点,为每个问题构造用户答案无向图,利用图卷积神经网络进行用户答案的语义融合,利用全连接神经网络挖掘用户答案可信度,不同于依赖源可靠度评估以发现可信信息的传统思想,利用神经网络挖掘观测值间隐藏的关系依赖,找到可信信息。

第四部分基于数据依赖的数据质量控制技术(第 19~21 章),第 19 章不一致数据检测与修复方法研究,研究数据修复规则的自动生成和不一致数据检测、修复方法,针对一种新颖可靠的数据修复规则——Fixing Rule 的自动挖掘和生成算法相对缺乏的现状,提出一种基于常量条件函数依赖的生成算法 GenConFRs,并对算法的正确性和可靠性进行了形式化的证明,通过分析常量条件函数依赖和 Fixing Rule 的紧密联系和互补特征,提出一种融合的不一致数据检测与修复算法 DetecRep,该算法可以同时进行数据检测和修复,在检测和修复上分别具有较高的召回率和准确率;第 20 章数据录入辅助预测与推理方法研究,简要介绍主流数据预测模型,重点关注贝叶斯网络模型在数据录入辅助预测中的应用,对基于贝叶斯网络的数据预测和校验基本组件和数据流进行抽象,讨论了数据收集过程中数据积累对贝叶斯网络拓扑学习、参数学习以及基于贝叶斯网络预测效果的影响,提出了一种基于贝叶斯网络拓扑的字段排序方法,定性分析了数据积累对贝叶斯网络拓扑学习的影响,并定量验证了所提的排序方法对数据辅助预测效果的优越性;第 21 章有限先验知识下的全局数据质量评估,主要研究全局数据准确性评估方法,结合数据抽样的先验知识,对现有数据准确性评估的方法进行拓展和改进,提出利用基于搜索和评分的贝叶斯网络结构学习算法进行数据准确性评估的方法,有效地弥补了基于独立性测试的方法的不足,在全局数据准确性评估中,进一步引入了基于邻接矩阵的度量标准,以更多维的视角评估数据准确性,避免由单一标准引起的评估偏差。

第五部分系统与平台(第 22、23 章),第 22 章数据质量控制系统,从信息系统的演变过程出发,介绍了数据质量控制技术及系统的发展历程,在此基础上,介绍了基于规则的数据质量控制系统和大数据质量控制系统;第 23 章数据治理平台,从数据治理的需求出发,讨论了数据治理平台的发展现状,以及典型数据治理解决方案,然后分别介绍了跨域数据质量控制系统和目标驱动的数据治理平台的设计与实现。

第六部分结束语(第 24 章),第 24 章被忽视的挑战和风险,归纳列举了当前阻碍数据领域发展的现实问题,剖析了当前面临的风险和挑战。

本章参考文献

[1] 李克强. 政府工作报告——2018 年 3 月 5 日在第十三届全国人民代表大会第一次会议上[R]. 2018.

[2] De Gustavo de A C, De Oliveira J M P. A Blocking Scheme for Entity Resolution in the Semantic Web [C]//IEEE 30th International Conference on Advanced Information Networking and Applications, Crans-Montan, Switzerland, 2016: 1138-1145.

[3] 杨丹, 申德荣, 聂铁铮, 等. 数据空间中一种灵活的集合式实体识别框架[J]. 小型微型计算机系统, 2015, 6(11): 974-984.

[4] Liu S S, Dan M, Wang B, et al. Visualizing High Dimensional Data Advances in the Past Decade[J]. IEEE Transactions on Visualization and Computer Graphics, 2017, 23(3): 1249-1268.

[5] Masulli F, Rovetta S. Clustering High-Dimensional Data[C]//Proceedings of the 1st International Workshop on Clustering High-Dimensional Data, Naples, Italy, May 15, 2015: 1-13.

[6] Hou C P, Nie F P, Yi D Y, et al. Discriminative Embeded Clustering a Framework for Grouping High Dimensional Data[J]. IEEE Transactions on Neural Networks and Learning Systems, 2015, 26(6): 1287-1299.

[7] Sun Y J, Todorovic S, Goodison S. Local Learning Based Feature Selection for High Dimensional Data Analysis[J]. IEEE Transactions on Pattern Analysis and Machine Intelligence, 2010, 32(9): 1610-1626.

[8] Kalashnikov D V. Super-EGO Fast Multi-Dimensional Similarity Join[J]. The VLDB Journal, 2013, 22(4): 561-585.

[9] Shields C. Text Based Document Similarity Matching Using Sdtext[C]//Proceedings of the 49th Hawaii International Conference on System Sciences, Koloa, Hi, USA, Jan. 5-8, 2016: 5607-5616.

[10] Sun J M, Wang F, Hu J Y, et al. Supervised Patient Similarity Measure of Heterogeneous Patient Records[J]. ACM SIGKDD Explorations Newsletter, 2012, 14(1): 16-24.

[11] Wang F, Sun J, Ebadollahi S. Integrating Distance Metrics Learned from Multiple Experts and Its Application in Inter-Patient Similarity Assessment[C]. Proceedings of the 11th SIAM International Conference on Data Mining, Mesa, Arizona, USA, Apr. 28-30, 2011: 59-70.

[12] Abboura A, Sahri S, Baba-Hamed L, et al. Quality-Based Online Data Reconciliation[J]. ACM Transactions on Internet Technology, 2016, 16(1): 1-21.

[13] Qian B Y, Wang X, Cao N, et al. A Relative Similarity Based Method for Interactive Patient Risk Prediction[J]. Data Mining and Knowledge Discovery, 2015, 29(4): 1070-1093.

[14] 李元沉, 何路, 王爽, 等. 组织机构名称简称与全称的自动识别研究初探[J]. 标准科学, 2014, 8:

82-86.

[15] 车安宁.中国汉族人口姓名重复问题探析[J].兰州大学学报,1991,19(2):138-146.

[16] 朱大明.合作论文应标示署名作者贡献及责任[J].中国科技期刊研究,2014,25(1):170-173.

[17] 贺德方.我国科技期刊著作权流转中的问题及对策研究[J].中国科技期刊研究,2013,24(1):6-10.

[18] 姚戈,王淑华.科技期刊著者姓名规范控制及身份识别分析和探讨[J].中国科技期刊研究,2015,26(1):41-46.

[19] Fan X M,Wang J P,Pu X,et al. On Graph-Based Name Disambiguation[J]. ACM Journal of Data and Information Quality,2011,2(2):1-23.

[20] 陈田田,吴广印.研究者唯一识别及其在专家档案系统中的实施[J].情报工程,2015,1(3):31-37.

[21] Madian Khabsa,Pucktada Treerapituk,C Lee Giles. Online Person Name Disambiguation with Constraints[C]. ACM/IEEE Joint Conference on Digital Libraries,Knoxille,Tennessee,USA,2015:37-46.

[22] Wang X,Liu Y H,Wang X L,et al. Adaptive Resonance Theory Based Two-Stage Chinese Name Disambiguation[J]. International Journal of Intelligence Science,2012,2:83-88.

[23] Melanie W,Felix N. Detecting Duplicate Objects in XML Documents[C]. IQIS,Maison de la Chimie,Paris,France,2004.

[24] Melanie W,Felix N. DogmatiX Tracks down Duplicates in XML[C]. ACM SIGMOD,Baltimore,USA,2005.

[25] Huth A G,De Heer W A,Griffiths T L,et al. Natural Speech Reveals the Semantic Maps That Tile Human Cerebral Cortex[J]. Nature,2016,532(7600):453.

[26] Huth A G,Lee T,Nishimoto S,et al. Decoding the Semantic Content of Natural Movies from Human Brain Activity[J]. Frontiers in Systems Neuroscience,2016,10:81.

[27] Shin D,Fowlkes C C,Hoiem D. Pixels,Voxels,and Views:a Study of Shape Representations for Single View 3D Object Shape Prediction[C]. Proceedings of the IEEE Conference on Computer Vision and Pattern Recognition,Piscataway,NJ:IEEE,2018:3061-3069.

[28] Tatarchenko M,Richter S R,Ranftl R,et al. What Do Single-View 3D Reconstruction Networks Learn?[C]. Proceedings of the IEEE Conference on Computer Vision and Pattern Recognition,Piscataway,NJ:IEEE,2019:3405-3414.

[29] Tseng F S C,Chiang J J,Yang W P. Integration of Relations with Conflicting Schema Structures in Heterogeneous Database Systems[J]. Data & Knowledge Engineering,1998,27(2):231-248.

[30] Batini C,Scannapieco M. Data Quality:Concepts,Methodologies and Techniques[M]. Springer Publishing Company,Incorporated,2010.

[31] 张永新.面向 Web 数据集成的数据融合问题研究[D].济南:山东大学,2012.

[32] Li X,Dong X L,Lyons K,et al. Truth Finding on the Deep Web:Is the Problem Solved?[C]// International Conference on Very Large Data Bases. VLDB Endowment,2012:97-108.

[33] 屈振新,唐胜群.信息集成中冲突的语义解决方案[J].计算机科学,2010,37(1):167-169.

[34] 贾立.海量劣质数据上冲突消解关键技术的研究[D].哈尔滨:哈尔滨工业大学,2013.

[35] Bleiholder J,Szott S,Herschel M,et al. Subsumption and Complementation as Data Fusion Operators [C]//Proc of the 13th International Conference on Extending Database Technology. Lausanne:ACM,2010:513-524.

[36] Yin X,Han J,Philip S Y. Truth Discovery with Multiple Conflicting Information Providers on the

Web[J]. IEEE Transactions on Knowledge and Data Engineering,2007,20(6): 796-808.

[37] Bouguessa M,Dumoulin B,Wang S. Identifying Authoritative Actors in Question-Answering Forums: The Case of Yahoo! Answers[C]//Proceedings of the ACM SIGKDD International Conference on Knowledge Discovery and Data Mining. ACM,2008: 866-874.

[38] Hong L,Davison B D. A Classification-Based Approach to Question Answering in Discussion Boards [C]//Proceedings of the International ACM SIGIR Conference on Research and Development in Information Retrieval. ACM,2009: 171-178.

[39] Yang L,Qiu M,Gottipati S,et al. Cqarank: Jointly Model Topics and Expertise in Community Question Answering[C]//Proceedings of the ACM International Conference on Information & Knowledge Management. ACM,2013: 99-108.

[40] Zhou G,Lai S,Liu K,et al. Topic-Sensitive Probabilistic Model for Expert Finding in Question Answer Communities[C]//Proceedings of the ACM International Conference on Information and Knowledge Management. ACM,2012: 1662-1666.

[41] Wang Z,Mi H,Ittycheriah A. Sentence Similarity Learning by Lexical Decomposition and Composition[J]. arXiv preprint arXiv: 1602.07019,2016.

[42] Yao X,Van Durme B,Callison-Burch C,et al. Answer Extraction as Sequence Tagging with Tree Edit Distance[C]//Proceedings of the Conference of the North American Chapter of the Association for Computational Linguistics: Human Language Technologies,2013: 858-867.

[43] Feng M,Xiang B,Glass M R,et al. Applying Deep Learning to Answer Selection: a Study and an Open Task[C]//IEEE Workshop on Automatic Speech Recognition and Understanding. IEEE,2015: 813-820.

[44] Wang D,Nyberg E. A Long Dhort-Term Memory Model for Answer Sentence Selection in Question Answering[C]//Proceedings of the 53rd Annual Meeting of the Association for Computational Linguistics and the 7th International Joint Conference on Natural Language Processing. ACL,2015, 2: 707-712.

[45] Karl M,Tomas K,Edward G,et al. Teaching Machines to Read and Comprehend[C]//NIPS. NIPS, 2015: 1693-1701.

[46] Fan W,Geerts F. Foundations of Data Quality Management[M]. Morgan & Claypool,2012.

[47] 曹建军,刁兴春. 数据质量导论[M]. 北京: 国防工业出版社,2017.

[48] Wiseman S,Borghouts J,Grgic D,et al. The Effect Of Interface Type on Visual Error Checking Behavior[C]//Proceedings of the Human Factors and Ergonomics Society 59th Annual Meeting (HFES'15),Los Angeles,California,USA,Oct. 26-30,2015: 436-439.

[49] 孙玉环. 基于 EpiData 与 SAS 系统的纸版问卷数据录入质量控制技巧[J]. 中国卫生统计,2012,29 (4): 607-608.

[50] Day S,Fayers P M,Harvey D. Double Data Entry: What Value,What price? [J]. Controlled Clinical Trials,1998,19(1): 15-24.

[51] King D W,Lashley R. A Quantifiable Alternative to Double Data Entry[J]. Controlled Clinical Trials,2000,21(2): 94-102.

[52] 梁吉胜,李天阳,王惠霞,等. 基于约束的数据质量评估算法研究[J]. 科学技术与工程,2012,12(3): 551-554.

[53] Sessions V,Valtorta M. Towards a Method for Data Accuracy Assessment Utilizing a Bayesian

Network Learning Algorithm[J]. ACM Journal of Data and Information Quality,2009,1(3-14): 1-33.

[54] Cappiello C,Francalanci C,Pernici B. Data Quality Assessment from the User's Perspective[J]. ACM International Workshop on Information Quality in Information Systems,2004: 68-73.

[55] Pipino L,Lee Y W,Wang R Y. Data Quality Assessment[J]. Communications of The ACM,2002, 45(4): 211-218.

第2章

国内外研究进展

2.1 引言

本章系统综述数据质量控制技术的国内外研究进展,涉及高维数据实体分辨、名称分辨、XML 数据实体分辨、跨模态数据实体分辨、真值发现、不一致数据检测与修复、数据录入辅助预测与推理,以及全局数据质量评估。

2.2 高维数据实体分辨的研究进展

本节阐述实体分辨方法、多目标蚁群算法、特征选择稳定性和不平衡数据分类等相关技术方法的研究进展,为第 3~6 章研究内容提供基础。

2.2.1 实体分辨方法

根据匹配决策方法的不同,可以将实体分辨方法分为基于概率的方法、基于规则的方法、基于聚类的方法、基于分类的方法和混合模型法。

1. 基于概率的方法

基于概率的方法的应用前提是存在训练数据且数据的特征条件独立,然后通过计算匹配和不匹配记录对的条件概率,将其与设定的阈值进行比较判断记录对的匹配状态。基于概率的方法是最早提出的实体分辨方法,应用也较为广泛。

文献[1]提出了一种仅依靠用户名特征进行实体分辨的方法,将用户名特征分为直观特征和对比特征两类,并对用户名特征的概率分布进行了量化分析,实现了互联网中用户名的引用消歧。文献[2]将基于词项的匹配转换为基于实体的匹配,采用马尔可夫随机域模型计算关键词实体属于某个文档的联合概率。文献[3]基于 Oracle 数据库提出一种在线实体分辨方法,将问题转换为图,其中节点表示实体,节点之间的边表示匹配概率,提出最大化累计查全率作为优化指标判断实体是否匹配。在无训练数据的情况下,可以使用期望最大算法对条件概率进行估计。

基于概率的方法在阈值范围的选择上存在难以解决的问题,通常需要领域专家根据数据的特点设定,因此扩展性较差;另一方面,一般情况下,特征条件独立的假设并不成立。

2. 基于规则的方法

匹配规则由多个布尔表达式及其匹配状态构成,若记录对中参与比较的属性相似度满足规则库中的布尔表达式,则其匹配状态为该表达式的匹配状态。匹配规则一般有两种生成方式,一种是人工生成,另一种是算法生成。

文献[4]为了降低较少的规则对实体分辨查准率的影响,将匹配规则转换为匹配依赖,并给出了匹配依赖的推理算法,从而可以通过少量已知规则获得潜在的规则集。为了降低人工参与程度,可以使用 ID3 或 CART 决策树、主动学习和支持向量机等方法从数据中学习匹配规则。为了消除决策树、支持向量机等方法生成规则的不可解释性和生成效率低的问题,文献[5]提出一种程序合成规则生成方法,该方法基于通用布尔准则,能够包含任意属性匹配模式,较好地解决了属性值丢失带来的问题。

由于匹配规则可能会随着数据量的增加、应用需求或限制条件的变化而发生改变,导致算法重复生成已存在的匹配规则,增加运算复杂度。为了解决该问题,文献[6]形式化规则的演化过程,并提出单调性和上下文无关两个约束,在当前规则库中使用增量的方式通过满足约束的规则获取新规则,减少了计算复杂度。针对网络数据源提供信息不完整导致相似度计算的困难,文献[7]将置信度添加到记录对相似度的计算中,并提出一种基于规则自适应的方法计算记录相似度。

与基于概率的方法类似,基于规则的方法也需要领域专家根据应用和数据的分布等特点给出规则,或者通过一些自主学习的算法得出规则,然而这两种方式均难以保证规则的完备性[8]。

3. 基于聚类的方法

针对不含类标的数据集,基于聚类的方法就成为实体分辨的另一个研究热点,该方法将实体分辨作为聚类问题,将表示同一个客观实体的记录聚集到一个类中。

文献[9]利用优先队列进行聚类,在优先队列中保存每个实体的代表记录,将待分辨记录与优先队列中的记录进行比较,并基于相似度将该记录分配到已经存在的类或建立新的实体类。文献[10]提出了亲和力传播算法,将记录的相似度矩阵作为输入,矩阵中的每个元素都看作网络中的一个节点,并在节点间交换信息,直到形成满足条件的类簇中心。针对数字图书馆中存在的相似重复记录问题,文献[11]提出采用电子邮件的唯一编号、单位以及联合作者信息等进行聚类,取得了较好的效果。文献[12]利用资源描述框架(Resource

Description Framework)图解决实体分辨问题,把不同的实体作为不同的类型,将描述同一实体的节点聚集形成一个超级节点,同时在超级节点之间创建权重链接,并通过启发式搜索确定超级节点的个数。视频中的实体分辨涉及视觉语言歧义问题,文献[13]首先将可能匹配的视频片段聚集成簇,然后使用语言和视觉模型对其进行图表示,从而将实体分辨问题转换为图优化问题。文献[14]将实体的类中心和 5 个候选距离度量函数编码成染色体,使用遗传算法选择较好的类中心和距离度量函数。

聚类方法的优势在于不需要类标,扩展性和实用性较好,然而正是由于该特点导致其查准率通常较低。

4. 基于分类的方法

基于分类的方法将实体分辨作为二分类问题,先计算待比较记录对的相似特征向量,再通过分类器等手段将其分为匹配或不匹配两类。

检测多个移动设备的使用者是否为相同用户是较难处理的问题,文献[15]在 2016 年的 CIKM 竞赛中基于数据的特点,根据用户访问的网络地址、访问时间和概要简介等信息,使用梯度迭代方法对记录对进行分类,获得了较好的效果。

由于文档中的实体并非都有链接的对象,文献[16]提出一种新的监督学习方法,第一步采用分类器识别出文档中的候选实体,第二步从候选实体中选择链接对象。文献[17]提出一种基于上下文图的方法,通过上下文构建单词的关系,基于词频、散度和集中度计算信息增益,去除噪声单词,然后计算特征向量并采用支持向量机完成文档中的共指消解问题。

文献[18]分别使用支持向量机、k 近邻和朴素贝叶斯三种分类器解决了人口普查数据的实体分辨问题,并对比了它们的分类性能,结果表明支持向量机和 k 近邻的性能相近,且都要好于朴素贝叶斯分类器,采用集成学习能够获得更好的分类性能。

文献[19]提出了基于重采样和集成选择的实体分辨多分类器系统,该系统对较难分辨的样本进行重采样,并使得重采样比率在设定的区间内变化,从而生成多组重采样样本,然后使用重采样样本训练分类器,构建一个并行的多分类器系统,最后运用集成选择从多分类器系统中选择性能较好的分类器子集。

为了解决招聘网站中雇主与知识库的链接问题,文献[20]首先在知识库中使用搜索引擎搜索候选实体,再利用启发式方法对候选实体进行排序,最后将其作为二分类问题求解找出最匹配的实体。

由于在医疗领域中,需要共指消解的实体数量远少于其他实体的数量,导致分类器易将正类(匹配)错分为负类(不匹配),为此,文献[21]提出一种启发式方法,以较高的查全率选择候选记录对,取得了较好的效果。此外,针对实体分辨场景中不匹配类多于匹配类的问题,文献[22]提出一种利用分层贝叶斯生成模型对数据进行抽样的方法,降低数据分布的不平衡对分类器造成的负面影响,在 $F1$ 指标上取得了较好的评估值。

由于监督学习是在含有类标的数据集上训练模型,因此通常具有较好的查准率和查全率,在实际中应用广泛。

5. 混合模型法

混合模型法是将多种模型混合使用,或者采用新技术结合传统模型方法解决实体分辨问题。

最近,众包(Crowdsourcing)技术得到了越来越多的关注,它是将问题分解为任务分发到终端,由人工参与完成实体分辨。文献[23]针对人工匹配可能存在错误的问题,提出了CrowdLink 模型,该模型不但对众包中的错误具有较好的容错性,而且能够通过任务分解降低众包的开销,并且适用于包含多种属性类型的复杂数据记录。文献[24]先使用众包识别训练样本中的匹配记录,再采用数据挖掘技术生成匹配规则,提高分辨效果。文献[25]同时使用概率和众包方法对图片进行分辨。为了降低众包的开销,文献[26]结合成对比较和多项比较的方法,采用成对比较分辨难分记录对,并提出在有限预算的条件下选择最优多项和成对集合的方法。

文献[27]利用 Hadoop 框架设计针对流式数据的两阶段实体分辨系统。第一阶段使用MapReduce 为两个实体计算相似度并生成规则,相似度越高,两个实体越相似,第二个阶段使用生成的规则分辨流式数据。文献[28]基于近邻排序分块方法,使用 Spark 内存计算方式完成实体分辨。

由于互联网数据的不确定性,需要在实体分辨前对数据进行验证与检查,过滤不符合要求的记录,文献[29]设计了一套实体抽取系统,发现和纠正属性中的错误、不完整以及偏离值,并删除重复的候选记录,然后计算属性相似度,判断记录是否匹配。

混合模型是近年来研究的热点问题,它能够较好地解决大数据带来的一系列传统模型无法处理的问题,然而由于采用新的技术,导致其复杂性较高,成本高昂,在目前很多数据质量控制系统中无法推广使用,而且向下兼容性差。

本书采用分类的方法,将实体分辨作为二分类问题,并通过特征选择将其建模为多目标优化问题,该问题是典型的多目标子集问题,多目标蚁群算法在求解该问题方面具有较强的性能,论文将其作为优化方法。下面总结多目标蚁群算法的研究现状。

2.2.2　多目标蚁群算法

本节总结多目标蚁群算法的国内外研究进展,按照对多目标处理的技术,可以将多目标蚁群算法分为基于帕累托方法、基于指标函数方法和目标分解法。

1. 基于帕累托方法

基于帕累托方法将多个目标作为整体进行优化搜索,通过帕累托支配关系在候选解中选择帕累托最优解。基于帕累托的方法起步较早,意义直观,也是在实际应用中使用最多的方法。该方法研究的热点主要体现在四个方面:蚂蚁群体的数量设置,信息素矩阵和启发式矩阵的设置,包括与之相关的信息素值和启发式值的聚合方式,以及信息素更新解的选择,如图 2-1 所示。

对图 2-1 中的内容进一步说明。

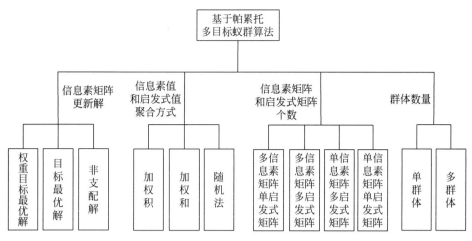

图 2-1　基于帕累托方法分类

（1）群体数量：群体数量设置的本质在于群体内蚂蚁搜索空间的不同。单群体中，蚂蚁对整个帕累托前沿进行搜索。多群体的情况下，群体的设置一般有两种方式：第一种方式是对每个目标设置一个群体，群体内的蚂蚁对该目标进行优化；第二种方式是将帕累托前沿进行分割，每个群体内的蚂蚁对帕累托前沿的一部分进行搜索。

（2）信息素矩阵与启发式矩阵设置：一共有四种设置方式，单信息素矩阵单启发式矩阵、单信息素矩阵多启发式矩阵、多信息素矩阵单启发式矩阵与多信息素矩阵多启发式矩阵。存在多个信息素矩阵或启发式矩阵的情况下，一般是对应优化目标的个数设置信息素矩阵或启发式矩阵。由于在多目标优化的问题中，单个信息素矩阵会导致优化过程中信息的不完整，即丢失边界信息，最终只能够获取帕累托前沿的一部分，因此一般会设置多个信息素矩阵。

（3）信息素值与启发式值聚合方式：在多目标蚁群算法中，蚂蚁通过路径选择概率访问路径。以多目标旅行商问题为例，蚂蚁 k 在访问节点 i 之后访问节点 j 的概率如式（2-1）所示

$$p_{ij}^{k} = \frac{[\tau_{ij}]^{\alpha} \cdot [\eta_{ij}]^{\beta}}{\sum_{b \in N_i^k} [\tau_{ib}]^{\alpha} \cdot [\eta_{ib}]^{\beta}} \tag{2-1}$$

式（2-1）中，τ_{ij} 是边 (i,j) 在当前迭代中的信息素值，η_{ij} 是静态启发式信息，表示对边 (i,j) 的先验"偏好"程度，N_i^k 表示蚂蚁 k 在访问节点 i 之后可选择的路径备选集。因此在设置多个信息素矩阵或启发式矩阵时，需要将它们对应的多个信息素或启发式值聚合成单个值来计算路径选择概率。常用的聚合方式有三种：权重和，权重积以及随机法。

权重和：通过权重值将多个信息素值或启发式值相加聚合成一个值，如式（2-2）

$$\begin{cases} \tau_{ij} = \omega_1 \tau_{ij}^1 + \omega_2 \tau_{ij}^2 + \cdots + \omega_H \tau_{ij}^H \\ \eta_{ij} = \omega_1 \eta_{ij}^1 + \omega_2 \eta_{ij}^2 + \cdots + \omega_H \eta_{ij}^H \end{cases} \tag{2-2}$$

式（2-2）中，$\boldsymbol{\omega} = \{\omega_1, \omega_2, \cdots, \omega_H\}$ 是权重向量，且有 $\omega_1 + \omega_2 + \cdots + \omega_H = 1, H \geqslant 2$。

权重积：通过权重值将多个信息素值或启发式值相乘聚合成一个值，如式（2-3）

$$\begin{cases} \tau_{ij} = (\tau_{ij}^1)^{\omega_1'} \cdot (\tau_{ij}^2)^{\omega_2'} \cdots (\tau_{ij}^{H'})^{\omega_{H'}'} \\ \eta_{ij} = (\eta_{ij}^1)^{\omega_1'} \cdot (\eta_{ij}^2)^{\omega_2'} \cdots (\eta_{ij}^{H'})^{\omega_{H'}'} \end{cases} \quad (2\text{-}3)$$

式(2-3)中,$\boldsymbol{\omega}' = \{\omega_1', \omega_2', \cdots, \omega_{H'}'\}$是权重向量,且有 $\omega_1 + \omega_2 + \cdots + \omega_{H'}$,$H' \geqslant 2$。

随机法:给定满足均匀分布的随机数,通过比较随机数与设定参数的关系决定使用其中一个信息素矩阵或启发式矩阵的值。

(4)信息素矩阵更新解:给定更新信息素矩阵的候选解集 A^{udp},从 A^{udp} 中选择 N^{udp} 个解更新信息素矩阵,有三种常用的更新解选择方式,即非支配解、目标最优解(Best of Objective)和权重目标最优解(Best of Objective Per Weight)。

非支配解:用 A^{udp} 中的非支配解更新信息素矩阵,若非支配解的个数超过 N^{udp},则采用截断机制处理。

目标最优解:如果设置了多个信息素矩阵,则按照其中一个目标上评估值的降序从 A^{udp} 中选择最好的 N^{udp} 个解更新信息素矩阵。如果仅设置一个信息素矩阵,则用 $m \times N^{\mathrm{udp}}$ 个解更新信息素矩阵,其中 m 为目标的个数。

权重目标最优解:对采用权重 ω 的目标,为其设置一个包含 N^{udp} 个解的更新列表。若 $\omega = 0$,仅保留第一个目标的更新列表;若 $\omega = 1$,保留第 m 个目标的更新列表。

文献[30]提出了一种多目标蚁群算法,设置多个群体,每个群体内使用多个信息素矩阵和启发式矩阵,通过权重积的方法对其进行聚合来计算蚂蚁路径选择概率,采用权重目标最优解更新信息素矩阵。文献[31]提出了多蚂蚁群系统,每个目标设置一个信息素矩阵,并使用单个启发式矩阵,采用权重积的方式进行聚合信息素值,每只蚂蚁使用不同的权重向量聚合信息素值,使用档案中的非支配解更新信息素矩阵。文献[32]使用单个群体,对每个目标设置一个信息素矩阵和一个启发式矩阵,并用权重和的方法进行聚合,使用目标最好解与次好解更新相应的信息素矩阵。然而,采用一个或者多个启发式矩阵在获取帕累托最优解的性能上并没有显著的区别[33]。

文献[34]提出了四种不同形式的多目标蚁群算法:第一种形式使用多群体,每个目标对应一个群体,群体内设置一个信息素矩阵和一个启发式矩阵,使用随机法聚合信息素值,使用权重和聚合启发式值;第二种形式使用权重和聚合信息素值;第三种形式只包含一个信息素矩阵和一个启发式矩阵并使用非支配解更新信息素矩阵;第四种形式为每个目标设置一个信息素矩阵,采用随机法聚合信息素值。

文献[35]提出一种多准则网站优化蚁群算法,对三个目标进行优化,每个目标设置一个信息素矩阵和一个启发式矩阵,采用权重积的方法聚合信息素值和启发式值,同时该算法设置了三个群体,每个群体优化一个目标,通过权重向量控制群体对目标的优化程度,使用目标最好解更新信息素矩阵。

基于帕累托的多目标蚁群算法起步较早,研究成果较多,由于直接采用帕累托最优的概念,因此它的结果具有显著的直观意义,使用范围较广。然而它需要考虑算法的组成部分以及相关的参数设置,且算法的运行参数依赖于具体的求解问题,泛化性能较弱。

2. 基于指标函数方法

指标函数是度量帕累托解质量的指示函数,它将相关帕累托集合的支配强度关系映射到实数上,通过指标函数的评价结果,可以对算法的收敛性,解集的分布性作比较。常用的指标函数是 Epsilon 指标 $I_{\varepsilon+}$、Hypervolume 指标 I_{HD} 和 $R2$ 指标。Epsilon 指标的定义如式(2-4)所示:

$$I_{\varepsilon+}(x_1,x_2) = \min_{\varepsilon}(f_i(x_1)-\varepsilon \leqslant f_i(x_2)), \quad i \in \{1,\cdots,m\} \tag{2-4}$$

式(2-4)表示解 x_1 弱支配解 x_2 需要移动最短距离值 ε(如果解 x_1 支配解 x_2 或其对应目标向量相等,则解 x_1 弱支配解 x_2),如图 2-2 所示[36]。

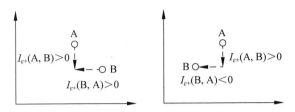

图 2-2 Epsilon 指标示意图

Hypervolume 指标的定义如式(2-5)所示

$$I_{HD}(x_1,x_2) = \begin{cases} H(x_2)-H(x_1), & x_2 \succ x_1 \\ H(x_2+x_1)-H(x_1), & \text{其他} \end{cases} \tag{2-5}$$

式(2-5)中,$H(x_1)$ 表示被 x_1 支配的目标空间超体积(Hypervolume),$I_{HD}(x_1,x_2)$ 表示被 x_2 支配而不被 x_1 支配的空间体积,如图 2-3 所示[37]。

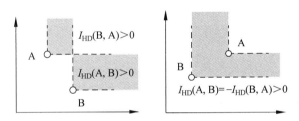

图 2-3 Hypervolume 指标示意图

文献[38]提出基于指标函数的多目标蚁群算法,设置一个信息素矩阵和一个启发式矩阵,分别使用 Epsilon 指标和 Hypervolume 指标比较路径解的优劣并更新帕累托档案。

文献[39]基于 $R2$ 指标提出解决连续优化问题的多目标蚁群算法,其中 $R2$ 指标定义如式(2-6)

$$R2(A,U) = \frac{1}{|U|}\sum_{u \in U} \min_{a \in A}\{u(a)\} \tag{2-6}$$

式(2-6)中,A 表示近似集合,U 是效用函数 u 的集合,效用函数 $u:\mathbb{R}^m \to \mathbb{R}$ 是决策用户的偏好模型,它将每个目标向量映射到一个标量值。

基于指标函数方法是近年来出现的一种新型多目标蚁群算法,它采用指标函数评价算法获取的帕累托解,因此对算法本身的设计要求较低,可在单目标蚁群算法的基础上直接拓展使用。然而其获得帕累托解的可解释性较弱,且该类算法本身的性能依赖于选择的指标函数,根据问题的特点选择合适的指标函数是该类算法应用的关键。

3. 目标分解法

文献[40]提出了基于分解的多目标蚁群算法,通过权重向量将多目标问题分解转换为单目标子问题,每只蚂蚁求解一个子问题,如图 2-4 所示。

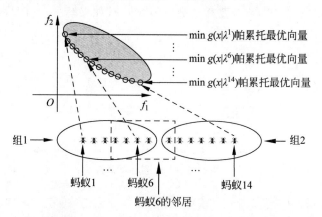

图 2-4   基于分解的多目标蚁群优化示意图

如图 2-4 中的算法有两个特点:一是个体更新,通过邻居最优解对蚂蚁个体的当前最优解进行更新;二是组信息素矩阵更新,将 N 个蚂蚁分成 k 组,每个组优化一部分帕累托前沿,每个组内设置一个信息素矩阵和一个帕累托档案,用组内蚂蚁生成的解更新帕累托档案,然后使用帕累托档案中的解更新当前组的信息素矩阵。

文献[41]提出了基于分解的二进制多目标蚁群算法,将蚁群算法替换为二进制蚁群算法优化分解后的标量子问题。

目标分解法是使用目标分解框架,将多目标优化问题转换为标量单目标优化问题,从而可以直接采用单目标优化算法求解,但是在目标个数较多时,目标分解法的权重向量设置较难。

通过多目标蚁群算法选择特征子集是一类重要的特征选择方法,在高维数据的特征选择中,稳定性是需要考虑的重要方面,下面总结特征选择稳定性的国内外研究现状,为第 4 章的进一步研究打下良好的基础。

2.2.3   特征选择稳定性

在高维数据的特征选择中,稳定性是重要的研究课题。特征选择稳定性是指特征选择方法对训练样本的微小扰动具有一定的鲁棒性,一个稳定的特征选择方法应当在训练样本具有微小扰动的情况下生成相同或相似的特征子集[42]。为了提高特征选择方法的稳定性,近年来出现了众多有效的方法和研究成果,如图 2-5 所示。

如图 2-5 所示,按照特征选择稳定性提升技术是否与特征本身相关,可将其分为扰动法和特征法,扰动法包括数据扰动法、函数扰动法和混合法;特征法包括组特征法和特征信息法。

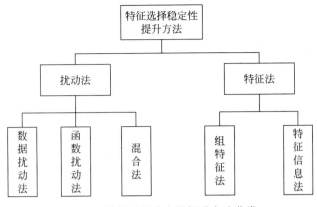

图 2-5　特征选择稳定性提升方法分类

1. 扰动法

扰动法是从训练样本集和特征选择方法入手,采用扰动数据集、增加新的数据或集成多种特征选择方法等方式提高特征选择稳定性,是一种"宏观"的提升方法,它一般与集成学习技术相结合。具体而言,数据扰动法在原始数据集上使用抽样和样本分割等方式生成训练样本,或采用样本注入增加新的训练样本,在此基础上使用特征选择方法选择特征子集并进行集成,提高选择相似特征子集的概率,进而提升特征选择的稳定性;函数扰动法是在同一数据集上采用不同的特征选择方法并对结果进行集成,从而得到稳定的特征子集;混合法融合了数据扰动法和函数扰动法,在对训练样本进行扰动的基础上,利用不同的特征选择方法在新的训练样本上选择特征,并融合特征选择结果,选出稳定的特征子集。

在数据扰动法研究方面,采用 Bootstrap 抽样方法提高特征选择稳定性的技术较为常见。文献[43]提出一种随机集成 ReliefF 方法,首先使用 Bootstrap 对原始数据进行抽样得到多个抽样子集,再随机移除每个抽样子集中的特征,然后采用 ReliefF 特征选择方法对去除特征后的抽样子集进行特征排序,将生成的多个特征排序列表进行集成作为最终的特征排序。文献[44]设计了一种集成框架,在框架内对训练样本进行 Bootstrap 抽样,在抽样数据上进行特征选择,并用中值法、均值法和指数法 3 种策略集成特征选择结果。在使用其他抽样技术方面,文献[45]对原始数据进行不同规模的抽样,在相同规模的前提下通过多次抽样生成训练样本,集成在训练样本上的特征选择结果,提高特征子集的稳定性。文献[46]则对训练数据进行随机欠采样,并在样本上随机移除特征,然后选择相关特征,并将被选次数大于设定阈值的特征作为最终特征。此外,样本分割技术也能够提高特征选择稳定性。文献[47]提出了 Booster 方法,使用交叉检验生成训练样本,将训练样本分割为不相交的子集,在每个子集数据上选择特征,合并生成的特征子集。

抽样和样本分割等方法仅是对原始数据样本的选择或重新组合,并不增加新的样本。另一种方式是通过样本注入,即增加新的训练样本提高特征选择稳定性,如获取更多真实样本或构建新样本等。然而获取新的真实样本通常在时间和开销上较为可观;另一方面,在某些应用中,如癌症检测和故障诊断,获取新的样本是比较困难的。构建新样本有两种方式,一种是使用测试数据作为训练样本;另一种是基于训练样本分布概率生成新的样本。

但是它们也存在难以解决的问题：采用测试数据作为训练样本会导致对特征选择方法的评估存在偏差；而生成训练样本会造成过拟合，并且在疾病诊断等领域，生成训练样本并不可行，因为它们的诊断结果依赖于真实数据。因此，在实际研究中，通过样本注入提高特征选择稳定性的方式使用较少。

在函数扰动法研究方面，文献[48]集成信息增益（Information Gain）、增益率（Gain Ratio）、基于相关性的特征方法（Correlation-Based Feature Approach）、基于一致性搜索（Consistency-Based Search）和卡方检验（Chi Squared）等5种常用的特征排序法对同一训练样本进行特征选择，减少不相关特征对分类的影响，提高特征选择稳定性。文献[49]采用集成方法融合了基于相关性的快速过滤法（Fast Correlation-Based Filter）、基于相关性的特征选择（Correlation-Based Feature Selection）、ReliefF、增益率和卡方检验等5种特征选择方法的结果，提升特征子集的稳定性。此外，文献[50]使用了基于相关性的特征方法、信息增益、ReliefF、基于一致性搜索和INTERACT等5种特征选择方法进行集成，文献[51]则集成了增益率、卡方检验、单规则（One Rule）、信息增益和基于相关性的特征选择等方法。经过研究可以看出，基于函数扰动法提高特征选择稳定性，通常是采用集成单变量与多变量的方法来实现，提高特征选择方法的多样性，从而增强特征选择稳定性，如单变量方法中的信息增益、增益率、单规则与卡方检验，多变量方法中的ReliefF、基于相关性的快速过滤法、基于一致性搜索、基于相关性的特征方法、INTERACT和基于相关性的特征选择等。同时相关研究表明，若仅集成单变量或多变量方法，其稳定性提升效果并不显著。

混合法是同时使用数据扰动法与函数扰动法，通常先使用数据扰动法生成多组训练样本，再利用多种特征选择方法选择特征并集成结果。文献[52]通过欠采样生成新的训练样本组，采用信息增益、增益率、对称不确定（Symmetrical Uncertainty）、费舍尔率（Fisher Ratio）以及ReliefF等5种方法选择特征，并提出一致性函数聚合特征排序列表。文献[53]使用Bootstrap抽样生成多个训练样本，然后通过10种不同的方法在训练样本上进行特征选择，并将特征排序结果进行集成。

在应用扰动法时，各种方法的适用范围以及各自的优缺点是主要考虑的因素。数据扰动法的使用较为简单，适用于训练样本较多，获取数据较为容易的场景，但是数据扰动法并不适用于一些小样本应用，如癌症检测、故障诊断等，因为在小样本数据上采用数据扰动法易造成过拟合。函数扰动法较为适用于小样本应用，其缺点在于难以根据数据集的特点选择合适的特征选择方法进行集成。由于混合法是一种结合数据扰动法与函数扰动法的方法，因此它包含了两种方法各自的缺点，如不适用于小样本应用且特征选择方法的选用较为困难等，然而其优点在于经过精心的设计，该方法的提升效果最为显著，且具有良好的泛化性能。

2. 特征法

特征法是在特征层面进行进一步处理，在此基础上与特征选择方法相融合，提高特征选择的稳定性，它是一种在特征层面的"微观"方法。组特征法是通过某种方式将高度相关的特征聚集成组，从特征组中选择相关特征构成稳定的特征子集；特征信息法是利用特征本身蕴含的信息对当前的特征选择方法进行改进，通常是采用某种度量准则给予重要特征更高的权重，然后根据权重值选择稳定的相关特征。

组特征方法在近年来得到了快速的发展,它基于一个观测经验结论:在高维数据中,相关特征是高度关联的,因此可以生成多组相关的特征集合,然后从各组中选择特征构成特征子集。由于这些特征组对输入样本的扰动具有一定的鲁棒性,因此基于组特征的特征选择方法对输入样本的微小扰动同样具有稳定性。获取特征组的常用方法包括核密度估计、正则化和相关性。

核密度估计是一种非参数密度估计方法,通过核密度估计可以得出特征与密度波峰的距离,然后将距离小于阈值的特征合并作为特征组。文献[54]考虑了特征选择的泛化性能及其稳定性,通过核密度估计得出一组紧密特征组,并将组内的特征作为特征选择的候选元素,然后提出紧密相关属性组选择器算法,在紧密特征组上选择特征。为了解决该方法中的核密度估计在高维空间上容易忽略稀疏区域相关特征的问题,文献[55]利用 Bootstrap 方法对训练样本抽样,在抽样样本中采用核密度估计得出紧密特征组,最后通过层次聚类获得特征组。

正则化是回归模型常用的方法,采用正则化技术也可以进行特征选择,如最小绝对收缩选择算子(Least Absolute Shrinkage and Selection Operator,LASSO)就是一种常用的基于正则化技术的特征选择方法,它通过构造具有正则化项的回归模型并使得平方误差和最小化,从而产生较少的非零分量,这些非零分量就对应选择的特征。文献[56]为了解决 LASSO 在电子医疗记录数据上较弱的稳定性,提出一种称为预测聚组弹性网络的方法将相关特征划分为组,然后选择具有丰富判别信息的组而非单个特征,并将模型转换为具有限制条件的优化问题,同时提出一种收敛的迭代方法进行求解。此外,文献[57]采用桥正则化技术求解 LASSO 中的非零分量,选择稳定特征。文献[58]在朴素弹性网络的基础上提出弹性网络正则化技术,解决了 LASSO 在高维相关特征中易产生相似回归系数的问题,有效提升了 LASSO 的稳定性。

相关性方法是通过相关性函数得出特征的相关性值,并基于相关性值采用某种策略得出特征组。文献[59]提出了聚类组 LASSO 稳定性特征选择方法,首先基于典型相关分析方法采用层次聚类将特征聚集成组,并计算特征组的相关性表示矩阵,再对原始训练样本进行抽样,每次抽样一半的原始训练样本,在抽样数据上使用 LASSO 从特征组中选择特征,将被选次数大于设定阈值的作为最终特征。

其他获取特征组的方法还包括如自组织映射、k 均值、逻辑回归和图理论等。

特征信息法常用的度量准则包括相关性度量、基于信息理论的度量、基于距离的度量和基于损失函数的度量等。

在使用相关性度量方面,文献[60]提出最小独立支配集技术,采用皮尔逊相关系数(Pearson Correlation Coefficient)度量特征间的相关性,并将大于设定阈值的特征之间用边相连,使得集合中的特征相互之间没有边相连,集合之外的特征至少存在一条边与集合中的特征相连,使用集合中的特征构成稳定特征子集。

基于信息熵度量方面,文献[61]将训练样本随机分割为不相交的子样本,再将特征分割成不相交的子集,使用条件互信息最大化(Conditional Mutual Information Maximization)和 LASSO 对每个子样本和特征子集做特征选择,最后选择被选次数大于阈值的特征。文献[62]提出在随机森林特征选择方法中计算特征的信息增益,再从中选择较好的特征进行节点分裂,提高选择相关特征的概率。

基于距离度量方面,文献[63]通过样本"间隔"计算出样本的权重,再将包含权重信息的样本作为输入,采用基于距离度量的权重特征选择法 Simba 评估样本中特征的权重,选出稳定的特征子集。文献[64]提出了最大相关最大距离特征排序方法,该方法用皮尔逊相关系数度量特征子集与分类目标之间的相关性,使用欧氏距离、余弦相似度和谷元距离(Tanimoto Distance)衡量特征之间的距离,然后计算特征的平均距离,最后选择最大化相关性指标与平均距离之和的特征。

在利用损失函数度量特征信息方面,文献[65]分别采用 $L1$ 与 $L2$ 正则化泛化损失函数计算样本中的特征权重,根据特征的权重值选择特征子集,实验表明,$L2$ 正则化泛化损失函数在提升特征选择稳定性方面性能较好。此外,还有一些相关工作通过结合多种度量准则提高特征选择稳定性。文献[66]提出一种基于相关性偏差约减策略的算法,该算法利用特征的距离"间隔"与高斯损失函数对支持向量机递归特征消除(Support Vector Machine Recursive Feature Elimination)算法中每次被移除的特征组内的特征做相关性计算,若该特征与至少 Tg 个组内特征的相关性大于设定阈值 Tc,且该特征与已选的相关性不大于 Tc,则保留该特征作为特征子集的元素。

组特征法研究成果较多,具有较好的性能表现,特别是基于核密度估计和正则化技术的方法,在组特征法中被广泛采用。但组特征法的局限性在于缺乏较为系统的理论依据,目前组特征法的发展仍然基于经验观察的结论,且组特征法并不适用于数据集特征规模较小的情况,同时也难以适应特征组边界较为模糊的数据集。

特征信息法则能够适用于数据的特征规模较小的情况,但其缺点在于需要根据问题及数据集的特点选用合适的度量准则。其中基于相关性和基于距离的度量难以适应特征维度较高的情况,当特征维度较高时,特征的相关性和距离值差异较小,导致难以选择合适的特征子集,而基于信息理论的度量存在同样的问题;基于损失函数的度量需要根据数据集的特点构造有效的损失函数,泛化性较弱。

3. 特征选择稳定性中的演化算法

特征选择是典型的 NP 难问题,即无法在多项式时间内获得最优解,常用的解决方法是通过演化算法获取次优解,基于演化算法的特征选择稳定性逐渐得到重视。

目前,提高演化算法特征选择稳定性主要有两种方式,一种是与扰动法或特征法相结合,一种是采用集成策略。文献[67]提出一种结合组特征法与遗传算法的特征选择方法,通过基于信息理论的对称不确定度量准则将相关特征聚集成组,使用遗传算法从特征组中选择相关特征构成特征子集,有效提升了特征子集的稳定性。文献[68]将演化算法与函数扰动法相结合,使用基于 T 检验、费舍尔判别准则和 ROC 曲线下面积的特征选择方法对训练数据进行特征选择并集成特征排序结果,然后使用遗传算法选择稳定的特征子集。针对遗传算法在高维数据中选择特征较为耗时的问题,文献[69]将函数扰动法与演化算法相融合,提出采用最小冗余最大相关(Minimum Redundancy Maximum Relevance)、联合互信息(Joint Mutual Information)、条件互信息最大化和交互覆盖(Interaction Capping)等 4 种过滤式特征选择方法对特征进行筛选,将选择次数大于阈值的特征作为备选元素,由遗传算法进一步选择相关特征。

在采用集成策略方面,文献[70]同时运行多个基于粒子群优化(Particle Swarm

Optimization)的特征选择算法,提出类别可分性指标对获取的多个特征子集进行加权集成,使得被选频次高同时对分类贡献度大的特征具有较高的权值,然后采用递归特征消除策略选择权值高的特征构成特征子集,进一步提升粒子群优化算法的特征选择稳定性和分类性能。

当前对于特征选择稳定性及提升方法的研究主要聚焦于过滤式特征选择方法,而针对基于演化算法的特征选择稳定性提升方法研究还不成体系,研究成果相对较少,这也是未来特征选择稳定性研究的主要方向[71]。

2.2.4 不平衡数据分类方法

在实体分辨的研究中,数据分布的不平衡问题较为常见,从分类的角度看,该问题属于不平衡数据的分类问题,因此有必要总结不平衡数据的分类相关工作。不平衡数据的分类方法包括数据级方法、算法级方法和集成学习法。数据级方法是作用在数据层面的方法,通过采样技术从不平衡数据中选择部分样本重新组合成为平衡数据,包括欠采样(Under-sampling)和过采样(Over-sampling)等方法。算法级方法是构造新的算法或改进传统算法来消除不平衡数据带来的负面影响,主要方法包括代价敏感法(Cost-sensitive Learning)、单类学习法(One Class Learning)和特征法(Feature Method)。集成学习法将集成学习技术与数据级或算法级方法进行结合,通过集成技术提高数据级或算法级方法的性能。

1. 数据级方法

欠采样方法是通过选择部分多数类的样本,与全部少数类样本重新组合成为相对平衡的训练集,消除不平衡数据的影响,随机欠采样(Random Under-sampling)方法是常用的欠采样方法之一。由于欠采样是选择多数类样本的子集,是一种组合优化问题,因此基于演化算法的欠采样方法在实践中得到了广泛的应用。

文献[72]提出一种基于蚁群算法的欠采样方法,将多数类样本编码作为路径,蚂蚁在路径上行走,并且用0和1表示该路径是否被选。为了避免过拟合,该方法将样本随机分割为3份,其中2份作为训练样本,1份作为测试样本,从训练样本中选择部分多数类样本,并重复该过程100次,确保每个样本都能进入训练样本中,最后将100次选择结果进行合并,得出多数类样本的被选频次,按照频次的降序选择一定数量的样本与少数类样本组成平衡训练集。

与直接采用演化算法的欠采样不同,文献[73]将基于遗传算法的欠采样作为Boosting算法的组成部分,通过遗传算法选择部分多数类样本与少数类样本构成平衡数据训练分类器。由于Boosting算法是一种集成学习方法,需要构造多分类器系统,分类器的多样性是多分类系统需要考虑的重要方面,因此作者提出一种能够同时度量分类性能与分类器多样性的指标,指导遗传算法选择最大化分类性能与分类器间多样性的样本子集。

针对不平衡的大数据分类问题,文献[74]提出将基于遗传算法的欠采样与MapReduce框架结合,在Mapper阶段将原始数据分割为 m 个样本子集,在每个样本子集上通过遗传算法获得平衡样本并训练分类器,随后在Reduce阶段合并训练的分类器;在此基础上,为了降低遗传算法的时间开销,作者提出窗口方法,在Mapper阶段将每个样本子集分为多数类和少数类,将多数类样本进行分割,遗传算法在迭代时选择全部少数类样本并循环使用分割的多数类样本,从而能够在不降低分类性能的前提下,提高运算效率。

可以看出,由于思路直观且部署简单,基于演化算法的欠采样方法已经得到重视和广泛应用。但是演化算法欠采样的缺点在于演化算法本身较高的时间复杂性,而传统随机欠采样的缺点是容易欠拟合。

过采样方法是基于样本信息,通过对少数类样本进行重复采样或生成新的少数类样本降低不平衡数据的负面影响。常用的两种方法是随机过采样(Random Over Sampling)与合成少数类过采样技术(Synthetic Minority Over Sampling Technique,SMOTE),此外还包括基于 SMOTE 算法的改进。

SMOTE 是一种性能优越的过采样方法,它首先选择少数类中的一个样本,通过欧氏距离得出与该样本最近的 k 个少数类邻居样本,然后从这 k 个少数类样本中随机选择一个样本,并计算该邻居样本与对应样本之间特征向量的差分值,从而生成新的少数类样本。

自适应合成抽样算法 ADASYN 是基于 SMOTE 的改进算法,具有较好的性能表现。该算法根据少数类样本的概率分布,调整 SMOTE 算法生成的少数类样本个数,在边界样本分布较为简单的情况下,生成较少的少数类样本,而在边界样本分布较为复杂的情况下,生成较多的少数类样本,进一步提高分类器对边界样本的分类正确率。

其他基于 SMOTE 的改进方法是对生成的少数类样本进行修正,选择更为合理的生成样本。文献[75]使用模糊粗糙集理论度量 SMOTE 算法的生成样本与原始多数类样本对于少数类的隶属度,删除隶属度小于阈值的样本,只保留隶属度大于阈值的样本。该算法的关键在于定义多数类样本与生成样本的隶属度阈值,为了尽可能保留原始数据的信息,设置较小的多数类样本隶属度阈值,同时设置较大的生成样本隶属度阈值,使得算法能够选择更为合适的生成样本。

随机过采样的优点是简单、直观,但容易过拟合。SMOTE 和基于 SMOTE 的改进算法已经能够在一定程度上解决该问题,但是在实际中,许多应用依赖于实际的数据,如医疗诊断、故障检测等,因此不宜采用生成新样本的方法。

2. 算法级方法

与欠采样和过采样等方法不同,代价敏感法并不改变原始数据的分布,而是创建一个代价矩阵,给予错分的少数类样本更高的代价。代价敏感法包含三种类型,基于转换理论、基于元代价框架以及直接定义代价函数的方法。虽然代价敏感法在某些情况下优于数据级的方法,但是它的缺点在于需要事先定义合适的代价函数。

单类学习法同样不改变数据的分布,它是根据数据的特征计算样本间的相似度,并按照设定的阈值对每个样本进行分类。单类学习法具有较强的预测性能和避免过拟合的能力,但是它的分类性能依赖于通过经验调整的相似度阈值。

特征法包括特征选择和特征抽取(Feature Extraction)。由于数据分布的不平衡,导致数据的特征表示偏向于多数类样本,造成分类器将少数类样本错误地分为多数类或将其作为离群点和噪声数据,从而影响分类性能。特征选择方法通过移除不相关和偏向特征消除不平衡类的差异性,提高分类器的分类性能。

文献[76]针对二类不平衡分类问题提出基于分解的特征选择方法。首先指定虚拟类的

个数 c,通过聚类将训练数据聚集成 c 个虚拟类,然后根据特征与类别的相关性对特征进行评估,选择评估值最大的前 n 个特征。

通过演化算法选择特征,解决不平衡数据的分类问题也得到关注。文献[77]提出一种基于和声搜索算法的特征选择方法,首先使用对称不确定评估特征的相关性,然后利用和声搜索算法搜索特征子集,同时引入了向量调整操作,在和声搜索算法每次迭代后,基于特征的对称不确定评估值,在搜索的特征子集中使用向量调整操作添加新特征或删除原特征,从而获得较好的特征子集。为了消除数据的不平衡对特征选择的影响,文献[78]直接采用遗传算法在多类不平衡数据集上选择特征,将扩展几何平均指标和已选特征个数与特征规模比值的聚合值作为遗传算法的优化目标。此外,文献[79]提出结合抽样与特征选择的方法,将训练样本 w 和样本特征 n 共同编码成长度为 $|w+n|$ 的染色体,同时将曲线下面积指标和样本个数与已选样本数的差值作为优化目标,最后使用非支配排序遗传算法 II 进行实现。

通过特征选择解决数据的不平衡问题是近年来出现的新思路,虽然该方法的研究时间较短,但已经逐渐成为不平衡数据研究的热点。与特征选择不同,特征抽取是将数据转换到低维空间中,即按照某种方式,根据原始特征信息生成新的低维特征表示原数据。特征抽取的主要技术有奇异值分解(Singular Value Decomposition)、主成分分析(Principal Component Analysis)以及非负矩阵分解(Non-negative Matrix Factorization)等。特征抽取方法的缺点在于生成的特征可解释性较弱,此外,在多数情况中,奇异值分解和非负矩阵分解的时间复杂度较高。

3. 集成学习法

集成学习法将集成学习技术与数据级或算法级方法结合,提高算法性能,常用的集成学习技术是 Bagging 和 Boosting。Bagging 是一种并行化的集成学习技术,它的组成部分可以同时并行运行,然后采用投票或分配权重的方式集成各部分的计算结果。Boosting(包括 AdaBoost)是迭代式的集成学习技术,每次迭代训练一个分类器,下次迭代时分类器聚焦于本次迭代错分的样本,从而提升多分类器的的整体性能。

与数据级方法结合方面,文献[80]提出基于 Bagging 的多分类器系统。首先采用样本平衡技术得到不同的平衡数据集,然后使用这些数据集构造多分类器,最后通过聚合的方法输出多分类器的结果。该多分类器系统使用了两种样本平衡技术,一种是通过聚类将多数类样本聚集成多个簇,再与全部少数类合并构成多个平衡数据集;第二种技术是按照少数类样本的个数对多数类样本进行分割,再分别与全部少数类合并,从而确保合并后数据集中的多数类样本与少数类样本的个数相近。

SMOTEBoost 是一种基于 AdaBoost 的改进算法,它将 SMOTE 算法与 AdaBoost 集成学习技术相结合,在 AdaBoost 构建分类器的过程中,采用 SMOTE 算法构造平衡样本集来训练分类器,同时在下一次迭代时提高错分样本权重。

与算法级方法结合方面,文献[81]将 AdaBoost 集成学习技术与基于二进制粒子群算法的特征选择相结合,解决多类不平衡数据的分类问题。该算法将 AdaBoost 置于粒子群算法中,采用二进制粒子群算法选择特征子集,然后利用选择的特征子集构造新的训练数据集,采用 AdaBoost 算法构造多分类器系统,通过聚合多分类器的预测结果获取分类的指标值,最后根据指标值选择较好的粒子(特征子集)。

文献[82]将集成学习技术与数据级方法和算法级方法结合,提出了自适应集成分类算法。该算法首先对原始数据进行特征选择,然后采用基于集成学习技术的抽样策略构造多分类器系统;该算法的组成部分可以使用多种方法实现,特征选择方法采用基于相关性的快速过滤法(Fast Correlation Based Filter)和二进制粒子群算法,抽样策略使用 AdaBoost、欠采样平衡集成和过采样平衡集成三种方式,当特征选择方法采用二进制粒子群算法时,需要将抽样策略集成到粒子群算法内部。

除了上述方法,如 RUSBoost 算法、EUSBoost 算法、EasyEnsemble 算法和 BalanceCascade 算法等集成学习法也在不平衡数据的分类中得到了广泛应用。集成学习技术能够提高原始算法的可扩展性和鲁棒性,已经成为不平衡数据分类研究的重点。但是集成学习方法的缺点在于时间复杂性较高,特别是基于 Boosting 和 AdaBoost 等迭代式集成学习技术的算法;其次,大数据的发展使得数据的规模呈爆发式增长,高维数据的规模不断增长,导致当前融合特征选择方法的集成学习法难以有效处理。

2.3 名称分辨的研究进展

本书第 7~9 章研究名称分辨中的机构别名挖掘和姓名消歧方法,本节给出机构名称分辨及姓名消歧的研究现状。

2.3.1 机构名称分辨的研究现状

由于机构的合并、改组等原因引起的机构名称更改,以及有些机构出于其他原因,同时使用两个及以上完全不同的名称,这就造成了同一机构实体具有多个名称的现象,即机构别名问题,机构别名一般在形式上差别较大,且不存在某种规则。机构别名的存在,造成信息系统中统计、分析机构信息的不准确;造成不同系统之间数据的集成困难,增加数据挖掘的成本;造成对同一机构历史获知的局限、信息检索返回结果的不完整性等。对机构别名进行挖掘可以提高信息检索的完整性以及对信息资料中信息的获知;可以作为人物姓名消歧的一个属性,提高人物姓名消歧的准确性;用于追溯机构实体的名称演变历史;用于对同时使用多个名称的机构进行名称使用合规性检查等。然而,当前有关机构别名挖掘的研究很少,且基本都是针对机构名称的全称和简称的分辨。

机构名称全称和简称的分辨方法可以分为三类:基于规则的方法、基于统计的方法和基于上下文的方法。文献[83]是典型的有人提出了基于规则的方法,通过对机构名称的构成特征进行分析,建立特征词库,用学习的方法得到构成规则,实现机构名称全称和简称的分辨;有人先按规则简化去重,再将机构名的简称分为末尾层简称、末尾层全称、全简称、全称等四种模式,同时通过提取"团体部件+地名部件+机构称呼部件+常见机构词汇+序数部件+繁体转简体"并与地区结合,实现机构名称全称和简称的分辨。文献[84]是一种基于向量空间模型的统计方法,该方法首先抽取机构名称的特征并滤掉高频字,然后采用字频构造空间向量,计算其与标准机构名称间的词频-逆向文件频率的相似度,实现机构名称的分辨。基于机构简称的研究方法都要依赖于语料库中机构名称的全称来实现,若语料库中无对应的全称,则无法分辨,因此,有人提出了一种采用上下文特征匹配的机构名称简称分辨方法,不依赖语料库,仅根据机构名称的上下文特征实现分辨。

因机构别名之间几乎不存在任何规则,以上基于规则、统计等分辨机构名称全称和简称的方法,对机构别名挖掘并不适用。文献[85]提出了一种俄语姓名的别名挖掘方法,通过字符串匹配、模糊匹配等,实现俄语姓名的别名挖掘。因互为别名的机构名称间,一般无论在形式上,还是内容上都差别较大,故该基于字符串匹配的方法对机构别名挖掘也不适用。

2.3.2　姓名消歧的研究现状

由于中国人口众多,可用作姓名的汉字数有限,以及姓氏分布的极度不均衡等原因,造成中国人的姓名歧义程度较高。当今,社会对知识和人才更重视,数字化程度也大幅提高,研究者数量及研究成果与日俱增,造成了文献资料中同名作者的大量涌现。姓名歧义直接影响着科学研究成果及论文的归属、著作权益的保护,影响重视署名标识的作者在学术社交网络上的交流,同时还导致信息检索等领域多方面的应用性能下降,造成信息检索、学术评估、合作交流等多方面的困难阻碍。因此,在大量学术资源中,实现作者的姓名消歧,可以提高信息检索的准确性及用户满意度;协助科研机构进行学术研究进展的追踪、了解,提升学术研究者的学术透明度,优化研究者的研究工作流程、推动跨学科、跨领域以及跨地域的合作交流等;通过包含姓名消歧功能的学术评价系统对个人发表学术论文进行量化,正确评估科研人员的科研能力,有益于科技项目的合理分配;还可用于指定学术责任作者等,姓名消歧具有十分重要的现实意义和应用价值,也一直是人们关注的重点和研究的热点。当前有关姓名消歧方法的研究很多,主要可分为有监督方法、无监督方法以及其他方法。

有监督方法一般是用有类标号的训练数据训练分类模型,实现姓名消歧。如文献[86]提出了一种自训练姓名消歧方法,通过选取稀少姓氏的共同合作者记录和具有两个及以上较常见姓氏的合作者的记录作为训练数据,生成区分度函数,并用于对尚未分类的作者进行指派,实现姓名消歧;文献[87]提出了一种结合用户反馈的有监督姓名消歧方法,该方法用生成的数据训练多个分类器,并以较高的分类正确率人工组合这些分类器,然后根据类之间的相似度进行类的首次合并,再根据用户反馈信息进行二次合并,实现姓名消歧。

无监督方法一般都是根据歧义姓名之间的相似度,用聚类的方法实现姓名消歧。如文献[88]提出了一种基于两级适应共振理论策略来解决姓名消歧的方法,该方法首先通过适应共振理论得到较高的聚类准确性,再通过凝聚聚类方法融合获得较高的相似度,该方法模仿人工姓名消歧过程,不需要预设待分类簇数,同普通的凝聚聚类算法相比,提高了姓名消歧效果。文献[89]提出了一种基于 k-way 光谱聚类的姓名消歧方法。文献[90]提出了一种无监督启发式层次聚类姓名消歧方法,根据同名作者的合作者、研究领域、出版地等信息计算相似度,并进行聚类实现姓名消歧。文献[91]提出了一种动态增长数据库的姓名消歧方法,根据作者姓名及其合作者和研究领域、论文的出版地等信息,计算与数据库中同名作者记录间的相似度,确定需要插入数据库中的类簇,实现姓名消歧。文献[92]针对动态增长的数据,采用 DBSCAN 聚类和随机森林相结合的方法,同时设置实例层约束条件和聚类层约束条件,实现动态增长数据的姓名消歧。文献[93]提出了一种 DISTINCT 姓名消歧方法,用同名作者的合作者、研究领域、期刊或会议名称、出版地等诸多属性,定义了邻接元组和连接强度,结合随机游走概率,根据邻接元组间的 Jaccard 系数,计算两个待消歧姓名之间的连接强度,选取稀少姓氏的作者姓名作为训练数据,训练 SVM 分类器,得到不同路径的权重,计算两者之间的相似度,最后通过凝聚层次聚类,实现姓名消歧。因 DISTINCT 姓名消歧方法所需属性信息较多,缺乏普适性,文献[94]提出了一种只使用合作作者信息的姓名消歧(Graphical Framework for Name Distinction,GHOST)方法,依据作者间的合作关系构造图,搜索图中待消歧姓名之间的有效路径,定义了"并联电阻"相似度,依据有效路径的数目、长度,计算两两待消歧姓名之间的"并联电阻"相似度,最后用近邻传播聚类算法进行聚类,实现姓名消歧。

除有监督和无监督方法外,还有其他的姓名消歧方法。如文献[95]提出了一种解决计算机科学目录的集成数据库系统(DataBase Systems and Logical Programming,DBLP)中同名作者的姓名消歧方法,首先将有相同作者姓名的文献放在同一数据块内,然后构造所有作者顶点和文献顶点的网络,以两个待消歧姓名之间的最短路径作为距离,当距离小于某一阈值时,则认为是同一人。文献[96]提出了一种同时使用监督和无监督姓名消歧方法,该方法首先通过无监督方法选择正确的训练数据,然后用混合监督方法学习分类模型,并根据用户反馈信息进行迭代消歧。文献[87]提出了一种五步骤姓名消歧方法,即生成纯簇(Pure Clusters)、生成训练样本、训练组合分类器、检测簇间的相似度并自动生成阈值、结合用户反馈合并类簇。文献[97]针对中文文档中的姓名歧义问题,提出了一种基于多核函数的实体链接方法,并通过网络验证来提高姓名消歧的准确性。文献[98]提出了一种通过将实体链接到本体库或诸如知识集成机(Knowledge-Based Integrated Machine,KIM)、百度百科、维基百科等知识库的实体分辨方法。文献[99]提出了一种姓名消歧框架,通过对输入数据按姓名分类清洗,按属性两次分解合并等,实现姓名消歧。文献[100]提出了构建自助式情报服务管理系统,通过专家库系统,构建学者词表并提供接口服务,以解决同名作者的姓名歧义问题。文献[101]针对专利发明者的英文同名问题,提出了采用海明距离、Levenshtein 距离、Damerau-Levenshtein 距离、加权 Damerau-Levenshtein 距离、最长公共子串、Jaro 以及 Jaro-Winker、q-gram、q-gram 的余弦法、q-gram 的 Jaccard、Soundex 等多种字符串匹配法的组合进行姓名消歧,较单一匹配法取得了较好的消歧效果。

以上诸多解决姓名消歧问题的方法,大多所需信息较多,如 DISTINCT 姓名消歧方法需要用到期刊会议名、合作作者、出版地、关键字、邮箱等信息,这些信息的准确获取困难,缺乏普适性;GHOST 姓名消歧方法只使用了合作作者信息,但在缺少该信息时,则无法实现消歧,通过对中国知网以及万方数据库的随机抽样统计发现,缺乏合作作者的文献记录竟高达 30%,这就使得仅使用合作作者信息的 GHOST 方法的使用受到了较大的限制。

2.4　XML 数据实体分辨的研究进展

相比于关系型数据的记录匹配方法,XML 数据实体分辨的元素匹配方法研究较少。与结构化数据不同,XML 数据通常包含丰富的结构信息,且 XML 数据的文本信息和结构信息都可能存在相似重复,研究者通常从 XML 数据的文本信息和结构信息两个方面入手设计相应的匹配方法。本书将元素匹配方法分为文本比较和结构比较两类,文本比较方法重点比较 XML 数据的文本信息；结构比较方法重点比较 XML 数据的模式信息。

2.4.1　文本比较方法

文献[102]提出了 XML 数据的实体分辨框架,包括候选定义、重复定义和重复检测三部分。候选定义指定参与分辨的元素节点；重复定义包括描述选择和重复分类,描述选择为元素选择合适的描述作为属性,重复分类给出了判断两个元素是否匹配的条件；重复检测是具体的实体分辨方法。文献[102]还给出了实现框架的 XML 重复对象匹配算法(Duplicate Objects Get Matched in XML,Dogmatix),Dogmatix 采用对象描述(Object Description,OD)表示属性,对象描述为一个(value,name)形式的值名对,简称 OD 对,值为节点的文本信息,名为节点的相对路径,并给出三种启发式方法为元素选择合适的描述。当对象描述对的名一致时,值的相似度即为对象描述对的相似度；名不一致时,相似度为 0。Dogmatix 根据对象描述对的相似度,将对象描述对划分为匹配和冲突两类,并据此计算两个 XML 元素的相似度,它的计算复杂度为 $O(n^2)$。若将对象描述对的名看作属性名的话,该比较实际上退化成了结构化数据的比较,该定义适用于节点名相同,仅存在节点值不同的情况。

文献[103]将结构化数据中的排序近邻方法扩展到 XML 数据,提出了排序 XML 近邻方法(Sorted XML Neighborhood Method,SXNM)。SXNM 假设待分辨的数据模式相同,首先利用配置文件,人工指定候选对象、对象描述、分块键定义和分块键模式,为每个元素生成分块键；然后根据分块键对元素排序,仅比较窗口内的元素。其中候选对象和对象描述指定参与分辨的元素节点及其对应的属性,分块键定义指定生成分块键的属性的相对路径,分块键模式指定根据该属性的某一部分生成分块键。一个分块键定义和分块键模式的典型例子为：@year 和 D3、D4,它指定根据 year 属性的第 3 和第 4 位构建分块键。由于 XML 结构的灵活性,一方面同一路径可能存在多个节点,另一方面部分节点可能存在相似重复对象,导致匹配实体的分块键可能区别较大,漏检真匹配实体。在根据分块键对 XML 元素排序后,SXNM 采用自底向上的顺序对元素进行比较。首先计算个体后代的相似度,并聚合所有后代的相似度计算元素的相似度,它的计算复杂度为 $O(n\log n)$,其中 n 为参与分辨的实体个数。

文献[104]根据自底向上的策略,提出一个基于贝叶斯网络的方法：XML 重复(XML Duplicate,XMLDup),XMLDup 认为两个元素节点是否匹配不仅与自身的相似度有关,还与子节点的相似度有关。XMLDup 首先对叶子节点求相似度得到先验概率,然后通过定义的联合概率公式自底向上传播,最终得到元素匹配的概率,它的计算复杂度为 $O(n^2)$。之后有研究者进一步对 XMLDup 进行优化,计算效率得到提升。

文献[105]比较了 Dogmatix、SXNM 和 XMLDup,当存在相似重复对象时,Dogmatix 表现最好,SXNM 最差,这是因为 SXNM 根据分块键排序,当存在相似重复对象时,匹配对象的分块键可能差异较大；而对 Dogmatix,只要相似度高于阈值,OD 对即被判为重复；对 XMLDup,错误会逐级传播,最终影响分辨准确性。当存在数据缺失的时候,Dogmatix 表现最好,XMLDup 和 SXNM 表现相当。Dogmatix 误报率较高,即当元素对的相似度较高时,可能将不匹配元素对判为匹配。执行效率方面,SXNM 最好,XMLDup 最差。

文本比较方法仅关注节点的路径信息或父子关系信息,所使用的结构信息较简单,且 Dogmatix 要求路径完全一致才建立映射,未考虑节点名出现相似重复对象的情况。

2.4.2　结构比较方法

文献[106]提出了一种结构比较方法,当且仅当两个节点到根节点的路径一致,它们建立映射,这个映射称为覆盖。若该覆盖不被其他覆盖所包含,则称为完全覆盖。当某个覆盖是完全的,且节点的相似度最大,则称为最优覆盖。最优覆盖的相似度即 XML 元素对的相似度。对树 T^p 和 T^q,它的计算复杂度为: $O(((\mid T^p \mid - \mid \text{leaves}(T^p) \mid) \mid)(\mid T^q \mid - \mid \text{leaves}(T^q) \mid)(\text{depth}(T^p) + \text{depth}(T^q))^3)$,其中 $\mid T^p \mid$ 为树 T^p 的节点集合,$\text{leaves}(T^p)$ 为树 T^p 的叶子节点集合,$\text{depth}(T^p)$ 为树 T^p 的相对深度,即叶子节点到根节点的长度。该定义仅适用于 1 个父节点对应 N 个子节点的情况,不适用于 M 个父节点对应 N 个子节点的情况[105]。

文献[107]通过比较文本节点的路径,判断 XML 元素是否匹配。首先获取 XML 元素的路径集合,然后将路径转换为一组 token,再构建一个路径矩阵,矩阵的每个元素包括两个路径为匹配和不匹配的概率。最后聚合各路径的概率得到 XML 元素匹配的概率,它的计算复杂度为 $O(\mid T^p \mid \times \mid T^q \mid)$。

除专门的实体分辨方法之外,现有的树相似度也常用于 XML 数据的实体分辨,基于树相似度的实体分辨方法将 XML 元素建模为一棵树,并利用树相似度计算两个元素的结构相似度。树相似度通常仅关注 XML 元素的结构,不关注 XML 元素的文本信息[108]。

树相似度包括:树编辑距离(Tree Edit Distance,TED)、孤立子树距离(Isolated Subtree Distance,IST)、多集距离(MultiSet Distance)、路径距离(Path Distance)、熵距离(Entropy Distance)。

其中树编辑距离和编辑距离类似,也包括如图 2-6 所示的更新、删除和插入操作。

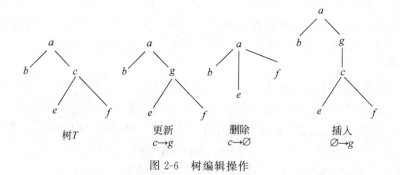

树T　　更新 $c \rightarrow g$　　删除 $c \rightarrow \varnothing$　　插入 $\varnothing \rightarrow g$

图 2-6　树编辑操作

如图 2-6,树编辑距离即最小代价的编辑操作次数,它的计算复杂度为 $O(\mid T^p \mid \mid T^q \mid \min\{\text{depth}(T^p), \text{leaves}(T^p)\} \min\{\text{depth}(T^q), \text{leaves}(T^q)\})$[109]。孤立子树距离也是树编辑距离的一种,只是树编辑距离映射的是节点,而孤立子树映射的是不交叉的子树,由于孤立子树映射保持了树的结构,更有意义,它的计算复杂度为 $O(\mid T^p \mid \times \mid T^q \mid \times \min\{\text{leaves}(T^p), \text{leaves}(T^q)\})$[110]。

多集距离把树 T^p 和 T^q 转换为完全子树的多集集合 M^p 和 $M^{q[111]}$。完全子树是指若某节点在该子树中,它所有的子节点也在该子树中。多集是允许重复元素的集合。多集距离利用式(2-7)计算两棵子树的距离,其中 $V(T^p)$ 表示树 T^p 的节点,$|V(T^p)|$ 表示树 T^p 的节点个数,它的计算复杂度为 $O(|T^p| \times |T^q|)^{[96]}$。

$$D_{\text{multiset}}(T^p, T^q) = \frac{(|M^p \bigcup M^q| - |M^p \bigcap M^q|) + (|V(T^p) \bigcap V(T^q)| - |V(T^p) \bigcap V(T^q)|)}{2}$$

(2-7)

路径距离首先把树 T^p 和 T^q 转换成路径的多集集合 M^p 和 M^q,然后利用式(2-8)计算两棵树的距离,它的计算复杂度为 $O(|T^p| \times |T^q|)$。

$$D_{\text{path}}(T^p, T^q) = \frac{|M^P \bigcap M^q|}{\max\{|T^p|, |T^q|\}}$$

(2-8)

熵距离则首先把树 T^p 和 T^q 转换成路径的多集集合 M^p 和 M^q,然后利用式(2-9)计算两棵树的距离[112]。

$$D_{\text{entropy}}(T^p, T^q) = \frac{C(M^p \bigcup M^q)}{\sqrt{C(M^p) \times C(M^q)}} - 1$$

(2-9)

式(2-9)中,$C(M)$ 表示多集的计算复杂度,它的定义为:

$$C(M) = b^{H_b(M)} = b^{-\sum_i p(m_i) \log_b p(m_i)} = \prod_i p(m_i)^{-p(m_i)}$$

(2-10)

式(2-10)中,b 是常数,$H_b(M)$ 代表 M 在基 b 下的熵,m_i 代表 m 的第 i 个成员,$p(m_i)$ 代表 m_i 在 M 中的频率,熵距离的计算复杂度为 $O(|T^p| + |T^q|)$。

文献[109]综述了上述树相似度,指出它们存在三个缺点:①保序映射没有考虑不同位置处的相似节点对总的相似度的贡献;②一一映射导致重复节点或结构无法发挥作用;③基于编辑距离的映射没有考虑树的结构。针对现有树相似度的不足,文献[109]提出了扩展子树(Extended Subtree,EST)。EST 主要有四条规则,分别是:①不仅映射节点,还映射结构;②当两个子树已经被映射,其所有子节点(结构)也被映射;③一棵子树可映射到多棵子树,它也可被多棵子树映射;④对子节点和子结构进行加权。EST 的计算包括 4 个步骤:首先获取节点间的映射;然后找出各节点所在的最大子树映射;接着计算各子树的权重;最后对权重进行加权得到树的相似度,EST 的计算复杂度为 $O(|T^p| \times |T^q| \times \min\{|T^p|, |T^q|\})$。

计算复杂度方面,熵距离最小,文献[106]中的方法最大。Shahbazi 等人从 XML 树的分类和聚类的准确性方面,将 EST 与其他树相似度进行比较,结果表明,EST 在准确性上表现最好,熵距离在效率上表现最好[109]。

结构比较方法不考虑元素的文本信息,当两个元素的结构一致,但文本信息不一致时,无法有效分辨。目前,结合文本比较和结构比较的元素匹配方法研究较少,当结构和文本都出现相似重复对象的时候,现有方法准确性较差。

2.5　跨模态数据实体分辨的研究进展

本节从单模态数据表征、模态间数据相似性度量、以及相似性匹配等三方面回顾现有研究工作。

2.5.1　单模态表征

图像和文本都属于非结构化数据,其原始数据中的语义稀疏且层次较低,而有效的特征提取方法有利于获取其中的语义信息,因此,这里从特征提取的角度分别介绍论文的研究对象。

1. 图像数据特征提取

图像是对客观对象的一种描述,是人类社会中最常见的信息载体之一。人脑通过复杂的机制来感知、理解图像中蕴含的信息,而为了更好地在计算机中表示图像中的信息,研究者提出了许多手段提取图像特征,如人工设计的特征提取方法,以及基于深度学习的特征提取方法。其中基于深度学习的特征提取方式表现最为突出,在文本-图像的多模态学习中也被广泛应用。

人工设计的图像特征分为局部特征和全局特征。其中,常见的局部特征包括尺度不变特征变换(Scale-Invariant Feature Transform,SIFT)、方向梯度直方图(Histogram of Oriented Gradient,HOG)等;常见的全局特征有 GIST 空间包络特征等。人工设计的图像特征在图像分类、目标检测等计算机视觉任务中一度发挥了十分重要的作用,而在较为早期的多模态分析任务这些特征也被用于图像的表示。近年来随着深度学习方法的发展,卷积神经网络(Convolutional Neural Networks,CNN)等深度神经网络模型极大地提高了图像分类等任务的精度。通过 ImageNet[113] 和 Pascal VOC[114] 等大规模图像数据集训练得到预训练模型(如 ResNet[115]、VGG[116]、DenseNet[117] 等)具有可迁移性。这些预训练 CNN模型也被用于多模态学习中的图像特征提取,例如:文献[118]使用 VGG[116] 模型进行图像特征提取;文献[119]利用预训练的 VGG 网络来进行图像的特征提取;文献[120]采用了在 ImageNet 上预训练的 DeCAF[121] 特征;文献[122]在跨模态排序学习中使用了GoogLeNet 模型[123]。

一些研究者认为使用预训练模型会限制模型的学习能力,如果端到端重新训练模型,可以得到更准确的结果。例如:文献[124]提出区域卷积神经网络(Region Convolutional Neural Network,RCNN),将图像分割为切片,并利用文献[125]提出的 CNN 模型分别提取每个切片的特征;文献[126]也通过文献[125]提出的网络结构进行图像特征提取。尽管这些模型中没有使用预训练的 CNN 网络,但也并非直接端到端地训练整个模型。例如在文献[124]的工作中,首先以切片对齐为目标训练 CNN 网络,然后再以多实例学习(Multiple Instance Learning)目标来微调 CNN 网络。

尽管理论上端到端的训练方式应该可以学习到更适合目标数据集的特征表示,但这需要足够丰富的训练数据作为保证。然而,由于跨模态训练数据获取的成本较为高昂,训练数据经常难以满足模型训练需求。此外,各子网络结构之间的差异可能导致训练发生震荡,难以收敛。因此,基于大规模数据集进行预训练的 CNN 网络在实际中表现更好。例如,文献[127]发现使用 VGG、GoogLeNet 等预训练 CNN 模型的效果要好于其通过端到端训练得到的模型。

2. 文本数据特征提取

文本是人类抽象思维的重要表达形式,要让计算机理解人类语言并非容易。通常,文本在计算机中的表示可以分为词的表示和句的表示两个层次。

词是语言的基本单元,按照词的表示方式可以将多模态学习中的文本特征提取分为以独热表示(One-Hot Representation)为基础的方法,及以分布式表示(Distributed Representation)为基础的方法。独热表示(以及其稀疏存储形式)将词符号化为由 0 和 1 构成的向量,其中 0 和 1 表示词是否出现。由于独热表示本身不包含任何语义信息,主流研究中通常使用基于分布式假说[128]的分布式表示(Distributed Representation)进行词的表示。词的分布式表示又称为词嵌入,著名的 word2vec[129]、GloVe[130]、ELMo[131] 等都是被广泛使用的词嵌入方法。

在词表示的基础上,由词组成的语句才能够表达较为完整的意思。在词的独热表示基础上,多模态学习中使用到的语句表示方法主要有以下几种:词袋模型(Bag-of-Words,BoW)、主题模型、TF-IDF 等。而在词嵌入的基础上,多模态学习中的句表示通常通过深度神经网络获得,如文献[132]使用的递归神经网络(Recurrent Neural Network,RNN),文献[133]使用的长短时记忆网络(Long Short-Term Memory,LSTM)。此外,部分方法并非基于深度神经网络,但是性能却不弱于基于深度神经网络的方法,如平滑逆频率(Smooth Inverse Frequency,SIF)[134] 等。

回顾已有工作发现,词袋模型等传统方法仍然会被用作多模态学习中的文本特征提取工具。这是因为包括 Wikipedia[135],XMedia[136] 在内的许多数据集本身就提供词袋特征;此外,基于深度神经网络的词嵌入和句嵌入技术复杂度较高并且其性能优势不明显,导致使用它们的动力不足。然而,随着 Bert[137] 等大规模预训练模型在自然语言处理任务中全方位地超过了传统方法,相信更多的研究者会在跨模态分析任务中使用它们。

3. 文本和图像表征的不对称性

由特征提取方式可知,文本和图像数据信息描述方式存在本质区别,二者中蕴含的信息并非完全对称。根据文本和图像数据中信息的对应程度,现有研究对文本和图像的共存关系划分为多种不同类型,如图 2-7 是两种经典文本-图像关系分类。

文献[138]是文本-图像关系研究的先行者,通过分析广告和新闻中的文本和照片,提出了图 2-7(a)所示的文本-图像关系分类,从两个层面对文本和图像之间的关系进行区分,第一个层面为是否相等,第二个层面是不相等的两种情况:扩充和缩减。在此基础上,之后的研究者提出了许多其他的分类方法,如文献[139,140]等。其中,文献[141]提出的文本-图像关系分类法更加完备。如图 2-7(b)所示,Unsworth 的分类方法从四个层次将文本-图像关系分为 15 种类型。

上述工作对文本-图像关系进行了系统的研究,但是并没有解决如何判定这些类别的问题,特别是如何自动化地进行文本-图像关系评估。文献[142]提出跨模态互信息(Cross-Modal Mutual Information,CMI)和语义相关性(Semantic Correlation,SC)两个指标来评估文本-图像关系,并设计了基于自编码器的模型来计算这两种指标。其中 CMI 为不同模态共享的概念或实体数量,而 SC 则表示共享的信息是一致、无关还是相反的。文献[143]认为 CMI

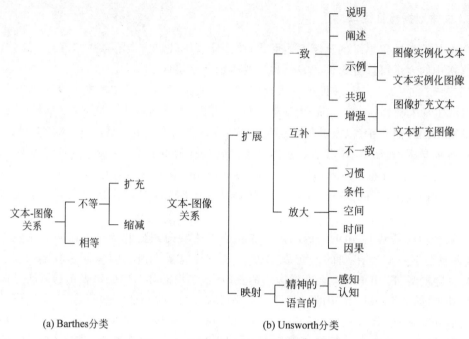

(a) Barthes分类   (b) Unsworth分类

图 2-7 两种经典文本-图像关系分类

和 SC 不能涵盖所有的文本-图像跨模态关系,将多种文本-图像关系归纳为表 2-1 所示的三种相对抽象等级(Relative ABStractness Level,ABS)来取代它们。

表 2-1 文本-图像抽象关系

相对抽象等级	$I =_a T$	$I >_a T$	$I <_a T$
Martinec & Salway[139]	论述(Exposition) 惯用语(Locution) 概念(Idea)	图像更一般,文本是图像的增强(Augmentation)	文本更一般,图像是文本的增强
Unsworth[141]	论述(Exposition) 声明(Clarification) 惯用语(Locution) 感知(Perception) 识别(Cognition)	文本实例化图像 文本扩充图像	图像实例化文本 图像扩充文本
Marsh & White[140]	比较(Compare) 对比(Contrast) 集中(Concentrate) 压缩(Compact) 建模(Model)	样品(Sample) 示例(Exemplify) 隔离(Isolate) 包含(Contain) 定位(Locate) 诱导(Induce) 透视(Perspective) 强调(Emphasize) 文档(Document)	图(Graph) 翻译(Translate) 描述(Describe) 定义(Define)

表 2-1 中,相对抽象等级旨在度量一幅图像和文本相比,是否含有更加详细的(即 $I <_a T$),

或者更加抽象的($I>_a T$),还是抽象程度相当的($I=_a T$)信息。同样,相对抽象等级也通过与文献[142]类似的自编码器模型来进行度量。

2.5.2 相似性度量方法

与传统的关系型数据或者单模态的文本(图像)数据不同,文本和图像间的相似度计算不但需要各自模态的知识,还需要二者间的对应关系[124]。为了跨越文本和图像两种模态之间的障碍,现有研究提出两种思路:基于度量学习(Metric Learning)的方法和基于共同空间学习(Common Space Learning)的方法[144]。

基于度量学习的跨模态相似度计算方法直接学习如何计算跨模态对象间的相似度,给定来自不同模态的两组变量 X 和 Y,其学习过程可以形式化为式(2-11)。

$$\underset{s}{\arg\min} \quad L_1(s(X,Y)) \tag{2-11}$$

式(2-11)中,s 为定义在(X,Y)上的相似度度量,L_1为学习度量 s 时考虑的损失函数。相似性度量函数 s 一般分为线性函数和非线性函数两种。其中,线性相似度量函数为一个线性映射矩阵 M,具有简洁性和扩展性(可通过核方法扩展为非线性映射)。非线性相似度量函数具有更复杂的形式,但学习成本更高。此外,根据损失函数中是否利用到标签信息,L_1可以分为监督型、半监督型以及无监督型。

基于共同空间学习的方法旨在构建一个各模态共享的表示空间,并将不同模态的对象映射到该空间内,从而可以直接通过距离度量它们的相似性,其求解过程可以形式化为式(2-12)。

$$\underset{(f_x,f_y)}{\arg\min} \quad L_2(f_x(X),f_y(Y)) \tag{2-12}$$

式(2-12)中,f_x 和 f_y 为 X 和 Y 到共同空间的映射,L_2 为构建共同空间时考虑的损失函数。如果令式(2-12)中 f_x 或 f_y 为恒等映射,则相当于将 X 或 Y 的表征空间作为共同表征空间[132,145]。构建共同表征空间的两种方法如图 2-8。

图 2-8(a)中,为了得到同构表征需要构建一个中间表征空间,并将文本和图像数据映射到其中,通过该空间中对象的距离来度量它们的相似度;而在图 2-8 (b),将其中一个模态的表征空间作为目标空间,直接将另一个模态的对象映射到其中。由于在大规模数据上具有更高的效率,基于共同空间学习的方法受到更多的关注[146],文本也主要讨论这种方法。为了找到式(2-12)中更好的损失函数(L_2),和映射函数(f_x,f_y),国内外众多研究者提出了多种方法,如基于统计关联的方法,基于哈希的方法,基于图正则化的方法、基于深度学习的方法等。尽管这些方法在各个方面存在很多差异,但其中的大部分都需要映射 f_x 和 f_y 保持两种关系:模态间(Inter-Modal)相似关系和模态内(Intra-Modal)相似关系。模态间相似关系主要指具有相似信息的图像和文本之间的对应关系;而模态内相似关系主要指文本或者图像对象的聚簇结构和近邻关系[147]等。此外,部分数据集中的样本拥有类标记或者标签,由于具有相同类标记或者标签的对象具有更高的相似性,因此在这类数据集中模态间和模态内相似关系还包括同类别(标签)对象间的相似性。

早期的研究工作更加关注模态间相似关系,而随着研究的深入,模态内相似关系对跨模态相似性度量的重要性逐渐被认可,跨模态相似度计算在考虑了模态内相似关系后准确率

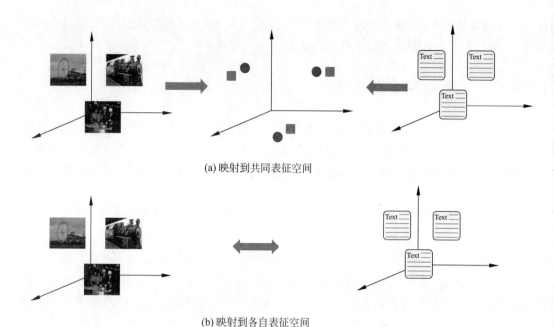

(a) 映射到共同表征空间

(b) 映射到各自表征空间

图 2-8   通过共同表征空间解决文本和图像的表征异构性问题

得到了提高。本节从如何保持这两种关系的角度出发,回顾了现有的跨模态相似度计算方法研究。

1. 模态内相似关系与单模态抽象

文本和图像都是非结构化数据,其原始表征与人类认知之间存在巨大差异[148]。为了更好地在表征中体现对象间的相似关系,首先需要通过上一节中的特征提取得到文本和图像的描述层信息,即式(2-13)和式(2-14)。

$$X \rightarrow \mathcal{X} \tag{2-13}$$

$$Y \rightarrow \mathcal{Y} \tag{2-14}$$

式(2-13)和式(2-14)中,X 和 Y 表示原始数据,$\mathcal{X}$ 和 $\mathcal{Y}$ 表示通过特征提取的数据。由于特征层描述中语义仍然十分稀疏,直接学习特征空间到共同空间的映射难度较大。正如人脑将原始输入的信号转变为语义原型,我们还需要将特征层表示进一步抽象,得到文本和图像的更高层表示(如主题、字典等),即式(2-15)和式(2-16)。

$$\mathcal{X} \rightarrow \mathscr{R}^{x} \tag{2-15}$$

$$\mathcal{Y} \rightarrow \mathscr{R}^{y} \tag{2-16}$$

将式(2-15)和式(2-16)的过程称为语义嵌入,其中 $\mathscr{R}^{x}$ 和 $\mathscr{R}^{y}$ 表示 $\mathcal{X}$ 和 $\mathcal{Y}$ 的抽象表征。该过程的目标是得到更为紧凑,且可以更好地体现对象间语义相似关系的单模态表征。其中通常会利用类标记、标签等监督信息,或者近邻关系、聚簇结构等非监督信息。现有多模态学习使用的语义嵌入方法中一些具有较为明确的物理意义,如主题、字典等,另外一些没有明确物理意义,如神经网络中的隐变量等,具体介绍如下。

(1)稀疏字典学习:一种表征学习方法,旨在找到一组基本元素使得输入可以映射为基本元素的稀疏表达式,包含两个阶段:构建字典,以及通过字典进行表示。字典学习可以学习到数据的本质特征,被广泛应用于信号处理等领域。由于其得到的稀疏表示具有可解释性强等特点,稀疏字典学习也被用在不同模态数据的语义表征中,如文献[149-151]。

(2) 主题模型:一种用来发现文本中抽象主题的统计模型,将文本表示为不同主题上的分布。而实际上"主题"这一概念不止用于文本,也适用于图像等其他类型的数据,一些研究者将其进行拓展并应用在多模态相似度计算中,例如文献[152-155]。

(3) 哈希编码:为了提高在大规模数据上进行跨模态检索等任务的速度,经常需要使用基于哈希的方法。原始的哈希方法并不能保证哈希编码的相似性与原始数据相似性的一致,为此研究者提出了局部敏感哈希[156]以及谱哈希[157]等方法。通过将这些方法与类标、模态内相似性等约束结合,可以将单模态数据映射到更为紧凑的海明空间中,此时具有相近哈希码的对象具有语义相似性。

(4) 深度神经网络:深度神经网络具有强大的学习能力,当有足够的训练数据时基于深度神经网络的方法往往表现出较为明显的性能优势。基于深度神经网络的模型虽然不会显式地执行语义嵌入,但是模型的中间层隐变量可以看作对输入数据的抽象。由于基于深度神经网络不明显区分单模态表征与跨模态关联,因此关于深度神经网络模型的相关工作在后续内容中介绍。

2. 模态间相似关系与跨模态关联

在单模态抽象的基础上,原始数据被表示为具有一定含义的抽象表征。但是由于不同模态的抽象过程是单独进行的,其抽象表征之间并非完全对应,在粒度、层次等方面存在很大差异。因此还需要对其进行对齐,也就是构建共同表征空间过程。需要说明的是,跨模态关联与特征提取,以及语义嵌入可以独立但也可以协同进行,因此本节中有少部分内容会与单模态抽象相关。共同表征空间有两种形式,一种是指与两个模态表征空间中任何一个都不同的中间空间,并将不同模态的数据映射到该空间中,如式(2-17)。

$$\mathscr{R}^x \rightarrow \mathscr{R} \rightarrow \mathscr{R}^y \tag{2-17}$$

式(2-17)中,$\mathscr{R}$ 为中间表征空间。

另外一种是第一种情况的特例,将其中一个模态的表征空间当作共同表征空间,然后将另一模态的数据映射到其中,即式(2-18)。

$$\mathscr{R}^x \leftrightarrows \mathscr{R}^y \tag{2-18}$$

为了使得在共同空间$\mathscr{R}$ 中保持对象的模态间相似关系,需要利用已知对应关系的训练数据,通常是匹配的正样本$\mathcal{S}=\{(x_i,y_j)|x_i\approx y_j\}$,以及不匹配的负样本$\mathcal{D}=\{(x_i,y_j)|x_i\not\approx y_j\}$,并将其转换为一个优化问题,如式(2-19)。

$$\min \quad L(\mathscr{R}\mid\mathcal{S},\mathcal{D})=f(\mathcal{S}\mid\mathscr{R})+\omega g(\mathcal{D}\mid\mathscr{R})+\lambda r(\mathscr{R}) \tag{2-19}$$

式(2-19)中,f 和 g 为$\mathcal{S}$和$\mathcal{D}$在$\mathscr{R}$ 中的损失,r 为正则化项,ω 和 λ 为平衡系数。或者,一起计算$\mathcal{S}$和$\mathcal{D}$在$\mathscr{R}$ 中的损失,如式(2-20)。

$$\min \quad L(\mathscr{R}\mid\mathcal{S},\mathcal{D})=h(\mathcal{S},\mathcal{D}\mid\mathscr{R})+\lambda r(\mathscr{R}) \tag{2-20}$$

现有的跨模态相似度计算研究中大部分的跨模态关联模型与式(2-19)或式(2-20)具有相似的形式,本节根据其具体实现形式将其归纳为如下几种类型。

1) 基于统计关联分析的方法

典型相关分析(Canonical Correlation Analysis,CCA)是研究两组变量相关关系的一种多元统计方法,通过最大化变量线性组合之间的相关性,将两组变量投影到具有相同维度的共同空间[158]。CCA 被广泛应用在文本和图像的跨模态相似度计算中。例如,文献[135,159]。受到 CCA 本身的限制,这些方法主要考虑式(2-19)中匹配对象对 S 的损失 f,如式(2-21)。

$$f = \frac{\sqrt{w_x^{\mathrm{T}} \boldsymbol{\Sigma}_x w_x} \sqrt{w_y^{\mathrm{T}} \boldsymbol{\Sigma}_y w_y}}{w_x^{\mathrm{T}} \boldsymbol{\Sigma}_{xy} w_y} \tag{2-21}$$

式(2-21)中,w_x 和 w_y 指 $\mathscr{R}^x$ 和 $\mathscr{R}^y$ 的线性组合,$\boldsymbol{\Sigma}_x$、$\boldsymbol{\Sigma}_y$ 分别是 $\mathscr{R}^x$ 和 $\mathscr{R}^y$ 的协方差矩阵,$\boldsymbol{\Sigma}_{xy}$ 为 $\mathscr{R}^x$ 和 $\mathscr{R}^y$ 的交叉协方差矩阵。式(2-21)体现了 $\mathscr{R}^x$ 和 $\mathscr{R}^y$ 的线性组合间的线性相关性,由多个 w_x 和 w_y 组成的线性映射矩阵定义了如何将 $\mathscr{R}^x$ 和 $\mathscr{R}^y$ 映射到共同空间 $\mathscr{R}$ 中。传统的 CCA 方法只能用于发现线性关联,无法发现更复杂的非线性关联。为了使 CCA 用于发现更为复杂的相关关系,研究者提出了多种对 CCA 的非线性拓展,例如文献[160-161]。非线性的 CCA 可以发现更为复杂的相关关系[161],因此可以被用在发现跨模态对象的关联中,例如文献[126,162-163]。这些方法相当于将式(2-21)中的线性映射替换为非线性映射。

偏最小二乘法(Partial Least Squares,PLS)[164]可以对两组变量进行线性回归建模,因此也可以用来分析跨模态数据之间的关联关系。相对于 CCA,PLS 直接进行观测变量到预测变量的映射,并且更适合预测矩阵中变量比观测矩阵中更多的情况。但是同样由于其基于线性假设,当文本和图像之间的关系为非线性时难以得到有效的结果[165]。因此,一些研究者对 PLS 方法进行拓展使其能够适用于非线性场景,例如 Kernel PLS[166-167]。

2) 基于哈希的方法

基于哈希的跨模态关联方法将海明空间作为共同表征空间,其中无论是文本数据还是图像数据都被表示为二值变量。与其他的跨模态关联方法相比,基于哈希的方法对两个海明空间中的表示进行关联。因此在式(2-19)的具体实现中通常利用一些适用于二值变量的方法,如逻辑回归、海明距离等。此外其正则项也有其特殊性,如文献[168]提出的正则项为式(2-22)。

$$r = \lambda_1 \sum_{p=1}^{P} \| \mathscr{R} \odot \mathscr{R} - \boldsymbol{E} \|_F^2 + \lambda_2 \sum_{p=1}^{P} \| \mathscr{R}\boldsymbol{O} \|^2 + \lambda_3 \sum_{p=1}^{P} \| \mathscr{R}\mathscr{R}^{\mathrm{T}} - m_p \boldsymbol{I} \|_F^2 \tag{2-22}$$

式(2-22)中,$\boldsymbol{E}$ 为全 1 矩阵,$\boldsymbol{O}$ 为全 1 向量,$\boldsymbol{I}$ 为单位矩阵。该正则化项保证了哈希位在全体数据上的平衡,以及哈希位之间信息互补并包含最大的信息量。

3) 基于图正则化的方法

图正则化(Graph Regularization)是一种半监督方法,将问题建模为在部分标记图上的标记问题,其中图的边权重表示数据间的亲和度[169]。图可以用来表示多模态学习中样本间各种相似关系,例如文献[170-173]。基于图正则化的跨模态关联方法在式(2-19)的正则化项 $r(\mathscr{R})$ 的基础上,引入线性映射 W 每一列 W_i 的平滑函数,如式(2-23)。

$$S(W_i) = \sum_{i,j} A_{ij}(W_i - W_j)^2 = W_i^{\mathrm{T}} \boldsymbol{L} W_i \tag{2-23}$$

式(2-23)中,$\boldsymbol{L} = \boldsymbol{D} - \boldsymbol{A}$ 为其图拉普拉斯矩阵(Graph Laplacian),$\boldsymbol{D}$ 为其次数矩阵(Degree Matrix),$\boldsymbol{A}$ 为其通过类标定义的邻接矩阵(Adjacency Matrix)。平滑函数的引入有利于在原始空间中的相似对象在映射空间中仍然保持较近的距离。

4) 基于深度神经网络的方法

随着基础计算设施和优化方法的发展,以及大数据技术带来的丰富训练数据,深度神经网络由于其强大的学习能力已经成为各种机器学习任务中的主流方法。而文本和图像数据间具有复杂的隐式关联,在训练数据足够的条件下,基于深度神经网络的方法具有其他方法难以比拟的性能优势。研究者引入了多种深度神经网络架构来学习模态间映射。

多层前馈神经网络(Multilayer Feedforward Neural Network),也称多层感知器(Multilayer Perceptron),是最典型的深度学习模型之一,广泛的应用于分类等机器学习任务中。由于非线性映射的引入,前馈网络具有学习复杂非线性相关关系的能力,文献[126,161,174]都以前馈网络来学习模态间的映射关系。

受限玻耳兹曼机(Restricted Boltzmann Machine,RBM),一种生成式随机神经网络,普遍应用于降维、分类、特征学习等机器学习任务。文献[175-176]中,都通过受限玻尔兹曼机学习概率密度的过程来寻找模态间关联。

自编码器(Auto-Encoder)网络,由编码器和解码器两个部分组成,通过最小化重建损失来完成降维等任务,在多模态学习中有着广泛应用。例如,文献[142-143,177-180]。

对抗网络(Adversarial Networks),由于生成式对抗网络(Generative Adversarial Network,GAN)[181]的成功,其对抗式的训练方式受到很多关注。文献[118,182-184]都直接或间接地将对抗式学习地方法引入到多模态学习中,通过 Min-Max 博弈来学习多模态数据的联合分布。

除此之外深度信念网络(Deep Belief Network,DBN)[185]等网络结构也被应用于多模态学习,但并非主流。

深度学习技术确实提高了跨模态实体分辨的准确度;在跨模态实体分辨中引入深度神经网络后,由于其强大的学习能力,人类先验经验的作用越来越被弱化,建立一个神经网络并端到端地进行训练似乎成了"万能"的方法。这样的模型可以避免不准确的先验知识带来的偏差,而直接从数据中学习参数。但是"天下没有免费的午餐",这种模型的训练需要大量的训练数据,而多模态学习的训练样本获取成本很高;此外当模型较大时,具有不同目标的子网络间可能发生震荡,导致模型收敛速度过慢或难以收敛[186]。因此尽管有研究者,如文献[126],提出基于深度神经网络的端到端学习模型进行相似度计算,但是性能却并不理想。

2.5.3 相似性匹配方法

给定两个对象的相似度,在根据相似度筛选真正相似的对象时,文本-图像数据与传统的单模态数据或结构化数据没有本质区别。在数据库、数据质量、信息检索等领域中,常见的相似性匹配方法可以分为基于无监督学习的方法和基于有监督学习的方法。

1. 基于无监督学习的方法

基于无监督学习的匹配方法通过阈值或者排序的方法筛选相似对象。基于阈值的方法通过设置相似度阈值筛选相似对象,其中只有相似度高于阈值的对象被认为是相似的,其核心问题是如何设置合适的匹配阈值[187]。不同的相似度阈值决定了匹配的准确率与召回率等指标,实际上通常需要考虑不同应用场景对这些指标的不同偏好确定[188]。通常情况下,对一个数据集来说阈值是单一、全局的,也就是所有的对象通过同一个阈值进行筛选。而文献[189]发现数据库中指代同一对象的相似记录具有稀疏近邻性质(Sparse Neighborhood Property),也就是这些记录在较小的邻域内往往只有很少的近邻,并在此基础上提出了一种算法为数据库中不同对象计算不同的相似度阈值,其匹配结果要好于单一的全局阈值。在此基础上文献[190-192]提出了许多动态的相似度阈值计算方法。基于排序的方法是根据相似度对待匹配对象排序,然后通过 top-k 等策略进行筛选,其中参数 k 起到与阈值相似的作用。

基于阈值或者排序进行相似性匹配的方法都依赖紧凑集合性质(Compact Set Property),也就是相似对象之间的距离通常很短[189]。但二者适用于不同的数据集和应用场景。在数据去重、数据集成等应用中通常通过基于阈值的方法;而在信息检索、推荐系统等应用中,通常采用基于排序的方法。这是因为前者中不同对象具有数量不同的相似对象,基于排序的方法会产生大量误匹配;而后者由于展示成本等原因通常只给出一定数量的相似对象,因此使用 top-k 的匹配方法。

2. 基于监督学习的方法

基于监督学习的方法将匹配问题建模为二分类问题,其输入通常是两个对象在各个维度的相似度向量,其输出为匹配或者不匹配。其中分类器通常使用决策树,如文献[193]结合分类回归树(Classification and Regression Tree,CART)和统计方法,在提高准确性的同时降低了对象比较的计算复杂度;支持向量机(Support Vector Machine,SVM),如文献[194]首先利用蚁群算法选择最优属性组合,再利用 SVM 对属性相似度向量进行分类,将样本分为匹配或不匹配两类;以及集成分类器,如文献[195]提出的基于主动学习的交互别名消歧系统中,通过决策树、朴素贝叶斯和 SVM 分类器构建一个分类器组合。

以上方法都属于硬划分,结果只能是匹配或者不匹配。另外一种方法是软划分,不直接判定是否匹配,而是给出匹配的置信度。文献[196]利用 SVM 对属性相似度向量进行分类,并给出匹配类的置信度。文献[197]利用交替决策树对 Yad Vashem 工程中的人名进行不确定性分辨,通过交替决策树(Alternating Decision Tree,ADTree)得到样本匹配的可信度,最终用用户来判断匹配与否。

2.6 真值发现的研究进展

2.6.1 结构化数据真值发现

最初,真值发现方法采用投票或取平均的方式发现可靠信息,这类方法假设所有数据源同样可靠。然而这种假设常常不成立,不同来源的信息质量可能差异很大。之后,文献[198]提出了真值发现的概念,并给出了 TruthFinder 算法,该算法基于两个假设:第一是越可靠的数据源提供的事实越可信;第二是提供越多可信事实的数据源越可靠。该假设综合考虑了数据源可靠度与其所提供的所有观测值的可信度。之后,众多学者以此假设作为基本准则,提出各种真值发现方法,可概括为基于迭代的方法、基于优化的方法、基于概率图模型的传统真值发现方法和基于神经网络的方法 4 类。

基于迭代的方法将真值发现过程设计为迭代的过程,人工定义函数来表示数据源与观测值间的关系,迭代进行真值计算和数据源可靠度估计直至收敛。以文献[199]为例,真值计算过程,固定数据源可靠度,以加权投票的方式计算真值,然后数据源可靠度则由本次迭代真值计算得到,数据源提供越多真值,则其可靠度越高。

基于优化的方法假设对象的真值情况应该尽可能与各数据源提供的观测值接近,数据源质量越高则其提供的观测值集合与真值集合越相似。该方法通过设置目标函数进行真值发现,将真值发现问题转化为优化问题求解。通常,基于优化的方法使用坐标下降法来计算目标函数中的数据源可靠度与观测值可信度两个参数[200]。通过固定一个参数的值,寻找另一个参数的最优,迭代地执行真值计算步骤和数据源可靠度估计步骤直到收敛,这与基于迭代的方法是类似的。

基于概率图模型的方法假设观测值服从概率分布,通过采样和参数估计的方法估计真值,若假设的概率分布不能反应数据的真实分布,将导致真值发现结果不理想。

传统的真值发现算法假设数据源可靠度和观测值可信度之间的关系可以通过简单函数(如线性函数、二次函数等)来表示。而实际上,数据源可靠度和观测值可信度之间的关系通常是未知的,简单假设通常难以全面表征其依赖关系。文献[201]首次将深度神经网络应用到真值发现问题中,利用前馈神经网络解决社会感知问题,但这种方法需要人工标记部分对象,无法进行无监督学习,仅适用于网络观测值是否为真的判断,不能适用于真值发现的一般场景。文献[202]利用受限玻尔兹曼机隐层学习数据源可靠度分布,采用对比分歧算法(Contrastive Divergence,CD)算法训练模型参数,但由于受限玻尔兹曼机本身的局限性,也仅适用于二值属性的真值发现场景。之后,文献[203]利用长短时记忆网络(LSTM)进行真值发现,将不同数据源提供的“对象-属性-值”矩阵与源可靠度矩阵乘积作为输入,将各个观测值是否为真的概率作为输出,通过最小化真值与各数据源提供的观测值之间的距离加权和来优化网络参数。该模型首次利用具有比实数更好表示能力的向量来表示源可靠度,将源可靠度视为潜在的背景知识,并存储在可靠度矩阵中。

2.6.2 文本数据真值发现

针对文本数据真值发现,目前大部分学者将问题进行简化,对文本数据进行粗粒度的分析,只能对社交媒体或其他网络资源中文本数据是否为真进行判断,将文本数据真值发现问题简化为二值属性的真值发现问题。文献[204]构建“数据源-语言风格”输入向量,采用Logistic 回归,将真值发现问题转化为用户声明是否正确的二分类问题。文献[201]利用全连接神经网络学习数据源可靠度与观测值可信度间的关联关系,同样将用户答案抽象为是否可靠两类,并输入前馈神经网络进行真值发现。

部分学者考虑文本的自然语言特性,提出一般意义上的文本数据真值发现方法。文献[205-206]首次将文本的语义信息引入到文本数据真值发现过程中,提出了细粒度的文本数据真值发现方法,以概率图模型为基础,通过无监督方式发现药物的真正副作用。文献[207]将文本的语义信息完全融合到真值发现过程中,以 Beta 分布模拟观测值的分布,提出了一种从众包用户中发现可信赖答案的方法,然而该方法只能处理用户答案较短的情况,不能应用于大多数文本数据真值发现场景。文献[208]从特定问题的答案中提取部分关键词,并将其组合成多个可解释因子,使用基于概率图模型的方法进行真值发现,找到值得信赖的答案,该方法适用于一般的文本数据真值发现场景。

部分学者考虑更复杂的情况,提出特殊场景下的文本数据真值发现方法。文献[209]为解决当前真值发现方法应用于社交媒体时产生的"错误信息大量传播""数据稀疏性"两个挑战,提出了一种具备鲁棒性的文本数据真值发现方法,该方法跟踪数据源的自校正行为,量化数据源对同一观测值的细粒度可靠度和历史贡献度,采用基于细粒度数据源历史贡献度和数据源可靠度函数,有效避免了数据稀疏性对观测值可信度估计带来的影响。为满足社交媒体感知中用户声明的动态可信度评估需求,文献[210]提出了基于约束感知的动态文本数据真值发现算法。该算法针对感知数据的多变性与稀疏性,提出了真值计算过程中的物理规则约束。将马尔可夫模型中的物理约束与观测值可信度评估过程相结合,确保能够在不断变化的观测值中发现正确可靠的用户声明。文献[211]为解决移动众包场景下用户的可移动性和可靠度的不确定性为真值发现带来的挑战,通过统一的框架对用户位置流行度、位置访问指标、事件真相和用户可靠度进行建模。有效模拟了用户位置的访问趋势,从而实现在无需任何监督或位置追踪的情况下自动发现真实的事件。同样是移动众包场景,文献[212]则关注数据稀疏性问题,提出了一种适用于少量观测值的移动众包真值发现算法,通过重复使用每个数据源的多个观测值,挖掘数据源之间的相关性,该算法充分了考虑了数据的长尾效应,并使其满足流数据场景下的增量数据真值发现需求。文献[213]针对时空任务中的真值发现问题,提出了基于递归贝叶斯估计的社交网络真值发现方法,确定多个用户关于特定事件或现象声明的准确性。该方法通过卡尔曼估计模拟事件的时空相关性并预测事件的下一状态,同时在新的观测值到达时对模型进行校正。

2.6.3　特殊场景下的真值发现

随着关于真值发现研究的不断深入,学者们考虑影响真值发现结果的各种因素及不同的应用场景并且提出了一系列真值发现算法。

针对多真值发现问题,文献[214]提出了 MTruths 算法,将真值发现问题转化为优化问题,设计用于多真值发现的目标函数,使用贪心的方式求解该问题。文献[215]提出了可以处理多值属性的真值发现算法,该算法通过假设数据源的查全率和查准率服从 Beta 概率分布从而发现多真值。文献[216]将真值数量引入真值发现过程并提出了三种多真值发现模型,通过引入类似数值的概念,利用数据源观测值的共享信息来增强真值发现的效果。文献[217]提出了一种基于多源核密度估计的真值发现算法,该算法引入实体可信赖度作为真值发现过程的随机变量,使用其分布描述观测值的一致性或冲突,同时基于此分布发现可信赖信息。文献[218]根据现有的真值发现方法忽略数据源可靠度变化的问题,提出了领域相关的基于贝叶斯估计的真值发现方法,该方法将数据源的领域专业知识和价值集的置信度得分结合起来,通过整合领域专业知识以实现更精确的源可靠度评估。

针对现实世界普遍存在的数据源间复制及错误数据广泛传播的问题,众多学者提出数据源不独立情况下的真值发现算法。文献[219]通过定义联合准确率和联合召回率,充分考虑数据源之间的正负相关性进行真值发现。文献[220]关注数据中的错误描述及空值,提出了更加全面的数据源质量评估模型。文献[221]考虑数据源间的关联关系,将数据源相关性作为影响真值推导的先验知识,提出了基于概率图模型的真值发现方法,模型模拟数据源之间的相互影响,引入观测值可信赖性指标,融合数据源可靠度和其影响者的可靠度,使用不同的假设分布来处理不同的数据类型。

针对群智感知中的真值发现。文献[222]设计并实现了基于用户隐私保护的真值发现系统。该系统通过强大的隐私保护机制消除了服务器在线需求,通过识别可重复使用的计算以加速系统运算过程。该系统不暴露任何中间结果,支持在没有暂停或重启的情况下加入新的数据源。文献[223]同样考虑群智感知场景下的隐私保护问题,提出了低开销的自定义协议及同态加密的替代设计,利用双服务器模型来保持用户端的效率,使该真值发现模型适用于大规模人群感知问题。文献[224]通过设计一个轻量级的真值发现架构,不仅保护了感知数据和用户的可靠度信息,同时减少了运算开销。文献[225]针对在线问答系统中用户隐私保护的问题,提出了基于两层隐私保护机制的真值发现算法,对用户的初始答案进行一定概率的扰动,从而达到保护用户隐私的目的。

作为进一步研究,文献[226]指出当前基于隐私保护的真值发现方法有两个缺陷:首先,已有方法经常忽略真值发现过程可能受到移动设备丢失的影响;其次,由于重置密码操作或基于迭代的真值发现算法效率低下,使得现有方法无法大规模部署到应用程序上。为克服以上缺陷,设计实现了一个实时的基于隐私保护的真值发现框架,该框架包括了针对流数据以及异构数据的增量冲突消解方案等。文献[227]关注数据中对象的关联特征,针对动态数据提出了一种基于概率图模型的真值发现算法,该算法不仅考虑数据源可靠度,还考虑对象之间的相关性,当有多个数据源提供的观测值数据顺序到达时,能够针对增量数据进行针对性的真值发现。针对当前真值发现算法大多单独模拟多个属性的问题,文献[228]提出了异构数据的真值发现算法。该算法将观测值真值和数据源可靠度定义为两组未知变量,通过最小化真值与多组观测之间的总加权偏差进行真值发现。该方法设计不同的损失函数以应对各种数据类型,开发了有效的计算方法使其适用于流数据和 MapReduce 模型中的大规模数据。

2.7　不一致数据检测与修复的研究进展

2.7.1　数据检测

文献[229]提出了基于 SQL 语句检测数据中违反条件函数依赖记录的方法,相对于传统函数依赖,条件函数依赖包含了更具体的模式,因此,条件函数依赖集可能很大,直接检测可能需要很多次查询(普通模式下,每条函数依赖需要 2 次遍历,整个条件函数依赖集需要 $2|\Sigma|$ 次遍历);文献[229]通过合并依赖规则模式的方式,只需要遍历 2 次数据库,即可完成整个依赖规则集的检测。同时,针对动态数据库提出了相应的增量算法,在增量检测的情形下,插入或删除记录 r,算法只会检测 r 和 r 影响的那些记录。

文献[230]在理论研究的基础上实现了一个数据质量控制系统 Semandaq,随后分布式数据库上批量检测和增量检测的难点问题得到研究[231-232]。文献[233]和文献[234]将这类检测方法扩展到“基于内置谓词的条件依赖(CFDp)”和“扩展条件函数依赖(eCFD)”上。文献[235]

此基础上引入置信度评价机制,对相关的检测规则进行了改进,改进后的检测方法在基于多个函数依赖的检测中显示出了优越性,使得检测工作更为精简,检测标准更加明确。

2.7.2　数据修复

过去一般都是使用业务规则或传统的函数依赖等进行数据修复[236-237]。例如,根据一条函数依赖对数据进行修复,基于不同的"最小"准则,数据修复可以分为基最小修复(Cardinality-Minimal Repair)[238]、代价最小修复(Cost-Minimal Repair)[239]、集合最小修复(Set-Minimal Repair)[240]、基-集合最小修复(Cardinality-Set-Minimal Repair)[241]。修复方案的集合称为修复空间,图 2-9 和图 2-10 分别给出了几种修复方案的示例以及修复空间的包含关系,该包含关系已经被相关研究证明[241]。可见,没有一种普适性的最优修复方案,但数据修复通常要求尽可能小地改变数据原貌,即要求修复前后的距离最小[238-239,242-245]。

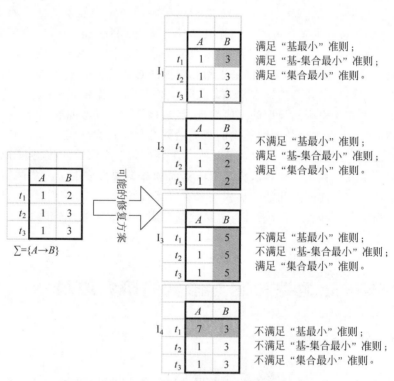

图 2-9　几种最小准则的修复方案

可以看出,虽然数据修复的最终目的是找到一个满足规则集 Σ 且与原始数据实例"距离最小"的 D′,但是这样的修复方案有很多。一方面,当数据量很大时,人工修复耗时耗力;另一方面,自动修复方法根据约定的"距离准则"给出的修复并不一定是正确的修复。因此,通常数据修复要通过人工和计算机配合完成。

随着条件依赖理论发展,基于数据依赖的修复方法也进行了相关的拓展[241]。例如,文献[239,246]提出的 GenRepair 算法融合了基于多种数据依赖(函数依赖、包含依赖和条件函数依赖)的修复算法,该算法的 PickNext 函数包含了多种启发式的修复方法。如图 2-11

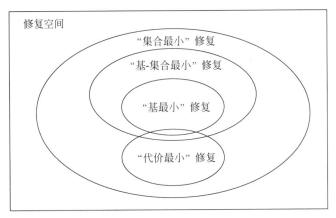

图 2-10　修复空间示意图

所示是 Wenfei Fan 等提出的交互式修复框架：修复模块以数据实例 D 和依赖集 Σ 为输入，自动计算相应的候选修复方案 Repair(D)，提交给用户决策；在遇到数据或依赖集更新的情况下，则执行增量修复操作，将增量修复的候选方案 Repair($D \oplus \Delta D$) 提交给用户。

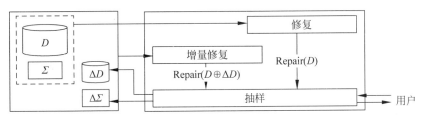

图 2-11　一种交互式数据修复框架

　　文献[244]进一步扩展了这个算法，重点研究基于条件函数依赖的数据修复方法和增量修复方法，并详细讨论了修复方法的准确率问题：当用户给出的供训练的正确修复足够多时，修复方法的准确率可以达到预设的置信度。

　　虽然基于函数依赖和条件函数依赖的修复方法取得了不少研究成果，但相关研究也指出，基于函数依赖和条件函数依赖搜索有质量保证的修复方案是 NP 完全问题，直接将基于函数依赖的修复算法扩展到条件函数依赖上甚至无法"终止"，这也是包括上述方法在内的很多修复算法采用启发式策略的原因之一[236,239,241,244]。因此，除了借助函数依赖选择最优的修复方案外，对数据修复规则的研究也从未止步。例如，文献[237,247]基于主数据和人工校验的字段提出了一种修复规则——Editing Rule：给定一条记录中已经被确认的某些属性，Editing Rule 可以告诉用户那些属性需要修复以及如何修复；Editing Rule 实现了可靠而保守的数据修复，并被应用到数据清洗系统 Cerfix 中。文献[248]提出了一种称为 Fixing Rule 的修复规则，该规则不仅考虑数据修复依赖的可靠证据值，并且对错误模式也有严格的要求，相对 Editing Rule，这种规则依赖参考数据源（如主数据）和人工参与较少，且能实现可靠的修复。文献[249]将传统的依赖规则转化为否定约束的形式，并结合数据的上下文进行数据修复，使数据表全局的改变最小（图 2-12）。

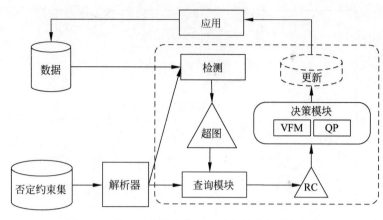

图 2-12　基于否定约束集和上下文的数据修复框架

2.8　数据录入辅助预测与推理的研究进展

2.8.1　数据预测模型

用于辅助数据录入的主流预测模型包括：最频繁使用模型（Most Frequently Used model，MFU）、最近使用模型（Most Recently Used model，MRU）、决策性模型（Deterministic model）等。微软的一份科技报告在这些成熟的模型基础上，首次引入贝叶斯网络在历史数据上学习字段之间的依赖关系，提出了协同式频繁使用模型（Collaborative MFU，CMFU）、协同式最近使用模型（Collaborative MRU，CMRU）、基于上下文的协同式频繁使用模型（Collaborative & Contextually Frequently Used model，CCFU）以及联合模型（Collaboratively & Contextually Frequently Used Combined model，CCFUC）等，进一步提高了数据录入的效率和用户体验。

加利福尼亚大学伯克利分校 Kuang Chen 博士结合上述模型的优点和数据收集的传统方法，以贝叶斯网络为基础，提出了在数据录入中动态监控数据质量的预测模型和错误评估模型[250]。这两个模型将贝叶斯理论应用到数据录入的每一步：录入前，基于贪婪信息获取策略进行表单布局，尽可能获取重要的信息，降低一些容易出错问题的复杂度；录入时，根据局部数据和当前录入，提供实时反馈界面，调整表单以适应录入值，并对可疑的答案重新提问，或简化提问形式，重新构造问题；录入后，复查所有答案，对可疑答案重新提问，必要时简化提问形式，重新构造问题后再提问。不同于传统的数据预测模型（主要致力于提高数据录入效率），该模型成为针对数据录入质量控制的经典模型。

文献[251]针对医学电子病历系统的数据特征，进一步引入马尔可夫链扩展了上述模型，利用字段依赖和记录依赖同时提高模型预测和推理的准确性。文献[252]充分利用网络资源，提出了自动从联网文本中抽取字段值的方法—iForm，该方法同样依赖于每个字段提交的历史值,通过贝叶斯框架将字段值的内容特征和样式组合起来,在历史值有限的条件下也能获得较好的效果。

2.8.2　智能人机接口

数据预测模型的性能经常需要通过智能录入接口发挥出来,因此,数据预测模型的深入研究促进了智能人机接口的发展。

Kuang Chen博士根据上述动态自适应的模型,设计了一组自适应的控件[253]。比如,根据历史数据,可能性很高的值被设为默认值;根据被选的概率,对答案进行动态的重排和高亮显示;对疑似错误的录入向用户发出警告信息等。实验证明,这些带输入警告和提示的控件对数据录入准确性的提高大有裨益(错选率下降了$54\%\sim78\%$),而且在输入效率和准确率上,具有很好的"性价比"。Kuang Chen进一步改进了传统的基于电子关系数据表收集数据的设计思路,将数学模型集成到数据录入接口中,重新组织了数据收集的交接流程,实现了两个系统Usher和Shreddr,在数据录入阶段最大可能地提高数据质量[254]。文献[251]针对医学电子病历系统的数据录入,基于贝叶斯网络和马尔可夫链模型,提出了一种错误检测与标记流程,对电子病例系统中违背医学一致性的数据进行了录入检测。在该流程中,每一个病人被抽象为一系列数据属性(包括病人的人口统计学信息和临床症状),表格被用于收集一些特殊类型的信息,比如血压、体重等。系统将病人的数据属性分为两类:在错误检测中保持不变的值称为独立属性;需进行收集并被标记的属性称为依赖属性。错误检测流程分为5步(图2-13):① 根据当前病人的独立属性和历史记录,使用分类模型将病人记录分组;② 在分组中搜索到与当前病人的相似病人;③ 在每一个分组中,根据临床症状和历史记录学习一个概率模型;④ 对录入值设置一个阈值;⑤ 根据概率模型和阈值对录入值添加"正常"或"异常"标签,给不一致数据库的查询提供了可信度的参考。

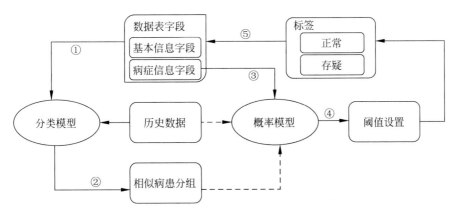

图2-13　一种电子病历系统的数据质量控制流程

实际上,智能人机接口的设计经常融合数据预测模型和用户行为研究的成果。

例如,文献[255]在研究中发现用户面对越是熟悉的录入接口,进行数据检查的可能性越小,在执行数据录入的过程中同时执行其他任务也会导致数据检查环节的缺失。针对这些行为研究的实验结果,文献[256]在数值录入任务中增加了冗余项——校验和(Checksum),以帮助用户高质量地完成数值录入任务。文献[257]针对数值型数据的录入,提出了三种预先提问的干预方法以保证数值的采集质量。预先提问的内容包括数值的大小、占位特征(首字、尾字)等。这3种干预方法不仅可以减少高达40.8%的录入错误,而且发现了60.7%的未注意到的错误。文献[258]研究了通过"锁定(Lockouts)"控件强制用户检查输入值的方法,重点讨论了普通离线环境下和在线众包环境下,"锁定"操作的不同时长对数据录入质量的不同影响。

浙江大学的李昊旻等以 HL7 CDA R2 标准作为临床信息的结构化表达方式,提出了一种兼容标准术语的结构化录入(Structured Data Entry,SDE)方法,用来解决由于标准术语概念划分不清,不足以重建自然语言进行信息交换的问题;该方法采用同步生成叙述性内容和标准化结构化内容的模式,为标准化结构化电子病历信息模型的数据获取兼容叙述性病历提供了一种新的解决思路,有利于数据录入质量的提高[259]。文献[260]分析了数据录入的约束规则,探讨了录入导航原理,并介绍了一种已普遍采用的数据录入导航器组件。

2.9 全局数据质量评估的研究进展

随着数据挖掘技术的广泛应用,人们开始通过分析一些成熟的数据研究算法在不同质量水平的数据上的性能进行数据质量评估。例如,文献[261]通过 Naive Bayes、C4.5 算法的分类性能和 k-means 算法的聚类性能评价样本数据质量的优劣,研究结果表明,Naive Bayes 算法的分类准确率会随着样本中噪声的增加而下降,而 C4.5 算法的分类性能会在噪声超过50%时明显骤减,k-means 算法的聚类性能相对稳定(保持在70%左右)。文献[262]发现一些有监督方法(逻辑回归模型、K2 算法、随机森林算法)和无监督方法(多项式模型和S-Value)对异常数据值用较好的检测效果,证明了它们在实验用的标记数据集上都能成功地发现伪造数据,在实际的无标记数据集上能找到的"合乎情理的"异常值。文献[263]将神经网络和支持向量机引入数据质量评估,主要分析了互补模糊神经网络和互补模糊支持向量机在40%噪声的数据集上的性能变化。文献[264]利用一种基于独立性测试的贝叶斯网络结构学习算法——PC 算法对数据集进行学习,然后通过评价贝叶斯网络拓扑结构的优劣来判断数据集的质量水平。研究指出:正常数据集对应的贝叶斯网络拓扑结构的平均度为2.22,如果数据集存在严重的数据质量问题,则平均度可能过大或过小;PC 算法的效率会随着数据集中脏数据比例的增加而降低。相关研究指出,在正常的数据集下,PC 算法不会达到理论上的最坏情形,而在有严重质量问题的数据集条件下可能达到[264]。

本章小结

本章系统综述了后续章节涉及的复杂数据质量控制技术的国内外发展动态，从第3章开始将陆续对这些技术深入探究。

本章参考文献

[1] 刘东,吴泉源,韩伟红,等.基于用户名特征的用户身份同一性判定方法[J].计算机学报,2015,38(10)：2028-2040.

[2] Hasibi F,Balog K,Bratsberg S E. Exploiting Entity Linking in Queries for Entity Retrieval[C]//Proceedings of the 2016 ACM International Conference on the Theory of Information Retrieval,Newark,Delaware,USA,Sept. 12-16,2016：209-218.

[3] Firmani D,Saha B,Srivastava D. Online Entity Resolution Using an Oracle[J]. Proceedings of the VLDB Endowment,2016,9(5)：384-395.

[4] Fan W F,Jia X B,Li J Z,et al. Reasoning about Record Matching Rules[J]. Proceedings of the VLDB Endowment,2009,2(1)：407-418.

[5] Singh R,Meduri V V,Elmagarmid A,et al. Synthesizing Entity Matching Rules by Examples[J]. Proceedings of the VLDB Endowment,2017,11(2)：189-202.

[6] Whang S E,Garcia-Molina H. Incremental Entity Resolution on Rules and Data[J]. The VLDB Journal,2014,23(1)：77-102.

[7] Gu Q,Zhang Y,Cao J,et al. A Confidence-Based Entity Resolution Approach with Incomplete Information[C]//Proceedings of the 2014 International Conference on Data Science and Advanced Analytics,Shanghai,China,Oct. 30-Nov. 1,2014：97-103.

[8] Bhoskar U S,Manjaramkar A. Generalized Classification Rules for Entity Identification[C]//Proceedings of the 5th International Conference on Reliability,Infocom Technologies and Optimization,Noida,India,Sept. 7-9,2016：193-199.

[9] Whang S E,Marmaros D,Garcia-Molina H. Pay-as-you-go Entity Resolution[J]. IEEE Transactions on Knowledge and Data Engenerring,2013,25(5)：1111-1124.

[10] Frey B J,Dueck D. Clustering by Passing Messages between Data Points[J]. Science,2007,315(5814)：972-6.

[11] Arif T,Ali R,Asger M. Author Name Disambiguation Using Vector Space Model and Hybrid Similarity Measures[C]//Proceedings of the 17th International Conference on Contemporary Computing,Nodia,India,Aug. 7-9,2014：135-140.

[12] Zhu L H,Ghasemi-Gol M,Szekely P A,et al. Unsupervised Entity Resolution on Multi-type Graphs[C]//Proceedings of the 15th International Semantic Web Conference,Kobe,Japan,Oct. 17-21,2016：649-667.

[13] Huang D A,Lim J J,Fei-Fei L,et al. Unsupervised Visual-Linguistic Reference Resolution in

Instructional Videos[C]//Proceedings of the 2017 IEEE Conference on Computer Vision and Pattern Recognition,Honolulu,HI,USA,Jul. 21-26,2017：1032-1041.

[14] Mishra S,Saha S,Mondal S. GAEMTBD：Genetic Algorithm Based Entity Matching Techniques for Bibliographic Databases[J]. Applied Intelligence,2017,47(1)：197-230.

[15] Phan M C,Sun A,Tay Y. Cross-Device User Linking：URL,Session,Visiting Time,and Device-log Embedding[C]//Proceedings of the 40th International ACM SIGIR Conference on Research and Development in Information Retrieval,Shinjuku,Tokyo,Japan,Aug. 7-11,2017：933-936.

[16] Trani S,Ceccarelli D,Lucchese C,et al. SEL：a Unified Algorithm for Entity Linking and Saliency Detection[C]//Proceedings of the 2016 ACM Symposium on Document Engineering，Vienna，Austria,Sept. 13-16,2016：85-94.

[17] Huang C Q,Zhu J, Huang X D, et al. A Novel Approach for Entity Resolution in Scientific Documents Using Context Graphs[J]. Information Sciences,2017,432：431-441.

[18] Tejada S,Knoblock C A,Minton S. Learning Domain-Independent String Transformation Weights for High Accuracy Object Identification[C]//Proceedings of the 9th ACM SIGKDD International Conference on Knowledge Discovery and Data Mining,Edmonton,Alberta,Canada,Jul. 23-26,2002：350-359.

[19] Zhou X,Diao X C,Cao J J. A High Accurate Multiple Classifier System for Entity Resolution Using Resampling and Ensemble Selection[J]. Mathematical Problems in Engineering,2015,2015：1-6.

[20] Liu Q L,Javed F, Mcnair M. CompanyDepot：Employer Name Normalization in the Online Recruitment Industry[C]//Proceedings of the 22nd ACM SIGKDD International Conference on Knowledge Discovery and Data Mining,San Francisco,California,USA,Aug. 13-17,2016：521-530.

[21] Miller T,Dligach D, Bethard S, et al. Towards Generalizable Entity-centric Clinical Coreference Resolution[J]. Journal of Biomedical Informatics,2017,69：251-258.

[22] Marchant N G,Rubinstein B I P. In Search of an Entity Resolution OASIS：Optimal Asymptotic Sequential Importance Sampling [J]. Proceedings of the VLDB Endowment，2017, 10 (11)：1322-1333.

[23] Zhang C J,Meng R, Chen L, et al. CrowdLink：an Error-Tolerant Model for Linking Complex Records[C]//Proceedings of the 2nd International workshop on Exploratory Search in Databases and the Web,Melbourne,VIC,Australia,May 31-Jun. 4,2015：15-20.

[24] Abboura A,Sahri S,Ouziri M,et al. CrowdMD：Crowdsourcing-Based Approach for Deduplication [C]//Proceedings of the 2015 IEEE International Conference on Big Data,Santa Clara,CA,USA,Oct. 29-Nov. 1,2015：2621-2627.

[25] Khan A R,Garcia-Molina H. Attribute-Based Crowd Entity Resolution[C]//Proceedings of the 25th ACM International on Conference on Information and Knowledge Management,Indianapolis,Indiana,USA,Oct. 24-28,2016：549-558.

[26] Verroios V,Garcia-Molina H,Papakonstantinou Y. Waldo：An Adaptive Human Interface for Crowd Entity Resolution[C]//Proceedings of the 2017 ACM International Conference on Management of Data,Chicago,Illinois,USA,May 14-19,2017：1133-1148.

[27] Priya P A,Prabhakar S, Vasavi S. Entity Resolution for High Velocity Streams Using Semantic Measures [C]//Proceedings of the 2015 IEEE International Advance Computing Conference，Babglore,India,Jun. 12-13,2015：35-40.

[28]　Mestre D G,Pires C E S,Nascimento D C,et al. An Efficient Spark-Based Adaptive Windowing for Entity Matching[J]. Journal of Systems and Software,2017,128：1-10.

[29]　Ortona S. An Analysis of Duplicate on Web Extracted Objects［C］//Proceedings of the 23rd International Conference on World Wide Web,Seoul,Korea,Apr. 7-11,2014：1279-1284.

[30]　Iredi S,Merkle D,Middendorf M. Bi-Criterion Optimization with Multi Colony Ant Algorithms ［C］//Proceedings of the 1st International Conference on Evolutionary Multi-Criterion Optimization,Zurich,Switzerland,Mar. 3-9,2001：359-372.

[31]　Baran B,Schaerer M. A Multiobjective Ant Colony System for Vehicle Routing Problem with Time Windows［C］//Proceedings of the 21st IASTED International Multi-Conference on Applied Informatics,Innsbruck,Austria,Feb. 10-13,2003：97-102.

[32]　Doerner K,Gutjahr W J,Hartl R F,et al. Pareto Ant Colony Optimization：a Metaheuristic Approach to Multiobjective Portfolio Selection[J]. Annals of Operations Research,2004,131(1)：79-99.

[33]　Lopez-Ibanez M,Stutzle T. The Impact of Design Choices of Multiobjective Antcolony Optimization Algorithms on Performance：an Experimental Study on the Biobjective TSP[C]//Proceedings of the 12th Annual Conference on Genetic and Evolutionary Computation,Portland,Oregon,USA,Jul. 7-11,2010：71-78.

[34]　Alaya I,Solnon C,Ghedira K. Ant Colony Optimization for Multi-Objective Optimization Problems ［C］//Proceedings of the 19th IEEE International Conference on Tools with Artificial Intelligence,Patras,Greece,Oct. 29-31,2007：450-457.

[35]　Dilip K,Kumar T V V. Multi-criteria Website Optimization Using Multi-Objective ACO［C］//Proceedings of the 4th International Conference on Reliability, Infocom Technologies and Optimization,Noida,India,Sept. 2-4,2015：1-6.

[36]　Zitzler E,Künzli S. Indicator-Based Selection in Multiobjective Search[C]//Proceedings of the 8th International Conference on Parallel Problem Solving from Nature - PPSN,Birmingham,UK,Sept. 18-22,2004：832-842.

[37]　Bader J,Zitzler E. HypE：an Algorithm for Fast Hypervolume-Based Many-Objective Optimization [J]. Evolutionary Computation,2011,19(1)：45-76.

[38]　Mansour I B, Alaya I. Indicator Based Ant Colony Optimization for Multi-Objective Knapsack Problem[J]. Procedia Computer Science,2015,60(Supplement C)：448-457.

[39]　Falcón-Cardona J G,Coello C A. IMOACOR：a New Indicator-Based Multi-Objective Ant Colony Optimization Algorithm for Continuous Search Spaces[C]//Proceedings of the 14th International Conference on Parallel Problem Solving from Nature,Edinburgh,UK,Sept. 17-21,2016：389-398.

[40]　Ke L,Zhang Q, Battiti R. MOEA/D-ACO：a Multiobjective Evolutionary Algorithm Using Decomposition and Ant Colony[J]. IEEE Transactions on Cybernetics,2013,43(6)：1845-1859.

[41]　Souza M Z D, Pozo A T R. Multiobjective Binary ACO for Unconstrained Binary Quadratic Programming[C]//Proceedings of the 2015 Brazilian Conference on Intelligent Systems,Nov. 4-7,2015：86-91.

[42]　Kalousis A,Prados J, Hilario M. Stability of Feature Selection Algorithms：a Study on High Dimensional Spaces[J]. Knowledge and Information Systems,2007,12(1)：95-116.

[43]　Zhou Q,Ding J,Ning Y,et al. Stable Feature Selection with Ensembles of Multi-reliefF［C］//Proceedings of the 2014 10th International Conference on Natural Computation,Aug. 19-21,2014：

742-747.

[44] Pes B,Dessì N,Angioni M. Exploiting the Ensemble Paradigm for Stable Feature Selection: a Case Study on High-dimensional Genomic Data[J]. Information Fusion, 2017, 35 (Supplement C): 132-147.

[45] Yang P Y,Ho J W,Yang Y H,et al. Gene-gene Interaction Filtering with Ensemble Of Filters[J]. BMC Bioinformatics,2011,12 Suppl 1: S10.

[46] Rondina J M,Hahn T, De Oliveira L, et al. SCoRS—a Method Based on Stability for Feature Selection and Mapping in Neuroimaging[J]. IEEE Transactions on Medical Imaging,2014,33(1): 85-98.

[47] Kim H,Choi B S,Huh M Y. Booster in High Dimensional Data Classification[J]. IEEE Transactions on Knowledge and Data Engineering,2016,28(1): 29-40.

[48] Fahad A,Tari Z,Khalil I,et al. An Optimal and Stable Feature Selection Approach for Traffic Classification Based on Multi-criterion Fusion[J]. Future Generation Computer Systems,2014,36 (Supplement C): 156-169.

[49] Aldehim G,Wang W. Weighted Heuristic Ensemble of Filters[C]//Proceedings of the 2015 SAI Intelligent Systems Conference,London,UK,Nov. 10-11,2015: 609-615.

[50] Rokach L,Chizi B,Maimon O. A Methodology for Improving the Performance of Non-ranker Feature Selection Filters[J]. International Journal of Pattern Recognition and Artificial Intelligence,2007,21 (5): 809-830.

[51] Bolón-Canedo V,Sánchez-Maroño N,Alonso-Betanzos A. Data Classification Using an Ensemble of Filters[J]. Neurocomputing,2014,135(Supplement C): 13-20.

[52] Boucheham A,Batouche M. Massively Parallel Feature Selection Based on Ensemble of Filters and Multiple Robust Consensus Functions for Cancer Gene Identification[C]//Proceedings of the 2014 Intelligent Systems in Science and Information Conference,London,UK,Aug. 27-29,2015: 93-108.

[53] Dittman D J, Khoshgoftaar T M, Wald R, et al. Comparing Two New Gene Selection Ensemble Approaches with the Commonly-used Approach [C]//Proceedings of the 11th International Conference on Machine Learning and Applications,Boca Raton,FL,USA,Dec. 12-15,2012: 184-191.

[54] Yu L,Ding C,Loscalzo S. Stable Feature Selection via Dense Feature Groups[C]//Proceedings of the 14th ACM SIGKDD International Conference on Knowledge Discovery and Data Mining,Las Vegas, Nevada,USA,Aug. 24-27,2008: 803-811.

[55] Loscalzo S,Yu L,Ding C. Consensus Group Stable Feature Selection[C]//Proceedings of the 15th ACM SIGKDD International Conference on Knowledge Discovery and Data Mining,Paris,France, Jun. 28-Jul. 1,2009: 567-576.

[56] Kamkar I,Gupta S K,Phung D Q, et al. Stabilizing l 1-Norm Prediction Models by Supervised Feature Grouping[J]. Journal of Biomedical Informatics,2016,59: 149-168.

[57] Huang J,Horowitz J L,Ma S G. Asymptotic Properties of Bridge Estimators in Sparse High-Dimensional Regression Models[J]. Mathematics,2008.

[58] Hui Z,Hastie T. Regularization and Variable Selection via the Elastic Net[J]. Journal of the Royal Statistical Society,2005,67(2): 301-320.

[59] Gauraha N. Stability Feature Selection Using Cluster Representative LASSO[C]//Proceedings of the 5th International Conference on Pattern Recognition Applications and Methods,Porto,Portugal,Feb.

24-26,2016：381-386.

[60] Shu L,Ma T Y,Latecki L J. Stable Feature Selection with Minimal Independent Dominating Sets ［C］//Proceedings of the 2013 ACM Conference on Bioinformatics,Computional Biology and Biomedical Informatics,Washington,DC,USA,Sept. 22-25,2013：450.

[61] Beinrucker A,Dogan Ü, Blanchard G. Extensions of Stability Selection Using Subsamples of Observations and Covariates[J]. Statistics and Computing,2016,26(5)：1059-1077.

[62] Jerbi W,Brahim A B, Essoussi N. A Hybrid Embedded-filter Method for Improving Feature Selection Stability of Random Forests［C］//Proceedings of the 16th International Conference on Hybrid Intelligent Systems,London,UK,Sept. 21-22,2016：370-379.

[63] Prat-Masramon G,Muñoz L A B. Improved Stability of Feature Selection by Combining Instance and Feature Weighting［C］//Proceedings of the 34th SGAI International Conference on Innovative Techniques and Applications of Artifical Intelligence,Cambridge,UK,Dec. 9-11,2014：35-49.

[64] Zou Q,Zeng J C,Cao L J,et al. A Novel Features Ranking Metric with Application to Scalable Visual and Bioinformatics Data Classification[J]. Neurocomputing,2016,173：346-354.

[65] Li Y,Si J,Zhou G J,et al. FREL：a Stable Feature Selection Algorithm［J］. IEEE Transactions Neural Networks Learning Systems,2015,26(7)：1388-1402.

[66] Yan K,Zhang D. Feature Selection and Analysis on Correlated Gas Sensor Data with Recursive Feature Elimination[J]. Sensors and Actuators B：Chemical,2015,212(Supplement C)：353-363.

[67] Lin X H,Wang X M,Xiao N Y,et al. A Feature Selection Method Based on Feature Grouping and Genetic Algorithm［C］//Proceedings of the 5th International Conference on Intelligent Science and Big Data Engineering,New York,USA,Jun. 14-16,2015：150-158.

[68] Alkuhlani A,Nassef M,Farag I. Multistage Feature Selection Approach for High-Dimensional Cancer Data[J]. Soft Computing,2017,21(22)：6895-6906.

[69] Soufan O,Kleftogiannis D,Kalnis P,et al. DWFS：a Wrapper Feature Selection Tool Based on A Parallel Genetic Algorithm[J]. PloS one,2015,10(2)：e0117988.

[70] 刘全金,赵志敏,李颖新,等. 基于近邻信息和PSO算法的集成特征选取[J]. 电子学报,2016,44(4)：995-1002.

[71] Xue B,Zhang M J,Browne W N,et al. A Survey on Evolutionary Computation Approaches to Feature Selection[J]. IEEE Transactions Evolutionary Computation,2016,20(4)：606-626.

[72] Yu H L,Ni J,Zhao J. ACOSampling：an Ant Colony Optimization-Based Undersampling Method for Classifying Imbalanced DNA Microarray Data[J]. Neurocomputing,2013,101：309-318.

[73] Krawczyk B,Galar M,Jelen L,et al. Evolutionary Undersampling Boosting for Imbalanced Classification of Breast Cancer Malignancy[J]. Applied Soft Computing,2016,38：714-726.

[74] Triguero I,Galar M,Vluymans S,et al. Evolutionary Undersampling for Imbalanced Big Data Classification［C］//Proceedings of the 2015 IEEE Congress on Evolutionary Computation,Sendai,Japan,May 25-28,2015：715-722.

[75] Ramentol E,Gondres I,Lajes S,et al. Fuzzy-rough Imbalanced Learning for the Diagnosis of High Voltage Circuit Breaker Maintenance：The SMOTE-FRST-2T Algorithm ［J］. Engineering Applications of Artifical Intelligence,2016,48：134-139.

[76] Yin L Z,Ge Y,Xiao K L, et al. Feature Selection for High-Dimensional Imbalanced Data ［J］. Neurocomputing,2013,105：3-11.

[77] Moayedikia A, Ong K-L, Boo Y L, et al. Feature Selection for High Dimensional Imbalanced Class Data Using Harmony Search[J]. Engineering Application of Artificial Intelligence, 2017, 57 (C): 38-49.

[78] Du L M, Xu Y, Zhu H. Feature Selection for Multi-class Imbalanced Data Sets Based on Genetic Algorithm[J]. Annals of Data Science, 2015, 2(3): 293-300.

[79] Fernández A, Del Jesus M J, Herrera F. Addressing Overlapping in Classification with Imbalanced Datasets: A First Multi-objective Approach for Feature and Instance Selection[C]//Proceedings of the 16th International Conference on Intelligent Data Engineering and Automated Learning, Wroclaw, Poland, Oct. 14-16, 2015: 36-44.

[80] Sun Z B, Song Q B, Zhu X Y, et al. A Novel Ensemble Method for Classifying Imbalanced Data[J]. Pattern Recognition, 2015, 48(5): 1623-1637.

[81] Guo H X, Li Y J, Li Y N, et al. BPSO-Adaboost-KNN Ensemble Learning Algorithm for Multi-class Imbalanced Data Classification [J]. Engineering Applications of Artifical Intelligence, 2016, 49: 176-193.

[82] Li Y J, Guo H X, Liu X, et al. Adapted Ensemble Classification Algorithm Based on Multiple Classifier System and Feature Selection for Classifying Multi-Class Imbalanced Data[J]. Knowledge-Based System, 2016, 94: 88-104.

[83] 沈嘉懿,李芳,徐飞龙,等. 中文组织机构名称与简称的识别[J]. 中文信息学报, 2007, 21(6): 17-21.

[84] 李元沉,何路,王爽,等. 组织机构名称简称与全称的自动识别研究初探[J]. 标准科学, 2014, 8: 82-86.

[85] Knyazeva A, Kolobov O, Turchanovsky L. An Example of Automatic Authority Control[C]//ACM/IEEE Joint Conference on Digital Libraries, Netwark, New Jersey, USA. 2016, 255-256.

[86] Anderson A F, Veloso A, Goncalves M A, et al. Self-training Author Name Disambiguation for Information Scarce Scenarios[J]. Journal of the American Society for Information Science and Technology, 2014, 65(6): 1257-1278.

[87] De Souza E A, Anderson A F, Goncalves M A. Combining Classifiers and User Feedback for Disambiguation Author Names[C]//ACM/IEEE Joint Conference on Digital Libraries, Knoxville, Tennessee, USA. 2015: 259-260.

[88] Wang X, Liu Y H, Wang X L, et al. Adaptive Resonance Theory Based Two-Stage Chinese Name Disambiguation[J]. International Journal of Intelligence Science, 2012, 2: 83-88.

[89] Han H, Zha H Y, C Lee Giles. Name Disambiguation in Author Citations Using a k-way Spectral Clustering Method[C]//ACM/IEEE Joint Conference on Digital Libraries, Denver, Colorado, USA, 2005: 334-343.

[90] Ricardo G C, Anderson A F, Goncalves M A, et al. An Unsupervised Heuristic-based Hierarchical Method for Name Disambiguation in Bibliographic Citations[J]. Journal of the American Society for Information Science and Technology, 2010, 61(9): 1853-1870.

[91] De Carvalho A P, Anderson A F, Alberto H F Laender, et al. Incremental Unsupervised Name Disambiguation in Cleaned Digital Libraries[J]. Journal of Information and Data Management, 2011, 2 (3): 289-304.

[92] Khabsa M Treerapituk P, C Lee G. Online Person Name Disambiguation with Constraints [C]// ACM/IEEE Joint Conference on Digital Libraries, Knoxille, Tennessee, USA, 2015: 37-46.

[93]　Yin X X, Han J W, Philip S Y. Object Distinction: Distinguishing Objects with Identical Names [C]//Proceedings of International Conference on Data Engineering, 2007, 1242-1246.

[94]　Fan X M, Wang J Y, Pu X, et al. On Graph-based Name Disambiguation[J]. ACM Journal of Data and Information Quality, 2011, 2(2): 1-23.

[95]　Momeni F, Mayr P. Using Co-authorship Networks for Author Name Disambiguation[C]//ACM/IEEE Joint Conference on Digital Librarias, 2016: 261-262.

[96]　Thiago A G, Ricard da S T, Ariadne M B R, et al. A Relevancd Feedback Approach for the Author Name Disambiguation Problem[C]//ACM/IEEE Joint Conference on Digital Libraries, Indianapolis, Indiana, USA, 2013, 209-218.

[97]　Xu R F, Gui L, Lu Q, et al. Incorporating Multi-kernel Function and Internet Verification for Chinese Person Name Disambiguation[J]. Frontiers of Computer Science, 2016, (6): 1-13.

[98]　Nguyen H T, Cao T H. Named Entity Disambiguation: a Hybird Statistical and Rule-Based Incremental Approach [C]//Prceedings of the Semantic Web: the 3th Asian Semantic Web Conference, Bangkok, Thailand, 2008, 5367: 420-433.

[99]　朱云霞. 中文文献题录数据作者重名消解问题研究[J]. 图书情报工作, 2014, 58(23): 143-148, 142.

[100]　陈田田, 吴广印. 研究者唯一识别及其在专家档案系统中的实施[J]. 情报工程, 2015, 1(3): 31-37.

[101]　王道仁, 杨冠灿, 傅俊英. 专利发明人英文重名识别判据及效度比较分析[J]. 数字图书馆论坛, 2016, 8: 2-9.

[102]　Weis M, Naumann F. Dogmati X Tracks down Duplicates in XML[C]//ACM SIGMOD, Baltimore, USA, 2005.

[103]　Puhlmann S, Weis M, Naumann F. XML Duplicate Detection Using Sorted Neighborhoods[C]// 10th Internationtal Conference on Extending Database Technology, Munich, Germany, March 26-31, 2006: 773-791.

[104]　Leitao L, Calado P, Weis M. Structure-Based Inference of XML Similarity for Fuzzy Duplicate Detection[C]//International Conference on Information and Knowledge Management, Lisboa, Portugal, November 6-10, 2007: 293-302.

[105]　Calado P, Herschel M, Leitao L. An Overview of XML Duplication Detection Algorithms[J]. Soft Computing in XML Data Management, Studies in Fuzziness and Soft Computing, 2010, 255: 193-224.

[106]　Milano D, Scannapieco M, Catarci T. Structure Aware XML Object Identification [J]. IEEE Database Engineering Bulletin, 2006, 29(2): 67-74.

[107]　Szymczak M, Slawomir Zadrozny S, Bronselaer A, et al. Coreference Detection in an XML schema [J]. Information Sciences, 2015, 296: 237-262.

[108]　王宏志, 樊文飞. 复杂数据上的实体识别技术研究[J]. 计算机学报, 2011, 34(10): 1843-1853.

[109]　Ali S, James M. Extended Subtree: a New Similarity Function for Tree Structured Data[J]. IEEE Transactions on Knowledge and Data Engineering, 2014, 26(4): 864-877.

[110]　Tanaka E, Tanaka K. The Tree-to-Tree Editing Problem [J]. International Journal of Pattern Recognition and Artificial Intelligence, 1988, 2(2): 221-240.

[111]　David B. A Short Survey of Document Structure Similarity Algorithms[C]//Proceeding of the 5th International Conference on Internet Computing, Las Vegas, Nevada, USA, June 21-24, 2004: 3-9.

[112]　Connor R, Simeoni F, Lakovos M, et al. A Bounded Distance Metric for Comparing Tree Structure

[J]. Information Systems,2011,36(4): 748-764.

[113] Deng J,Dong W,Socher R,et al. ImageNet: a Large-Scale Hierarchical Image Database [C]// Proceedings of the IEEE Conference on Computer Vision and Pattern Recognition,Piscataway,NJ: IEEE,2009: 248-255.

[114] Everingham M,Van Gool L,Williams C K I, et al. The Pascal Visual Object Classes (VOC) Challenge[J]. International Journal of Computer Vision,2010,88(2): 303-338.

[115] He K,Zhang X,Ren S,et al. Deep Residual Learning for Image Recognition[C]//Proceedings of the IEEE Conference on Computer Vision and Pattern Recognition, Piscataway, NJ: IEEE, 2016: 770-778.

[116] Simonyan K,Zisserman A. Very Deep Convolutional Networks for Large-Scale Image Recognition [C]//International Conference on Learning Representations, San Diego,CA,2015.

[117] Huang G,Liu Z,Van Der Maaten L, et al. Densely Connected Convolutional Networks[C]// Proceedings of the IEEE Conference on Computer Vision and Pattern Recognition,Piscataway,NJ: IEEE,2017: 4700-4708.

[118] Wang B,Yang Y,Xu X,et al. Adversarial Cross-Modal Retrieval[C]//Proceedings of the ACM International Conference on Multimedia,New York: ACM,2017: 154-162.

[119] Mroueh Y,Marcheret E,Goel V. Asymmetrically Weighted CCA And Hierarchical Kernel Sentence Embedding For Image & Text Retrieval[J/OL]. 2017,arXiv preprint: 1511.06267.

[120] Wei Y,Zhao Y,Lu C,et al. Cross-Modal Retrieval With CNN Visual Features: a New Baseline[J]. IEEE Transactions on Systems,Man,and Cybernetics,2017,47: 449-460.

[121] Donahue J,Jia Y,Vinyals O,et al. DeCAF: a Deep Convolutional Activation Feature for Generic Visual Recognition[C]//Proceedings of the International Conference on Machine Learning, New York: ACM,2014: 647-655.

[122] Luo M,Chang X,Li Z,et al. Simple to Complex Cross-Modal Learning to Rank[J]. Computer Vision & Image Understanding,2017,163: 67-77.

[123] Szegedy C,Wei L,Yangqing J,et al. Going Deeper with Convolutions[C]//Proceedings of the IEEE Conference on Computer Vision and Pattern Recognition,Piscataway,NJ: IEEE,2015: 1-9.

[124] Karpathy A,Joulin A,Li F F. Deep Fragment Embeddings for Bidirectional Image Sentence Mapping[J]. Advances in Neural Information Processing Systems,2014: 1889-1897.

[125] Krizhevsky A,Sutskever I,Hinton G E. ImageNet Classification with Deep Convolutional Neural Networks[J]. Advances in Neural Information Processing Systems,2012.

[126] Yan F,Mikolajczyk K. Deep Correlation for Matching Images and Text[C]//Proceedings of the IEEE Conference on Computer Vision and Pattern Recognition,Piscataway,NJ: IEEE,2015: 3441-3450.

[127] Karpathy A,Fei-Fei L. Deep Visual-Semantic Alignments for Generating Image Descriptions[J]. IEEE Transactions on Pattern Analysis and Machine Intelligence,2017,39(4): 664-676.

[128] Harris Z S. Distributional Structure[J]. Word,1981,10(2-3): 146-162.

[129] Mikolov T,Chen K,Corrado G S, et al. Efficient Estimation of Word Representations in Vector Space[C]//International Conference on Learning Representations,Scottsdale,Arizona,2013.

[130] Pennington J,Socher R,Manning C. Glove: Global Vectors for Word Representation [C]// Proceedings of the Conference on Empirical Methods in Natural Language Processing,Stroudsburg,

PA：ACL，2014：1532-1543.

[131] Peters M E，Neumann M，Iyyer M，et al. Deep Contextualized Word Representations［J］. North American Chapter of the Association for Computational Linguistics，2018，1：2227-2237.

[132] Socher R，Karpathy A，Le Q V，et al. Grounded Compositional Semantics for Finding and Describing Images ［J］. Transactions of the Association for Computational Linguistics，2014，2(1)：207-218.

[133] Mao J，Wei X，Yang Y，et al. Learning Like a Child：Fast Novel Visual Concept Learning from Sentence Descriptions of Images ［C］//Proceedings of the IEEE International Conference on Computer Vision，Piscataway，NJ：IEEE，2015：2533-2541.

[134] Arora S，Yingyu L，Tengyu M. A Simple but Tough-to-Beat Baseline for Sentence Embeddings ［C］//International Conference on Learning Representations，Toulon，France，2017.

[135] Rasiwasia N，Pereira J C，Coviello E，et al. A New Approach to Cross-Modal Multimedia Retrieval ［C］//Proceedings of the ACM International Conference on Multimedia，New York：ACM，2010：251-260.

[136] Zhai X，Peng Y，Xiao J. Learning Cross-Media Joint Representation with Sparse and Semi-Supervised Regularization［J］. IEEE Transactions on Circuits ＆ Systems for Video Technology，2014，24(6)：965-978.

[137] Devlin J，Chang M W，Lee K，et al. Bert：Pre-training of Deep Bidirectional Transformers for Language Understanding［C］//Proceedings of the NAACL Hlt，Stroudsburg，PA：ACL，2019：4171-4186.

[138] Barthes R. Image-Music-Text：The Rhetoric of the Image［M］. London：Hill and Wang，1978：32-51.

[139] Martinec R，Salway A. A System for Image-Text Relations in New (and old) Media［J］. Visual Communication，2005，4(3)：337-371.

[140] Marsh E E，Domas White M. A Taxonomy of Relationships between Images and Text［J］. Journal of Documentation，2003，59(6)：647-672.

[141] Unsworth L. Image/Text Relations and Intersemiosis：Towards Multimodal Text Description for Multiliteracies Education［C］//Proceedings of the International Systemic Functional Congress，Berlin：Springer，2007：1165-1205.

[142] Henning C，Ewerth R. Estimating the Information Gap between Textual and Visual Representations ［J］. International Journal of Multimedia Information Retrieval，2018，7(1)：43-56.

[143] Otto C，Holzki S，Ewerth R. "Is this an example image?"—Predicting the Relative Abstractness Level of Image and Text［C］//Proceedings of the European Conference on Information Retrieval，Berlin：Springer，2019：711-725.

[144] Peng Y，Huang X，Zhao Y. An Overview of Cross-Media Retrieval：Concepts，Methodologies，Benchmarks and Challenges［J］. IEEE Transactions on Circuits ＆ Systems for Video Technology，2018，28(9)：2372-2385.

[145] Wang S，Zhuang F，Jiang S，et al. Cluster-Sensitive Structured Correlation Analysis for Web Cross-Modal Retrieval［J］. Neurocomputing，2015，168：747-760.

[146] 董建锋. 跨模态检索中的相关度计算研究［D］. 杭州：浙江大学，2018.

[147] Collell G，Moens M-F. Do Neural Network Cross-Modal Mappings Really Bridge Modalities? ［C］//

Proceedings of the Annual Meeting of the Association for Computational Linguistics,Stroudsburg, PA：ACL,2018：462-468.

[148] 彭宇新,綦金玮,黄鑫. 多媒体内容理解的研究现状与展望[J]. 计算机研究与发展,2019,56(1)：183-208.

[149] Zhuang Y,Wang Y,Wu F,et al. Supervised Coupled Dictionary Learning with Group Structures for Multi-modal Retrieval[C]//Proceedings of the AAAI Conference on Artificial Intelligence,Menlo Park,CA：AAAI,2013.

[150] Zhu F,Shao L,Yu M. Cross-Modality Submodular Dictionary Learning for Information Retrieval [C]//Proceedings of the Conference on Information and Knowledge Management,New York：ACM,2014：1479-1488.

[151] Deng C,Tang X,Yan J,et al. Discriminative Dictionary Learning With Common Label Alignment for Cross-Modal Retrieval[J]. IEEE Transactions on Multimedia,2016,18(2)：208-218.

[152] Roller S,Walde S S I. A Multimodal LDA Model Integrating Textual, Cognitive and Visual Modalities[C]//Proceedings of the Conference on Empirical Methods in Natural Language Processing,Stroudsburg,PA：ACL,2013：1146-1157.

[153] Mark A,Gabriella V,David V. Integrating Experiential and Distributional Data to Learn Semantic Representations[J]. Psychological Review,2009,116(3)：463-98.

[154] Wang Y,Wu F,Song J,et al. Multi-Modal Mutual Topic Reinforce Modeling for Cross-Media Retrieval[C]//Proceedings of the ACM International Conference on Multimedia,New York：ACM,2014：307-316.

[155] Jia Y,Salzmann M,Darrell T. Learning Cross-Modality Similarity for Multinomial Data [C]//Proceedings of the IEEE International Conference on Computer Vision,Piscataway,NJ：IEEE,2011：2407-2414.

[156] Indyk P,Motwani R. Approximate Nearest Neighbors：Towards Removing the Curse of Dimensionality[C]//Proceedings of the ACM Symposium on Theory of Computing,New York：ACM,1998：604-613.

[157] Weiss Y,Torralba A,Fergus R. Spectral Hashing[J]. Advances in Neural Information Processing Systems,2008：1753-1760.

[158] Hotelling H. Relations Between Two Sets of Variates[J]. Biometrika,1936,28：321-377.

[159] Ranjan V,Rasiwasia N,Jawahar C V. Multi-Label Cross-Modal Retrieval[C]//Proceedings of the IEEE International Conference on Computer Vision,Piscataway,NJ：IEEE,2015：4094-4102.

[160] Akaho S. A Kernel Method for Canonical Correlation Analysis [J/OL]. 2006, arXiv preprint：cs/0609071.

[161] Andrew G,Arora R,Bilmes J A,et al. Deep Canonical Correlation Analysis[C]//Proceedings of the International Conference on Machine Learning,New York：ACM,2013：1247-1255.

[162] Costa P J,Coviello E,Doyle G,et al. On the Role of Correlation and Abstraction in Cross-Modal Multimedia Retrieval[J]. IEEE Transactions on Pattern Analysis & Machine Intelligence,2014,36(3)：521-35.

[163] Wang L,Sun W,Zhao Z,et al. Modeling Intra- and Inter-Pair Correlation via Heterogeneous High-order Preserving for Cross-Modal Retrieval[J]. Signal Processing,2017,131：249-260.

[164] Rosipal R,Krämer N. Overview and Recent Advances in Partial Least Squares[C]//Proceedings of

the Subspace,Latent Structure and Feature Selection,Berlin Heidelberg：Springer,2006：34-51.

[165] Rosipal R. Chemoinformatics and Advanced Machine Learning Perspectives： Complex Computational Methods and Collaborative Techniques： Nonlinear Partial Least Squares： An Overview[M]. IGI Global,2011：169-189.

[166] Rosipal R,Trejo L J. Kernel Partial Least Squares Regression in Reproducing Kernel Hilbert Space [J]. Journal of Machine Learning Research,2002,2(2)：97-123.

[167] Rosipal R,Trejo L J,Matthews B. Kernel PLS-SVC for Linear and Nonlinear Classification[C]// Proceedings of the International Conference on Machine Learning，New York：ACM，2003：640-647.

[168] Ou M,Cui P,Wang F,et al. Comparing Apples to Oranges：a Scalable Solution with Heterogeneous Hashing[C]//Proceedings of the ACM SIGKDD International Conference on Knowledge Discovery and Data Mining,New York：ACM,2013：230-238.

[169] Belkin M,Matveeva I,Niyogi P. Tikhonov Regularization and Semi-Supervised Learning on Large Graphs[C]//Proceedings of the IEEE International Conference on Acoustics,Speech,and Signal Processing,Piscataway,NJ：IEEE,2004：1000-1003.

[170] Wu F,Zhou Y,Yang Y,et al. Sparse Multi-Modal Hashing[J]. IEEE Transactions on Multimedia，2014,16(2)：427-439.

[171] Zhai X,Peng Y,Xiao J. Heterogeneous Metric Learning with Joint Graph Regularization for Cross-media Retrieval[C]//Proceedings of the AAAI Conference on Artificial Intelligence,Menlo Park，CA：AAAI,2013.

[172] Peng Y,Zhai X,Zhao Y,et al. Semi-Supervised Cross-Media Feature Learning With Unified Patch Graph Regularization[J]. IEEE Transactions on Circuits and Systems for Video Technology,2016，26(3)：583-596.

[173] Wang K,He R,Wang L,et al. Joint Feature Selection and Subspace Learning for Cross-Modal Retrieval[J]. IEEE Transactions on Pattern Analysis & Machine Intelligence,2016,38(10)：2010-2023.

[174] Qi J W,Huang X,Peng Y X. Cross-Media Similarity Metric Learning with Unified Deep Networks [J]. Multimedia Tools and Applications,2017,76(23)：25109-25127.

[175] Ngiam J,Khosla A,Kim M,et al. Multimodal Deep Learning[C]//Proceedings of the International Conference on Machine Learning,New York：ACM,2011：689-696.

[176] Srivastava N,Salakhutdinov R. Multimodal Learning with Deep Boltzmann Machines[J]. Advances in Neural Information Processing Systems,2012：2222-2230.

[177] Silberer C,Lapata M. Learning Grounded Meaning Representations with Autoencoders [C]// Proceedings of the Meeting of the Association for Computational Linguistics,Stroudsburg,PA：ACL,2014：721-732.

[178] Wang W,Ooi B C,Yang X,et al. Effective Multi-Modal Retrieval based on Stacked Auto-Encoders [J]. Proceedings of the VLDB Endowment,2014,7(8)：649-660.

[179] Feng F,Wang X,Li R,et al. Correspondence Autoencoders for Cross-Modal Retrieval[J]. ACM Trans. Multimedia Comput. Commun. Appl. ,2015,12(1s)：1-22.

[180] Zhan Y,Yu J,Yu Z,et al. Comprehensive Distance-Preserving Autoencoders for Cross-Modal Retrieval[C]//Proceedings of the ACM International Conference on Multimedia,New York：ACM，

2018：1137-1145.

[181] Goodfellow I,Pouget-Abadie J,Mirza M,et al. Generative Adversarial Nets[J]. Advances in Neural Information Processing Systems,2014,27：2672-2680.

[182] Peng Y,Qi J. CM-GANs：Cross-modal Generative Adversarial Networks for Common Representation Learning[J]. ACM Transactions on Multimedia Computing,Communications,and Applications,2019,15(1)：22.

[183] Dash A,Gamboa J C B,Ahmed S, et al. TAC-GAN-Text Conditioned Auxiliary Classifier Generative Adversarial Network[J/OL]. 2017,arXiv preprint：1703.06412.

[184] Wangli H,Zhang Z,He G. CMCGAN：a Uniform Framework for Cross-Modal Visual-Audio Mutual Generation[C]//Proceedings of the National Conference on Artificial Intelligence,Menlo Park,CA：AAAI,2018：6886-6893.

[185] Jiang B,Yang J,Lv Z,et al. Internet Cross-Media Retrieval Based on Deep Learning[J]. Journal of Visual Communication and Image Representation,2017,48：356-366.

[186] Qiao T,Zhang J,Xu D,et al. MirrorGAN：Learning Text-to-Image Generation by Redescription [C]//Proceedings of the IEEE Conference on Computer Vision and Pattern Recognition, Piscataway,NJ：IEEE,2019：1505-1514.

[187] Elmagarmid A K,Ipeirotis P G,Verykios V S. Duplicate Record Detection：A Survey[J]. IEEE Transactions on Knowledge and Data Engineering,2007,19(1)：1-16.

[188] Gao C C,Wang J N,Pei J, et al. Preference-Driven Similarity Join [C]//Proceedings of the International Conference on Web Intelligence：ACM,2017：97-105.

[189] Chaudhuri S,Ganti V,Motwani R. Robust Identification of Fuzzy Duplicates[C]//Proceedings of the International Conference on Data Engineering,Piscataway,NJ：IEEE,2005：865-876.

[190] Rong C I T,Silva Y N,Li C Q. String Similarity Join with Different Similarity Thresholds Based on Novel Indexing Techniques[J]. Frontiers of Computer Science,2017,11(2)：307-319.

[191] Rong C T,Zhang X L. String Similarity Join with Different Thresholds[C]//Proceedings of the International Conference on Knowledge Science,Engineering and Management,Berlin：Springer, 2015：260-271.

[192] Ahmed H. Dynamic Similarity Threshold in Authorship Verification：Evidence from Classical Arabic[C]//Proceedings of the Arabic Computational Linguistics,Amsterdam：Elsevier,2017： 145-152.

[193] Cochinwala M,Kurien V,Lalk G,et al. Efficient Data Reconciliation[J]. Information Sciences,2001, 137(1-4)：1-15.

[194] 曹建军,刁兴春,杜鹃,等.基于蚁群特征选择的相似重复记录分类检测[J].兵工学报,2010,31(9)： 1222-1227.

[195] Sarawagi S,Bhamidipaty A. Interactive Deduplication Using Active Learning[C]//Proceedings of the ACM SIGKDD Conference on Knowledge Discovery and Data Mining,New York：ACM,2002： 269-278.

[196] Bilenko M,Mooney R,Cohen W, et al. Adaptive Name Matching in Information Integration[J]. IEEE Intelligent Systems,2003,18(5)：16-23.

[197] Sagi T,Gal A,Barkol O,et al. Multi-Source Uncertain Entity Resolution：Transforming Holocaust Victim Reports into People[J]. Information Systems,2017,65：124-136.

[198] Yin X, Han J, Philip S Y. Truth Discovery with Multiple Conflicting Information Providers on the Web[J]. IEEE Transactions on Knowledge and Data Engineering, 2007, 20(6): 796-808.

[199] Zhou D, Platt J C, Basu S, et al. Learning from the Wisdom of Crowds by Minimax Entropy[C]//In Advances in Neural Information Processing Systems. NIPS, 2012: 2204-2212.

[200] Poler R, Mula J, Díaz-Madroñero M. London: Non-Linear Programming[M]. Springer, 2014.

[201] Marshall J, Argueta A, Wang D. A Neural Network Approach for Truth Discovery in Social Sensing [C]//Proceedings of the IEEE International Conference on Mobile Ad Hoc and Sensor Systems. IEEE, 2017: 343-347.

[202] Broelemann K, Gottron T, Kasneci G. Restricted Boltzmann Machines for Robust and Fast Latent Truth Discovery[J]. arXiv Preprint arXiv: 1801.00283.

[203] Li L, Qin B, Ren W, et al. Truth Discovery with Memory Network [J]. Tsinghua Science Technology, 2017, 22(6): 609-618.

[204] Popat K, Mukherjee S, Weikum G. Credibility Assessment of Textual Claims on the Web[C]// Proceedings of the ACM International on Conference on Information and Knowledge Management. ACM, 2016: 2173-2178.

[205] Ma F, Li Y, Li Q, et al. FaitCrowd: Fine Grained Truth Discovery for Crowdsourced Data Aggregation[C]//Proceedings of the ACM SIGKDD International Conference on Knowledge Discovery. ACM, 2015: 745-754.

[206] Ma F, Meng C, Xiao H, et al. Unsupervised Discovery of Drug Side-Effects from Heterogeneous Data Sources[C]//Proceedings of the ACM SIGKDD International Conference on Knowledge Discovery. ACM, 2017: 967-976.

[207] Li Y, Du N, Liu C, et al. Reliable Medical Diagnosis from Crowdsourcing: Discover Trustworthy Answers from Non-Experts[C]//Proceedings of the ACM International Conference on Web Search and Data Mining. ACM, 2017: 253-261.

[208] Zhang H, Li Y, Ma F, et al. TextTruth: an Unsupervised Approach to Discover Trustworthy Information from Multi-Sourced Text Data[C]//Proceedings of the ACM SIGKDD International Conference on Knowledge Discovery. ACM, 2018: 2729-2737.

[209] Zhang D Y, Han R, Wang D, et al. On Robust Truth Discovery in Sparse Social Media Sensing [C]//IEEE International Conference on Big Data. IEEE, 2016: 1076-1081.

[210] Zhang D Y, Wang D, Zhang Y. Constraint-Aware Dynamic Truth Discovery in Big Data Social Media Sensing[C]//2017 IEEE International Conference on Big Data. IEEE, 2018: 57-66.

[211] Ouyang R W, Srivastava M, Toniolo A, et al. Truth Discovery in Crowdsourced Detection of Spatial Events[J]. IEEE Transactions on Knowledge & Data Engineering, 2014, 28(4): 461-470.

[212] Li Z, Yang S, Wu F, et al. Holmes: Tackling Data Sparsity for Truth Discovery in Location-Aware Mobile Crowdsensing[C]//IEEE 15th International Conference on Mobile Ad Hoc and Sensor Systems. IEEE, 2018: 424-432.

[213] Garcia-Ulloa D A, Xiong L, Sunderam V. Truth Discovery for Spatio-Temporal Events from Crowdsourced Data[J]. Proceedings of the VLDB Endowment, 2017, 10(11): 1562-1573.

[214] 马如霞,孟小峰,王璐,等. MTruths: Web信息多真值发现方法[J]. 计算机研究与发展, 2016, 52 (12): 2858-2866.

[215] Zhao B, Rubinstein B I, Gemmell J, et al. A Bayesian Approach to Discovering Truth from

Conflicting Sources for Data Integration[J]. Proceedings of the VLDB Endowment,2012,5(6)：550-561.

[216] Wang X,Sheng Q Z,Yao L,et al. Empowering Truth Discovery with Multi-Truth Prediction[C]// CIKM. ACM,2016：881-890.

[217] Wan M,Chen X,Kaplan L,et al. From Truth Discovery to Trustworthy Opinion Discovery：an Uncertainty-Aware Quantitative Modeling Approach[C]//ACM SIGKDD International Conference on Knowledge Discovery & Data Mining. ACM,2016：1885-1894.

[218] Lin X,Chen L. Domain-Aware Multi-Truth Discovery from Conflicting Source[J]. Proceedings of the VLDB Endowment,2018,11(5)：635-647.

[219] Pochampally R,Sarma A D,Dong X L,et al. Fusing Data with Correlations[C]//ACM SIGMOD International Conference on Management of Data. ACM,2014：433-444.

[220] 李少波,王继奎. 基于真值发现的冲突数据源质量评价算法[J]. 浙江大学学报(工学版),2015,49(2)：303-308.

[221] Zhang H,Li Q,Ma F,et al. Influence-Aware Truth Discovery[C]//ACM International Conference on Information and Knowledge Management. ACM,2016：851-860.

[222] Tang X,Wang C,Yuan X, et al. Non-Interactive Privacy-Preserving Truth Discovery in Crowd Sensing Applications［C]//IEEE Conference on Computer Communications. ACM，2018：1988-1996.

[223] Zheng Y,Duan H,Yuan X,et al. Privacy-Aware and Efficient Mobile Crowdsensing with Truth Discovery[J]. IEEE Transactions on Dependable & Secure Computing,2017,99：1-1.

[224] Miao C,Su L,Jiang W,et al. A Lightweight Privacy-Preserving Truth Discovery Framework for Mobile Crowd Sensing Systems[C]//IEEE Conference on Computer Communications. IEEE,2017：1-9.

[225] Li Y L,Miao C L,Su L,et al. An Efficient Two-Layer Mechanism for Privacy-Preserving Truth Discovery[C]//ACM SIGKDD International Conference on Knowledge Discovery & Data Mining. ACM,2018：1705-1714.

[226] Liu Y,Tang S,Wu H,et al. RTPT：a Framework for Real-Time Privacy-Preserving Truth Discovery on Crowdsensed Data Streams[J]. Computer Networks,2018：349-360.

[227] Yang Y,Bai Q,Liu Q. A Probabilistic Model for Truth Discovery with Object Correlations［J]. Knowledge-Based Systems,2019：165：360-373.

[228] Li Y,Li Q,Gao J,et al. Conflicts to Harmony：a Framework for Resolving Conflicts in Heterogeneous Data by Truth Discovery［J］. IEEE Transactions on Knowledge and Data Engineering,2016：1-1.

[229] Fan W,Geerts F,Jia X,et al. Conditional Functional Dependencies for Capturing Data Inconsistencies[J]. ACM Transactions on Database Systems,2008,33(2)：1-48.

[230] Fan W,Geerts F,Jia X. Semandaq：a Data Quality System Based on Conditional Functional Dependencies[C]//Proceedings of the 34th International Conference on Very Large Data Bases (VLDB'08),Auckland,New Zealand,1,Aug. 23-28,2008,1(2)：1460-1463.

[231] Fan W,Geerts F,Ma S,et al. Detecting Inconsistencies in Distributed Data[C]//Proceedings of the 26th IEEE International Conference on Data Engineering (ICDE'10),Long Beach,California,USA, Mar. 1-6,2010：64-75.

[232] Fan W,Li J,Tang N,et al. Incremental Detection of Inconsistencies in Distributed Data［C］// Proceedings of the 28th IEEE International Conference on Data Engineering（ICDE'12）, Washington,DC,USA,26,2012,26（6）：318-329.

[233] Chen W,Fan W,Ma S. Incorporating Cardinality Constraints and Synonym Rules into Conditional Functional Dependencies［J］. Information Processing Letters,2009,109（14）：783-789.

[234] Bravo L,Fan W,Geerts F,et al. Increasing the Expressivity of Conditional Functional Dependencies without Extra Complexity［C］//Proceedings of the 24th IEEE International Conference on Data Engineering（ICDE'08）,Cancún,México,2008：516-525.

[235] 耿寅融,刘波. 基于条件函数依赖的数据库一致性检测研究［J］.计算机工程与应用,2012,48（3）： 122-125.

[236] Beskales G,Ilyas I F,Golab L. Sampling the Repairs of Functional Dependency Violations under Hard Constraints［C］//Proceedings of the 36th International Conference on Very Large Data Bases （VLDB'10）,Singapore,Sep. 13-17,2010：197-207.

[237] Fan W,Li J,Ma S,et al. Towards Certain Fixes with Editing Rules and Master Data［J］. The VLDB Journal,2012,21（2）：213-238.

[238] Kolahi S,Lakshmanan L V S. On Approximating Optimum Repairs for Functional Dependency Violations［C］//Proceedings of the 12th International Conference on Database Theory（ICDT'09）, Saint-Petersburg,Russia,Mar. 23-26,2009：53-62.

[239] Bohannon P,Fan W,Flaster M,et al. A Cost-based Model and Effective Heuristic for Repairing Constraints by Value Modification［C］//Proceedings of the ACM SIGMOD International Conference on Management of Data（SIGMOD'05）,Baltimore,Maryland,USA,Jun. 14-16,2005：143-154.

[240] Lopatenko A,Bertossi L. Complexity of Consistent Query Answering in Databases under Cardinality-based and Incremental Repair Semantics［C］//Proceedings of the 11th International Conference on Database Theory（ICDT'07）,Barcelona,Spain,Jan. 10-12,2007：179-193.

[241] Beskales G,Ilyas I F,Golab L,et al. Sampling from Repairs of Conditional Functional Dependency Violations［C］//Proceedings of the 40th International Conference on Very Large Data Bases （VLDB'14）,Hangzhou,China,23,Sep. 1-5,2014,23（1）：103-128.

[242] Chomicki J,Marcinkowski J. Minimal-change Integrity Maintenance Using Tuple Deletions［J］. Information & Computation,2005：90-121.

[243] Chomicki J,Marcinkowski J,Staworko S. Computing Consistent Query Answers Using Conflict Hypergraphs［C］//Proceedings of the 23rd ACM International Conference on Information and Knowledge Management（CIKM'04）,Washington DC,USA,Nov. 08-13,2004：417-426.

[244] Cong G,Fan W,Geerts F,et al. Improving Data Quality：Consistency and Accuracy［C］// Proceedings of the 33rd International Conference on Very Large Data Bases（VLDB'07）,Austria, Sep. 23-27,2007（7）：315-326.

[245] Greco S,Molinaro C. Approximate Probabilistic Query Answering over Inconsistent Databases ［C］//Proceedings of the 27th International Conference on Conceptual Modeling（ER'08）, Barcelona,Spain,Oct. 20-24,2008：311-325.

[246] Fan W,Geerts F. Foundations of Data Quality Management［M］. Morgan & Claypool,2012.

[247] Fan W,Li J,Ma S,et al. CerFix：a System for Cleaning Data with Certain Fixes［C］//Proceedings of the 37th International Conference on Very Large Data Bases（VLDB'11）,Westin,Seattle,WA,4,

Aug. 29-Sep. 3,2011,4(12): 1375-1378.

[248] Wang J,Tang N. Towards Dependable Data Repairing with Fixing Rules[C]//Proceedings of the ACM SIGMOD International Conference on Management of Data (SIGMOD'14),Snowbird,Utah, USA,Jun. 22-27,2014: 457-468.

[249] Chu X,Ilyas I F, Papotti P. Holistic Data Cleaning: Putting Violations into Context [C]// Proceedings of the 29th IEEE International Conference on Data Engineering (ICDE'13),Brisbane, Australia,Apr. 8-12,2013: 458-469.

[250] Chen K,Chen H,Conway N,et al. Usher: Improving Data Quality with Dynamic Forms[J]. IEEE Transactions on Knowledge & Data Engineering,2011,23(8): 1138-1153.

[251] Ling Y,An Y,Liu M,et al. An Error Detecting and Tagging Framework for Reducing Data Entry Errors in Electronic Medical Records (EMR) System[C]//IEEE International Conference on Bioinformatics and Biomedicine (BIBM'13),Shanghai,China,Dec. 18-21,2013: 249-254.

[252] Toda G A,Cortez E,Silva A S d,et al. A Probabilistic Approach for Automatically Filling Form-Based Web Interfaces[C]//Proceedings of the 36th International Conference on Very Large Data Bases (VLDB'10),Singapore,4,Sep. 13-17,2010,4(3): 151-160.

[253] Chen K,Hellerstein J M,Parikh T S. Designing Adaptive Feedback for Improving Data Entry Accuracy [C]//Proceedings of the 23rd ACM Symposium on User Interface Software and Technology (UIST'10),New York,USA,Oct. 3-6,2010: 239-248.

[254] Chen K. Data-Driven Techniques for Improving Data Collection in Low-Resource Environments [D]//Doctoral Thesis,University of California at Berkeley,2011.

[255] Wiseman S,Borghouts J,Grgic D,et al. The Effect of Interface Type on Visual Error Checking Behavior[C]//Proceedings of the Human Factors and Ergonomics Society 59th Annual Meeting (HFES'15),Los Angeles,California,USA,Oct. 26-30,2015: 436-439.

[256] Wiseman S,Cox A L,Brumby D P,et al. Using Checksums to Detect Number Entry Error[C]// Proceedings of the 31th SIGCHI Conference on Human Factors in Computing Systems(CHI'13), Paris,France,Apr. 27-May 2,2013: 2403-2406.

[257] Li Y,Oladimeji P,Thimbleby H W. Exploring the Effect of Pre-operational Priming Intervention on Number Entry Errors[C]//Proceedings of the 33th SIGCHI Conference on Human Factors in Computing Systems(CHI'15),Seoul,Korea,Apr. 18-23,2015: 1335-1344.

[258] Gould S J J,Cox A L,Brumby D P,et al. Now Check Your Input: Brief Task Lockouts Encourage Checking,Longer Lockouts Encourage Task Switching [C]//Proceedings of the 34th SIGCHI Conference on Human Factors in Computing Systems(CHI'16),San Jose,CA,USA,May 07-12, 2016: 3311-3323.

[259] 李昊旻,段会龙,吕旭东,等. 结构化电子病历数据录入方法[J]. 浙江大学学报(工学版),2008,42 (10): 1693-1696.

[260] 张金,唐新炎,肖骏. 数据录入约束与导航器[J]. 中国机械工程,2003,14(8): 678-681.

[261] Lauria E J M,Tayi G K. Statistical Machine Learning for Network Intrusion Detection: a Data Quality Perspective[J]. International Journal of Services Sciences,2008,1(2): 179-195.

[262] Birnbaum B,Derenzi B,Flaxman A D,et al. Automated Quality Control for Mobile Data Collection [C]//Proceedings of the 2nd ACM Symposium on Computing for Development (CDE'12),Atlanta, GA,USA,Mar. 10-11,2012: 1-10.

［263］　Pruengkarn R,Wong K W,Fung C C. Data Cleaning Using Complementary Fuzzy Support Vector Machine Technique［C］//Proceedings of the 23rd International Conference on Neural Information Processing,Kyoto,Japan,Oct. 16-21,2016：160-167.

［264］　Sessions V,Valtorta M. Towards a Method for Data Accuracy Assessment Utilizing a Bayesian Network Learning Algorithm［J］. ACM Journal of Data and Information Quality,2009,1(3-14)：1-33.

第2部分

实体分辨技术

第3章

高维数据特征选择的多目标蚁群算法

3.1　引言

高维数据的特征选择是多目标无序组合优化问题,多目标优化问题的研究由来已久,它是指多个目标不分主次的优化问题[1]。多目标优化一般是 NP 难问题,即不能在多项式时间得出最优解,常用的解决多目标优化问题的一类算法称为多目标演化算法(Multiobjective Evolutionary Algorithm),对多目标演化算法的研究一直是学术界的热点问题[2-3],如基于分解的多目标演化算法、非支配排序遗传算法Ⅲ、两档案算法以及多目标蚁群优化(Multiobjective Ant Colony Optimization,MOACO)算法等[2-7]。其中 MOACO在解决多目标组合优化问题方面具有信息正反馈、内在分布式和易于与其他算法结合等特点,吸引了众多研究人员的关注。

多目标组合优化问题包含两种类型:一类是以多目标旅行商问题为代表的有序组合优化问题;另一类是以多目标特征选择问题为代表的无序组合优化问题(多目标子集问题)。由于多目标旅行商问题的解是有序的路径,符合蚂蚁顺序选择路径的过程,因此通过MOACO 求解多目标旅行商问题是最早的成功案例,对 MOACO 的改进也常以多目标旅行商问题为背景[8-9]。然而在处理多目标子集问题方面,当前的 MOACO 算法存在两点局限性:一是多目标子集问题的解是元素的集合,与蚂蚁选择路径的次序无关,目前的 MOACO算法是将信息素放在物品(元素)上,蚂蚁根据物品上的信息素浓度和启发式信息有序选择路径,从而导致解的无序性和蚂蚁选择物品的有序性之间存在矛盾,即更新信息素对蚂蚁的影响具有不确定性[10-11];二是多数 MOACO 算法解决二目标优化问题,在扩展到三个以上目标的优化问题时其参数较难设置,导致 MOACO 算法难以处理具有较高目标维度的子集问题[12]。

本章提出基于等效路径更新的两档案多目标蚁群优化(Multiobjective Ant-colony-optimization Based on Two Archives and Equivalent Routes Update，MATA&ERU）算法，使用等效路径信息素增强策略，消除解的无序性与蚂蚁求解有序性之间的矛盾，将原目标转换为收敛性目标和多样性目标并设置对应的帕累托档案，提升 MOACO 的扩展性。

3.2　理论方法

3.2.1　两档案设置

首先介绍多目标优化的相关概念，以最小化优化问题为例，多目标优化问题可由式（3-1）描述

$$\min \quad \boldsymbol{F}(\boldsymbol{x}) = (f_1(\boldsymbol{x}), f_2(\boldsymbol{x}), \cdots, f_m(\boldsymbol{x}))^{\mathrm{T}}, \quad \boldsymbol{x} \in \Omega \tag{3-1}$$

式（3-1）中，决策向量 $\boldsymbol{x} = (x_1, x_2, \cdots, x_n)$ 属于非空决策空间 Ω，目标函数向量 $\boldsymbol{F}: \Omega \rightarrow \boldsymbol{\Delta}$ 由 $m(m \geqslant 2)$ 个目标组成，$\boldsymbol{\Delta}$ 是目标空间[13]。

帕累托支配（Pareto Dominance），给定两个解 $\boldsymbol{x}, \boldsymbol{y} \in \Omega$ 以及它们对应的目标向量 $\boldsymbol{F}(\boldsymbol{x}), \boldsymbol{F}(\boldsymbol{y}) \in R^m$，当且仅当 $\forall i \in \{1, 2, \cdots, m\}$，$f_i(\boldsymbol{x}) \leqslant f_i(\boldsymbol{y})$ 且 $\exists j \in \{1, 2, \cdots, m\}$，$f_j(\boldsymbol{x}) < f_j(\boldsymbol{y})$ 时，$\boldsymbol{x}$ 支配 $\boldsymbol{y}$（表示为 $\boldsymbol{x} \succ \boldsymbol{y}$）。

帕累托最优解（Pareto Optimal Solution），$\boldsymbol{x}^* \in \Omega$ 是帕累托最优解当且仅当不存在另一个解 $\boldsymbol{x} \in \Omega$ 支配它，帕累托最优解又称非支配解（Nondominated Solution）。

帕累托集（Pareto Set），所有帕累托最优解的并集称为帕累托集 $\mathrm{PS} = \{\boldsymbol{x} \in \Omega | ! \exists \boldsymbol{y} \in \Omega, \boldsymbol{y} < \boldsymbol{x}\}$。

帕累托前沿（Pareto Front），帕累托集对应的目标向量集合称为帕累托前沿。

近似集合（Approximation Set），设 $\boldsymbol{A} \subset \boldsymbol{\Delta}$ 为目标向量的集合，用 $\boldsymbol{A} = \{\boldsymbol{a}_1, \boldsymbol{a}_2, \cdots, \boldsymbol{a}_{|\boldsymbol{A}|}\}$ 表示，如果 $\boldsymbol{A}$ 中任意一个目标向量都不支配或等于 $\boldsymbol{A}$ 中其他的目标向量，则 $\boldsymbol{A}$ 称为一个近似集合。

多目标演化算法包括两个性能目标：收敛性目标，近似集合尽可能趋近帕累托前沿；多样性目标，近似集合尽可能覆盖帕累托前沿[14]。

为了在多目标优化问题中获得较好的性能，当前 MOACO 算法主要从三方面进行改进：第一是根据目标个数设置对应的信息素矩阵，使用权重和、权重积或随机法将多个信息素值聚合成单个值；第二是设置多个启发式矩阵，并通过权重和、权重积或随机法聚合启发式值；第三是引入多群体，每个群体搜索目标空间的一部分，群体之间采用某种方式交互信息。以上三种改进方案均有不同程度的局限性。首先，当目标个数较多时，使用多个信息素矩阵会导致聚合参数难以设置；其次，相关研究表明设置多个启发式信息矩阵不能显著提升 MOACO 的性能[15]；最后，设置多群体需要通过权重向量分解目标空间，该方法一般用于二目标优化问题，当目标个数较多时，该方法难以拓展使用。

通过多目标演化算法的性能目标可知，无论存在几个原始的优化目标，都可以将其转换为收敛性目标和多样性目标，即算法获得的帕累托解尽可能趋近真实的帕累托前沿，同时尽

可能覆盖真实帕累托前沿。有趣的是,这是个二目标"优化"问题,通过当前 MOACO 常用的方法对这两个目标进行优化求解即可,并且能够将算法灵活拓展到高维目标空间。具体而言,在全局范围内设置两个帕累托档案,即收敛性档案(Converge Archive)与多样性档案(Diversity Archive),收敛性档案提高算法的收敛能力,多样性档案提高算法获取解的分布多样性,与设置的两档案相对应,需要设置两个全局信息素矩阵,称为收敛性信息素矩阵与多样性信息素矩阵,信息素矩阵采用对应的档案解进行更新,即收敛性档案中的解更新收敛性信息素矩阵,多样性档案中的解更新多样性信息素矩阵,算法迭代结束后,输出收敛性档案作为最终帕累托解集。

3.2.2 等效路径信息素增强策略

在 MOACO 中,蚂蚁依次选择路径构建解,多目标子集问题是典型的无序组合优化问题,其解集内的元素无顺序关系,蚂蚁有序的选择与解的无序性之间存在矛盾,解决该问题是进一步提升算法求解性能的关键。引入基于图的蚂蚁系统[16],构造包含一个有向图和一些从有向图到多目标子集问题映射的构造图,蚂蚁根据有向图边上的信息素值与静态启发式信息构建可行解。

定义 3-1 定义多目标子集问题的构造图 (G, Γ, Γ'),有向图 $G = (V, E)$,Γ 和 Γ' 是映射关系,并且满足以下几点:

(1) 备选解(路径)的集合 $E = \{e_{ij} | i = 1, 2, \cdots, n, j = 1, 2, \cdots, q\}$,蚂蚁访问路径的长度集合 $D = \{d_k | k = 1, 2, \cdots, q+1\}$,其中 n 为物品的规模数,q 为物品可能的最大规模数且有 $q \leq n$,$e_{ij} = \langle d_j, d_{j+1} \rangle$,$j = 1, 2, \cdots, q$ 表示蚂蚁第 j 步选择(访问)第 i 个物品;

(2) 第 k 步 d_k,$k = 1, 2, \cdots, q+1$ 的入度为 n,第 k 步 d_k,$k = 1, 2, \cdots, q$ 的出度为 n,第 1 步 d_1 的入度为 0,第 $q+1$ 步 d_{q+1} 的出度为 0;

(3) 令 $W = \{w_l | l = 1, 2, \cdots\}$ 为蚂蚁访问完有向图 G 后搜索的路径解且 w_l 满足:

① 从有向图的第 1 步 d_1 开始搜索,可以在任意步终止访问;

② 搜索包含有向图的边 e_{ij},$e_{i'j'}$,且满足 $i \neq i'$,$j' \neq j$;

③ W 为有向图边构成的路径解集且满足多目标子集问题的约束条件。

(4) Γ 将 W 映射为多目标子集问题的可行解集,Γ' 将 W 映射为目标函数值。

根据定义 3-1,多目标子集问题构造图的有向图表示如图 3-1 所示。

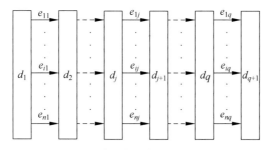

图 3-1 多目标子集问题构造图

文献[17]为了提高蚁群算法求解子集问题的性能,基于图的蚂蚁系统提出一种称为等效路径的信息素增强策略,同时更新有向图边的等效路径上的信息素值。但该方法仅用于解决单目标优化问题,本章将其扩展到多目标优化问题中,解决蚂蚁构造解的有序性与多目标子集问题解的无序性之间的矛盾,下面给出等效路径的概念。

定义 3-2 若 $w_l, w_{l'} \in W$ 且满足 $\Gamma'(w_l) = \Gamma'(w_{l'})$,则解 $\Gamma(w_l)$ 和 $\Gamma(w_{l'})$ 等价,且称 $w_l, w_{l'}$ 为等效路径。

定理 3-1 若有 $w_l \in W$,$|w_l| = L$,$w_l = (e_{i_{1_1}}, e_{i_{2_2}}, \cdots, e_{i_{L_L}})$,$w_l$ 包含的边集为 $\Psi(w_l) = \{e_{ij} | i = i_1, i_2, \cdots, i_L, j = 1, 2, \cdots, L\}$,多目标子集问题的解为 $\Gamma(w_l)$ 且目标函数值为 $\Gamma'(w_l)$,则在有向图 G 中至少有 $L!$ 条等效路径。

证明: 根据定义 3-1 及集合的性质可知,由于边集 $i_1, i_2, \cdots, i_L$ 相互之间无顺序关系,因此它们的全排列组合有且仅有 $L!$ 个,边集 $\Psi(w_l)$ 包含的边至多可以组成 $L!$ 条长度为 L 路径,则这些路径的解为 $\Gamma(w_l) = \{i_1, i_2, \cdots, i_L\}$ 且目标函数值均为 $\Gamma'(w_l)$,即这 $L!$ 条边为等效路径。

下面举例说明传统信息素更新方式与等效路径信息素更新方式的差异,假设在物品个数 $n = 10$,且物品可能被选的最大个数 $q = 5$ 的前提下,蚂蚁搜索的一个可行解为 $\{1, 3, 4, 5, 9\}$,在构造图中采用传统信息素更新方式与等效路径信息素更新方式的示例分别如图 3-2 和图 3-3 所示。

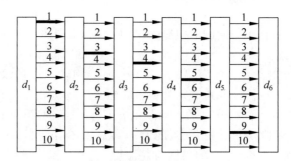

图 3-2 传统信息素更新方式示意图

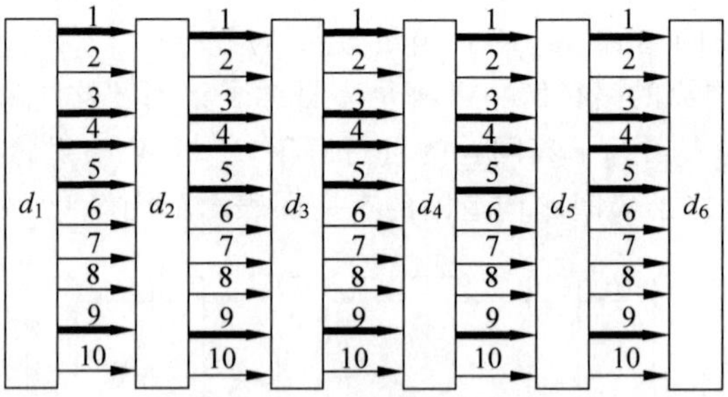

图 3-3 等效路径信息素更新方式示意图

在图 3-2 中,通过传统方式更新信息素矩阵时,由于可行解为 $\{1, 3, 4, 5, 9\}$,因此只增强对应边上的信息素值;而在图 3-3 中,通过等效路径方式更新信息素时,需要增强与路径解 $\{1, 3, 4, 5, 9\}$ 等价的路径上的信息素值(有 $5! = 120$ 条等效路径),这将同时提高使蚂蚁选择 $5!$ 条等效路径的概率,即蚂蚁选择路径解 $\{1, 3, 4, 5, 9\}$ 的概率得到了提升。因此,等效路径信息素更新策略能够有效消除蚂蚁构造解的有序性与多目标子集问题解的无序性之间的矛盾。

3.2.3 多样性度量指标

由于在目标维数较高时,多目标演化算法的多样性恶化更为严重,因此多样性的提升是算法需要解决的重要方面[18]。

多目标演化算法有两种进化方式,一种是个体附带解的信息,通过迭代提高自身解的质量,如基于遗传操作的演化算法、粒子群算法、蝙蝠算法等[19,20];另一种是采用类似"记忆库"的结构保存较好解的历史信息,并利用"记忆库"中的信息生成新的较好解,MOACO 以及和声搜索算法是这种方式的典型代表[21]。由于 MOACO 使用信息素矩阵保留较好解在源空间的历史信息,并使用信息素矩阵生成新解,因此若仅利用帕累托支配关系或距离函数等方法评估解在目标空间的多样性适应度值,可能会造成算法多次更新相同路径,从而导致多样性的恶化,下面通过例子说明该问题。

假设对于一个最小化二目标优化问题,算法搜索到 3 个解 x, y, z(其中 x 为本次已加入帕累托档案中的新解),其在目标空间的适应度值分别为 $F(x) = (5,4)$,$F(y) = (4,7)$,$f(z) = (5,5)$,它们在源空间中对应的路径分别为 $x = \{1,3,4,6\}$,$y = \{1,3,4,9\}$,$z = \{1,5,7,9\}$。通过帕累托关系可以看出,解 x 与 y 互不支配,而 x 支配 z,因此更新帕累托档案时应当保留解 y 而放弃解 z。但是通过观察可以发现,x 与 y 在源空间的路径具有较高的相似度,而 x 与 z 在源空间的路径相似度较低,若保留 y 而放弃 z 会造成 MOACO 使用帕累托档案中的解更新信息素矩阵时多次更新路径 $\{1,3,4\}$,从而增加蚂蚁选择该路径的概率,降低算法的多样性。

为此,提出一种结合目标空间帕累托支配关系与源空间距离信息的多样性度量指标,解决 MOACO 在源空间可能多次更新相同路径的问题。

令 P_t 表示第 t 次迭代时算法生成的解集,$\overline{P}_t$ 表示当前迭代需要更新的帕累托档案,为 P_t 和 $\overline{P}_t$ 中的个体分配强度值 S,定义个体解 i 的强度值 $S(i)$ 表示个体 i 支配其他解的数量,如式(3-2)

$$S(i) = |\ \{j \mid j \in P_t + \overline{P}_t \land i \succ j\}\ |\tag{3-2}$$

式(3-2)中,$|\cdot|$ 表示集合的基数,+表示集合的并操作,符号 $\succ$ 表示帕累托支配。基于式(3-2),定义个体 i 的粗糙适应度 $R(i)$,如式(3-3)

$$R(i) = \sum_{j \in P_t + \overline{P}_t, j \succ i} S(j)\tag{3-3}$$

式(3-3)中,个体 i 的粗糙适应度 $R(i)$ 由在 P_t 和 $\overline{P}_t$ 中支配 i 的个体决定。因此对个体 i,粗糙适应度 $R(i)$ 越小表明 i 的适应度越好,当 $R(i) = 0$ 时,表示没有任何解支配 i,即 i 是帕累托解。

为个体分配粗糙适应度是一种基于帕累托关系的小生境方法,在算法迭代初期,帕累托解较少,随着迭代的进行,帕累托解的数量随之增多,算法选择压力减小,使用帕累托关系就无法有效选择帕累托解,因此需要结合解在源空间的位置信息来选择更为合适的帕累托解。如前文所述,MOACO 的蚂蚁在迭代完成后死亡,解的历史信息通过其在源空间的位置(路径)更新信息素矩阵进行存储,因此采用个体解在源空间的位置信息选择帕累托解更符合 MOACO 的自然属性。具体而言,由于在多目标子集问题中,解的元素无顺序关系,因此可以使用谷元距离(Tominato Distance)度量解在源空间的位置信息[22]。令 w_i,w_j 分别为多目标子集问题的 2 个可行解 i,j 在源空间的路径解,它们的谷元距离如式(3-4)所示。

$$D_{ij} = 1 - \frac{|w_i| + |w_j| - 2|w_i \bigcap w_j|}{|w_i| + |w_j| - |w_i \bigcap w_j|} \tag{3-4}$$

式(3-4)中,$w_i \bigcap w_j$ 为 w_i 和 w_j 的交集,且 $D_{ij} \in [0,1]$,当 w_i 与 w_j 完全相同时,$D_{ij} = 1$,当 w_i 与 w_j 完全不同时,$D_{ij} = 0$,因此 D_{ij} 越小表明两个解之间的位置距离越大,在源空间的多样性越好。

综上,结合帕累托支配关系度量指标与距离度量指标,定义个体解 i 的多样性度量指标 γ,如式(3-5)所示。

$$\gamma(i) = R(i) + \varXi_i^h \tag{3-5}$$

式(3-5)中,$\varXi_i^h$ 表示个体 i 对其他解的距离 D_{ij} 按照升序排列后的第 h 个值,其中 h 为算法运行参数,论文设为档案中个体数量的均方根 $\sqrt{|P_t| + |\overline{P}_t|}$。

3.3 算法描述

本节描述 MATA&ERU 算法及其组成部分,包括路径选择概率的计算、档案的更新以及信息素矩阵的更新。路径选择概率决定蚂蚁以较大的可能性选择较好路径;档案的更新决定解在目标空间的分布,档案中的候选解通过更新信息素矩阵影响算法的求解性能;信息素矩阵更新的关键在于如何将档案中的解转换成源空间的路径信息,并通过更新信息素矩阵保存该信息。

3.3.1 路径选择概率公式

在 MATA&ERU 中,蚂蚁通过计算转移概率选择路径逐步构建可行解,在 t 时刻,蚂蚁 k 从 d_j 经过边 e_{ij} 到达 d_{j+1} 的路径选择概率如式(3-6)所示。

$$p_{ij}^k(t) = \begin{cases} \dfrac{[\tau_{ij}(t-1)]^\alpha \cdot [\eta_i]^\beta}{\sum\limits_{e_{ij} \notin \text{visit}_k} [\tau_{ij}(t-1)]^\alpha \cdot [\eta_b]^\beta}, & e_{ij} \notin \text{visit}_k \\ 0, & \text{其他} \end{cases} \tag{3-6}$$

式(3-6)中,$\tau_{ij}(t-1)$ 是边 e_{ij} 在 $(t-1)$ 时刻的信息素值,η_i 是静态启发式信息,表示选择物品 i 的期望,α 是信息素值重要程度因子,β 是启发式信息重要程度因子,visit_k 表示蚂蚁 k 访问过的边集。由于 MATA&ERU 在全局范围内设置两个信息素矩阵,因此需要将两个矩阵中的信息素值聚合成单个值计算路径选择概率,聚合方式采用式(3-7)实现。

$$\tau_{ij}(t-1) = [\tau_{ij}^{\text{ca}}(t-1)]^{(1-\lambda)} \cdot [\tau_{ij}^{\text{da}}(t-1)]^\lambda \tag{3-7}$$

式(3-7)中,$\tau_{ij}^{ca}(t-1)$表示边e_{ij}在$(t-1)$时刻的收敛性信息素值,$\tau_{ij}^{da}(t-1)$表示边e_{ij}在$(t-1)$时刻的多样性信息素值,λ是权重参数且有$0\leqslant\lambda\leqslant1$,这里设置$\lambda=0.5$,表示收敛性信息与多样性信息具有相同的重要程度。

3.3.2　变异机制

在单目标优化问题中,演化算法的目标是获得一个较好的次优解,因此收敛性是算法主要考虑的方面。而在多目标优化问题中,多目标演化算法的目标是获得尽量靠近帕累托前沿且分布较好的近似集合,因此多样性也是多目标演化算法需要考虑的重要方面。多目标演化算法的多样性维持主要来自两方面,一是算法能够生成具有较好多样性的后代解,二是在迭代过程中算法对帕累托档案的更新,即选择具有较好多样性的解。在 MOACO 中,由于蚂蚁根据信息素值与启发式信息计算路径选择概率构建新解,因此蚂蚁会以较高的概率选择较好路径,导致算法生成后代解的多样性较弱。为了进一步提高蚂蚁生成后代解的多样性,MATA&ERU 引入遗传算法的变异机制,在新生成的解上进行变异操作,生成具有较好多样性的后代解,MATA&ERU 的变异机制描述如表 3-1 所示。

表 3-1　变异机制伪代码

输入:新生成的路径解,变异阈值σ,备选路径长度n;
输出:变异解

1.　　将路径解转换成长度为n的染色体,选中的路径对应位值为1,否则为0;
2.　　**for** 位置索引$g=1:n$ **do**
3.　　　　**if** 随机数 rand$>\sigma$ **do**
4.　　　　当前位置值取反;
5.　　　　**end if**
6.　　**end for**
7.　　若变异结果为不可行解,则调整为可行解并转换为路径解

表 3-1 中第 1 行是将蚂蚁的路径解转换为染色体,第 2~6 行是逐位访问染色体并进行变异操作,第 3、4 行是变异操作,即若当前随机值大于设定阈值,则对当前位的值取反(1 变为 0,0 变为 1),第 7 行是将变异解调整为可行解并转换为蚂蚁的路径解进行输出,可行解的调整过程采用 Li K 等使用的方法[23]。

3.3.3　两档案更新

每轮迭代后,需要更新全局收敛性档案与多样性档案中的帕累托解,MATA&ERU 固定档案规模,档案中解的个数超过设定规模时,需要删除多余解。当前存在一类能够综合反映解集质量的指标函数,其中最具代表性的是 hypervolume 指标和 epsilon 指标,这些指标与帕累托关系存在严格的单调性,即指标数值越高,帕累托解在收敛性与多样性方面的质量越好[24-25]。但是由于 hypervolume 指标计算复杂度较高,因此在实际中常用于评估解集的质量,而 epsilon 指标的计算复杂度较低,因此 MATA&ERU 将 epsilon 指标作为收敛性目标函数,评

估收敛性档案中解的适应度,保留具有较好收敛性的解。epsilon 指标的定义如式(3-8)

$$I_{\varepsilon+}(x_1,x_2)=\min_\varepsilon(f_i(x_1)-\varepsilon\leqslant f_i(x_2)),\quad i\in\{1,\cdots,m\}\qquad(3-8)$$

式(3-8)表示解 x_1 弱支配解 x_2 需要移动最短距离值 ε。根据 epsilon 指标定义,为个体解 x_1 分配适应度的方法如式(3-9)

$$\Theta(x_1)=\sum_{x_2\in P\setminus\{x_1\}}-e^{-I_{\varepsilon+}(x_2,x_1)/k}\qquad(3-9)$$

式(3-9)中,k 是算法运行参数,一般设置为 0.05。

综上,收敛性档案中的帕累托解更新伪代码如表 3-2 所示。

表 3-2　收敛性档案更新伪代码

输入:待更新的收敛性档案 A_c,收敛性档案规模 N_{ca}

输出:经过更新的收敛性档案 A_c

1.　　while $|A_c|>N_{ca}$ do
2.　　　　选择 $\Theta(x^*)$ 值最小的解 x^*;
3.　　　　将个体解 x^* 从收敛性档案 A_c 中删除;
4.　　　　通过式 $\Theta(x)=\Theta(x)+e^{-I_{\varepsilon+}(x^*,x)/k}$ 更新档案中剩余个体解的适应度值;
5.　　end while

表 3-2 中,第 1 行循环判断当前档案中个体解的规模是否超过设定阈值,第 2~4 行是通过计算个体适应度值逐一删除档案中的个体解。

多样性档案使用本章提出的多样性度量指标 γ 进行更新,与收敛性档案逐个删除多余解的方式不同,多样性档案通过逐一选择个体解的方式进行更新,其伪代码描述如表 3-3 所示。

表 3-3　多样性档案更新伪代码

输入:待更新的多样性档案 A_d,多样性档案规模 N_{da}

输出:经过更新的多样性档案 A_d

1.　　if $|A_d|>N_{da}$ do
2.　　　　计算档案 A_d 中每个解在多样性指标 γ 上的值;
3.　　　　按照 γ 值对 A_d 中的每个解进行降序排列,并选择前 N_{da} 个解;
4.　　　　清空档案 A_d 并使用选择的 N_{da} 个解组成新的多样性档案 A_d;
5.　　end if

表 3-3 中,第 1 行判断当前档案中的个体解规模是否超过设定阈值,第 2~4 行通过计算个体解的多样性评估值,选择满足档案规模的个体解组成新的多样性档案。

3.3.4　信息素更新方式

收敛性档案与多样性档案更新完成后,需要更新全局收敛性信息素矩阵和多样性信息素矩阵,MATA&ERU 使用收敛性档案中的解更新收敛性信息素矩阵,多样性档案中的解更新多样性信息素矩阵。

档案中的路径解按照 3.2.2 节等效路径信息素增强策略更新信息素矩阵,若在 l 时刻拟对路径 tabu^l 上的信息素值进行更新,更新方法如式(3-10)

$$\tau_{ij}(t) = \begin{cases} (1-\rho)\tau_{ij}(t-1) + \Delta'(\text{tabu}^l), & e_{ij} \in \Psi(\text{tabu}^l) \\ (1-\rho)\tau_{ij}(t-1), & \text{其他} \end{cases} \tag{3-10}$$

式(3-10)中,ρ 是信息素挥发系数,$\Delta'(\text{tabu}^l)$ 是信息素更新增量,$\Psi(\text{tabu}^l)$ 是 tabu^l 的等效路径,$\Delta'(\text{tabu}^l)$ 的计算通过式(3-11)实现

$$\Delta'(\text{tabu}^l) = Q \times Sg(\text{tabu}^l)/NA \tag{3-11}$$

式(3-11)中,NA 表示档案中解的个数(为 N_{ca} 或 N_{da}),Sg 为路径 tabu^l 的评估值(收敛性评估值或多样性评估值),Q 是常数,根据 ρ 值确定。

3.3.5 算法伪代码及时间复杂度分析

综上所述,MATA&ERU 算法的伪代码描述如表 3-4 所示。

表 3-4 MATA&ERU 伪代码

输入:收敛性档案 A_c,收敛性档案规模 N_{ca},多样性档案 A_d,多样性档案规模 N_{da},蚂蚁数量 N^a,变异阈值 σ,最大迭代次数 NC
输出:多样性档案 A_d

1.   **while** 迭代次数 iter<NC **do**
2.   **for** 蚂蚁 $a = 1:N^a$ **do**
3.   蚂蚁根据式(3-6)构建个体解,在个体解上运行变异机制;
4.   **end for**
5.   更新收敛性档案 A_c,更新多样性档案 A_d;
6.   分配候选解,并采用式(3-10)更新信息素矩阵;
7.   **end while**

表 3-4 中第 1 行是算法迭代循环次数判断,第 2~4 行是每只蚂蚁构建解的过程,第 5 行更新两个帕累托档案,第 6 行是利用档案中的解更新对应的信息素矩阵。

下面分析 MATA&ERU 算法的时间复杂度。假设问题解的候选基数为 n,则初始化全局两个信息素矩阵的时间复杂度为 $O(2 \times n^2)$,所有蚂蚁构建可行解的时间复杂度为 $Q(N^a \times n^2)$,变异机制的时间复杂度为 $O(N^a \times n)$,更新收敛性档案的时间复杂度为 $O(N_{ca}^2)$,更新多样性档案的时间复杂度为 $O(N_{da}^2)$,更新两个信息素矩阵的时间复杂度为 $O(2 \times n^2)$,算法总体的时间复杂度为 $O(\max(NC \times N^a \times n^2, NC \times N_{ca}^2, NC \times N_{da}^2))$。

3.4 实验与分析

为了验证 MATA&ERU 的有效性和优越性,选用基于指标函数蚁群优化 IBACO、多准则网站优化 MCWSO、多目标蚁群优化 mACO-4、非支配遗传算法 NSGA II 和基于分解

的多目标演化算法 MOEA/D 等 5 种算法进行对比[6,12,15,26-27]。IBACO 是基于指标函数的多目标蚁群算法,它利用 epsilon 指标评估解的适应度,具有良好的收敛性;MCWSO 和 mACO-4 是具有代表性的多目标蚁群算法,它们在解的收敛性和分布性上都具有优异的表现;NSGA Ⅱ 和 MOEA/D 是基于遗传操作的典型连续域优化算法。

采用 ETH 网站中的 12 个标准多目标高维背包问题(http://www.tik.ee.ethz.ch/sop/download/supplementary/testProblemSuite/)作为多目标子集问题(高维数据的多目标特征选择问题)的应用实例进行测试。IBACO、MCWSO 和 mACO-4 的参数设置与原文一致,NSGA Ⅱ 和 MOEA/D 的交叉率为 0.7,变异率为 0.01,它们的迭代次数设置与 MATA&ERU 一致。MATA&ERU 的相关参数如下:$\alpha=1,\beta=8,\rho=0.01,Q=500$,变异阈值 $\sigma=0.8$,信息素初始化浓度 $\tau_{ij}(0)=100$,收敛性档案与多样性档案的规模设置与蚂蚁个数相同,实验独立运行 10 次,测试实例的相关信息和 MATA&ERU 中蚂蚁个数及迭代次数设置如表 3-5 所示。

表 3-5 多目标背包问题测试实例及参数设置

序号	物品个数	目标(背包)个数	蚂蚁个数	迭代次数	实例表示
1	100	2	120	1000	100-2
2	250	2	150	1500	250-2
3	500	2	200	1700	500-2
4	750	2	250	2000	750-2
5	100	3	250	1500	100-3
6	250	3	350	1500	250-3
7	500	3	350	1500	500-3
8	750	3	350	2000	750-3
9	100	4	350	1700	100-4
10	250	4	450	1700	250-4
11	500	4	450	1700	500-4
12	750	4	450	2000	750-4

针对多目标背包问题的特点,MATA&ERU 的启发式信息 η_i 由式(3-12)给出

$$\eta_i = \sum_{b=1}^{m}(P_{bi}/W_{bi}/V_b), \quad i=1,2,\cdots,n. \tag{3-12}$$

式(3-12)中,P_{bi} 表示第 b 个背包(目标)中第 i 个元素(物品)的价值,W_{bi} 表示第 b 个背包中第 i 个元素的重量,V_b 表示第 b 个背包的容量。

为了综合评价算法的收敛性与多样性,使用 3 种指标对算法进行评估,即覆盖 C 指标、分散指标(Spacing,SP)和反向世代距离(Inverted Generational Distance,IGD),下面分别介绍这 3 种度量指标。

C 指标用来度量解的收敛性,设对比算法的解集为 X' 和 X'',C 指标的计算方式如式(3-13)

$$C = (X', X'') = \frac{|\{a'' \in X'' : \exists\, a' \in X', a' \succ a''\}|}{|X''|} \tag{3-13}$$

当 $C(X', X'') = 1$ 时,X'' 中的所有点等于 X' 中的点或被 X' 中的点支配,当 $C(X', X'') = 0$ 时,X'' 中没有点被 X' 中的点支配。值得注意的是,$C(X', X'')$ 和 $C(X'', X')$ 需要同时进行考虑,因为 $C(X', X'') \neq 1 - C(X'', X')$。

分散指标 SP 用来度量解的多样性,其定义如式(3-14)

$$\mathrm{SP} = \sqrt{\frac{1}{g-1} \sum_{i=1}^{g-1} (d_i - \bar{d})^2} \tag{3-14}$$

式(3-14)中,g 是算法获得解的个数,d_i 是第 i 个解到解集中最近点的欧氏距离,$\bar{d}$ 是 d_i 的均值,因此 SP 为 d_i 的均方差,它反映了解集的分布性,且 SP 值越小,表明解集的多样性越好。

设 S 是算法获得的解集,其 IGD 值的计算方法如式(3-15)

$$\mathrm{IGD}(S, P^*) = \frac{\sum_{x \in P^*} \mathrm{dist}(x, S)}{|P^*|} \tag{3-15}$$

式(3-15)中,P^* 是帕累托前沿的均匀抽样解集,$|P^*|$ 是 P^* 的基数,$\mathrm{dist}(x, S)$ 是解 x 与解集 S 中最近点之间的欧氏距离,IGD 是一种综合度量指标,能同时度量收敛性与多样性。

MATA&ERU 及 5 种对比方法在 4 个二目标测试实例上的结果如图 3-4 所示,其中 f_1 和 f_2 表示两个目标的评估值。

通过图 3-4 中 6 种方法的测试结果可以看出,尽管在 100-2 测试数据上结果较好,但是在其他 3 个二目标测试实例上,NSGA II 和 MOEA/D 在收敛性和多样性上具有较弱的性能表现。继续观察 IBACO、MCWSO 和 mACO-4 的结果,可以看出,在 100-2 测试实例上,它们能够搜索到较好的帕累托前沿,但是在多样性分布上效果较弱;在 250-2、500-2 和 750-2 测试实例上,这 3 种方法只能搜索到一部分帕累托前沿,说明随着测试实例复杂性的增加,算法的搜索性能有所下降,特别是在 750-2 的测试实例上,MCWSO 和 mACO-4 的多样性能力下降最为显著。最后观察 MATA&ERU 的表现,可以发现,在所有二目标的测试实例中,MATA&ERU 的性能最好,特别是具有较强的收敛能力,即在所有对比算法中最接近帕累托前沿。但是在 250-2、500-2 和 750-2 测试实例上,MATA&ERU 的多样性能力也有所下降,这表明测试实例复杂性的增加对算法多样性的影响更为显著。

下面比较算法的收敛能力,为了方便表示,使用数字代表各个算法,即 1 表示 MATA&ERU、2 表示 IBACO、3 表示 MCWSO、4 表示 mACO-4、5 表示 NSGA II、6 表示 MOEA/D。C 指标中,$C(1,2)$ 表示算法 1 对算法 2 的收敛能力,$C(2,1)$ 表示算法 2 对算法 1 的收敛能力,C 指标值越大,表明算法的相对收敛能力越强。MATA&ERU 与 5 种对比方法在收敛能力上的比较结果如表 3-6 所列。

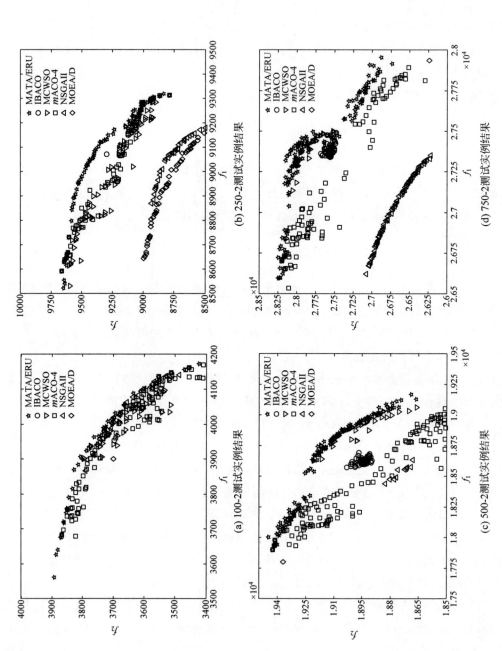

图 3-4　二目标测试实例结果

表 3-6 对比算法 C 指标均值

测试实例	$C(1,2)$ $C(2,1)$	$C(1,3)$ $C(3,1)$	$C(1,4)$ $C(4,1)$	$C(1,5)$ $C(5,1)$	$C(1,6)$ $C(6,1)$
100-2	**0.1500**	**0.3388**	**0.2162**	**0.8864**	0
	0	0	0.0167	0	0
250-2	**0**	**0.9222**	**0.9333**	**1**	0
	0	0.0067	0.0467	0	0
500-2	0	0	0	1	1
	0	0	0	0	0
750-2	**0.1000**	**0.6506**	**0.6627**	**1**	**1**
	0.0120	0.0040	0.0120	0	0
100-3	**0.2125**	**0.1401**	**0.3867**	0.0381	0
	0	0	0	**0.1960**	0
250-3	**0.8250**	**0.0492**	**0.1773**	**1**	**1**
	0	0	0	0	0
500-3	0	**0.3055**	**0.1851**	**1**	**1**
	0	0.0029	0.0143	0	0
750-3	**0.7750**	**0.7879**	**0.4660**	**1**	**1**
	0	0	0	0	0
100-4	**0.1900**	**0.9057**	**0.1611**	**0.6239**	**0.0875**
	0	0	0.0057	0.0057	0
250-4	**0.0200**	**0.0938**	**0.0686**	**0.8235**	**1**
	0	0	0	0	0
500-4	**0.4300**	**0.0565**	**0.0875**	**1**	**1**
	0	0	0	0	0
750-4	0	**0.0206**	**0.0654**	**1**	**1**
	0	0	0.0178	0	0

从表 3-6 中可以看出,除了在 250-2、500-2、500-3 和 750-4 测试实例上,MATA&ERU 的收敛能力都优于 IBACO;与 MCWSO 和 mACO-4 相比,除了在 500-2 数据集上,MATA&ERU 都具有更好的收敛性能;最后对比 NSGA II 和 MOEA/D 的收敛能力,除了 100-3 测试实例,在多数测试条件下,MATA&ERU 的收敛性能都显著优于 NSGA II 和 MOEA/D。

下面分析 MATA&ERU 及 5 种对比算法的多样性,它们的 SP 值测试结果如表 3-7 所列。

表 3-7 对比算法 SP 均值

测试实例	MATA&ERU	IBACO	MCWSO	mACO-4	NSGA II	MOEA/D
100-2	29.2911	**3.3882**	15.7200	32.0441	35.8174	118.2776
250-2	44.1053	**44.0115**	96.9568	58.4064	53.6652	357.5405
500-2	40.9948	**10.0474**	26.4808	73.6211	1689.2770	589.1191
750-2	46.1012	**16.3309**	115.2252	109.7494	35.5253	818.0353
100-3	**13.5832**	41.9443	14.0613	30.7693	48.7180	165.9507

测试实例	MATA&ERU	IBACO	MCWSO	mACO-4	NSGAⅡ	MOEA/D
250-3	**9.8495**	75.7193	19.6290	36.5164	55.9837	483.9021
500-3	**26.9408**	89.9247	28.3948	59.1194	2472.0619	696.7934
750-3	**26.3993**	59.1731	76.5131	76.3955	2340.5325	917.5688
100-4	**19.8563**	53.8995	27.3030	42.3193	64.9534	171.8453
250-4	**27.3680**	67.0404	42.8691	37.0444	75.5752	373.0973
500-4	**33.9944**	89.8625	16.4992	57.4618	1015.3691	848.4129
750-4	**29.8117**	111.7552	37.9865	65.8623	116.0403	1099.9936

从表 3-7 可以看出，MATA&ERU 在多数测试条件下都具有较好的多样性，但是在二目标的测试实例上，IBACO 的多样性更为显著，造成这种情况的可能原因是在目标维度较低时，采用 epsilon 指标选择帕累托解能够保持较好的多样性，然而当目标维度较高时，这种方式对维持解的多样性是不足的，这也从另一方面反映出 MATA&ERU 使用的多样性度量指标是有效的。此外从 SP 指标可以看出，在测试实例上，NSGAⅡ 和 MOEA/D 同样不具备理想的多样性。

现对 MATA&ERU 算法作性能的综合比较分析，其 IGD 指标测试结果如表 3-8 所列。

表 3-8　对比算法 IGD 均值

测试实例	MATA&ERU	IBACO	MCWSO	mACO-4	NSGAⅡ	MOEA/D
100-2	**807.8505**	835.3761	811.3835	819.2451	813.7452	937.0332
250-2	**547.2077**	582.7111	605.2128	589.5517	893.4603	1248.9469
500-2	**729.1222**	833.3596	745.7748	861.2893	2775.8448	1695.6052
750-2	**1620.0748**	1739.7270	1796.4048	1801.8531	2713.9296	3219.9071
100-3	521.7582	526.8646	535.1890	531.5882	**501.2955**	656.3155
250-3	**684.1746**	743.1379	690.6468	738.3040	775.0745	1073.1932
500-3	**1212.7188**	1367.4735	1232.1343	1375.07785	2214.8503	2296.9213
750-3	**1533.2902**	1816.7118	1572.5043	1821.2348	2914.8789	3223.9616
100-4	**882.1408**	891.1976	942.7249	889.9326	897.8372	990.2010
250-4	**762.5629**	807.5082	837.6126	831.3502	917.3267	1084.9778
500-4	**1424.1599**	1580.6191	1435.3153	1617.8696	1911.0176	2483.0695
750-4	**2052.2790**	2259.4768	2107.6578	2281.6926	2793.8403	3649.1339

从表 3-8 中可以看出，除了在 100-3 测试实例中，NSGAⅡ 表现更为优异，在多数测试条件下，MATA&ERU 都具有较好的综合性能，这与采用 C 指标和 SP 指标分析得出的结论基本一致。此外，还可以发现，在同一个测试算法中，当目标个数相同时，IGD 值随着背包维度的增加而增加，同样地，在背包维度相同时，IGD 值随着目标个数的增加而增加。这说明，背包维度和目标个数的增加都会提高测试实例复杂性，从而造成算法性能的下降。

最后，验证等效路径信息素更新策略的有效性。由于等效路径信息素更新策略解决了蚂蚁构建解的有序性和问题解的无序性之间的矛盾,即提高了算法的收敛性能,因此可以通过 C 指标进行度量。保持 MATA&ERU 的参数设置不变,仅对包含等效路径信息素更新策略和不包含该策略的 MATA&ERU 进行比较,设包含该策略的算法为 1,不包含该策略的算法为 2,算法仍然独立运行 10 次,它们的 C 指标结果如表 3-9 所列。

表 3-9　等效路径信息素更新策略 C 指标比较

测试实例	$C(1,2)$	$C(2,1)$
100-2	**0.5212**	0.3267
250-2	**0.7938**	0.3058
500-2	**0.7589**	0.4371
750-2	0.4578	**0.5661**
100-3	0.6491	**0.6984**
250-3	**0.7620**	0.5014
500-3	**0.7544**	0.4937
750-3	**0.8029**	0.3874
100-4	**0.6464**	0.4559
250-4	0.6505	**0.6506**
500-4	**0.8330**	0.4906
750-4	0.7079	**0.7998**

从表 3-9 中可以看出,采用等效路径信息素更新策略的算法在多数测试条件下都具有较好的收敛性能,尽管在 750-2、100-3、250-4 和 750-4 等测试实例中,算法 1 的效果弱于算法 2,但是差距并不显著。综上所述,等效路径信息素更新策略在解决蚂蚁构建解的有序性和多目标子集问题解的无序性方面是有效的。

本章小结

为了解决当前多目标蚁群算法在高维数据特征选择方面的不足,提出基于等效路径更新的两档案多目标蚁群优化 MATA&ERU。基于图的蚂蚁系统将问题转化成带权图,信息素放在带权图的边上,提出使用等效路径信息素增强策略,将问题的无序信息转换为等效路径上的信息素,消除了解的无序性与蚂蚁求解有序性之间的矛盾;将原目标转换为收敛性目标和多样性目标并设置对应的帕累托档案和信息素矩阵,采用 epsilon 指标函数更新收敛性档案,提出结合目标空间帕累托支配关系与源空间的距离信息的新指标度量解的多样性,并更新多样性档案,提高了多目标蚁群算法的可扩展性。以 2~4 个目标的标准多目标背包问题为例进行测试,验证了等效路径信息素增强策略的有效性以及所提算法在收敛性以及多样性上的优越性。本章为第 4~6 章的高维数据实体分辨的进一步研究提供算法准备。

本章参考文献

［1］ Li B D,Li J L,Tang K,et al. Many-Objective Evolutionary Algorithms：a Survey［J］. ACM Computing Surveys,2015,48(1)：1-35.

［2］ Mukhopadhyay A,Maulik U,Bandyopadhyay S,et al. Survey of Multiobjective Evolutionary Algorithms for Data Mining：Part II［J］. IEEE Transactions on Evolutionary Computation,2014,18 (1)：20-35.

［3］ Mukhopadhyay A,Maulik U,Bandyopadhyay S,et al. A Survey of Multiobjective Evolutionary Algorithms for Data Mining：Part I［J］. IEEE Transactions on Evolutionary Computation,2014,18 (1)：4-19.

［4］ Wang H D,Jiao L C,Yao X. Two_Arch2：An Improved Two-Archive Algorithm for Many-Objective Opimization［J］. IEEE Transactions on Evolutionary Computation,2015,19(4)：524-541.

［5］ Deb K,Jain H. An Evolutionary Many-Objective Optimization Algorithm Using Reference-Point-Based Nondominated Sorting Approach,Part I：Solving Problems with Box Constraints［J］. IEEE Transactions on Evolutionary Computation,2014,18(4)：577-601.

［6］ Zhang Q,Li H. MOEA/D：A Multiobjective Evolutionary Algorithm Based on Decomposition［J］. IEEE Transactions on Evolutionary Computation,2007,11(6)：712-731.

［7］ Lopez-Ibanez M,Stutzle T. The Automatic Design of Multiobjective Ant Colony Optimization Algorithms［J］. IEEE Transactions on Evolutionary Computation,2012,16(6)：861-875.

［8］ Wang Z T,Guo J S,Zheng M F,et al. Uncertain Multiobjective Traveling Salesman Problem［J］. European Journal of Operational Research,2015,241(2)：478-489.

［9］ Ariyasingha I D I D,Fernando T G I. Performance Analysis of the Multi-Objective Ant Colony Optimization Algorithms for the Traveling Salesman Problem［J］. Swarm and Evolutionary Computation,2015,23(Supplement C)：11-26.

［10］ Phonrattanasak P,Leeprechanon N. Multiobjective Ant Colony Optimization for Fast Charging Stations Planning in Residential Area［C］. Proceedings of the 2014 IEEE Innovative Smart Grid Technologies - Asia,Kuala Lumpur,Malaysia,May 20-23,2014：290-295.

［11］ Malekloo M,Kara N. Multi-objective ACO Virtual Machine Placement in Cloud Computing Environments［C］. Proceedings of the 2014 IEEE Globecom Workshops,Austin,TX,USA,Dec. 8-12, 2014：112-116.

［12］ Dilip K,Kumar T V V. Multi-criteria Website Optimization Using Multi-Objective ACO［C］. Proceedings of the 4th International Conference on Reliability,Infocom Technologies and Optimization,Noida,India,Sept. 2-4,2015：1-6.

［13］ Zitzler E,Thiele L,Laumanns M,et al. Performance Assessment of Multiobjective Optimizers：An Analysis and Review［J］. IEEE Transactions on Evolutionary Computation,2003,7(2)：117-132.

［14］ Ishibuchi H,Akedo N,Nojima Y. Behavior of Multiobjective Evolutionary Algorithms on Many-Objective Knapsack Problems［J］. IEEE Transactions on Evolutionary Computation,2015,19(2)： 264-283.

［15］ Lopez-Ibanez M,Stutzle T. The Impact of Design Choices of Multiobjective Antcolony Optimization Algorithms on Performance：an Experimental Study on the Biobjective TSP［C］. Proceedings of the 12th Annual Conference on Genetic and Evolutionary Computation,Portland,Oregon,USA,Jul. 7-11,2010：71-78.

［16］ Gutjahr W J. A Graph-Based Ant System and Its Convergence［J］. Future Generation Computer

Systems,2000,16(9):873-888.

[17] 曹建军,张培林,王艳霞,等. 一种求解子集问题的基于图的蚂蚁系统[J]. 系统仿真学报,2008,20(22):6146-6150.

[18] Asafuddoula M,Ray T,Sarker R. A Decomposition-Based Evolutionary Algorithm for Many Objective Optimization[J]. IEEE Transactions on Evolutionary Computation,2015,19(3):445-460.

[19] Wang G G,Gandomi A H,Alavi A H,et al. A Hybrid Method Based on Krill Herd and Quantum-Behaved Particle Swarm Optimization [J]. Neural Computing and Applications,2016,27(4):989-1006.

[20] Gandomi A H,Yang X S,Alavi A H,et al. Bat Algorithm for Constrained Optimization Tasks[J]. Neural Computing and Applications,2013,22(6):1239-1255.

[21] Wang G G,Gandomi A H,Zhao X,et al. Hybridizing Harmony Search Algorithm with Cuckoo Search for Global Numerical Optimization[J]. Soft Computing,2016,20(1):273-285.

[22] Richard O D,Perer E H. Pattern Classification and Scene Analysis[M]. New York:John Willey and Sons,2001:131-132.

[23] Ke L,Zhang Q,Battiti R. MOEA/D-ACO:a Multiobjective Evolutionary Algorithm Using Decomposition and AntColony[J]. IEEE Transactions on Cybernetics,2013,43(6):1845-1859.

[24] Jiang S W,Zhang J,Ong Y S,et al. A Simple and Fast Hypervolume Indicator-Based Multiobjective Evolutionary Algorithm[J]. IEEE Transactions on Cybernetics,2015,45(10):2202-2213.

[25] Bringmann K,Friedrich T,Klitzke P. Two-Dimensional Subset Selection for Hypervolume and Epsilon-Indicator[M]. New York:ACM,2014:589-596.

[26] Bader J,Zitzler E. HypE:an Algorithm for Fast Hypervolume-Based Many-Objective Optimization [J]. Evolutionary Computation,2011,19(1):45-76.

[27] Deb K,Pratap A,Agarwal S,et al. A Fast and Elitist Multiobjecitve Genetic Algorithm:NSGA-Ⅱ [J]. IEEE Transactions on Evolutionary Computation,2002,6(2):182-197.

第 4 章

高维数据特征选择稳定性研究

4.1 引言

在高维数据的实体分辨中,特征选择稳定性是需要考虑的重要方面。特征选择稳定性是指特征选择方法对训练样本的微小扰动具有一定的鲁棒性,一个稳定的特征选择方法应当在训练样本具有微小扰动的情况下生成相同或相似的特征子集。提高特征选择的稳定性可以发现相关特征,增强领域专家对结果的可信度,进一步降低数据获取的复杂性和时间消耗。特别是对高维数据而言,若仅依赖分类性能指标评估选择特征子集,会造成在未知数据集上训练模型时产生不稳定的泛化错误,因此考虑特征选择稳定性具有现实的必要性[1-2]。

通过演化算法选择特征子集是一类特征选择方法,但是由于演化算法是一种启发式方法,采用演化算法选择特征时,其构成元素(特征)具有不确定性,甚至在分类性能相同的情况下,特征子集的组成元素可能完全不同,提高演化算法的特征选择稳定性已经成为亟待解决的关键问题[3]。

度量指标是特征选择稳定性研究的基础,但是已有的指标并非都具有良好的性能,本章首先通过实验分析典型的稳定性度量指标,选择具有良好性能的度量指标,同时深入研究单变量和多变量特征选择方法的集成性能,在此基础上提出演化算法稳定性提升方法,然后将该方法扩展应用到多目标蚁群算法中,进一步提升多目标蚁群算法的特征选择稳定性及其分类性能。

4.2 特征选择稳定性指标分析

按照特征选择返回类型的不同,可将特征选择方法分为权重法、排序法和子集法三种类型[4]。权重法是指特征选择方法返回特征的权重值,排序法返回特征的排序列表,子集法返回选择的特征子集。由于分类器要求的输入是特征子集,因此当特征选择方法返回权重值或排序列表时,都需要将其转换为特征子集并重新构造样本训练分类器,例如按照权重值降序排列后选择前 m 个特征组成特征子集,或者从排序列表中选择前 m 个特征构成特征子集。

针对不同类型的特征选择方法,已有多种评估其特征选择稳定性的指标,但是这些指标并非都具有良好的度量性能。在稳定性指标应当具备的性质中,随机校正性是最为重要的性质,也是评估指标优劣的主要方面,它是指度量指标要能够反映出特征选择算法的随机性[5]。选择合适的指标是特征选择稳定性评估的基础,如前所述,由于子集法度量指标的适用范围最为广泛,因此本节分析典型的子集法度量指标,并从中选择具有良好性能的指标,为后续研究提供可靠保证。

选择 5 个具有代表性的子集法指标,即邓恩指标 D_D、谷元距离指标 D_T、抽样皮尔逊相关系数 D_S、扩展昆彻瓦指标 D_E 和权重一致性指标 D_{CW},它们的定义如下[5-6]。

对两个用 0-1 向量表示的特征子集 h 和 h',其邓恩指标值的计算如式(4-1)所示

$$D_D(h,h') = 1 - \frac{|h \oplus h'|}{c} \tag{4-1}$$

式(4-1)中,$|h \oplus h'|$ 表示 h 和 h' 的海明距离,c 为数据的特征维度,邓恩指标的取值为 $[0,1]$,当两个特征子集完全不一致时为 0,完全一致时为 1。

对两个基相同的特征子集 s 和 s',它们谷元距离指标的计算如式(4-2)所示

$$D_T = (s,s') = 1 - \frac{|s| + |s'| - 2|s \cap s'|}{|s| + |s'| - |s \cap s'|} \tag{4-2}$$

式(4-2)的值在 $[0,1]$,值为 0 表示两个子集之间没有相交的子集,值为 1 表示两个子集完全相同。

抽样皮尔逊相关系数的计算如式(4-3)所示

$$D_s(s,s') = \frac{\frac{1}{c}\sum_{i=1}^{c}(x_i - \bar{x})(x_i' - \overline{x_i'})}{\sqrt{\frac{1}{c}\sum_{i=1}^{c}(x_i - \bar{x})^2}\sqrt{\frac{1}{c}\sum_{i=1}^{c}(x_i' - \overline{x_i'})^2}} \tag{4-3}$$

式(4-3)中,其中 $x_i(x_i')$ 表示第 i 个特征是否出现在特征子集 $s(s')$ 中,出现为 1,否则为 0,$\bar{x} = \frac{1}{c}\sum_{i=1}^{c}x_i = \frac{|s|}{c}$,抽样皮尔逊相关系数的取值为 $[-1,1]$,当两个特征子集完全不相交时为 -1,当两个特征子集完全一致时为 1。

扩展昆彻瓦指标可以度量两个基不同的特征子集相似度,其计算方式如式(4-4)

$$D_E(s,s') = \frac{|s \cap s'| - \frac{|s| \cdot |s'|}{c}}{\max\left[-\max(0,|s| + |s'| - c) + \frac{|s| \cdot |s'|}{c}; \min(|s|,|s'|) - \frac{|s| \cdot |s'|}{c}\right]} \tag{4-4}$$

式(4-4)的取值为 $[-1,1]$,且指标值越大,两个特征子集相似度越高。

设 S 为 M 个特征子集组成的系统,$N = \sum_{j=1}^{M}S_j$ 为所有特征在 S 中出现的次数,N_i 为特征 i 在 S 中出现的次数,S 的权重一致性指标的计算如式(4-5)所示

$$D_{CW}(S) = \sum_{i \in c}\frac{N_i}{N} \cdot \frac{N_i - 1}{M - 1} \tag{4-5}$$

式(4-5)的取值范围在 $[0,1]$,当且仅当 $N = c$ 时指标值为 0,当且仅当 $N = M \times c$ 时指标值为 1。

下面对这 5 个指标的性质进行实验分析,首先使用人工生成的特征子集评估指标的性能表现,假设一个特征选择方法获得 2 个基数为 10 的特征子集 S_1 和 S_2,其中 $S_1 = \{x_9, x_7, x_2, x_1, x_3, x_{10}, x_8, x_4, x_5, x_6\}$,$S_2 = \{x_3, x_7, x_9, x_{10}, x_2, x_4, x_8, x_6, x_1, x_5\}$[7],5 个指标在这 2 个特征子集上的度量值随着特征个数 d 增加时的变化趋势如图 4-1 所示。

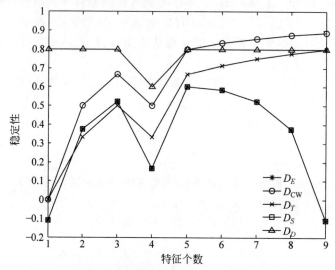

图 4-1　5 个指标在特征子集 S_1 和 S_2 上稳定性对比

从图 4-1 中可以看出,所有的指标在 $d = 4$ 时都正确的出现了下降趋势,但是当 $d > 5$ 时,不同指标表现出不同的取值趋势。D_T、D_D 和 D_{CW} 的值随着 d 的增加而增长,这是由于特征个数的增加提高了特征子集中包含相同特征的概率,因此它们不具备随机校正性,而 D_S 和 D_E 指标能够正确反映出该情况。

下面进一步验证指标在随机特征子集上的表现,随机生成 10 组基数为 10 的特征子集作为实验数据集[8],指标随着特征子集个数变化的稳定性度量结果如图 4-2 所示。

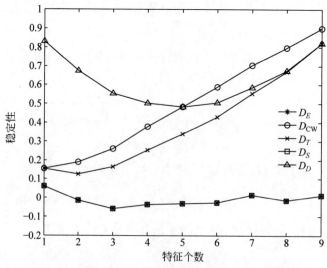

图 4-2　5 个指标在 10 组随机生成特征子集上稳定性对比

从图 4-2 中可以看出只有 D_S 和 D_E 指标的度量值趋于 0,而其他 3 个指标的取值都在一定程度上随着特征子集个数的增加而增长,这也进一步说明 D_T、D_D 和 D_{CW} 指标不具备随机校正性。

下面分析指标在实际环境中的度量性能,使用 4 个二分类高维数据作为实验数据集,数据集来源于 http://jundongl.github.io/scikit-feature/datasets.html,其相关信息如表 4-1 所示。

表 4-1　实验数据集

数据集	实例规模	特征个数
BASEHOCK	1993	4862
PCMAC	1943	3289
RELATHE	1427	4322
MADELON	2600	500

使用卡方检验在 4 个数据集上进行特征选择,特征个数占全部特征的比例设置从 1% 变化到 5%,采用 20 轮 5 重交叉检验,测试结果如图 4-3 所示。

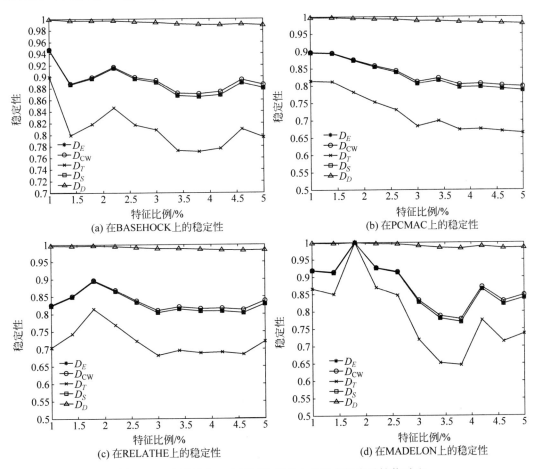

图 4-3　5 个指标在 4 个测试数据集上的稳定性度量性能对比

从图 4-3 中可以看出 D_S、D_E 和 D_{CW} 指标提供了相似的度量结果,而 D_D 受数据高维性的影响,无法度量测试条件下特征选择方法的稳定性。D_T 指标与 D_S、D_E 和 D_{CW} 指标的结果相比,其度量值偏低,但其变化趋势与 D_S、D_E 和 D_{CW} 指标的变化趋势相近,可在一定程度上反映特征选择方法的稳定性。

通过实验比较可以看出,D_S、D_E 和 D_{CW} 指标在多数测试条件下能够较准确地度量特征选择稳定性,而 D_D 受数据高维性的影响,在实际的测试环境中不可用。在随机生成特征子集上的实验表明,D_T、D_D 和 D_{CW} 指标无法度量出随机特征选择方法的稳定性,即不具备随机校正性,因此仅有抽样皮尔逊相关系数 D_S 和扩展昆彻瓦指标 D_E 具有较好的性能表现。进一步分析,虽然抽样皮尔逊相关系数和扩展昆彻瓦指标在测试中的指标值一致,但是它们的适用范围不同,抽样皮尔逊相关系数仅能度量相同基数的特征子集的相似性,而扩展昆彻瓦指标能够度量不同基数的特征子集的相似性,即具有更广的适用范围。因此,本书使用扩展昆彻瓦指标度量特征选择稳定性。

4.3　特征选择稳定性集成方法分析

按照评估特征时是否独立,特征选择方法可分为单变量法和多变量法,单变量法使用特定的评价准则独立地评估每个特征,多变量法在评估某个特征时,同时考虑该特征与其他特征之间的关联关系。在特征选择稳定性的研究中,相关成果广泛采用了集成方法提高算法的稳定性,但是它们并未对集成方法进行深入分析。本节将通过实验对集成方法特别是结合单变量法与多变量法的集成方法在稳定性、分类性能与分类器之间的相关性上做进一步的分析评估,实验框架如图 4-4 所示。

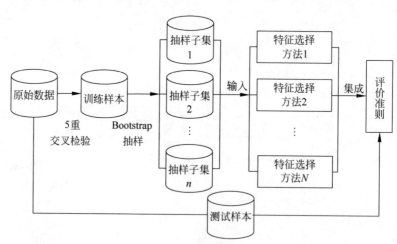

图 4-4　实验框架图

如图 4-4 所示,使用 5 重交叉检验将原始数据分为训练样本和测试样本,训练样本经过 Bootstrap 抽样生成 n 个抽样数据,N 个方法在 n 个抽样数据上进行特征选择,集成 $N \times n$ 个特征选择列表作为输出,最后通过测试样本得出分类性能。由于不同的集成策略之间并无显著的差异[9],因此这里使用中值法集成特征选择结果,即赋予特征在多个排序列表中处于中间位置的序号。

实验选用的单变量特征选择方法为卡方检验（Chi Squared，χ^2）和信息增益（Information Gain，IG），多变量特征选择方法为 ReliefF 和支持向量机递归特征消除（Support Vector Machine Recursive Feature Elimination，SVM-RFE）。为了分析单变量法和多变量法在不同集成组合中的性能表现，设计 4 种集成组合，如表 4-2 所示。

表 4-2　4 种集成特征选择方法

单变量方法	多变量方法	集成方法名称
χ^2，IG	ReliefF	Ensemble1
χ^2，IG	SVM-RFE	Ensemble2
χ^2	ReliefF，SVM-RFE	Ensemble3
IG	ReliefF，SVM-RFE	Ensemble4

使用扩展昆彻瓦指标度量稳定性，分类正确率度量分类性能，如式（4-6）所示

$$P = \frac{P\_num + N\_num}{Num} \qquad (4\text{-}6)$$

式（4-6）中，Num 为参与分类的样本总数，P_num 为正确区分为正类的样本数，N_num 为正确区分为负类的样本数。实验的分类器为支持向量机（Support Vector Machine，SVM），选择径向基核函数，宽度设置为 0.4，平衡参数为 100，集成方法和基本方法的稳定性度量结果如表 4-3～表 4-6 所示，其中横坐标为特征个数占全部特征的比例。

表 4-3　集成方法在 BASEHOCK 数据集上的稳定性

方法	特征比例				
	1%	2%	3%	4%	5%
Ensemble1	0.8969	0.8704	0.8913	0.8882	0.8627
Ensemble2	0.8990	0.8762	**0.9026**	0.8927	0.8670
Ensemble3	0.6330	0.6713	0.6455	0.6494	0.6318
Ensemble4	0.6289	0.6783	0.6335	0.6404	0.6331
χ^2	**0.9052**	**0.8901**	0.8920	0.8775	**0.8731**
IG	0.8907	0.8704	0.8856	**0.8994**	0.8692
ReliefF	0.4681	0.5475	0.6229	0.6274	0.6136
SVM-RFE	0.5464	0.4387	0.5008	0.5134	0.5040

表 4-4　集成方法在 PCMAC 数据集上的稳定性

方法	特征比例				
	1%	2%	3%	4%	5%
Ensemble1	**0.9143**	0.8654	0.8230	0.7904	0.7901
Ensemble2	0.9112	0.8637	0.8240	0.7921	0.7844
Ensemble3	0.7031	0.5668	0.6167	0.6150	0.5719
Ensemble4	0.6939	0.5875	0.6042	0.6158	0.5874
χ^2	0.9020	**0.8964**	0.8125	0.7904	**0.7927**
IG	0.8806	0.8723	**0.8292**	**0.7946**	0.7869
ReliefF	0.6021	0.6082	0.5834	0.6050	0.5719
SVM-RFE	0.4460	0.3804	0.3668	0.3705	0.3525

表 4-5　集成方法在 RELATHE 数据集上的稳定性

方法	特征比例				
	1%	2%	3%	4%	5%
Ensemble1	**0.8309**	0.8707	0.8152	0.7813	0.8255
Ensemble2	0.8097	0.8629	0.8089	0.7832	0.8070
Ensemble3	0.6524	0.6370	0.6526	0.6996	0.6925
Ensemble4	0.6524	0.6279	0.6661	0.6964	0.6803
χ^2	0.8168	**0.8760**	**0.8192**	0.7826	0.8129
IG	0.7768	0.8446	0.8017	**0.7940**	**0.8338**
ReliefF	0.6618	0.7611	0.7288	0.7287	0.6925
SVM-RFE	0.2507	0.2597	0.2838	0.2800	0.3582

表 4-6　集成方法在 MADELON 数据集上的稳定性

方法	特征比例				
	1%	2%	3%	4%	5%
Ensemble1	**0.9192**	**1.0000**	0.8969	0.7866	**0.8189**
Ensemble2	**0.9192**	**1.0000**	0.8969	0.7866	**0.8189**
Ensemble3	0.8586	0.7511	0.8763	0.8140	0.6884
Ensemble4	0.8586	0.7511	**0.9038**	0.8140	0.6884
χ^2	**0.9192**	**1.0000**	0.8969	0.7866	**0.8189**
IG	**0.9192**	**1.0000**	0.8969	0.7866	**0.8189**
ReliefF	**0.9192**	0.7171	0.8557	**1.0000**	0.8147
SVM-RFE	0.5354	0.5700	0.6151	0.4365	0.4526

从表 4-3 可以看出,对于稳定性较好的 χ^2 和 IG 而言,集成稳定性较弱的 ReliefF 或 SVM-RFE 方法的 Ensemble1 和 Ensemble2 在稳定性方面并没有显著的提升,Ensemble1 和 Ensemble2 的稳定性要弱于 χ^2,比 IG 有较弱的提升。与 ReliefF 相比,Ensemble1 在稳定性方面有显著的提升,Ensemble2 较 SVM-RFE 方法也具有显著的提升。Ensemble3 和 Ensemble4 两种集成方法在稳定性方面都要好于 ReliefF 和 SVM-RFE 方法,但是它们要弱于 χ^2 和 IG。从表 4-4 同样可以看出,Ensemble1 和 Ensemble2 的稳定性与 χ^2 和 IG 相比并没有显著提升,但都要好于 ReliefF 或 SVM-RFE 方法,Ensemble3 和 Ensemble4 的稳定性要好于 ReliefF 和 SVM-RFE,而弱于 χ^2 或 IG。观察表 4-5 和表 4-6,相比稳定性表现较弱的 SVM-RFE 方法,Ensemble2、Ensemble3 和 Ensemble4 在稳定性上都具有显著的提升。在这两个数据集上,4 种集成方法与 χ^2、IG 和 ReliefF 方法的稳定性随着特征比例的增加而不断变化,Ensemble1 和 Ensemble2 相比 χ^2、IG 以及 Ensemble3 和 Ensemble4 相比 ReliefF 并无显著的差距。

综上所述,对于稳定性较强的特征选择方法(如 χ^2 和 IG),采用集成方法不能显著提高其稳定性,而对于稳定性较弱的特征选择方法(如 ReliefF 和 SVM-RFE),集成方法能够在一定程度上提高其特征选择稳定性。因此,集成方法能够在多数情况下提供较为稳定的特征选择结果。此外,单变量方法 χ^2 和 IG 的稳定性要好于多变量方法 ReliefF 和 SVM-RFE,这是由于单变量方法独立评估每个特征,而多变量方法会考虑该特征与其他特征的关联，导致多变量方法的稳定性也在一定程度上受到了影响。

下面分析基本特征选择方法、集成特征选择方法的分类性能与分类器之间的关系，选择 SVM、k 近邻（k-Nearest Neighbor，k-NN）和朴素贝叶斯（Naïve Bayse，NB）3 种分类器，SVM 的参数保持不变，k-NN 的 k 参数设置为 5，NB 分类器选择高斯分布，基本方法和集成方法的分类正确率结果如表 4-7～表 4-10 所示。

表 4-7　特征选择方法在 BASEHOCK 数据集上的分类正确率

方法	分类器	特征比例				
		1%	2%	3%	4%	5%
Ensemble1	SVM	**94.58**	95.23	95.94	96.09	96.54
	k-NN	87.11	85.85	86.70	87.21	86.35
	NB	90.72	91.67	92.82	92.67	92.67
Ensemble2	SVM	**94.58**	**95.33**	96.04	96.54	**96.64**
	k-NN	87.21	86.20	86.65	86.90	86.76
	NB	90.67	91.57	92.72	92.87	92.62
Ensemble3	SVM	94.03	95.03	**96.69**	97.04	96.19
	k-NN	87.81	87.00	88.51	88.36	87.76
	NB	89.81	90.57	92.37	92.52	92.67
Ensemble4	SVM	94.53	95.23	96.44	**97.24**	96.54
	k-NN	88.86	87.66	88.76	88.81	88.41
	NB	89.81	90.47	92.12	92.67	92.47
χ^2	SVM	94.23	95.23	96.09	96.54	96.49
	k-NN	86.70	85.85	86.50	86.50	86.25
	NB	90.72	91.87	92.72	93.08	92.78
IG	SVM	94.48	**95.33**	95.79	96.29	96.44
	k-NN	87.61	85.50	86.40	87.06	87.11
	NB	90.62	91.47	92.57	92.47	92.52
ReliefF	SVM	70.95	75.01	82.84	84.19	89.21
	k-NN	61.97	67.63	73.91	77.92	77.47
	NB	59.66	64.57	71.90	75.71	80.28
SVM-RFE	SVM	**94.58**	95.28	95.48	96.29	95.59
	k-NN	91.17	90.42	88.11	89.11	89.51
	NB	89.26	89.76	91.82	91.57	91.92

表 4-8　特征选择方法在 PCMAC 数据集上的分类正确率

方法	分类器	特征比例				
		1%	2%	3%	4%	5%
Ensemble1	SVM	87.60	88.37	89.55	90.74	90.43
	k-NN	82.30	80.44	79.31	80.34	79.62
	NB	73.44	74.99	76.79	77.36	77.77
Ensemble2	SVM	87.60	88.37	**89.91**	**90.94**	90.84
	k-NN	82.30	80.24	79.46	79.87	79.36
	NB	73.44	74.99	76.79	77.25	77.66

方法	分类器	特征比例				
		1%	2%	3%	4%	5%
Ensemble3	SVM	87.75	**89.45**	89.60	89.91	89.60
	k-NN	84.30	82.50	79.77	79.51	80.55
	NB	72.46	76.32	75.56	75.09	77.77
Ensemble4	SVM	88.16	89.29	89.71	89.66	90.01
	k-NN	84.82	83.32	80.49	80.75	80.96
	NB	72.62	76.32	74.94	75.24	77.25
χ^2	SVM	87.29	88.32	89.60	90.22	**91.04**
	k-NN	81.47	80.08	78.90	79.72	79.72
	NB	72.88	75.19	76.89	77.05	77.61
IG	SVM	87.60	88.01	89.40	90.53	90.84
	k-NN	82.30	80.80	79.15	79.62	80.49
	NB	72.98	74.88	76.48	77.20	77.92
ReliefF	SVM	59.80	65.88	80.70	82.04	83.33
	k-NN	56.00	62.07	73.54	73.29	74.06
	NB	52.96	57.90	66.23	65.67	69.69
SVM-RFE	SVM	**88.73**	89.09	88.01	88.47	89.45
	k-NN	87.91	86.31	82.91	82.91	82.35
	NB	73.96	73.96	75.04	76.27	75.45

表 4-9　特征选择方法在 RELATHE 数据集上的分类正确率

方法	分类器	特征比例				
		1%	2%	3%	4%	5%
Ensemble1	SVM	76.59	81.57	83.11	84.16	85.00
	k-NN	68.74	73.65	77.09	76.59	80.03
	NB	70.50	76.95	79.89	81.50	83.74
Ensemble2	SVM	77.08	81.92	84.52	84.59	85.77
	k-NN	69.44	74.14	76.45	77.16	80.03
	NB	70.29	76.88	80.66	81.50	83.74
Ensemble3	SVM	78.20	83.39	84.30	85.84	85.29
	k-NN	67.48	72.04	77.72	78.49	80.24
	NB	73.37	77.79	78.84	81.64	82.55
Ensemble4	SVM	**78.41**	**83.74**	84.10	**86.12**	**86.06**
	k-NN	66.99	71.27	76.88	78.98	81.01
	NB	73.09	77.72	78.91	81.29	81.99
χ^2	SVM	77.22	81.64	83.32	83.60	85.14
	k-NN	69.24	73.30	77.22	76.94	79.68
	NB	71.41	76.67	80.03	81.71	83.25
IG	SVM	76.87	82.13	83.25	84.79	85.77
	k-NN	68.32	73.37	76.39	75.19	79.12
	NB	70.43	76.74	80.31	81.15	83.25

续表

方法	分类器	特征比例				
		1%	2%	3%	4%	5%
ReliefF	SVM	68.11	69.52	72.54	77.43	80.03
	k-NN	59.85	63.20	68.33	71.06	76.59
	NB	61.74	64.75	68.68	70.36	75.54
SVM-RFE	SVM	81.99	83.25	**85.08**	84.86	85.29
	k-NN	64.33	73.02	78.56	79.61	80.31
	NB	75.06	77.37	79.75	82.06	81.57

表 4-10 特征选择方法在 MADELON 数据集上的分类正确率

方法	分类器	特征比例				
		1%	2%	3%	4%	5%
Ensemble1	SVM	46.15	60.77	49.23	46.15	46.15
	k-NN	**55.38**	60.77	42.31	48.46	**55.38**
	NB	49.23	**63.85**	47.69	50.00	49.23
Ensemble2	SVM	46.15	60.77	49.23	46.15	46.15
	k-NN	**55.38**	60.77	42.31	48.46	**55.38**
	NB	49.23	**63.85**	47.69	50.00	49.23
Ensemble3	SVM	48.46	51.54	51.54	53.08	48.46
	k-NN	46.92	63.08	52.31	52.31	46.92
	NB	**55.38**	54.62	51.54	49.23	**55.38**
Ensemble4	SVM	48.46	51.54	51.54	53.08	48.46
	k-NN	46.92	63.08	52.31	52.31	46.92
	NB	**55.38**	54.62	51.54	49.23	**55.38**
χ^2	SVM	46.15	60.77	49.23	46.15	46.15
	k-NN	**55.38**	60.77	42.31	48.46	**55.38**
	NB	49.23	63.85	47.69	50.00	49.23
IG	SVM	46.15	60.77	49.23	46.15	46.15
	k-NN	**55.38**	60.77	42.31	48.46	**55.38**
	NB	49.23	**63.85**	47.69	50.00	49.23
ReliefF	SVM	**55.38**	54.62	47.69	47.69	**55.38**
	k-NN	42.31	**63.85**	50.00	55.38	42.31
	NB	53.85	60.00	53.08	53.08	53.85
SVM-RFE	SVM	46.92	47.69	48.46	56.92	46.92
	k-NN	50.00	50.00	**53.85**	**62.31**	50.00
	NB	48.46	46.92	49.23	56.15	48.46

从表 4-7～表 4-10 中可以看出,当分类器为 SVM 时,除了 MADELON 数据集,基本方法和集成方法能够取得多数较好的分类正确率,因此从分类器的角度看,SVM 的分类性能要好于 k-NN 和 NB 分类器。其次,从集成方法的角度看,与基本方法相比,集成方法能够获得较好的分类性能,特别是在 BASEHOCK 数据集上,集成方法提供了所有最优值;而从具体的方法组合看,4 种集成方法并无显著的差异,这说明集成的方法本身与分类性能并无

显著的相关性。最后,从基本方法的分类性能看,χ^2、IG 和 ReliefF 分别提供了 3 个最优值,而 SVM-RFE 提供了 5 个最优值,这说明虽然多变量方法的稳定性较弱,但分类性能较好;此外虽然 SVM-RFE 的分类性能最好,但其稳定性最弱,而 ReliefF 在稳定性与分类性能上具有较好的综合性能。综上,集成单变量与多变量方法能够获得较好的稳定性和分类性能;其次,单变量方法的稳定性较好,多变量方法的分类性能较好;最后,采用 SVM 能够获得较好的分类性能。

4.4 演化算法特征选择稳定性提升方法

基于 4.3 节的研究,为了提高演化算法的特征选择稳定性,提出演化算法特征选择稳定性提升方法(Evolutionary Algorithms' Feature Selection Stability Improvement System,EAFSSIS),集成多种特征排序法的结果,采用扩展昆彻瓦指标度量演化算法选择的特征子集与集成排序结果的相似度,将其作为一个优化目标,将分类正确率作为另一个优化目标,然后提出加权和(Weighted Sum)与加权积(Weighted Product)两种多目标转单目标优化模型和二目标优化模型作为演化算法的目标优化模型。

基于 EAFSSIS 方法,针对多目标蚁群算法具有启发式先验信息的特点,提出一种基于多目标蚁群优化的稳定特征选择(Stable Feature Selection Based on Multiobjective Ant Colony Optimization,SFSMOACO)算法,引入最大信息系数,与费舍尔分值(Fisher Score)共同作为启发式信息,进一步提升多目标蚁群算法的特征选择稳定性。

4.4.1 系统描述

EAFSSIS 方法的组成及其工作流程如图 4-5 所示。

EAFSSIS 方法主要由两部分构成:集成特征排序和特征选择方法。首先,原始数据通过交叉检验生成 k' 组抽样数据,每组抽样数据的一部分作为训练样本,其余作为测试样本;集成特征排序用 Bootstrap 对训练样本进行抽样生成 k 组抽样数据,再采用 b 种过滤法(特征排序法)对抽样数据进行特征排序,然后集成多组特征排序的列表并输出;EAFSSIS 将集成特征排序的输出作为指导信息,与训练样本共同作为特征选择方法 FS(演化算法)的输入,并利用测试样本评估特征选择方法的效果。

在 EAFSSIS 方法中,涉及的关键部分是集成特征排序,以及优化目标如何与演化算法结合,即目标优化模型,下面分别进行阐述。

1. 集成特征排序

4.3 节通过实验证明,单变量方法中的 IG 和 χ^2 具有较好的稳定性能,多变量方法中的 ReliefF 的综合性能较好,采用这 3 种过滤法对抽样数据进行特征排序,集成单变量与多变量方法的特征排序列表,有效利用单变量与多变量方法各自的优势,生成稳定的特征排序结果,并采用中值法集成多组特征排序的列表。

EAFSSIS 方法通过稳定性指标度量演化算法选择的特征子集与集成特征排序之间的

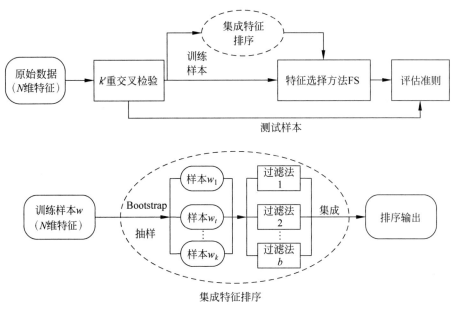

图 4-5　EAFSSIS方法框架图

相似度(特征基数相同),并将指标值作为优化目标,使得演化算法选择与集成特征排序相似的特征子集,由于集成特征排序的稳定性较好,因此可以用来指导演化算法选择稳定的特征子集。

2. 目标优化模型

EAFSSIS 方法同时考虑 2 个目标,即最大化分类性能和特征子集的稳定性,如何将这 2 个目标转换为演化算法特征选择的优化目标是需要重点处理的问题。本节提出 3 种优化模型,按照最终目标个数的不同,将其分为单目标法与多目标法两种,其中单目标法包含加权和与加权积两种模型。

加权和模型通过聚合参数将分类性能指标值与稳定性指标值相加,将其作为新的优化目标,如式(4-7)所示

$$f_a = \lambda P + (1 - \lambda) \mathrm{EK} \tag{4-7}$$

式(4-7)中,λ 为聚合参数,P 为分类正确率,EK 是扩展昆彻瓦指标。

加权积模型通过聚合参数将分类性能指标值与稳定性指标值相乘,并将其作为新的优化目标,如式(4-8)所示

$$f_m = P^\gamma \cdot \mathrm{EK}^{1-\gamma} \tag{4-8}$$

式(4-8)中,γ 为聚合参数。

由于最大化分类性能和特征选择稳定性存在矛盾,因此可以采用多目标优化的方法直接求解,即将分类性能指标与稳定性指标同时进行优化,如式(4-9)所示

$$f_b = \mathrm{MAX}(P, \mathrm{EK}) \tag{4-9}$$

式(4-9)中,目标函数 f_b 为多目标优化函数簇,式(4-9)表明,我们希望 P 与 EK 的值同时达到最大。采用多目标优化模型的算法需要设置帕累托档案,帕累托档案中的解为帕累托解,帕累托解是相互等价的,用户可以根据自己的偏好选择一个作为最终解,本文选择使得分类

正确率最大的解作为最终解。

4.4.2 基于多目标蚁群优化的稳定特征选择

1. 算法框架

基于 EAFSSIS 方法,SFSMOACO 算法的组成如图 4-6 所示。

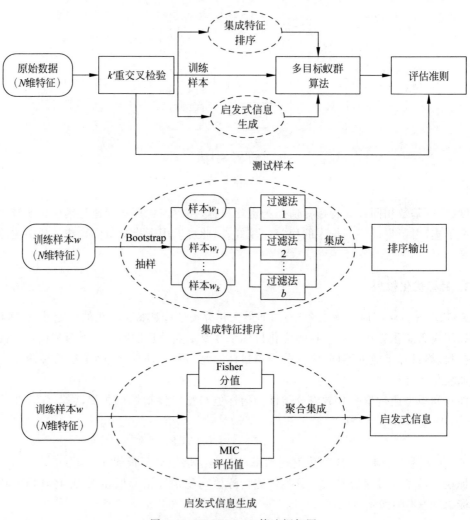

图 4-6　SFSMOACO 算法框架图

SFSMOACO 是 EAFSSIS 方法在多目标蚁群算法上的扩展应用,由三部分构成,即集成特征排序、启发式信息生成和多目标蚁群算法,与 EAFSSIS 方法相比,主要区别在于将特征选择方法 FS 具体化为多目标蚁群算法,同时针对多目标蚁群算法具有启发式先验信息的特点,加入启发式信息生成部分。

在多目标蚁群算法中,启发式信息表示蚂蚁在路径选择中的先验偏好,它与具体的问题相关,定义合适的启发式信息能够有效提升蚂蚁获得较好解的能力[178]。基于特征选择的应用背景,提出采用 Fisher 分值与最大信息系数(Maximal Information Coefficient,MIC)评估值相结合的启发式信息定义方法,Fisher 分值考虑特征的判别能力,使用 MIC 得出稳定的特征排序,通过集成 Fisher 分值与 MIC 评估值进一步提高多目标蚁群算法的寻优能力及其特征选择稳定性。

2. Fisher 分值与 MIC 评估值

Fisher 分值是一种度量特征判别能力的指标,它的思想是同类中的特征差异度尽量小,不同类的特征差异度尽量大。以二分类问题为例,在训练样本中第 h 个特征的 Fisher 分值计算如式(4-10)所示:

$$\text{Fscore}(h) = \frac{|\bar{\mu}_{1h} - \bar{\mu}_{2h}|}{\sqrt{\sigma_{1h}^2 + \sigma_{2h}^2}} \qquad (4\text{-}10)$$

其中 $\bar{\mu}_{1h}$,$\bar{\mu}_{2h}$ 分别为正类和负类内第 h 个特征值的均值,σ_{1h}^2,σ_{2h}^2 分别为正类和负类内第 h 个特征值的方差。通过 Fisher 分值的定义和计算方法可以看出,Fisher 分值的大小表明了特征判别能力的强弱,Fisher 分值越大,特征的判别能力越强。

MIC 是一种能够度量变量之间任意关系的方法,它是指如果两个变量之间存在某种关系,那么可以在由这两个变量构成的空间上画出网格图,从而使得网格图中的某几个单元格包含多数的点[10]。

设变量组成有限集合 D,在集合 D 的散点图上,将元素按照 x 值划分到 x 个网格中,按 y 值划分到 y 个网格中,称这种划分方法为 $x \times y$ 划分,记集合 D 的点在网格 G 上的概率分布为 $D|_G$。在 D 确定的情况下网格 G 不同时,能够得到不同的概率分布。

定义 4-1　对有界集合 $D \subset \mathbb{R}^2$ 和正整数 x,y,其互信息如式(4-11)所示

$$I^*(D, x, y) = \max I(D|_G) \qquad (4\text{-}11)$$

式(4-11)中,$I(D|_G)$ 表示点集在网格 G 中概率分布 $D|_G$ 的互信息。

定义 4-2　D 的特征矩阵元素如式(4-12)所示

$$M(D)_{x,y} = \frac{I^*(D, x, y)}{\log_2 \min\{x, y\}} \qquad (4\text{-}12)$$

定义 4-3　设 D 中有 n 个样本,网格总数上限为 $B(n)$,其 MIC 值用式(4-13)计算

$$\text{MI}(D) = \max_{xy < B(n)} \{M(D)_{x,y}\} \qquad (4\text{-}13)$$

式(4-13)的取值在(0,1)内,且 MIC 的评估值越大,表明变量之间的相关性越强,此外式(4-13)表明 MIC 具有对称性,即 $\text{MI}(X, Y) = \text{MI}(Y, X)$。评估特征相关性时,将该特征的值与对应的类标用两个向量表示,计算其 MIC 值,得出该特征与类别的相关性。

3. 算法描述及复杂性分析

综上所述,SFSMOACO 算法的伪代码如表 4-11 所示。

表 4-11　SFSMOACO 伪代码

输入:原始数据集;
输出:性能较好的稳定特征子集

1.	**for** k' 重交叉检验
2.	对训练样本进行 Bootstrap 抽样生成 k 组抽样数据;
3.	在 k 组抽样数据上进行特征排序并融合排序结果作为稳定性指导信息;
4.	计算训练样本中每个特征的 Fisher 分值和 MIC 评估值作为启发式信息;
5.	以分类正确率 P 和扩展昆彻瓦指标 EK 为优化目标,采用多目标蚁群算法搜索较好特征子集;
6.	**end for**

表 4-11 中第 1 行是交叉检验,第 2 行使用 Boostrap 对训练样本进行抽样生成多组抽样数据,第 3 行是采用多种过滤法在抽样数据上进行特征选择并融合特征排序结果作为稳定性指导信息,第 4 行计算特征的 Fisher 分值和 MIC 评估值作为启发式信息,第 5 行是采用多目标蚁群算法搜索较好特征子集。

现对 SFSMOACO 算法的时间复杂性做分析。设数据维度为 N,在集成特征排序中,过滤法 IG、χ^2 和 ReliefF 的时间复杂度为 $O(k \times N)$;启发式信息生成中,Fisher 分值与 MIC 评估值的时间复杂度为 $O(N)$;设多目标蚁群算法的蚂蚁个数为 num_ant,最大迭代次数为 NC,则多目标蚁群算法的时间复杂度为 $O(\text{NC} \times \text{num\_ant} \times N^2)$,综上,SFSMOACO 算法的时间复杂度为 $O(\text{NC} \times \text{num\_ant} \times N^2 + k \times N + N)$。

4.5 实验与分析

4.5.1 EAFSSIS 实验分析

首先分析加权和与加权积优化模型的参数敏感性,然后对 3 种优化模型在提升演化算法特征选择稳定性方面的效果做进一步的验证分析。选用具有代表性的蚁群优化(Ant Colony Optimization,ACO)、粒子群优化(Particle Swarm Optimization,PSO)和遗传算法(Genetic Algorithm,GA)等 3 种演化算法进行实验,并使用 4.3 节的 4 个二分类高维数据集作为实验数据。

ACO、PSO 和 GA 的参数设置如下: ACO 中信息素重要程度 $\alpha=1$,启发式信息重要程度 $\beta=2$,信息素挥发系数 $\rho=0.1$,常数 $Q=0.5$,信息素初始化浓度 $\tau_{ij}(0)=100$,蚂蚁个数为 20;PSO 中的控制参数 $c_1=c_2=2$,粒子个数为 20;GA 中,交叉率为 0.7,变异率为 0.01,染色体个数为 20,ACO、PSO 和 GA 的迭代次数均设置为 200。ACO 需要设置启发式信息,根据特征选择应用背景,采用 Fisher 分值计算启发式信息。

1. 参数敏感性分析

本节分析加权和模型的参数 λ 与加权积模型的参数 γ 在稳定性上的敏感性。选择 BASEHOCK 数据集,特征个数比例设定为数据维度的 3%,分类器为 SVM 且保持参数不变,演化算法的稳定性变化趋势如图 4-7 所示。

如图 4-7 中(a)所示,ACO 的指标值随着 λ 取值的增加呈现先上升后下降的趋势,在

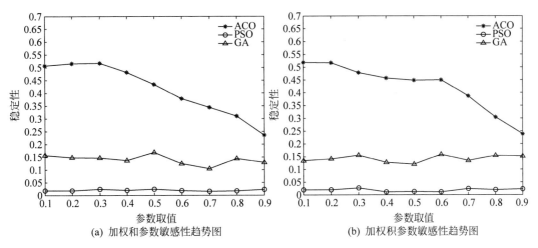

图 4-7　参数敏感性变化趋势图

$\lambda=0.3$ 时取到最大值。PSO 的指标值随 λ 取值的增加呈现一定的波动性,在 $\lambda=0.5$ 时取到最大值,这说明对 PSO 而言,当分类正确率与扩展昆彻瓦指标值的权重一样时,采用加权和模型能够获得较好的稳定性。而 GA 的稳定性指标值随着参数取值的变化呈现出先下降后上升再下降的趋势,在 $\lambda=0.5$ 时其稳定性效果达到最好。

经过实验可以得出结论,使用加权和模型时,ACO 的稳定性在 $\lambda=0.3$ 时能够达到最好的效果,PSO 以及 GA 的稳定性在 $\lambda=0.5$ 时达到最好,在其他测试数据集上的实验亦能得出相似的结论。

通过图 4-7 中(b)可以看出,ACO 的指标值随着 γ 取值的增加表现出先上升后下降的趋势,ACO 的稳定性在 $\gamma=0.2$ 时达到最好效果。PSO 的指标值呈现先上升后下降再上升的变化趋势,在参数 $\gamma=0.3$ 时稳定性指标值达到最大。GA 的指标值随着参数 γ 的变化呈现出一定程度的波动性,在参数 $\gamma=0.6$ 时算法的稳定性达到最好效果。

综上,使用加权积模型时,ACO 在参数 $\gamma=0.2$ 时稳定性指标达到最大,PSO 的参数 $\gamma=0.3$ 以及 GA 的参数 $\gamma=0.6$ 时算法的稳定性效果最好,在其他测试数据集上能够获得较为一致的结论。

2. EAFSSIS 方法性能分析

本节对 EAFSSIS 方法在提高演化算法特征选择稳定性及分类性能方面做深入分析。针对 ACO、PSO 和 GA,将提出的 3 种优化模型和以分类正确率为优化目标的传统单目标优化模型进行比较,实验算法及相关参数设置如表 4-12 所示。

表 4-12　实验对比算法

演化算法	优化目标	优化模型	聚合参数	实验算法名称
ACO	P	单目标	/	O-ACOFS
	P,EK	加权和	0.3	S-ACOFS
	P,EK	加权积	0.2	P-ACOFS
	P,EK	二目标优化	/	M-ACOFS

演化算法	优化目标	优化模型	聚合参数	实验算法名称
PSO	P	单目标	/	O-PSOFS
	P,EK	加权和	0.5	S-PSOFS
	P,EK	加权积	0.3	P-PSOFS
	P,EK	二目标优化	/	M-PSOFS
GA	P	单目标	/	O-GAFS
	P,EK	加权和	0.5	S-GAFS
	P,EK	加权积	0.6	P-GAFS
	P,EK	二目标优化	/	M-GAFS

对比算法包含 3 种传统方法,即 O-ACOFS、O-PSOFS 以及 O-GAFS,另外 9 种算法是 ACO、PSO 和 GA 在 EAFSSIS 方法中的方法,包括采用加权和优化模型的 S-ACOFS、S-PSOFS 和 S-GAFS,基于加权积优化模型的 P-ACOFS、P-PSOFS 与 P-GAFS,以及 3 种利用多目标优化模型(二目标优化)的 M-ACOFS、M-PSOFS 和 M-GAFS。多目标优化方法 M-ACOFS、M-PSOFS 和 M-GAFS 从帕累托档案中选择分类正确率最大的作为最终解。采用 20 轮 5 重交叉检验,分类器为 SVM 且参数保持不变,特征比例从 1% 变化到 5%,它们的扩展昆彻瓦指标度量结果如图 4-8~图 4-10 所示。

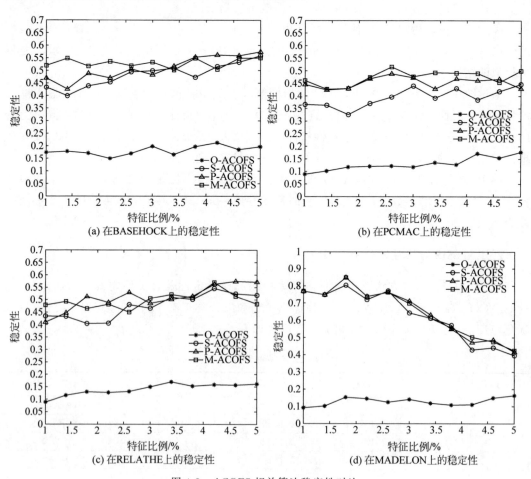

图 4-8　ACOFS 相关算法稳定性对比

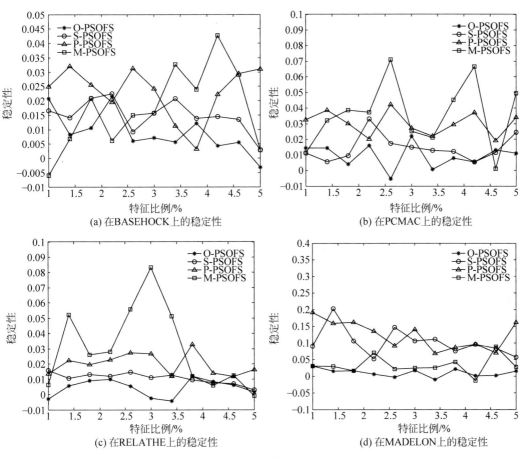

图 4-9　PSOFS 相关算法稳定性对比

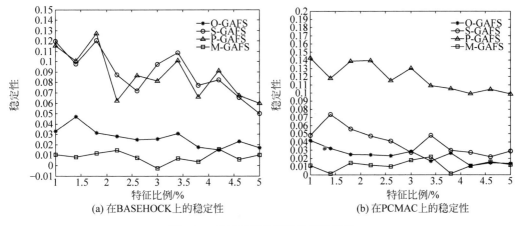

图 4-10　GAFS 相关算法稳定性对比

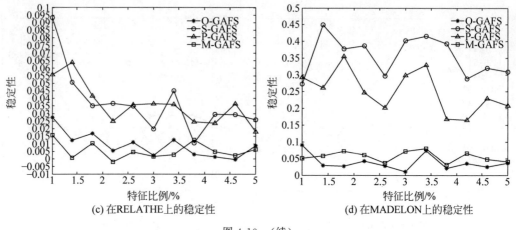

图 4-10 （续）

以下从 2 个方面对图中的结果做详细分析，即横向分析与纵向分析。

（1）横向分析。从 O-ACOFS、O-PSOFS 和 O-GAFS 等 3 种传统方法在 4 个实验数据集上的稳定性度量结果可以看出，O-ACOFS 的稳定性基本保持在 0.1 到 0.2。O-PSOFS 的稳定性在 -0.01 到 0.02 之间，而 O-GAFS 的稳定性在 0～0.06。在同一数据集上，O-ACOFS 的稳定性要好于 O-GAFS，而 O-GAFS 要好于 O-PSOFS。因此，从算法本身的稳定性看，O-ACOFS 优于 O-GAFS，O-GAFS 优于 O-PSOFS，造成 O-ACOFS 方法本身稳定性较好的原因可能是由于蚁群算法具有启发式先验信息，该信息会使得蚂蚁以较大概率选择先验值较高的路径（特征），即能够在一定程度上提高蚂蚁选择相似特征的概率。

其次，从 EAFSSIS 方法对算法稳定性的提升效果来看，S-ACOFS、P-ACOFS 和 M-ACOFS 要优于 S-GAFS、P-GAFS 和 M-GAFS，S-PSOFS、P-PSOFS 与 M-PSOFS 的稳定性最弱，这说明传统算法本身的稳定性能越好，EAFSSIS 方法对其稳定性的提升效果越显著。

（2）纵向分析。EAFSSIS 方法显著提升了传统算法的稳定性效果，其中对 ACOFS 算法的提升最为显著，在 MADELON 数据上，特征比例为 2% 左右时，S-ACOFS、P-ACOFS 与 M-ACOFS 的稳定性值比传统的 O-ACOFS 要高出约 0.7，在其他 3 个数据集上亦有相似的结论。但是在 GAFS 算法中，采用多目标优化模型的 M-GAFS 除了在 MDELON 数据集上好于 O-GAFS，在其他 3 个测试数据集上都要弱于 O-GAFS，可能的原因是 M-GAFS 算法的收敛性较弱，导致其帕累托解（特征子集）的相似性较弱。

其次，从 EAFSSIS 方法中不同优化模型对算法的提升效果看，ACO 采用多目标优化模型时，其稳定性提升效果最为显著；在 PSO 中，3 种优化模型的效果差异度较小，虽然在个别特征比例条件下，O-PSOFS 的稳定性要略优于 EAFSSIS 方法中的某些优化模型（例如在 BASEHOCK 数据集中，特征比例为 2.25% 左右时，O-PSOFS 的稳定性要好于 M-PSOFS 和 P-PSOFS，而劣于 S-PSOFS），但从整体上看，EAFSSIS 方法仍然能够有效提升 PSO 的稳定性；在 GA 中，P-GAFS 在 BASEHOCK、PCMAC 与 RELATHE 数据集上取得了与 S-GAFS 的稳定性相近或更优的结果，而在 MADELON 数据集上 S-GAFS 获得了较好的稳定性结果。

　　下面对 EAFSSIS 方法在分类正确率方面的提升效果作比较分析。采用多目标优化模型的 M-ACOFS、M-PSOFS 和 M-GAFS 等 3 种方法从其帕累托档案中选择分类正确率最大的解作为最终解,分类器选择 SVM 和 k-NN,参数设置不变,特征比例设置从 1% 变化到 5%,采用 20 轮 5 重交叉检验,结果如表 4-13～表 4-24 所示。

表 4-13　ACOFS 对比算法在 BASEHOCK 上的分类正确率

方法	分类器	特征比例				
		1%	2%	3%	4%	5%
O-ACOFS	SVM	93.93	95.94	96.74	96.94	97.74
	k-NN	94.73	95.79	96.04	96.49	95.89
S-ACOFS	SVM	93.73	93.28	94.48	94.68	95.33
	k-NN	92.32	93.38	94.18	93.73	92.87
P-ACOFS	SVM	91.57	93.88	93.93	94.53	94.13
	k-NN	91.62	93.78	91.27	92.22	91.62
M-ACOFS	SVM	95.13	95.78	97.04	97.39	98.04
	k-NN	94.53	94.78	95.69	95.23	94.43

表 4-14　ACOFS 对比算法在 PCMAC 上的分类正确率

方法	分类器	特征比例				
		1%	2%	3%	4%	5%
O-ACOFS	SVM	88.98	89.76	91.04	89.40	88.52
	k-NN	84.04	86.67	87.96	88.37	90.48
S-ACOFS	SVM	86.62	85.33	86.77	86.57	87.70
	k-NN	84.30	85.54	86.16	87.08	88.47
P-ACOFS	SVM	84.66	84.50	84.61	84.61	86.15
	k-NN	83.07	85.07	86.00	84.92	83.43
M-ACOFS	SVM	89.70	90.79	91.35	91.46	91.51
	k-NN	85.69	87.13	88.26	88.16	88.68

表 4-15　ACOFS 对比算法在 RELATHE 上的分类正确率

方法	分类器	特征比例				
		1%	2%	3%	4%	5%
O-ACOFS	SVM	86.69	88.58	91.80	93.48	93.20
	k-NN	82.48	85.84	88.72	89.21	88.23
S-ACOFS	SVM	80.66	84.87	86.48	88.86	90.05
	k-NN	78.84	82.41	85.63	86.69	87.88
P-ACOFS	SVM	81.08	83.04	84.59	86.13	86.89
	k-NN	77.02	82.06	83.74	85.42	87.46
M-ACOFS	SVM	88.93	90.68	92.15	93.55	94.04
	k-NN	82.27	84.02	87.45	88.72	89.14

表 4-16　ACOFS 对比算法在 MADELON 上的分类正确率

方法	分类器	特征比例				
		1%	2%	3%	4%	5%
O-ACOFS	SVM	87.92	89.85	90.31	90.38	90.46
	k-NN	66.38	67.27	67.54	67.23	67.00
S-ACOFS	SVM	71.38	84.69	87.88	89.19	88.04
	k-NN	60.81	60.73	59.62	60.77	61.50
P-ACOFS	SVM	71.38	83.46	88.19	88.96	88.12
	k-NN	60.81	60.73	59.69	60.65	61.35
M-ACOFS	SVM	89.72	90.19	90.85	90.50	90.73
	k-NN	64.65	64.65	64.58	64.54	64.42

表 4-17　PSOFS 对比算法在 BASEHOCK 上的分类正确率

方法	分类器	特征比例				
		1%	2%	3%	4%	5%
O-PSOFS	SVM	86.60	87.46	91.82	91.67	94.48
	k-NN	84.19	88.56	88.11	88.36	89.82
S-PSOFS	SVM	87.96	90.21	92.78	95.03	95.08
	k-NN	83.49	85.70	89.82	89.76	91.12
P-PSOFS	SVM	85.55	90.92	92.12	92.57	94.03
	k-NN	79.83	87.21	88.46	90.42	89.86
M-PSOFS	SVM	69.45	75.52	79.23	75.71	81.83
	k-NN	67.04	73.36	79.78	78.92	79.98

表 4-18　PSOFS 对比算法在 PCMAC 上的分类正确率

方法	分类器	特征比例				
		1%	2%	3%	4%	5%
O-PSOFS	SVM	76.02	78.54	80.29	81.32	82.40
	k-NN	73.54	77.45	83.27	84.50	84.40
S-PSOFS	SVM	73.85	77.87	81.78	82.04	83.38
	k-NN	75.04	81.11	83.07	83.12	83.94
P-PSOFS	SVM	79.00	80.96	86.62	85.90	86.67
	k-NN	74.06	76.48	80.08	82.70	83.43
M-PSOFS	SVM	63.41	68.55	71.49	70.82	73.95
	k-NN	63.01	71.39	69.79	75.55	76.01

表 4-19　PSOFS 对比算法在 RELATHE 上的分类正确率

方法	分类器	特征比例				
		1%	2%	3%	4%	5%
O-PSOFS	SVM	81.43	85.00	85.99	89.14	90.82
	k-NN	76.31	77.64	82.27	82.97	84.58

续表

方法	分类器	特征比例				
		1%	2%	3%	4%	5%
S-PSOFS	SVM	82.97	85.21	89.28	90.12	91.31
	k-NN	75.33	80.45	84.02	84.23	87.25
P-PSOFS	SVM	79.75	83.39	87.67	89.42	92.29
	k-NN	76.94	79.82	80.80	82.90	85.70
M-PSOFS	SVM	71.13	74.56	79.53	81.64	83.31
	k-NN	64.61	68.39	72.88	73.79	74.14

表 4-20　PSOFS 对比算法在 MADELON 上的分类正确率

方法	分类器	特征比例				
		1%	2%	3%	4%	5%
O-PSOFS	SVM	70.00	78.69	77.96	83.38	82.27
	k-NN	63.65	65.27	66.73	67.19	67.04
S-PSOFS	SVM	69.69	76.73	76.67	84.04	85.58
	k-NN	64.73	63.88	64.04	66.31	65.04
P-PSOFS	SVM	70.88	75.81	85.77	86.23	80.77
	k-NN	63.65	62.88	63.00	64.46	62.92
M-PSOFS	SVM	58.23	59.88	66.69	69.62	73.62
	k-NN	60.58	60.58	62.54	63.69	62.88

表 4-21　GAFS 对比算法在 BASEHOCK 上的分类正确率

方法	分类器	特征比例				
		1%	2%	3%	4%	5%
O-GAFS	SVM	91.47	94.53	96.39	97.19	97.69
	k-NN	87.66	91.42	93.73	95.33	94.98
S-GAFS	SVM	91.72	95.73	**96.99**	97.64	**98.19**
	k-NN	89.92	93.38	96.19	94.68	94.88
P-GAFS	SVM	**93.03**	**96.04**	**96.99**	**97.94**	**98.19**
	k-NN	88.66	93.03	95.08	95.13	95.84
M-GAFS	SVM	77.37	80.18	81.54	83.79	84.95
	k-NN	75.97	81.08	82.99	82.99	84.04

表 4-22　GAFS 对比算法在 PCMAC 上的分类正确率

方法	分类器	特征比例				
		1%	2%	3%	4%	5%
O-GAFS	SVM	77.92	84.25	87.65	87.85	90.22
	k-NN	81.73	86.57	88.42	87.44	88.62
S-GAFS	SVM	81.32	84.30	85.13	86.41	88.93
	k-NN	81.06	87.80	88.73	90.07	89.81

方法	分类器	特征比例				
		1%	2%	3%	4%	5%
P-GAFS	SVM	**85.18**	**89.70**	**92.02**	**93.31**	**93.10**
	k-NN	81.47	87.75	89.39	89.96	89.91
M-GAFS	SVM	73.34	77.77	81.16	81.32	82.76
	k-NN	71.54	72.77	75.40	77.25	78.79

表 4-23　GAFS 对比算法在 RELATHE 上的分类正确率

方法	分类器	特征比例				
		1%	2%	3%	4%	5%
O-GAFS	SVM	80.87	84.58	90.40	90.89	93.84
	k-NN	78.06	81.29	82.48	84.02	85.63
S-GAFS	SVM	82.48	**87.32**	88.93	91.87	**94.88**
	k-NN	80.73	83.81	84.93	86.05	87.95
P-GAFS	SVM	**82.76**	87.25	**92.01**	**92.71**	93.34
	k-NN	80.66	83.88	84.94	85.49	87.38
M-GAFS	SVM	72.46	77.85	82.34	83.53	85.14
	k-NN	68.75	71.55	75.05	76.03	79.81

表 4-24　GAFS 对比算法在 MADELON 上的分类正确率

方法	分类器	特征比例				
		1%	2%	3%	4%	5%
O-GAFS	SVM	81.92	**86.69**	87.42	90.69	91.08
	k-NN	64.46	66.35	67.73	67.15	68.85
S-GAFS	SVM	**82.73**	84.46	**89.65**	**91.04**	**91.38**
	k-NN	61.50	62.88	62.38	63.23	64.35
P-GAFS	SVM	77.50	86.15	89.58	89.96	89.62
	k-NN	62.04	61.27	63.42	65.77	65.00
M-GAFS	SVM	62.85	66.50	77.62	73.38	79.46
	k-NN	62.58	64.00	64.54	65.15	65.92

　　首先观察表 4-13～表 4-16,在 4 个测试数据集上的分类正确率结果表明,EAFSSIS 方法能够有效提高 ACO 算法的分类正确率,并且在多数情况中,采用多目标优化模型的 M-ACOFS 在 SVM 分类器上能够取得最优值。虽然在表 4-13 中,当特征比例为 2% 时,M-ACOFS 的分类正确率要低于 O-ACOFS,但差异并不显著。

　　表 4-17～表 4-20 显示在 4 个测试数据上,4 种不同 PSO 算法的分类正确率。可以看出,在分类器为 SVM 的前提下,采用加权和优化模型的 S-PSOFS 在 BASEHOCK 数据集和 RELATHE 数据集上取得了较好的分类正确率。然而,同样在分类器为 SVM 时,基于加权积优化模型的 P-PSOFS 则在 PCMAC 与 MADELON 数据集上取得了较好的效果。

　　最后观察 GA 算法在 4 个测试数据上的分类正确率,通过表 4-21～表 4-24 可以发现,在分类器为 SVM 时，采用加权积模型的 P-GAFS 在 BASEHOCK、PCMAC 和 RELATHE 数据集上获得了较好的分类正确率，而在 MADELON 数据集上，S-GAFS 算法在分类器为 SVM 的情况下取得了较好的结果。

综上，可以得出结论，EAFSSIS 方法能够有效提升演化算法的分类正确率。对 ACO 算法而言，采用多目标优化模型能够取得较好的分类正确率；在 PSO 中，加权和与加权积模型均能提升算法的分类性能；在 GA 中，加权积模型能够在多数条件下获得较好的分类正确率。结合稳定性实验结果，该结论与 EAFSSIS 方法中不同模型对算法稳定性的提升效果一致，从而说明 EAFSSIS 方法能够在提升演化算法特征选择稳定性的同时提高算法的分类性能。此外，从测试结果可以看出，使用 SVM 分类器能够比 k-NN 分类器获得更好的分类性能。

4.5.2　SFSMOACO 实验分析

本节对 SFSMOACO 算法的相关性能作比较分析，由于算法采用基于 MIC 的特征评估值作为启发式信息，因此需要先对 MIC 在特征评估方面的性能做详细分析。

1. MIC 评估值分析

基于 MIC 评估值的特征选择伪代码如表 4-25 所示。

表 4-25　基于 MIC 评估值的特征选择伪代码

输入：原始数据；
输出：性能较好的稳定特征子集

```
1.    for k′重交叉检验
2.        使用 MIC 计算训练样本中特征的相关性评估值；
3.        根据评估值对特征进行降序排列；
4.        由前至后选择占全部特征比为 r 的特征组成特征子集；
5.        通过特征子集重新构造训练样本与测试样本；
6.        训练分类器并进行预测；
7.    end for
```

表 4-25 中第 1 行是交叉检验，第 2 行是采用 MIC 计算特征的评估值，第 3 行是根据评估值排列特征，第 4 行是选择一定比例的特征组成特征子集，第 5 行是通过选择的特征子集重新构造训练样本和测试样本，第 6 行是训练分类器并输出测试样本的预测值。

仍然使用 4.3 节的实验数据集，以排序法 IG、χ^2 和 ReliefF 作为对比方法，采用 20 轮 5 重交叉检验，使用 SVM 作为分类器，参数保持不变，特征比例 r 设置为 1%～5%，4 种方法的稳定性与分类正确率结果如图 4-11 和图 4-12 所示。

从图 4-11 中可以看出，基于 MIC 的特征选择方法在 BASEHOCK、PCMAC 和 RELATHE 等 3 个数据集上的稳定性与 χ^2 和 IG 相似，其稳定性指标值够保持在 0.8 以上，要好于 ReliefF 方法。而在 MADELON 数据集上，当特征比例小于 3% 时，基于 MIC 的特征选择方法稳定性要好于 ReliefF，随着特征比例增加，其稳定性有所下降，可能的原因是随着特征比例的增加，选择的冗余特征也随之增加，从而导致稳定性下降。

观察图 4-12，在 BASEHOCK、PCMAC 和 RELAHTE 等 3 个数据集上，基于 MIC 特征

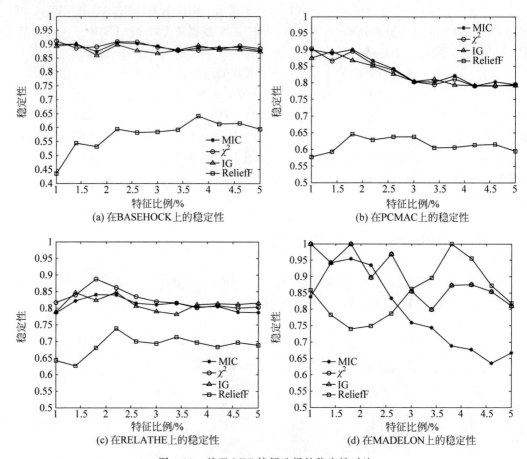

图 4-11　基于 MIC 特征选择的稳定性对比

选择的分类正确率与 χ^2 和 IG 等 2 种方法的分类正确率相近，都要好于 ReliefF 方法。而在 MADELON 数据上，ReliefF 的分类正确率要好于 χ^2 和 IG 等 2 种方法，基于 MIC 的特征选择方法在特征比例为 1.5%、2.5% 和 4.5% 时，其分类正确率要好于 ReliefF。

综上，基于 MIC 评估值的特征选择方法在多数情况中具有较好的稳定性能与分类性能，采用 MIC 对特征进行度量能够获得较为稳定的特征排序。

2. SFSMOACO 分析

现对提出的 SFSMOACO 算法做综合比较分析，采用 T 检验方法 TTEST，支持向量机递归特征消除（Support Vector Machine Recursive Feature Elimination，SVM-RFE）、最小绝对收缩选择算子（Least Absolute Shrinkage and Selection Operator，LASSO）、最小冗余最大相关（Minimal Redundancy Maximal Relevance，MRMR）和 4.5.1 节实验中基于 EAFSSIS 的多目标蚁群优化特征选择（Multiobjective Ant Colony Optimization based Feature Selection，MACOFS）等 5 种方法作为对比算法。其中，SFSMOACO 和 MACOFS 的主要区别在于引入了 MIC 特征评估作为启发式信息，因此有必要验证 SFSMOACO 算法在稳定性与分类性能上的优越性。

SFSMOACO 参数设置为：$k=11,\alpha=1,\beta=2,Q=0.1$，信息素初始浓度 $\tau_{ij}(0)=100$，

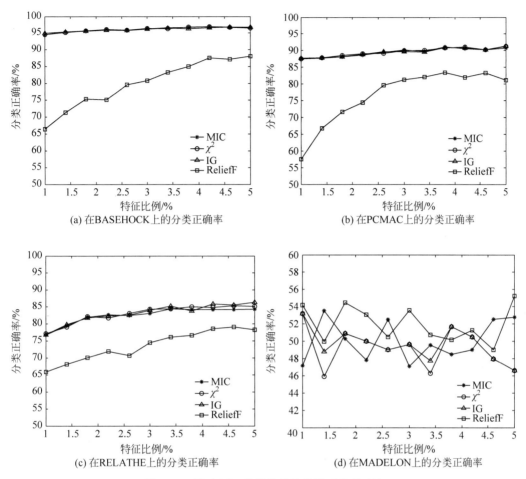

图 4-12 基于 MIC 特征选择的分类正确率对比

迭代次数为 200，帕累托档案规模为 40。分类器使用 SVM 和 k-NN 且参数保持不变，采用 20 轮 5 重交叉检验，特征比例设置从 1% 到 5%，6 种方法在 4 个数据集上的扩展昆彻瓦指标值随特征比例变化的结果如图 4-13 所示。

从图 4-13 中可以看出，在 BASEHOCK、PCMAC 和 RELATHE 等 3 个数据集上，SFSMOACO 方法的稳定性要弱于 MRMR 和 TTEST 等 2 种方法，好于 LASSO 和 SVM-RFE 等 2 种方法，并且相比 SVM-RFE、LASSO 和 MACOFS 方法，SFSMOACO 方法的稳定性变化趋势较为稳定，说明 SFSMOACO 在特征选择稳定性方面具有较好的鲁棒性。在 MADELON 数据集上，特征比例小于 4.5% 时，SFSMOACO 方法的稳定性好于 SVM-RFE 和 LASSO 等 2 种方法，仅在特征比例大于 4.5% 时，LASSO 方法的稳定性好于 SFSMOACO。从 4 个子图中可以看出，SFSMOACO 的稳定性在所有的测试数据集上都要好于 MACOFS 方法。从子图(d)中可以看出，SFSMOACO 方法的稳定性随着特征比例的增加呈现下降趋势，而 MACOFS 亦有相同变化趋势，可以推断，造成 SFSMOACO 稳定性下降的原因可能是多目标蚁群算法的性能下降。

下面比较 6 种方法的分类正确率实验结果，如表 4-26～表 4-29 所示。

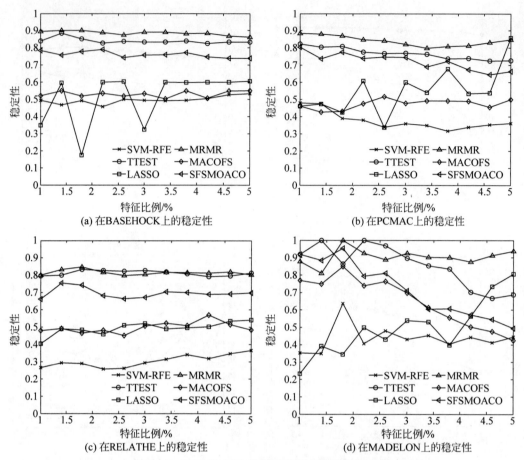

图 4-13　SFSMOACO 在测试数据上的稳定性比较

表 4-26　SFSMOACO 在 BASEHOCK 上的分类正确率

方法	分类器	特征比例				
		1%	2%	3%	4%	5%
SFSMOACO	SVM	94.85	94.79	93.93	94.21	93.11
	k-NN	94.13	91.42	91.47	91.47	90.97
SVM-RFE	SVM	93.88	95.43	95.99	96.39	96.29
	k-NN	92.12	89.66	87.86	87.81	88.56
TTEST	SVM	93.33	94.93	95.74	96.59	96.44
	k-NN	89.61	87.30	86.96	86.80	87.06
LASSO	SVM	59.26	67.29	77.77	79.73	78.62
	k-NN	61.31	64.62	68.44	68.34	71.30
MRMR	SVM	94.58	95.13	95.64	96.54	96.19
	k-NN	88.51	85.80	86.85	86.65	85.95
MACOFS	SVM	95.13	95.78	97.04	97.39	98.04
	k-NN	94.53	94.78	95.69	95.23	94.43

表 4-27　SFSMOACO 在 PCMAC 上的分类正确率

方法	分类器	特征比例				
		1%	2%	3%	4%	5%
SFSMOACO	SVM	96.02	94.65	94.48	92.43	91.79
	k-NN	87.60	86.46	85.43	84.35	84.00
SVM-RFE	SVM	89.04	88.83	87.85	89.86	89.14
	k-NN	87.49	86.21	85.49	83.94	83.12
TTEST	SVM	87.13	88.68	89.71	89.14	90.07
	k-NN	82.96	81.83	81.98	81.01	80.65
LASSO	SVM	78.85	80.70	80.75	83.32	81.00
	k-NN	73.34	71.13	76.84	69.21	77.10
MRMR	SVM	87.44	87.75	88.94	89.66	90.58
	k-NN	81.68	80.85	79.98	80.08	79.21
MACOFS	SVM	89.70	90.79	91.35	91.46	91.51
	k-NN	85.69	87.13	88.26	88.16	88.68

表 4-28　SFSMOACO 在 RELATHE 上的分类正确率

方法	分类器	特征比例				
		1%	2%	3%	4%	5%
SFSMOACO	SVM	93.66	93.60	92.23	92.14	92.35
	k-NN	78.49	81.71	85.78	86.41	86.62
SVM-RFE	SVM	84.23	84.09	84.51	85.91	85.08
	k-NN	65.67	74.70	79.05	81.29	82.76
TTEST	SVM	76.38	81.71	84.79	86.27	86.12
	k-NN	63.98	70.43	74.84	77.79	79.68
LASSO	SVM	73.86	81.08	81.50	81.01	83.46
	k-NN	72.32	73.51	74.63	71.76	70.49
MRMR	SVM	76.39	81.08	83.54	85.50	85.07
	k-NN	69.10	72.11	76.17	77.29	80.94
MACOFS	SVM	88.93	90.68	92.15	93.55	94.04
	k-NN	82.27	84.02	87.45	88.72	89.14

表 4-29　SFSMOACO 在 MADELON 上的分类正确率

方法	分类器	特征比例				
		1%	2%	3%	4%	5%
SFSMOACO	SVM	97.98	98.87	93.13	85.78	81.47
	k-NN	66.38	67.27	67.54	67.23	67.00
SVM-RFE	SVM	49.65	51.00	54.73	55.69	54.50
	k-NN	49.31	53.19	52.46	56.12	56.88
TTEST	SVM	54.12	51.50	54.92	50.23	51.35
	k-NN	67.65	82.12	88.35	86.62	86.62

续表

方法	分类器	特征比例				
		1%	2%	3%	4%	5%
LASSO	SVM	49.92	49.58	50.81	51.54	47.81
	k-NN	49.77	47.92	51.15	50.15	50.04
MRMR	SVM	53.31	53.35	53.92	48.92	51.73
	k-NN	74.19	83.92	86.31	84.88	83.42
MACOFS	SVM	89.72	90.19	90.85	90.50	90.73
	k-NN	64.65	64.65	64.58	64.54	64.42

从对比方法的角度分析,SFSMOACO 和 MACOFS 在多数的测试条件下取得了较好的结果。虽然在 BASEHOCK 数据集上 SFSMOACO 弱于 MACOFS,但在 PCMAC 数据上,SFSMOACO 方法提供了全部 5 个最优解,在 RELATHE 数据集上提供了 3 个最优值,在 MADELON 数据集上获得了 3 个最优值。可以看出,与 MACOFS 方法相比,SFSMOACO 方法的分类性能更好。

其次,从稳定性与分类性能平衡的角度分析。虽然 SFSMOACO 方法的稳定性弱于 TTEST 和 MRMR 等 2 种方法,但要好于 MACOFS。在分类性能上,SFSMOACO 方法的分类正确率在多数情况下要好于 TTEST、MRMR 和 MACOFS 等 3 种方法,而 LASSO 和 SMVRFE 等 2 种方法在稳定性上弱于 SFSMOACO,并且在分类性能上也要弱于 SFSMOACO。因此可以得出结论,FSMOACO 方法能够在稳定性与分类性能上达到较好的平衡,同时其综合性能也好于 MACOFS。

本章小结

在高维数据的实体分辨中,为了提升演化算法的特征选择稳定性,首先在人工和标准测试集上对典型的子集法稳定性度量指标的性能作比较分析,得出具有较好度量性能的指标;在此基础上分析集成单变量与多变量的方法在稳定性、分类性能和分类器上的相关性。进一步提出演化算法特征选择稳定性提升方法 EAFSSIS,集成单变量与多变量方法的特征排序列表,以稳定性和分类正确率作为优化目标,并提出加权和与加权积两种多目标转单目标优化模型和二目标优化模型。然后将 EAFSSIS 方法扩展应用到多目标蚁群算法中,提出基于多目标蚁群优化的稳定特征选择算法,针对多目标蚁群算法具有启发式先验信息的特点,引入最大信息系数特征评估值作为启发式信息。在标准数据集上采用蚁群优化、粒子群优化和遗传算法三种演化算法进行测试,验证了 EAFSSIS 方法的有效性。进一步的实验表明,基于多目标蚁群优化的稳定特征选择算法具有较好的稳定性与分类性能。

本章参考文献

[1]　Tohka J,Moradi E,Huttunen H. Comparison of Feature Selection Techniques in Machine Learning for

Anatomical Brain MRI in Dementia[J]. Neuroinformatics,2016,14(3): 279-296.

[2] Fan M L,Chou C A. Exploring Stability-Based Voxel Selection Methods in MVPA Using Cognitive Neuroimaging Data: a Comprehensive Study[J]. Brain Informatics,2016,3(3): 193-203.

[3] Xue B,Zhang M J,Browne W N,et al. a Survey on Evolutionary Computation Approaches to Feature Selection[J]. IEEE Transactions Evolutionary Computation,2016,20(4): 606-626.

[4] Kalousis A,Prados J,Hilario M. Stability of Feature Selection Algorithms: A Study on High Dimensional Spaces[J]. Knowledge and Information Systems,2007,12(1): 95-116.

[5] Nogueira S,Brown G. Measuring the Stability of Feature Selection[C]//Proceedings of the 2016 Joint European Conference on Machine Learning and Knowledge Discovery in Databases,Riva del Garda, Italy,Sept. 19-23,2016: 442-457.

[6] Nogueira S,Brown G. Measuring the Stability of Feature Selection with Applications to Ensemble Methods[C]//Proceedings of the 12th International Workshop on Multiple Classifier System, Gunzburg,Germany,Jun. 29-Jul. 1,2015: 135-146.

[7] Drotár P,Smékal Z. Comparison of Stability Measures for Feature Selection[C]//Proceedings of the 13th International Symposium on Applied Machine Intelligence and Informatics,Herlany,Slovakia, Jan. 22-24,2015: 71-75.

[8] Kuncheva L I. A Stability Index for Feature Selection [C]//Proceedings of the 2007 IASTED International Conference on Artifical Intelligence and Application,Innsbruck,Austria,Feb. 12-14, 2007: 421-427.

[9] Pes B,Dessì N,Angioni M. Exploiting the Ensemble Paradigm for Stable Feature Selection: A Case Study on High-dimensional Genomic Data[J]. Information Fusion,2017,35(Supplement C): 132-147.

[10] Zhang Y,Jia S,Huang H,et al. A Novel Algorithm for The Precise Calculation of The Maximal Information Coefficient[J]. Scientific Reports,2014,4(4): 6662.

第5章

高维数据实体分辨多分类器方法

5.1 引言

在高维数据研究中,使用特征选择降低不相关特征、冗余特征和噪声特征对算法性能的影响是常用的方法。通常,特征选择是从特征中选择满足算法性能要求的一个特征子集。特征子集的基数一般较小,即使在高维数据中,特征子集的基数也显著小于数据的维度。这是由于增加特征个数会提高运算开销,同时也会引入不相关特征和噪声特征,导致算法性能下降。然而与维度较低的数据相比,高维数据的特征中蕴含了更多的信息,如果仅使用一个基数较小的特征子集,会导致算法无法有效利用高维特征中的信息。而当前特征选择方法的局限性同样存在于高维数据的实体分辨问题中。

集成学习是一种独立于具体算法的非参数机器学习方法,它的思想是将一些性能较弱的分类器(至少优于随机分类器)组合形成一个分类性能较强的多分类器系统,系统的输出由各个弱分类器的预测值共同决定。近年来,集成学习的研究如火如荼,研究人员已经从理论和实践上证明了集成学习能够有效提升算法性能。

本章采用集成学习思想,设计针对高维数据实体分辨的多分类器方法,提升高维数据实体分辨性能。

5.2 分类器度量

5.2.1 分类器性能度量

通常,二分类器从功能上可以看成一个将状态类别为 N 的样本空间(源空间)映射到 2 类空间(目标空间)的映射函数,如图 5-1 所示。

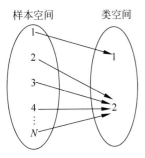

图 5-1　二分类器映射图

本章将 1 类(实体分辨中的匹配类)作为正类,2 类(实体分辨中的不匹配类)作为负类,在一般的分类器中对应为 1 类和 −1 类(或 1 类和 0 类)。通常使用分类器的性能指标评估特征选择算法的效果,本节基于曹建军定义的分类器性能度量指标,定义针对高维数据实体分辨的二分类器性能度量指标[1]。

分类正确率(Classification Success Rate)的定义如式(5-1)

$$P = \frac{\text{正确分辨的样本数}}{\text{参加分辨的样本总数}} \times 100\% \tag{5-1}$$

虚警率(False Alarm Rate)的定义如式(5-2)

$$R_{fa} = \frac{\text{不匹配误分为匹配的样本数}}{\text{参加分辨的不匹配样本总数}} \times 100\% \tag{5-2}$$

漏诊率(Fault not Be Recognized Rate)的定义如式(5-3)

$$R_{fn} = \frac{\text{匹配误分为不匹配的样本数}}{\text{参加分辨的匹配样本总数}} \times 100\% \tag{5-3}$$

定义二类分类器输出的分布矩阵如式(5-4)所示

$$p = [p_{ii'}], i, i' = 1, 2 \tag{5-4}$$

式(5-4)中,$p_{ii'}$ 的定义如式(5-5)

$$p_{ii'} = \frac{\text{第 } i \text{ 类被分为第 } i' \text{ 类的样本数}}{\text{参加分辨的第 } i \text{ 类样本数}} \times 100\% \tag{5-5}$$

$p_{ii}(i = 1, 2)$ 为第 i 类样本的分类正确率,可由式(5-6)计算得出

$$p_{ii} = 1 - p_{ii'} \tag{5-6}$$

式(5-6)中,$i \neq i'$。

分类正确率 P 可通过式(5-7)计算得出

$$P = P_i p_{ii} + P_{i'} p_{i'i'} \tag{5-7}$$

式(5-7)中 $i \neq i'$,P_i 为第 i 类样本的先验概率,给定测试样本集,P_i 可由式(5-8)计算

$$P_i = \frac{N_i}{N_i + N_{i'}} \tag{5-8}$$

式(5-8)中,N_i 为第 i 类的样本数,$N_{i'}$ 为第 i' 类的样本数,$P_{i'}$ 的定义与 P_i 相同。

虚警率 R_{fa} 可通过式(5-9)计算

$$R_{fa} = p_{21} \tag{5-9}$$

漏诊率 R_{fn} 可通过式(5-10)计算

$$R_{fn} = p_{12} \tag{5-10}$$

P, R_{fa} 和 R_{fn} 之间存在式(5-11)的关系

$$1 - P = (1 - P_1)R_{fa} + P_1 R_{fn} \tag{5-11}$$

根据式(5-11)以及虚警率和漏诊率的定义可以看出,虚警率与漏诊率是一对互相矛盾的指标,虚警率高时漏诊率较低,反之亦然。而分类正确率能够综合反映虚警率与漏诊率,因此采用分类正确率更能有效判定分类器的分类能力。

5.2.2　分类器相似性度量

存在多个分类器时(多分类系统),输出结果相似的分类器对难分数据可能具有相同的

预测值,因此它们的组合并不能有效提高分类性能。反之,分类器输出相似度具有一定的差异度时(多样性),它们的组合能够在一定程度上提高分类性能。下面用示例说明该情况,如图 5-2 所示。

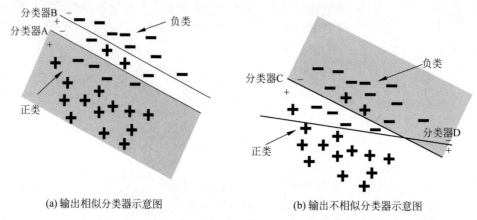

(a) 输出相似分类器示意图　　　　　　　　　(b) 输出不相似分类器示意图

图 5-2　不同相似度分类器输出示意图

在图 5-2(a)中,分类器 A 与分类器 B 具有相似的分类超平面,即具有相似的预测性能,因此它们的组合无法对阴影中的 4 个负类进行正确的判别;图 5-2(b)中分类器 C 与分类器 D 的分类超平面与(a)相比具有更大的差异性,即增加了输出的差异性,它们的组合仅无法正确判别阴影中的 2 个正类样本,从而提升了组合分类器的整体分类性能,这种具有输出不相似性的分类器在分类效果上是互补的,即具有较强的多样性。

给定训练样本集,以及功能类型和参数设置相同的二类分类器,对于确定的特征子集 St(即给定特征向量),通过特征向量构建新的训练样本并训练分类器,然后用测试样本评估分类器的分类性能,可以将特征子集 St 映射为一个确定的分类器 Λ_{St} 和一个分类器输出分布矩阵 $\boldsymbol{p}$,如式(5-12)所示

$$\Lambda(\text{St}) = (\Lambda_{\text{St}}, \boldsymbol{p}) \tag{5-12}$$

因此,在分类输出结果上互补的分类器是通过具有互补性的特征子集训练得到的,即互补特征子集。而分类器 Λ_{St} 的相似性可以由特征子集 St 的相似度和输出分布矩阵 $\boldsymbol{p}$ 的相似度来衡量,我们将其分别称为输入相似性和输出相似性。

下面定义二类分类器间的相似性度量指标(类似于集成学习分类器的多样性)。

定义 5-1　(输入相似性) 定义分类器的输入相似性为输入特征子集的相似度,对两个分类器的非空特征子集 St_A 与 St_B,采用谷元距离度量它们的相似度[2],如式(5-13)

$$S_d(\text{St}_A, \text{St}_B) = 1 - \frac{|\text{St}_A| + |\text{St}_B| - 2|\text{St}_A \bigcap \text{St}_B|}{|\text{St}_A| + |\text{St}_B| - |\text{St}_A \bigcap \text{St}_B|} \tag{5-13}$$

由式(5-13)可知 $S_d \in [0,1]$,当 $S_d = 0$ 时,表示两个特征子集之间没有相同的组成元素;当 $S_d = 1$ 时,表示两个特征子集完全相同,即具有完全一致的组成元素,使用它们构成的样本进行训练得出的分类器也完全相同。因此,S_d 越大两个特征子集的相似度越高,即分类器的输入相似性越高。

定义 5-2　(输出相似性) 定义分类器的输出相似性为分类器输出分布矩阵的相似度,即对 $p' = [p'_{ii'}]$,$p'' = [p''_{ii'}]$,其中 $i = 1, 2$,$i' = 1, 2$,用标准化的皮尔逊相关系数度量它们之

间的相似度,如式(5-14):

$$S_c(p', p'') = \frac{1}{2}\left(1 + \frac{\sum\limits_{i=1}^{2}\sum\limits_{i'=1}^{2}(p'_{ii'} - \overline{p'})(p''_{ii'} - \overline{p''})}{\sqrt{\sum\limits_{i=1}^{2}\sum\limits_{i'=1}^{2}(p'_{ii'} - \overline{p'})^2 \sum\limits_{i=1}^{2}\sum\limits_{i'=1}^{2}(p''_{ii'} - \overline{p''})^2}}\right) \quad (5\text{-}14)$$

式(5-14)中,$\overline{p'}$、$\overline{p''}$分别为输出分布矩阵$p'p''$中元素的平均值,即$\overline{p'} = \frac{1}{4}\sum\limits_{i=1}^{2}\sum\limits_{i'=1}^{2}p'_{ii'}$。由式(5-14)可知$S_c \in [0,1]$,当$S_c = 0$时,表示$p'$、$p''$完全负相关,即两个分类器的输出分布矩阵完全相反,分类结果完全不同,两个分类器的相似性最弱;当$S_c = 1$时,表示p'、p''完全正相关,即两个分类器的输出分布矩阵完全相同,分类结果完全一致。

下面给出分类器的输出相似性与输入相似性关系的定理,并进行证明[1]。

定理 5-1 假设$\Lambda(\mathrm{St}_A) = (\Lambda_{\mathrm{St}_A}, p_A)$且$\Lambda(\mathrm{St}_B) = (\Lambda_{\mathrm{St}_B}, p_B)$,如果$S_c(p_A, p_B) < 1$,则有$S_d(\mathrm{St}_A, \mathrm{St}_B) < 1$。

证明:假设$\mathrm{St}_A = \mathrm{St}_B$,由公式(5-12)和定理的前提条件可得$S_c(p_A, p_B) = 1$,即若$S_d = (\mathrm{St}_A, \mathrm{St}_B) = 1$,那么$S_c(p_A, p_B) = 1$,该命题成立,同时该命题的逆否命题成立,定理得证。

由定理 5-1 可以得出结论,分类器的输出相似性要强于输入相似性,因此可以通过分类器的输出相似性来衡量分类器间的相似程度。

通过本节叙述可知,使用两个特征子集训练的分类器之间的相似性越低,分类器的多样性越好,它们的互补性越强,由这些分类器组成的多分类器系统能够更好地利用高维特征蕴含的信息,从而进一步提升分类性能。

5.3 基于特征选择的多分类器方法

根据"没有免费的午餐"定律,不存在单个分类算法能够适用于所有的问题,这是由于算法中的分类器是运行在特定环境中,其对类别的判定能力与具体问题相关。而集成学习是一种与算法无关的提升分类性能的方法,通过集成学习将性能较弱的分类器(至少优于随机分类器)进行组合,能够形成具有更好分类性能的多分类器方法。本节基于集成学习的思想,针对高维数据实体分辨,设计一种具有较强分类性能的多分类器方法,并基于单目标蚁群算法和多目标蚁群算法实现该方法。

5.3.1 系统模型设计

针对高维数据实体分辨问题,提出基于特征选择的的多分类器方法(基分类器为二分类器)(Multiple Classifier System Based on Feature Selection,MCSBFS),其设计结构模型描述如下:

对于含有M个(M为奇数)分类器的多分类器方法,记P_m为第m($m \geqslant 2$)个分类器的分类正确率,q_m为第m个分类器输入特征子集的基数,采用以下目标函数构造第m个分类器：

$$\max P_m \tag{5-15}$$

$$\max \left[1 - \max_{j=1}^{m-1} S_c(p_j, p_m)\right] \tag{5-16}$$

$$\min q_m \tag{5-17}$$

式(5-15)表明希望所设计的第 m 个分类器，具有最优的分类正确率；式(5-16)比较当前分类器与前 $m-1$ 个分类器的相似性，选择使得第 m 个分类器与其他 $m-1$ 个分类器之间具有最大不相似性的特征子集，即互补特征子集，从而最大化分类器的多样性；式(5-17)说明希望选择基数最小的特征子集。从目标函数的定义可以看出，3 个目标之间互相冲突，因此该模型是一个多目标优化问题。

由于多分类器方法是由多个分类器构成，因此需要对分类器的输出结果进行集成，形成最终的分类预测值。MCSBFS 使用多数投票表决实现分类结果的集成，定义 f_n^m 为第 n 个样本在第 m 个二类分类器上的函数决策值，它的预测值表示如式(5-18)所示

$$f_n^m = \begin{cases} 1, & \text{匹配} \\ 2, & \text{不匹配} \end{cases} \tag{5-18}$$

则对于基分类器个数为 M 个（M 为奇数）的多分类器系统，第 n 个样本的集成输出结果如式(5-19)所示

$$\text{class}_n = f_n^1 \oplus f_n^2 \oplus \cdots \oplus f_n^M \tag{5-19}$$

式(5-19)中，$\oplus$ 表示异或运算，即将多数基分类器的输出作为多分类器系统的分类预测值。

5.3.2　方法实现

以上给出了 MCSBFS 方法的模型设计，本节给出基于蚁群算法的方法模型实现。由于 MCSBFS 方法模型是一个多目标优化问题，因此可以采用两种方式求解实现：一种是将多目标优化问题转换为单目标优化问题；另一种是直接作为多目标优化问题求解。针对这两种求解方式，设计两种基于蚁群算法的实现方法。蚁群算法的相关介绍见第 3 章，这里不再赘述。

1. 单目标蚁群算法实现

首先给出 MCSBFS 方法的单目标蚁群算法实现，在给定分类器时，对 MCSBFS 方法模型做如下分析：

（1）在特征子集基数的确定前提下，将式(5-15)与式(5-16)进行加权聚合，转化为单目标优化函数，如式(5-20)所示

$$\max\left\{r_1 P_m + r_2\left[\max_{j=1}^{m-1} S_c(p_j, p_m)\right]\right\} \tag{5-20}$$

其中，r_1 与 r_2 是聚合参数，且有 $r_1 > 0$，$r_2 > 0$，$r_1 + r_2 = 1$。在设计第 m 个分类器的过程中，通过聚合参数控制当前分类器的分类性能与分类器多样性之间的平衡，因此求解式(5-20)的关键在于确定聚合参数的值。由于求解第一个分类器模型时，目标函数式(5-16)并不存在，因此可以直接使用式(5-15)评估特征子集。

（2）式(5-17)的求解关键在于确定分类器的特征子集基数。由于蚁群算法选择特征时需要事先给定特征的个数，另一方面，当特征个数在 1～15 时，分类器能够在分类性能与运算效率之间达到较好平衡。不失一般性，将特征子集基数 q_m 的取值范围限定在 $[1,20]$，确保不丢失边缘解且不会造成高昂的时间开销。

（3）算法在当前的特征子集基数条件下迭代完成后，需要为当前分类器选择较好的特征子集。设定转换后的优化目标式(5-20)的优先级高于式(5-17)，当特征子集基数不同时，优先选择使得目标式(5-20)的值较大的特征子集；当两个特征子集的评估值相等时，选择特征基数较小的特征子集。需要特别说明的是，求解第一个分类器模型时，由于目标函数式(5-16)并不存在，因此当特征子集基数不同时，优先选择使得目标式(5-15)的值较大的特征子集，当两个特征子集的评估值相等时，选择基数较小的特征子集。

综上，基于单目标蚁群算法的 MCSBFS 方法模型实现伪代码描述如表 5-1 所示。

表 5-1　分类器的单目标蚁群算法求解

输入：聚合参数值 r_1 与 r_2，信息素重要程度值 α，启发式信息重要程度值 β，蚂蚁个数 N，蚁群算法最大迭代次数 iter
输出：特征子集 St

1.	**for** $1 \leqslant q_m \leqslant 20$ **do**
2.	初始化蚁群算法信息素矩阵、启发式信息；
3.	**while** ite(当前迭代次数)＜iter **do**
4.	**for** $1 \leqslant$ ant $\leqslant N$ **do**
5.	蚂蚁搜索特征子集；
6.	**end for**
7.	按照分析(1)选择较好的特征子集并更新信息素矩阵；
8.	**end while**
9.	按照分析(3)更新较好特征子集 St；
10.	**end for**

表 5-1 中第 1 行表示当前分类器的特征子集基数，第 2～9 行是在当前特征子集基数确定的条件下，通过单目标蚁群算法搜索满足优化目标的特征子集，第 3～8 行是蚁群算法搜索过程，第 4～6 行是在一次循环中，蚂蚁搜索特征子集的过程，第 7 行是根据分析(1)选择较好特征子集并更新信息素矩阵，第 9 行是根据分析(3)更新当前分类器的特征子集。现对多分类器方法的单目标蚁群算法求解作复杂度分析：设分类器个数为 M，数据特征的规模为 C，每只蚂蚁搜索特征子集的时间为 $O(C^2)$，因此蚁群算法的运行时间为 $O(\text{iter} \times N \times C^2)$，多分类器方法的求解运算时间为 $O(M \times |q_m| \times \text{iter} \times N \times C^2)$。

2. 多目标蚁群算法实现

本节给出 MCSBFS 方法的多目标蚁群算法实现，在给定分类器时，对 MCSBFS 方法的模型分析如下。

（1）在特征子集基数确定的前提下，将式(5-15)与式(5-16)作为多目标优化问题的两个优化目标进行考虑，如式(5-21)所示

$$\max F = (f_1, f_2)^{\mathrm{T}} \tag{5-21}$$

其中，f_1 为目标式(5-15)，f_2 为目标式(5-16)。多目标优化问题的解为帕累托解，帕累托解的个数通常不唯一，因此算法开始前需要设置帕累托档案并指定档案规模，用帕累托档案记

录帕累托解,在算法迭代过程中需要基于帕累托支配关系使用新生成的解更新帕累托档案。与 5.3.2.1 节分析(1)相似,当求解第一个分类器模型时,目标函数式(5-16)并不存在,因此直接通过式(5-15)评估特征子集并进行优劣比较,此时帕累托档案不存在,仅有一个最优解。

(2)对式(5-17)的分析与 5.3.2.1 节分析(2)一致,这里不再赘述。

(3)当完成指定基数条件下特征子集的搜索后,为当前分类器选择特征子集的过程如下:比较帕累托档案中所有解在目标函数 f_1 上的评估值,选择评估值最大的帕累托解(特征子集);若存在多个使得目标函数 f_1 取值最大的帕累托解,比较它们在目标函数 f_2 上的评估值,选择评估值最大的帕累托解,若当前分类器为第一个分类器,则跳过此步;否则,比较它们的特征基数,选择特征基数最小的帕累托解。

这里采用第 2 章提出的基于等效路径更新的两档案多目标蚁群优化作为多目标蚁群算法的具体实现,在给定分类器的前提下,基于多目标蚁群算法实现的 MCSBFS 方法模型求解伪代码如表 5-2 所示。

表 5-2 分类器的多目标蚁群算法求解

输入:帕累托档案规模 Np, 信息素重要程度值 α,启发式信息重要程度值 β,蚂蚁个数 N,蚁群算法最大迭代次数 iter;
输出:特征子集 St

1.	**for** $1 \leqslant q_m \leqslant 20$ **do**
2.	初始化多蚁群算法信息素矩阵、启发式信息以及帕累托档案;
3.	**while** ite$<$iter **do**
4.	**for** $1 \leqslant$ant$\leqslant N$ **do**
5.	蚂蚁搜索特征子集;
6.	**end for**
7.	按照分析(1)更新帕累托档案,同时更新信息素矩阵;
8.	**end while**
9.	按照分析(3)更新较好特征子集 St;
10.	**end for**

与单目标蚁群算法求解实现类似,表 5-2 中第 1 行表示当前分类器的特征子集基数,第 2~9 行是在当前特征子集基数确定的条件下,搜索满足优化目标的特征子集。现对多分类器方法的多目标蚁群算法求解作复杂度分析:设分类器个数为 M,数据特征的规模为 C,每只蚂蚁搜索特征子集的时间为 $O(C^2)$,更新帕累托档案的时间为 $O(Np^2)$,因此蚁群算法的运行时间为 $O(\text{iter} \times N \times Np^2 \times C^2)$,多分类器方法的求解运算时间为 $O(M \times |q_m| \times \text{iter} \times N \times Np^2 \times C^2)$。

5.4 实验与分析

本节验证评估 MCSBFS 方法,首先给出实验数据与对比方法,然后进行测试验证。

5.4.1 实验设置与对比方法

由于实体分辨问题与分类问题在数学模型上是一致的,且论文将实体分辨作为二分类问题,因此仅需使用二分类数据验证实体分辨方法即可。实验采用 10 个标准测试数据集,其中 4 个数据集是第 3 章使用的标准测试数据集,其他 6 个数据集来源于 UCI 网站,10 个数据集的相关信息如表 5-3 所示。

表 5-3　实验数据集信息

数据集	实例规模	特征个数	特征选择范围
BASEHOCK	1993	4862	[1,20]
PCMAC	1943	3289	[1,20]
RELATHE	1427	4322	[1,20]
MADELON	2600	500	[1,20]
IONOSPHERE	351	35	[1,20]
PRDS	182	13	[1,11]
SONAR	208	61	[1,20]
STATLOGHEART	270	14	[1,12]
CLIMATE	540	18	[1,16]
Z-ALIZADEH	303	56	[1,20]

表 5-3 中特征选择范围表示特征子集基数的限定范围,为了防止丢失边缘解,特征个数的下限设置为 1,若原始特征维度大于 20,则上限设定为 20,若小于 20,则上限设定为特征维度减 2(特征中包含类标)。

由于 MCSBFS 方法中包含特征选择和集成学习的思想和技术,为了全面验证方法的有效性和优越性,从特征选择和集成学习两个方面选择 5 个具有代表性的对比算法,即基于蚁群优化的特征选择(Feature Selection Based on Ant Colony Optimization,FSBACO)[3]、信息增益(IG)和 ReliefF、以及集成学习方法 AdaBoost 和随机森林(Random Forest,RF)。FSBACO 方法以查准率和查全率作为特征选择的优化目标,通过加权聚合将其转换为单目标优化问题并采用蚁群算法求解,具有优异的性能表现;IG 和 ReliefF 是常用的特征选择方法,尽管它们独立于分类器选择特征,但具有较强的搜索性能,在实际应用中得到了广泛使用;AdaBoost 和 RF 是具有代表性的两种集成学习算法,AdaBoost 是一种迭代式的集成学习方法,通过调整样本权重逐个训练基分类器,RF 则将特征选择与 Bootstrap 结合,具有较强的鲁棒性和分类性能。

使用分类正确率 P、查准率(Precision)Pr、查全率(Recall)Re 和 $F1$ 作为实验的测量指标。

5.4.2　实验验证与结果分析

由于 MCSBFS 使用多目标蚁群算法和单目标蚁群算法两种方式实现,因此需要对这两种实现方法的性能作比较分析,将采用多目标蚁群算法实现的方法作为 Method-1,采用单目标蚁群算法实现的方法作为 Method-2。

首先分析 Method-1 和 Method-2 方法中基分类器个数的参数敏感性。Method-1 的参数设置如下:$\alpha=1,\beta=2,Q=0.2$,信息素初始浓度 $\tau(0)=100$,迭代次数为 80,帕累托档案规模为 40。除了帕累托档案规模,Method-2 的参数设置与 Method-1 相同,为了使得基分类器具有更好的分类性能,设置 Method-2 中的聚合参数 $r_1=0.6, r_2=0.4$。以 SONAR 为测试数据集,采用支持向量机作为分类器,选择径向基核函数,宽度设置为 0.4,平衡参数为 100,将 20 轮 5 重交叉检验的均值作为输出,在基分类器个数从 3 增加到 41 的情况下,两种方法指标值的变化趋势如图 5-3 所示。

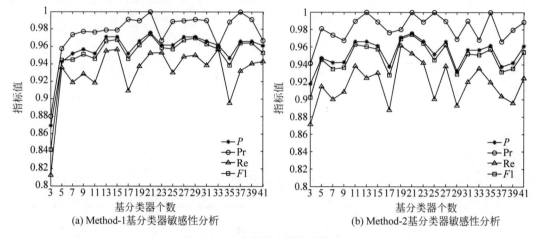

(a) Method-1基分类器敏感性分析   (b) Method-2基分类器敏感性分析

图 5-3 基分类器参数敏感性分析

首先观察 Method-1 的参数敏感性分析图。可以看出,4 个指标值总体呈现先上升后下降的趋势。在基分类器个数为 3 的时候,4 个指标的数值最低,随着基分类器个数的增加,虽然指标值有一定幅度的波动,但其趋势是在不断上升,当基分类器个数达到 21 时,除查全率 Re,其他 3 个指标达到最好。尽管在基分类器个数达到 33 时,查全率 Re 才达到最好,但与分类器为 21 时的 Re 值相比,并未有显著提升。因此当基分类器个数为 21 时,Method-1 方法的综合性能最好。

观察 Method-2 的参数敏感性分析图。与 Method-1 方法相比,Method-2 相关指标的参数敏感性变化趋势并不显著,但可以看出,当基分类器个数同样为 21 时,除查全率 Re 指标外,其他 3 个指标值达到最好。造成两种方法的参数取值一致的原因可能是由于 Method-1 与 Method-2 方法的求解模型一致,实现方式上的差异对多分类器方法的影响要弱于基分类器个数对多分类器方法的影响。

下面对 MCSBFS 方法的性能作比较分析,Method-1 和 Method-2 的参数设置不变,基分类器个数设定为为 21;FSBACO 的参数设置与原文相同;IG 和 ReliefF 方法使用特征选择范围内的最好结果作为输出;AdaBoost 与 RF 方法使用决策树作为分类器,基分类器个数设定为 100。使用 20 轮 5 重交叉检验的均值作为输出,分类器仍然使用支持向量机(参数不变),6 种方法在 4 个指标上的测试结果如表 5-4～表 5-13 所示。

表 5-4 BASEHOCK 数据集实验结果

实验方法	$P/\%$	$Pr/\%$	$Re/\%$	$F1$
Method-1	91.97	86.56	99.39	0.9252
Method-2	82.09	73.73	**99.70**	0.8475
FSBACO	91.12	85.32	99.31	0.9178

续表

实验方法	$P/\%$	$Pr/\%$	$Re/\%$	$F1$
IG	90.82	84.98	99.10	0.9149
ReliefF	89.92	83.77	99.10	0.9077
AdaBoost	**92.73**	**88.72**	97.90	**0.9306**
RF	88.91	86.76	93.73	0.8933

表 5-5 PCMAC 数据集实验结果

实验方法	$P/\%$	$Pr/\%$	$Re/\%$	$F1$
Method-1	**87.85**	81.43	98.58	**0.8915**
Method-2	78.07	70.17	**98.89**	0.8205
FSBACO	87.03	80.24	98.66	0.8846
IG	83.17	75.65	98.28	0.8548
ReliefF	82.66	74.94	98.68	0.8518
AdaBoost	87.65	**85.21**	92.16	0.8828
RF	83.17	80.24	90.75	0.8453

表 5-6 RELATHE 数据集实验结果

实验方法	$P/\%$	$Pr/\%$	$Re/\%$	$F1$
Method-1	76.31	69.83	99.62	0.8209
Method-2	65.24	61.07	**100**	0.7581
FSBACO	76.10	69.68	99.23	0.8180
IG	62.93	59.89	97.57	0.7417
ReliefF	62.93	59.88	97.70	0.7420
AdaBoost	**83.11**	**89.42**	78.28	**0.8347**
RF	59.85	57.80	99.87	0.7300

表 5-7 MADELON 数据集实验结果

实验方法	$P/\%$	$Pr/\%$	$Re/\%$	$F1$
Method-1	**91.81**	**92.23**	**91.33**	**0.9178**
Method-2	91.19	91.56	90.75	0.9112
FSBACO	90.62	92.01	89.00	0.9046
IG	87.96	88.26	87.62	0.8792
ReliefF	88.54	88.97	87.90	0.8841
AdaBoost	59.04	59.03	59.43	0.5916
RF	55.58	59.61	59.79	0.5340

表 5-8 IONOSPHERE 数据集实验结果

实验方法	$P/\%$	$Pr/\%$	$Re/\%$	$F1$
Method-1	**97.72**	**96.59**	**100**	**0.9826**
Method-2	94.29	93.64	98.25	0.9586
FSBACO	96.30	95.11	99.10	0.9703
IG	90.87	89.71	96.66	0.9302
ReliefF	84.90	82.26	97.82	0.8926

续表

实验方法	$P/\%$	$Pr/\%$	$Re/\%$	$F1$
AdaBoost	90.89	89.69	96.89	0.9310
RF	92.88	91.34	98.21	0.9462

表 5-9 PRDS 数据集实验结果

实验方法	$P/\%$	$Pr/\%$	$Re/\%$	$F1$
Method-1	**80.77**	**78.67**	**100**	**0.8788**
Method-2	75.84	74.91	99.20	0.8530
FSBACO	79.61	78.58	98.53	0.8718
IG	70.39	73.77	91.62	0.8143
ReliefF	63.21	70.69	84.03	0.7642
AdaBoost	59.86	69.19	80.25	0.7394
RF	72.54	72.20	**100**	0.8375

表 5-10 SONAR 数据集实验结果

实验方法	$P/\%$	$Pr/\%$	$Re/\%$	$F1$
Method-1	**98.57**	**100**	**97.40**	**0.9865**
Method-2	97.14	98.82	95.02	0.9685
FSBACO	95.68	**100**	90.48	0.9495
IG	81.78	85.40	74.41	0.7880
ReliefF	78.87	80.23	74.27	0.7688
AdaBoost	77.46	79.17	71.41	0.7416
RF	78.79	89.01	64.80	0.7381

表 5-11 STATLOGHEART 数据集实验结果

实验方法	$P/\%$	$Pr/\%$	$Re/\%$	$F1$
Method-1	**89.63**	**90.33**	91.20	**0.9066**
Method-2	86.30	85.94	90.44	0.8796
FSBACO	87.78	86.91	**92.09**	0.8938
IG	81.48	80.76	87.20	0.8376
ReliefF	63.33	66.52	68.09	0.6706
AdaBoost	78.89	80.05	83.00	0.8138
RF	82.96	82.68	88.67	0.8520

表 5-12 CLIMATE 数据集实验结果

实验方法	$P/\%$	$Pr/\%$	$Re/\%$	$F1$
Method-1	**95.37**	**95.18**	**100**	**0.9752**
Method-2	93.52	93.36	**100**	0.9655
FSBACO	95.19	95.14	99.79	0.9740
IG	92.78	93.37	99.20	0.9615
ReliefF	91.11	91.76	99.18	0.9531

续表

实验方法	$P/\%$	$Pr/\%$	$Re/\%$	$F1$
AdaBoost	91.30	93.76	96.97	0.9531
RF	91.85	91.99	99.80	0.9572

表 5-13　Z-ALIZADEH 数据集实验结果

实验方法	$P/\%$	$Pr/\%$	$Re/\%$	$F1$
Method-1	**93.40**	**92.26**	**99.08**	**0.9555**
Method-2	90.10	89.13	98.11	0.9338
FSBACO	91.74	94.71	93.44	0.9403
IG	84.14	88.77	89.31	0.8899
ReliefF	72.91	77.45	87.45	0.8212
AdaBoost	88.13	90.55	92.97	0.9168
RF	85.50	85.86	95.27	0.9023

从两个方面分析表 5-4～表 5-13 中的结果，即两种不同实现方式的性能比较以及 MCSBFS 方法与其他方法的比较。

首先分析两种实现方式的性能差异。通过统计算法提供的最优值可以看出，与单目标蚁群算法实现的 Method-2 相比，多目标蚁群算法实现的 Method-1 在测试数据集上取得了更好的效果。在分类正确率 P、查准率 Pr 和 $F1$ 指标方面，Method-1 在所有测试数据集上均优于 Method-2，而在查全率 Re 指标上，Method-1 在 5 个数据集上优于 Method-2。造成该结果的原因是，Method-2 将模型通过聚合转换为单目标优化问题求解，由于将多目标优化问题转换为单目标优化问题时，算法仅能够搜索帕累托前沿的某一部分，造成其他部分帕累托解的丢失，从而导致无法寻找到较好的帕累托解。

其次，对多目标蚁群算法实现的方法 Method-1 与其他方法的性能作比较分析。可以看出，除了在 PCMAC 数据集的 Re 指标和 SONAR 数据集的 Pr 指标上，Method-1 在所有测试数据上都优于 FSBACO，特别是在 $F1$ 指标上，Method-1 都取得了更高的评估值，说明 Method-1 具有更好的分类性能，可以得出结论，使用互补特征子集能够进一步提高特征信息的利用率，从而提高算法的分类性能。观察 IG 和 ReliefF 方法，一方面，在多数测试数据集上，IG 的分类性能要好于 ReliefF，另一方面，IG 和 ReliefF 的指标值都要低于 Method-1，这说明仅使用特征选择方法无法获得更好的分类效果；同时 IG 和 ReliefF 的分类性能指标值也要低于 FSBACO，该结论表明，独立于分类器的特征选择无法取得更好的分类性能。最后分析集成学习方法 AdaBoost 与 RF，AdaBoost 在 BASEHOCK 和 RELATHE 数据集上的分类结果好于 Method-1，在 PCMAC 数据集上，查准率 Pr 也要好于 Method-1，但是在其他测试数据集上，Method-1 的分类性能好于 AdaBoost，这说明集成学习在能够一定程度上有效提升分类器的分类性能，然而由于 AdaBoost 没有使用特征选择，因此其效果要弱于 Method-1。此外，虽然 RF 结合了抽样和特征选择，但是 Method-1 的分类性能也要优于 RF，表明 Method-1 采用的互补特征子集能够更加有效提升集成分类器的分类性能。

本章小结

为了有效解决当前特征选择方法在高维数据实体分辨问题中特征利用率较低的不足，基于集成学习思想，提出针对高维数据实体分辨的多分类器方法。首先定义分类器性能度量和分类器相似性；然后设计集成分类器，使用分类正确率、特征个数和分类器间的相似性作为优化目标，从而选择互补特征子集并训练分类器，使得每个特征子集在具有较小规模的同时，多个互补特征子集能够有效利用高维数据蕴含的丰富信息。采用多目标蚁群算法和单目标蚁群算法两种方式实现模型，在标准测试数据集上与对比方法的实验结果显示，使用多目标蚁群算法实现的多分类器方法具有优越性。

本章参考文献

[1] 曹建军.基于提升小波包和改进蚁群算法的自行火炮在线诊断研究[D].石家庄：军械工程学院，2008.

[2] Richard O D,Perer E H. Pattern Classification and Scene Analysis[M]. New York：John Willey and Sons,2001：131-132.

[3] 曹建军,刁兴春,杜鹊,等.基于蚁群特征选择的相似重复记录分类检测[J].兵工学报,2010,31(9)：1222-1227.

第6章

高维不平衡数据实体分辨集成学习方法

6.1 引言

第 5 章提出了一种多分类器方法,使用互补特征子集提升了高维数据的特征利用率。然而该方法的应用前提是数据具有较好的分布,数据分布的不平衡会导致学习算法的结果存在偏差。

数据的不平衡问题在实际应用中广泛存在,如故障诊断、癌症检测、网络异常检测和实体分辨等[1-4]。特别是在多数实体分辨的应用场景中都存在数据分布不平衡的情况,即不匹配(不相似)实例个数多于匹配(相似)实例个数,如相似重复记录检测、病人相似度匹配和文档中的共指消解等[5-7]。通常可以使用欠采样、过采样、代价敏感法、单类学习法和特征法等方法解决不平衡数据的分类问题。然而在高维不平衡数据中,高维性进一步增加了不平衡问题的复杂性,导致这些方法都无法有效解决高维不平衡数据的实体分辨问题。

针对高维不平衡数据的实体分辨问题,本章提出一种结合欠采样、特征选择和集成学习的算法,提升算法在高维不平衡数据中的分辨性能和鲁棒性;同时,结合第 3～5 章的研究成果,设计实现高维数据实体分辨系统,验证系统的有效性并分析其性能表现。

6.2 不平衡数据分类度量指标

第 5 章使用分类正确率度量算法的分类性能,但是分类正确率指标难以适用于不平衡数据分类问题。例如当负样本的比例为 99%,正样本的比例为 1% 时,只要分类器能够正确区分负样本,它的分类正确率至少能够达到 99%,这对于更为关注正样本分类性能的应用而言显然是不足的,如在故障诊断、入侵检测、实体分辨中,用户更为关注机械故障、非法入侵、相似重复记录的分类性能。因此,有必要先给出适合度量不平衡数据分类性能的度量指标。

以二分类问题为例,其中正类为少数类,负类为多数类,引入混合矩阵,对真正、真负、假正和假负的定义如表 6-1 所示。

表 6-1 二分类混淆矩阵

真实值	预测值	
	正	负
正	真正(True Positive,TP)	假负(False Negative,FN)
负	假正(False Positive,FP)	真负(True Negative,TN)

真正是将正样本分为正类的样本数;假负是将正样本分为负类的样本数;假正是将负样本分为正类的样本数;真负是将负样本分为负类的样本数。基于表 6-1,定义二类不平衡数据分类度量的相关指标。

真正率(True Positive Rate)的定义如式(6-1)。

$$TP_{rate} = \frac{TP}{TP + FN} \times 100\% \tag{6-1}$$

真正率表示分类器正确将正样本分为正类的比率,真正率又称查全率(Recall)和敏感性(Sensitivity)。

真负率(True Negtive Rate)的定义如式(6-2)。

$$TN_{rate} = \frac{TN}{TN + FP} \times 100\% \tag{6-2}$$

式(6-2)的真负率表示分类器正确将负样本分为负类的比率,又称特异性(Specificity)。

假正率(False Positive Rate)的定义如式(6-3)。

$$FP_{rate} = \frac{FP}{TN + FP} \times 100\% \tag{6-3}$$

式(6-3)的假正率表示分类器将负样本分为正类的比率,假正率又称虚警率、误报率。

假负率(False Negative Rate)的定义如式(6-4)。

$$FN_{rate} = \frac{FP}{TP + FN} \times 100\% \tag{6-4}$$

式(6-4)的假负率表示分类器将正样本分为负类的比率,假负率又称漏诊率、漏报率。

正预测率(Positive Predictive Rate)的定义如式(6-5)。

$$PP_{rate} = \frac{TP}{TP + FP} \times 100\% \tag{6-5}$$

式(6-5)的正预测率表示分类器预测的正类中,真正的正样本所占的比率,正预测率又称查准率(Precision)。

负预测率(Negtive Predictive Rate)定义如式(6-6)。

$$NP_{rate} = \frac{TN}{TN + FN} \times 100\% \tag{6-6}$$

式(6-6)的负预测率表示分类器预测的负类中,真正的负样本所占的比率。

通常,采用 F 指标度量分类器在正类上的分类性能是较为常用的方法,F 指标的计算如式(6-7)。

$$F_\beta = \frac{(1 + \beta^2) \cdot \mathrm{TP}_{\mathrm{rate}} \cdot \mathrm{PP}_{\mathrm{rate}}}{\beta^2 \cdot \mathrm{PP}_{\mathrm{rate}} + \mathrm{TP}_{\mathrm{rate}}} \tag{6-7}$$

式(6-7),F 指标是针对查准率和查全率的一种综合评估方法,其中 β 是由用户设置的相关系数,调整查全率与查准率的重要程度,通常在研究中,设置 $\beta=1$(即 $F1$ 指标)表示查全率和查准率具有同等的重要性。

受试者工作曲线(Receiver Operating Characteristics,ROC)以及曲线下面积(Area Under the ROC Curve,AUC)也是常用的度量指标。ROC 的定义是假正率与真正率的相关曲线,在实际中我们希望假正率的值越小,真正率的值越大越好,因此对应 ROC 曲线向左上方越凸越好,图 6-1 给出三种分类器的 ROC 曲线示例。

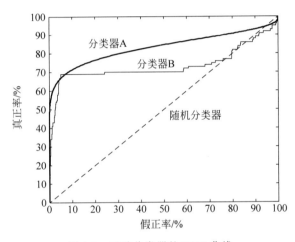

图 6-1　三种分类器的 ROC 曲线

如图 6-1 所示,随机分类器的 ROC 曲线是一条倾斜角度为 45 度的直线,分类器 A 的 ROC 曲线在分类器 B 的 ROC 曲线的上方,因此分类器 A 的分类性能更好。

但是在实际使用中,通过观察 ROC 曲线比较分类性能并不直观,AUC 值就能够很好的解决该问题。AUC 值的定义是 ROC 曲线的下部分面积,AUC 计算方法如式(6-8)。

$$\mathrm{AUC} = \frac{1 + \mathrm{TP}_{\mathrm{rate}} - \mathrm{FP}_{\mathrm{rate}}}{2} \tag{6-8}$$

式(6-8)中,由于 ROC 曲线下部分面积的最大值为 1,因此 AUC 值的取值范围在[0,1]。AUC 值的本质是,随机选择一个正样本和负样本,算法将正样本排在负样本前面的概率就是 AUC 值。另一方面,对随机预测分类器而言,其 ROC 曲线为图中的对角线,它的 AUC 值为 0.5,因此对于非随机分类器而言,其 AUC 值通常在[0.5,1],且 AUC 值越大,分类性能越好。

此外,在不平衡数据分类问题中,几何平均(Geometric Mean,Gmean)指标能够较为合理地度量分类器的分类性能,其计算方法如式(6-9)。

$$\text{Gmean} = \sqrt{\frac{TP}{TP + FN} \times \frac{TN}{TN + NP}}$$ (6-9)

式(6-9)的几何平均通过计算敏感性和特异性的几何平均数,从而能够在评估分类器的分类性能时达到较好的平衡。

6.3 遗传欠采样-多目标蚁群优化特征选择

6.3.1 方法框架

针对高维不平衡数据实体分辨问题,提出遗传欠采样-多目标蚁群优化特征选择(Genetic Under-sampling and Multiobjective Ant Colony Optimization Feature Selection, GU-MOACOFS),方法框架如图 6-2 所示。

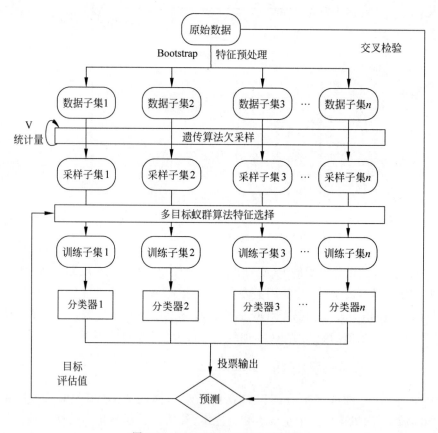

图 6-2　GU-MOACOFS 方法框架

GU-MOACOFS 方法基于 Bagging 的集成学习思想,方法主体由两部分构成,遗传算法欠采样和多目标蚁群算法特征选择。首先,原始数据经过 Bootstrap 抽样生成 n 个数据子集,将 V 统计量作为优化目标,通过遗传算法在每个数据子集上进行欠采样生成抽样子集,当数据的特征维度较高时,先采用对称不确定(Symmetric Uncertainty, SU)进行特征预处理,然后以 $F1$ 和 Gmean 作为优化目标,利用多目标蚁群算法在 n 个抽样子集上进行特征选择并训练分类器,最后经投票表决得出预测值。

与其他相关方法相比,GU-MOACOFS 的优点如下:

(1) GU-MOACOFS 选择基于 Bagging 集成方式,选择 Bagging 集成学习方法主要有两个原因:一方面 Bagging 方法具有内在并行能力,在时间开销上要小于 Boosting 等迭代式集成方法[8];另一方面,在实际应用中,Bagging 也较容易部署[9]。

(2) GU-MOACOFS 采用遗传算法,以提出的 V 统计量作为优化目标,实现独立于分类器的抽样,提高了抽样的效率;GU-MOACOFS 通过先采样后特征选择的过程使得多目标蚁群算法可以充分利用不同采样子集中包含的类分布信息。

(3) 单目标优化技术会造成搜索空间的不完整,GU-MOACOFS 使用多目标蚁群算法,直接利用多目标优化技术同时优化目标,使得算法有能力获得较好解。

(4) 在数据维度较高时,GU-MOACOFS 采用基于 SU 的特征预处理方法先进行特征选择,有效提高了算法处理高维数据的效率。

下面详细介绍 V 统计量、遗传算法欠采样、特征预处理和多目标蚁群算法特征选择。

6.3.2　V 统计量

在不平衡数据问题的研究中,一些统计量被用来表示不平衡数据的复杂性,最常用的统计量是不平衡率(Imbalanced Ratio),即多数类样本个数与少数类样本个数的比值,如式(6-10)所示

$$\text{IR} = \frac{N_{\text{major}}}{N_{\text{minor}}} \qquad (6\text{-}10)$$

式(6-10)中,N_{major} 表示多数类样本个数,N_{minor} 表示少数类样本个数。

然而,通过不平衡率度量不平衡数据的复杂性是不足的,图 6-3 给出了在不平衡率相同的情况下,两种不平衡数据的分布。

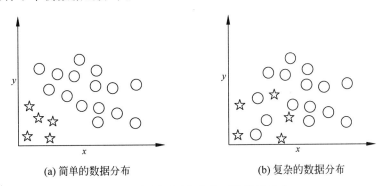

(a) 简单的数据分布　　　　　　　　　　(b) 复杂的数据分布

图 6-3　相同不平衡率的两种数据分布

如图 6-3 所示,尽管两种不平衡数据集的不平衡率相同,但是(a)的分布要比(b)的分布更为简单,即具有较好的决策边界,但是这种不平衡数据内在的分布特性无法通过不平衡率来度量。

Ho、Basu 提出并总结了 12 种度量不平衡数据分布复杂性的指标,并将其分为特征值

重叠度量指标、类可分性度量指标以及几何、拓扑和簇密度度量指标[10]。Luengo 等对这 12 种度量指标进行实验分析并得出结论,最大费舍尔判别(Maximum Fisher's Discriminant)能够较好地反映出数据集的复杂性[11]。最大费舍尔判别的计算如式(6-11)所示

$$
\begin{cases}
\mathrm{fd}(i) = \dfrac{(\mu_{i1} - \mu_{i2})^2}{\delta_{i1}^2 + \delta_{i2}^2} \\
\mathrm{MF} = \max(\mathrm{fd})
\end{cases}
\tag{6-11}
$$

即所有特征的费舍尔判别(费舍尔分值)的最大值,费舍尔判别的定义见 4.4.2 节。

为了综合反映不平衡数据的分布特性,提出结合不平衡率和最大费舍尔判别的 V 统计量,其计算如式(6-12)所示

$$
V = \mathrm{MF}/\mathrm{IR}
\tag{6-12}
$$

V 统计量的值越大,则该数据集的分布特征越好。换言之,我们希望数据集同时具有较小的不平衡率和最大费舍尔判别值,即两类样本的数量较为均衡同时特征具有较好的分类性能。特别说明的是,需要考虑一种极端的情况,若通过某种抽样方法得出的抽样数据集的不平衡率小于 1,即少数类的样本个数多于多数类的样本个数,将不平衡率设定为 1。

6.3.3 遗传欠采样

基于演化算法的欠采样方法是一类重要的数据级方法,在传统研究中,该类方法常常与分类器相结合,将分类性能作为优化目标。但是这种方式存在一些缺点:首先,其采样结果与分类器的关联性较高,没有充分利用样本自身的信息;其次,由于将分类性能作为优化目标,因此其采样过程与分类器的训练过程相关,时间开销较大。GU-MOACOFS 采用基于遗传算法的欠采样(Genetic Algorithm-Based Under-Sampling,GAUS),该方法独立于分类器的训练过程,利用 V 统计量作为优化目标,提高采样的效率,解决传统方法的不足,GAUS 的算法描述如表 6-2 所示。

表 6-2　GAUS 算法伪代码

输入:不平衡数据集,交叉比例 Jc,变异比例 By,变异率 Bl,种群规模 N_g,最大迭代次数 ite_g;
输出:抽样平衡数据集

1.　　对多类样本进行编号,转换为染色体,并初始化染色体;
2.　　**while** 当前迭代次数 itega < ite_g **do**
3.　　　　在染色体之间进行交叉操作;
4.　　　　在生成的新染色体上进行变异操作;
5.　　　　合并选择的多数类样本与全部少数类样本;
6.　　　　利用 V 统计量计算染色体的适应度值;
7.　　　　根据适应度值选择精英个体作为下一代个体父本;
8.　　**end while**
9.　　将最优解染色体转换为样本子集并输出

表 6-2 中第 1 行是对多类样本进行编号并将其转换为染色体,第 2~8 行是利用遗传操作以 V 统计量作为优化目标选择样本子集,第 9 行是将最优解染色体转换为选择的样本子

集并输出。在第3行,遗传算法的交叉操作有多种方法,包括单点交叉、两点交叉和均匀交叉等,GAUS采用常见的单点交叉方法。

6.3.4 多目标蚁群算法特征选择

特征选择是重要的数据预处理方法,通过特征选择能够发现相关特征,提高预测模型的可解释性,减少数据的获取时间和存储空间,同时提高分类器的分类性能。图6-4给出了特征选择的一个观察实例,图(a)是不平衡数据集在三维空间中的样本分布,图(b)显示移除一个噪声特征后该数据集的样本分布。可以看出,移除噪声特征后,数据集的分类决策边界更为清晰。因此特征选择能够有效提高不平衡数据的分类性能。

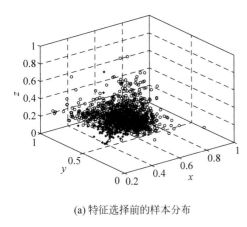
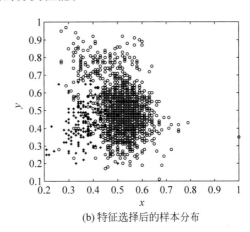

(a) 特征选择前的样本分布   (b) 特征选择后的样本分布

图 6-4 特征选择对样本分布决策边界的影响

在数据集的数据分布较为平衡的情况下,特征选择能够降低分类错误率。但是在不平衡数据中,数据分布的不平衡会导致选择的特征子集偏向于表示多数类样本信息,从而增加分类错误率。因此,为了能够有效利用特征选择的优点,消除不平衡数据的负面影响,GU-MOACOFS 以 F1 和 Gmean 指标作为优化目标,利用多目标蚁群算法选择相关特征。

特征选择是典型的多目标子集问题,多目标蚁群算法在解决该问题方面具有较强的优越性。因此,我们采用第2章提出的基于等效路径更新的两档案多目标蚁群优化算法作为 GU-MOACOFS 算法的重要组成部分,搜索较好特征子集。基于等效路径更新的两档案多目标蚁群优化算法的详细介绍见第2章,这里对其启发式信息计算做详细说明。由于 GU-MOACOFS 采用基于 Bagging 的遗传算法欠采样,因此会生成 n 个采样子集,我们计算每个特征在 n 个采样子集中的费舍尔分值,然后对结果进行合并,作为该特征在多目标蚁群算法中的启发式信息,其计算方法如式(6-13)所示

$$\mathrm{sf}(i) = \sum_{r=1}^{n} \mathrm{fd}_r(i) \qquad (6\text{-}13)$$

式(6-13)中,$\mathrm{fd}_r(i)$ 表示特征 i 在第 r 个采样子集中的费舍尔分值。

GU-MOACOFS 中多目标蚁群算法求解特征子集的伪代码见表 6-3。

表 6-3　多目标蚁群算法求解特征子集伪代码

输入：抽样平衡数据子集,信息素重要程度值 α,启发式信息重要程度值 β,蚂蚁个数 N_m,帕累托档案规模 Np,最大迭代次数 ite_m;

输出：帕累托解(特征子集)

```
1.      初始化帕累托档案,信息素矩阵和启发式信息;
2.      while 当前迭代次数 itemo<ite_m do
3.          每只蚂蚁根据信息素值和启发式信息计算条件转移概率并构建解;
4.          用特征子集构成多组训练子集并训练分类器,得出目标适应度值;
5.          更新帕累托档案;
6.          更新信息素矩阵;
7.      end while
```

表 6-3 中第 1 行是初始化多目标蚁群算法的相关参数,第 2～7 行是算法循环主体,第 3 行是蚂蚁选择路径解,第 4 行是根据优化目标评估蚂蚁生成路径解的适应度值,第 5 行是更新帕累托档案,第 6 行是利用帕累托档案中的解更新信息素矩阵。

6.3.5　特征预处理及算法伪代码描述

由于 V 统计量需要计算每个特征的费舍尔判别,因此当特征维度较高时,通过 V 统计量评估抽样子集将导致高昂的时间开销。SU 是一种基于熵的度量特征相关性的方法,它在大规模数据集的特征选择中具有良好的性能[12]。这里使用 SU 对高维数据进行预处理,降低 GAUS 的运算复杂度。设 x 和 y 是两个随机变量,它们的不确定性如式(6-14)所示

$$H(x) = -\sum P(x_i)\log_2(P(x_i))$$

$$H(x \mid y) = -\sum_i P(y_i)\sum_j P(x_i \mid y_i)\log_2(P(x_i \mid y_i)) \tag{6-14}$$

式(6-14)中,$P(x_i)$ 表示 x 所有取值的先验概率,$P(x_i|y_i)$ 表示给定 y 的前提下,x 的后验概率。在式(6-14)的基础上,可以得出它们的信息增益,如式(6-15)所示

$$G(x \mid y) = H(x) - H(x \mid y) \tag{6-15}$$

式(6-15)表示在给定 y 的前提下,x 的熵损失。容易看出,G 值越大,x 蕴含的信息量越高。为了有效度量变量的信息增益,需要对式(6-15)归一化,如式(6-16)所示

$$S(x,y) = \frac{2G(x \mid y)}{H(x) + H(y)} \tag{6-16}$$

式(6-16)中,S 表示 x 和 y 的对称不确定,其取值范围在 $[0,1]$,$S=1$ 时 x 和 y 完全相关,$S=0$ 时 x 和 y 相互独立。

为了解决 V 统计量在面对高维数据时的缺点,在原始数据上先使用 SU 进行特征预处理,再运行 GAUS 和多目标蚁群算法,通过这种方式,可以减少 GAUS 和多目标蚁群算法的时间开销(例如,在维度为 2000 的数据集上选择 20 个特征的时间开销,通常要大于从维度为 100 的数据集上选择 20 个特征的时间开销)。式(6-16)计算对称不确定的方法仅针对单个特征变量 y,特征 f_i 与所有类别 c 的相关性可以采用式(6-17)计算

$$Fs(f_i, c) = \frac{S(f_i \mid c)}{\sum_j S(f_j \mid c)} \tag{6-17}$$

式(6-17)中，$i \neq j$，一个特征 f_i 与所有类别 c 的相关性越高，则它的 Fs 值越大。

下面给出描述 GU-MOACOFS 的伪代码，并分析方法的时间复杂度，GU-MOACOFS 方法的伪代码如表 6-4 所示。

表 6-4　GU-MOACOFS 算法伪代码

输入：不平衡数据集，数据子集个数 n，特征预处理阈值 nf，信息素重要程度值 α，启发式信息重要程度
值 β，蚂蚁个数 N_m，帕累托档案规模 Np，多目标蚁群算法最大迭代次数 ite_m，交叉比例 Jc，变异
比例 By，变异率 B1，染色体种群规模 N_g，GAUS 最大迭代次数 ite_g；
输出：特征子集

1.	**if** 数据的维度 $C >$ nf **do**
2.	采用 SU 进行特征预处理，选择前 nf 个特征构造新的数据；
3.	**end if**
4.	使用 Bootstrap 对原始数据进行抽样，生成 n 组数据子集；
5.	**for** 数据子集 $i = 1:n$ **do**
6.	采用 GAUS 生成对应的抽样子集；
7.	**end for**
8.	利用多目标蚁群算法搜索特征子集；
9.	按照用户偏好从帕累托解中选择最终解

表 6-4 中第 1~3 行是判断数据集的特征维度是否超过设定阈值，若超过则采用 SU 进行预处理，第 4 行是通过 Bootstrap 生成抽样数据子集，第 5~7 行是使用 GAUS 对每个数据子集进行抽样，第 8 行是使用多目标蚁群算法选择特征子集，第 9 行是从特征子集中按照需要选择一个帕累托解作为最终解。现对 GU-MOACOFS 的算法复杂度做分析，设数据子集的个数为 n，数据的维度是 C，Bootstrap 抽样的时间复杂度为 $O(n)$，GU 交叉与变异的时间复杂度为 $O(\text{N\_g})$，GU 采用 V 统计量评估抽样子集的时间耗费为 $O(C)$，因此采用 GU 对 n 组数据子集抽样的时间开销为 $O(n \times \text{ite\_g} \times \text{N\_g} \times C)$。在多目标蚁群算法中，为蚂蚁搜索可行路径是最耗时的部分，其复杂度为 $O(\text{ite\_m} \times \text{N\_m} \times C^2)$，因此算法的总体时间复杂度为 $O(n \times \text{ite\_g} \times \text{N\_g} \times C + \text{ite\_m} \times \text{N\_m} \times C^2)$。

6.4　实验与分析

6.4.1　实验数据与评估指标

如 5.4 节所述，由于实体分辨问题与二分类问题在数学模型上是一致的，因此可以使用二分类数据对算法进行测试。这里采用 14 个二分类数据，包含 10 个低维数据和 4 个高维数据。10 个低维数据来源于网站 http://www.keel.es/datasets.php，4 个高维数据 DLBCL、CNS、GLI85 和 COLON 来源于网站 http://featureselection.asu.edu/datasets.php，数据集的信息如表 6-5 所示，其中特征规模表示 GU-MOACOFS 选择的特征子集基数，加粗

部分表示分布较为不平衡的数据集(不平衡率大于 10)。

表 6-5　实验数据集信息

数据集	样本个数	特征个数	不平衡率	特征规模
GLASS4	214	9	15.4615	5
ECOLI01VS5	240	6	11.0000	4
YEAST4	1484	8	11.0000	4
ECOLI0146VS5	280	6	13.0000	4
YEAST2VS8	482	8	23.1000	5
ECOLI0347VS56	257	7	9.2800	5
VEHICLE0	846	18	3.2513	15
ECOLI01VS235	244	7	9.1667	5
YEAST05679VS4	528	8	9.3529	5
ECOLI067VS35	222	7	9.0909	4
DLBCL	59	7129	1.5000	14
CENTRAL NERVOUS(CNS)	60	7129	1.8571	15
GLI85	85	22283	2.2692	10
COLON	62	2000	1.8182	20

实验使用 $F1$ 指标、几何平均 Gmean、曲线下面积 AUC 和分类正确率 P 度量算法的分类性能,如前所述,尽管使用 P 指标度量不平衡数据的分类性能是不足的,但是它能够在一定程度上反映出分类器的分类性能。为了公平比较,在 4 个高维数据上进行实验时,先采用 SU 进行特征预处理,对比算法均在预处理后的训练数据上进行操作。

6.4.2　遗传欠采样分析

首先分析遗传欠采样 GAUS 的性能,采用随机过采样 ROS、随机欠采样 RUS 以及合成少数类过采样技术 SMOTE 作为对比算法。GAUS 的参数设置如下,最大迭代次数为 200,种群规模 80,交叉比例 0.7,变异比例 0.3,变异率 0.25。使用 20 次 5 重交叉检验,分类器为支持向量机,选择径向基核函数,宽度设置为 0.4,平衡参数为 100,4 种对比方法的测试结果如表 6-6～表 6-9 所示。

表 6-6　GAUS 方法的 $F1$ 指标值

数据集	ROS	RUS	SMOTE	GAUS
GLASS4	0.5661±0.2017	0.4949±0.1757	**0.5926±0.1732**	0.5558±0.1141
ECOLI01VS5	0.6314±0.1943	0.6181±0.1980	0.6389±0.1992	**0.6717±0.1475**
YEAST4	0.2170±0.0783	0.1974±0.0699	**0.3634±0.1331**	0.2564±0.0851
ECOLI0146VS5	0.5256±0.0631	0.4797±0.0559	0.7177±0.2037	**0.7267±0.1862**
YEAST2VS8	0.5077±0.2104	**0.5825±0.2378**	**0.5825±0.2378**	**0.5825±0.2378**

续表

数据集	ROS	RUS	SMOTE	GAUS
ECOLI0347VS56	0.7302±0.1025	0.6561±0.2537	0.6733±0.1324	**0.8592±0.0950**
VEHICLE0	0.9201±0.0215	**0.9329±0.0213**	0.9259±0.0133	0.9204±0.0139
ECOLI01VS235	0.6641±0.0252	0.6001±0.0809	0.6880±0.1319	**0.7154±0.0825**
YEAST05679VS4	0.4078±0.0642	0.4125±0.5555	0.4647±0.0262	**0.5239±0.0573**
ECOLI067VS35	0.6295±0.0831	0.4307±0.1398	0.6587±0.1599	**0.6933±0.1321**
DLBCL	0.5648±0.1326	0.5558±0.1175	0.5775±0.1575	**0.6407±0.2025**
CNS	0.4616±0.0783	0.5135±0.1529	0.4871±0.2377	**0.5282±0.1627**
GLI85	0.4624±0.1640	0.5219±0.1707	0.4996±0.2042	**0.5572±0.1733**
COLON	0.6721±0.1108	0.6469±0.1108	0.7286±0.1121	**0.7472±0.0769**

表 6-7　GAUS 方法的 Gmean 指标值

数据集	ROS	RUS	SMOTE	GAUS
GLASS4	**0.8787±0.1136**	0.8685±0.1101	0.8661±0.1079	0.8335±0.1255
ECOLI01VS5	0.8310±0.1401	0.8796±0.0724	0.8313±0.1638	**0.8909±0.0761**
YEAST4	0.7519±0.0727	0.7523±0.0794	0.6744±0.0612	**0.7569±0.0610**
ECOLI0146VS5	0.8607±0.1147	0.8661±0.0900	**0.8892±0.1101**	0.8681±0.1184
YEAST2VS8	0.6442±0.1807	**0.6467±0.1827**	**0.6467±0.1827**	**0.6467±0.1827**
ECOLI0347VS56	0.9214±0.0647	0.8828±0.1028	0.8397±0.0967	**0.9382±0.0605**
VEHICLE0	0.9537±0.0145	0.9602±0.0242	**0.9653±0.0167**	0.9591±0.0097
ECOLI01VS235	0.8226±0.0983	0.8563±0.0720	0.8240±0.1173	**0.8588±0.0862**
YEAST05679VS4	0.8109±0.0690	0.8278±0.0675	0.8127±0.0596	**0.8453±0.0422**
ECOLI067VS35	0.8356±0.0947	0.7743±0.0578	0.8431±0.0983	**0.8471±0.0960**
DLBCL	**0.5638±0.1882**	0.5239±0.1584	0.2794±0.2703	0.1650±0.1273
CNS	0.4438±0.0952	**0.5160±0.1217**	0.4099±0.1298	0.3308±0.2130
GLI85	0.1333±0.1853	0.1650±0.1289	0.3132±0.1238	**0.5395±0.1309**
COLON	0.7669±0.0918	0.7489±0.0853	0.8081±0.0930	**0.8268±0.0425**

表 6-8　GAUS 方法的 AUC 指标值

数据集	ROS	RUS	SMOTE	GAUS
GLASS4	**0.8872±0.0993**	0.8784±0.0978	0.8770±0.1230	0.8457±0.1124
ECOLI01VS5	0.8496±0.1390	0.8839±0.0694	0.8521±0.1315	**0.8952±0.0720**
YEAST4	0.7602±0.0653	0.7582±0.0726	0.7192±0.0405	**0.7682±0.0532**
ECOLI0146VS5	0.8678±0.1072	0.8705±0.0865	**0.8966±0.1205**	0.8775±0.1088
YEAST2VS8	0.7183±0.1121	**0.7215±0.1144**	**0.7215±0.1144**	**0.7215±0.1144**
ECOLI0347VS56	0.9246±0.0614	0.8861±0.1395	0.8514±0.0834	**0.9415±0.0661**
VEHICLE0	0.9541±0.0140	0.9608±0.0236	0.9656±0.0165	**0.9593±0.0096**

续表

数据集	ROS	RUS	SMOTE	GAUS
ECOLI01VS235	0.8401 ± 0.0827	0.8624 ± 0.0662	0.8380 ± 0.1035	$\mathbf{0.8662\pm0.0780}$
YEAST05679VS4	0.8134 ± 0.0687	0.8326 ± 0.0677	0.8180 ± 0.0504	$\mathbf{0.8484\pm0.0383}$
ECOLI067VS35	0.8467 ± 0.0809	0.7858 ± 0.0484	0.8547 ± 0.0849	$\mathbf{0.8596\pm0.0814}$
DLBCL	$\mathbf{0.5956\pm0.1605}$	0.5697 ± 0.1378	0.4854 ± 0.0860	0.5043 ± 0.0829
CNS	0.4657 ± 0.1013	$\mathbf{0.5624\pm0.0835}$	0.4887 ± 0.1415	0.5186 ± 0.0731
GLI85	0.5226 ± 0.0327	0.5653 ± 0.1460	0.5393 ± 0.1379	$\mathbf{0.6387\pm0.0965}$
COLON	0.7742 ± 0.0896	0.7592 ± 0.0866	0.8300 ± 0.0737	$\mathbf{0.8392\pm0.0404}$

表 6-9　GAUS 方法的 P 指标值

数据集	ROS	RUS	SMOTE	GAUS
GLASS4	0.9116 ± 0.0303	0.8651 ± 0.0624	$\mathbf{0.9255\pm0.0255}$	0.9116 ± 0.0303
ECOLI01VS5	0.9333 ± 0.0271	0.9125 ± 0.0401	$\mathbf{0.9375\pm0.0147}$	0.9333 ± 0.0271
YEAST4	0.8532 ± 0.0210	0.8283 ± 0.0288	$\mathbf{0.9482\pm0.0173}$	0.8855 ± 0.0192
ECOLI0146VS5	0.8892 ± 0.0233	0.8607 ± 0.0196	0.9428 ± 0.0196	$\mathbf{0.9500\pm0.0387}$
YEAST2VS8	0.9689 ± 0.0242	$\mathbf{0.9752\pm0.0208}$	$\mathbf{0.9752\pm0.0208}$	$\mathbf{0.9752\pm0.0208}$
ECOLI0347VS56	0.9414 ± 0.0196	0.8707 ± 0.1097	0.9295 ± 0.0383	$\mathbf{0.9726\pm0.0176}$
VEHICLE0	0.9657 ± 0.0098	0.9716 ± 0.0088	$\mathbf{0.9669\pm0.0088}$	0.9645 ± 0.0094
ECOLI01VS235	0.9102 ± 0.0398	0.8612 ± 0.0566	$\mathbf{0.9184\pm0.0456}$	$\mathbf{0.9184\pm0.0456}$
YEAST05679VS4	0.8117 ± 0.0568	0.8059 ± 0.0536	0.8631 ± 0.0308	$\mathbf{0.8840\pm0.0321}$
ECOLI067VS35	0.9240 ± 0.0202	0.8126 ± 0.0948	0.9375 ± 0.0095	$\mathbf{0.9465\pm0.0119}$
DLBCL	$\mathbf{0.5667\pm0.1674}$	0.5318 ± 0.1397	0.4955 ± 0.1689	0.5136 ± 0.2336
CNS	0.4667 ± 0.0950	$\mathbf{0.5833\pm0.0589}$	0.4500 ± 0.1828	0.4333 ± 0.1490
GLI85	0.3411 ± 0.1464	0.4000 ± 0.2544	0.4706 ± 0.1715	$\mathbf{0.5177\pm0.1578}$
COLON	0.7795 ± 0.0739	0.7487 ± 0.0460	0.7667 ± 0.1067	$\mathbf{0.8128\pm0.0401}$

　　从低维数据和高维数据两方面进行分析,首先分析算法在低维数据上的性能表现。统计 4 个算法在测试指标上取得最好结果的数据集个数,在 $F1$ 指标上,GAUS、SMOTE 和 RUS 分别在 7 个、3 个和 2 个数据集上取得了最好值;在 Gmean 指标上,GAUS 在 7 个数据集,SMOTE 在 3 个数据集,ROS 和 RUS 分别在 1 个数据集上提供了最好结果;在 AUC 指标上,GAUS 在 8 个数据集上取得最优结果,SMOTE 在 2 个数据集上提供了最好值,ROS 和 RUS 分别在 GLASS4 和 YEAST2VS8 数据集上取得最好值;在 P 指标上,GAUS 在 6 个数据集上的表现优于其他对比算法,SMOTE 也在 6 个数据集上提供了最好值,RUS 仅在 YEAST2VS8 数据集上取得最优结果。从统计结果可以看出,由于采样过程的不确定性,导致 RUS 和 ROS 的性能要弱于其他方法。其次,虽然欠采样方法会造成多数类信息的丢失,过采样方法会导致过拟合,但是从仿真结果可以看出 RUS 方法要好于 ROS 方法,这说明欠采样方法在一定程度上要好于过采样方法。最后,可以看出,GAUS 的性能要好于 SMOTE 的性能,这是由于 SMOTE 算法仅利用了训练样本的距离信息,而 GAUS 以 V 统

计量作为评估准则,在选择多数类样本时充分考虑了样本特征的分类性能和样本分布信息,因此能够获得分类性能更好的采样子集。

下面分析算法在 4 个高维数据上的仿真结果。在 $F1$ 指标上,GAUS 在 4 个数据集上都取得了较好的结果;在 Gmean 指标上,GAUS 在 GLI85 和 COLON 数据集上取得了较好的结果,ROS 和 RUS 分别在 DLBCL 与 CNS 数据集上取得了较好的效果;在 AUC 指标上,ROS 和 RUS 同样分别在 DLBCL 与 CNS 数据集上取得了较好的效果,在其他 2 个数据集上,GAUS 要优于其他对比方法;在 P 指标上,ROS 与 RUS 仍然分别在 DLBCL 和 CNS 数据集上取得最好值,而在 GLI85 与 COLON 数据集上,GAUS 的性能更为优越。从高维数据集上的结果来看,GAUS 的综合性能要优于其他对比算法,这是由于在数据维度较高时,采用 SU 进行特征预处理,减少了不相关和噪声特征的影响,虽然 4 种方法均是在经过特征预处理的训练数据集上进行采样,但只有基于 V 统计量的 GAUS 能够充分利用训练样本所含信息,从而获得较好的采样子集,提高了分类性能。

最后我们分析在 5 个分布较为不平衡的数据中(不平衡率大于 10),GAUS 的性能表现。在 $F1$,Gmean 和 AUC 指标上,GAUS 分别提供了 3 个最优值,而在 P 指标上,GAUS 提供了 2 个最优值,SMOTE 提供了 3 个最优值,这说明 GAUS 能够更加有效解决数据分布较为不平衡的分类问题。

此外,通过算法在 4 个指标上的性能表现可以发现,GAUS 能够在 $F1$、Gmean 和 AUC 指标中提供多数较好的结果,而在 P 指标中性能表现较弱,这说明 GAUS 能够较好解决数据不平衡带来的影响,也表明 P 指标不适用于不平衡数据分类问题。

6.4.3　算法分析

本节对 GU-MOACOFS 算法的性能作比较分析。对比算法采用自适应合成抽样算法 ADASYN、RUSBoost、支持向量机递归特征消除(Support Vector Machine Recursive Feature Elimination,SVM-RFE)、最小冗余最大相关(Minimal Redundancy Maximal Relevance,MRMR)、实例选择特征选择多目标演化算法(Instance Select Feature Select Multiobjective Evolutionary Algorithm,IS+FS-MOEA)和 SYMON[13-16]。其中 ADASYN 和 RUSBoost 是常用不平衡数据抽样方法;由于 GU-MOACOFS 采用多目标蚁群算法选择较好的特征子集,因此这里使用性能优越的特征选择方法 SVM-RFE 和 MRMR 作为比较;IS+FS-MOEA 通过非支配遗传算法Ⅱ同时选择实例与特征,SYMON 是针对高维不平衡数据分类提出的基于和声搜索优化算法特征选择方法。

GU-MOACOFS 的参数设置如下,GAUS 的参数设置与 6.4.2 节相同,Boostrap 生成的数据子集个数 $n=21$,多目标蚁群算法的迭代次数为 200,信息素重要程度 $\alpha=1$,启发式信息重要程度 $\beta=1$,帕累托档案规模设置为 60,蚂蚁个数为 30,信息素挥发系数 $\rho=0.1$。使用支持向量机分类器,参数保持不变,其他算法的参数设置与原论文设置一致,采用 20 次 5 重交叉检验,7 种方法的测试结果如表 6-10~表 6-13 所示。

表 6-10   GU-MOACOFS 方法的 $F1$ 指标值

数据集	ADASYN	RUSBOOST	SVM-RFE	MRMR	IS+FS-MOEA	SYMON	GU-MOACOFS
GLASS4	0.7072 ± 0.1908	0.5997 ± 0.2428	0.3881 ± 0.1402	0.2527 ± 0.1208	0.7255± 0.0750	0.7933 ± 0.1251	**0.8102±0.1283**
ECOLI 01VS5	0.7981 ± 0.1833	0.8278 ± 0.1135	0.7238 ± 0.0599	0.7732 ± 0.0672	0.7975± 0.1522	0.8967 ± 0.1007	**0.9152±0.0444**
YEAST4	0.3187 ± 0.0462	0.3061 ± 0.1186	0.3276 ± 0.0850	0.3270 ± 0.0597	0.3228± 0.0933	0.3413 ± 0.0430	**0.4473±0.1083**
ECOLI 0146VS5	0.5963 ± 0.1183	0.6117 ± 0.1029	0.7239 ± 0.0681	0.7767 ± 0.0812	0.7289± 0.1979	**0.8918 ± 0.1043**	0.8592±0.0951
YEAST 2VS8	0.3082 ± 0.2921	0.4538 ± 0.2205	0.6736 ± 0.0829	0.6925 ± 0.0881	0.5733± 0.1588	**0.7267 ± 0.1862**	0.6804±0.1478
ECOLI 0347VS56	0.7311 ± 0.1675	0.7695 ± 0.0850	0.7897 ± 0.0582	0.7233 ± 0.0573	0.9044± 0.0928	0.8095 ± 0.1429	**0.9481±0.0485**
VEHICLE0	0.9195 ± 0.0216	0.8348 ± 0.0501	0.9325 ± 0.0115	0.9319 ± 0.0131	0.9075± 0.0469	0.9401 ± 0.0284	**0.9429±0.0209**
ECOLI 01VS235	0.7056 ± 0.0796	0.7621 ± 0.1177	0.7233 ± 0.0758	0.6982 ± 0.0740	0.7982± 0.1610	0.8406 ± 0.1468	**0.8512±0.1192**
YEAST 05679VS4	0.5069 ± 0.0899	0.4823 ± 0.0681	0.4051 ± 0.0904	0.3992 ± 0.0819	0.5456± 0.1168	0.5035 ± 0.1374	**0.5755±0.1212**
ECOLI 067VS35	0.7029 ± 0.1002	0.6096 ± 0.1137	0.7661 ± 0.0809	0.7534 ± 0.0827	0.7819± 0.1449	0.8025 ± 0.0850	**0.8306±0.0553**
DLBCL	0.5374 ± 0.1294	0.5333 ± 0.1960	0.4796 ± 0.0599	0.5241 ± 0.0674	0.8232± 0.1040	0.8272 ± 0.0856	**0.9256±0.0059**
CNS	0.4824 ± 0.1737	0.4833 ± 0.1628	0.5351 ± 0.0425	0.4406 ± 0.0835	0.8123± 0.1696	0.8499 ± 0.0621	**0.8853±0.0573**
GLI85	0.5431 ± 0.1535	0.7293 ± 0.1456	0.4268 ± 0.1090	0.6686 ± 0.0806	0.9448± 0.0719	0.9017 ± 0.0641	**0.9765±0.0122**
COLON	0.7551 ± 0.1678	0.6351 ± 0.1975	0.7144 ± 0.0771	0.6158 ± 0.0713	0.9034± 0.0620	0.7816 ± 0.1394	**0.9664±0.0162**

表 6-11   GU-MOACOFS 方法的 Gmean 指标值

数据集	ADASYN	RUSBOOST	SVM-RFE	MRMR	IS+FS-MOEA	SYMON	GU-MOACOFS
GLASS4	0.8974 ± 0.1006	0.8446 ± 0.1894	0.8971 ± 0.1078	0.8475 ± 0.1067	0.9482± 0.0384	0.9609 ± 0.0600	**0.9848±0.0144**
ECOLI 01VS5	0.9364 ± 0.0586	0.8738 ± 0.0827	0.8292 ± 0.0468	0.8590 ± 0.0513	0.9771± 0.0159	0.9188 ± 0.0942	**0.9804±0.0180**
YEAST4	0.8578 ± 0.0369	0.7902 ± 0.0597	0.8762 ± 0.0328	0.8770 ± 0.0379	0.8667± 0.0591	0.8514 ± 0.0840	**0.8910±0.0733**
ECOLI 0146VS5	0.8940 ± 0.1053	0.8628 ± 0.0852	0.8210 ± 0.0539	0.8518 ± 0.0585	0.9170± 0.0539	0.9008 ± 0.0935	**0.9693±0.0126**

续表

数据集	ADASYN	RUSBOOST	SVM-RFE	MRMR	IS+FS-MOEA	SYMON	GU-MOACOFS
YEAST 2VS8	0.7560 ± 0.1580	0.7716 ± 0.1548	0.7407 ± 0.0737	0.7478 ± 0.0715	0.6357± 0.1255	0.7616 ± 0.1579	**0.8354±0.1100**
ECOLI 0347VS56	0.9245 ± 0.0542	0.9237 ± 0.0569	0.8534 ± 0.0501	0.7867 ± 0.0442	**0.9844± 0.0149**	0.8494 ± 0.1063	0.9044±0.0928
VEHICLE0	0.9583 ± 0.0169	0.9191 ± 0.0235	0.9535 ± 0.0092	0.9536 ± 0.0105	0.9643± 0.0130	0.9710 ± 0.0150	**0.9797±0.0085**
ECOLI 01VS235	0.8897 ± 0.1099	0.8688 ± 0.0748	0.8284 ± 0.0558	0.7781 ± 0.0588	**0.9724± 0.0224**	0.8808 ± 0.1092	0.9428±0.0436
YEAST 05679VS4	0.8141 ± 0.0538	0.8042 ± 0.0780	0.7933 ± 0.0770	0.7950 ± 0.0342	0.8246± 0.0292	0.7893 ± 0.0978	**0.8284±0.1004**
ECOLI 067VS35	0.9180 ± 0.1002	0.8274 ± 0.0905	0.8239 ± 0.0548	0.8204 ± 0.0617	0.8832± 0.1088	0.8544 ± 0.1033	**0.9371±0.0596**
DLBCL	0.5072 ± 0.1376	0.5646 ± 0.1601	0.4545 ± 0.0816	0.5510 ± 0.0702	0.7450± 0.1422	0.8356 ± 0.0609	**0.9110±0.0158**
CNS	0.3692 ± 0.1679	0.5797 ± 0.1374	0.5721 ± 0.0217	0.4955 ± 0.0391	0.7059± 0.1822	0.8755 ± 0.0555	**0.9251±0.0169**
GLI85	0.1447 ± 0.3237	0.8135 ± 0.1178	0.6238 ± 0.0993	0.7534 ± 0.0702	0.9642± 0.0497	0.9494 ± 0.0370	**0.9765±0.0122**
COLON	0.8116 ± 0.1221	0.7309 ± 0.1650	0.7856 ± 0.0625	0.7042 ± 0.0524	0.8876± 0.0658	0.8332 ± 0.1108	**0.9677±0.0244**

表 6-12 GU-MOACOFS 方法的 AUC 指标值

数据集	ADASYN	RUSBOOST	SVM-RFE	MRMR	IS+FS-MOEA	SYMON	GU-MOACOFS
GLASS4	0.9023 ± 0.0948	0.8594 ± 0.1345	0.9040 ± 0.0154	0.8527 ± 0.1445	0.9496± 0.0368	0.9624 ± 0.0568	**0.9850±0.0142**
ECOLI 01VS5	0.9393 ± 0.0550	0.8827 ± 0.0747	0.8480 ± 0.0385	0.8741 ± 0.0441	0.9775± 0.0154	0.9252 ± 0.0842	**0.9812±0.0164**
YEAST4	0.8588 ± 0.0361	0.7955 ± 0.0543	0.8772 ± 0.0336	0.8778 ± 0.0383	0.8676± 0.0587	0.8560 ± 0.0777	**0.8948±0.0686**
ECOLI 0146VS5	0.8985 ± 0.0989	0.8713 ± 0.0784	0.8438 ± 0.0430	0.8681 ± 0.0473	0.9213± 0.0448	0.9100 ± 0.0825	**0.9705±0.0202**
YEAST 2VS8	0.7706 ± 0.1490	0.7981 ± 0.1267	0.7834 ± 0.0537	0.7907 ± 0.0541	0.7083± 0.0833	0.8000 ± 0.1264	**0.8525±0.0940**
ECOLI 0347VS56	0.9254 ± 0.0542	0.9247 ± 0.0560	0.8701 ± 0.0402	0.8147 ± 0.0343	**0.9846± 0.0147**	0.8646 ± 0.0914	0.9756±0.0186
VEHICLE0	0.9585 ± 0.0168	0.9193 ± 0.0236	0.9541 ± 0.0089	0.9542 ± 0.0102	0.9646± 0.0128	0.9711 ± 0.0149	**0.9798±0.0085**

数据集	ADASYN	RUSBOOST	SVM-RFE	MRMR	IS+FS-MOEA	SYMON	GU-MOACOFS
ECOLI 01VS235	0.8984 ± 0.0933	0.8772 ± 0.0688	0.8470 ± 0.0461	0.8070 ± 0.0463	**0.9730± 0.0218**	0.8957 ± 0.1001	0.9460±0.0493
YEAST 05679VS4	0.8155 ± 0.0523	0.8108 ± 0.0658	0.7971 ± 0.0758	0.7967 ± 0.0324	0.8278± 0.0298	0.7997 ± 0.0865	**0.8375±0.0941**
ECOLI 067VS35	0.9203 ± 0.0562	0.8396 ± 0.0769	0.8472 ± 0.0451	0.8442 ± 0.0484	0.8962± 0.1004	0.8693 ± 0.0875	**0.9399±0.0562**
DLBCL	0.5727 ± 0.1217	0.5971 ± 0.1587	0.5283 ± 0.0779	0.5765 ± 0.0687	0.8341± 0.1578	0.8489 ± 0.0519	**0.9151±0.0144**
CNS	0.5891 ± 0.1274	0.6014 ± 0.1309	0.5901 ± 0.0295	0.5689 ± 0.0319	0.8164± 0.1880	0.8811 ± 0.0537	**0.9280±0.0157**
GLI85	0.5452 ± 0.1012	0.8235 ± 0.1116	0.6426 ± 0.0087	0.7701 ± 0.0630	0.9658± 0.0467	0.9512 ± 0.0353	**0.9765±0.0122**
COLON	0.8245 ± 0.1093	0.7498 ± 0.1521	0.7978 ± 0.0561	0.7245 ± 0.0478	0.9289± 0.0354	0.8482 ± 0.0945	**0.9691±0.0226**

表 6-13　GU-MOACOFS 方法的 P 指标值

数据集	ADASYN	RUSBOOST	SVM-RFE	MRMR	IS+FS-MOEA	SYMON	GU-MOACOFS
GLASS4	0.9298 ± 0.0406	0.9114 ± 0.0553	0.9062 ± 0.0368	0.8075 ± 0.0878	0.9393± 0.0206	0.9718 ± 0.0197	**0.9721±0.0255**
ECOLI 01VS5	0.9625 ± 0.0309	0.9625 ± 0.0309	0.9571 ± 0.0095	0.9644 ± 0.0129	0.9583± 0.0295	0.9792 ± 0.0208	**0.9917±0.0014**
YEAST4	0.8638 ± 0.0140	0.8694 ± 0.0213	0.8699 ± 0.0183	0.8712 ± 0.0178	0.8761± 0.0205	0.8794 ± 0.0215	**0.9461±0.0114**
ECOLI 0146VS5	0.9214 ± 0.0324	0.9321 ± 0.0149	0.9653 ± 0.0094	0.9718 ± 0.0096	0.9393± 0.0505	**0.9857 ± 0.0140**	0.9786±0.0149
YEAST 2VS8	0.8366 ± 0.0839	0.9355 ± 0.0372	0.9771 ± 0.0060	0.9794 ± 0.0075	0.9792± 0.0074	**0.9855 ± 0.0093**	0.9731±0.0118
ECOLI 0347VS56	0.9151 ± 0.0482	0.9419 ± 0.0273	0.9620 ± 0.0110	0.9529 ± 0.0147	0.9729± 0.0259	0.9686 ± 0.0224	**0.9882±0.0105**
VEHICLE0	0.9610 ± 0.0089	0.9172 ± 0.0152	0.9682 ± 0.0052	0.9678 ± 0.0058	0.9539± 0.0210	0.9717 ± 0.0134	**0.9728±0.0067**
ECOLI 01VS235	0.9219 ± 0.0088	0.9589 ± 0.0143	0.9490 ± 0.0121	0.9492 ± 0.0096	0.9508± 0.0399	0.9714 ± 0.0310	**0.9755±0.0171**
YEAST 05679VS4	0.8257 ± 0.0313	0.8599 ± 0.0305	0.8258 ± 0.0363	0.8182 ± 0.0331	0.8784± 0.0548	0.8748 ± 0.0311	**0.8845±0.0337**
ECOLI 067VS35	0.9281 ± 0.0242	0.9147 ± 0.0293	0.9562 ± 0.0167	0.9539 ± 0.0159	0.8888± 0.0993	**0.9686 ± 0.0124**	0.9640±0.0199
DLBCL	0.4985 ± 0.1389	0.5727 ± 0.1374	0.4924 ± 0.0607	0.5668 ± 0.0716	0.8181± 0.1578	0.8329 ± 0.0650	**0.9334±0.0289**
CNS	0.5394 ± 0.1503	0.6000 ± 0.1294	0.5958 ± 0.0344	0.5396 ± 0.0251	0.7889± 0.1279	0.8710 ± 0.0534	**0.9292±0.0250**

续表

数据集	ADASYN	RUSBOOST	SVM-RFE	MRMR	IS+FS-MOEA	SYMON	GU-MOACOFS
GLI85	0.4706 ± 0.2121	0.8259 ± 0.1080	0.6353 ± 0.0824	0.7784 ± 0.0580	0.9634± 0.0481	0.9412 ± 0.0416	**0.9765±0.0122**
COLON	0.8406 ± 0.0949	0.7664 ± 0.1337	0.8032 ± 0.0570	0.7201 ± 0.0488	0.9060± 0.0858	0.8579 ± 0.0877	**0.9667±0.0256**

仍然从低维数据和高维数据两个方面对算法进行比较分析。

首先,分析在低维数据集上的仿真结果。在 $F1$ 指标上,GU-MOACOFS 在 8 个数据集上取得了最好的结果,而 SYMON 仅在 ECOLI0146VS5 和 YEAST2VS8 等 2 个数据集上取得了较好的结果。在 Gmean 指标上,GU-MOACOFS 同样在 8 个数据集上取得了最好值,而在 ECOLI0347VS56 以及 ECOLI01VS235 数据集上,IS+FS-MOEA 则提供了最优的结果。在 AUC 指标上,除了在 ECOLI0347VS56 以及 ECOLI01VS235 数据集上,IS+FS-MOEA 取得了最好值外,GU-MOACOFS 在其余 8 个数据集上均获得了最好结果。在 P 指标上,GU-MOACOFS 在 7 个数据集上提供了最好值,SYMON 在 ECOLI067VS35、ECOLI0146VS5 与 YEAST2VS8 等 3 个数据集上取得了最好结果。从上述统计结果可以看出,传统的特征选择方法 SVM-RFE 与 MRMR 以及传统的采样方法 ADASYN 与 RUSBoost 能够在一定程度上解决数据不平衡带来的影响。与仅采用特征选择的 SYMON 算法相比,同时采用实例选择与特征选择的 IS+FS-MOEA 的性能表现更好,这说明将采样策略与特征选择相结合能够增强算法的性能。GU-MOACOFS 在 4 个指标上的表现都要优于其他对比算法,说明结合集成学习、采样策略与特征选择能够进一步增强算法的性能,这与集成学习能够在一定程度上提高算法性能的结论一致。

其次,分析 7 个算法在高维数据上的仿真结果。从 4 个指标的结果来看,GU-MOACOFS 在全部高维不平衡数据集上取得了最优值,IS+FS-MOEA 在 GLI85 和 COLON 数据集上好于 SYMON,SYMON 则在 DLBCL 和 CNS 上好于 IS+FS-MOEA。而传统采样方法 ADASYN、RUSBoost 和传统特征选择方法 SVM-RFE、MRMR 都无法有效解决高维不平衡数据分类问题,这是由于数据的高维性进一步增加了不平衡问题的复杂性,采样方法仅能解决数据的不平衡问题,特征选择只能解决数据的高维性问题,它们都无法同时解决高维性与分布不平衡问题。尽管 SYMON 是针对高维不平衡数据分类问题提出的算法,但实验表明在高维数据集上 SYMON 方法的性能并未显著好于 IS+FS-MOEA 方法,结合低维数据集的实验结果,说明同时使用采样策略与特征选择能够获得较好的分类性能,而集成学习能够进一步提高算法的综合性能,因此结合集成学习、采样策略与特征选择的 GU-MOACOFS 方法能够更有效地解决高维不平衡数据分类问题。

再次,分析在 5 个分布较为不平衡的数据中(不平衡率大于 10),GU-MOACOFS 的性能表现。在 $F1$ 和 P 指标上,算法提供了 3 个最优值,SYMON 提供了其他 2 个最优值,而在 Gmean 和 AUC 指标上,算法提供了全部 5 个最优值,这说明在多数数据分布较为不平衡的分类问题中,GU-MOACOFS 具有较好的性能,即 GU-MOACOFS 能够更加有效解决数据分布极端不平衡的分类问题。

最后,分析一个有趣的情况。在表 6-11 的 Gmean 指标与表 6-12 的 AUC 指标上,我们用下画线标出了 3 个指标值,它们对应 2 个低维数据集 ECOLI0347VS56 和 YEAST05679VS4,而 GAUS 在这两个数据集上的仿真结果要好于 GU-MOACOFS。这表明虽然 GU-MOACOFS 能够在多数测试条件下获得较好值,但是在某些测试环境中,采用特征选择可能会降低算法的性能。造成该情况的原因可能是由于某些低维数据集的特征相关性较强,即冗余度较低,导致特征选择移除了相关特征,造成算法性能下降。因此,在实际使用中,需要根据数据集的实际情况决定是否使用特征选择。

6.5 综合验证

第 4～6 章分别提出了基于多目标蚁群优化的稳定特征选择、解决高维数据实体分辨的多分类器系统以及针对高维不平衡数据实体分辨的遗传欠采样-多目标蚁群优化特征选择方法。为了解决高维数据实体分辨问题,本节将基于以上方法,设计实现高维数据实体分辨系统,并进行测试验证。高维数据实体分辨系统融合基于多目标蚁群优化的稳定特征选择和基于特征选择的多分类器系统,构成基于稳定特征选择的集成实体分辨方法 EER,将基于多目标蚁群优化的稳定特征选择与遗传欠采样-多目标蚁群优化特征选择方法进行集成,构成基于稳定特征选择的不平衡数据集成实体分辨方法 IER,高维数据实体分辨系统的构成如图 6-5 所示。

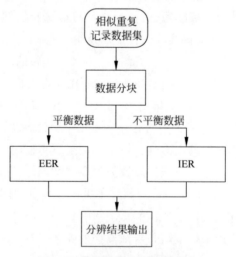

图 6-5 高维数据实体分辨系统

如图 6-5 所示,首先采用分块方法将待分辨的相似重复记录数据集进行分块,降低分辨的时间复杂度,然后根据块内数据的分布情况,在相似重复记录与不相似重复记录分布较为平衡的条件下选择 EER 方法进行分辨,若为不平衡分布,则采用 IER 方法完成分辨。在本节的综合实验中,由于需要控制相似重复记录与不相似重复记录的比例来验证 EER 和 IER 的性能,因此这里不使用数据分块。

下面分别描述 EER 方法与 IER 方法,EER 方法的框架如图 6-6 所示。

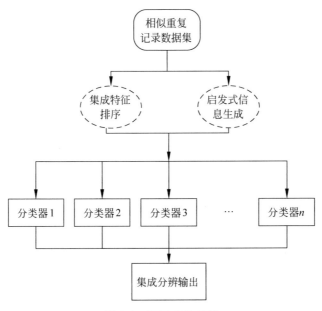

图 6-6 EER 方法框架

如图 6-6 所示,与第 5 章设计的基于特征选择的多分类器方法相比,EER 方法的区别主要体现在将多目标蚁群算法直接替换为第 4 章提出的基于多目标蚁群优化的稳定特征选择,其中集成特征排序和启发式信息生成见 4.4 节。由于 IER 方法本身包含了数据的采样,因此为了使用基于多目标蚁群优化的稳定特征选择,需要在采样数据上进行集成特征排序与启发式信息生成,基于该思路,IER 方法框架如图 6-7 所示。

图 6-7 中,IER 方法需要利用采样子集生成指导信息,而指导信息又包含特征选择稳定性信息和蚁群算法的启发式信息,其生成方式如图 6-8 所示。

在指导信息生成中,特征选择稳定性信息和蚁群算法的启发式信息生成均使用采样子集,而基于多目标蚁群优化的稳定特征选择是利用 Bootstrap 对数据进行抽样生成,由于采样子集的生成是基于 Bootstrap 方法,因此这里无须再次使用该方法。

6.5.1 实验数据与评估指标

本节介绍实验数据与使用的评估指标,第 4～6 章的实验使用二分类数据作为测试数据集,本节使用 4 个典型的实体分辨数据作为测试数据集,包括系统人员信息数据 XTRY、手写体识别数据 GISETTE、病人相似度数据 ARCENE 以及人脸分辨数据 YALE。其中系统人员信息数据 XTRY 来源于某信息系统人员信息表,包含 14 个特征,即 3 个字符型、9 个枚举型和 2 个日期型特征,这里使用曹建军等提出的方法处理该数据,生成相似重复记录和不相似重复记录[17]。手写体识别数据 GISETTE 来源于 UCI 数据集,包含 5000 个特征,是对易混淆的手写体"4"和"9"进行分类的数据,我们将来自同一类的两条数据相减,生成相似重复记录,对来自不同类的两条数据相减,生成不相似重复记录。病人相似度数据

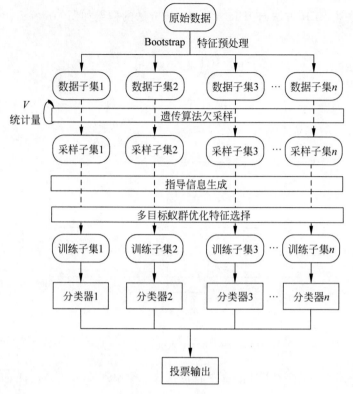

图 6-7　IER 方法框架

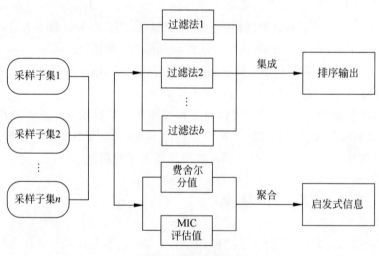

图 6-8　指导信息生成

ARCENE 来源于 UCI 数据集,包含 10000 个特征,该数据集有 2 类数据,患癌病人实例和健康人实例,我们采用对 GISETTE 数据的处理方式生成相似重复记录和不相似重复记录。人脸分辨数据 YALE 来源于网站 http://jundongl. github. io/scikit-feature/datasets.html,包含 1024 个特征,是 15 个人的 11 种不同类型的面部特征数据,我们仍然按照对 GISETTE 数据处理方式生成相似重复记录和不相似重复记录,实验数据集的相关信息如表 6-14 所示。

表 6-14　综合实验数据相关信息

数据集	特征个数	相似重复记录	不相似重复记录
XTRY	14	200	300
GISETTE	5000	3500	3500
ARCENE	10000	200	300
YALE	1024	6500	6500

实验使用扩展昆彻瓦指标作为稳定性度量指标，使用分类正确率 P、F1、曲线下面积 AUC、几何平均 Gmean、查准率 Pr 和查全率 Re 作为分辨的性能指标。

6.5.2　实验与分析

为了评估特征选择稳定性对系统产生的影响，将 EER 和 IER 与不包含特征选择稳定性的 EER-NS 和 IER-NS 方法进行对比。采用 20 轮 5 重交叉检验，分类器为支持向量机，选择径向基核函数，宽度设置为 0.4，平衡参数为 100，相似重复记录占全部分辨记录对的比例设置从 1%～20%，EER 和 EER-NS 方法的参数设置与 4.4 节实验相同，IER 和 IER-NS 方法的参数设置与 6.4 节实验相同，IER 和 IER-NS 选择特征的个数如下：在 XTRY 数据集上选择 5 个特征，在 GISETTE、ARCENE 和 YALE 数据集上均选择 10 个特征。4 种方法的特征选择稳定性如图 6-9 所示，其中 EER 和 EER-NS 方法的稳定性指标值是通过所有分类器上特征子集的并集计算得出。

从图 6-9 中可以看出，在 4 个测试数据集上，EER 和 IER 的稳定性均要好于 EER-NS 和 IER-NS，说明了基于多目标蚁群优化的稳定特征选择方法的有效性。此外，从图中可以发现，EER 在 XTRY 上的稳定性趋近于 1，说明 EER 能够在多数测试条件下搜索到相关特征，同时表明 XTRY 数据的特征冗余度较低；在 GISETTE 和 YALE 数据集上，EER 和 IER 的稳定性随着相似重复记录比例的增加而上升，表明样本数的增加能够提高特征选择稳定性；而在 ARCENE 上，EER 和 IER 的稳定性随着相似重复记录比例的增加呈现先上升再下降的趋势，说明该数据集的特征冗余度较高，增加样本数会提高算法选择冗余特征的概率。

下面分析 4 种方法在使用分类正确率 P、F1、曲线下面积 AUC、几何平均 Gmean、查准率 Pr 和查全率 Re 指标上的变化情况，如图 6-10～图 6-15 所示。

首先，分析 EER 和 IER 方法在指标上的变化趋势。从分类正确率 P 上可以看出，EER 的指标值要好于 IER，这是由于 EER 以分类正确率为优化目标，但该指标无法度量相似重复记录样本的分类情况；其次，在 XTRY、GISETTE 和 YALE 数据集上，4 种方法的指标值随着相似重复记录比例的增加呈现出一定的下降趋势，这表明相似重复记录样本的增加提高了分类的复杂性。

分析 F1 指标值的变化趋势，在 XERY 数据集上，当相似重复记录比例小于 10% 时，IER 好于 EER 方法，在 GISETTE 数据集上，当相似重复记录比例大于 2% 时，EER 要好于 IER 方法，而在 ARCENE 数据集上，当相似重复记录比例大于 3% 时，EER 要好于 IER 方法，但是在 YALE 数据集上，当相似重复记录比例大于 1% 时，EER 普遍好于 IER。可以得出结论，在数据分布极端不平衡的条件下，IER 方法的 F1 值要优于 EER 方法。

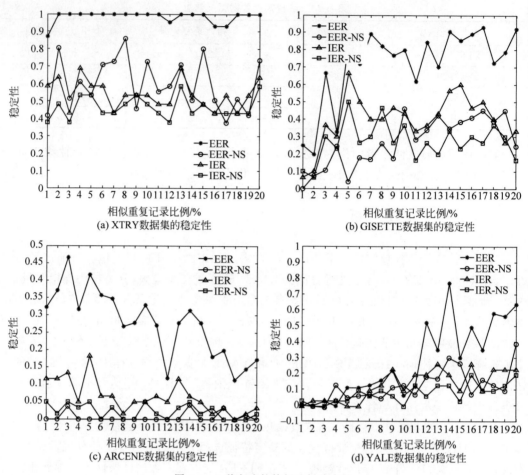

图 6-9　4 种方法的特征选择稳定性

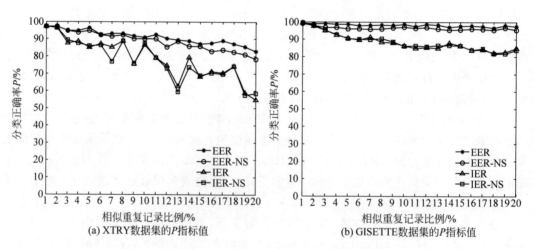

图 6-10　4 种方法的分类正确率 P 指标值

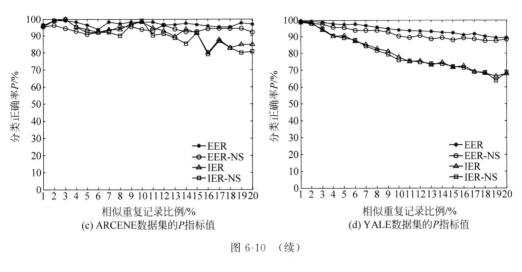

图 6-10 （续）

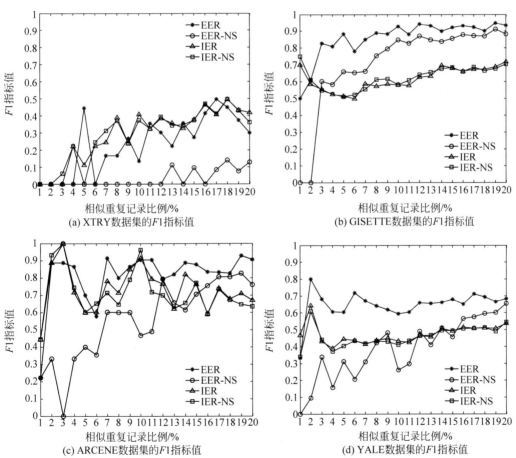

图 6-11 4 种方法的 F1 指标值

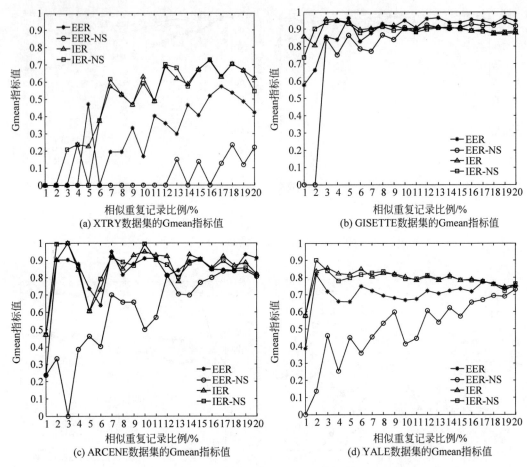

图 6-12　4 种方法的 Gmean 指标值

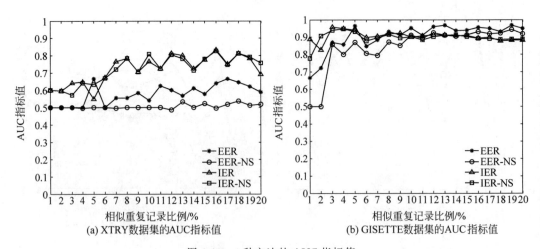

图 6-13　4 种方法的 AUC 指标值

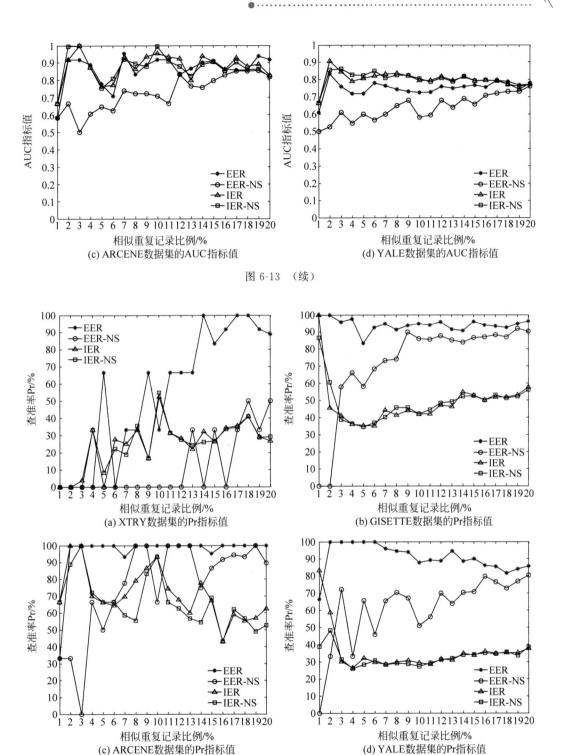

图 6-13　（续）

图 6-14　4 种方法的查准率 Pr 指标值

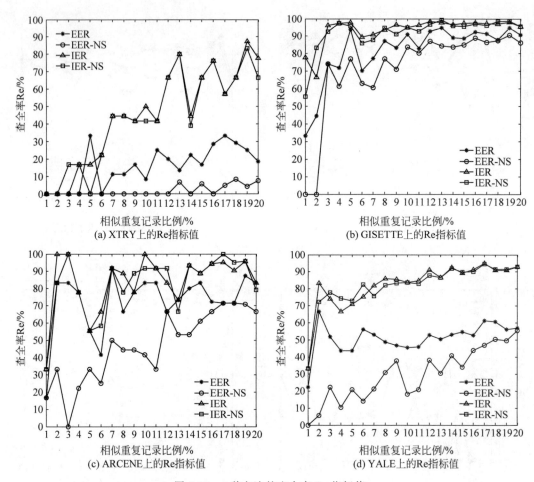

图 6-15　4 种方法的查全率 Re 指标值

观察 Gmean 指标值,在 XTRY 数据集上,IER 优于 EER,而在 GISETTE 数据集上,当相似重复记录比例小于 7% 时,IER 好于 EER,在 ARCENE 数据集上,IER 在多数情况下优于 EER 方法,在 YALE 数据集上,当相似重复记录比例小于 17% 时,IER 方法的 Gmean 值高于 EER 方法。从 Gmean 指标值的变化趋势上可以看出,在一些测试条件下,IER 方法要普遍优于 EER 方法,而在某些测试环境中,在数据分布较为不平衡的条件下,IER 优于 EER。因此在数据分布不平衡时,使用 IER 方法更为合适。

在 AUC 测试指标中,在 XTRY 数据集上,IER 仍然优于 EER,在 GISETTE 数据集上,当相似重复记录比例小于 5% 时,IER 好于 EER,而在 ARCENE 数据集上,当相似重复记录比例小于 12% 时,IER 方法优于 EER 方法,在 YALE 数据集上,当相似重复记录比例小于 17% 时,IER 方法好于 EER 方法。综上,可以得出与 Gmean 指标测试结果相似的结论,IER 方法更为合适数据分布不平衡的情况。

从查准率 Pr 指标中可以看出,在多数测试数据集上,EER 方法要好于 IER 方法,而从查全率 Re 指标中可以发现,IER 方法在多数测试条件下优于 EER 方法,该结论表明,IER 方法的查全率更好,而 EER 具有较好的查准率。

下面分析 EER 与 EER-NS 以及 IER 与 IER-NS 在测试指标上的性能表现。通过观察可以看出,考虑特征选择稳定性的 EER 和 IER 方法在多数测试条件下分别优于 EER-NS 和 IER-NS,表明所提的方法在提高特征选择稳定性的同时也能够在一定程度上提高算法的分辨性能,这与第 3 章的实验结论基本一致。

综上,通过在典型的实体分辨测试数据集上的实验,可以得出以下结论:

(1) 本书设计的高维数据实体分辨系统能够有效解决高维数据实体分辨问题;

(2) 考虑特征选择稳定性的分类算法,能够在提高特征选择稳定性的同时提升算法的分类性能;

(3) 在数据分布不平衡的条件下,IER 方法要优于 EER 方法。

本章小结

数据的不平衡分布问题在实际工程应用中特别是在实体分辨中广泛存在。传统学习方法的应用前提是数据集的平衡分布,数据分布的不平衡会导致传统方法性能下降或无法使用,而高维性进一步增加了不平衡分布的复杂性。为了解决高维不平衡数据的实体分辨问题,提出结合集成学习、进化欠采样与多目标特征选择的遗传欠采样-多目标蚁群优化特征选择。通过集成学习生成多个数据子集;提出 V 统计量并作为遗传算法的优化目标,在多个数据子集上进行欠采样,生成平衡抽样子集;然后采用多目标蚁群算法进行特征选择。经过实验分析,该方法能够有效解决不平衡数据实体分辨问题,在高维不平衡数据上具有显著的优越性。

最后,结合第 3~5 章提出的方法,设计并实现了高维数据实体分辨系统,在典型的实体分辨数据集上进行实验,结论表明该系统能有效解决高维数据实体分辨问题,同时也验证了提高特征选择稳定性能够进一步提升分辨性能。

本章参考文献

[1]　Guo H X,Li Y J,Shang J,et al. Learning from Class-Imbalanced Data:Review of Methods and Applications[J]. Expert Systems with Applications,2017,73:220-239.

[2]　Fernández A,Del Rio S,Chawla N V,et al. An Insight into Imbalanced Big Data Classification:Outcomes and Challenges[J]. Complex and Intelligent Systems,2017,3(2):105-120.

[3]　Krawczyk B. Learning from Imbalanced Data:Open Challenges and Future Directions[J]. Progress in AI,2016,5(4):221-232.

[4]　Branco P,Torgo L,Ribeiro R P. A Survey of Predictive Modeling on Imbalanced Domains[J]. ACM Computing Surveys,2016,49(2):31:1-31:50.

[5]　Dou C X,Wang R,Sun D,et al. Efficient Density-Based Blocking for Record Matching[C]. Proceedings of the 21st International Database Engineering & Applications Symposium,Bristol,UK,Jul. 12-14,2017:118-126.

[6]　Miller T,Dligach D,Bethard S,et al. Towards Generalizable Entity-Centric Clinical Coreference Resolution[J]. Journal of Biomedical Informatics,2017,69:251-258.

[7]　Marchant N G,Rubinstein B I P. In Search of an Entity Resolution OASIS:Optimal Asymptotic

Sequential Importance Sampling[J]. Proceedings of the VLDB Endowment,2017,10(11): 1322-1333.

[8] López V,Fernández A,García S,et al. An Insight into Classification with Imbalanced Data: Empirical Results and Current Trends on Using Data Intrinsic Characteristics[J]. Information Sciences,2013, 250: 113-141.

[9] Dai H L. Imbalanced Protein Data Classification Using Ensemble FTM-SVM[J]. IEEE Transactions on Nanobioscience,2015,14(4): 350-359.

[10] Ho T K,Basu M. Complexity Measures of Supervised Classification Problems[J]. IEEE Transactions on Pattern Analysis and Machine Intelligence,2002,24(3): 289-300.

[11] Luengo J,Fernández A, García S, et al. Addressing Data Complexity for Imbalanced Data Sets: Analysis of SMOTE-based Oversampling and Evolutionary Undersampling[J]. Soft Computing, 2011,15(10): 1909-1936.

[12] Ruiz R,Riquelme J C,Aguilar-Ruiz J S,et al. Fast Feature Selection Aimed at High-Dimensional Data via Hybrid-sequential-Ranked Searches[J]. Expert Systems with Applications,2012,39(12): 11094-11102.

[13] He H,Bai Y,Garcia E A,et al. ADASYN: Adaptive Synthetic Sampling Approach for Imbalanced Learning[C]. Proceedings of the 2008 IEEE International Joint Conference on Computational Intelligence,Hong Kong,China,Jun. 1-8,2008: 1322-1328.

[14] Moayedikia A,Ong K-L,Boo Y L,et al. Feature Selection for High Dimensional Imbalanced Class Data Using Harmony Search[J]. Engineering Application of Artificial Intelligence,2017,57(C): 38-49.

[15] Du L M,Xu Y,Zhu H. Feature Selection for Multi-Class Imbalanced Data Sets Based on Genetic Algorithm[J]. Annals of Data Science,2015,2(3): 293-300.

[16] Seiffert C,Khoshgoftaar T M,Hulse J V,et al. RUSBoost: A Hybrid Approach to Alleviating Class Imbalance[J]. IEEE Transactions on Systems,Man,and Cybernetics,Part A,2010,40(1): 185-197.

[17] 曹建军,刁兴春,杜鹢,等. 基于蚁群特征选择的相似重复记录分类检测[J]. 兵工学报,2010,31(9): 1222-1227.

第7章

基于增强相似度数据空间转换的机构别名挖掘

7.1 引言

因机构的合并、重组等引起的机构名称的更改,以及一些机构为了达到某一目的,同时使用两个及以上不同的名称,这些对应同一机构实体的不同名称之间互为机构别名,简称机构别名。机构别名在表现形式上往往差别较大,且无规则可循,采用姓名别名挖掘的字符串匹配方法以及分辨机构名称全称和简称的基于规则的方法、基于统计的方法等均不能有效实现该类机构别名的挖掘。但通过对现有文献记录数据分析发现,在不同的时机场合,同一作者在发表论文时,往往会使用其所在机构的不同名称。基于这一事实,本章采用文献记录中的机构名称、作者以及二者之间的隶属关系信息,提出了一种基于增强相似度数据空间转换的机构别名挖掘(Enhanced Similarity and Data Space Transformation Based Organization Alias Mining,ES-DST-OAM)方法。该方法根据文献记录中的机构名称与作者之间的隶属关系,构造机构-作者二部图;计算机构名称间的增强相似度;依据增强相似度矩阵进行集合型-数值型数据空间的转换;再根据转换后的数值型数据,计算机构名称之间的余弦相似度,实现机构别名挖掘。

7.2 机构-作者二部图构造

本节根据文献记录中机构名称与作者间的隶属关系,构造如图 7-1 所示的机构-作者二部图 $G=(V,E)$。其中,V 为顶点的集合,$V=A \cup O$,且 $A \cap O=\varnothing$,$A=\{a_k \mid k=1,2,\cdots,m\}$ 为作者集合,a_k 代表第 k 个作者的姓名,$O=\{o_i \mid i=1,2,\cdots,n\}$ 为机构名称的集合,o_i 代表第 i 个机构名称,$m=|A|$,$n=|O|$,分别为集合 A,O 的基;E 为边的集合,$E=\{\langle o_i, a_k \rangle \mid o_i \in O, a_k \in A, \langle o_i, a_k \rangle \in p(o_i, a_k)\}$,$p(o_i, a_k)$ 表示 o_i 和 a_k 之间存在隶属关系。

由于同一机构实体别名的存在,同一作者在不同的时机场合发表论文时,往往会使用其所在机构的不同名称,势必会造成同一作者所署名的机构名称不同,因此,可根据互为别名的机构名称之间的共同作者集合进行机构别名挖掘。假设图 7-1 中的隶属关系已全部列出,则互为别名的机构对$\langle o_i, o_j \rangle$对应的共同作者集合为$\{a_2, a_3, a_4, a_k\}$,对应的子二部图如图 7-2 所示。

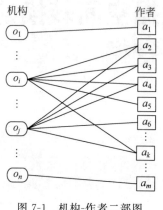

图 7-1　机构-作者二部图

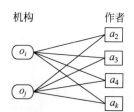

图 7-2　机构别名对$\langle o_i, o_j \rangle$的子二部图

对机构-作者二部图中的任意两个机构名称对$\langle o_i, o_j \rangle$($0 < i, j \leqslant n, i \neq j$,且 i, j, n 均是正整数),若 o_i 和 o_j 互为机构别名,则它们一定对应一个一定规模的共同作者集合。将机构名称表示成其对应作者的集合,记 A_i 和 A_j 分别为隶属于机构名称 o_i 和 o_j 的作者集合,将 o_i 和 o_j 的相似度 $s_{ij}(o_i, o_j)$ 定义为 A_i 和 A_j 的相似度,即

$$s_{ij}(o_i, o_j) = s_{ij}(A_i, A_j) \tag{7-1}$$

式(7-1)中,$0 \leqslant s_{ij}(o_i, o_j) \leqslant 1$,$o_i$ 和 o_j 互为别名当且仅当 $s_{ij}(o_i, o_j) > \delta$,$\delta$ 为阈值,且 $0 < \delta < 1$。

7.3　作者集合间的增强相似度计算

针对不同类型的数据,有不同的相似度度量指标,如度量集合间相似度的指标有 Jaccard 相似度、谷元距离等;度量数值型数据间相似度的指标有余弦相似度、欧氏距离、海明距离等;度量字符串间相似度的指标有编辑距离、Levenshtein 距离及其各种改进距离、最大公共子串距离等。谷元距离是常用的度量集合间相似度的指标,而余弦相似度是常用的度量数值型数据间相似度的指标,下面分别给出他们的定义。

定义 7-1　谷元距离(Tanimoto Distance)[1]　对于两个非空有限集合 A_i, A_j,则 A_i, A_j 之间的谷元距离为

$$T(A_i, A_j) = 1 - \frac{|A_i| + |A_j| - 2|A_i \cap A_j|}{|A_i| + |A_j| - |A_i \cap A_j|} \tag{7-2}$$

式(7-2)中,$|A_i|$,$|A_j|$,$|A_i \cap A_j|$ 分别为集合 A_i, A_j 及 $A_i \cap A_j$ 的基。

从谷元距离的定义可知,对于两个不均衡的集合,即两个集合的基数差别较大,谷元距

离值会很小。若集合大小参差不齐,就会造成用谷元距离度量两个集合间的相似度不准确。观察机构名称及其对应作者集合发现,有些互为机构别名的两个名称对应的作者集合规模差别很大,一个名称对应的集合中的元素个数数以千万记,而另一个则只有几十个甚至几个,这就造成使用谷元距离度量两者间的相似度值太小,机构别名挖掘效果较差。因此,本节对适用于机构别名挖掘的增强相似度进行定义,在给出增强相似度的定义之前,先给出有向相似度的定义。

定义 7-2　有向相似度(Directed Similarity) 对于两个非空有限集合 A_i,A_j,则 A_i 到 A_j 的有向相似度为

$$D(A_i,A_j) = \frac{|A_i \cap A_j|}{|A_j|} \tag{7-3}$$

A_j 到 A_i 的有向相似度为

$$D(A_j,A_i) = \frac{|A_i \cap A_j|}{|A_i|} \tag{7-4}$$

根据两集合间的有向相似度,下面给出增强相似度的定义。

定义 7-3　增强相似度(Enhanced Similarity) 对于两个非空有限集合 A_i,A_j,$D(A_i,A_j)$ 和 $D(A_j,A_i)$ 为分别为 A_i 到 A_j、A_j 到 A_i 的有向相似度,则 A_i,A_j 间的增强相似度为

$$E(A_i,A_j) = \max\{D(A_i,A_j),D(A_j,A_i)\} = \frac{|A_i \cap A_j|}{\min\{|A_i|,|A_j|\}} \tag{7-5}$$

为进一步说明增强相似度较谷元距离的优越性,下面给出定理 7-1 并进行证明。

定理 7-1 已知 A_i,A_j 为两个非空有限集合,$E(A_i,A_j)$ 和 $T(A_i,A_j)$ 分别为 A_i,A_j 间的增强相似度和谷元距离,则必有 $E(A_i,A_j) \geqslant T(A_i,A_j)$。

证明: 因为 $|A_i \cap A_j| \leqslant |A_j|$

所以 $0 \leqslant |A_j| - |A_i \cap A_j|$

即 $|A_i| \leqslant |A_i| + |A_j| - |A_i \cap A_j|$

同理可得,$|A_j| \leqslant |A_i| + |A_j| - |A_i \cap A_j|$

所以 $\min\{|A_i|,|A_j|\} \leqslant |A_i| + |A_j| - |A_i \cap A_j|$

因为 A_i,A_j 为两个非空有限集合,则 $|A_i| > 0$,$|A_j| > 0$

所以 $\min\{|A_i|,|A_j|\} > 0$

故有 $\dfrac{1}{\min\{|A_i|,|A_j|\}} \geqslant \dfrac{1}{|A_i| + |A_j| - |A_i \cap A_j|}$

又因为 $|A_i \cap A_j| \geqslant 0$

所以 $\dfrac{|A_i \cap A_j|}{\min\{|A_i|,|A_j|\}} \geqslant \dfrac{|A_i \cap A_j|}{|A_i| + |A_j| - |A_i \cap A_j|}$

已知 $E(A_i,A_j)$ 为 A_i,A_j 间的增强相似度,则

$$E(A_i,A_j) = \frac{|A_i \cap A_j|}{\min\{|A_i|,|A_j|\}}$$

即 $E(A_i,A_j) \geqslant \dfrac{|A_i \cap A_j|}{|A_i| + |A_j| - |A_i \cap A_j|}$

$$E(A_i, A_j) \geqslant 1 - \frac{|A_i| + |A_j| - 2|A_i \cap A_j|}{|A_i| + |A_j| - |A_i \cap A_j|}$$

又已知 $T(A_i, A_j)$ 为 A_i, A_j 间的谷元距离,则

$$T(A_i, A_j) = 1 - \frac{|A_i| + |A_j| - 2|A_i \cap A_j|}{|A_i| + |A_j| - |A_i \cap A_j|}$$

所以 $E(A_i, A_j) \geqslant T(A_i, A_j)$。

证毕。

由定理 7-1 可知,增强相似度比谷元距离值更大,更容易检测。第 7.5 节将通过实验验证增强相似度比谷元距离具有更好的机构别名挖掘效果。

本节定义的集合间的增强相似度,于 2017 年 5 月在文献[2]中给出了定义及完整推导过程,并通过与谷元距离比较,给出相应定理及证明;于 2017 年 10 月 20 日发现,该增强相似度公式与文献[3]中的式(1)形式相同,但文献[3]是为适应他们提出的算法而定义的,即使得聚类过程中属性的频繁合并不会使两集合间的相关性变小。

文献[4]提出了一种标称型-数值型数据的空间转换方法,增大了相似记录间的相似度,且转换后的数值型数据,取得了较好的分类效果。因此,引入该数据空间转换思想,将集合型数据转换到对应的数值型数据空间,再用度量数值型数据间相似度的指标度量机构名称之间的相似度,实现机构别名挖掘。余弦相似度用两向量间夹角的余弦值度量它们间的相似程度,是一种最常用的度量数值型数据向量间相似程度的指标,对于转换后机构名称对应的数值型数据,用余弦相似度度量机构名称间的相似程度,其定义如下:

定义 7-4　余弦相似度(Cosine Similarity) 对于两个等长向量 $o_1 = (d_{11}, d_{12}, \cdots, d_{1n})$ 和 $o_2 = (d_{21}, d_{22}, \cdots, d_{2n})$,则 o_1, o_2 间的余弦相似度为

$$s_{12}(o_1, o_2) = \cos(o_1, o_2) = \frac{o_1 \cdot o_2}{|o_1||o_2|}$$

$$= \frac{\sum\limits_{i=1}^{n}(d_{1i} \times d_{2i})}{\sqrt{\sum\limits_{i=1}^{n} d_{1i}^2} \times \sqrt{\sum\limits_{i=1}^{n} d_{2i}^2}} \tag{7-6}$$

式(7-6)中,$|o_1|$,$|o_2|$ 分别为向量 o_1, o_2 的模。

7.4　集合型-数值型数据空间转换

属性的取值范围是一个有限可列集合的数据称为标称型数据(Nominal Data)。为了更有效地度量标称型数据的相似程度,文献[4]提出了一种标称型-数值型数据空间转换方法,该方法通过定义两条标称记录对应同一实体的概率,得到记录-记录的概率矩阵;将概率矩阵的行作为新的数值型属性数据,实现了标称型-数值型数据的转换,且其通过大量实验验证了基于该数值型数据较标称型数据具有更好的分类效果。

对于本章的集合型数据,引入文献[4]的数据空间转换思想,给出集合型-数值型数据空间的转换方法,以更好实现机构别名的挖掘,具体方法如下:

（1）对于含有 n 个机构名称的数据集，根据 7.3 节式（7-5）的增强相似度公式计算得到机构名称间的增强相似度矩阵，如表 7-1 所列。

（2）将表 7-1 中第一行的机构名称集合 $\{o_1, o_2, \cdots, o_k, \cdots, o_n\}$ 定义为列对应机构名称的新属性 c，$c = \{c_1, c_2, \cdots, c_k, \cdots, c_n\}$，表 7-2 是经过数据空间变换后得到的数值型数据矩阵。

由表 7-2 可得，机构名称 o_i 对应的数值型数据向量 $\boldsymbol{o}_i = (e_{i1}, e_{i2}, \cdots, e_{ii}, \cdots, e_{in})$。至此，已经完成了集合型-数值型数据空间的转换。

表 7-1　机构名称间的增强相似度矩阵

机构名称	o_1	o_2	$\cdots$	o_i	$\cdots$	o_n
o_1	e_{11}	e_{12}	$\cdots$	e_{1i}	$\cdots$	e_{1n}
o_2	e_{21}	e_{22}	$\cdots$	e_{2i}	$\cdots$	e_{2n}
$\vdots$	$\vdots$	$\vdots$	$\vdots$	$\vdots$	$\vdots$	$\vdots$
o_i	e_{i1}	e_{i2}	$\cdots$	e_{ii}	$\cdots$	e_{in}
$\vdots$	$\vdots$	$\vdots$	$\vdots$	$\vdots$	$\vdots$	$\vdots$
o_n	e_{n1}	e_{n2}	$\cdots$	e_{ni}	$\cdots$	e_{nn}

表 7-2　机构名称对应的数值型数据

机构名称	c_1	c_2	$\cdots$	c_i	$\cdots$	c_n
o_1	e_{11}	e_{12}	$\cdots$	e_{1i}	$\cdots$	e_{1n}
o_2	e_{21}	e_{22}	$\cdots$	e_{2i}	$\cdots$	e_{2n}
$\vdots$	$\vdots$	$\vdots$	$\vdots$	$\vdots$	$\vdots$	$\vdots$
o_i	e_{i1}	e_{i2}	$\cdots$	e_{ii}	$\cdots$	e_{in}
$\vdots$	$\vdots$	$\vdots$	$\vdots$	$\vdots$	$\vdots$	$\vdots$
o_n	e_{n1}	e_{n2}	$\cdots$	e_{ni}	$\cdots$	e_{nn}

最后，根据机构名称 o_i, o_j 对应的数值型数据向量为 $\boldsymbol{o}_i, \boldsymbol{o}_j$，按照式（7-7）计算它们之间的余弦相似度 $s_{ij}(o_i, o_j)$，即

$$s_{ij}(o_i, o_j) = \cos(\boldsymbol{o}_i, \boldsymbol{o}_j) = \frac{\boldsymbol{o}_i \cdot \boldsymbol{o}_j}{|\boldsymbol{o}_i| \, |\boldsymbol{o}_j|}$$

$$= \frac{\sum\limits_{k=1}^{n}(e_{ik} \times e_{jk})}{\sqrt{\sum\limits_{k=1}^{n} e_{ik}^2} \times \sqrt{\sum\limits_{k=1}^{n} e_{jk}^2}} \tag{7-7}$$

机构名称 o_i, o_j 互为别名当且仅当 $s_{ij}(o_i, o_j) > \delta$，$\delta$ 为阈值，且 $0 < \delta < 1$。

7.5　机构别名挖掘流程及算法

本节给出 ES-DST-OAM 方法的流程图及算法伪代码。

7.5.1　机构别名挖掘流程

ES-DST-OAM 方法的流程图如图 7-3 所示。

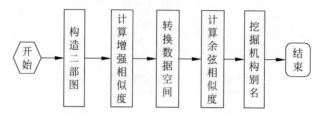

图 7-3　ES-DST-OAM 方法的流程图

由图 7-3 及 7.1 节～7.3 节的详细描述可知,ES-DST-OAM 方法首先根据输入的机构名称及作者间的隶属关系数据构造二部图;然后根据机构名称对应的作者集合,计算增强相似度,并用于衡量机构名称间的相似程度;根据得到的机构名称间的增强相似度矩阵,进行集合型-数值型数据空间的转换;再次计算数据空间转换后,机构名称对应的数值型数据向量间的余弦相似度,并与设定的阈值比较,实现机构别名挖掘。

7.5.2　机构别名挖掘算法描述

本节给出 ES-DST-OAM 方法的算法描述,伪代码如表 7-3 所列。

表 7-3　ES-DST-OAM 算法的伪代码

输入: n 个机构名称及其对应作者之间的隶属关系数据,阈值 δ
输出: 机构别名对 $<o_i, o_j>$

1. 根据输入的数据,构造机构 - 作者二部图,得机构名称 o_i 对应的作者集合 A_i
2. **For** $A_i, A_j (0 < i, j \leqslant n, i \neq j)$
3. 　　$e_{ij}(o_i, o_j) = e(A_i, A_j)$; //计算机构名称之间的增强相似度,得相似度矩阵
4. **End**
5. 根据得到的增强相似度矩阵进行数据空间转换,得到 o_i 对应的增强相似度向量 $\boldsymbol{o}_i = (e_{i1}, e_{i2}, \cdots, e_{ii}, \cdots, e_{in})$;
6. **For** $\boldsymbol{o}_i, \boldsymbol{o}_j (0 < i, j \leqslant n, i \neq j)$
7. 　　计算 $\boldsymbol{o}_i, \boldsymbol{o}_j$ 间的余弦相似度 $s_{ij}(\boldsymbol{o}_i, \boldsymbol{o}_j) = \cos(\boldsymbol{o}_i, \boldsymbol{o}_j)$;
8. 　　**If** $s_{ij}(\boldsymbol{o}_i, \boldsymbol{o}_j) > \delta$
9. 　　输出机构别名对 $<o_i, o_j>$;
10. 　　**End**
11. **End**

表 7-3 中的 ES-DST-OAM 算法,第 1 行根据输入的机构名称及作者之间的隶属关系数据,构造二部图,得到机构名称对应的作者集合;第 2～4 行根据机构名称对应的作者集合,计算两两集合间的增强相似度并作为两机构名称间的相似度,得到机构名称间的增强相似度矩阵;第 5 行依据机构名称间的增强相似度矩阵,实现集合型-数值型数据空间的转换;第 6～11 行通过计算数据空间转换后的机构名称对应数值型向量间的余弦相似度,并与阈

值比较,实现机构别名挖掘。因算法都需要两两比较(第 2～4 行以及第 6～11 行),算法的时间复杂度为 $O(n^2)$;而数据空间转换需要用到对应的相似度矩阵(第 5 行),算法的时间复杂度也是 $O(n^2)$。

7.6　实验验证

本节设置对比实验,用中国知网(http://epub.cnki.net)中的真实数据进行验证本章所提机构别名挖掘方法的有效性和优越性。

7.6.1　实验数据

为验证本章所提方法的有效性和优越性,从中国知网中分别导出如表 7-4 所列的 3 个数据集作为实验数据集。

表 7-4　机构别名挖掘数据集信息

数据集	更名年份	机构别名对数	对应名称数	导出文献年份
数据集 1	2006	16	32	2003～2007
数据集 2	2010	16	32	2008～2012
数据集 3	2016	20	40	2013～2017

表 7-4 中,数据集 1 是 2006 年更名的 16 个机构,对应 32 个机构名称,如表 7-5 所列;数据集 2 是 2010 年更名的 16 个机构,对应 32 个机构名称,如表 7-6 所列;数据集 3 含 2016 年更名的 17 个机构及同时使用两个名称的 3 个机构,对应 40 个机构名称,如表 7-7 所列。分别导出表 7-5、表 7-6 和表 7-7 所列机构名称对应的文献记录并进行预处理,即只保留机构名称及其隶属作者信息,并统一规范作者所署名的机构名称,删除作者及其隶属机构名称的重复记录后,作为实验数据集。

表 7-5 中机构名称对应的文献记录经过数据处理后,共有 15301 条记录,含有 11594 个作者,32 个机构名称,对应 16 对机构别名对。表 7-6 中机构名称对应的文献记录经过数据处理后,共有 17621 条记录,含有 13407 个作者,32 个机构名称,对应 16 对机构别名对。表 7-7 中机构名称对应的文献记录经过数据处理后,共有 45788 条记录,含有 34166 个作者,40 个机构名称,对应 20 对机构别名对。表 7-7 中编号为 18、19 和 20 的三个机构并非 2016 年更名的机构名称,这三个机构同时使用了两个不同的名称。

表 7-5　2006 年更名的 16 对机构名称列表

编号	机构别名对		编号	机构别名对	
1	山东建筑大学	山东建筑工程学院	6	广西民族大学	广西民族学院
2	天津中医药大学	天津中医学院	7	西安工程大学	西安工程科技学院
3	鲁东大学	烟台师范学院	8	中南林业科技大学	中南林学院
4	辽宁中医药大学	辽宁中医学院	9	云南财经大学	云南财贸学院
5	西北政法大学	西北政法学院	10	武汉工程大学	武汉化工学院

编号	机构别名对		编号	机构别名对	
11	辽宁科技大学	鞍山科技大学	14	重庆交通大学	重庆交通学院
12	长春中医药大学	长春中医学院	15	重庆邮电大学	重庆邮电学院
13	浙江中医药大学	浙江中医学院	16	湖南工业大学	株洲工学院

表 7-6 2010 年更名的 16 对机构名称列表

编号	机构别名对		编号	机构别名对	
1	天津外国语大学	天津外国语学院	9	常州大学	江苏工业学院
2	天津职业技术师范大学	天津工程师范学院	10	浙江农林大学	浙江林学院
3	石家庄铁道大学	石家庄铁道学院	11	吉林财经大学	长春税务学院
4	河南财经政法大学	河南财经学院	12	东北石油大学	大庆石油学院
5	沈阳航空航天大学	沈阳航空工业学院	13	大连海洋大学	大连水产学院
6	福建中医药大学	福建中医学院	14	武汉纺织大学	武汉科技学院
7	淮北师范大学	淮北煤炭师范学院	15	湖北中医药大学	湖北中医学院
8	安徽工程大学	安徽工程科技学院	16	沈阳化工大学	沈阳化工学院

表 7-7 2016 年对应的 20 对机构名称列表

编号	机构别名对		编号	机构别名对	
1	安徽工程大学机电学院	安徽信息工程学院	11	石家庄经济学院	河北地质大学
2	安庆师范大学	安庆师范学院	12	中国计量大学	中国计量学院
3	广东药科大学	广东药学院	13	苏州科技大学	苏州科技学院
4	广东医科大学	广东医学院	14	徐州医科大学	徐州医学院
5	沈阳化工大学科亚学院	沈阳科技学院	15	浙江海洋大学	浙江海洋学院
6	锦州医科大学	辽宁医学院	16	温州大学城市学院	温州商学院
7	河南中医药大学	河南中医学院	17	景德镇陶瓷大学	景德镇陶瓷学院
8	上海应用技术大学	上海应用技术学院	18	XX 电讯研究所	XX 第 XX 研究所
9	湖北师范大学	湖北师范学院	19	XX 研究中心	XX 工程研究所
10	河南理工万方科技学院	郑州工商学院	20	XX 计算研究所	XX 第 XX 研究所

7.6.2 实验方法

本节设置对比试验,并用 7.5.1 节的三个真实数据集验证 ES-DST-OAM 方法的有效性和优越性。实验环境为 Core™ i7-4790U CPU、3.6GHz、4G 内存的计算机,Windows 7 操作系统,仿真软件为 MATLABR2014a。对比方法具体设置如下:

方法 1:直接用式(7-2)的谷元距离计算机构名称 o_i 和 $o_j (i \neq j)$ 对应作者集合 A_i 和 A_j 间的相似度 $T(A_i, A_j)$,并作为 o_i 和 o_j 的相似程度,o_i 和 o_j 互为机构别名当且仅当 $T(A_i, A_j) > \delta$,δ 为阈值,且 $0 < \delta < 1$。

方法 2:将本章所提方法 ES-DST-OAM 中的增强相似度换成谷元距离的方法。

方法 3:用增强相似度代替方法 1 中谷元距离的方法。

方法 4:本章所提方法 ES-DST-OAM。

7.6.3　评价指标

名称分辨效果的优劣,用文献[5]中的查准率(Precision)、查全率(Recall)和 $F1$ 指标(F1-Measure)衡量。机构别名挖掘是名称分辨的范畴,其挖掘效果的优劣也用这三个指标衡量。下面给出这三个指标的计算公式。

$$P = \frac{N_c}{N_d} \times 100\% \tag{7-8}$$

$$R = \frac{N_c}{N_r} \times 100\% \tag{7-9}$$

$$F1 = \frac{2 \times P \times R}{P + R} \times 100\% \tag{7-10}$$

其中, P 为查准率, R 为查全率, $F1$ 是 P 和 R 的调和平均数; N_c 是通过实验方法正确分辨出的结果数目, N_d 是通过实验方法分辨出的结果数目, N_r 是数据集中全部正确的分辨结果数目。

一般 $F1$ 指标越大,所对应的查准率和查全率也越大,分辨效果越好。

7.6.4　实验结果

采用 7.5.1 节的 3 个数据集,并选取不同的相似度阈值,计算 7.6.2 节几种方法得到的互为别名机构的 $F1$ 指标、查准率和查全率,下面给出它们随阈值变化的趋势曲线。

数据集 1 对应的 $F1$ 指标、查准率和查全率随阈值变化的趋势曲线如图 7-4 所示。

数据集 2 对应的 $F1$ 指标、查准率和查全率随阈值变化的趋势曲线如图 7-5 所示。

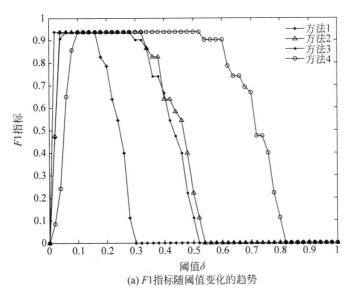

(a) $F1$ 指标随阈值变化的趋势

图 7-4　数据集 1 上 $F1$、P 和 R 随 δ 变化的趋势

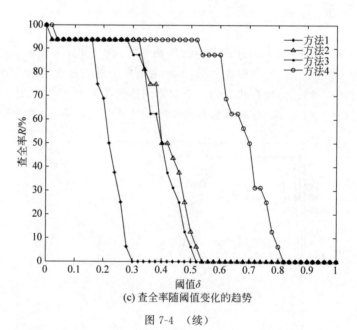

(b) 查准率随阈值变化的趋势

(c) 查全率随阈值变化的趋势

图 7-4 （续）

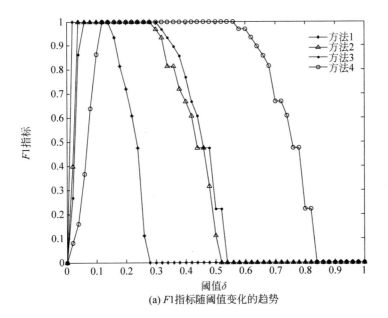

(a) $F1$指标随阈值变化的趋势

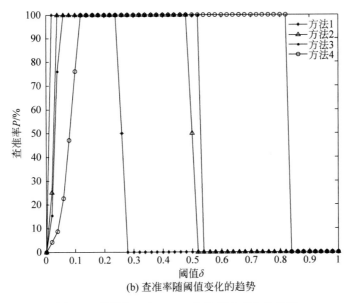

(b) 查准率随阈值变化的趋势

图 7-5 数据集 2 上 $F1$、P 和 R 随 δ 变化的趋势

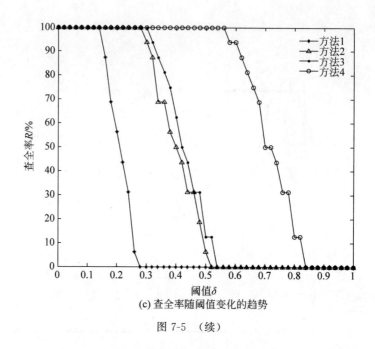

(c) 查全率随阈值变化的趋势

图 7-5　（续）

数据集 3 对应的 $F1$ 指标、查准率和查全率随阈值变化的趋势曲线如图 7-6 所示。

机构别名挖掘侧重于查全率，旨在从数据集中，挖掘出较多的机构别名对。从图 7-4、图 7-5 和图 7-6 可知：方法 1 的 $F1$ 指标、查准率和查全率随阈值变化的趋势曲线特别陡峭。方法 2 的 $F1$ 指标、查准率、查全率随阈值变化的趋势比方法 1 略缓，方法 4 的比方法 3 略缓，即数据空间转换可以降低 $F1$ 指标、查准率、查全率对阈值变化的敏感程度。方法 3 的 $F1$ 指标、查准率和查全率随阈值变化的趋势曲线比方法 1 缓了很多，即增强相似度较谷元距离更能降低 $F1$ 指标、查准率、查全率对阈值变化的敏感程度。方法 4，即本章所提出的机

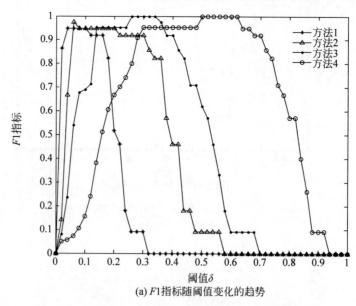

(a) $F1$ 指标随阈值变化的趋势

图 7-6　数据集 3 上 $F1$、P 和 R 随 δ 变化的趋势

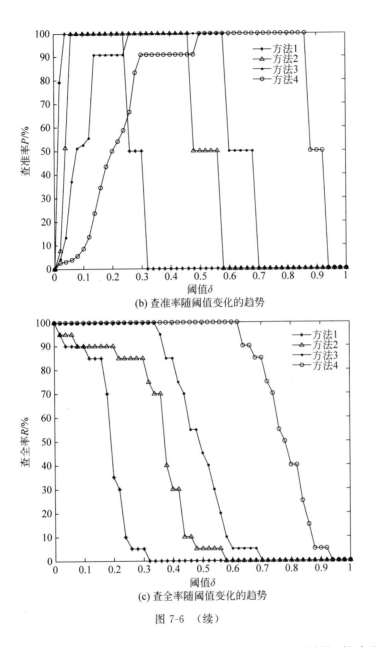

(b) 查准率随阈值变化的趋势

(c) 查全率随阈值变化的趋势

图 7-6　（续）

构别名挖掘方法 ES-DST-OAM，在方法 3 的基础上引入数据空间转换，较大程度地降低了的 $F1$ 指标、查准率和查全率随阈值变化的趋势曲线。3 个数据集上，当 $F1$ 指标、查全率 R 满足一定条件时，几种机构别名挖掘方法对应的阈值 δ 及其变化区间如表 7-8。

从表 7-8 可以看出，3 个数据集上，不同方法对应的有效阈值及 $F1$ 指标满足一定条件时的阈值区间差别很大，具体分析如下：

（1）当阈值大于或等于 0.32 时，方法 1 的 $F1$ 指标、查准率、查全率这三个指标为 0，完全失去了机构别名挖掘能力；当 $F1 \geqslant 0.80$ 时，方法 1 的阈值区间均较窄；当 $R \geqslant 80\%$ 时，方法 1 对应的阈值区间也较小。

（2）当阈值大于或等于 0.58 时，方法 2 的 $F1$ 指标、查准率、查全率为 0，完全丧失机构别名挖掘能力,但方法 2 比方法 1 丧失机构别名挖掘能力的阈值扩大了近 2 倍。当 $F1 \geqslant$ 0.80 时,方法 2 的阈值区间比方法 1 的宽近 2 倍,方法 4 比方法 3 的阈值区间也扩大了近 2 倍;同时,$R \geqslant 80\%$ 时,方法 2 的对应的阈值区间是方法 1 的 2 倍左右,方法 4 对应的阈值区间是方法 3 的近 2 倍。这就说明数据空间转换对扩大阈值范围具有较好的效果。

表 7-8　3 个数据集上 ES-DST-OAM 方法的阈值区间比较

数据集	δ 及 $F1$、R 设置	方法 1	方法 2	方法 3	方法 4
数据集 1	挖掘失效 δ	0.30	0.54	0.52	0.82
	$F1 \geqslant 0.90$	[0.02,0.16]	[0.04,0.32]	[0.04,0.32]	[0.10,0.60]
	$F1 \geqslant 0.80$	[0.02,0.18]	[0.04,0.38]	[0.04,0.38]	[0.06,0.61]
	$R \geqslant 90\%$	[0,0.16]	[0,0.32]	[0,0.28]	[0,0.52]
	$R \geqslant 80\%$	[0,0.16]	[0,0.34]	[0,0.34]	[0,0.60]
数据集 2	挖掘失效 δ	0.28	0.52	0.54	0.84
	$F1 \geqslant 0.90$	[0.02,0.16]	[0.04,0.32]	[0.06,0.36]	[0.12,0.64]
	$F1 \geqslant 0.80$	[0.02,0.18]	[0.04,0.36]	[0.04,0.38]	[0.10,0.68]
	$R \geqslant 90\%$	[0,0.14]	[0,0.30]	[0,0.32]	[0,0.60]
	$R \geqslant 80\%$	[0,0.16]	[0,0.32]	[0,0.36]	[0,0.64]
数据集 3	挖掘失效 δ	0.32	0.58	0.70	0.94
	$F1 \geqslant 0.9$	[0.04,0.16]	[0.06,0.30]	[0.14,0.40]	[0.28,0.70]
	$F1 \geqslant 0.8$	[0.02,0.18]	[0.06,0.36]	[0.14,0.44]	[0.26,0.74]
	$R \geqslant 90\%$	[0,0.10]	[0,0.20]	[0,0.36]	[0,0.66]
	$R \geqslant 80\%$	[0,0.16]	[0,0.30]	[0,0.40]	[0,0.70]

(3) 方法 3 的 $F1$ 指标、查准率、查全率随阈值变化的趋势曲线均比方法 1 的缓,阈值区间更宽,且阈值大于或等于 0.70 时,方法 3 才失去机构别名挖掘能力,比方法 1 扩大了两倍左右;$F1 \geqslant 0.80$ 时,方法 3 的阈值区间是方法 2 的 2 倍多;同时,当 $R \geqslant 80\%$ 时,方法 3 对应的阈值区间是方法 1 的 2 倍多。这就说明增强相似度较谷元距离具有更好的机构别名挖掘效果。

(4) 方法 4,即本章所提出的机构别名挖掘方法 ES-DST-OAM,具有最大的阈值区间,其 $F1$ 指标、查准率和查全率随阈值变化的趋势曲线最缓;当阈值大于或等于 0.94 时,才完全失去机构别名挖掘能力;当 $F1 \geqslant 0.90$ 时,方法 4 的阈值区间比方法 1 扩大了 4 倍左右,比方法 2、方法 3 扩大了近 2 倍;当 $F1 \geqslant 0.80$ 时,方法 4 的阈值区间比方法 1 扩大了 3 倍多,比方法 2、方法 3 扩大了近 2 倍;同时,当 $R \geqslant 80\%$ 时,方法 4 的阈值区间是方法 1 的 4 倍左右,是方法 2、方法 3 的 2 倍左右。

从相似度的角度来说,两机构名称间的相似度值越大,认为两者对应同一机构实体越合理。从上面的实验分析可以发现,方法 1、方法 2 和方法 3 的 $F1$ 指标较大时对应的阈值区间相对较小,而方法 4 具有较大的阈值和较宽的阈值区间,机构别名挖掘效果更好。

综上,本章所提出的基于增强相似度数据空间转换的机构别名挖掘方法,对阈值不太敏感,查准率、查全率以及 $F1$ 指标都较大,且较优 $F1$ 指标对应的阈值区间也较宽,当 $F1 \geqslant$ 0.80 时,阈值区间为 [0.28,0.61],$R \geqslant 80\%$ 时阈值区间为 [0,0.60],故阈值可在 [0.30,0.60] 范围内由用户自行设置,而无需过多调试。阈值具体设置多大,可由用户根据其对查准率、查全率的需求自行选择,若需要较高的查准率,则将阈值设置大些;反之则将阈值设置的小些,因此本章所提方法更具通用性。

本章小结

本章提出了一种基于增强相似度数据空间转换的机构别名挖掘方法,采用文献数据库中机构名称、作者以及二者之间的隶属关系数据,实现了机构别名的有效挖掘。主要优点有:根据文献记录中的机构名称、作者以及他们之间的隶属关系,构造的机构-作者二部图,涵盖了全部的数据信息。定义的集合间的增强相似度可以有效地度量机构名称对应作者集合之间的相似度程度,且比使用谷元距离具有更好的挖掘效果。利用机构名称间的增强相似度进行数据空间转换,实现了集合型-数值型数据的转换。

本章提出的机构别名挖掘方法不局限于文献数据库中存在机构名称和作者之间隶属关系的数据,而适用于所有满足机构名称、作者(或员工)以及二者之间存在隶属关系的数据。

本章参考文献

［1］ Wang H J,Taghi M K,Naeem S. On the Stability of Feature Selection Methods in Software Quality Prediction:An Empirical Investigation［J］. International Journal of Software Engineering and Knowledge,2015,25(9):1467-1490.

［2］ Cao J J,Shang Y L,Zheng Q B,et al. Relationship-Based Entity Resolution for Organization Alias Mining［C］. The 19th International Conference on Information Quality,Little Rock,USA,2017.

［3］ 何峰权,李建中. 基于属性模式的实体识别框架［J］. 智能计算机与应用,2014,4(1):65-68.

［4］ Qian Y H,Li F J,Liang J Y,et al. Space Structure and Clustering of Categorical Data［J］. IEEE Transactions on Neural Networks and Learning Systems,2015,27(10):1-13.

［5］ Lee M L,Ling T W,Low W L. IntelliClean:a Knowledge-Based Intelligent Data Cleaner［J］. Knowledge Discovery and Data Mining,2000:290-294.

第8章

基于多重集增强相似度数据空间转换的机构别名挖掘

8.1 引言

前一章仅使用机构名称及作者之间的隶属关系数据进行机构别名挖掘,而没有考虑作者使用某一机构名称的次数。事实上,由于同一机构的不同作者发表论文篇数不同,他们对机构别名挖掘的贡献大小也不同,发表论文较多的作者贡献更大,而发表论文少的作者贡献较小。因此,有必要考虑作者署名机构名称发表论文的篇数信息,以提高机构别名挖掘效果。基于此,本章提出一种基于多重集增强相似度数据空间转换的机构别名挖掘(MultiSet Enhanced Similarity and Data Space Transformation Based Organization Alias Mining, MES-DST-OAM)方法。该方法根据文献记录中的机构名称、作者以及二者之间的隶属关系,并使用作者署名机构名称发表论文的篇数,构造机构-作者加权二部图;定义多重集间的增强相似度,用于计算两机构名称间的增强相似度;依据机构名称间的多重集增强相似度矩阵,实现多重集型-数值型数据空间的转换;再根据转换后的数值型数据,计算机构名称间的余弦相似度进行机构别名挖掘;最后采用万方数据库中的真实数据,验证该方法的有效性和优越性。

8.2 多重集的定义及运算法则

普通集合要求集合中的元素之间满足互异性,即集合中不允许出现重复元素,而多重集则是一种允许出现重复元素的集合,其定义如下。

定义 8-1 **多重集(MultiSet)**[1-4] 允许集合中出现重复元素的集合,称为多重集合,简称多重集。若元素 a_k 在 A_i 中出现 w_{ik} 次,则称 a_k 在 A_i 中的重复度为 w_{ik}。一般多重集可以表示为 $A_i = \{w_{i1}a_1, w_{i2}a_2, \cdots, w_{ik}a_k, \cdots\}$。

实际应用中,集合中的元素个数一般都是有限的,而元素个数有限的多重集称为有限多重集。当多重集 A_i 中的元素个数和重复度均有限时,$A_i = \{w_{i1}a_1, w_{i2}a_2, \cdots, w_{ik}a_k, \cdots, w_{im}a_m\}$,其中,$w_{ik}$ 为 $a_k (0 < k \leqslant m, m$ 为正整数)在 A_i 中的重复度,$w_{ik} = 0$ 表示 A_i 中不存在 a_k。由多重集的定义可知,普通集合是 $w_{ik} \leqslant 1$ 时的多重集,多重集是普通集合的延伸。

定义 8-2　多重集的运算[1]　设有限多重集 $A_i = \{w_{i1}a_1, w_{i2}a_2, \cdots, w_{ik}a_k, \cdots, w_{im}a_m\}$,$A_j = \{w_{j1}a_1, w_{j2}a_2, \cdots, w_{jk}a_k, \cdots, w_{jm}a_m\}$,其中 m 为正整数,则

$$A_i \bigcup A_j = \{w_k a_k \mid w_k = \max\{w_{ik}, w_{jk}\}, 0 < k \leqslant m\} \tag{8-1}$$

$$A_i \bigcap A_j = \{w_k a_k \mid w_k = \max\{w_{ik}, w_{jk}\}, 0 < k \leqslant m\} \tag{8-2}$$

$$|A_i| = \sum_{k=1}^{m} w_{ik} \tag{8-3}$$

例如,假设有多重集 A_1, A_2,$A_1 = \{3a, 2b, c, 2d\}$,$A_2 = \{a, 4b, 2c\}$,则 $A_1 \bigcup A_2 = \{3a, 4b, 2c, 2d\}$,$A_1 \bigcap A_2 = \{a, 2b, c\}$,$|A_1| = 8$,$|A_2| = 7$。

8.3　机构-作者加权二部图构造

本节根据机构名称与作者之间的隶属关系,以及作者署名机构名称发表的论文篇数,构造如图 8-1 所示的机构-作者加权二部图 $G = (V, E, W)$。其中,V 为顶点的集合,$V = A \bigcup O$,且 $A \bigcap O = \varnothing$,$m = |A|$,$n = |O|$,$A = \{a_k \mid k = 1, 2, \cdots, m\}$ 为作者集合,a_k 为第 k 个作者的姓名,$O = \{o_i \mid i = 1, 2, \cdots, n\}$ 为机构名称集合,o_i 为第 i 个机构名称;E 为边的集合,$E = \{\langle o_i, a_k \rangle \mid o_i \in O, a_k \in A, \langle o_i, a_k \rangle \in p(o_i, a_k)\}$,$p(o_i, a_k)$ 表示 o_i 与 a_k 间存在隶属关系;W 为权重的集合,$W = \{w_{ik} \mid 0 < i, k \leqslant m,$ 且 i, k, m 均为整数\}$,$w_{ik}$ 为 a_k 署名 o_i 发表论文的篇数。

同一作者在不同的时机和场合发表论文时,往往会使用其所在机构的不同名称,这会造成同一作者所署名的机构名称不同,因此可根据互为别名的机构名称间的共同作者进行机构别名挖掘。假设图 8-1 中的关系已全部列出,则互为机构别名的机构名称对 $\langle o_i, o_j \rangle$ $(i \neq j)$ 对应的共同作者集合为 $\{a_3, a_4, a_5, a_k\}$,且 o_i, o_j 对应的共同作者多重集分别为 $MA_i' = \{w_{i3}a_3, w_{i4}a_4, w_{i5}a_5, w_{ik}a_k\}$,$MA_j' = \{w_{j3}a_3, w_{j4}a_4, w_{j5}a_5, w_{jk}a_k\}$,加权子二部图如图 8-2 所示。

图 8-2 中,对机构-作者加权二部图中的任意两个机构名称对 $\langle o_i, o_j \rangle$ $(1 \leqslant i, j \leqslant n, i \neq j)$,若 o_i 和 o_j 互为机构别名,则它们一定对应一个一定规模的共同作者集合,同时根据作者署名机构名称发表论文的篇数,可将机构名称 o_i 表示成其对应的作者多重集 MA_i。记 MA_i 和 MA_j 分别为机构名称 o_i 和 o_j 的作者多重集表示,则定义 o_i 和 o_j 间的相似度 $s_{ij}(o_i, o_j)$ 为多重集 MA_i 和 MA_j 间的相似度,即

$$s_{ij}(o_i, o_j) = s_{ij}(MA_i, MA_j) \tag{8-4}$$

式(8-4)中,$0 \leqslant s_{ij}(o_i, o_j) \leqslant 1$,$o_i$ 和 o_j 互为机构别名当且仅当 $s_{ij}(o_i, o_j) > \delta$,$\delta$ 为阈值,且 $0 < \delta < 1$。

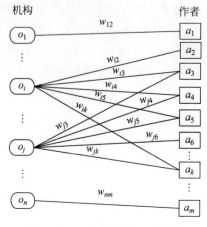

图 8-1　机构-作者加权二部图

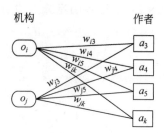

图 8-2　机构别名对$\langle o_i,o_j \rangle$对应的加权子二部图

8.4　作者多重集间的增强相似度计算

图 8-1 中的任意一机构名称 o_i，均对应一个作者多重集 $MA_i=\{w_{ik}a_k \mid 0<k \leqslant m$，且 i,k,m 为正整数$\}$，其中，w_{ik} 为作者 a_k 署名 o_i 发表论文的篇数。本章采用多重集之间的增强相似度衡量机构名称间的相似程度，但在给出多重集的增强相似度定义前，先给出多重集间的谷元距离定义。

定义 8-3　**多重集间的谷元距离**（**Tanimoto Distance of MultiSets**）对于两个非空有限多重集 $MA_i=\{w_{i1}a_1,w_{i2}a_2,\cdots,w_{ik}a_k,\cdots,w_{im}a_m\}$，$MA_j=\{w_{j1}a_1,w_{j2}a_2,\cdots,w_{jk}a_k,\cdots,w_{jm}a_m\}$，$MA_i,MA_j$ 之间的谷元距离为

$$
\begin{aligned}
T(MA_i,MA_j) &= 1-\frac{|MA_i|+|MA_j|-2|MA_i \bigcap MA_j|}{|MA_i|+|MA_j|-|MA_i \bigcap MA_j|} \\
&= \frac{|MA_i \bigcap MA_j|}{|MA_i|+|MA_j|-|MA_i \bigcap MA_j|} \\
&= \frac{\displaystyle\sum_{k=1}^{m}\min\{w_{ik},w_{jk}\}}{\displaystyle\sum_{k=1}^{m}w_{ik}+\sum_{k=1}^{m}w_{jk}-\sum_{k=1}^{m}\min\{w_{ik},w_{jk}\}}
\end{aligned}
\tag{8-5}
$$

式(8-5)中，$|MA_i|$，$|MA_j|$，$|MA_i \bigcap MA_j|$ 分别为多重集 MA_i，MA_j 及 $MA_i \bigcap MA_j$ 的基。

从多重集间的谷元距离可以看出：当两个多重集的基数差别较大时，按式(8-5)计算得到的值很小。通过对文献记录数据观察发现，互为机构别名的名称对应的作者多重集并不是均衡的，一个多重集的基数很大，而另一个很小，尤其是刚刚更名后的机构名称，因其使用时间较短，作者署名其发表论文的篇数较少，这种不均衡情况更为明显。例如，有两个多重集 MA_1 和 MA_2，若 $MA_1=\{27a_1,29a_2,14a_3\}$，$MA_2=\{3a_1,12a_2,5a_4\}$，则 $T(MA_1,MA_2)=0.20$。因此，采用多集间的谷元距离，不能有效实现机构别名挖掘。为更好地度量多重集间的相似度，下面对多重集的增强相似度进行定义，以实现机构别名的有效挖掘。

定义 8-4 多重集间的增强相似度（**Enhanced Similarity of MultiSets**）对于两个非空有限多重集 $MA_i = \{w_{i1}a_1, w_{i2}a_2, \cdots, w_{ik}a_k, \cdots, w_{im}a_m\}$，$MA_j = \{w_{j1}a_1, w_{j2}a_2, \cdots, w_{jk}a_k, \cdots, w_{jm}a_m\}$，$MA_i, MA_j$ 间的增强相似度为

$$E(MA_i, MA_j) = \frac{|MA_i \bigcap MA_j|}{\min\{|MA_i|, |MA_j|\}}$$

$$= \frac{\sum_{k=1}^{m} \min\{w_{ik}, w_{jk}\}}{\min\{\sum_{k=1}^{m} w_{ik}, \sum_{k=1}^{m} w_{jk}\}} \tag{8-6}$$

给定两个非空有限多重集 MA_i, MA_j，容易证明式(8-6)多重集间的增强相似度比式(8-5)多重集间的谷元距离值更大，更容易检测。例如，多重集 MA_1 和 MA_2，若 $MA_1 = \{27a_1, 29a_2, 14a_3\}$，$MA_2 = \{3a_1, 12a_2, 5a_4\}$，则 $E(MA_1, MA_2) = 0.75$，而 $T(MA_1, MA_2) = 0.20$，显然，$E(MA_1, MA_2) > T(MA_1, MA_2)$，更益于机构别名的检测挖掘。第 0 节将通过实验验证多重集间的增强相似度比多重集间的谷元距离有更好的机构别名挖掘效果。

第 6.3 节通过计算机构名称间的增强相似度，实现了集合型-数值型数据空间的转换。对于本章的多重集型数据，通过计算机构名称间的多重集增强相似度，进行多重集型-数值型数据空间的转换，以更好实现机构别名的挖掘，具体方法如下：首先根据 8.3 式式(8-5)多重集间的增强相似度，计算得机构名称间的多重集增强相似度矩阵，形式与表 2-1 相同；然后将第一行的机构名称集合 $\{o_1, o_2, \cdots, o_k, \cdots, o_n\}$ 定义为机构名称的新属性 c，$c = \{c_1, c_2, \cdots, c_k, \cdots, c_n\}$，得到数据空间转换后的数值型数据，形式同表 7-2 所列，即可得机构名称 o_i 对应的数值型多重集增强相似度向量为 $\boldsymbol{o}_i = (e_{i1}, e_{i2}, \cdots, e_{ii}, \cdots, e_{in})$。至此，已完成了多重集型-数值型数据空间的转换。

8.5 机构别名挖掘步骤及算法描述

本节给出 MES-DST-OAM 方法的挖掘步骤及算法描述。

8.5.1 机构别名挖掘步骤

MES-DST-OAM 机构别名挖掘方法的挖掘步骤如下：

步骤 1：根据机构名称、作者、二者之间的隶属关系以及作者署名机构名称发表论文的篇数信息，构造机构-作者加权二部图。

步骤 2：依据机构名称 o_i 对应的作者多重集 MA_i，计算机构名称 o_i, o_j 间的多重集增强相似度 e_{ij}，得到机构名称间的多重集增强相似度矩阵。

步骤 3：根据机构名称间的多重集增强相似度矩阵，进行多重集型-数值型数据空间的转换，得到机构名称 o_i 对应的多重集增强相似度向量 $\boldsymbol{o}_i = (e_{i1}, e_{i2}, \cdots, e_{ii}, \cdots, e_{in})$。

步骤 4：根据 o_i, o_j 的多重集增强相似度向量 $\boldsymbol{o}_i, \boldsymbol{o}_j$，按式(8-6)计算 o_i, o_j 间的余弦相似度 $s_{ij}(o_i, o_j)$，即

$$s_{ij}(o_i, o_j) = \cos(o_i, o_j) = \frac{o_i \cdot o_j}{|o_i||o_j|} = \frac{\sum_{k=1}^{n}(e_{ik} \times e_{jk})}{\sqrt{\sum_{k=1}^{n} e_{ik}^2} \times \sqrt{\sum_{k=1}^{n} e_{jk}^2}} \tag{8-7}$$

式(8-7)中,$|o_i|$,$|o_j|$ 分别为向量 o_i,o_j 的模。

步骤 5:o_i,o_j 互为机构别名当且仅当 $s_{ij}(o_i, o_j) > \delta$,$\delta$ 为阈值,且 $0 < \delta < 1$。

8.5.2 机构别名挖掘算法描述

MES-DST-OAM 算法的伪代码,如表 8-1 所列。

表 8-1 **MES-DST-OAM 算法的伪代码**

输入:n 个机构名称与作者间的隶属关系,以及作者署名机构名称发表的论文篇数数据,阈值 δ
输出:机构别名对 $<o_i, o_j>$

1. 根据输入的数据,构造机构 - 作者加权二部图,得到机构名称 o_i 对应的作者多重集 MA_i
2. **For** MA_i, $MA_j (0 < i, j \leqslant n, i \neq j)$
3. $e_{ij}(o_i, o_j) = e(MA_i, MA_j)$; //计算多重集间的增强相似度,得对应的矩阵
4. **End**
5. 依据多重集增强相似度矩阵,进行多重集型 - 数值型数据空间的转换,得到 o_i 对应的多重集增强相似度向量 $o_i = (e_{i1}, e_{i2}, \cdots, e_{ii}, \cdots, e_{in})$;
6. **For** o_i, $o_j (0 < i, j \leqslant n, i \neq j)$
7.   计算 o_i, o_j 间的余弦相似度 $s_{ij} = \cos(o_i, o_j)$;
8.   **If** $s_{ij} > \delta$
9.   输出机构别名对 $<o_i, o_j>$;
10.   **End**
11. **End**

表 8-1 中的 MES-DST-OAM 算法,第 1 行根据输入的机构名称与作者间的隶属关系,以及作者署名机构名称发表论文的篇数数据,构造加权二部图,得到机构名称对应的作者多重集;第 2~4 行根据机构名称对应的作者多重集,计算多重集间的增强相似度,得到机构名称间的多重集增强相似度矩阵;第 5 行依据机构名称间的多重集增强相似度矩阵,实现多重集型-数值型数据空间的转换;第 6~11 行计算数据空间转换后,机构名称对应数值型向量间的余弦相似度,并与阈值比较,实现机构别名挖掘。因算法都需要两两比较(第 2~4 行以及第 6~11 行),算法的时间复杂度为 $O(n^2)$;而数据空间转换需要用到对应的相似度矩阵(第 5 行),算法的时间复杂度也是 $O(n^2)$。

8.6 实验验证

为验证所提机构别名挖掘方法 MES-DST-OAM 的有效性和优越性,本节设置对比实验,并用万方数据库[①]中的真实文献记录数据进行实验验证。

---

① http://librarian.wanfangdata.com.cn.

8.6.1　实验数据

从万方数据库中分别导出 7.6.1 节表 7-5、表 7-6、表 7-7 中对应机构名称文献记录数据,预处理后作为三个实验数据集,即数据集 1、数据集 2、数据集 3,验证本章所提方法的有效性。导出数据的年份及机构名称数、别名对数等信息如表 8-2 所列。

导出的表 7-5、表 7-6、表 7-7 中所列机构名称更名前后 5 年内的期刊、会议类型文献记录对应的 Notefirst 格式数据,如图 8-3 所示,预处理后作为实验数据集,验证本章所提机构别名挖掘方法的有效性和优越性。

表 8-2　机构别名挖掘的数据集信息

数据集	更名年份	别名对数	对应名称数	导出文献年份	文献类型
数据集 1	2006	16	32	2003～2007	期刊、会议
数据集 2	2010	16	32	2008～2012	期刊、会议
数据集 3	2016	20	40	2013～2017	期刊、会议

```
<Title Lang="chi">定量核磁共振波谱法同时测定中药虎杖中白藜芦醇和虎杖苷的含量</Title>
<Title Lang="eng">Simultaneous Determination of Resveratrol and Polydatin in Polygonum
Cuspidatumby Quantitative Nuclear Magnetic Resonance Spectroscopy</Title>
</PrimaryTitle>
<Authors>
<Author>
<Info Lang="chi">
<FullName>禹珊</FullName>
<Organization>上海应用技术学院　化学与环境工程学院,上海,201418</Organization>
</Info>
</Author>
……
<Author>
<Info Lang="chi">
<FullName>许旭</FullName>
<Organization>上海应用技术学院　化学与环境工程学院,上海201418;中国科学院天然产物有
机合成化学重点实验室,上海200032</Organization>
</Info>
</Author>
……
```

图 8-3　导出的 NoteFirst 格式数据样例

对导出的如图 8-3 所示的 NoteFirst 格式数据,做如下预处理:

(1) 提取该 NoteFirst 格式数据中的题目、作者及其隶属机构名称数据。

(2) 只保留作者发表论文时所署名机构名称一级机构名称,并统一规范化。

(3) 鉴于有些作者同时署名两个及以上的机构名称,这里将其按照所署名机构名称数分成多条题目、作者及署名的每个机构名称数据。

(4) 统计每个作者及其署名机构名称发表论文的篇数。

经过以上几步的预处理,得到机构名称、作者及其发文数量的结构化数据。数据集 1 共

有 30812 条记录,含有 11594 个作者,32 个机构名称,对应 16 对机构别名对;数据集 2 共有 27874 条记录,含有 13407 个作者,32 个机构名称,对应 16 对机构别名对;数据集 3 共有 114413 条记录,含有 34166 个作者,40 个机构名称对应 20 对机构别名对。

8.6.2 实验方法

采用以下几种方法进行对比试验,验证本章所提出方法 MES-DST-OAM 的有效性及优越性,实验环境为 Core™ i7-4790U CPU、3.6GHz、4GB 内存的计算机,Windows 7 操作系统,仿真软件为 MATLABR2014a。对比方法具体设置如下:

方法 1:基于多重集间谷元距离的机构别名挖掘方法。根据两个不同机构名称 o_i,o_j 对应的作者多重集,计算 o_i,o_j 间的谷元距离,并与阈值比较,o_i 与 o_j 互为机构别名当且仅当两者间的谷元距离大于阈值。

方法 2:将本章所提方法中多重集间的增强相似度换成多重集间谷元距离的方法。

方法 3:将方法 1 中多重集间的谷元距离换成多重集间的增强相似度的方法。

方法 4:本章所提方法 MES-DST-OAM。

8.6.3 实验结果

采用 8.6.1 节的三个实验数据集,选取不同的相似度阈值,分别计算 8.6.2 节的几种方法得到的互为别名机构的 $F1$ 指标、查准率和查全率(定义公式见 7.6.3 节),下面分别给出它们随阈值变化的趋势曲线图。

数据集 1 的 $F1$ 指标、查准率和查全率随阈值变化的趋势曲线如图 8-4 所示。

数据集 2 的 $F1$ 指标、查准率和查全率随阈值变化的趋势曲线如图 8-5 所示。

数据集 3 的 $F1$ 指标、查准率和查全率随阈值变化的趋势曲线如图 8-6 所示。

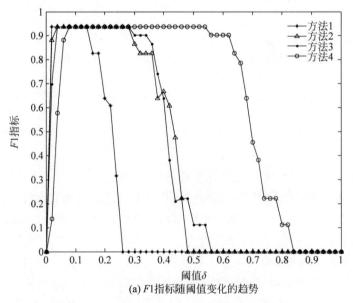

(a) $F1$指标随阈值变化的趋势

图 8-4 数据集 1 上 $F1$、P 和 R 随 δ 变化的趋势

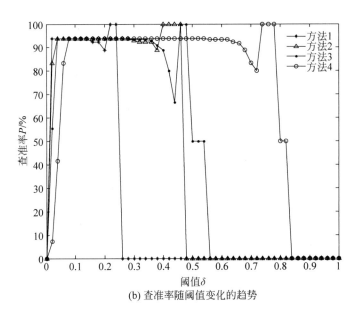

(b) 查准率随阈值变化的趋势

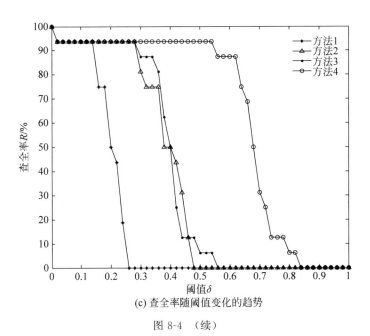

(c) 查全率随阈值变化的趋势

图 8-4 （续）

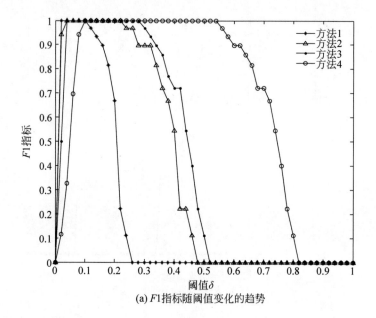

(a) $F1$指标随阈值变化的趋势

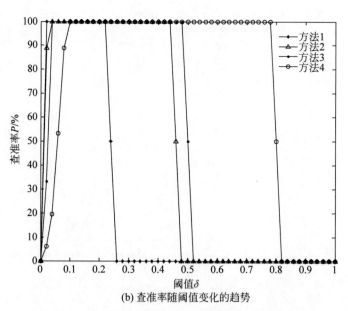

(b) 查准率随阈值变化的趋势

图 8-5　数据集 2 上 $F1$、P 和 R 随 δ 变化的趋势

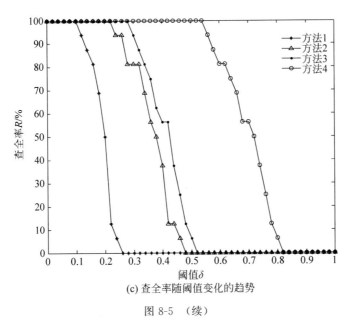

(c) 查全率随阈值变化的趋势

图 8-5　（续）

　　机构别名挖掘侧重于查全率，旨在从数据集中，挖掘出较多的机构别名对。从图 8-4、图 8-5 和图 8-6 可知：方法 1 的 $F1$ 指标、查准率和查全率随阈值变化的趋势曲线特别陡峭。方法 2 的 $F1$ 指标、查准率、查全率随阈值变化的趋势比方法 1 略缓，方法 4 的比方法 3 略缓，即数据空间转换可以降低 $F1$ 指标、查准率、查全率对阈值变化的敏感程度。方法 3 的 $F1$ 指标、查准率和查全率随阈值变化的趋势曲线比方法 1 缓了很多，说明多重集间的增强相似度较多重集间的谷元距离更能降低 $F1$ 指标、查准率、查全率对阈值变化的敏感程度。方法 4，即本章所提出的机构别名挖掘方法 MES-DST-OAM，在方法 3 的基础上引入数据空间转换，较大程度地降低了的 $F1$ 指标、查准率和查全率随阈值变化的趋势曲线。3 个数

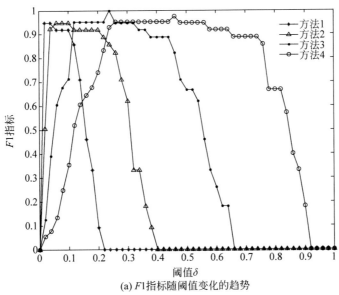

(a) $F1$ 指标随阈值变化的趋势

图 8-6　数据集 3 上 $F1$、P 和 R 随 δ 变化的趋势

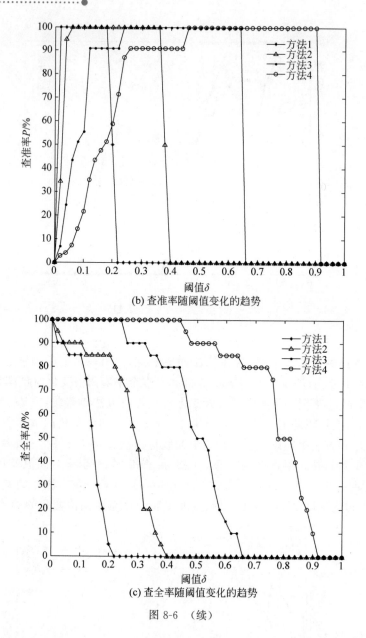

(b) 查准率随阈值变化的趋势

(c) 查全率随阈值变化的趋势

图 8-6　（续）

据集上，当 $F1$ 指标、查全率 R 满足一定条件时，几种机构别名挖掘方法对应的阈值 δ 及其变化区间如表 8-3。

表 8-3　三个数据集上 MES-DST-OAM 方法的阈值区间比较

数据集	δ 及 $F1$、R 设置	方法 1	方法 2	方法 3	方法 4
数据集 1	挖掘失效 δ	0.26	0.48	0.56	0.84
	$F1 \geqslant 0.90$	[0.02,0.14]	[0.04,0.28]	[0.04,0.34]	[0.08,0.62]
	$F1 \geqslant 0.80$	[0.02,0.18]	[0.02,0.36]	[0.02,0.36]	[0.06,0.64]
	$R \geqslant 90\%$	[0,0.14]	[0,0.28]	[0,0.28]	[0,0.54]
	$R \geqslant 80\%$	[0,0.14]	[0,0.30]	[0,0.36]	[0,0.62]

续表

数据集	δ 及 $F1$、R 设置	方法 1	方法 2	方法 3	方法 4
数据集 2	挖掘失效 δ	0.26	0.48	0.52	0.82
	$F1 \geqslant 0.90$	[0.02,0.16]	[0.02,0.26]	[0.04,0.34]	[0.08,0.62]
	$F1 \geqslant 0.80$	[0.02,0.18]	[0.02,0.34]	[0.02,0.36]	[0.08,0.66]
	$R \geqslant 90\%$	[0,0.12]	[0,0.26]	[0,0.30]	[0,0.56]
	$R \geqslant 80\%$	[0,0.16]	[0,0.32]	[0,0.34]	[0,0.62]
数据集 3	挖掘失效 δ	0.22	0.40	0.66	0.92
	$F1 \geqslant 0.90$	[0.02,0.10]	[0.04,0.20]	[0.12,0.36]	[0.24,0.64]
	$F1 \geqslant 0.80$	[0.02,0.12]	[0.04,0.26]	[0.12,0.46]	[0.22,0.76]
	$R \geqslant 90\%$	[0,0.04]	[0,0.10]	[0,0.32]	[0,0.56]
	$R \geqslant 80\%$	[0,0.10]	[0,0.22]	[0,0.44]	[0,0.74]

从表 8-3 可以看出,3 个数据集上,四种方法的机构别名挖掘失效阈值、$F1$ 指标及查全率 R 满足一定条件时,阈值及其对应区间差别较大,具体分析如下:

(1) 当阈值大于或等于 0.26 时,方法 1 的 $F1$ 指标、查准率、查全率均为 0,完全失去了机构别名挖掘能力;当 $F1 \geqslant 0.80$ 时,方法 1 的阈值区间均较窄;同时,当 $R \geqslant 80\%$ 方法 1 对应的阈值区间也较小。

(2) 当阈值大于或等于 0.48 时,方法 2 完全丧失机构别名挖掘能力,但方法 2 比方法 1 丧失机构别名挖掘能力的阈值扩大了近 2 倍。当 $F1 \geqslant 0.80$ 时,方法 2 的阈值区间比方法 1 的宽近 2 倍,方法 4 比方法 3 也扩大了近 2 倍;同时,当 $R \geqslant 80\%$ 时,方法 2 的阈值区间是方法 1 的 2 倍多。这就说明了数据空间转换对扩大阈值可选范围具有较好的效果。

(3) 当阈值大于或等于 0.66 时,方法 3 才完全失去机构别名挖掘能力,比方法 1 扩大了 2 倍多;当 $F1 \geqslant 0.80$ 时,方法 3 的阈值区间是方法 1 的 3 倍左右;同时,当 $R \geqslant 80\%$ 时,方法 3 的阈值区间是方法 1 的 3 倍左右。这就说明多重集间的增强相似度较多重集间的谷元距离具有更好的机构别名挖掘效果。

(4) 方法 4,即本章所提出的机构别名挖掘方法 MES-DST-OAM,具有最大的阈值区间;当阈值大于或等于 0.92 时,才完全失去机构别名挖掘能力;当 $F1 \geqslant 0.90$ 时,方法 4 的阈值区间比方法 1 扩大了 4 倍多,比方法 2 扩大了 2 倍多,比方法 3 也扩大了近 2 倍;当 $F1 \geqslant 0.80$ 时,方法 4 的阈值区间比方法 1 扩大了 3 倍多,比方法 2、方法 3 也扩大了近 2 倍;同时,当 $R \geqslant 80\%$ 时,方法 4 的阈值区间是方法 1 的 3 倍多,是方法 2 的 2 倍左右,是方法 3 的近 2 倍,即方法 4 具有最好的机构别名挖掘效果。

另外,从相似度的角度来说,两机构名称间的相似度值越大,认为两者对应同一机构实体越合理。从上面的实验分析可以发现,方法 1、方法 2 和方法 3 在 $F1$ 指标较大时,对应的阈值相对来说较小,而本章所提出的方法不仅效果更好,且阈值区间较大。当 $F1 \geqslant 0.80$ 时,阈值区间为 [0.25,0.62],$R \geqslant 80\%$ 时阈值区间为 [0,0.62],即阈值可在 [0.25,0.62] 范围内由用户自行设置,而无须过多调试。具体可由用户根据对查准率、查全率的需求自行选择。若需要较高的查准率,则将阈值设置大些;反之,则将阈值设置小些,因此本章所提方法更具通用性。

本章小结

本文采用文献数据库中机构名称、作者、二者之间的隶属关系以及作者署名机构名称发表论文的篇数数据，实现了机构别名的有效挖掘。主要优点有：根据文献记录中的机构名称、作者以及二者之间的隶属关系，作者署名机构名称发表论文的篇数数据，构造的机构-作者加权二部图，涵盖了全部的数据信息；定义的多重集间的增强相似度可以有效地度量机构名称对应作者多重集间的相似度程度，且较使用多重集间的谷元距离，具有更好的机构别名挖掘效果；利用多重集间的增强相似度进行数据空间转换，成功地将多重集型数据转换成了数值型数据。

本章提出的基于多重集增强相似度数据空间转换的机构别名挖掘方法，不局限于使用文献数据库中存在机构名称和作者之间隶属关系，以及作者署名机构名称发表论文的篇数数据，而适用于所有满足机构名称和作者(或员工)之间存在隶属关系，以及作者(或员工)使用机构名称次数的数据。

本章参考文献

[1] 牟廉明.有限多重集的运算及性质[J].内江师范学院学报,2009,24(4)：5-8.
[2] Blizard W. Multiset Theory[J]. Notre Dame Journal of Formal Logic,1989,30(1)：36-66.
[3] 吕晓芳.建立在多重集合上的笛卡儿积[J].牡丹江师范学院学报(自然科学版),2007,4：2-3.
[4] 李智明,张长城.关于分配问题的一点注记[J].高等数学研究,2009,12(1)：89-92.

第**9**章

基于合作作者和隶属机构信息的姓名消歧

9.1 引言

由于中国人口众多,可用作姓名的汉字数有限以及姓氏的地域分布极度不均衡等原因,造成中国人相同姓名对应不同人的问题十分突出,即姓名歧义问题。姓名消歧一直是研究的热点,基于 DISTINCT 姓名消歧方法使用信息较多,缺乏普适性,而 GHOST 姓名消歧方法无法实现无合作作者的姓名消歧,本章提出一种基于合作作者和隶属机构信息的姓名消歧(Co-Author and Affiliate-Based Name Disambiguation,CoAAND)方法。该方法根据作者之间的合作关系以及作者与机构之间的隶属关系,构造实体关系图;定义顶点间的有效路径;根据两个待消歧顶点间有效路径的数目、长度以及路径上边的类型,计算连接强度;通过比较连接强度和阈值的大小,实现姓名消歧。

9.2 实体关系图构造

将包括论文题目(或编号)、作者姓名及其隶属机构名称信息的文献记录数据表示成图 $G=(V,E)$。其中,V 为顶点的集合,$V=A \cup O$ 且 $A \cap O=\varnothing$,$A=\{a_1,a_2,\cdots,a_i,\cdots,a_n\}$ 为作者集合(消歧时,将待消歧作者的姓名加编号区分),i,n 为正整数且 $n=|A|$,a_i 为作者的姓名或待消歧姓名编号;$O=\{o_1,o_2,\cdots,o_k,\cdots,o_m\}$ 为作者隶属的机构集合,k,m 为正整数且 $m=|O|$,o_k 为机构名称。E 为边的集合,$E=E_a \cup E_o$,且 $E_a=\{\langle a_i,a_j \rangle | a_i,a_j \in A,\langle a_i,a_j \rangle \in q(a_i,a_j),0<i,j \leqslant n\}$ 为合作关系类型边的集合,$q(a_i,a_j)$ 表示 a_i 和 a_j 之间存在合作关系,$E_o=\{\langle a_i,o_k \rangle | a_i \in A,o_k \in O,\langle a_i,o_k \rangle \in p(a_i,o_k)\},0<i \leqslant n,0<k \leqslant m\}$ 为隶属关系类型边的集合,$p(a_i,o_k)$ 表示 a_i 和 o_k 之间存在隶属关系。另外,为每条边定义一个标签 E_{ij},对于合作关系类型边,标签 $E_{ij}=S_{ij}$ 表示作者 a_i 和 a_j 合作过的所有论

文的集合；对于隶属关系类型的边,标签 $E_{ij}=s$ 表示作者 a_i 及其隶属机构 o_j 之间的边上的标签,且定义 $s=\{1,0\}$。例如,对表 9-1 所列的论文、作者及其隶属机构记录,可构造如图 9-1 所示的实体关系图。

表 9-1 论文、作者及其隶属机构样例

论文	作者(隶属机构)	论文	作者(隶属机构)
p_1	李娜(o_1),魏永巨(o_1),秦身钧(o_1)	p_7	李一凡(o_2),张银霞(o_2),王红(o_2)
p_2	李娜(o_1),魏永巨(o_1),秦身钧(o_1),张玉平(o_1)	p_8	王亮(o_2),李一凡(o_2),张银霞(o_2)
p_3	李艳廷(o_1),魏永巨(o_1),秦身钧(o_1),申金山(o_1)	p_9	李娜(o_3)
p_4	李娜(o_1),李一凡(o_2)	p_{10}	李娜(o_3)
p_5	李娜(o_1),李一凡(o_2),张银霞(o_2),王红(o_2)	p_{11}	李娜(o_4)
p_6	李娜(o_1),李一凡(o_2),冯丽佳(o_2),张志霞(o_2)	p_{12}	李娜(o_5)

注：o_1 为河北师范大学化学学院；o_2 为河北政法职业学院；o_3 为河北师范大学法政学院；o_4 为河北师范大学；o_5 为河北师范大学文学院。

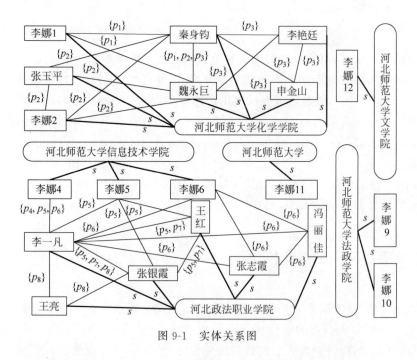

图 9-1 实体关系图

图 9-1 中,"李娜"是待消歧姓名,在"李娜"后边加编号以区分待消歧姓名,即{李娜 1,李娜 2,李娜 4,李娜 5,李娜 6,李娜 9,李娜 10,李娜 11,李娜 12}。

假设作者的研究兴趣及其隶属机构不变,那么该作者一定有相对稳定的科研团队(即相对固定的合作作者)。若两个待消歧姓名不是同一人,那么他们的合作作者极有可能没有交叉,隶属机构也可能不同,在实体关系图中,他们之间几乎没有路径连接。同一机构出现两个完全相同姓名的作者的概率很小,即便是院校等较大的机构,将机构名称粒度具体到院系,甚至教研室,依然可以降低这一概率。若两个待消歧姓名是同一人,那么他们一般会有相同的隶属机构和共同的合作作者集合,在实体关系图中,会有路径连接,且路径数越多、长度越短,两者是同一人的可能性越大。鉴于待消歧同名作者的合作作者亦是同名不同人的可能性很小,在此不予考虑。

9.3 有效路径选择

实体关系图中,路径存在与否直接影响两个顶点间的关联性;两个作者顶点间的路径长度、数目直接反应了作者间的相关程度。姓名消歧便是根据待消歧作者间的路径存在与否,以及存在路径时,路径的数目、长度实现的。然而,并非作者间的路径都是有效的,如含有回路的路径,定义 9-1 给出有效路径的定义。

定义 9-1　有效路径[1] 对于实体关系图中任意两个顶点 a_1 和 a_n(n 为正整数),P 为它们之间的一条无回路路径,记 $A = \{a_1, a_2, \cdots, a_i, \cdots, a_n\}$ 为路径 P 上的顶点序列,E_{ij}($i \neq j$)为顶点 a_i 和 a_j 之间的边上的标签(由 9.1 节构造的实体关系图知,$E_{ij} = S_{ij}$ 或 $E_{ij} = \{0, 1\}$)。记路径 P 中以 a_i($1 \leqslant i \leqslant (n-2)$)为起点,$a_{i+1}$ 为 a_i 的下一顶点,a_{i+2} 为 a_{i+1} 的下一顶点,则有效路径为满足如下任一条件的路径:

(1) $|E_{i(i+1)}| \neq 1$ 或 $|E_{(i+1)(i+2)}| \neq 1$。

(2) 若 $|E_{i(i+1)}| = 1$,$|E_{(i+1)(i+2)}| = 1$,则 $E_{i(i+1)} \neq E_{(i+1)(i+2)}$。

其中,$|E_{i(i+1)}|$,$|E_{(i+1)(i+2)}|$ 分别为标签 $E_{i(i+1)}$,$E_{(i+1)(i+2)}$ 对应集合的基;$E_{i(i+1)} \neq E_{(i+1)(i+2)}$ 为标签对应的集合不相等,即集合中的元素不完全相同。

根据构造实体关系图的过程不难发现,对于任意两个作者 a_i 和 a_j,如果两者都与 a_t 相连(a_i、a_j 和 a_t 合作完成了论文 p_c),且边上标签的合作作者集合 S_{it} 和 S_{jt} 中都只有 p_c,那么 a_i 和 a_j 边上的标签 S_{ij} 一定含有 p_c[1]。例如,图 9-2 中,"秦身钧"和"李艳廷"仅合作完成了 p_3,"李艳廷"和"魏永巨"仅仅合作完成了 p_3,则可以推断"秦身钧"和"魏永巨"也合作完成了 p_3。显然,路径"秦身钧-李艳廷-魏永巨"与路径"秦身钧-魏永巨"相比存在冗余。另外,仅仅合作一次对连接强度的贡献较小,用于度量同名作者对应同一人与否不准确,也存在风险(合作作者亦是同名不同人),影响姓名消歧效果。反之,若一条路径上标签对应集合的基数大于 1,即若两个作者合作过两篇及以上论文,说明对应顶点上的两个作者合作频繁,具有更稳定的合作关系;若是作者与机构的隶属关系类型的边,因前面已经假设作者的隶属机构不变,故认为其是有效路径也是合理的。

采用广度优先搜索策略搜索图中两顶点间的有效路径,基于广度优先搜索的时间复杂度为 $O(|V| + |E|)$,其中,$|V|$ 为顶点数,$|E|$ 为边数,如果待消歧姓名的个数为 r,则两两之间共有 $r(r-1)/2$ 对,对应的时间复杂度为 $O((|V| + |E|)r^2)$。事实上,一篇论文的合作作者一般为 4 个左右,且路径越长,搜索的时间复杂度越高,而对消歧的贡献越小。已知"六度分割理论",即任何两个陌生人之间,最多通过六个

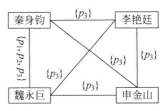

图 9-2　实体关系图示例

人便能够互相认识对方[2]。可见,路径过长可能不仅不会提高姓名消歧效果,反而可能降低消歧效果。因此,在几乎不影响消歧效果的前提下,可以限定路径长度以提高搜索效率。

9.4 连接强度计算

在实体关系图中,通常两顶点之间路径的长度越短、数目越多,两顶点间的关联性越强[3]。对于本章的实体关系图,两个待消歧姓名之间的有效路径长度越短、数目越多,两者是同一人的可能性越大。基于 DISTINCT 姓名消歧方法没有考虑边的类型,而 GHOST 姓名消歧方法只有合作关系类型的边,无须考虑。本章含有合作关系和隶属关系两种类型的边,因此,有必要对边的类型加以区分以计算连接强度。

9.4.1 连接强度

连接强度是两个顶点之间全部有效路径的路径连接强度之和,下面给出连接强度的形式化定义。

定义 9-2 连接强度(Connection Strength) 记 R_L 为顶点 a_i 和 a_j 间全部有效路径的集合,P 为 a_i 和 a_j 间的任意一条有效路径,$P \in R_L$,cs_P 为路径 P 的连接强度,则 a_i 和 a_j 间的连接强度 $cs(a_i, a_j)$ 为 a_i 和 a_j 间的全部有效路径的连接强度之和,即

$$cs(a_i, a_j) = \sum_{P \in R_L} cs_P \tag{9-1}$$

式(9-1)中,路径 P 的连接强度 cs_P 为该路径的路径概率 p_P 与路径权重 w_P 的乘积,即

$$cs_P = w_P \cdot p_P \tag{9-2}$$

式(9-2)中,路径概率 p_P 由路径 P 所含顶点数、与顶点连接的边的类型及数目决定;路径权重 w_P 直接反应该路径对两个顶点之间连接强度的重要程度,其大小由路径 P 所含的边数决定。

9.4.2 路径概率

路径概率是由路径所含顶点数、与顶点连接的边的类型及数目决定。路径越短,与路径上的顶点连接的边的类型及数目越少,路径概率越大。

文献[4]提出了路径传播概率,不区分边的类型,根据与当前顶点所连边数计算选择某个邻接顶点的正向概率,并根据与该邻接顶点所连边数计算到当前顶点的反向概率。如图 9-3 所示的路径 $P: a_i - a_j - a_e$,正向概率 $p(a_i - a_j) = 1/5$,$p(a_j - a_e) = 1/4$,则 $p(P) = p(a_i - a_j) \, p(a_j - a_e) = 1/20$,反向概率 $p'(a_j - a_i) = 1/4$,$p'(a_e - a_j) = 1/2$,则 $p'(P) = p'(a_j - a_i) p'(a_e - a_j) = 1/8$。

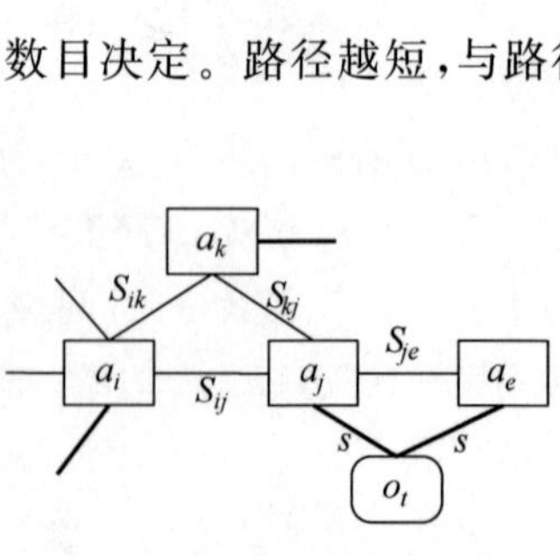

事实上,图 9-3 中,若 a_i, a_k, a_j, a_e 分别为作者姓名顶

图 9-3 合作作者及其隶属机构关系示意图

点，o_t 为机构顶点，该图中有两种不同类型的边，边上有 S_{ik}，S_{kj}，S_{ij}，S_{je} 为合作关系类型的边，边上有 s 的为隶属关系类型的边。因反向概率计算复杂度高且贡献较小，不予考虑。计算路径概率时，只考虑与当前顶点到下一顶点类型相同的边数，即计算 $a_i - a_j$ 的概率时，$p(a_i - a_j) = 1/4$，而非 $1/5$，同样，$p(a_j - a_e) = 1/3$，则 $p(P) = p(a_i - a_j)p(a_j - a_e) = 1/12$。定义 9-3 给出路径概率的形式化定义。

定义 9-3 路径概率(Path Possibility) 对于实体关系图中任意两个顶点 a_1 和 a_n，P 为 a_1 到 a_n 的任一有效路径，$A = \{a_1, a_2, \cdots, a_i, \cdots, a_n\}$ 为路径 P 上的顶点序列，$S = \{s_c, s_a\}$ 为实体关系图中关系类型的集合，s_c, s_a 分别是两种不同的关系类型；记路径 P 中以 $a_i(1 \leqslant i \leqslant (n-1))$ 为起点，a_{i+1} 为 a_i 的下一顶点的边的关系类型为 s_t，$s_t \in S$，$N(a_i, s_t)$ 为与顶点 a_i 连接关系类型为 s_t 的边数，则路径 P 的路径概率为

$$p_P = \prod_{a_i \in A - a_n, s_t \in S} \frac{1}{N(a_i, s_t)} \tag{9-3}$$

式(9-3)中，a_i 为作者或机构顶点，s_c 为合作关系类型，s_a 为隶属关系类型。

9.4.3 路径权重

路径权重是一条路径对连接的两个顶点之间连接强度的重要程度，大小由其所含边数决定。下面给出路径权重的形式化定义。

定义 9-4 路径权重(Path Weight) 实体关系图中，$S = \{s_c, s_a\}$ 为边的关系类型集合，s_c, s_a 分别是两种不同的关系类型，P 为任一有效路径，记 n_c, n_a 分别为路径 P 上关系类型为 s_c, s_a 的边数，则 P 的路径权重为

$$w_P = \frac{1}{n_c + n_a} \tag{9-4}$$

由式(9-4)可知，路径权重与路径上所有关系类型的边数之和成反比，即路径越长，路径权重越小，对连接强度的贡献越小。例如，图 9-3 中，作者 a_i 和 a_e 之间共 4 条路径，即 $P_1(a_i - a_k - a_j - o_t - a_e)$，$P_2(a_i - a_k - a_j - a_e)$，$P_3(a_i - a_j - o_t - a_e)$，$P_4(a_i - a_j - a_e)$，则每条路径对应的路径权重分别为：$w_{p1} = 1/4$，$w_{p2} = 1/3$，$w_{p3} = 1/3$，$w_{p4} = 1/2$。

9.5 姓名消歧步骤及算法描述

本节给出 CoAAND 姓名消歧方法的消歧步骤及算法描述。

9.5.1 姓名消歧步骤

CoAAND 姓名消歧方法的消歧步骤如下：
步骤 1：根据作者间的合作关系、作者与机构间的隶属关系，构造实体关系图。
步骤 2：搜索实体关系图中待消歧姓名之间的有效路径。
步骤 3：根据两个待消歧姓名之间的有效路径数目、长度等，计算两者之间的连接强度。

步骤 4：比较两个待消歧姓名之间的连接强度与阈值的大小，实现姓名消歧。

9.5.2　姓名消歧算法描述

CoAAND 算法的伪代码如表 9-2 所列。

表 9-2　CoAAND 算法的伪代码

输入：含有题目(编号)、作者及其隶属机构的文献记录数据、阈值 δ 和待消歧姓名的数目 m
输出：对应同一人的类簇集合 C

1. 根据输入的数据，构造实体关系图；
2. **For** ($i = 1:m$)
3. 　　**For** ($j = (i+1):m$)
4. 　　　　搜索 a_i, a_j 间的有效路径，并存入有效路径集合 R_L；
5. 　　　　依据 R_L 计算 a_i, a_j 间的连接强度 $sim(a_i, a_j)$；//可得连接强度矩阵 **sim**
6. 　　**End**
7. 　　按行归一化得到的连接强度矩阵 **sim**，即令 SMin 为第 i 行的最小值，SMax 为第 i 行的最大值，则第 i 行的第 j 个元素 SIM(a_i, a_j) = SMinXsim(a_i, a_j)/(SMax − SMin)；
8. 　　**For** ($j = (i+1):m$)
9. 　　　　**If** SIM(a_i, a_j)> δ
10. 　　　　　　将(a_i, a_j)添加到对应同一人的作者对集合 Pairs 中；
11. 　　　　**End**
12. 　　**End**
13. **End**
14. 对作者对集合 Pairs 进行闭包运算，分别得到对应同一人的类簇，并存入 C；
15. **Return** C

表 9-2 中，第 1 行根据输入的含有题目(编号)、作者及其隶属机构数据，构造实体关系图；第 3~6 行循环计算第 i 个待消歧姓名与后续其他待消歧姓名之间的连接强度；第 7 行按行归一化第 i 个待消歧姓名与其他待消歧姓名之间的连接强度；第 8~12 行通过比较归一化后的连接强度与阈值大小，进行消歧；第 14 行对对应同一人的姓名对进行闭包运算，得到对应同一人的类簇，并存入集合 C；第 15 行返回对应同一人的类簇的集合 C，即姓名消歧结果。

图的顶点数和边数分别为 $|V|$ 和 $|E|$，宽度优先搜索的时间复杂度为 $O(|V|+|E|)$，待消歧姓名数为 m，则算法的时间复杂度为 $O(m^2 * (|V|+|E|))$；采用矩阵存储图，算法的空间复杂度为 $O((|V|+|E|)^2)$。

9.6　实验验证

设置与 DISTINCT 姓名消歧方法及 GHOST 姓名消歧方法的对比实验，验证所提姓名消歧方法 CoAAND 的有效性。采用广度优先搜索策略搜索图中两顶点间的有效路径，并将有效路径的长度设置为"3"，主要原因有：(1)因路径越长，搜索的时间复杂度越高，而对消歧的贡献却较小。（2）根据"六度分割理论"[2]可知，路径过长可能会降低消歧效果。

9.6.1 实验数据

为了验证 CoAAND 方法的有效性，需要待消歧姓名的类标号以便与之比较。从万方数据库获取"李丹、李强、李伟、王鹏、王伟、王艳、杨静、张慧、张静、张伟"这 10 个姓名的文献记录，并标注类标号，具体处理如下：

（1）从万方数据库中直接导出这些姓名对应的文献记录，然后根据原始论文中作者的合作作者、邮箱、机构、性别、出生年份、籍贯以及研究方向等，一一标注类标号，并删除无法确定类标号的记录。

（2）因有效路径长度为 3，则需导出（1）中待消歧姓名的合作作者文献记录，如：a_1 和 a_2 是对应同一人的相同姓名，a_1 仅和 b 合作写过论文，a_2 仅和 c 合作写过论文，但 b 和 c 也合作写过论文，那么顶点 a_1 和 a_2 之间便有路径"a_1-b-c-a_2"，且路径长度为 3，中间有两个作者顶点 b 和 c。

（3）将从万方数据库中导出的这些文献记录信息进行预处理，得到"题目（编号）-作者-机构"的结构化形式，同时，将作者的隶属机构名称保留到二级子机构，如大学的机构名称保留到院系级别；对于只署名一级机构名称的，则全部保留；而对于作者署名多个机构名称的情况，全部保留。

经过以上处理，得到如表 9-3 所列的待消歧姓名信息，作为 10 个不同的数据集，验证本章所提姓名消歧方法的有效性和优越性。

表 9-3 含没有合作作者的待消歧姓名信息

数据集	姓名	论文数	作者实体数	合作作者数	机构数
数据集 1	李丹	74	20	881	227
数据集 2	李强	44	11	506	173
数据集 3	李伟	71	16	1723	537
数据集 4	王鹏	23	8	317	61
数据集 5	王伟	146	25	1666	373
数据集 6	王艳	25	8	255	68
数据集 7	杨静	150	10	1026	212
数据集 8	张慧	50	14	574	160
数据集 9	张静	48	12	440	137
数据集 10	张伟	40	5	261	60

表 9-3 中，第 2、3、4 列分别为待消歧的姓名、包含的论文数（每篇论文对应一个待消歧姓名）以及对应的作者实体数，第 5 列为他们的合作作者数，第 6 列为作者及其合作作者的隶属机构数。

因 GHOST 方法不适用于无合作作者的姓名消歧，在删除表 9-3 中的无合作作者的记录后，得到表 9-4 所列的待消歧姓名信息。

表 9-4 中的数据集只用于验证 GHOST 方法的有效性。因 GHOST 方法仅使用了合作作者信息,表 9-4 中的最后一列机构数无用,但为了与表 9-3 的形式保持一致,表 9-4 依然保留该列的机构数信息。

表 9-4　不含没有合作作者的待消歧姓名信息

数据集	姓名	论文数	作者实体数	合作作者数	机构数
数据集 1	李丹	74	20	881	227
数据集 2	李强	34	10	506	172
数据集 3	李伟	60	15	1723	537
数据集 4	王鹏	20	7	317	60
数据集 5	王伟	135	25	1666	373
数据集 6	王艳	21	7	255	60
数据集 7	杨静	145	9	1026	211
数据集 8	张慧	36	13	574	159
数据集 9	张静	36	10	440	135
数据集 10	张伟	39	5	261	60

9.6.2　实验方法

为了验证本章所提姓名消歧方法 CoAAND 的有效性,分别与 DISTINCT 方法和 GHOST 方法进行比较。实验环境为 Core^{TM} i7-4790U CPU、3.6GHz、4GB 内存的计算机,Windows 7 操作系统,仿真软件为 MATLABR2014a。具体对比实验方法设置如下:

方法 1:文献[4]的 DISTINCT 方法。

首先,将数据库表示成图;然后根据邻接元组之间的相似性,以及图中两条记录之间的随机游走概率,度量两条记录之间的相似性;再用 SVM 训练得到邻接元组间的不同连接类型的边的权重,得到待消歧姓名对应的两条记录之间的相似度;最后采用凝聚层次聚类实现姓名消歧。

方法 2:文献[1]的 GHOST 方法。

首先,将数据库表示成图;然后广度优先搜索待消歧姓名(编号)之间的有效路径;再根据定义的图中两顶点间的并联电阻相似度公式,计算待消歧姓名之间的相似度;最后采用近邻传播聚类实现姓名消歧。

方法 3:本章所提的 CoAAND 方法。

9.6.3　实验结果

对 9.6.1 节的 10 个实验数据集,分别用 DISTINCT、GHOST 和 CoAAND 姓名消歧方法构造图,图中包含的顶点数和边数信息如表 9-5 所列。

表 9-5 10 个数据集上三种姓名消歧方法对应的图规模

数据集	姓名	方法	顶点数	边数	数据集	姓名	方法	顶点数	边数
数据集 1	李丹	DISTINCT	1108	4220	数据集 6	王艳	DISTINCT	323	1046
		GHOST	881	2678			GHOST	255	581
		CoAAND	1108	4220			CoAAND	323	1046
数据集 2	李强	DISTINCT	679	3083	数据集 7	杨静	DISTINCT	1238	4992
		GHOST	506	2188			GHOST	1026	2677
		CoAAND	679	3083			CoAAND	1238	4992
数据集 3	李伟	DISTINCT	2260	8142	数据集 8	张慧	DISTINCT	734	3480
		GHOST	1723	5274			GHOST	547	2193
		CoAAND	2260	8142			CoAAND	734	3480
数据集 4	王鹏	DISTINCT	378	1257	数据集 9	张静	DISTINCT	577	2110
		GHOST	317	798			GHOST	440	1166
		CoAAND	378	1257			CoAAND	577	2110
数据集 5	王伟	DISTINCT	2039	6916	数据集 10	张伟	DISTINCT	321	1035
		GHOST	1666	4155			GHOST	261	551
		CoAAND	2039	6916			CoAAND	321	1035

由表 9-5 可知,因 CoAAND 方法较 GHOST 方法增加了作者的隶属机构信息,图的规模比 GHOST 方法增大了;又因为 DISTINCT 方法只用合作作者及作者的隶属机构信息,而没有使用更多的期刊、出版地等属性信息,故 DISTINCT 方法构造的图规模和 CoAAND 方法相同。

对 9.6.1 节的数据,分别采用 9.6.2 节的 DISTINCT、GHOST 以及 CoAAND 三种姓名消歧方法进行消歧,消歧效果用 7.6.3 节的评价名称分辨效果的查准率、查全率和 $F1$ 指标进行衡量,并独立运行十次选取 $F1$ 指标的均值,计算十次的方差,实验结果如表 9-6 所列。

表 9-6 不同方法的姓名消歧结果

数据集	姓名	方法	查准率/%	查全率/%	$F1$ 指标
数据集 1	李丹	DISTINCT	98.78±3.39	28.08±1.97	0.4370±0.0249
		GHOST *	45.21±4.44	48.66±1.25	0.4677±0.0259
		GHOST	46.62±4.20	48.93±0.87	0.4766±0.0235
		CoAAND	100.00±0	92.41±0	0.9606±0
数据集 2	李强	DISTINCT	89.12±11.52	39.11±8.22	0.5412±0.0926
		GHOST *	42.40±4.62	81.16±5.33	0.5559±0.0467
		GHOST	59.66±3.99	95.66±1.41	0.7342±0.0321
		CoAAND	100.00±0	100.00±0	1±0
数据集 3	李伟	DISTINCT	100.00±0	34.30±2.82	0.5102±0.0314
		GHOST *	39.99±3.61	46.09±2.24	0.4276±0.0265
		GHOST	52.13±2.42	60.24±1.57	0.5586±0.0158
		CoAAND	100.00±0	100.00±0	1±0
数据集 4	王鹏	DISTINCT	94.55±9.54	49.00±9.22	0.6413±0.0919
		GHOST *	20.22±8.66	23.50±5.68	0.2143±0.0700
		GHOST	28.84±10.82	27.81±7.43	0.2808±0.0823
		CoAAND	100.00±0	97.50±0	0.9873±0

续表

数据集	姓名	方法	查准率/%	查全率/%	F1指标
数据集5	王伟	DISTINCT	92.98±2.78	22.66±0.69	0.3643±0.0100
		GHOST*	42.57±2.13	53.88±1.43	0.4753±0.0160
		GHOST	47.38±2.45	58.94±1.23	0.5250±0.0178
		CoAAND	80.10±0	84.93±0	0.8245±0
数据集6	王艳	DISTINCT	96.80±10.12	54.77±13.57	0.6925±0.1230
		GHOST*	24.73±3.61	79.77±2.50	0.3761±0.0404
		GHOST	31.31±4.87	84.75±3.62	0.4554±0.0544
		CoAAND	100.00±0	79.55±0	0.8861±0
数据集7	杨静	DISTINCT	96.94±2.45	6.46±0.35	0.1211±0.0061
		GHOST*	93.03±0.25	97.77±0.10	0.9534±0.0014
		GHOST	93.52±0.20	98.35±0.05	0.9588±0.0010
		CoAAND	100.00±0	100.00±0	1±0
数据集8	张慧	DISTINCT	95.43±9.75	46.11±7.26	0.6204±0.0828
		GHOST*	36.84±3.84	64.74±3.82	0.4680±0.0289
		GHOST	63.30±8.30	85.63±2.63	0.7249±0.0559
		CoAAND	100.00±0	98.95±0	0.9947±0
数据集9	张静	DISTINCT	99.30±1.57	39.48±4.16	0.5640±0.0424
		GHOST*	41.56±5.07	73.10±3.17	0.5283±0.0430
		GHOST	77.44±5.76	90.69±5.15	0.8350±0.0522
		CoAAND	96.43±0	93.10±0	0.9474±0
数据集10	张伟	DISTINCT	100.00±0	37.64±2.10	0.5466±0.0220
		GHOST*	73.49±3.70	48.63±1.18	0.5849±0.0137
		GHOST	80.00±4.50	51.34±0.36	0.6250±0.0141
		CoAAND	100.00±0	100.00±0	1±0

注：GHOST* 和 GHOST 分别为表 9-3 和表 9-4 数据集上的消歧结果。

由表 9-6 可以看出，CoAAND 方法的 F1 指标远大于 DISTINCT 方法和 GHOST 方法，查全率最大，查准率也较高。为进一步说明 CoAAND 方法的有效性和优越性，表 9-7 列出了 10 个待消歧姓名的平均查准率、查全率及 F1 指标。

表 9-7　10 个数据集上几种方法的平均指标值

方法	查准率/%	查全率/%	F1指标
DISTINCT	99.13	39.06	0.5378
GHOST*	44.78	60.44	0.4955
GHOST	58.18	69.18	0.6158
CoAAND	97.65	94.64	0.9601

从表 9-7 不难发现，CoAAND 方法的优越性突出。GHOST 方法的实验效果略好于 DISTINCT 方法，而两者都远差于 CoAAND 方法，主要因为：(1)有效路径长度强制设定为"3"，不能完全发挥合作者之间的合作关系作用，即 GHOST 方法不能发挥其最优性能。(2)所选数据只涵盖了待消歧同名作者文献记录及其合作作者的合作作者文献记录，信息量有限，而 DISTINCT 方法若要发挥其最优性能，需要期刊、出版地等更多的信息，故

DISTINCT 方法也不能达到其最优性能。即便是在信息受限的情况下,本章所提的 CoAAND 方法依然具有较好的姓名消歧效果,这更说明了 CoAAND 方法的优越性。

根据实验可得 CoAAND 方法的最优 $F1$ 指标、最优 $F1\pm0.05$ 以及 $F1>0.70$ 的阈值区间,如表 9-8 所列。

表 9-8　CoAAND 方法的最大 $F1$ 指标及阈值区间列表

数据集	作者	最优 $F1$	最优 $F1\pm0.05$ 的阈值区间	$F1>0.70$ 的阈值区间
数据集 1	李丹	0.9606	[0.60,0.85]	[0.15,0.95]
数据集 2	李强	1	[0.00,0.65]	[0.00,0.95]
数据集 3	李伟	1	[0.20,0.85]	[0.05,0.95]
数据集 4	王鹏	0.9873	[0.00,0.90]	[0.00,0.90]
数据集 5	王伟	0.8245	[0.20,0.75]	[0.15,0.95]
数据集 6	王艳	0.8861	[0.15,0.55]	[0.15,0.95]
数据集 7	杨静	1	[0.05,0.95]	[0.00,0.95]
数据集 8	张慧	0.9947	[0.05,0.80]	[0.00,0.95]
数据集 9	张静	0.9474	[0.05,0.20]	[0.05,0.40]
数据集 10	张伟	1	[0.00,0.35]	[0.00,0.75]

从表 9-8 可以看出,大部分姓名消歧作者所对应的较优阈值区间都包含[0.05,0.50]区间。因此,对于未知的同名作者进行消歧,可以将阈值设置为[0.05,0.50]的区间内的某个值。具体设置多大,由用户根据其对查准率和查全率的要求而定,若需要较高的查准率,则设定较大的阈值,反之则设定较小的阈值。

本章小结

本章根据作者的合作作者、作者所隶属的机构信息,提出了一种基于合作作者和隶属机构信息的姓名消歧方法,实现了同名作者的姓名消歧。该方法的主要优点如下:根据文献记录中作者间的合作关系、作者与机构间的隶属关系数据,构造实体关系图,涵盖了全部关系信息;根据图中两个待消歧姓名之间的路径数目、长度及边的类型,定义了连接强度,且较好地量了两者之间相似程度;通过设定阈值,得到对应同一人的两两姓名对,并进行闭包运算,实现了同名作者的高效消歧。另外,该方法还可以实现无合作作者的姓名消歧,较 GHOST 姓名消歧方法更具普适性。

但是,该方法尚存在一定的局限性,如对于不同的同名作者进行消歧时,阈值的设定很难保证达到最优消歧效果;当对待消歧作者所署名机构名称粒度过粗,而该作者又无合作作者的时,不能有效实现姓名消歧。

本章参考文献

[1]　Fan X M,Wang J Y,Pu X,et al. On Graph-Based Name Disambiguation[J]. ACM Journal of Data and Information Quality,2011,2(2):1-23.

［2］ Jeffrey T,Stanley M. An Experimental Study of the Small World Problem［J］. Sociometry,1969,
32(4): 425-443.

［3］ Tan M C,Diao X C,Cao J J, et al. Relationship Type Based Connection Strength Model for
Relationship-based Entity Resolution［J］. Journal of Computational Information Systems,2015,11
(16): 5947-5957.

［4］ Yin X X,Han J W,Philip S Y. Object Distinction: Distinguishing Objects with Identical Names［C］.
Proceedings of International Conference on Data Engineering,2007,1242-1246.

第10章

面向XML数据实体分辨的树相似度

10.1　引言

　　XML 实体通常具有丰富的结构信息,因此它的分辨方法和结构化数据的分辨方法具有较大的差异。现有的 XML 实体分辨方法主要针对结构信息或文本信息,结合文本相似度和结构相似度的研究较少,分辨准确性较低。针对已有方法的不足,本章研究结合文本和结构相似度的分辨方法。将文本相似度引入扩展子树中,对扩展子树的步骤 1 和步骤 4 进行改进。当节点名相似度大于给定阈值即建立映射,通过聚合映射的各子节点的文本相似度计算映射的文本相似度,再结合映射的文本相似度和权重计算实体的相似度。

10.2　树相似度

　　树编辑距离利用插入、删除和更新三个编辑操作将一棵树转换为另一棵树。Tai 定义映射表示转换的编辑操作序列,映射是 (i_p, i_q) 形式的有序整数集合,其中 i_p 和 i_q 分别是树 T^p 和 T^q 的节点索引,采用后序遍历形式对节点进行编号,(i_p, i_q) 表示节点 $t_{i_p}{}^p$ 被映射到节点 $t_{i_p}{}^q$。

　　Shahbazi 等人指出映射 (i_p, i_q) 和 (j_p, j_q) 必须满足三个条件[2]:

　　(1) 一一映射,即 $i_p = j_p$ 当且仅当 $i_q = j_q$;

　　(2) 兄弟顺序保持,即 $i_p > j_p$ 当且仅当 $i_q > j_q$;

　　(3) 祖先顺序保持,即 $t_{i_p}{}^p$ 是 $t_{j_p}{}^p$ 的祖先,当且仅当 $t_{i_q}{}^q$ 是 $t_{j_q}{}^q$ 的祖先。

　　树编辑距离、多集距离、路径距离和熵距离均需满足映射的一一映射和顺序保持条件,然而在图 10-1(a)所示的情况中,假设 $|T^u|$ 和 $|T^x|$ 远大于 1(此时根节点对树相似度的影响

可忽略)且 $|T^u| = |T^x|$,由于一一映射,T^p 中的 T^u 已经映射到 T^q 中的 T^u,因此无论 T^u 和 T^x 是完全相同或是完全不同,以上几种相似度算法都不会在 T^u 和 T^x 之间建立映射,导致相似度始终为 0.667。在图 10-1(b)所示的情况中,假设 $|T^u|$、$|T^x|$ 和 $|T^y|$ 相等,且远大于 1,由于保序映射,T^p 中的 T^u 已经映射到 T^q 中的 T^u,因此无论 T^x 和 T^y 是完全相同或是完全不同,以上几种相似度算法都不会在 T^x 和 T^y 之间再建立映射,导致相似度始终为 0.5[2]。

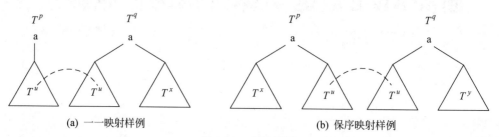

(a) 一一映射样例   (b) 保序映射样例

图 10-1 映射样例

文献[2]进一步指出 m 个节点组成的子树映射相比 m 个离散节点组成的映射对于树相似度的重要性更大,树编辑距离尤其是孤立子树距离,无法考虑这种情况。另外,路径和熵距离将树转换为路径集合,无法体现树的特点。

针对已有树相似度的不足,文献[2]泛化了编辑操作及映射条件,提出了 4 条映射规则,以及相应的树相似度:扩展子树。规则 1 为不仅映射完全相同的单个节点,还映射完全相同的子树。运用规则 1 可提高大子树的权重,因为在树相似度的计算中子树的权重应比单节点的权重高,且子树越大,权重应越高;规则 2 为树的对应子树不能被重复映射,即若两棵树建立映射,则它们的所有对应子树已经建立映射,由于扩展子树仅对大子树感兴趣且子树的作用已在包含它的大子树中体现,因此无须再重复考虑子树的映射;规则 3 为一对多映射,一棵子树可以映射到多棵子树,也可被多棵子树映射;规则 4 对各子树的映射权重进行加权得到树的相似度。

为进一步说明规则 2,采用文献[2]中的例子,如图 10-2 所示。

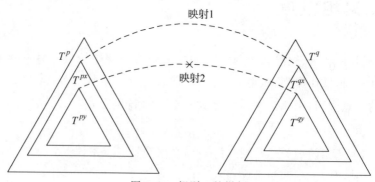

图 10-2 规则 2 的样例

图 10-2 中,映射 2 为无效映射,即在树 T^{px} 和 T^{qx} 之间建立映射 1 后,它们的子树 T^{py} 和 T^{qy} 之间的映射 2 为无效映射,因为映射 2 的作用已在映射 1 中体现。

为进一步说明规则 3,仍然用文献[2]的例子进行说明,如图 10-3 所示。

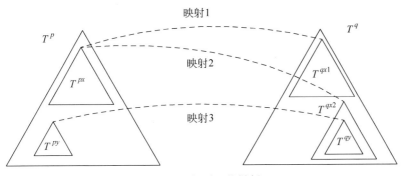

图 10-3　规则 3 的样例

图 10-3 中,映射 1 和映射 2 均为有效映射,即树 T^{px} 既可映射到 T^{qx1} 也可映射到 T^{qx2}。

扩展子树的计算包括 4 个步骤。步骤 1 识别所有映射。每个映射包括两个组成子树的有序节点列表和两个子树的权重。如树 T^p 的第 3 个节点和 T^q 的第 5 个节点建立映射,则将 3 和 5 分别加入对应的节点列表中。映射的权重指子树包含的节点个数。当两个节点的节点名和节点类型都一致时,建立映射,并将这两个节点加入映射的节点列表中。若某个映射存在子映射,即节点的子节点间也建立映射,则将子映射的节点列表加入该映射。文献[2]根据式(10-1)查找最大映射。

$$E[a][b] = \max\{E[a-1][b], E[a][b-1], E[a-1][b-1] + |V^p[ia][jb]|\}$$

(10-1)

式(10-1)中,E 是指示 t_i^p 和 t_j^q 的子节点的匹配情况的矩阵,a 表示节点 t_i^p 的第 a 个子节点,ia 表示 a 的索引,b 表示节点 t_j^q 的第 b 个子节点,jb 表示 b 的索引,$V^p[ia][jb]$ 是 a 和 b 的映射的节点列表,$|V^p[ia][jb]|$ 是映射包含的节点个数。由式(10-1),如果 $E[a][b] = E[a-1][b-1] + |V^p[ia][jb]|$,则将 a 和 b 节点所在映射的节点列表加入 t_i^p 和 t_j^q 的映射。节点个数最多的映射即为最大映射。

步骤 2 对每个节点,查找包含该节点的所有映射,找出其中的最大映射,并为每个节点建立最大映射表,该映射表的形式为 nodeLargestMapping[i] = mappingMatrix[c][t],即包含节点 i 的最大映射为根节点 c 和 t 所在的映射。

步骤 3 计算映射权重。遍历所有节点,将每个节点所在最大映射的权重加 1。若某个映射不为任何节点的最大映射,则权重为 0。

步骤 4 利用式(10-2)对各子树的映射权重进行加权得到树的相似度。

$$S = \begin{cases} S + \left(\dfrac{w^p[i][j] + w^q[j][i]}{2}\right)^\alpha, & \text{depth}(t_i^p) = \text{depth}(t_j^q) \\ S + \beta\left(\dfrac{w^p[i][j] + w^q[j][i]}{2}\right)^\alpha, & \text{depth}(t_i^p) \neq \text{depth}(t_j^q) \end{cases}$$

(10-2)

式(10-2)中,$\alpha(\alpha \geqslant 1)$ 为适应不同映射权重的参数,它将放大子树的重要性,$\beta(0 \leqslant \beta \leqslant 1)$ 为反映映射的节点相对深度是否一致的参数,它将放大相对深度一致的子树的重要性。

具体的伪代码见文献[2]。从计算步骤可知,扩展子树中的映射不要求保序,且可建立一对多的映射。对每个节点,若其所在的最大映射存在子映射,则子映射的权重为 0。扩展子树的重点是提高准确性,而不是效率,它的时间复杂度比其他树相似度高。

树编辑距离、路径距离、熵距离和扩展子树,均只考虑了树的结构信息,没有考虑叶子节点包含的文本信息,当结构完全相同但叶子节点不同时,上述树相似度无法有效分辨。例如针对图 10-4 所示的 XML 实体,不同实体即不同参考文献均服从图 10-5 所示的结构,仅文本信息不同,此时树相似度难以有效分辨不同实体。

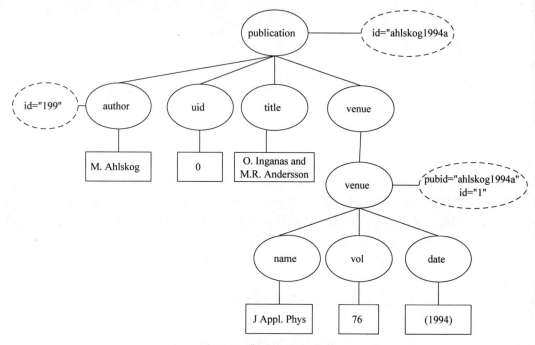

图 10-4　典型的 XML 实体

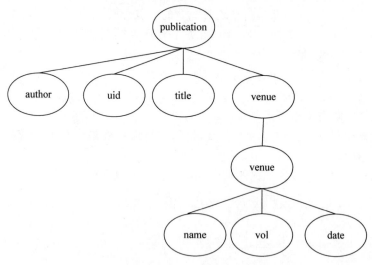

图 10-5　XML 实体的结构

上述树相似度均在节点名和节点类型完全一致时才建立映射,当节点名出现相似重复对象时,无法解决。

Dogmatix 考虑的是路径一致时的文本相似度,当节点名出现字符错误时,无法有效分辨,且仅考虑了节点的路径这一结构信息[3]。SXNM 和 XMLDup 仅利用节点及子节点的文本相似度来计算实体的相似度[4-5]。SXNM 和 XMLDup 均较少考虑 XML 树的结构信息,当两个实体的结构不一致时,将无法有效进行分辨。

10.3　具有文本相似度的扩展子树

为提高分辨方法的适用范围和准确性,直观的思路是结合文本和结构相似度。由于在文本比较方法中加入结构信息较难,而在结构比较方法中加入文本信息较易,且扩展子树能够更好地评估树的相似度,因此,本书将文本信息加入扩展子树,并提出具有文本相似度的扩展子树(Extended Subtree with Textual Similarity,ESTTS)。

分辨前首先采用第 3 章提出的数据分块方法,将待分辨的 XML 数据进行分块,仅对分块生成的实体对进行进一步分辨。然后去除各 XML 实体中的主键,以减少主键的引入对分辨产生的副作用。

为将文本相似度加入扩展子树中,分析以下情况:①扩展子树要求节点名完全一致才建立映射,无法涵盖节点名出现相似重复对象的情况;②和扩展子树的映射权重类似,映射的文本相似度应该综合子树的各个子节点的文本相似度;③若结构信息都不一致,文本信息再相似也无意义,因为参与比较的可能是两个完全不同类型的实体。

据此给出以下的 3 条规则:①只要节点名相似度大于给定阈值,就建立映射;②聚合各个子节点的文本相似度计算映射的文本相似度;③结构相似度比文本相似度更重要。

主要在扩展子树的步骤 1 和 4 中加入文本相似度。根据提出的第一条规则,当节点名的相似度大于给定阈值就建立映射,并记录该阈值。根据提出的第二条规则,首先计算各子节点的文本相似度,最后求平均得到子树的文本相似度。

新的步骤 1 的伪代码如表 10-1 所列。

表 10-1　步骤 1 的伪代码

步骤 1
1. for i = 1 to $\lvert T^p \rvert$
2. 　　for j = 1 to $\lvert T^q \rvert$
3. 　　　　if sim(label(t_i^p), label(t_j^q))$> \theta_{nodes}$　　　//sim 是属性相似度算法
4. 　　　　　　GetMapping(i, j);
5. 　　　　end of if
6. 　　end of for
7. end of for

将原第 3 行改为现在的第 3 行,使得只要文本相似度大于给定阈值就建立映射,以考虑节点名出现相似重复对象的情况。新的 GetMapping 函数的伪代码如表 10-2 所列。

表 10-2　GetMapping 的伪代码

GetMapping 函数
1. $V^p[i][j] = \{t_i^p\}$;
2. $V^q[j][i] = \{t_j^q\}$;
3. if considerlevel
4. 　　$V^s[i][j] = sim(text(t_i^p), text(t_j^q)) \times e^{-depth \times gamma}$;

5. else

6.　　$V^s[i][j] = \text{sim}(\text{text}(t_i^p), \text{text}(t_j^q));$

7. end of if

8. if considerlevel

9.　　$V^w[i][j] = e^{-\text{depth} \times \text{gamma}};$

10. else

11.　　$V^w[i][j] = 1;$

12. end of if

13. for a = 1 to deg(t_i^p) do

14.　　for b = 1 to deg(t_j^q) do

15.　　　$E[a][b] = \max \begin{cases} E[a-1][b] \\ E[a][b-1] \\ E[a-1][b-1] + |V^p[ia][ja]| \end{cases};$

16.　　end of for

17. end of for

18. $a = \text{deg}(t_i^p);$

19. $b = \text{deg}(t_j^q);$

20. while $a > 0$ and $b > 0$

21.　　if $E[a][b] == E[a-1][b-1] + |V^p[ia][jb]|$

22.　　　$V^p[i][j] = V^p[i][j] \bigcup V^p[ia][jb];$

23.　　　$V^q[j][i] = V^q[j][i] \bigcup V^q[jb][ia];$

24.　　　$V^s[i][j] = V^s[i][j] + V^s[ia][jb];$

25.　　　$V^w[i][j] = V^w[i][j] + V^w[ia][jb];$

26.　　　$a = a - 1;$

27.　　　$b = b - 1;$

28.　　else if $E[a][b] = E[a][b-1]$

29.　　　$b = b - 1;$

30.　　else

31.　　　$a = a - 1;$

32.　　end of if

33. end of while

第 3～7 行为子节点的映射的文本相似度的计算过程。$V^s[i][j]$ 存储映射的文本相似度。Considerlevel 是一个布尔变量,表示是否考虑该节点到根节点的相对深度的影响。Depth 是从该节点到根节点的相对深度。Gamma 是一个衰减因子,两个节点的相对深度越大,则相似度衰减越大。$V^w[i][j]$ 存储映射的文本权重。第 8～12 行为该映射的文本权重的计算过程,若考虑相对深度,则用衰减因子作为权重,否则用 1 作为权重。当该节点存在子节点时,不仅要将子节点的映射节点列表加入该节点,还要将子节点的映射文本相似度和映射权重加入该节点,计算过程如第 24～25 行所列。新的步骤 4 的伪代码如表 10-3 所列。

表 10-3　步骤 4 的伪代码

步骤 4
1. for $i = 1$ to $|T^p|$
2.　　for $j = 1$ to $|T^q|$

续表

3.	$\mathrm{tamp} = \left(\dfrac{w^p[i][j] + w^q[i][j]}{2}\right)^a \dfrac{V^s[i][j]}{V^w[i][j]} \theta_{\mathrm{nodes}} i;$
4.	if $\mathrm{depth}(t_i^p) \neq \mathrm{depth}(t_j^q)$
5.	$\mathrm{temp} = \mathrm{temp} \times \beta;$
6.	end of if
7.	$S = S + \mathrm{temp};$
8.	end of for
9.	end of for
10.	$S = \sqrt[a]{S};$

在第 3 行中,不仅计算映射的权重,还根据提出的第三条规则,计算映射的文本相似度以及节点的相似度阈值 θ_{nodes}。用映射的累积文本相似度除以累积文本权重,作为映射的文本相似度。加入 θ_{nodes},是为了将前面的节点名阈值引入最终的相似度计算中。由于映射的文本相似度很少为 0,而权重可能为 0,利用二者的乘积计算树的相似度,突出了结构相似度的重要性。ESTTS 的计算复杂度与扩展子树一致,也为 $O(|T^p||T^q|\min\{|T^p|, |T^q|\})$。

10.4 效果评估

实验包括四方面,首先是利用 ESTTS 和其他树相似度计算 XML 元素对的相似度,再用 k-NN 分类器根据相似度将元素对分为匹配和不匹配两类;其次是利用文本相似度计算各 XML 实体的相似度,结合树相似度计算的结构相似度,构成相似度向量,再用 k-NN 分类器将元素对分为匹配和不匹配两类;再次,为考虑元素的节点名出现相似重复的情况,对 ArtCD 数据集,将节点名置入字符错误,再比较各方法在该数据集上的分类效果;最后比较 ESTTS 的参数的影响。

10.4.1 实验设置

采用 Cora 和 ArtCD 数据集评估方法的效果[6-7],由于 Cora 包含很多对重复元素,而 ArtCD 仅包含 500 对重复元素,因此,对 Cora,选择 Canopy 阈值设为 0.6 后的分块结果进行进一步分辨;对 ArtCD,选择每个元素、它的后一个元素及它的对应重复元素构成$(i, i+1, i\_cd)$形式的簇,比较簇内的元素对。

使用 Jaccard 相似度计算文本相似度[8]。对每次 k-NN 分类,运行 10 轮 5 重交叉检验,并取分类正确率的均值和标准差作为最终结果。ESTTS 以及文本相似度的计算基于 Java 1.7 实现,k-NN 分类基于 MATLAB 7.1 实现。运行在一台配置为 Intel i7-4790 CPU,4GB 内存,32 位 Windows 7 操作系统的 PC 中。

10.4.2 与其他树相似度的比较

1. 分类正确率比较

将 ESTTS 与树编辑距离、多集距离、路径距离、熵距离和扩展子树进行比较。在后续实验结果的图表中,使用 TED 表示树编辑距离,MultiSet 表示多集距离,Path 表示路径距离,Entropy 表示熵距离,EST 表示扩展子树距离。将 ESTTS 的参数 Considerlevel 设为 false,并将 θ_{nodes} 设为 1。首先利用 ESTTS 和其他树相似度计算元素对的相似度,再用 k-NN 分类器进行分类,说明 ESTTS 的分辨效果。结果包括三方面,分别是匹配和不匹配元素对的相似度的均值和标准差,及分类正确率的均值和标准差。在后续实验结果的表中,各数据集的最优结果加粗表示。结果如表 10-4 和 10-5 所列。

表 10-4 各树相似度在 Cora 上的分类结果

方法	不匹配	匹配	分类正确率
TED	0.8387±0.1360	0.9547±0.0443	0.8870±0.0047
MultiSet	0.5939±0.1389	0.7838±0.1021	0.9143±0.0037
Path	0.7404±0.1752	0.9140±0.0868	0.9011±0.0097
Entropy	0.9381±0.0634	0.9862±0.0237	0.9363±0.0048
EST	0.8722±0.1260	0.9632±0.0385	0.8625±0.0072
ESTTS	0.6492±0.1407	0.8462±0.1052	**0.9413±0.0010**

表 10-5 各树相似度在 ArtCD 上的分类结果

方法	不匹配	匹配	分类正确率
TED	0.9152±0.0782	0.9495±0.0656	0.8765±0.0090
MultiSet	0.4943±0.0436	0.8699±0.0488	**1±0**
Path	0.8627±0.1227	0.9606±0.0291	0.8057±0.0194
Entropy	0.9848±0.0109	0.9975±0.0030	0.8518±0.0261
EST	0.9262±0.0624	0.9843±0.0115	0.7853±0.0258
ESTTS	0.5496±0.0589	0.9246±0.044e	**1±0**

由表 10-4 和表 10-5 可知,ESTTS 相比于扩展子树,分类正确率大大提高,且在所有方法中取得最高分类正确率。在 Cora 上,ESTTS 在匹配和不匹配元素对上的相似度均值的差达到最大,在 ArtCD 数据集上,ESTTS 在匹配和不匹配元素对的相似度均值的差仅次于多集距离。综上,在仅用树相似度进行分辨时,本方法取得了良好的效果。

2. 结合文本相似度时的分类正确率比较

为进一步说明 ESTTS 的效果,将所有树相似度都与文本相似度相结合。具体为首先利用属性相似度算法计算 XML 元素各属性的文本相似度,结合树相似度,构成一个相似度向量,再用 k-NN 分类器对该向量进行分类,将元素对分为匹配或不匹配。用 Jaccard 表示文本相似度,用 TED+Jaccard 表示结合树编辑距离和文本相似度,其他方法同理,结果如表 10-6 和 10-7 所列。

表 10-6 各树相似度结合文本相似度在 Cora 上的分类结果

方法	不匹配	匹配	分类正确率
Jaccard	0.6282±0.1342	0.8306±0.1230	0.9669±0.0020
TED+Jaccard	0.6633±0.1210	0.8513±0.1071	0.9741±0.0018
MultiSet+Jaccard	0.6225±0.1246	0.8228±0.1136	**0.9863±0.0008**

续表

方法	不匹配	匹配	分类正确率
Path+Jaccard	0.6469±0.1241	0.8445±0.1126	0.9754±0.0012
Entropy+Jaccard	0.6798±0.1155	0.8565±0.1054	0.9751±0.0013
EST+Jaccard	0.6689±0.1199	0.8527±0.1060	0.9745±0.0013
ESTTS+Jaccard	0.6317±0.1255	0.8332±0.1137	**0.9848±0.0012**

表 10-7　各树相似度结合文本相似度在 ArtCD 上的分类结果

方法	不匹配	匹配	分类正确率
Jaccrad	0.4174±0.0791	0.8785±0.0818	**1±0**
TED+Jaccard	0.4637±0.0630	0.6936±0.2112	**1±0**
MultiSet+Jaccard	0.4270±0.0702	0.8774±0.0751	**1±0**
Path+Jaccard	0.5275±0.1583	0.7799±0.1959	**1±0**
Entropy+Jaccard	0.5411±0.1501	0.7878±0.1968	**1±0**
EST+Jaccard	0.5323±0.1524	0.7892±0.1931	**1±0**
ESTTS+Jaccard	0.4339±0.0704	0.8841±0.0744	**1±0**

由表 10-6 可知,仅用文本相似度时的分类正确率已经较高,甚至比仅用 ESTTS 还高,这是因为 Cora 和 ArtCD 中的所有元素均具有相同的模式,相似重复对象不出现在节点名;且文本相似度的结果为一个向量,而树相似度的结果为一个值。由表 10-7 可知,ESTTS 和文本相似度的结合时的分类正确率比大多数方法均高,且和最优的多集距离相当,这是因为多集距离的计算也考虑了文本节点。将文本相似度和树相似度结合起来使用比仅使用文本相似度或树相似度,分类正确率更高。

3. 数据模式异构时的分类正确率比较

Cora 和 ArtCD 中的元素均具有相同的模式,为进一步比较 ESTTS 与其他树相似度在模式异构时的分辨效果,本文在 ArtCD 的基础上生成重复元素。生成过程为:从无重复的 500 个元素中,随机选择 50% 的节点名和节点值的字符串,对每个字符串,加入 40% 字符交换错误、30% 字符删除错误和 30% 字符字符插入错误,并用加入字符错误后的字符串替换原字符串,实现为每个无重复的元素生成对应的重复元素。结果为 500 个无重复的元素以及对应的 500 个重复元素,称该生成的数据集为 ArtCD_dup。

分辨时,仍然在每个元素、它的后一个元素及它的对应重复元素构成的 $(i, i+1, i\_cd)$ 形式的簇内的元素对之间进行比较。由于节点名存在字符错误,因此,将 ESTTS 方法的参数节点相似度阈值 θ_{nodes} 设为 0.7,Considerlevel 设为 false。并比较仅用树相似度和结合文本相似度时的分类正确率。结果如表 10-8 和表 10-9 所列。

表 10-8　各树相似度在 ArtCD_dup 上的分类结果

方法	不匹配	匹配	分类正确率
TED	0.9001±0.0814	0.9522±0.0310	0.7933±0.0227
MultiSet	0.4694±0.0498	0.6855±0.1970	0.9104±0.0121
Path	0.8009±0.1501	0.8340±0.1219	0.6863±0.0228

方法	不匹配	匹配	分类正确率
Entropy	0.9421±0.0637	0.9071±0.0647	0.7017±0.0214
EST	0.8989±0.0694	0.9323±0.0358	0.7171±0.0237
ESTTS	0.5508±0.0598	0.8931±0.0907	**0.9880±0.0028**

表 10-9　各树相似度结合文本相似度在 ArtCD_dup 上的分类结果

方法	不匹配	匹配	分类正确率
Jaccrad	0.4211±0.0804	0.6151±0.1324	0.8973±0.0165
TED+Jaccard	0.4810±0.0717	0.6573±0.1181	0.9114±0.0205
MultiSet+Jaccard	0.4271±0.0711	0.6239±0.1326	0.9077±0.0129
Path+Jaccard	0.4686±0.0735	0.6425±0.1247	0.9127±0.0138
Entropy+Jaccard	0.4862±0.0710	0.6516±0.1205	0.9120±0.0194
EST+Jaccard	0.4808±0.0714	0.6548±0.1188	0.8983±0.0148
ESTTS+Jaccard	0.4373±0.0714	0.6499±0.1221	**0.9769±0.0068**

　　由表 10-8 和 10-9 可知,当节点名存在字符错误的时候,ESTTS 仍然取得了较好的分类正确率,而其他方法的分类正确率均显著下降。当结合树相似度和文本相似度时,各方法的分类正确率均有提高。ESTTS 结合文本相似度的分类正确率低于仅使用 ESTTS,可能是由于文本相似度带来了干扰。为形象说明,将各树相似度及其与文本相似度相结合,算出的匹配和不匹配元素对的相似度的均值和标准差,用图 10-6 和图 10-7 表示。

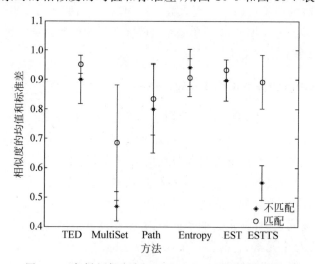

图 10-6　各树相似度在 ArtCD_dup 上的相似度对比

　　由图 10-6 和图 10-7 可知,ESTTS 在不匹配和匹配元素对的相似度之间的边缘最大,因此,取得了最高分类正确率。

4. 运行时间比较

　　为比较 ESTTS 与其他树相似度的运行时间,仍然以 Cora 和 ArtCD 数据集为例,均使用 Canopy 阈值为 0.6 时的分块结果,作为分辨方法的输入。ESTSS 的参数 θ_{nodes} 取 0.8,Considerlevel 取 false;其余方法采用默认参数设置,结果如表 10-10 所列,单位为秒。

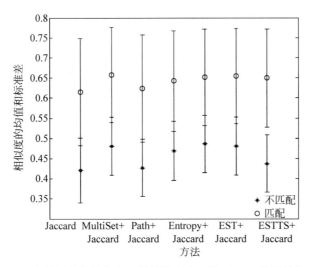

图 10-7　各树相似度结合文本相似度在 ArtCD_dup 上的相似度对比

表 10-10　运行时间对比

方法	Cora	ArtCD
Path	52.884	0.655
MS	62.026	0.687
Entropy	54.975	0.624
TED	80.730	1.108
EST	541.571	9.547
ESTTS	301.096	8.065

由表 10-10 可知,EST 的运行时间最长,ESTTS 相比 EST,运行时间反而得到降低,但相比其他方法,时间仍然较长。这可能是由于对结构相同但文本不同的节点,EST 也建立映射,而 ESTTS 由于考虑了文本相似度,不会建立映射。

10.4.3　参数对分类正确率的影响

为比较节点相似度阈值 θ_{nodes} 的影响,对 ArtCD_dup,将 θ_{nodes} 从 0.7 到 1 按步长 0.1 变化,比较单独使用树相似度和结合文本相似度时的分类正确率。用 ESTTS_0.7 表示 θ_{nodes} 取 0.7,其他方法同理,结果如表 10-11 所列。

表 10-11　节点相似度阈值对比

方法	不匹配	匹配	分类正确率
ESTTS_0.7	0.5508 ± 0.0598	0.8931 ± 0.0907	0.9880 ± 0.0028
ESTTS_0.8	0.5496 ± 0.0596	0.8848 ± 0.0946	0.9906 ± 0.0056
ESTTS_0.9	0.5409 ± 0.0606	0.8339 ± 0.1136	0.9783 ± 0.0073
ESTTS_1	0.5310 ± 0.0639	0.7772 ± 0.1344	0.9033 ± 0.0195
ESTTS_0.7+Jaccard	0.4373 ± 0.0714	0.6499 ± 0.1221	0.9769 ± 0.0068
ESTTS_0.8+Jaccard	0.4371 ± 0.0714	0.6488 ± 0.1225	0.9719 ± 0.0092

续表

方法	不匹配	匹配	分类正确率
ESTTS_0.9+Jaccard	0.4361±0.0714	0.6425±0.1246	0.9552±0.0091
ESTTS_1+Jaccard	0.4348±0.0715	0.6354±0.1274	0.9418±0.0120

由表 10-11 可知,在节点名存在相似重复对象的情况下,当节点名相似度阈值低于 1 时,分类正确率更高,说明了考虑节点名相似度的有效性。通常可将节点名相似度阈值设置为 0.7 或 0.8。

为比较 Considerlevel 的影响,比较在节点名相似度阈值为 0.9 和 1 时,是否考虑 Considerlevel 的分类正确率。用 ESTTS_0.9_L 表示相似度阈值为 0.9 且考虑相对深度, 其他方法同理,结果如表 10-12 所列。

表 10-12　是否考虑相对深度对比

方法	不匹配	匹配	分类正确率
ESTTS_0.9	0.5409±0.0606	0.8339±0.1136	**0.9783±0.0073**
ESTTS_1	0.5310±0.0639	0.7772±0.1344	0.9033±0.0195
ESTTS_0.9_L	0.5487±0.0612	0.8352±0.1115	0.9722±0.0082
ESTTS_1_L	0.5385±0.0648	0.7781±0.1326	0.9077±0.0119
ESTTS_0.9+Jaccard	0.4361±0.0714	0.6425±0.1246	0.9552±0.0091
ESTTS_1+Jaccard	0.4348±0.0715	0.6354±0.1274	0.9418±0.0120
ESTTS_0.9_L+Jaccard	0.4370±0.0714	0.6426±0.1244	0.9579±0.0108
ESTTS_1_L+Jaccard	0.4358±0.0715	0.6355±0.1272	0.9395±0.0151

由表 10-12 可知,相对深度的考虑与否对分类正确率影响不大。

本章小结

本章提出了结合文本和结构相似度的 XML 实体分辨方法,提高 XML 实体分辨方法的分类正确率。针对现有的 XML 实体分辨方法较少结合文本相似度和结构相似度,导致应用范围受限或分辨准确性不足的问题,将文本相似度引入扩展子树中。由节点完全一致才建立映射改为相似度大于一定阈值就建立映射,且不仅计算映射权重,还计算映射的文本相似度,然后结合映射的权重和文本相似度,计算实体的相似度。实验表明,本方法相比现有树相似度,分类正确率更高。

本章参考文献

[1]　Tai K C. The Tree-to-Tree Correction Problem[J]. Journal of the ACM,1979,26(3): 422-433.

[2]　Ali S,James M. Extended Subtree: A New Similarity Function for Tree Structured Data[J]. IEEE Transactions on Knowledge and Data Engineering,2014,26(4): 864-877.

[3]　Weis M,Naumann F. DogmatiX Tracks down Duplicates in XML[C]//ACM SIGMOD,Baltimore,

USA,June 14-16,2005：431-442.

［4］ Puhlmann S,Weis M,Naumann F. XML Duplicate Detection Using Sorted Neighborhoods［C］//10th Internationtal Conference on Extending Database Technology,Munich,Germany,March 26-31,2006：773-791.

［5］ Leitao L,Calado P,Weis M. Structure-based Inference of XML Similarity for Fuzzy Duplicate Detection［C］//International Conference on Information and Knowledge Management,Lisboa,Portugal,November 6-10,2007：293-302.

［6］ Weis M. Duplicate Detection in XML Data［D］. Berlin：Humboldt-University,2007.

［7］ Andrew Mccallum,Kamal Nigam,Lyle H. Ungar. Efficient Clustering of High-Dimension Data Sets with Application to Reference Matching［C］//ACM KDD,Boston,MA USA,August 20-23,2000：169-178.

［8］ Xiao C,Wang W,Lin X M,et al. Efficient Similarity Joins for Near-Duplicate Detection［J］. ACM Transactions on Database Systems,2011,36(3)：article 15.

第**11**章

基于语义空间结构的多模态数据表征

11.1 引言

文本和图像都属于非结构化数据,其表征形式和人类认知之间存在巨大差异。为了提高文本和图像的语义表征层次,进而降低跨模态相似度计算的难度,本章提出一种基于语义结构的数据表征方式——参考表征,将文本和图像对象表示为自身与多个代表语义原型的参考点间的相似度向量。理论分析和实验验证表明,基于语义结构的表征方法可以提高文本和图像数据表征的语义层次,更好地保持同模态对象之间的相似关系。并且在保持表征能力的同时,克服了原始的语义结构表征维度和计算复杂度高、难以用于大规模数据集的问题。

11.2 基于语义结构的数据表征

人脑通过"hub"结构将多模态信息进行整合从而形成概念抽象。但是该过程的输入并不是各模态的原始特征层信号,而是经过抽象的初级概念表示。其中,大脑倾向于使用物体对应类别的视觉原型来完成这种初级抽象[1]。如果脱离了这种机制,人脑可能需要记忆周围世界中所有对象的具体表征;此外,认知事物的过程也会变得非常冗长。

同人脑类似,由于文本和图像特征的语义层次较低,在计算二者的相似度时也需要将特征层表示进一步转换为语义层次更高的抽象表示。本文中将该过程称之为语义嵌入,其目标是在只考虑当前模态内信息的条件下,获得更能体现对象模态内相似关系的表征。受人脑中初级概念产生过程的启发,利用原型来表示对象显然有助于语义嵌入过程获得更好地单模态抽象表示。此外,通过原型来表示对象的方式与模态无关,适用于各种数据。因此,我们可以通过将图像或者文本对象表示为自身到其他同模态对象的关系,使得对象的模态内相似关系更加清晰,这种表示方法称为语义结构(Semantic Structure)表征。

给定一个相似度度量,语义结构指一个数据集中所有对象之间的两两相似度[2]。聚类分析等无监督学习的实践证明,语义结构表征可以带来许多良好的特性[3-4]。给定数据集 X,语义结构表征将 $x_i \in X$ 表示为式(11-1)中的相似度向量

$$\boldsymbol{x}_i^r = [x_{i1}^r, \cdots, x_{ij}^r, \cdots, x_{in}^r] \tag{11-1}$$

式(11-1)中,x_{ij}^r 为 x_i 和 x_j 之间的相似度。语义结构表征将数据集 X 表示为一个相似度矩阵,同时也等同于一个全连接图,每个对象表示为一个点,而对象间的相似度为对应边的权重。通过这样图表示,相似度矩阵中的概念表现为图的结构[5],如图 11-1。

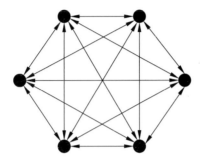

图 11-1　语义结构表征

基于语义结构的表征方式使得表征对象之间的相似关系更加清晰,有助于保持文本、图像等数据的模态内相似关系。然而,由于其表征维度等于数据集中的对象数量,随着数据集规模的增长,表征维度也会迅速增长。因此,基于语义结构的表征只能用于小规模的数据集。为了保持这种表征的优点,同时又使其能够适用于大规模数据,需要对表征进行降维。尽管可以使用一般的降维方法(如 PCA)对以上表征进行降维,但是如此就需要计算完整的相似度矩阵,该过程本身具有较高的时间和空间复杂度;此外,大部分降维方法其自身的复杂度很高。因此,先计算相似度矩阵再进行降维的方法并不可行。

11.3　基于参考点的低维语义结构表征

由于相似对象对应的维度之间具有很强的相关性,相似度矩阵中存在冗余。因此对大部分数据集来说,计算整个相似度矩阵是没有必要的。而为了降低维度之间的相关性,最直接的做法就是去除冗余维度,只保留其中具有代表性的维度。

11.3.1　语义结构的参考表征

不同于语义结构的完全表征,本节提出了一种基于参考点的低维语义结构表征方法,将每个对象表示为自身到一组参考点(由数据集中具有代表性的对象组成)的距离向量,如图 11-2 所示。

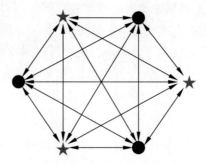

图 11-2　语义结构的参考表征

　　为了便于区分,本文称原始语义结构表征为完全表征(Whole-Representation),称只使用部分对象的表征为参考表征(Ref-Representation)。图 11-2 中的参考表征为图 11-1 中完全表征的子图,待表示对象(圆点和星形)被表示为自身到特殊对象(星形)的相似度向量。从所有对象代表的维度中选择部分维度作为全体维度的代表与特征选择问题类似。根据特征选择的已有研究可知,从完整表征中筛选部分具有代表性的维度,一方面可以降低表征的复杂度,另一方面可以提高表征的性能[6-8]。图 11-3 为一组分布在二维高斯平面上的数据,每个点代表数据集中的一个对象。可以看出图中的点分布为三个簇,其中 a、b 距离其他点较远,而中间的圆点聚在一起。

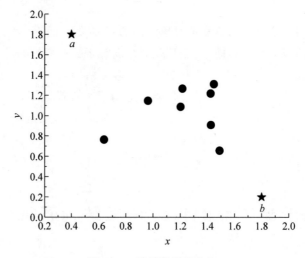

图 11-3　示例数据集分布

　　分别通过完全表征和参考表征对图 11-3 所示的数据集进行表示,其中参考表征选择 a 和 b 为参考点。二者的空间分布如图 11-4 和图 11-5。由于完全表征的维度较高,为了便于比较,通过 t-SNE 方法[9] 将其投影到二维高斯平面上。

　　通过对比图 11-4 和图 11-3 可以发现,经过完全表征后数据的分布相较于原始数据产生了较大变化,原本较为分明的簇结构变得较为模糊。特别是原本距离很远的 a 和 b 在经过完全表征后却十分接近。

　　在该例中,数据集中除 a、b 之外其他数据高度的相似性使得原本差别很大的 a 和 b 在

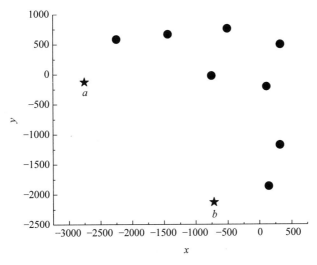

图 11-4　完全表征的空间分布

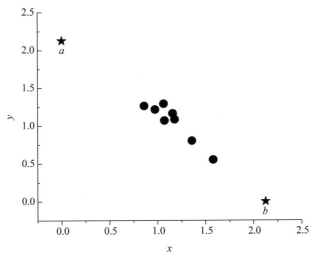

图 11-5　参考表征的空间分布

完全表征的空间中十分接近；而且这样的相似数据越多，a 和 b 的距离会越来越近。因此，当数据分布不均匀时，高密度区域中的点会损害完全表征的表征能力。而如果只使用 a 和 b 对示例数据集进行参考表征后，图 11-5 中 a 和 b 距离最远而其他对象则聚集在一起，显然要比完全表征的分布更加合理。分别基于完全表征和参考表征对该数据集进行聚类，参考表征的聚类效果要优于完全表征。

　　由以上示例可知，必定存在一些参考点的组合其表征性能要高于其他组合，同时具有较小的规模。参考点的选择是影响参考表示性能和效率的关键问题，合适的参考点一方面可以降低表征的维度，使其可以适用于大规模的数据集；另一方面可以提高表征能力，使得数据分布能够更好地体现数据间的相似关系。

11.3.2 参考点选择策略

从图 11-3 中的示例可以发现,参考点应该具有多样性,在空间中分布要足够广,这样参考表征才能尽可能地保持原始数据中的信息;此外,参考点与被表示对象间的距离应该具有较大差异,以保证参考点对其具有较高的区分能力,避免图 11-4 中的情况出现。对上述两个目标进行形式化,将参考点的选择转换为一个优化问题,如式(11-2)。

$$\max L(r_1,\cdots,r_N) = \frac{\sum\limits_{i \neq j}^{N} d(r_i, r_j)}{\left(\sum\limits_{i=1}^{r} \sigma(r_i)\right)^{-\lambda}} \tag{11-2}$$

其中 N 是给定的参考点数量,$d(r_i, r_j)$ 为 r_i 和 r_j 的距离,$\sigma(r_i)$ 为 r_i 到所有非参考点距离的方差,λ 为平衡因子(这里设为 1)。求解式(11-2)的时间复杂度非常高,因此仍然难以在大规模数据集上应用。为提高效率,通过两条贪心策略来近似求解式(11-2):为了最大化式中的分子,参考点应该来自于不同的区域;而为了最小化其分母,参考点应该远离区域的边缘。

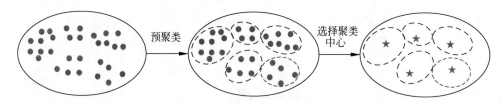

图 11-6　通过预聚类选择参考点

依据这两条原则,通过图 11-6 所示的预聚类策略选择参考点。首先对所有对象进行聚类,然后选择每个簇的中心作为参考点。由于参考点应该为数据集中的真实对象,因此要求聚类方法应该产生样本形式的簇中心;并且,由于预聚类只是为了划分数据集,为了保证效率通常更偏好复杂度较低的聚类算法。基于以上考虑,本章中采用 k-medoids[10] 方法进行预聚类。

此外,预聚类的簇数量也十分重要:簇的数量过低会导致表征效果下降严重;而簇的数量太多则导致表征的维度过高,难以起到降低表征维度的作用。对专业用户来说,可以自行指定参考点的数量以平衡表征成本和性能收益。而对非专业用户,可以通过 Canopy[11] 等方法来决定簇的数量。

综上所述,给定一个数据集 X,计算其参考表征的过程如表 11-1。

表 11-1　参考表征方法

算法　参考表征方法
输入:数据集 X, 参考点数 N
输出:参考表征 $\mathfrak{R}^X$
1.　　**if** N 为 null **then**
2.　　　　C = 通过 Canopy 得到的 X 簇中心

续表

3.		$N = \lvert C \rvert$
4.		**end if**
5.		$R = k\text{-medoids}(X, N)$
6.		**for all** $x_i \in X$ **do**
7.	**for all** $r_j \in R$ **do**	
8.		$x_{ij}^r = \text{sim}(x_i, r_j)$
9.	**end for**	
10.	$\boldsymbol{x}_i^r = [x_{i1}^r, \cdots, x_{iN}^r]$	
11.		**end for**
12.		$\mathfrak{R}^{\mathcal{X}} = [\boldsymbol{x}_1^r; \cdots; \boldsymbol{x}_n^r]$
13.		**return** $\mathfrak{R}^{\mathcal{X}}$

首先,如果用户没有给定参考点数量 N,通过 Canopy 方法得到数据集 X 的划分 $C = \{c_1, \cdots, c_e\}$,并以其基数 $\lvert C \rvert$ 作为参考点的数量 N;然后,通过 k-medoids 算法将 X 划分为 N 个簇,并以所有簇的中心为参考点集 R;其次,计算 X 中每个对象到所有参考点的相似度,将每个对象表示为它到参考点的相似度向量 $\boldsymbol{x}_i^r$。本文中相似度度量采用余弦相似度,如式(11-3)。

$$x_{ij}^r = \frac{r_i r_j}{\lvert x_i \rvert \cdot \lvert x_j \rvert} \tag{11-3}$$

选择式(11-3)的余弦相似度的原因有两个:首先,文本和图像数据通常具有较高的维度,而余弦相似度在高维数据的表示中具有效率和精度优势;其次,余弦相似度是一种标准化度量(对不同的数据,其取值范围都是 -1 到 1 之间),这有助于简化后续的跨模态相似度计算。最终,返回 $\mathfrak{R}^{\mathcal{X}}[\boldsymbol{x}_1^r; \cdots; \boldsymbol{x}_n^r]$ 作为数据集 X 的参考表示。

11.4　实验分析

为了验证参考表征对模态内语义结构的表征能力,本节在多个公开数据集上对本章提出的参考表征进行了测试。

11.4.1　数据集和实验设置

1. 数据集

Wikipedia[12]:源自维基百科的文本-图像数据集,由属于 10 个类别的 2866 对文本-图像数据构成。

Pascal-Sentences[13]:Pascal VOC 数据集的子集,包含来自 20 个类别的 1000 张图片(每个类别 50 张),并且每张图片配有一段文本描述。

XMedia[14]:由五种类型的数据(文本、图像、视频、音频和 3D 模型)组成的公开数据集。本文仅使用其中的图像和文本数据,即来自 20 个类别的 5000 对图片和文本。

2. 对比方法

原始表征(**ORI**)：文本表示为语句向量，其中词嵌入使用预训练的 300 维 GloVe 词向量[15]，句嵌入使用平滑逆频率(Smooth Inverse Frequency, SIF)[16]；通过 VGG[17] 预训练卷积神经网络来提取图像特征。

完全表征[4](**WHL**)：在原始表征的基础上，计算对象间的相似度，并以对象到全体对象的相似度向量作为其新的表示。

谱表征[18](**SPE**)：将完全表征通过 PCA 方法进行降维后得到的表征。

参考表征(**REF**)：本章提出的低维语义结构表征方式。

3. 实验设置

(1) 最近邻覆盖率测试：为了测试本章提出的参考表征是否能够有效保持对象间的模态内相似关系，实验中分别对上述数据集的多种表征进行平均最近邻覆盖率(mean Nearest Neighbor Overlap, mNNO)[2] 测试，平均最近邻覆盖率通过样本的最近邻和真实相似对象的覆盖程度来测试表征方式对相似关系的保持能力。同文献[2]的定义稍有不同，该测试主要针对单模态数据集。给定数据集 X，其平均最近邻覆盖率被定义为式(11-4)。

$$\mathrm{mNNO}^K(X) = \frac{1}{KN} \sum_{i=1}^{N} \mathrm{NNO}^K(x_i)$$

$$= \frac{1}{KN} \sum_{i=1}^{N} \mid \delta^K(x_i) \bigcap \theta(x_i) \mid \tag{11-4}$$

式(11-4)中，$\theta(x_i)$ 为其真实相似对象集合(相似性通过是否具有相同类标进行判定)，N 为数据集中对象数量，K 为近邻的数量(由于相似性通过类标判定，因此也就是同一类标中的对象数量)，$\delta^K(x_i)$ 为对象 x_i 在表征空间中的 K 近邻对象集合。

(2) 聚类效果测试：通过聚类分析的效果来比较不同表征对聚簇结构的保持能力。实验中采用最为常见的 k-means[19] 方法来执行聚类，簇的数量设置为类别数。聚类的效果通过两个指标进行评价：AC[20] 和 ARI[21]。AC 和 ARI 指标通过比较标准簇划分 $C = \{c_1, \cdots, c_e\}$ 和待评价簇划分 $D = \{d_1, \cdots, d_f\}$ 之间的重合度来度量聚类的质量，通过表 11-2 来说明其计算方式。

表 11-2　示例划分

Partitions	d_1	d_2	$\cdots$	d_f	Sums
c_1	n_{11}	n_{11}	$\cdots$	n_{1f}	b_1
c_2	n_{21}	n_{22}	$\cdots$	n_{2f}	b_2
$\vdots$	$\vdots$	$\vdots$	$\ddots$	$\vdots$	$\vdots$
c_e	n_{e1}	n_{e2}	$\cdots$	n_{ef}	b_e
Sums	g_1	g_2	$\cdots$	g_f	n

表 11-2 中 $n_{ij} = |c_i \bigcap d_j| (i=1, \cdots, e, j=1, \cdots, f)$ 表示两个划分中簇 c_i 和 d_j 重叠的对象数，则划分 D 的 AC 和 ARI 分别通过式(11-5)和式(11-6)计算。

$$\mathrm{AC} = \sum_{i=1}^{e} \frac{\max\{n_{ij} : j \leqslant f\}}{n}, \tag{11-5}$$

$$\mathrm{ARI} = \frac{\binom{n}{2}\sum_{i=1,j=1}^{e\cdot f}\binom{n_{ij}}{2} - \sum_{i=1}^{e}\binom{b_i}{2}\sum_{j=1}^{f}\binom{g_j}{2}}{\frac{1}{2}\binom{n}{2}\left[\sum_{i=1}^{e}\binom{b_i}{2} + \sum_{j=1}^{f}\binom{g_j}{2}\right] - \sum_{i=1}^{e}\binom{b_i}{2}\sum_{j=1}^{f}\binom{g_j}{2}}, \tag{11-6}$$

式(11-6)中,e、f、b_i、g_j、n 都来自表 11-2,$\binom{n}{2}$ 表示组合数。

11.4.2 最近邻覆盖率测试结果及分析

本节在三个数据集的文本和图像数据上,分别进行多种表征方式的平均最近邻覆盖率测试,距离计算分别采用欧氏距离和余弦距离,结果如表 11-3。

表 11-3 平均最近邻覆盖率测试

数据集	模态	欧氏距离				余弦距离			
		ORI	WHL	SPE	REF	ORI	WHL	SPE	REF
Pascal-Sentences	文本	0.14	0.10	0.18	**0.26**	0.22	0.24	**0.36**	0.30
	图像	0.05	**0.06**	0.04	**0.06**	0.08	0.06	0.08	**0.1**
Wikipedia	文本	0.28	**0.45**	0.31	0.40	0.47	0.46	0.32	**0.48**
	图像	0.25	0.41	0.40	**0.42**	0.37	0.41	0.41	**0.43**
XMedia	文本	**0.08**	0.05	**0.17**	0.13	0.11	0.06	**0.20**	0.14
	图像	0.47	0.29	0.05	**0.55**	0.57	0.49	0.04	**0.60**
平均		0.21	0.23	0.19	**0.30**	0.30	0.29	0.24	**0.34**

在 Pascal-Sentences 数据集的文本数据上,采用欧氏距离时参考表征(REF)的近邻保持能力最强;而当采用欧氏距离时谱表征(SPE)的近邻保持能力最强,原始表征(ORI)和完全表征(WHL)的近邻保持能力近似。而在图像数据上,采用欧氏距离时完全表征和参考表征的表现相同,原始表征和谱表征的表现近似;而采用余弦距离时,参考表征的近邻保持能力比其他几种表征都强。

在 Wikipedia 数据集的文本数据上,采用欧氏距离时两种语义结构表征的最近邻覆盖率都高于原始表征和谱表征,并且完全表征的表现较参考表征更好;当采用余弦距离时,参考表征的最近邻覆盖率比其他方法更高。在图像数据上,无论采用欧氏距离还是余弦距离,两种语义结构表征的最近邻覆盖率都高于原始表征;并且,参考表征的表现略好于完全表征。

在 XMedia 数据集的文本数据上,无论使用欧氏距离还是余弦距离,谱表征的平均最近邻覆盖率都是最高的,参考表征仅次于它而高于原始表征和谱表征。而在图像数据上,参考表征的平均最近邻覆盖率则高于其他三种表征,而谱表征的最近邻覆盖率最低。

三个数据集上的平均最近邻覆盖率测试结果说明,参考表征可以更好地保持文本和图像数据的模态内最近邻结构。此外,余弦距离在最近邻结构的保持中表现较欧氏距离更好。

11.4.3 聚类测试结果及分析

为了分析表征效果同参考点数量(记为 N)的关系,对 N 等于 $1\sim100$ 的情况下多种表征方式的聚类效果进行测试,其结果如图 11-7 至图 11-11。

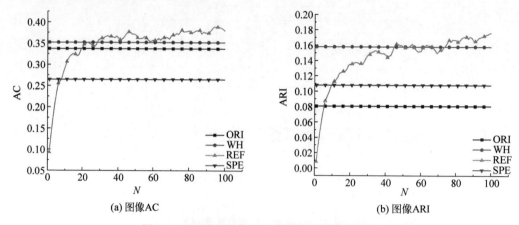

(a) 图像AC (b) 图像ARI

图 11-7　Pascal-Sentences 数据集图像聚类效果

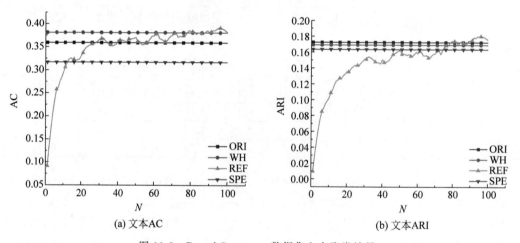

(a) 文本AC (b) 文本ARI

图 11-8　Pascal-Sentences 数据集文本聚类效果

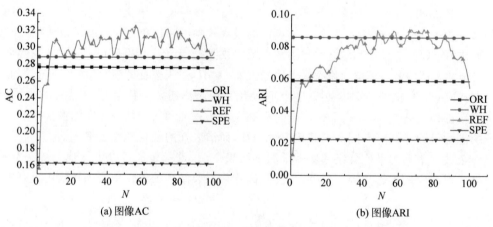

(a) 图像AC (b) 图像ARI

图 11-9　Wikipedia 数据集图像聚类结果

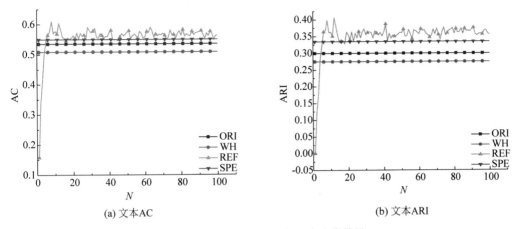

(a) 文本AC

(b) 文本ARI

图 11-10　Wikipedia 数据集文本聚类结果

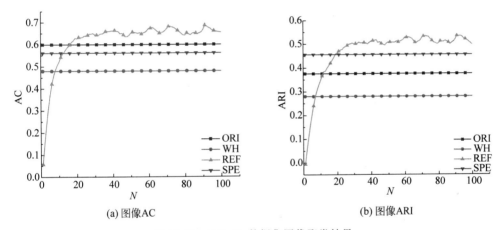

(a) 图像AC

(b) 图像ARI

图 11-11　XMedia 数据集图像聚类结果

图 11-7 中,由参考表征(REF)和完全表征(WH)表示的文本,其聚类效果在大部分情况下高于原始表征(ORI)和谱表征(SPE);并且随着参考点数量增多,本章提出的参考表征超越了完全表征。AC 和 ARI 两种指标的情况类似,不同之处在于谱表征的 AC 指标值最低,而原始表征的 ARI 值最低。

图 11-8(a)中,对使用参考表征和完全表征表示的文本数据进行聚类,其 AC 指标值大部分情况下高于原始表征(ORI)和谱表征(SPE);并且随着参考点数量增多,参考表征超过了完全表征。图 11-8(b)中 ARI 指标的情况与 AC 指标情况类似,不同之处在于不同表示之间的差距变小;并且参考表征 ARI 提升相对较慢,当 $N > 70$ 时参考表征的 ARI 超过了其他三种表示方法。使用谱表征的文本数据其 AC 和 ARI 指标得分均低于其他方法。

在图 11-9 所示的 Wikipedia 数据集图像数据聚类结果中,无论是通过 AC 还是 ARI 进行评价,参考表征和完全表征的聚类效果都更好,而谱表征的 AC 和 ARI 值始终低于其他表征。当 $N > 10$ 时,参考表征的 AC 指标得分超过完全表征成为最佳;而当 $N > 30$ 时,参考表征的 ARI 追上并渐渐超越完全表征,并且当 $N>90$ 时,又稍有下降。

在图 11-10 所示的 Wikipedia 数据集文本聚类结果中,AC 指标和 ARI 指标的情况类似,参考表征在大部分情况下的聚类表现都好于其他表示方法。谱表征和原始表征的 AC 指标和 ARI 指标低于参考表征,但是相对完全表征具有一定优势。

在图 11-11 所示的 XMedia 数据集图像聚类结果中,当 $N>10$ 时,参考表征的 AC 指标和 ARI 指标均达到了最高,其次是原始表征和谱表征,而完全表征最低。此外与其他数据集稍有不同,参考表征 AC 和 ARI 指标随 N 增长的趋势更加规律。

在图 11-12 所示的 XMedia 数据集文本聚类结果中,原始表征的 AC 和 ARI 指标在大部分情况下均高于其他表征方式,而当 N 大于 60 时参考表征的 AC 和 ARI 指标逐渐追上原始表征。

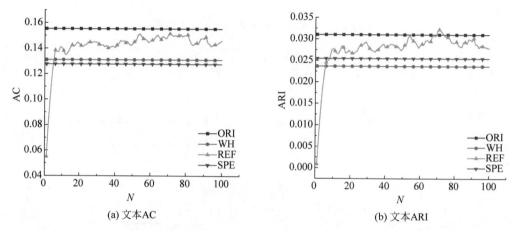

图 11-12　XMedia 数据集文本聚类结果

综合三个数据集的聚类结果可以看出,给定合适的参考点,本文所提出的参考表征在聚类任务上的表现大部分情况下要优于其他表征方式。此外,几乎在所有数据集的文本和图像聚类结果中,基于参考表征的聚类性能都随着参考点数量增长而快速增长并收敛到一个稳定状态。考虑到三个数据集的规模,可以推断实际应用中参考表征所需要的参考点数量 N 远小于数据集中总的样本数。

11.4.4　运行效率测试及复杂度分析

为了测试参考表征的效率,本节对三种语义结构表征的时间复杂度和运行效率进行分析。首先对它们在图像、文本数据表示中的实际运行时间(单位:s)进行了测试,结果如图 11-13 所示。

从图 11-13(a)中可以看出,参考表征对不同规模数据集的图像数据进行表示的时间都在 3s 之内。尽管在 Pascal-Sentences 数据集上完全表征的运行时间更短,但是由于其随着数据集规模增长更快,在 Wikipedia 和 XMedia 数据集上的运行时间都超过了参考表征。谱表征在三个数据集上的运行时间比其他两种表征都高,并且其随着数据集规模增长的速度也远高于其他两种表征。

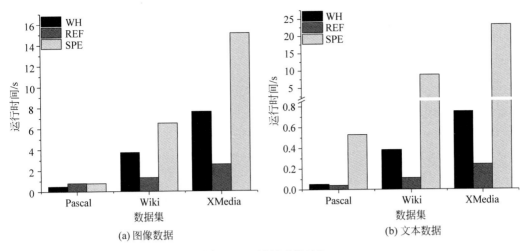

图 11-13　运行时间对比

　　而在图 11-13(b)中的文本数据表示中,参考表征的运行时间在三个数据集上都最短,并且与其他两种表征的运行时间差距随着数据集规模的增大变得更大。完全表征的运行时间高于参考表征,谱表征的运行时间要远高于完全表征和参考表征。

　　此外,本章还对三种表示方法的时间复杂度进行分析。给定数据集 $D \in \mathbb{R}^{n \times m}$,三种表征的表征时间复杂度如表 11-4。

表 11-4　语义结构表征时间复杂度

方法	WHL	SPE	REF
复杂度	$O(mn^2)$	$O(mn^2 + n^3)$	$O(mn)$

　　对完全表征来说,两个对象间的相似度计算复杂度为 m,由于完全表征需要计算对象两两间的相似度,即使考虑对称的相似性度量,其复杂度仍很高,为 $m \times n \times (n+1)/2 = O(mn^2)$。对谱表征来说,首先需要进行完全表征计算,在此基础上还要时间复杂度为 n^3 的主成分计算[22],因此总体复杂度为 $O(mn^2 + n^3)$。而对参考表征来说,初始预聚类(以 Canopy 算法为例)复杂度为 nmr,计算所有对象到参考点的聚类复杂度为 nmr,由于 $r \ll n$,因此整体复杂度为 $O(mn)$。可以看出,参考表征的计算复杂度要比其他方法更低。

本章小结

　　本章通过语义结构表征对文本和图像数据进行表示。原始的语义结构表征维度和计算复杂度过高,难以应用于大规模数据集。为了降低表征的维度、提高表征的效率,本章提出基于参考点的低维语义结构表征方式——参考表征,降低了语义结构表征的复杂度,并且保持其表征能力不降低。通过语义结构表征,提高了文本和图像数据表示的语义层次,更好地保持了对象的模态内相似关系,为下一步跨模态相似度的计算打下了基础,这将在跨模态相似性度量中得到进一步验证。

本章参考文献

[1] Baars B J,Gage N M. 认知、大脑和意识—认知神经科学导论[M]. 王兆新,库逸轩,李春霞,译. 上海：上海人民出版社,2015.

[2] Collell G,Moens M-F. Do Neural Network Cross-Modal Mappings Really Bridge Modalities? [C]//Proceedings of the Annual Meeting of the Association for Computational Linguistics,Stroudsburg,PA：ACL,2018：462-468.

[3] Von Luxburg U. A Tutorial on Spectral Clustering[J]. Statistics and Computing,2007,17(4)：395-416.

[4] Qian Y,Li F,Liang J,et al. Space Structure and Clustering of Categorical Data[J]. IEEE Transactions on Neural Networks and Learning Systems,2016,27(10)：2047.

[5] Chapelle O,Scholkopf B,A. Zien E. Semi-Supervised Learning：Graph Based Methods [M]. Cambridge,MA：MIT Press,2006：193-194.

[6] Zhao Z,Morstatter F,Sharma S,et al. Advancing Feature Selection Research[J]. ASU Feature Selection Repository,2010：1-28.

[7] Langley P. Elements of Machine Learning[M]. Morgan Kaufmann,1996.

[8] Langley P. Selection of Relevant Features in Machine Learning[C]//Proceedings of the AAAI Fall Symposium on Relevance,Menlo Park,CA：AAAI 1994：245-271.

[9] Maaten L,Hinton G E. Visualizing High-Dimensional Data Using t-SNE[J]. Journal of Machine Learning Research,2008,9(2)：2579-2605.

[10] Park H S,Jun C H. A Simple and Fast Algorithm for K-medoids Clustering[J]. Expert Systems with Applications,2009,36(2)：3336-3341.

[11] Mccallum A,Nigam K,Ungar L H. Efficient Clustering of High-Dimensional Data Sets with Application to Reference Matching[C]//Proceedings of the ACM SIGKDD International Conference on Knowledge Discovery and Data Mining,New York：ACM,2000：169-178.

[12] Rasiwasia N,Pereira J C,Coviello E,et al. A New Approach to Cross-Modal Multimedia Retrieval[C]//Proceedings of the ACM International Conference on Multimedia,New York：ACM,2010：251-260.

[13] Rashtchian C,Young P,Hodosh M,et al. Collecting Image Annotations Using Amazon's Mechanical Turk[C]//Proceedings of the NAACL Hlt 2010 Workshop on Creating Speech and Language Data with Amazon's Mechanical Turk,Stroudsburg,PA：NAACL,2010：139-147.

[14] Zhai X,Peng Y,Xiao J. Learning Cross-Media Joint Representation with Sparse and Semi-Supervised Regularization[J]. IEEE Transactions on Circuits & Systems for Video Technology,2014,24(6)：965-978.

[15] Pennington J,Socher R,Manning C. Glove：Global Vectors for Word Representation [C]//Proceedings of the Conference on Empirical Methods in Natural Language Processing,Stroudsburg,PA：ACL,2014：1532-1543.

[16] Arora S,Yingyu L,Tengyu M. A Simple but Tough-to-Beat Baseline for Sentence Embeddings[C].

International Conference on Learning Representations,Toulon,France,2017.

[17] Simonyan K,Zisserman A. Very Deep Convolutional Networks for Large-Scale Image Recognition [C]. International Conference on Learning Representations,San Diego,CA,2015.

[18] Ng A Y,Jordan M I,Weiss Y. On Spectral Clustering：Analysis and an Algorithm[J]. Advances in Neural Information Processing Systems,2002,14：849-856.

[19] Lloyd S P. Least-Squares Quantization in PCM[J]. IEEE Transactions on Information Theory,1982, 28(2)：129-137.

[20] Yang Y. An Evaluation of Statistical Approaches to Text Categorization[J]. Information retrieval, 1999,1(1-2)：69-90.

[21] Gluck M A,Corter J E. Information Uncertainty and the Utility of Categories[C]//Proceedings of the Annual Conference of the Cognitive Science Society,Stroudsburg,PA：ACL,1985：283-287.

[22] Johnstone I M,Lu A Y. Sparse Principal Components Analysis[J/OL]. 2009,arXiv preprint： 0901.4392.

第12章

基于语义结构一致性的跨模态相似度度量

12.1 引言

通过构造共同表征空间,可以跨越文本和图像间相似性度量中的异构性障碍。现有方法主要利用已配对训练样本来学习在构建共同空间时保持对象间的相似关系,而忽略未配对训练样本。针对现有方法对训练样本的利用率不高,其性能对配对的多模态训练数据依赖较大的问题,本章使用第 11 章中的参考表征来表示文本和图像数据,将未配对训练样本用于模态内相似关系的保持,在此基础上利用不同模态数据语义结构之间的一致性,完成共同表征空间的构建及相似度的计算。

12.2 基于抽象和关联的跨模态相似度计算框架

异构性是文本-图像相似性度量的主要障碍之一:不同模态的表征维度不同,而大部分的相似性度量都要求度量对象具有相同的维度;此外,假设通过一些机制使得它们具有相同维度,但不同模态表征的各个维度取值具有不同的意义,对应维度取值的差别不具备意义。以图像和文本常用的两种特征,即尺度不变特征转换(SIFT)特征和词袋(BoW)文本特征为例:尽管 SIFT 和 BoW 文本特征的基本原理都是词袋模型,但是图像"词典"由 SIFT 特征聚类中心构成,而文本"词典"则是通过基尼系数、互信息、信息增益等方法进行筛选而得到,因而 SIFT 和 BoW 特征具有不同维度,并且各维度具有不同的物理意义。

为了克服异构性障碍,现有方法通常需要构造一个共同空间,并将文本对象和图像对象都映射到其中,然后再进行相似度计算。2.5 节中总结了各种构建共同空间的方法,包括基于统计关联的方法、基于哈希的方法、基于图正则化的方法和基于深度神经网络的方法。其中由于深度神经网络强大的学习能力,基于深度学习的方法逐渐占据了主流。这些方法的性能都依赖于配对的文本-图像训练数据[1]。

尽管上述方法基于不同的理论模型,但其中大部分在构建共同空间的过程中都需要保持对象的模态内和模态间相似关系[2]。保持两种相似关系所需要的信息是不一样的:模态间相似关系主要通过不同模态对象的对应关系体现;而模态内相似关系则体现为单模态近邻关系、聚簇关系、类别关系等。然而,现有方法大多只考虑通过匹配的文本-图像样本来学习在映射中保持上述两种相似关系,对未匹配的单模态样本利用率很低。

配对的文本-图像训练样本的获取成本较高,而未配对的单模态样本却十分容易获得。机器翻译等领域的已有研究表明,未配对的单模态样本有助于提高跨模态学习的效果[3-5]。特别是在配对多模态样本数量不足的条件下,有必要提高单模态样本利用率。因此,本章提出了考虑未配对单模态样本的文本-图像相似度计算框架,如图 12-1 所示。

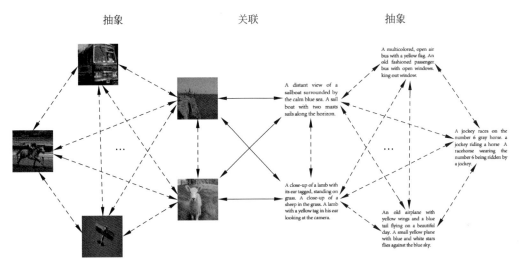

图 12-1 基于"抽象-关联"的相似度计算框架

图 12-1 中将相似度计算分为两部分:首先是"抽象",利用单模态训练样本(包括配对及未配对的)学习如何在共同空间中保持对象的模态内相似关系,即图中的虚线部分;其次是"关联",利用配对的文本-图像样本学习如何在共同空间中保持对象的模态间相似关系,即图中的实线部分。同时,"抽象"意味着需要从语义层次而不是特征层次考虑模态内关系,"关联"意味着保持模态间相似性也就是寻找相似文本和图像之间的相关性。在良好的单模态抽象的基础上,发现文本和图像之间的相关性变的更加容易,也就减少了配对多模态训练样本的依赖,进而在训练数据不足的条件下进行相似度计算。

"抽象-关联"框架强调未配对样本在单模态抽象中的重要性,并期望通过良好的单模态抽象更容易地发现跨模态关联,但并未涉及各个部分的具体实现。而本章后续内容提出的相似度计算方法是对该框架的一种实现,通过在多模态训练样本不足的条件下计算文本-图像的相似度,验证了该框架的合理性。

12.3　语义结构一致性与相似度计算

在"抽象-关联"框架的基础上,结合第 11 章中的参考表征方法,本节提出了一种基于语义结构一致性的跨模态相似度计算方法,如图 12-2 所示。

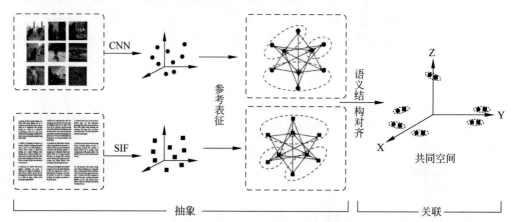

图 12-2　基于语义结构一致性的文本-图像相似度计算方法

图 12-2 中仍然采取构建共同表征空间的思路,将不同模态的对象映射到构造的共同表征空间中后,直接在该空间中度量跨模态对象的相似性。由于配对的文本-图像训练样本不足,该框架并非直接利用配对训练数据学习表征空间的构建,而是在两个阶段中利用不同的训练数据来保持模态内和模态间相似关系。其中,"抽象"阶段包括特征提取和语义结构表征两部分,该阶段中主要利用的是文本和图像的单模态样本;在良好单模态抽象表征的基础上,不同模态数据的语义结构具有一致性,因此在"关联"阶段中仅需要利用少量的跨模态匹配样本对将文本和图像的语义结构表征进行对齐。整个过程可以记为式(12-1)~式(12-5)。

首先,提取原始图像 X 和文本数据 Y 的高层特征$\mathcal{X}$和$\mathcal{Y}$,即式(12-1)及式(12-2)。

$$X \rightarrow \mathcal{X} \tag{12-1}$$
$$Y \rightarrow \mathcal{Y} \tag{12-2}$$

然后,通过无监督学习的方式得到文本和图像数据的单模态抽象表示$\mathscr{R}^{\mathcal{X}}$和$\mathscr{R}^{\mathcal{Y}}$,即式(12-3)及式(12-4)。

$$\mathcal{X} \rightarrow \mathscr{R}^{\mathcal{X}} \tag{12-3}$$
$$\mathcal{Y} \rightarrow \mathscr{R}^{\mathcal{Y}} \tag{12-4}$$

最后,由于式(12-3)和式(12-4)中文本和图像采用了相同的表征模式,通过少量配对训练样本就可以对$\mathscr{R}^{\mathcal{X}}$和$\mathscr{R}^{\mathcal{Y}}$进行对齐,即式(12-5)。

$$\mathscr{R}^{\mathcal{X}} \rightarrow \mathscr{R} \leftarrow \mathscr{R}^{\mathcal{Y}} \tag{12-5}$$

通过式(12-5),文本和图像的表征为同构的,二者的相似度可以直接在$\mathscr{R}$ 所代表的共同空间中进行计算。

12.3.1 文本与图像特征提取

1. 通过预训练卷积神经网络提取图像特征

特征提取是机器学习模型感知输入数据的基础,在特征提取阶段发生的偏差很难在后续的阶段得到纠偏。早期跨模态相似度计算的一大障碍就是特征提取手段不够有效。由于卷积神经网络(CNN)在图像分类等任务上的成功应用,文献[6-8]将其引入文本-图像相似度计算中,显著提高了准确性。第 1 章讨论过,相对于从头构建并训练 CNN 模型,在通用数据集上预训练的 CNN 模型表现更佳[9-10]。因此本节采用在 ImageNet 图像数据集上预训练的卷积神经网络模型 VGG19[11]作为图像的特征提取工具。

2. 通过词、句嵌入提取文本特征

相对于更加有效的图像特征提取方法,很多多模态学习研究中仍然以传统的词袋模型提取文本特征[12-13]。参考 CNN 图像特征对多模态学习的提升,有必要在跨模态相似度计算中引入更有效的文本特征[14]。相对于词袋模型中的独热表示,词向量表征拥有更加丰富的语义,词向量之间的相似度也能更好地体现词与词之间的关系;并且类似于预训练 CNN模型,文本处理中同样存在基于大规模文本语料库训练的通用词向量。

因此,本章首先使用 300 维的 GloVe 词向量[15]将文本中的词替换为词向量,然后使用平滑逆频率(SIF)句嵌入方法[16],得到句级的文本向量表示。给定语句 s,以及句子中每个词的向量表示 $\boldsymbol{v}_w$,语句 s 可以表示为这些词向量的加权平均,如式(12-6)。

$$\boldsymbol{v}'_s = \frac{1}{|\boldsymbol{S}|} \sum_{w \in s} \frac{a}{a + p(w)} \boldsymbol{v}_w \tag{12-6}$$

式(12-6)中,$p(w)$ 是单词 w 出现在句子中的概率,参数 a 的计算比较复杂,详细计算过程参见文献[16]的工作。令 $\boldsymbol{X}$ 为语句向量组成的矩阵 $[\boldsymbol{v}'_s : s \in S]$,最终的语句向量如式(12-7)

$$\boldsymbol{v}_s = \boldsymbol{v}'_s - \boldsymbol{u}\boldsymbol{u}^\mathrm{T}\boldsymbol{v}'_s \tag{12-7}$$

式(12-7)中,$\boldsymbol{u}$ 为 $\boldsymbol{X}$ 的第一奇异向量(通过奇异值分解得到)。

12.3.2 多模态语义结构一致性

尽管上一节中的特征提取为图像和文本数据提供了更高层的特征描述,但是直接在特征层学习相似度计算难度仍然较大,特别是在训练数据不足的条件下。因此,仍然需要将特征层的表示进一步抽象。此外,由于实际应用中的对象经常是未标记的,因此本节主要考虑无监督条件下的表征学习。

第 11 章通过语义结构表征在更高的语义层次表示文本和图像数据。本章中仍采用这种语义结构表征方式,并且通过理论分析证明相似文本和图像的语义结构具有一致性;在此基础上,如果文本和图像数据的参考点间具有对应关系,则二者的相似度可以通过其参考表征的相关性进行度量。

语义结构一致性指:如果 $\mathfrak{R}^x$ 和 $\mathfrak{R}^y$ 的参考点具有一一对应匹配关系,则二者对应维度的取值是正相关的。由于参考点也是数据集中的真实样本,如果更一般的情况下,也就是任意匹配样本之间的语义结构是正相关的,则上述结论成立。也就是说,如果图像 x_i 和 x_j 相似,则其对应的文本 y_i 和 y_j 大部分情况下也应该相似;反之亦然。尽管该说法看起来是合理的,但是却很难完全地证明其是正确的。这是因为实际中相似文本和图像的关联很难在特征层通过具体的函数来统一进行表示,但是要证明上述论述是否正确又必须依赖于关联的具体形式。

本节仅讨论跨模态关联可以表示为线性变换的情形。非线性情形没有被讨论的原因有两点:首先,非线性映射的形式复杂并且多变,很难在有限的篇幅内对其进行充分的论证;其次,现有工作已经证明在学习跨模态映射时非线性变换相对线性变换并没有明显的优势[17-18]。因此,本节同研究[1,19]一样,假设相似的跨模态对象 $\boldsymbol{x}_i$ 和 $\boldsymbol{y}_i$ 具有式(12-8)所示的关联

$$\boldsymbol{y}_i \approx \boldsymbol{x}_i \rightarrow \boldsymbol{y}_i = \boldsymbol{x}_i \boldsymbol{M} \tag{12-8}$$

式(12-8)中,$\boldsymbol{M} \in \mathbb{R}^{d \times e}$ 为线性映射矩阵,$\approx$ 表示相似关系。令 $s_{\mathcal{X}}(i,j)$ 为 $\boldsymbol{x}_i$ 和 $\boldsymbol{x}_j$ 的相似度,$s_y(i,j)$ 为 $\boldsymbol{y}_i$ 和 $\boldsymbol{y}_j$ 的相似度,二者都通过向量的内积来计算,如式(12-9)及式(12-10)。

$$s_{\mathcal{X}}(i,j) = \boldsymbol{x}_i \boldsymbol{x}_j^{\mathrm{T}} \tag{12-9}$$

$$s_y(i,j) = \boldsymbol{y}_i \boldsymbol{y}_j^{\mathrm{T}} = \boldsymbol{x}_i \boldsymbol{M} \boldsymbol{M}^{\mathrm{T}} \boldsymbol{x}_j^{\mathrm{T}} \tag{12-10}$$

在该条件下,如下命题成立:

命题 12-1 设 $\mathcal{X}$ 和 $\mathcal{Y}$ 中的相似对象具有式(12-8)所示的关联,则 $s_{\mathcal{X}}(i,j)$ 和 $s_y(i,j)$ 是正相关的。

证明: 首先,假设 $\mathcal{X}$ 已经通过白化和零均值化进行预处理,这样 $x_{\_,\varphi}$ 符合独立同分布条件和零均值条件;也就是说,$x_{\_,\varphi}(\varphi=1,\cdots,d)$ 是服从同一分布的独立随机变量,并且其期望为 0。值得注意的是,白化和零均值化并不会改变对象间的相似关系。

$s_{\mathcal{X}}(i,j)$ 和 $s_y(i,j)$ 间的相关性通过皮尔逊相关系数来度量。

$$\rho_{x_x s_y} = \frac{\mathrm{Cov}(s_{\mathcal{X}}(i,j), s_y(i,j))}{\sqrt{D(s_{\mathcal{X}}(i,j)) \cdot D(s_y(i,j))}} \tag{12-11}$$

式(12-11)中,Cov 表示协方差,D 表示方差。

步骤 1 由于 $s_{\mathcal{X}}(i,j)$ 和 $s_y(i,j)$ 不是常数,各自的方差均大于 0,因此式(12-11)的分母大于 0,如式(12-12)。

$$\sqrt{D(s_{\mathcal{X}}(i,j)) \cdot D(s_y(i,j)) > 0} \tag{12-12}$$

步骤 2 通过将矩阵 $\boldsymbol{M} \boldsymbol{M}^{\mathrm{T}}$ 对角化,分解式(12-11)的分子。

$s_{\mathcal{X}}(i,j)$ 和 $s_y(i,j)$ 的协方差为

$$\mathrm{Cov}(s_{\mathcal{X}}(i,j), s_y(i,j)) = \mathrm{Cov}(\boldsymbol{x}_i \boldsymbol{x}_j^{\mathrm{T}}, \boldsymbol{x}_i \boldsymbol{M} \boldsymbol{M}^{\mathrm{T}} \boldsymbol{x}_j^{\mathrm{T}}) \tag{12-13}$$

式(12-13)中,由于 $\boldsymbol{M} \boldsymbol{M}^{\mathrm{T}}$ 是实对称矩阵,因此可以将其对角化,如式(12-14)。

$$\boldsymbol{M} \boldsymbol{M}^{\mathrm{T}} = \boldsymbol{P} \boldsymbol{\Delta} \boldsymbol{P}^{\mathrm{T}} \tag{12-14}$$

式(12-14)中,$\boldsymbol{P} = [\boldsymbol{p}_1^{\mathrm{T}}, \cdots, \boldsymbol{p}_r^{\mathrm{T}}, \boldsymbol{p}_d^{\mathrm{T}}] \in \mathbb{R}^{d \times d}$,$\boldsymbol{p}_\gamma^{\mathrm{T}}$ 为 $\boldsymbol{M} \boldsymbol{M}^{\mathrm{T}}$ 的第 γ 特征向量,$\boldsymbol{\Delta}$ 为由 $\boldsymbol{M} \boldsymbol{M}^{\mathrm{T}}$ 的特征值组成的对角阵。在此基础上,进一步地可以得到式(12-15)。

$$\boldsymbol{x}_i \boldsymbol{M} \boldsymbol{M}^{\mathrm{T}} \boldsymbol{x}_j^{\mathrm{T}} = \boldsymbol{x}_i \boldsymbol{P} \boldsymbol{\Delta} \boldsymbol{P}^{\mathrm{T}} \boldsymbol{x}_j^{\mathrm{T}} = \sum_{\gamma=1}^{d} \lambda_\gamma (\boldsymbol{x}_i \boldsymbol{p}_\gamma^{\mathrm{T}})(\boldsymbol{x}_j \boldsymbol{p}_j^{\mathrm{T}})$$

$$\sum_{\gamma=1}^{d}\lambda_{\gamma}\sum_{\mu=1}^{d}\sum_{v=1}^{d}p_{\gamma\mu}p_{\gamma v}x_{i\mu}x_{jv} \tag{12-15}$$

式(12-15)中，λ_{γ} 为 $\boldsymbol{MM}^{\mathrm{T}}$ 的第 γ 特征值，$p_{\gamma\mu}$ 为 p_{γ} 的第 μ 个元素。将式(12-15)代入式(12-13)得到

$$\mathrm{Cov}(s_{\chi}(i,j),s_{y}(i,j))$$
$$=\mathrm{Cov}\Big(\sum_{\varphi=1}^{d}x_{i\varphi}x_{j\varphi},\sum_{\gamma=1}^{d}\lambda_{\gamma}\sum_{\mu=1}^{d}\sum_{v=1}^{d}p_{\gamma\mu}p_{\gamma v}x_{i\mu}x_{jv}\Big)$$
$$=\sum_{\gamma=1}^{d}\lambda_{\gamma}\sum_{\varphi=1}^{d}\sum_{\mu=1}^{d}\sum_{v=1}^{d}p_{\gamma\mu}p_{\gamma v}\mathrm{Cov}(x_{i\varphi}x_{j\varphi},x_{i\mu}x_{jv}) \tag{12-16}$$

式(12-16)中，协方差可以展开为式(12-17)。

$$\mathrm{Cov}(x_{i\varphi}x_{j\varphi},x_{i\mu}x_{jv})=\mathbb{E}(x_{i\varphi}x_{j\varphi}x_{i\mu}x_{jv})-\mathbb{E}(x_{i\varphi}x_{j\varphi})\mathbb{E}(x_{i\mu}x_{jv}) \tag{12-17}$$

步骤 3 通过讨论式(12-17)的不同情况计算 $s_{\chi}(i,j)$ 和 $s_{y}(i,j)$ 的协方差。由于 $x_{\_,\varphi}(\varphi=1,\cdots,d)$ 互相独立并且服从同一分布，因此有下列结论。

当 $\mu\neq\varphi$ 且 $v\neq\varphi$ 时，式(12-17)应该为 0，如式(12-18)。

$$\mathrm{Cov}(x_{i\varphi}x_{j\varphi},x_{i\mu}x_{jv})=\mathbb{E}(x_{i\varphi}x_{j\varphi}x_{i\mu}x_{jv})-\mathbb{E}(x_{i\varphi}x_{j\varphi})\mathbb{E}(x_{i\mu}x_{jv})$$
$$=\mathbb{E}(x_{i\varphi})\mathbb{E}(x_{j\varphi})\mathbb{E}(x_{i\mu})\mathbb{E}(x_{jv})-\mathbb{E}(x_{i\varphi})\mathbb{E}(x_{j\varphi})\mathbb{E}(x_{i\mu})\mathbb{E}(x_{jv})$$
$$=0 \tag{12-18}$$

当 $\mu=\varphi$ 且 $v=\mu$ 时，式(12-17)大于 0，如式(12-19)。

$$\mathrm{Cov}(x_{i\varphi}x_{j\varphi},x_{i\mu}x_{jv})=\mathrm{Cov}(x_{i\varphi}x_{j\varphi},x_{i\varphi}x_{j\varphi})$$
$$=D(x_{i\varphi}x_{j\varphi})>0 \tag{12-19}$$

当 $\mu=\varphi$ 且 $v\neq\varphi$ 或($\mu\neq\varphi$ 且 $v=\varphi$)时，因为 $x_{\_,\varphi}$ 的期望为零，式(12-17)等于 0，如式(12-20)。

$$\mathrm{Cov}(x_{i\varphi}x_{j\varphi},x_{i\mu}x_{jv})=\mathbb{E}(x_{i\varphi}x_{j\varphi}x_{i\varphi}x_{jv})-\mathbb{E}(x_{i\varphi}x_{j\varphi})\mathbb{E}(x_{i\varphi}x_{jv})$$
$$=\mathbb{E}(x_{i\varphi}^{2})\mathbb{E}(x_{j\varphi})\mathbb{E}(x_{jv})-\mathbb{E}(x_{i\varphi})^{2}\mathbb{E}(x_{j\varphi})\mathbb{E}(x_{jv})$$
$$=0 \tag{12-20}$$

综合式(12-18)~式(12-20)，则 $s_{\chi}(i,j)$ 和 $s_{y}(i,j)$ 的协方差如式(12-21)。

$$\mathrm{Cov}(s_{\chi}(i,j),s_{y}(i,j))=\sum_{\gamma=1}^{d}\lambda_{\gamma}\sum_{\varphi=1}^{d}p_{\gamma\varphi}^{2}D(x_{i\varphi}x_{j\varphi}) \tag{12-21}$$

步骤 4 证明 $s_{\chi}(i,j)$ 和 $s_{y}(i,j)$ 的协方差大于 0。

由于 $\boldsymbol{MM}^{\mathrm{T}}$ 为半正定矩阵，因此其特征值都不小于 0，如式(12-22)。

$$\lambda_{\gamma}(\gamma=1,\cdots,d)\geqslant 0 \tag{12-22}$$

特征值 λ_{γ} 之和等于 $\boldsymbol{MM}^{\mathrm{T}}$ 主对角线元素 $m_{\gamma\gamma}$ 的和，并且由于 $\boldsymbol{M}$ 并非零矩阵，故有式(12-23)。

$$\sum_{\gamma=1}^{d}\lambda_{\gamma}=\sum_{\gamma=1}^{d}m_{\gamma\gamma}>0 \tag{12-23}$$

式(12-22)和式(12-23)说明，至少存在一个特征值大于 0，即式(12-24)。

$$\exists\lambda_{\gamma}(\gamma=1,\cdots,d)>0 \tag{12-24}$$

并且由于特征向量是非零向量，因此有式(12-25)。

$$\sum_{\varphi=1}^{d} (p_{\gamma\varphi})^2 D(x_{i\varphi} x_{j\varphi}) > 0 \tag{12-25}$$

综合式(12-24)和(12-25),可知 $s_\chi(i,j)$ 和 $s_y(i,j)$ 的协方差大于 0。

$$\text{Cov}(s_\chi(i,j), s_y(i,j)) > 0 \tag{12-26}$$

步骤 5 证明 $s_\chi(i,j)$ 和 $s_y(i,j)$ 的皮尔逊相关系数大于 0。

根据式(12-12)和式(12-26),可以知道式(12-11)大于 0,也就是 $s_\chi(i,j)$ 和 $s_y(i,j)$ 存在正相关关系,证明完毕。

由于参考点同样是数据集中的真实样本,因此上述结论对普通样本和参考点仍然成立。因此,通过参考表征对文本数据和图像数据进行表征后,如果不同模态的两个参考点具有匹配关系,则不同模态的相似对象在对应维度上的取值是正相关的。进一步,如果文本和图像数据的参考点是一一对应的,则它们之间的相似度可以通过其参考表征的线性相关性来度量,如式(12-27)。

$$S_{\chi,y}(i,j) = \frac{(x_i^r - \overline{x^r}) \cdot (y_j^r - \overline{y^r})}{|x_i^r - \overline{x^r}| |y_j^r - \overline{y^r}|} \tag{12-27}$$

由于参考表征中使用余弦相似度,因此有 $\overline{x^r}$ 以及 $\overline{y^r}$。此时,式(12-27)中的相似度 $S_{\chi,y}(i,j)$ 也可以直接通过余弦相似度进行计算。

$$S_{\chi,y}(i,j) = \frac{x_i^r \cdot y_j^r}{|x_i^r| |y_j^r|} \tag{12-28}$$

通过上述的讨论可以知道,为了使文本和图像数据具有一致的语义结构,需要一个多模态参考点集 $R(\mathcal{X}, \mathcal{Y}) = \{(x_1', y_1'), \cdots, (x_i', y_i'), \cdots, (x_k', y_k')\}$,其中每对参考点都是语义相似的匹配文本-图像对。

12.3.3 多模态参考点选择及相似度计算

多模态参考点集 $R(\mathcal{X}, \mathcal{Y})$ 在"关联"和"抽象"中都扮演着重要角色,一方面要保证各自模态良好的抽象表征,另一方面参考点之间的对应关系对于不同模态语义表征空间的对齐具有重要作用。然而 11.3.2 节中的参考点选择方法只考虑了前一个角色,并不能期望分别选择的参考点之间是一一对应的。本节通过一种基于主动学习的策略来选择多模态参考点集 $R(\mathcal{X}, \mathcal{Y})$。

假设 $\mathcal{X}$ 和 $\mathcal{Y}$ 的表征空间具有相似的语义结构,如果不同模态的两个对象 x_i 和 y_i 具有相似的语义,它们应该具有近似的近邻结构。因此如果 x_i 被选择为 $\mathcal{X}$ 的参考点,其对应的 y_i 可以作为 $\mathcal{Y}$ 的参考点。基于该假设,可以通过 0 节中的方法选择单模态参考点,然后通过向"先知"(指主动学习中可以提供标准回答的信息源,通常为业务专家)查询这些参考点对应的跨膜态相似对象,作为另一个模态的参考点。从哪个模态中选择参考点是十分重要的,通常我们建议选择具有清晰的簇结构的模态进行,这样可以得到更好的表征效果。另外,参考点选择还应考虑查询的成本,例如,根据文本查询图像和根据图像查询文本的成本是不同的。

结合 0 节中的相似度计算方法,以及本节中的多模态参考点选择方法,提出基于主动学习的语义结构映射(Semantic Structure Mapping with Active Learning,SSM-AL)相似度计算方法,如表 12-1。

表 12-1　SSM-AL 算法

算法　　SSM - AL
输入: 数据集 X, Y, 参考点数量 N
输出: 跨模态相似矩阵 $\boldsymbol{S}_{x,y}$

1.	$\mathcal{X}, \mathcal{Y},$←根据 4.2.1 节提取 X, Y 的特征
2.	**if** N 为 null **then**
3.	C = 通过 Canopy 方法得到 $\mathcal{X}$ 的簇中心
4.	$N = |C|$
5.	**end if**
6.	$R(X) = k\text{-medoids}(\mathcal{X}, N)$
7.	**for all** $x'_i \in R(\mathcal{X})$
8.	$R(\mathcal{Y})$←**查询** Y 中 x'_i 的相似对象
9.	**end for**
10.	**for all** $x_i \in \mathcal{X}$ **do**
11.	**for all** $x'_j \in R(\mathcal{X})$ **do**
12.	$x_{ij}^r = \dfrac{x_i x'_j}{|x_i| \cdot |x'_j|}$
13.	**end for**
14.	$\boldsymbol{x}_i^r = [x_{i1}^r, \cdots, x_{iN}^r]$
15.	**end for**
16.	**for all** $y_i \in \mathcal{Y}$ **do**
17.	**for all** $y'_j \in R(\mathcal{Y})$ **do**
18.	$y_{ij}^r = \dfrac{y_i y'_j}{|y_i| \cdot |y'_j|}$
19.	**end for**
20.	$\boldsymbol{y}_i^r = [y_{i1}^r, \cdots, y_{iN}^r]$
21.	**end for**
22.	$\mathscr{R}^{\mathcal{X}} = [\boldsymbol{x}_1^r; \cdots; \boldsymbol{x}_n^r]$
23.	$\mathscr{R}^{\mathcal{Y}} = [\boldsymbol{y}_1^r; \cdots; \boldsymbol{y}_m^r]$
24.	**for all** $\boldsymbol{x}_i^r \in \mathscr{R}^{\mathcal{X}}$, $\boldsymbol{y}_j^r \in \mathscr{R}^{\mathcal{Y}}$ **do**
25.	$S_{x,y}(i,j) = \dfrac{\boldsymbol{x}_i^r \boldsymbol{y}_j^r}{|\boldsymbol{x}_j^r| \cdot |\boldsymbol{y}_j^r|}$
26.	**end for**
27.	**return** $S_{x,y}$

　　首先,如果用户没有指定参考点数量 N,则通过 Canopy 方法得到预聚类的簇数量,令 N 等于它;否则使用用户指定的参考点数量 N;然后通过 k-medoids 聚类方法将 $\mathcal{X}$ 划分为簇,并将所有簇的中心作为参考集 $R(\mathcal{X})$;之后,再查询 $\mathcal{X}$ 中每个参考点对应的跨模态对象,并将它们作为 $\mathcal{Y}$ 的参考点;在此基础上,利用参考点集 $R(\mathcal{X})$ 和 $R(\mathcal{Y})$,分别计算每个对象到所有参考点的余弦相似度,进而得到 $\mathcal{X}$ 和 $\mathcal{Y}$ 参考表征 $\mathscr{R}^{\mathcal{X}}$ 和 $\mathscr{R}^{\mathcal{Y}}$;最后,由于不同语义结构之间存在一致性,文本和图像对象间的相似度可以通过式(12-28)中的余弦相似度直接度量。

12.4　实验分析

12.4.1　数据集和实验设置

1. 数据集

Wikipedia[20]：源自维基百科的文本-图像数据集，由属于 10 个类别的 2866 对文本-图像数据构成。

Pascal-Sentences[21]：Pascal VOC 数据集的子集，包含来自 20 个类别的 1000 张图片（每个类别 50 张），并且每张图片配有一段文本描述。

XMedia[22]：由五种类型的数据（文本、图像、视频、音频和 3D 模型）组成的公开数据集。本文仅使用其中的图像和文本数据，即来自 20 个类别的 5000 对图片和文本。

MSCOCO[23]：包含 12 3287 张图片，每张图片通过众包的形式得到描述。

2. 评价标准

实验中采用平均准确度（Mean Average Precision，MAP）来度量跨模态相似度计算的准确性。MAP 经常被用作信息检索等任务的评价，该指标本质上是准确率-召回率曲线下的面积，相对准确率和召回率，MAP 指标可以更加直观地反映匹配的准确程度[24]。给定待匹配集合 Q 和目标集合 T，根据计算得到的相似度对每个查询对象的目标对象进行排序，其 MAP 定义为式(12-29)[25]：

$$\mathrm{MAP} = \frac{1}{|Q|} \sum_{i=1}^{|Q|} \mathrm{AP}(i) \tag{12-29}$$

其中的 $\mathrm{AP}(i)$ 为第 i 个待匹配对象平均准确度。同文献[20,26]，实验中以对象的类标作为 Wikipedia、Pascal-Sentences、XMedia 三个数据集上判断不同对象相似的依据。对查询对象 x_i 来说，平均准确率定义为式(12-30)

$$\mathrm{AP}(i) = \frac{1}{L_i} \sum_{j=1}^{|T|} \mathrm{P}(j) \delta(j) \tag{12-30}$$

其中 L_i 为真正匹配的样本数，$\mathrm{P}(j) = 1/j$ 为第 j 个位置的准确率，$\delta(j)$ 表示该位置的对象是否匹配（如果匹配则等于 1，否则为 0）。

由于 MSCOCO 数据集缺少明确的类别信息且每个图像只有一个文本与之对应，因此实验中同文献[26]，采用召回率 Recall@K 来评价该数据集上跨模态相似度计算准确性，如式(12-31)

$$\mathrm{Recall}@K = \frac{1}{|Q|} \sum_{i=1}^{|Q|} \left(\frac{1}{L_i} \sum_{j=1}^{K} \phi(i,j) \right) \tag{12-31}$$

其中如果第 j 个目标和第 i 个查询相似，则 $\phi(i,j) = 1$，否则 $\phi(i,j) = 0$。由于 MSCOCO 数据集中每个对象只有一个正确的匹配样本，因此 $L_i = 1$；并且由于同样的原因，正确目标排名过低的查询被认为失败，因此设置 $K = 1,5,10,50$。由于在 MSCOCO 这样的匹配样本只有一个的数据集上,准确率和召回率是高度相关的[27](Precision$@K$ = Recall$@K/K$),所以这里只报告 Recall$@K$。

3. 对比方法

CCA[20]:利用典型相关分析,找到具有最大相关性的线性组合,利用该线性组合将不同模态对象映射到共同的表征空间中。

JRL[22]:通过半监督正则化和稀疏正则化,利用语义信息学习共同空间。

JFSSL[28]:利用图正则化来保持模态内相似度和模态间相似度。

CMCP[29]:一种考虑多模态对象间正、负向关联的多模态关联传播算法。

HSNN[30]:跨模态相似度由两个跨模态对象属于同一语义范畴的概率来度量的,通过分析每个对象的模态内近邻来实现。

JGRHML[31]:一种联合图正则化跨模态度量学习算法,将不同模态的结构集成到联合图正则化中。

VSEPP[32]:一种用于跨模态检索的视觉语义嵌入技术,在 MSCOCO 等数据集的跨模态检索任务上取得了很高的准确率。

GXN[18]:一种融合了生成模型的多模态特征嵌入方法,能够很好地匹配复杂内容的图像和句子。

SSM-AL:本章提出的基于近邻结构一致性的文本-图像相似度计算方法。根据参考点选择的依据不同,可以分为 SSM-AL$^\text{I}$(基于图像选择参考点)和 SSM-AL$^\text{T}$(基于文本选择参考点)。

其中本章提出的 SSM-AL 方法以及 VSEPP、GXN、CCA 是不利用类别信息的非监督型方法,JRL 和 JGRHML 为半监督方法,而 CMCP、JFSSL 和 HSNN 为监督型方法。由于 MSCOCO 数据集中的样本没有明确的类标,因此监督型和半监督型方法不能正常运行,因此只比较非监督型方法在该数据集上的表现。

12.4.2　文本-图像相似度验证

为验证相似度计算方法在训练数据有限时的准确性,本节给定不同规模训练数据集(训练样本数量记为 N),测试双向(文本到图像,以及图像到文本)匹配的准确性。其中 Pascal-Sentences、Wikipedia 和 XMedia 数据集的结果如表 12-2 至表 12-4 所示。此外,为了验证参考点数量对相似度准确性的影响,还为不同数据集上表现最好的 SSM-AL,以及其他三种具有代表性的方法绘制了 MAP-N 曲线,如图 12-3 至图 12-5 所示。MSCOCO 数据集的结果如图 12-6 和图 12-7 所示。

1. Pascal-Sentence 数据集结果

表 12-2　Pascal-Sentences 数据集上双向匹配的 MAP

方法	$N=10$		$N=50$		$N=100$	
	I2T	T2I	I2T	T2I	I2T	T2I
CCA	0.1275	0.1275	0.1252	0.0831	0.0899	0.0704
SSM-AL$^\text{T}$	0.2161	0.2005	0.3207	0.2999	0.3354	0.3189

续表

方法	N=10		N=50		N=100	
	I2T	T2I	I2T	T2I	I2T	T2I
SSM-AL[I]	**0.2263**	**0.2043**	**0.3484**	**0.3174**	**0.3764**	**0.3482**
JRL	—	—	0.1275	0.1275	0.1275	0.1275
JFSSL	—	—	0.2103	0.2169	0.101	0.1058
CMCP	0.1372	0.1193	0.1485	0.1359	0.3441	0.2981
JGRHML	—	—	0.1275	0.1275	0.2407	0.2932
HSNN	—	—	0.1271	0.1636	0.2625	0.2724
VSEPP	0.0875	0.0814	0.1215	0.1207	0.1331	0.1322
GXN	0.0769	0.0799	0.1186	0.1148	0.1429	0.1455

　　在表 12-2 的图像到文本匹配任务中,本章提出的 SSM-AL[T] 和 SSM-AL[I] 在大多数情况下优于基准方法,特别是基于图像选择参考点的 SSM-AL[I] 在所有方法中表现最佳。随着训练样本数量增加,SSM-AL[T],SSM-AL[I],HSNN 和 CMCP 的 MAP 得分也同步升高,但 SSM-AL[T] 和 SSM-AL[I] 明显增长得比其他方法更快。当 N 为 10 时,JRL,HSNN,JGRHML 和 JFSSL 无法完成,并且当 $N=50$ 和 100 时,它们的表现也不理想。CCA 方法在 $N=10$ 时比较大,但是当 N 增加时反而会下降。在文本到图像匹配任务中,各方法的表现同图像到文本匹配任务类似,但大部分方法的 MAP 都低于图像到文本匹配任务。

　　图 12-3 给出了 Pascal-Sentences 数据集上 SSM-AL[I] 等方法的 MAP 随着训练样本数 N(也是参考点数)变化的趋势。总体上,无论是在(1)和(2)中,更多的参考点总是会带来性能提升。特别是当 $N<50$ 时,SSM-AL[I] 的 MAP 增加速度很高,但随后变慢。当 $N>25$ 时,CMCP 方法的 MAP 值先减小然后快速增加。VSEPP 和 HSNN 的性能也随着 N 的增加而增加,但是前者的速度要慢得多。

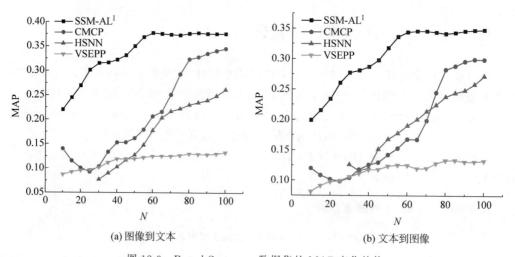

(a)图像到文本　　　　　　　　　(b)文本到图像

图 12-3　Pascal-Sentences 数据集的 MAP 变化趋势

2. Wikipedia 数据集结果

表 12-3 中,本章提出的 SSM-AL[T] 和 SSM-AL[I] 方法依然表现最佳,CMCP 其次。同

Pascal-Sentences 数据集不同,在 Wikipedia 数据集上根据文本选择参考点的 SSM-AL^T 表现更佳。总体上,SSM-AL^T,SSM-AL^I,CMCP,HSNN,JGRHML,VSEPP 和 GXN 的 MAP 都随着训练样本数 N 的增加而更大。相对而言,CCA,JRL 和 JFSSL 三种方法的表现较差,其 MAP 随着 N 的增长没有明显变化。同样,CCA 的表现随着 N 的增大没有表现出明显的提高,甚至 N 的增大会导致 MAP 的下降。而在文本到图像匹配任务中的情况也类似,SSM-AL^T 和 SSM-AL^I 依然优于所有基准方法。文本到图像的匹配准确率要低于图像到文本的匹配。

表 12-3 Wikipedia 数据集上双向匹配的 MAP

方法	$N=10$		$N=50$		$N=100$	
	I2T	T2I	I2T	T2I	I2T	T2I
CCA	0.1215	0.1215	0.1678	0.1138	0.1222	0.1059
SSM-AL^T	**0.2103**	**0.1848**	**0.2575**	**0.2273**	**0.2621**	**0.2438**
SSM-AL^I	0.1868	0.1703	0.2268	0.2092	0.2243	0.2197
JRL	—		0.2092	0.2092	0.2092	0.2092
JFSSL	—	—	0.1163	0.1095	0.1121	0.1098
CMCP	0.1761	0.1222	0.1904	0.1506	0.2592	0.2063
JGRHML	—	—	0.1993	0.1612	0.2153	0.1767
HSNN	—	—	0.2084	0.1438	0.2321	0.1817
VSEPP	0.1223	0.1212	0.1238	0.1266	0.1275	0.1285
GXN	0.1201	0.1208	0.1229	0.1259	0.1270	0.1289

图 12-4 中,同 Pascal-Sentences 数据集一样,Wikipedia 数据集上更多的参考点仍然会带来更高的准确度,但是性能收益不如前者明显。特别是在图像到文本任务中,MAP 指标增长的速度比较缓慢。CMCP 的 MAP 值也先减小然后快速增加。VSEPP 在两个任务中的性能不会随着 N 的增加而显示明显变化。

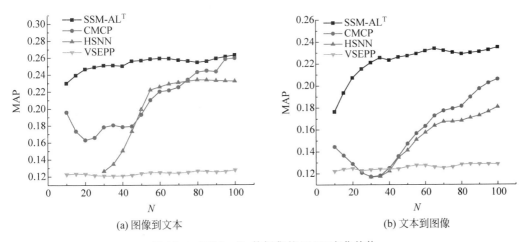

(a) 图像到文本

(b) 文本到图像

图 12-4 Wikipedia 数据集的 MAP 变化趋势

3. XMedia 数据集结果

表 12-4 中的图像到文本匹配任务中：两种 SSM-AL 表现仍优于基准方法且其优势更明显，特别是 SSM-AL^T 方法表现最优。随着 N 的增加，SSM-AL^T，SSM-AL^I，JRL，CMCP 和 HSNN 的 MAP 变得更高，而 JGRHML 和 JFSSL 则具有相反的趋势。CCA，VSEPP 和 GXN 在 10 种方法中表现最差，其 MAP 很低且随着 N 的不同变化很小。文本到图像匹配任务的情况类似，但是其准确性相对更高。

表 12-4　XMedia 数据集上双向匹配的 MAP

方法	$N=10$		$N=50$		$N=100$	
	I2T	T2I	I2T	T2I	I2T	T2I
CCA	0.0569	0.0569	0.0566	0.0568	0.0574	0.058
SSM-AL^T	**0.2827**	**0.3485**	**0.6454**	**0.7365**	**0.6902**	**0.7775**
SSM-AL^I	0.2781	0.3350	0.6421	0.7355	0.6729	0.7629
JRL	—	—	0.0572	0.0572	0.4573	0.4869
JFSSL	—	—	0.1297	0.4161	0.0669	0.0832
CMCP	0.2317	0.259	0.2403	0.4139	0.2971	0.5038
JGRHML	0.0569	0.0569	0.2018	0.3345	0.141	0.1626
HSNN	0.0569	0.0737	0.0800	0.1161	0.1801	0.2101
VSEPP	0.0691	0.051	0.0683	0.0505	0.0663	0.0481
GXN	0.0689	0.0501	0.0644	0.0517	0.0671	0.0489

图 12-5 中 SSM-AL^T 的 MAP 值仍然随着参考点数量的增加而增加，尤其是 N 比较小时。当 $N<100$ 时，更多的参考点会为 SSM-AL^T 带来明显的性能提升；当 $N>100$ 时，性能提升的速度逐渐减缓。尽管 CMCP 和 HSNN 的 MAP 值也随着 N 的增加而增加，但与 SSM-AL^T 相比速度要慢许多，VSEPP 的性能仍然没有明显的变化。

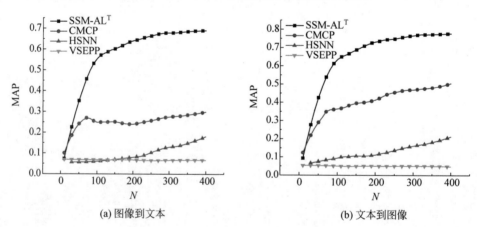

(a) 图像到文本　　　　　　　　　　(b) 文本到图像

图 12-5　XMedia 数据集的 MAP 变化趋势

4. MSCOCO 数据集结果

图 12-6 的四个子图给出了五种无监督方法在图像到文本匹配任务中不同 K 值下的召

回率,其中 SSM-AL^T 和 SSM-AL^I 的表现始终优于三种基准方法,并且两种 SSM-AL 方法与基准方法之间的差距较大。总体上,随着训练样本数量的增加,SSM-AL^T,SSM-AL^I,VSEPP 和 GXN 的性能都会提高,而经典的 CCA 方法表现最差,并且其召回率并没有随着 N 的增长而产生明显变化。尽管在 $K=1$ 时五种方法的召回率都很低,但是随着 K 的增长,召回率很快上升到满意的程度。

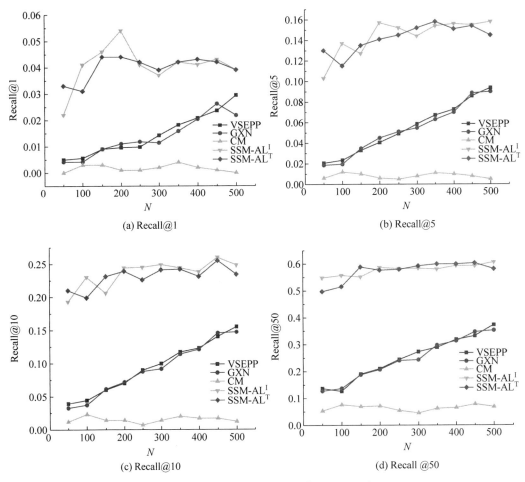

图 12-6　MSCOCO 文本到图像匹配召回率

在图 12-7 的图像到文本匹配任务中,随着训练样本数 N 的增加,SSM-AL^T,SSM-AL^I,VSEPP 和 GXN 的召回率都会明显增加,并且两种 SSM-AL 方法仍然表现最佳。尽管在不同 K 值下,VSEPP 和 GXN 的召回率都迅速增加,但始终低于 SSM-AL^T 和 SSM-AL^I。当 $K=1,5,10$ 和 50 时,CCA 的召回率始终最低,并且随着 N 增长没有明显变化。此外,SSM-AL^T 和 SSM-AL^I 总体上具有相似的召回率,但是当 $K>5$ 时 SSM-AL^I 的召回率稍高。

通过上述实验分析可以得出结论:当配对的训练数据不足时,本章提出的 SSM-AL 方法优于所有基准方法,即使它没有使用任何标签信息。实验结果证明了模态内相似关系的保持与未匹配训练样本的重要性,不同模态高层概念之间的简单相关性,以及“抽象-关联”框架的有效性。尽管所提出的方法与基准之间的性能差距随着配对训练数据的增加有所降

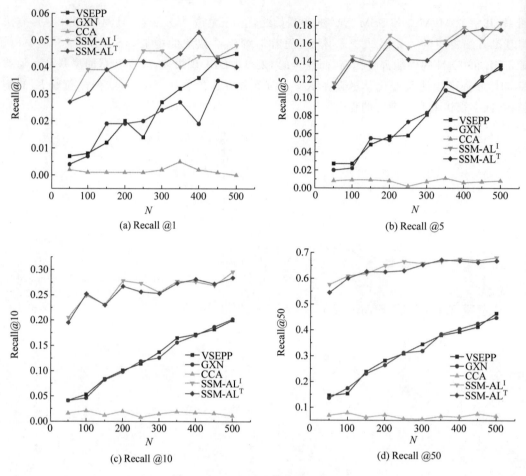

图 12-7　MSCOCO 图像到文本匹配

低,但其仍然是限配对训练数据较少时的理想方法。此外,当训练样本不足时,基于深度神经网络的方法(VSEPP,GXN)相对传统方法不具优势。

　　总体而言,更多的参考点有利于 SSM-AL 的准确性,在大多数情况下,SSM-AL 的性能会随着参考点增多而提高。但参考点也并非越多越好:一方面,更多的参考点意味着需要更高的成本来获取更多的配对文本-图像样本;另一方面,当参考点的数量较多时,获得的性能提升变得更为有限。在实践中,参考点的数量应该综合考虑性能需求和成本来确定。

　　此外上述结果还表明,当使用不同的数据作为参考点选择的依据时,相似度计算的准确性会有所不同。在 Wikipedia 和 XMedia 数据集中,SSM-AL^T 的性能优于 SSM-AL^I,而在 Pascal-Sentences 和 MSCOCO 数据集中,SSM-AL^I 的性能优于 SSM-AL^T。

本章小结

　　为了解决文本-图像跨模态相似度计算方法对配对训练数据的依赖,提高配对训练数据不足条件下相似度计算的准确度,本章在单模态表征中引入语义结构表征统一对文本和图像数据进行表示,并基于主动学习的策略产生多模态参考点集,在此基础上利用文本和图像语义结构的一致性计算二者间的相似度。通过理论和实验分析证明,第 11 章中的语义结构表征有助于训练样本不足条件下跨模态相似度的计算;在此基础上,本章提出的相似度计算方法在训练数据不足的条件下具有明显的性能优势。当配对的训练样本不足,或者需要着重考虑训练样本的获取成本时,本章提出的相似度计算方法具有重要意义;此外,该方法也可以同其他方法结合以解决其冷启动问题。

本章参考文献

[1] Gao N,Huang S J,Yan Y,et al. Cross Modal Similarity Learning with Active Queries[J]. Pattern Recognition,2018,75:214-222.

[2] Leitao L,Calado P,Weis M. Structure-Based Inference of XML Similarity for Fuzzy Duplicate Detection[C]. International Conference on Information and Knowledge Management,Lisboa,Portugal, November 6-10,2007:293-302.

[3] Klementiev A,Titov I,Bhattarai B. Inducing Crosslingual Distributed Representations of Words[C]// Proceedings of the COLING,Stroudsburg,PA:ACL,2012:1459-1474.

[4] Mikolov T,Le Q V,Sutskever I. Exploiting Similarities Among Languages for Machine Translation [J/OL]. 2013,arXiv Preprint:1309.4168.

[5] Gouws S,Bengio Y,Corrado G. Bilbowa:Fast Bilingual Distributed Representations without Word Alignments[C]//Proceedings of the International Conference on Machine Learning,New York: ACM,2015:748-756.

[6] Karpathy A,Joulin A,Li F F. Deep Fragment Embeddings for Bidirectional Image Sentence Mapping [J]. Advances in Neural Information Processing Systems,2014:1889-1897.

[7] Vinyals O,Toshev A,Bengio S,et al. Show and Tell:a Neural Image Caption Generator[C]// Proceedings of the IEEE Conference on Computer Vision and Pattern Recognition,Piscataway,NJ: IEEE,2015:3156-3164.

[8] Wei Y,Zhao Y,Lu C,et al. Cross-Modal Retrieval With CNN Visual Features:A New Baseline[J]. IEEE Transactions on Systems,Man,and Cybernetics,2017,47:449-460.

[9] Karpathy A,Fei-Fei L. Deep Visual-Semantic Alignments for Generating Image Descriptions[J]. IEEE Transactions on Pattern Analysis and Machine Intelligence,2017,39(4):664-676.

[10] Andrej K,Li F F. Deep Visual-Semantic Alignments for Generating Image Descriptions[C]// Proceedings of the IEEE Conference on Computer Vision and Pattern Recognition,Piscataway,NJ, 2015:3128-3137.

[11] Simonyan K,Zisserman A. Very Deep Convolutional Networks for Large-Scale Image Recognition [C]. International Conference on Learning Representations,San Diego,CA,2015.

[12] Wang B,Yang Y,Xu X,et al. Adversarial Cross-Modal Retrieval[C]//Proceedings of the ACM International Conference on Multimedia,New York:ACM,2017:154-162.

[13] Xu X,He L,Lu H,et al. Deep Adversarial Metric Learning for Cross-modal Retrieval[J]. World Wide Web,2019,22(2):657-672.

[14] Li Y,Wang D,Hu H,et al. Zero-Shot Recognition Using Dual Visual-Semantic Mapping Paths[C]// Proceedings of the IEEE Conference on Computer Vision and Pattern Recognition,Piscataway,NJ: IEEE,2017: 5207-5215.

[15] Pennington J,Socher R, Manning C. Glove: Global Vectors for Word Representation [C]// Proceedings of the Conference on Empirical Methods in Natural Language Processing,Stroudsburg, PA: ACL,2014: 1532-1543.

[16] Arora S,Yingyu L,Tengyu M. A Simple but Tough-to-Beat Baseline for Sentence Embeddings[C]// International Conference on Learning Representations,Toulon,France,2017.

[17] Collell G,Moens M-F. Do Neural Network Cross-Modal Mappings Really Bridge Modalities? [C]// Proceedings of the Annual Meeting of the Association for Computational Linguistics,Stroudsburg, PA: ACL,2018: 462-468.

[18] Gu J,Cai J,Joty S R,et al. Look, Imagine and Match: Improving Textual-Visual Cross-Modal Retrieval with Generative Models[C]//Proceedings of the IEEE Conference on Computer Vision and Pattern Recognition,Piscataway,NJ: IEEE,2018: 7181-7189.

[19] Chen X,Chen X,Ward R K,et al. A Joint Multimodal Group Analysis Framework for Modeling Corticomuscular Activity[J]. IEEE Transactions on Multimedia,2013,15(5): 1049-1059.

[20] Rasiwasia N,Pereira J C,Coviello E,et al. A New Approach to Cross-modal Multimedia Retrieval [C]//Proceedings of the ACM International Conference on Multimedia, New York: ACM,2010: 251-260.

[21] Rashtchian C,Young P,Hodosh M,et al. Collecting Image Annotations Using Amazon's Mechanical Turk[C]//Proceedings of the NAACL Hlt 2010 Workshop on Creating Speech and Language Data with Amazon's Mechanical Turk,Stroudsburg,PA: NAACL,2010: 139-147.

[22] Zhai X,Peng Y,Xiao J. Learning Cross-Media Joint Representation with Sparse and Semi-Supervised Regularization[J]. IEEE Transactions on Circuits & Systems for Video Technology,2014,24(6): 965-978.

[23] Lin T Y,Maire M,Belongie S, et al. Microsoft COCO: Common Objects in Context [C]// Proceedings of the European Conference on Computer Vision,Berlin: Springer,2014: 740-755.

[24] Zhang E,Zhang Y. Liu L,Özsu M T. Encyclopedia of Database Systems: Average Precision[M]. Boston,MA: Springer US,2009: 192-193.

[25] Rasiwasia N,Moreno P J,Vasconcelos N. Bridging the Gap: Query by Semantic Example[J]. IEEE Transactions on Multimedia,2007,9(5): 923-938.

[26] Peng Y,Qi J,Yuan Y. Modality-Specific Cross-Modal Similarity Measurement with Recurrent Attention Network[J]. IEEE Transactions on Image Processing,2018,27(11): 5585-5599.

[27] Yan F,Mikolajczyk K. Deep Correlation for Matching Images and Text[C]//Proceedings of the IEEE Conference on Computer Vision and Pattern Recognition, Piscataway, NJ: IEEE, 2015: 3441-3450.

[28] Wang K,He R,Wang L,et al. Joint Feature Selection and Subspace Learning for Cross-Modal Retrieval[J]. IEEE Transactions on Pattern Analysis & Machine Intelligence, 2016, 38 (10): 2010-2023.

[29] Zhai X,Peng Y,Xiao J. Cross-modality Correlation Propagation for Cross-media Retrieval [C]// Proceedings of the IEEE International Conference on Acoustics, Speech and Signal Processing

（ICASSP），Piscataway，NJ：IEEE，2012：2337-2340.

[30] Zhai X，Peng Y，Xiao J. Effective Heterogeneous Similarity Measure with Nearest Neighbors for Cross-Media Retrieval［C］//Proceedings of the International Conference on Multimedia Modeling，Berlin：Springer，2012：312-322.

[31] Zhai X，Peng Y，Xiao J. Heterogeneous Metric Learning with Joint Graph Regularization for Cross-media Retrieval［C］//Proceedings of the AAAI Conference on Artificial Intelligence，Menlo Park，CA：AAAI，2013.

[32] Faghri F，Fleet D J，Kiros J R，et al. VSE＋＋：Improving Visual-Semantic Embeddings with Hard Negatives［C］//Proceedings of the British Machine Vision Conference（BMVC），Guildford，UK：BMVA Press，2018.

第13章

考虑"相似性漂移"的多模态匹配

13.1 引言

在计算得到文本和图像的相似度之后,通常需要设定相似度阈值来筛选最终的匹配结果。通过设置不同的阈值可以控制匹配的精度,平衡查询的准确率和召回率。本章发现常用的跨模态映射函数存在"相似性漂移"的问题,并且由于该问题的存在,较低的相似度阈值会加剧误匹配现象。为了降低该问题对实体分辨任务的影响,本章提出两种近似匹配策略,提高了相似性匹配的精度。

13.2 跨模态映射的"相似性漂移"问题

如前文所述,为了计算文本和图像数据间的相似度,需要通过跨模态映射统一它们的表征空间。其中一种映射方法是将一个模态的数据映射到另一个模态数据的表征空间。给定文本数据集 X 和图像数据集 Y,为计算任意跨模态对象间的相似度,可以通过映射函数 $f: X \rightarrow Y$ 或 $g: Y \rightarrow X$ 将源对象映射到目标对象的表示空间[1]。如前文所述,学习映射 f 和 g 的过程中需要保持模态内相似关系和模态间相似关系。以 f 为例,为了在目标空间中保持模态间相似关系,对任意 $x_i \in X$ 和 $y_i \in Y$,映射 f 需要满足式(13-1)。

$$x_i \approx y_i \leftrightarrow \| f(x_i) - y_i \|_Y \leqslant \delta \tag{13-1}$$

式(13-1)表示如果不同模态的对象 x_i 和 y_i 相似,则通过 f 将 x_i 映射到目标空间中后,$f(x_i)$ 和 y_i 的距离应小于阈值 δ。

同时,映射 f 还需要保持 X 的模态内近邻关系,如式(13-2)。

$$\| x_i - x_j \|_X \leqslant \delta_X \leftrightarrow \| f(x_i) - f(x_j) \|_Y \leqslant \delta \tag{13-2}$$

式(13-2)表示如果相同模态的对象在原始表示空间中距离较小(小于一个较小的阈值 δ_X),在映射后它们的距离仍然要保持足够小;反之如果相同模态的对象在原始表示空间中差异较大,在映射后它们的距离仍然要保持足够大。由式(13-2)可以导出式(13-3)。

$$\| f(x_i) - f(x_j) \|_Z \leqslant K_X \| x_i - x_j \|_X \tag{13-3}$$

式(13-3)说明为了保持模态内关系,f 必须为 Lipschitz 连续的,其中 $K_X > 0$ 为 Lipschitz 常数。线性变换和深度神经网络是现有研究中两种最常用的跨模态映射函数,二者都满足上述条件,如式(13-4)和式(13-5)。

$$f(x) = W_0 x + b_0 \tag{13-4}$$

$$f(x) = W_1 \sigma(W_0 x + b_0) + b_1 \tag{13-5}$$

式(13-5)中,W_0 和 W_1 为线性映射矩阵,b_0 和 b_1 为偏置,σ 为非线性映射。为了使得映射 f 能保持对象间的近邻关系,实际中经常通过最大边界损失(Max-Margin Loss)[2]来学习映射 f,如式(13-6)。

$$\mathcal{L} = \max\{0, \theta + \| f(x) - y \| - \| f(x') - y \| \} \tag{13-6}$$

其中 θ 为边界,(x, y) 为相似的样本对,(x', y) 为不相似样本对。

一般而言,通过式(13-6)中的目标函数学得的线性变换或者深度神经网络应该可以较好地保持对象间的相似关系。然而因为训练数据不足等原因,即使深度神经网络具有十分强大的学习能力,想要在跨模态映射中"完美"地保持模态内和模态间近邻关系仍然并非容易。为了度量跨模态映射对近邻关系的保持能力,文献[3]提出平均最近邻覆盖率(Mean Nearest Neighbor Overlap,mNNO),如式(13-7)。

$$mNNO^K(X, f(X)) = \frac{1}{KN} \sum_{i=1}^{N} NNO^K(x_i, f(x_i))$$

$$= \frac{1}{KN} \sum_{i=1}^{N} | \delta^K(x_i) \bigcap \delta^K(f(x_i)) | \tag{13-7}$$

式(13-7)中,$\delta^K(x_i)$ 表示 x_i 的 K 近邻集合,N 表示 X 中的样本数量,f 为跨模态映射函数。

平均最近邻覆盖率通过计算映射前后对象的 K 近邻重合度来度量映射 f 对近邻结构的保持能力,取值越高表示映射空间中的近邻结构与真实情况一致性越高,基于此进行相似性匹配的准确率也会越高。为验证线性变换和深度神经网络的近邻结构保持能力,文献[3]通过两种映射函数在 ImageNet、IAPR TC-12 和 Wikipedia 等三个数据集上执行双向映射(包括文本到图像映射,记为 $T \rightarrow I$;以及图像到文本映射,记为 $I \rightarrow T$),并对映射的平均最近邻覆盖率进行了测试,其中近邻数量 K 设置为10,结果如表13-1。

表 13-1 Collell 和 Moens 进行的平均邻域覆盖率测试

数据集	方向	映射 f	ResNet		VGG-128	
			$X, f(X)$	$Y, f(X)$	$X, f(X)$	$Y, f(X)$
ImageNet	$I \rightarrow T$	线性变换	**0.681**	0.262	**0.723**	0.236
		神经网络	**0.622**	0.273	**0.682**	0.246
	$T \rightarrow I$	线性变换	**0.379**	0.241	**0.339**	0.229
		神经网络	**0.354**	0.27	**0.326**	0.256

续表

数据集	方向	映射 f	ResNet		VGG-128	
			$X, f(X)$	$Y, f(X)$	$X, f(X)$	$Y, f(X)$
IAPR TC-12	$I \rightarrow T$	线性变换	**0.358**	0.214	**0.382**	0.163
		神经网络	**0.336**	0.219	**0.331**	0.18
	$T \rightarrow I$	线性变换	**0.48**	0.2	**0.419**	0.167
		神经网络	**0.413**	0.225	**0.372**	0.182
Wikipedia	$I \rightarrow T$	线性变换	**0.235**	0.156	**0.235**	0.143
		神经网络	**0.269**	0.161	**0.282**	0.148
	$T \rightarrow I$	线性变换	**0.574**	0.156	**0.6**	0.148
		神经网络	**0.521**	0.156	**0.511**	0.151

表 13-1 中 $X, f(X)$ 表示模态内近邻结构,$Y, f(X)$ 表示模态间近邻结构。可以发现,经过线性变换和深度神经网络的映射后,映射前后的模态内平均最近邻覆盖率要远高于模态间平均最近邻覆盖率,并且两种映射函数在近邻关系的保持中并没有显现出明显的差别。

表 13-1 中结果说明,尽管现有方法都致力于在跨模态映射中保持对象的相似关系,但是最终学习到的映射函数并不能很好地保持对象的模态间邻近关系。主流的线性映射和深度神经网络对模态内近邻结构的保持较好,而对模态间近邻结构的保持较差。导致的结果是相似的文本和图像对象经过映射后不一定保持邻近,而原来不相似却可能接近,进而导致匹配的准确率下降。

在文献[3]工作的基础上,本文发现当邻域大小不同时,包括线性变换和深度神经网络在内的跨模态映射函数对近邻结构的保持能力是变化的。具体来讲,无论是文本到图像映射还是图像到文本映射,给定不同 k 值,其平均最近邻覆盖率是变化的:当 k 较小时,对象在映射空间中的近邻和真实近邻的覆盖率 $NNO^K(Y, f(X))$ 较高;随着 k 变大,$NNO^K(Y, f(X))$ 迅速下降,也就是映射函数的近邻保持能力变弱。

本章将这种映射函数对模态间近邻关系保持能力随邻域大小而变化的现象称为"相似性漂移(Similarity Drifting)"。为了更加直观地对其说明,图 13-8 给出了"相似性漂移"问题的简单示意。

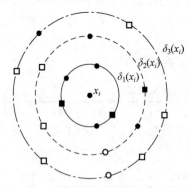

图 13-1 中展示的是对象 x_i 在映射空间中的近邻结构,其中圆点表示 x_i 同模态近邻在映射空间中的象,方形表示其跨模态近邻,实心表示真匹配,空心表示误匹配。由于映射函数的"相似性漂移"问题,在映射空间中的同模态近邻大部分为真匹配,图中圆点多为实心;而跨模态近邻的误匹配较多,因此图中方形多为空心。此外,随着邻域 δ 的增大,跨模态对象发生误匹配的概率逐渐变大。这是由于对象间的相似性经过跨模态映射 f 后难以完全保持,并且其失真程度随着相似性判定的粒度变粗(也就是邻域的扩大)而迅速升高。

图 13-1 "相似性漂移"问题

而在实体分辨问题中,为了确定最终匹配的文本-图像对象,通常给定一个相似度阈值对候选对象进行筛选,相似度高于阈值的对象被认为是相似的。阈值的高低直接影响实体分辨的准确率和召回率：更高的阈值可以过滤掉"假相似"的对象，提高准确率，但是有可能会漏掉"真相似"的对象，降低召回率；而更低的阈值可以发现更多相似的对象，提高召回率，但是会混入很多"假相似"的对象，降低准确率。实际中，不同的应用场景对准确率和召回率的倾向性是不同的，有些场景更注重准确率，而有些场景则更看重召回率。而由于相似性漂移问题的存在，较低的相似度阈值会将许多非相似对象引入 x_i 在映射空间中的邻域中，降低实体分辨的准确性。

本章的目的是绕过"相似性漂移"问题，降低误匹配概率。其基本思想是利用待匹配对象的模态内近邻，在其映射空间中的较小邻域内进行相似对象匹配。基于该思想，根据模态内近邻生成的方式不同，分别提出两种考虑"相似性漂移"的近似匹配方法。

13.3 基于近邻传播的匹配方法

由于跨模态映射函数存在"相似性漂移"问题，映射空间中不同模态对象的近邻关系难以保持一致。然而，相对于对象的模态间近邻关系，现有跨模态映射函数对模态内近邻关系的保持更好。

对于对象 x_i 及其同模态近邻，通过 f 将其映射到空间 Y 中后，其近邻关系仍然能保持和原空间 X 中基本一致。而通过 f 将 X 中对象映射到 Y 后，尽管难以保持其总体近邻结构一致，但是当邻域较小（也就是相似度阈值较高）时，对象的跨模态邻域结构仍然具有较高的一致性。因此，借助样本 x_i 的同模态近似对象在映射空间中的跨模态近邻，可以降低"相似性漂移"造成的影响，较为准确地得到 x_i 的跨模态相似对象。基于以上考虑，提出一种基于近邻传播的匹配方法，其基本思想如图 13-2 所示。

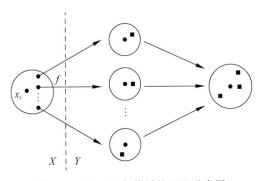

图 13-2 基于近邻传播的匹配示意图

给定待匹配对象 x_i，图 13-2 中通过如下步骤找到对象 x_i 的跨模态相似对象：首先，通过一个较高阈值 τ^N 在表征空间 X 中筛选同模态相似对象；然后，通过跨模态映射函数 f 将这些对象投影到 Y 中；最后，在映射空间中搜索这些对象的跨模态最近邻，并将所有结果求并集，作为对象 x_i 的跨模态相似对象。上述过程可以形式化为式(13-8)。

$$\bigcup_{s(x_i, x_j) > \tau^N} \operatorname*{argmax}_{y_l} s(f(x_j), y_l) \tag{13-8}$$

式(13-8)中，s 为相似度函数，$y_l \in Y$ 为与 x_i 不同模态的对象，τ^N 为阈值。

基于以上讨论,本节提出一种基于近邻传播的匹配(Neighbor-Propagation Matching)方法,通过待匹配对象 x_i 的同模态近邻来匹配目标集合 Y 中与其相似的对象。其详细的步骤如表 13-2 所示。

表 13-2　近邻传播匹配方法

算法　近邻传播匹配

输入:查询集 X, 目标集 Y, 阈值 τ^N
输出:匹配集合 S
1.　　　学习跨模态映射函数 $f: X \rightarrow Y$
2.　　　$S = \varnothing$
3.　　　for all $x_i \in X$ do
4.　　for all $x_i \neq x_j$ do
5.　　　if $s(x_i, x_j) > \tau^N$ then
6.　　　　　$\hat{y}_j = f(x_j)$
7.　　　　　$t \leftarrow \hat{y}_j$ 的最近邻
8.　　　　　$S = S \bigcup \{x_i, t\}$
9.　　　　end if
10.　　end for
12.　　　end for
13.　　　return S

表 13-2 中的算法首先通过已有方法学习 X 到 Y 的映射 f(例如,通过最小化式(13-6)中的最大边界损失,来学习式(13-4)中的线性变换或者式(13-5)中的前馈神经网络作为映射函数 f)。然后,对查询集合 X 中的每一个待匹配对象 x_i,筛选相似度高于阈值 τ^N 的同模态近似样本 x_j,并通过 f 将其映射为 $\hat{y}_j$,在映射空间 Y 中查找与 $\hat{y}_j$ 相似度最高的对象 t,并将 (x_i, t) 加入结果集合 S 中。该算法通过同模态近邻来筛选待匹配对象的相似对象有两方面原因:一方面,相对模态间关系,映射 f 可以更好地保持模态内关系;另一方面,映射 f 对模态间关系的保持能力是随着相似度阈值的降低而降低的,当相似度阈值较高时,映射 f 对模态间近邻结构的保持较好,对象在映射空间中的近邻和真实相似对象的覆盖率较高,匹配的准确率较高。

13.4　基于近邻增强的匹配方法

13.3 节中通过数据集中已有的模态内近邻来获取跨模态相似对象,可以降低"相似性漂移"带来的不利影响。然而这种方法对数据集有一定要求。例如,当数据集中同模态对象间差异过大时,通过近邻传播方法将会失效。此时可以对待匹配对象进行数据增强(Data Augmentation),将引入噪声的增强对象作为其同模态近邻,然后再进行类似上一节中的匹配过程,如图 13-3 所示。

给定待匹配对象 x_i,图 13-3 中通过如下步骤找到对象 x_i 的跨模态相似对象:首先,向

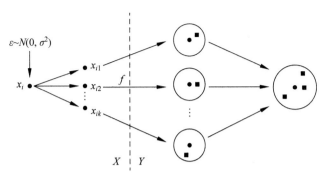

图 13-3　基于近邻增强的匹配示意图

x_i 其施加随机噪声 ε 以产生多个增强对象 $x_{ij}(j=1,2,\cdots,k)$；然后，通过 f 将增强对象映射到映射空间中，在其各自的较小邻域中进行相似性匹配；最后，将所有增强对象的匹配结果求并集作为 x_i 的匹配结果。该过程可以形式化为式（13-9）。

$$\bigcup_{l=1}^{k} \underset{y_j}{\operatorname{argmax}} \, s(f(v(x_i,\varepsilon_l)),y_j) \tag{13-9}$$

式（13-9）中，增强函数 $v(x_i,\varepsilon_l)$ 利用随机项 ε_l 对 x_i 增强，产生 k 个 x_i 的近似样本，$y_j \in Y$ 为目标样本。一般而言，v 可以通过将对象与噪声相加来实现，如式（13-10）。

$$v(x_i,\varepsilon_l)=x_i+\varepsilon_l \tag{13-10}$$

并且为了不引入偏置，ε_l 所服从的分布其期望应该等于零，因此这里我们采用期望为零，方差为 σ^2 的正态分布，通过 σ^2 可以调节匹配的粒度。为了说明该方法的合理性和有效性，提出以下命题，并在一些较为简单的情况下进行证明。

命题 13-1　给定映射 f 和对象 x_i，如果通过 ε_l 对 x_i 进行增强，产生的增强样本在映射空间的期望就是原对象 x_i 在映射空间的投影，即式（13-11）。

$$\mathbf{E}_{\varepsilon_i \sim N(0,\sigma)}\big[f(v(x_i,\varepsilon_l))-f(x_i)\big]=0 \tag{13-11}$$

证明：这里假设 f 通过线性变换实现，即

$$f(x_i)=x_i\boldsymbol{M} \tag{13-12}$$

式（13-12）其中 $\boldsymbol{M}\in\mathbb{R}^{d\times e}$ 为线性变换矩阵，d 和 e 分别为源空间 X 和映射空间 Y 的表征维度。在此基础上，可以得到式（13-13）。

$$\mathbf{E}\big[f(x_i)-f(x_i+\varepsilon_l)\big]=\mathbf{E}\big[x_i\boldsymbol{M}-(x_i+\varepsilon_l)\boldsymbol{M}\big]$$

$$=\mathbf{E}\begin{bmatrix} \sum_{j=1}^{d}x_{ij}m_{j1}-\sum_{j=1}^{d}(x_{ij}+\varepsilon_{lj})m_{j1} \\ \sum_{j=1}^{d}x_{ij}m_{j2}-\sum_{j=1}^{d}(x_{ij}+\varepsilon_{lj})m_{j2} \\ \vdots \\ \sum_{j=1}^{d}x_{ij}m_{je}-\sum_{j=1}^{d}(x_{ij}+\varepsilon_{lj})m_{je} \end{bmatrix}^{\mathrm{T}}$$

$$= \mathbf{E} \begin{bmatrix} -\sum_{j=1}^{d} \varepsilon_{lj} m_{j1} \\ -\sum_{j=1}^{d} \varepsilon_{lj} m_{j2} \\ \vdots \\ -\sum_{j=1}^{d} \varepsilon_{lj} m_{je} \end{bmatrix}^{\mathrm{T}} \qquad (13\text{-}13)$$

式(13-13)中，m_{je} 表示矩阵 $\boldsymbol{M}$ 中的元素。由于 $\varepsilon_{ij} \sim N(0,\sigma)$，式(13-13)等于一个零向量，式(13-11)成立。

命题 13-2 给定映射 f 和对象 x_i，如果通过 v 对 x_i 进行增强，增强样本在映射空间中与原对象的距离的期望是 σ^2 的增函数 q，即式(13-14)。

$$\mathbf{E}_{\varepsilon_l \sim N(0,\sigma^2)} \| f(v(x_i,\varepsilon_l)), f(x_i) \| = q(\sigma^2) \qquad (13\text{-}14)$$

证明：仍然假设 f 为线性映射，则可以得到式(13-15)。

$$\mathbf{E}_{\varepsilon_l \sim N(0,\sigma^2)} \| f(v(x_i,\varepsilon_l)), f(x_i) \|$$

$$= \mathbf{E}_{\varepsilon_l \sim N(0,\sigma^2)} \| (x_i + \varepsilon_l)\boldsymbol{M}, x_i \boldsymbol{M} \|$$

$$= \mathbf{E} \begin{bmatrix} \left(\sum_{j=1}^{d} x_{ij} m_{j1} - \sum_{j=1}^{d} (x_{ij} + \varepsilon_{lj}) m_{j1} \right)^2 + \\ \left(\sum_{j=1}^{d} x_{ij} m_{j2} - \sum_{j=1}^{d} (x_{ij} + \varepsilon_{lj}) m_{j2} \right)^2 + \\ \vdots \\ \left(\sum_{j=1}^{d} x_{ij} m_{je} - \sum_{j=1}^{d} (x_{ij} + \varepsilon_{lj}) m_{je} \right)^2 \end{bmatrix}^{1/2}$$

$$= \mathbf{E} \left[m_1 \left(\sum_{j=1}^{d} \varepsilon_{lj} \right)^2 + \cdots + m_e \left(\sum_{j=1}^{d} \varepsilon_{lj} \right)^2 \right]^{1/2}$$

$$= \lambda \mathbf{E} \left[\left(\sum_{j=1}^{d} \varepsilon_{lj} \right)^2 \right]^{1/2} \qquad (13\text{-}15)$$

式(13-15)中，λ 为一个跟 $\boldsymbol{M}$ 有关的非负常数，并且由于 $\boldsymbol{M}$ 为非零矩阵，有 $\lambda > 0$。由于 $\varepsilon_{lj} \sim N(0,\sigma)$，所以令 $t = \sum_{j=1}^{d} \varepsilon_{lj}$，$t$ 仍然服从正态分布，如式(13-16)。

$$t = \sum_{j=1}^{d} \varepsilon_{lj} \sim N(0, d\sigma^2) \qquad (13\text{-}16)$$

因此，增强样本和原对象距离的期望具有式(13-17)所示的形式

$$\mathbf{E}_{\varepsilon_i \sim N(0,\sigma^2)} \| f(v(x_i,\varepsilon_i)), f(x_i) \| = \lambda \mathbf{E} [t^2]^{1/2} = \lambda (d\sigma^2)^{1/2} \qquad (13\text{-}17)$$

其中，由于 $\lambda > 0$，所以 $\lambda(d\sigma^2)^{1/2}$ 为增函数，命题 13-2 成立。

上述两个命题说明产生的增强样本在映射空间中是以原对象为中心，集中分布在由随机噪声方差控制的小区域内，在这个区域内进行匹配可以获得近似于在原对象邻域中匹配

的效果。同时因为增强对象匹配的相似度阈值较高,所以其邻域中误匹配的概率较低。因此,基于近邻增强的匹配方法具备对原对象进行相似性匹配的能力,并且可以通过噪声的方差控制其匹配的粒度粗细。

基于以上讨论,本节提出一种基于近邻增强的匹配(Neighbor-Augmentation Matching)方法,详细步骤如表 13-3。

表 13-3 近邻增强匹配方法

算法 近邻增强匹配
输入: 查询集 X, 目标集 Y, 增强样本数量 k, 噪声方差 σ^2, 阈值 τ^A
输出: 匹配集合 S
1. 学习跨模态映射函数 $f: X \rightarrow Y$
2. $S = \varnothing$
3.   for all $x_i \in X$ do
4. $Z = \varnothing$
5.   for $l = 1$ to k do
6. $\varepsilon_l \leftarrow$ 通过 $N(0, \sigma^2)$ 产生的随机噪声
7. $Z = Z \bigcup (x_i + \varepsilon_l)$
8.   end for
9.   for all $z_l \in Z$ do
10.   for all $y_j \in Y$ do
11.   if $s(f(z_l), y_j) > \tau^A$ then
12. $S = S \bigcup \{(x_i, x_y)\}$
13.   end if
14.   end for
15.   end for
16.   end for
17.   return S

表 13-3 中算法的输入是待匹配集合 X 和目标对象集合 Y,增强样本数 k,随机变量的方差 σ^2,以及相似度阈值 τ^A。相似度阈值对不同数据集可能不同,但为了降低误匹配,使得每个增强样本的匹配尽量精确,τ^A 应该尽量大。当需要提高召回率时,可以适当增大随机变量的方差 σ^2。首先,仍然学习 X 到 Y 的跨模态映射函数 f;然后,对查询集合 X 中的每一个待匹配对象 x_i,通过服从正态分布 $N(0, \sigma^2)$ 的噪声得到 k 个增强样本 z_l;通过 f 将增强样本映射到 Y 的表征空间中,并筛选与 z_l 相似度大于阈值 τ^A 的相似对象 y_j,将 (x_i, y_j) 加入结果集合 S 中。

13.5 实验分析

为了验证"相似性漂移"问题,以及本章所提的相似性匹配方法的有效性,本节在多个真实数据集上对二者进行了验证。

13.5.1 数据集和实验设置

1. 数据集及特征提取

数据集包括词级别的 **ImageNet**[4]，句子级别的 **IAPR TC-12**[5]，以及文档级别的 **Wikipedia**[6]。其中由于 ImageNet 数据集样本容量过大，受实验条件所束，不将其用在跨模态匹配方法的验证中。

其中图像特征分别采用 VGG-128[7] 进行提取，ImageNet 的文本特征使用 300 维度的 GloVe[26] 特征，IAPR TC-12 和 Wikipedia 数据集的文本特征通过双向门控循环单元网络（Bidirectional Gated Recurrent Unit，Bi-GRU）[8] 进行提取。

2. 实验设置及评价指标

实验中分别使用式（13-4）和（13-5）中的线性映射和深度神经网络作为跨模态映射函数，并通过式（13-6）中的最大边界损失来学习它们。实验主要进行以下任务：

（1）"相似性漂移"问题验证——利用线性变换和深度神经网络对不同数据集上的文本和图像数据进行跨模态映射，通过式（13-7）计算不同大小邻域的平均最近邻覆盖率[3]（mNNO），分析跨模态映射对模态间关系保持能力和邻域范围之间的关系，验证"相似性漂移"问题的存在。

（2）"文本-图像"匹配方法验证——对三种相似性匹配方法在文本和图像的双向匹配任务中的表现进行比较，包括现有研究中直接通过阈值匹配的方法（Threshold-Based，Thr），基于近邻传播的匹配方法（Neighbor-Propagation，Nei），基于近邻增强的匹配方法（Neighbor-Augmentation，Aug）。通过线性映射和深度神经网络进行跨模态映射，然后执行文本到图像以及图像到文本的相似度计算（使用余弦距离）和匹配，并通过准确率（Precision）、召回率（Recall）进行对比，其定义如式（13-18）和（13-19）。

$$\text{Precision} = \frac{\text{TP}}{\text{TP} + \text{FP}} \tag{13-18}$$

$$\text{Recall} = \frac{\text{TP}}{\text{TP} + \text{FN}} \tag{13-19}$$

式（13-18）和（13-19）中 TP 指正确匹配样本的数量，FP 指误匹配样本的数量，FN 指未匹配的正确样本数量。

13.5.2 平均最近邻覆盖率测试

本节中分别测试在不同近邻数量 k 下，跨模态映射函数对模态内近邻关系$(f(X),X)$和模态间近邻关系$(f(X),Y)$的保持能力，包括文本到图像以及图像到文本两个方向，以余弦距离和欧氏距离为相似性度量，结果如图 13-4 至图 13-15。

1. IAPR TC-12 数据集结果

图 13-4 和图 13-5 分别为余弦距离和欧氏距离下，IAPR TC-12 数据集中图像到文本映

射的平均最近邻覆盖率,可以发现通过线性映射或者神经网络将图像数据映射到文本空间中后,无论使用余弦距离还是欧氏距离,图像样本在映射空间中的同模态最近邻覆盖率保持在 0.6 以上,而跨模态最近邻覆盖率要低很多(低于 0.3)。也就是说,两种跨模态映射对模态内近邻关系的保持能力要高于对模态间近邻关系的保持能力,并且无论是模态内还是模态间,平均最近邻覆盖率当近邻的范围 $k=1$ 时最大,而随着 k 增长而很快下降并保持一个稳定水平。

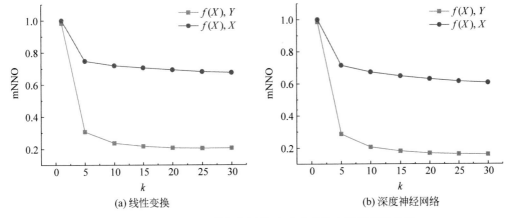

图 13-4 IAPR TC-12 数据集图像-文本余弦距离最近邻覆盖率

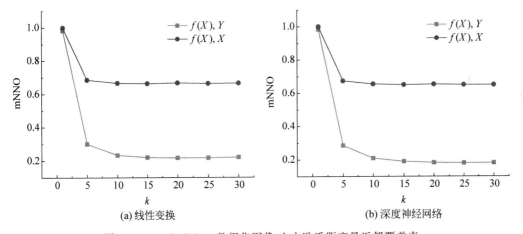

图 13-5 IAPR TC-12 数据集图像-文本欧氏距离最近邻覆盖率

图 13-6 和图 13-7 为余弦距离和欧氏距离下,IAPR TC-12 数据集上文本到图像映射的平均最近邻覆盖率结果。其中线性变换或者神经网络同样倾向于保持模态内关系,但是二者的差距变小,特别是文本样本在映射空间中的近邻和文本空间中的近邻一致程度下降了大约 0.2。此外,当近邻范围为 1 时,两种跨模态映射的平均最近邻覆盖率仍然达到 1 左右,但是当 $k>1$ 时迅速下降达到较低水平。

2. Wikipedia 数据集结果

图 13-8 和图 13-9 为余弦距离和欧氏距离下,Wikipedia 数据集中图像到文本映射的平均

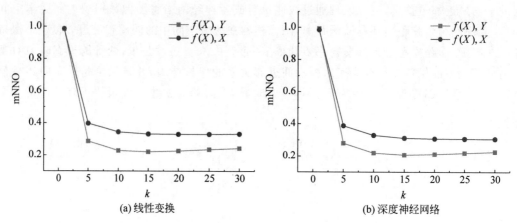

(a) 线性变换　　　　　　　　　(b) 深度神经网络

图 13-6　IAPR TC-12 数据集文本-图像余弦距离最近邻覆盖率

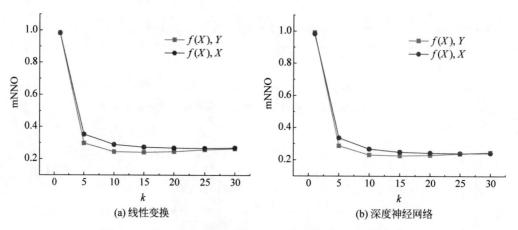

(a) 线性变换　　　　　　　　　(b) 深度神经网络

图 13-7　IAPR TC-12 数据集文本-图像欧氏距离最近邻覆盖率

最近邻覆盖率,经过两种跨模态映射后,图像的模态内最近邻覆盖率较高,而跨模态最近邻覆盖率较低。此外,模态内和模态间最近邻覆盖率随着近邻范围增大,同样呈现了降低的趋势。

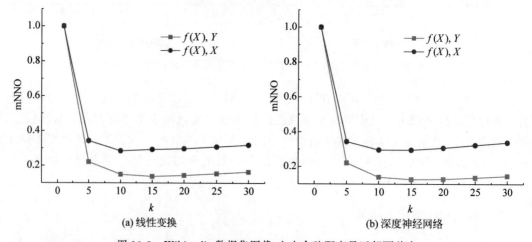

(a) 线性变换　　　　　　　　　(b) 深度神经网络

图 13-8　Wikipedia 数据集图像-文本余弦距离最近邻覆盖率

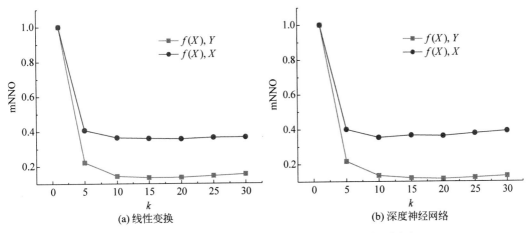

图 13-9 Wikipedia 数据集图像-文本欧氏距离最近邻覆盖率

　　图 13-10 和图 13-11 为余弦距离和欧氏距离下,Wikipedia 数据集上文本到图像映射的平均最近邻覆盖率。与 IAPR TC-12 数据集相反,跨模态映射函数对 Wikipedia 数据集的文本数据的模态内近邻结构保持能力更高(高于图像数据约 0.2)。此外,当近邻范围为 1时,该数据集的模态内和模态间的最近邻覆盖率同样保持最高,而随着近邻范围的增大,模态间平均最近邻覆盖率仍然降低,但文本的最近邻覆盖率在降低之后稍微有所回升,这与IAPR TC-12 数据集稍有不同。同时,余弦距离和欧氏距离的平均最近邻覆盖率近似,说明二者对模态内和模态间近邻关系的保持能力没有明显差别。

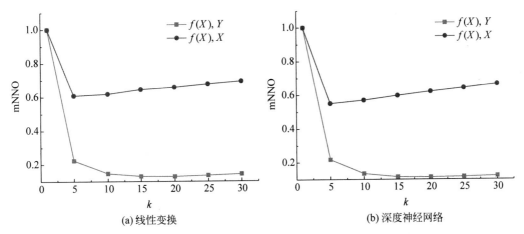

图 13-10 Wikipedia 数据集文本-图像余弦距离最近邻覆盖率

3. ImageNet 数据集结果

　　图 13-12 和图 13-13 为余弦距离和欧氏距离下,ImageNet 数据集上图像到文本映射的平均最近邻覆盖率,图中线性变换和深度神经网络作为映射函数时具有相似的模态内近邻保持能力和模态间近邻保持能力,随着 k 增大两种近邻保持能力都呈下降趋势。下降趋势在 $k<10$ 时比较明显;当 $k>10$ 时,下降趋势减缓。

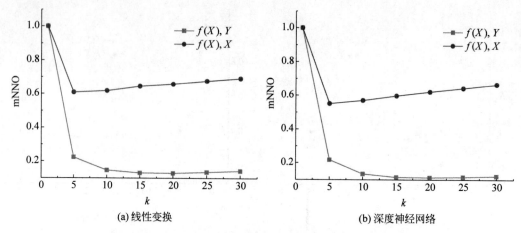

图 13-11　Wikipedia 数据集文本-图像欧氏距离最近邻覆盖率

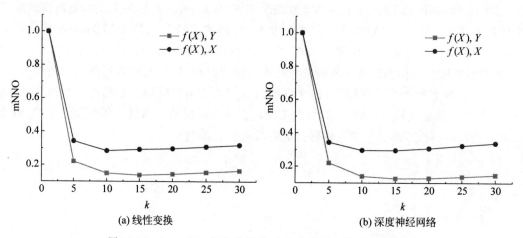

图 13-12　ImageNet 数据集图像-文本余弦距离最近邻覆盖率

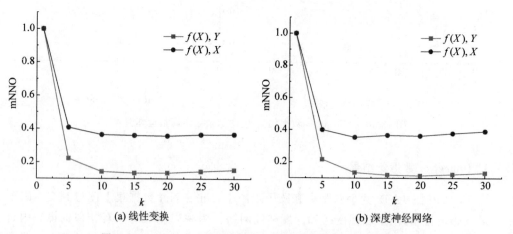

图 13-13　ImageNet 数据集图像-文本欧氏距离最近邻覆盖率

　　图 13-14 和图 13-15 为余弦距离和欧氏距离下,ImageNet 数据集上文本到图像映射的平均最近邻覆盖率,图中线性变换和深度神经网络对模态内近邻的保持能力明显高于模态间近邻保持能力。与图像到文本映射不同,两种映射函数对模态内近邻关系的保持能力随着 k 的增大首先下降然后缓慢回升,而它们对模态间近邻的保持能力变化趋势同图像到文本映射,平均最近邻覆盖率依旧随 k 的增大迅速下降,而后在一个较低的水平保持基本不变。

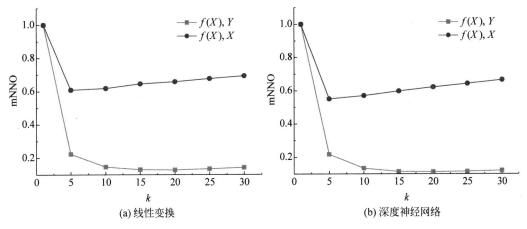

(a) 线性变换　　　　　　　　　　(b) 深度神经网络

图 13-14　ImageNet 数据集文本-图像余弦距离最近邻覆盖率

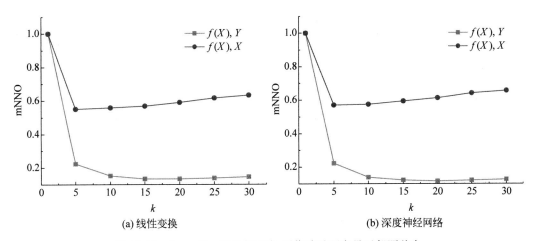

(a) 线性变换　　　　　　　　　　(b) 深度神经网络

图 13-15　ImageNet 数据集文本-图像欧氏距离最近邻覆盖率

　　以上三个数据集上的最近邻覆盖率测试说明,在不同的设置下线性变换和深度神经网络都能较好地保持模态内近邻关系,而对模态间近邻关系保持较差;此外,在三个数据集上它们的近邻保持能力都随着近邻数量 k 变化的趋势类似:当 $k=1$ 时对象的最近邻保持率最高;而当 $k>1$ 时跨模态映射 f 的这种近邻的保持能力迅速下滑,并且当 $k>10$ 时保持在一个较为稳定的状态。

13.5.3　跨模态匹配验证

　　在 Wikipedia 和 IAPR TC-12 两个数据集上执行双向(图像到文本,以及图像到文本)

匹配。三种方法的准确率-召回率曲线如图 13-16 至图 13-19。

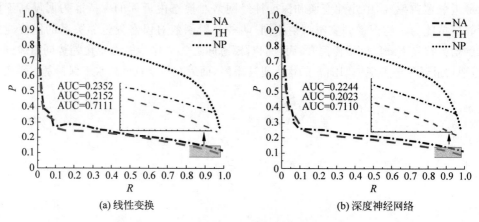

(a) 线性变换　　　　　　　　　　　　(b) 深度神经网络

图 13-16　Wikipedia 数据集文本-图像匹配

1. Wikipedia 数据集

在图 13-16(a) 和(b) 中,基于近邻传播的匹配方法在 Wikipedia 数据集文本-图像匹配任务中,远远超过了其他两种方法。基于近邻传播的 NP 方法表现最佳,其 P-R 曲线的 AUC 值高于其他两种方法约 0.5,基于近邻增强的 NA 方法表现次之,现有方法通用的基于阈值的匹配方法表现最差。NA 方法在召回率较低时,准确率同 TH 方法近似。而如图中放大的部分所示,在召回率较高的区间,NA 方法准确率要高于 TH 方法。此外,通过对比图 13-16(a) 和(b),在 Wikipedia 数据集上的文本-图像匹配中,线性变换和深度神经网络这两种跨模态映射函数的准确率、召回率以及 AUC 值并没有明显差异。

在图 13-17(a) 和(b) 中的 Wikipedia 数据集的图像-文本匹配任务中,NA 方法表现最佳,其 AUC 值高于其他两种方法,而 NP 方法表现不良,准确率始终低于其他两种方法。而当召回率较低时,NA 方法和 TH 方法的表现没有明显区别。而随着召回率的增大,NA 方法准确率下降较慢,召回率高于 0.5 时,其准确率高于 TH 方法。

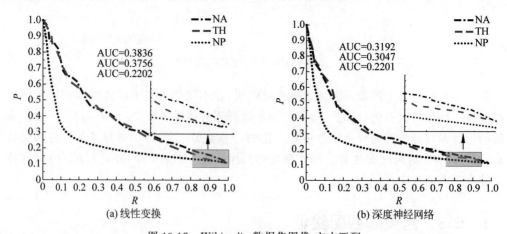

(a) 线性变换　　　　　　　　　　　　(b) 深度神经网络

图 13-17　Wikipedia 数据集图像-文本匹配

2. IAPR TC-12 数据集

在 IAPR TC-12 数据集的文本-图像匹配任务中,线性变换和深度神经网络两种映射方法稍有差异。在图 13-8(a)中,NP 方法表现最佳,NA 方法次之,TH 方法表现最差;而在图 13-8(b)中的准确率-召回率曲线中,NA 方法 AUC 值最高,NP 方法次之,TH 方法 AUC 值最低。而无论使用线性变换还是深度神经网络,当召回率较低时,NA 方法准确率最低,NP 方法准确率最高。随着召回率的增大,TH 方法准确率下降最快,在图中放大部分 NP 和 NA 方法取得更高准确率。

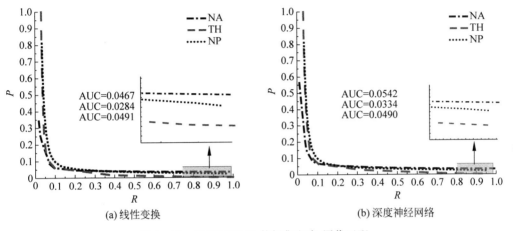

图 13-18 IAPR TC-12 数据集文本-图像匹配

在 IAPR TC-12 数据集的图像-文本匹配任务中,通过线性变换和深度神经网络得到了相近的匹配结果,NP 方法均取得了最高的 AUC 值,NA 方法次之,TH 方法最差。在图 13-19(a)和(b)中的准确率-召回率曲线中,当召回率较低时 NA 方法准确率低于其他两种方法,而 NP 方法准确率最高。随着召回率的增大,TH 方法准确率下降较快,被 NA 方法超过。当召回率较大时,即图中放大部分,NP 和 NA 两种近似匹配方法准确率都高于 TH 匹配方法。

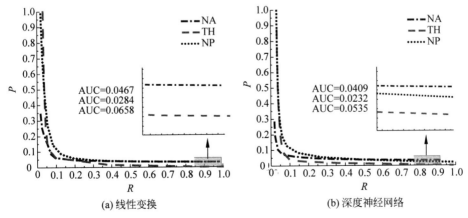

图 13-19 IAPR TC-12 数据集图像-文本匹配

此外,结合 13.5.2 节中最近邻覆盖率进行可以发现,基于近邻传播的方法之所以在 IAPR TC-12 数据集的图像-文本匹配任务和 Wikipedia 数据集图像-文本匹配任务中表现明显高于其他两种方法,是因为线性变换和深度神经网络在这两个任务中,模态内近邻结构保持能力和模态间近邻结构保持能力的差距更大。

通过上述数据集中文本和图像的双向匹配验证,尽管本文提出的两种方法不是在所有任务上都表现最优,但是都在一定条件下都明显地提升了跨模态匹配的准确率,特别是当模态内和模态间相似关系保持能力差别较大、以及匹配粒度较粗(即召回率较高)时。实验结果说明本文提出的两种匹配方法可以降低"相似性漂移"问题的不利影响,对文本-图像相似性匹配的准确率提升具有重要意义。

本章小结

在文本和图像的相似度计算中,通常利用线性变换或深度神经网络将二者映射到同构的空间中。但是已有研究发现,常用的跨模态映射函数对于模态间近邻关系的保持较差。在此基础上,本章发现线性变换和深度神经网络等跨模态映射函数对近邻结构保持的能力随着邻域的增大而衰减,即"相似性漂移"。该问题的存在使得相似度阈值较低时会增大误匹配几率。为了降低"相似性漂移"问题对相似性匹配的影响,本章提出了近邻传播和近邻增强两种近似匹配方法。通过在多个公开数据集上的实验,证明了"相似性漂移"问题的存在,并且提出的近似匹配方法可以有效降低"相似性漂移"问题的影响,提高了匹配的精度。

本章参考文献

[1] Peng Y, Huang X, Zhao Y. An Overview of Cross-Media Retrieval: Concepts, Methodologies, Benchmarks and Challenges[J]. IEEE Transactions on Circuits & Systems for Video Technology, 2018,28(9): 2372-2385.

[2] Peng Y, Qi J, Yuan Y. Modality-Specific Cross-Modal Similarity Measurement With Recurrent Attention Network[J]. IEEE Transactions on Image Processing,2018,27(11): 5585-5599.

[3] Collell G, Moens M F. Do Neural Network Cross-Modal Mappings Really Bridge Modalities? [C]// Proceedings of the Annual Meeting of the Association for Computational Linguistics, Stroudsburg, PA: ACL,2018: 462-468.

[4] Russakovsky O, Deng J, Su H, et al. Imagenet Large Scale Visual Recognition Challenge [J]. International Journal of Computer Vision,2015,115(3): 211-252.

[5] The IAPR TC-12 Benchmark: A New Evaluation Resource for Visual Information Systems[EB/OL]. [2019-10-20]. http://Thomas. deselaers. de/publications/papers/grubinger_lrec06. pdf.

[6] Rasiwasia N, Pereira J C, Coviello E, et al. A New Approach to Cross-Modal Multimedia Retrieval [C]//Proceedings of the ACM International Conference on Multimedia, New York: ACM,2010: 251-260.

[7] Chatfield K, Simonyan K, Vedaldi A, et al. Return of the Devil in the Details: Delving Deep into

Convolutional Nets[C]//Proceedings of the British Machine Vision Conference(BMVC),Guildford,UK：BMVA Press,2014.

[8] Cho K,Van Merriënboer B,Gulcehre C,et al. Learning Phrase Representations Using RNN Encoder-Decoder for Statistical Machine Translation[C]//Proceedings of the Empirical Methods on Natural Language Processing(EMNLP),Stroudsburg,PA：ACL,2014：1724-1734.

第3部分

真值发现技术

第14章

基于数据源质量多属性评估的单真值发现

14.1 引言

目前基于真值发现的冲突消解方法通常基于两个假设,即越可靠的数据源提供的事实越可信,以及提供越多可信事实的数据源越可靠[1]。因此,往往通过估计事实的可信度以及数据源的可靠度来进行真值发现。但绝大多数真值发现算法在评估数据源质量时,仅根据单一属性来衡量数据源的权重。然而,数据源中的属性值往往存在着缺失,这会对数据源质量的评估造成较大偏差,且通过单一属性来评估得到的数据源权重往往侧重于求解该属性的可信度,并不能很好地表现实际数据源的可靠度。针对该问题,拟通过多个属性共同评估数据源质量权重,并采用连续域蚁群算法来确定多个属性对数据源质量的贡献度,即属性权重,来提高真值发现的效果。

14.2 问题定义

表 14-1 列出了 6 个网站关于同一航班 AA-1223-DFW-DEN 的相关信息[2]。

表 14-1 航班 AA-1223-DFW-DEN 的相关信息

网站	航班	计划起飞时间	实际起飞时间	登机口	计划到达时间	实际到达时间
foxbusiness	AA-1223-DFW-DEN		12:44			13:24
orbitz	AA-1223-DFW-DEN	12:30	12:29	C27	13:15	13:24
den	AA-1223-DFW-DEN				13:15	
dfw	AA-1223-DFW-DEN	12:15		C27		
flightwise	AA-1223-DFW-DEN	12:15	12:44	C27	12:53	13:24
flightarrival	AA-1223-DFW-DEN		12:44			13:24

由表 14-1 可知,每个网站提供的航班信息均有所缺失,若以某一属性单独来评估数据源的权重会产生误差。本章采用数据源质量多属性评估就是要尽可能准确地对数据源好的质量进行评估,以此提高真值发现的准确性。

给定对象集合 $O=\{o_1,o_2,\cdots,o_i,\cdots,o_n\}$,其中 n 是对象总数,o_i 表示第 i 个对象。数据源集合 $S=\{s_1,s_2,\cdots,s_j,\cdots,s_m\}$,数据源提供对象描述信息,$s_j$ 表示第 j 个数据源,其中 m 是数据源总数。对象 o_i 的属性值集合 $V=\{v_{i1},v_{i2},\cdots,v_{ik},\cdots,v_{ih}\}$,$v_{ik}$ 表示第 i 个对象的第 k 个属性的观测值;v_{ik}^* 可表示为第 i 个对象的第 k 个属性的真值。

本章研究的问题为:给定数据源集合 $S=\{s_1,s_2,\cdots,s_j,\cdots,s_m\}$,对其描述的对象集合 $O=\{o_1,o_2,\cdots,o_i,\cdots,o_n\}$,根据每个对象 o_i 的多个属性来评估数据源质量并找出多个属性对应的真值 v_{ik}^*。

14.3 基于加权多属性的真值发现算法

首先介绍基于加权多属性的真值发现算法模型,然后对该算法进行描述。

14.3.1 模型概述

文献[2]提出的 CRH 模型能够解决异构数据之间的真值发现问题,但该模型并没有考虑到不同属性对数据源可靠度的贡献度也不同。因此结合 CRH 模型,将基于数据源质量多属性评估的真值发现算法建模如下。

$$\min f=\sum_{j=1}^{m}w_j \times \sum_{i=1}^{n}\sum_{k=1}^{h}d_k(v_{ik}^*,v_{ik}^j) \tag{14-1}$$

$$\mathrm{s.\,t.}\ w_j \in [0,1] \tag{14-2}$$

模型以所有数据源中所有对象多个属性的真值和观测值之间偏差的加权和最小为目标(式(14-1))。式(14-1)中 w_j 为数据源 s_j 的质量权重;$d_k(v_{ik}^*,v_{ik}^j)$ 为损失函数,表示数据源 s_j 中对象 o_i 的第 k 个属性的观测值 v_{ik}^j 和真值 v_{ik}^* 之间的偏差。而 w_j 为

$$w_j=-\lg\left(\frac{\displaystyle\sum_{i=1}^{n}\sum_{k=1}^{h}\lambda_k d_k(v_{ik}^*,v_{ik}^j)}{\displaystyle\sum_{j=1}^{m}\sum_{i=1}^{n}\sum_{k=1}^{h}\lambda_k d_k(v_{ik}^*,v_{ik}^j)}\right) \tag{14-3}$$

式(14-3)中,λ_k 为对象各属性的权重,表示各属性对数据源质量评估的重要程度,其思想为属性对数据源质量评估贡献越大其权重应越大。

对于连续型数据,其损失函数

$$d_k(v_{ik}^*,v_{ik}^j)=\frac{|\,v_{ik}^*-v_{ik}^j\,|}{\mathrm{std}(v_{ik}^1,v_{ik}^2,\cdots,v_{ik}^m)} \tag{14-4}$$

式中,$\mathrm{std}(v_{ik}^1,v_{ik}^2,\cdots,v_{ik}^m)$ 为所有数据源关于对象 o_i 的第 k 个属性的观测值 v_{ik} 的标准差。

对于枚举型数据,其损失函数

$$d_k(v_{ik}^*, v_{ik}^j) = \begin{cases} 1, & v_{ik}^* \neq v_{ik}^j \\ 0, & \text{其他} \end{cases} \qquad (14-5)$$

式中,若观测值 v_{ik}^j 和真值 v_{ik}^* 相等,则损失函数为 1,否则为 0。

该模型主要求解对象的真值及数据源的质量权重,因此在求解真值过程中可采用交替迭代的策略,即可通过上次求解获得的数据源质量权重计算对象真值,然后通过本次求解获得的真值计算数据源质量权重。

14.3.2　数据源质量多属性评估

在真值发现问题中,数据源质量权重的评估十分关键[2]。由式(14-5)可知,数据源质量权重的评估需考虑对象各属性对数据源质量评估的重要程度。因此,在通过本次求解获得的真值计算数据源质量权重时,如何确定对象各属性的权重 $\{\lambda_1, \lambda_2, \cdots, \lambda_h\}$ 显得至关重要。因此可定义对象属性加权模型如下

$$\min f(\lambda_1, \lambda_2, \cdots, \lambda_h) \qquad (14-6)$$

$$\text{s.t.} \lambda_1, \lambda_2, \cdots, \lambda_h \geq 0, \quad \text{且} \sum_{k=1}^{h} \lambda_k = 1 \qquad (14-7)$$

模型的目标为求解一组权重使式(14-1)最小[式(14-6)]。该模型为 h 级决策问题,目标值由 h 个变量共同决定。根据文献[3]可采用连续域蚁群算法进行求解对象各属性的权重 $\{\lambda_1, \lambda_2, \cdots, \lambda_h\}$,即对每个属性的权重进行网格划分,然后采用加窗的方式利用蚁群算法寻找解。

1. 蚁群算法设计

本节描述连续域蚁群算法及其组成部分,包括窗口设定、蚁群搜索和窗口平移。窗口设定主要考虑蚁群搜索的精度以及搜索的起始位置和范围;蚁群搜索描述了蚁群转移概率公式和信息素矩阵的设置;窗口平移需要考虑移动的范围。

1)窗口设定

属性权重 λ_k 的第 D 组搜索窗口可表示为 $W_{kD} = [W_{kDL}, W_{kDR}] \subset [0, +\infty), D = 1, 2, \cdots, D_{\max}$;$W_{kDL}$ 与 W_{kDR} 分别为第 D 组第 k 个搜索窗口的起点与终点,则初始搜索窗口可表示为 $W_{k0} = [W_{k0L}, W_{k0R}]$,$W_{k0C}$ 为中心。窗口的网格数为 M,网格宽度为 Δl。

图 14-1 中,第 D 组从初始搜索窗位置开始,根据蚁群优化发现的当前最优解将搜索窗逐步平移到优良解的区域。

2)蚁群搜索

在第 D 组搜索窗下,h 个变量的连续函数优化问题变成了 h 级决策问题,每一级有 $M+1$ 个网格点,信息素放在网格点上,蚂蚁根据信息素和启发式信息从第 1 级到第 h 级依次选择,共有 h 个网格点连接在一起,构成解空间内的一个解,如图 14-2 所示。

图 14-2 中红点为蚂蚁选择的网格点,表示 h 个变量的取值。

蚂蚁第 k 级行走的转移概率

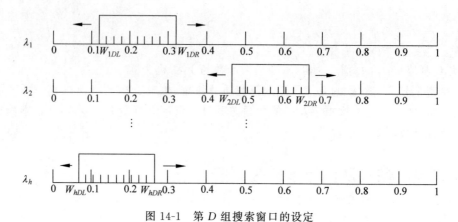

图 14-1 第 D 组搜索窗口的设定

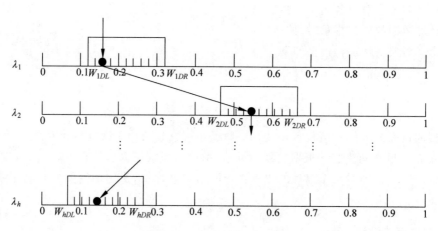

图 14-2 第 D 组联合搜索窗下蚂蚁搜索示意图

$$T_{ky}(d) = \frac{\tau_{ky}^{\alpha}(d-1)\eta_{ky}^{\beta}}{\sum\limits_{e=1}^{M}\tau_{ke}^{\alpha}(d-1)\eta_{ke}^{\beta}} \tag{14-8}$$

式中，$T_{ky}(d)$ 为蚁群优化第 d 次迭代时第 k 级变量的第 y 个网格点的转移概率；$\tau_{ky}^{\alpha}(d-1)$ 为第 $d-1$ 次关系后第 k 级变量的第 y 个网格点的信息素量；η_{ky}^{β} 为第 k 级变量的第 y 个网格点的启发式信息；α,β 分别为信息素和启发式信息的重要程度；$k=1,2,\cdots,h$；$y=1,2,\cdots,M$。

启发式信息 η_{ky} 由式(14-9)进行计算。

$$\eta_{ky} = |W_{kDL} + k\Delta l - W_{k0L}| \tag{14-9}$$

式(14-9)表示希望优先选择离初始窗基准点远的网格点，以快速到达更优区域。

第 d 次迭代结束后，采用本次迭代最优更新法对信息素进行更新，如式(14-10)所示。

$$\tau_{ky}(d) = \begin{cases} (1-\rho)\tau_{ky}(d-1) + \dfrac{f_d}{Q}, & (k,y) \in U_d \\ (1-\rho)\tau_{ky}(d-1), & \text{其他} \end{cases} \tag{14-10}$$

式(14-10)中，ρ 为信息素挥发系数；f_d 为本次迭代最优目标函数值，Q 为信息素增量调节参数，U_d 为最优解对应的网格点集。

3）窗口平移

根据前 $D-1$ 组搜索窗口下的最好解 $\lambda_k^D(k=1,2,\cdots,h)$，以最好解为窗口中心进行窗口平移，得到第 D 组搜索窗口。窗口平移时由式（14-11）控制不超出变量定义域。

$$W_{k0C}=\max\left(\lambda_k^D,\lambda_k^{\text{down}}+\frac{1}{2}M\Delta l\right) \tag{14-11}$$

式中，$\lambda_k^{\text{down}}=0$ 为 λ_k 的下界。

2．蚁群算法描述

在求解对象属性权重时，对象各属性值的损失函数值已求得，因此连续域蚁群算法求解对象属性权重伪代码如表 14-2 所列。

表 14-2　连续域蚁群算法求解权重伪代码

算法1　连续域蚁群求解对象属性权重算法
输入：当前最优目标函数值 f_{best}，网格宽度为 Δl，信息素增量调节参数 Q，蚂蚁数量 $N,\alpha,\beta,\eta_{ky},H,L=0$;
输出：对象各属性权重 $\{\lambda_1,\lambda_2,\cdots,\lambda_h\}$
1.　　　While($L=H$)
2.　　　　　初始化 $\tau_{ky}(0)$;
3.　　　　　for $g=1$ to N
4.　　　　　　　第 g 只蚂蚁根据式(14-8)逐级选择参考点并计算权重;
5.　　　　　　　根据式(14-6)计算目标函数值 f;
6.　　　　　　　　if $f_{\text{best}}\leqslant f$ then
7.　　　　　　　　　$f_{\text{best}}=f$，并将该观测值加入禁忌表 $\text{tabu}_g^k,L=0$;
8.　　　　　　　　else $L=L+1$;
9.　　　　　　　　end if
10.　　　　　end for
11.　　　　　根据式(10)对 f_{best} 对应的禁忌表进行信息素更新;
12. end while
13. return $\{\lambda_1,\lambda_2,\cdots\lambda_h\}$

表 14-2 中第 1 行 H 为窗口位置连续未平移次数，表示算法停止条件为连续 H 次窗口平移位置没有变化；第 4～5 行表示第 g 只蚂蚁寻找权重，并计算目标函数值；第 6～9 行将得到目标函数值与目前保留的最大目标函数值进行比较，并记录窗口位置连续未平移次数；第 11 行对信息素进行更新；第 12 行返回对象各属性的权重 $\{\lambda_1,\lambda_2,\cdots,\lambda_h\}$。

14.3.3　MESO-TD 算法描述

本章所提算法主要求解对象的真值及数据源的质量权重，因此根据 14.2.1 节可知在求解真值过程中可采用交替迭代的策略，即可先固定数据源质量权重来计算对象真值，然后固定真值来计算数据源质量权重。算法伪代码如表 14-3 所列。表 14-3 中第 1 行为初始化对象各属性真值 v_{ik}^*，可根据投票机制选择对象各属性的初始真值；第 2 行根据 flag 来判断循环是否结束，若 flag 值为 true，则继续循环，否则循环停止；第 3 行根据得到的真值利用式(14-3)与式(14-4)计算各属性损失函数值，然后根据式(14-5)及表 14-2 的算法 1 计算各数据源质量权重;第 4～9 行根据得到的数据源质量权重计算出各对象属性的真值;第 10～13 行判断本次计算得到的函数值 f 是否小于上次函数值 f_{min},以此来给 flag 赋值;第 15 行返回对象各属性真值。

表 14-3　MESO-TD 算法伪代码

算法 2　MESO – TD 算法

输入:数据源集合 S,对象集合 O,对象属性集合 V;

输出:对象属性真值 $\{v_{ik}^* \mid i = 1,2,3,\cdots,n, k = 1,2,3,\cdots,h\}$

1. 初始化对象各属性真值 v_{ik}^*,flag = true,f_{min} = 0;
2. While(flag = true)
3.   根据式(14 - 3)与式(14 - 4)计算各属性损失函数值,然后根据式(14 - 5)及算法 1 计算各数据源质量权重;
4.   for i = 1 to n
5.   for k = 1 to h
6.   根据式(14 - 3)与式(14 - 4)计算各属性损失函数值;
7.   根据式(14 - 1)计算对象各属性真值及函数值 f;
8.   end for
9.   end for
10.   if $f < f_{min}$
11. f_{min} = f,flag = true;
12.   else flag = false;
13.   end if
14. end while
15. return $\{v_{ik}^* \mid i = 1,2,3,\cdots,n, k = 1,2,3,\cdots,h \mid\}$

14.4　实验与分析

通过在真实数据集上进行对比实验,验证基于多属性评估数据源质量的真值发现算法的有效性与准确性。

14.4.1　实验数据及方法

本节所提算法是根据带权的多属性来评估数据源质量的真值发现算法,因此实验数据集应具有多个属性。本节采用 2 个真实数据集,即 Flight 数据集和 Stock 数据集。

(1) Flight 数据集[2]。该数据集是包含了 38 个网站关于 1200 多次航班的信息,一共有 6 个属性,选择航班的实际起飞时间和实际抵达时间的属性值作为连续型数据,以及将登机口的属性值作为枚举型数据。该数据集的标准集为随机挑选出 100 个航班并对其各属性信息进行手工标注后的记录。

(2) Stock 数据集[2]。该数据集包含了 55 个网站关于 1000 多个股票的信息,一共有 16 个属性,选择股票成交量、净发股票和市场总值的属性值作为连续型数据,以前一收盘价的属性值作为枚举型数据。该数据集的标准集为随机挑选出 100 只股票并对其各属性信息进行手工标注后的记录。

将本节所提方法分别与 Voting 算法和 CRH 算法[2]进行对比,设置如下。

方法 1:Voting。该算法采用投票机制计算真值,将投票比重最大的观测值作为真值;

方法 2:Mean。该方法将每个属性对应所有观测值的平均值视为真值。

方法 3:Median。该方法将每个属性对应所有观测值的中值视为真值。

方法 4:CRH。该方法是利用异构数据进行真值发现的方法,但该方法并没有区分不同属性对数据源质量的贡献度。

方法 5:MESO-TD。MESO-TD 为本节所提算法,采用了 CRH 算法的框架,并结合连续域蚁群算法计算各属性的权重来评估数据源的质量。其中根据文献[3]和结合蚁群算法特点,算法参数设置为:信息素初始化浓度 $\tau_{ij}(0)=100$,信息素重要程度 $\alpha=2$,启发式信息重要程度 $\beta=1$,信息素挥发系数 $\rho=0.02$,蚂蚁个数 $N=20$,将信息素增量设置为 3.5,窗口未平移次数 $H=5$。

实验采用 MATLAB 实现所有算法,软件开发环境为 MATLAB R2017a。实验的内存大小为 8GB,处理器为 Intel(R) Core(TM) i7-4770,采用 Windows 7 64 位操作系统。

14.4.2　评价指标

实验结果采用文献[2]中衡量真值发现算法准确性的指标来衡量算法的优劣。针对枚举型数据,采用错误率(Error Rate)来衡量算法的准确性,该指标表示算法得到的的真值观测值集中错误观测值所占的比例,计算公式如下:

$$E = \frac{|V_i'| - |T_i \cap V_i'|}{|V_i'|} \times 100\% \tag{14-12}$$

式中,T_i 表示对象枚举型属性的真值集合,V_i' 表示算法得到的对象枚举型属性的真值集合,$T_i \cap V_i'$ 表示算法得到的真正为对象真值的集合。

针对连续型数据,采用平均归一化绝对距离(Mean Normalized Absolute Distance,MNAD)来衡量算法的准确性,该指标先根据算法得到的观测值计算与对应真值之间的决定距离,再根据不同属性通过对应的决定距离的方差,通过方差进行归一化后取其平均值。

因此,当指标 E 与 MNAD 值越小时,表示算法的准确性越高。

14.4.3　实验结果分析

本章所提算法分别对比于 Voting 算法和 CRH 算法。其中 Voting 算法为真值发现的基准算法,选择投票数最多的观测值作为真值;Mean 与 Median 用来和 MESO-TD 算法对连续型属性的真值发现效果进行对比;CRH 算法是首个利用异构数据进行真值发现的方法,且本文采用了 CRH 算法的框架。

在 Flight 数据集与 Stock 数据集上分别用 Voting、Mean、Median、CRH 及 MESO-TD 算法进行实验,分别计算 E 指标和 MNAD 指标,实验结果如表 14-4 所列。

表 14-4 不同方法在数据集上的真值发现实验结果

(a) Flight 数据集

方法	Flight 数据集	
	$E/\%$	MNAD
Voting	63.11	8.89
Mean	NA	11.61
Median	NA	5.74
CRH	41.17	5.18
MESO-TD	40.86	4.71

(b) Stock 数据集

方法	Stock 数据集	
	$E/\%$	MNAD
Voting	17.60	6.14
Mean	NA	7.85
Median	NA	4.02
CRH	10.07	3.73
MESO-TD	8.23	3.65

由表 14-4 可知,本文所提 MESO-TD 算法的 E 指标与 MNAD 指标在两个数据集上均优于对比算法。对于连续型数据,MESO-TD 算法与 CRH 算法的 MNAD 指标均低于 Voting、Mean 与 Median 算法,表明 MESO-TD 算法与 CRH 算法的准确性高于其他对比算法,这说明了采用多属性来进行真值发现的有效性;而 MESO-TD 算法的 MNAD 指标低于 CRH 算法,说明了考虑不同属性对数据源可靠度的贡献度的必要性。对于枚举型数据上,MESO-TD 算法的 E 指标均低于 Voting 算法与 CRH 算法,这表明了 MESO-TD 算法准确性高于 Voting 算法与 CRH 算法。

本章小结

针对属性值缺失会导致真值发现效果降低的问题,提出了一种基于数据源质量多属性评估的真值发现算法,依据 CRH 算法框架,结合多类型属性来评估数据源质量;同时根据属性对数据源质量评估贡献越大其权重应越大的思想,采用连续域蚁群算法来自动求解多类型属性的权重,避免了人工确定权重的繁琐和各种不确定因素,并且避免了数据源中的属性值缺失对数据源质量的评估的影响,能够更好地表现实际数据源的可靠度。通过两个数据集的对比实验验证了算法的准确性与有效性。

当前的研究工作更多地关注单真值发现问题,然而现实生活中多真值的属性比比皆是,如电影可以有多个导演、图书可以有多个作者等。多真值发现算法求解与单真值发现算法不同,多真值发现算法不但要找到正确的值,还要尽可能地把所有的真值都找到。因此下一章研究多真值发现问题,以提高多真值发现算法的准确性。

本章参考文献

［1］ 马如霞，孟小峰，王璐，等. MTruths：Web 信息多真值发现方法［J］. 计算机研究与发展，2016，52
（12）：2858-2866.

［2］ Li Q，Li Y L，Gao J，et al. Resolving Conflicts in Heterogeneous Data by Truth Discovery and Source
Reliability Estimation［C］//ACM SIGMOD International Conference on Management of Data. ACM，
2014：1187-1198.

［3］ 曹建军，刁兴春，丁鲲，等. 一种基于蚁群算法的相似重复记录检测中自动特征加权与选择方法：中
国，ZL201010018226.6［P］. 2010.

第**15**章

基于多蚁群同步优化的多真值发现

15.1 引言

目前,真值发现算法大多都建立在真值唯一假设的基础上,因此单真值发现算法并不适用于真值是一个集合的情况。而现有多真值发现算法在对象的真值较多时真值发现的准确性较低。为提高在多真值场景下真值发现的准确性,以最大化各数据源提供的观测值集合与该对象真值集合之间相似度的加权和为目标,将多真值发现问题建模为求解子集问题。在此基础上,设计蚁群算法进行求解:根据对象个数设置相应的蚁群,构造子集问题的有向图,利用路径概率转移公式进行同步搜索真值;将信息素更新分为本次迭代最优更新和本次迭代不更新,提高算法的收敛速度。

15.2 问题定义

多真值发现问题假设对象的真值是一个集合,表 15-1 列举了提供《分布式系统:概念与设计》(*Distributed Systems:Concepts and Design*)一书的 5 个网站及其提供的作者信息。

表 15-1 《分布式系统:概念与设计》作者信息

网站	作者
happybook	Coulouris George F; Dollimore Jean; Kindberg Tim
EnjoyStudy	Coulouris; Dollimore Jean; Kindberg Tim
Sunmark Store	Coulouris
The Book Depository	George Coulouris
Books2Anywhere.com	Coulouris George F; Dollimore Jean; K

由表 15-1 可知,每个网站提供的作者信息都不一样且难以判断真假,当想要收集这些信息时就存在一定困难。多真值发现就是要从这些多源冲突数据中发现真值集合。

给定对象集合 $O = \{o_1, o_2, \cdots, o_k, \cdots, o_n\}$,其中 n 是对象总数,o_k 表示第 k 个对象。数据源集合 $S = \{s_1, s_2, \cdots, s_h, \cdots, s_m\}$,数据源提供对象描述信息,$s_h$ 表示第 h 个数据源,其中 m 是数据源总数。对象 o_k 可以有多个真值,数据源 s_h 可以为其提供观测值的集合。对象 o_k 的观测值集 $= \{v_1, v_2, \cdots, v_{Lk}\}$,表示所有数据源对对象 o_k 提供的观测值的集合,其中 L_k 是对象 o_k 观测值集的基数。对象 o_k 根据算法求解得到的真值集合可表示为 $V'_{*,k}$,$V'_{*,k}$ 是观测值集 $V_{*,k}$ 的子集。

本节研究的问题为:给定数据源集合 $S = \{s_1, s_2, \cdots, s_h, \cdots, s_m\}$,对其描述的对象集合 $O = \{o_1, o_2, \cdots, o_k, \cdots, o_n\}$,根据每个对象 $V_{*,k} o_k$ 的观测值集 $V_{*,k}$ 找出对应真值集合 T_k。

15.3 多真值发现模型

首先介绍多真值发现算法的模型,然后对该模型进行分析。

15.3.1 模型概述

根据两个假设[1]:一是对象的真值情况应该尽可能与各数据源提供的观测值接近;二是数据源的质量越高则其提供的对象属性集合与真值集合越相似。因此可将多真值发现问题建模如式(15-1)~式(15-3)。

$$\max \Phi' = \sum_{k=1}^{m} \sum_{h=1}^{m} w_h \times f(V_{h,k} V'_{*,k}) \tag{15-1}$$

$$\text{s. t.} \sum_{h=1}^{m} w_h = 1 \text{ 且 } w_h \in [0,1] \tag{15-2}$$

$$V'_{*,k} \subseteq V_{*,k} \tag{15-3}$$

模型以各对象的真值集合和数据源提供的该对象观测值集合之间相似度的加权和达到最大为目标式(15-1)。式(15-1)中 w_h 为数据源 s_h 的数据质量权重;$V_{h,k}$ 为数据源 s_h 为对象 o_k 提供的观测值集合;$V'_{*,k}$ 为算法得到的对象 o_k 的真值集合,且是 $V_{*,k}$ 的子集;$f(V_{h,k}, V'_{*,k})$ 定义为集合 $V_{*,k}$ 与 $V'_{*,k}$ 的 Jaccard 相似度。

$$f(V_{h,k}, V'_{*,k}) = \left(\frac{|V_{h,k} \cap V'_{*,k}|}{|V_{h,k} \cup V'_{*,k}|} \right) \tag{15-4}$$

w_h 定义如下:

$$w_h = \frac{\sum\limits_{k=1}^{n} f(V_{h,k}, V'_{*,k})}{\sum\limits_{h=1}^{m} \sum\limits_{k=1}^{m} f(V_{h,k}, V'_{*,k})} \tag{15-5}$$

式(15-5)中,$\sum\limits_{k=1}^{n} f(V_{h,k}, V'_{*,k})$ 为数据源 s_h 内所有对象的相似度之和;$\sum\limits_{h=1}^{m} \sum\limits_{k=1}^{m} f(V_{h,k},$

$V'_{*,k}$）表示所有数据源内所有对象的相似度之和。

15.3.2 模型分析

由于式(15-1)中每个项目中的真值相互独立,因此当每个对象的真值集合与对应的观测值集合相似性达到最大时,式(15-1)即可达到最大。因此,可得知该问题是要在对象 o_k 给定的观测值集中选出合适的真值集合以满足式(15-6),且真值集合应尽可能大。

$$\max \Phi'_k = \sum_{h=1}^{m} w_h \times f(V_{h,k}, V'_{*,k}) \tag{15-6}$$

式(15-6)为单个对象的多真值发现目标函数,表示最大化各数据源提供的观测值集合与该对象真值集合之间相似度的加权和,其中 w_h 为数据源 s_h 的数据质量权重。由式(15-5)可知,数据源质量权重由其内所有对象的相似度之和归一化所得,因此在求解真值集合过程中,可通过上次求解获得的数据源质量权重计算对象真值,然后通过本次求解获得的真值集合计算数据源质量权重。

综上可知,该多真值计算过程为典型的子集问题,即要在给定的对象值集中选出合适的真值集合以满足目标函数。因此可根据对象的数量将对象的多真值计算过程转化为同等数量的子集问题,即多子集问题。

15.4 MAC-SO-MTD 算法设计

由 15.2 节可知多真值计算过程是从对象观测值集中寻找到合适的真值集合,根据对象个数可转换成多子集问题。

求解子集问题是无序组合优化问题,但因子集问题的解为一个与元素次序无关的集合,和蚂蚁寻找最短觅食路径的自然行为不一致,给蚁群算法带来了挑战。本节应用基于图的蚂蚁系统[2]求解多真值发现问题。

15.4.1 算法流程描述

多真值发现问题中每个对象的多真值计算过程都可转换为子集问题,据此可以设置相应数量的蚁群同步进行多真值计算,因此 MAC-SO-MTD 算法流程如图 15-1 所示。

图 15-1 中,蚁群数量根据对象个数进行设置,每个蚁群都对应一个对象,所有蚁群同步进行搜索,每次迭代完成都输出对应对象真值集合。数据源质量权重根据式(15-5)进行计算。MAC-SO-MTD 算法整个的计算过程是蚁群进行真值寻找和数据源质量权重计算的一个迭代过程。蚁群满足收敛条件即停止迭代,其对应对象的真值集合为历史最优解对应的真值结合。当所有蚁群停止迭代后,MAC-SO-MTD 算法输出所有对象真值集合。

将蚁群收敛条件设置为其对应对象历史最优目标函数值未更新的次数。当未更新的次数等于 H 时,蚁群不再进行搜索。MAC-SO-MTD 算法伪代码如表 15-2 所示。

表 15-2 中第 1~2 行是在假设所有观测值集合均为真值的基础上进行数据源质量权重

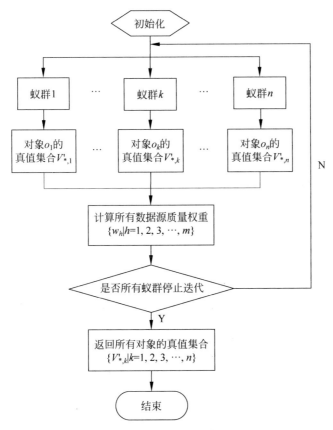

图 15-1 MAC-SO-MTD 算法流程图

和目标函数值的计算；第 5 行判断向量 Threshold 里是否存在不为 H 的元素，若存在则算法继续运行，否则返回所有对象的真值集合；第 6~12 行为蚁群进行多真值寻找步骤，返回每次迭代蚁群找到的最优值 G_k 及其对应的真值集合 $V'_{*,k}$，同时记录历史最优值未更新次数；第 13~15 行进行数据源质量权重的计算；第 16 行根据当前得到的真值集合及数据源质量权重计算目标函数值 Φ'；第 17~20 行将得到的目标函数值与目前保留的最大目标函数值进行比较，从而决定是否更新算法各参数和蚁群的信息素。当所有的蚁群满足收敛条件时，即向量 Threshold 里的元素均等于 H 时，算法退出循环，并输出所有对象真值集合。

表 15-2 MAC-SO-MTD 算法伪代码

算法 MAC－SO－MTD

输入：数据源集合 S,对象集合 O；

输出：所有对象真值集合 $\{V'_{*,k}|k=1,2,3,\cdots,n\}$

1. $V'_{*,k} = V_{*,k}$,根据式(15-5)计算 $\{w_h|h=1,2,3,\cdots,m\}$；
2. 根据 $V'_{*,k}$ 及 w_h,通过式(15-1)计算目标函数值 Φ'；
3. $G = \Phi'$,Object$_k$ = $V'_{*,k}$,Source$_h$ = w_h, Threshold 和 temp 均为长度为 n 的零向量；
4. 生成 n 群蚂蚁并放置于对应的 U_1^k,初始化蚁群算法参数,蚁群收敛条件 H；
5. while(向量 Threshold 有不为 H 的元素)
6.   for $k=1$ to n

7.	调用蚁群 k 寻找对象 ok 的真值集合 $V'_{*,k}$，最优函数值 G_k ;
8.	if $G_k <$ temp[k] then
9.	Threshold[k] = Threshold[k] + 1;
10.	else Threshold[k] = 0, temp[k] = G_k ;
11.	end if
12.	end for
13.	for h = 1 to m
14.	根据式(15 – 5)计算数据源 s_h 的质量权重 w_h ;
15.	end for
16.	根据式(15 – 1)计算目标函数值 Φ' ;
17.	if $G < \Phi'$ then
18.	$G = \Phi'$, Object$_k$ = $V'_{*,k}$, Source$_h$ = w_h ;
19.	根据式(15 – 10)更新 n 群蚂蚁的信息素;
20.	end if
21.	end while
22.	return $\{V'_{*,k} \mid k = 1,2,3, \cdots ,n\}$

15.4.2 蚁群算法设计

本节主要介绍 MAC-SO-MTD 算法中的蚁群优化算法,首先给出蚁群算法的组成,然后再对蚁群算法的流程进行描述。

1. 蚁群算法组成

下面为对象 o_k 对应的第 k 个蚁群算法的组成。首先构造子集问题的有向图,如图 15-2 所示。

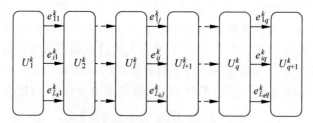

图 15-2 子集问题构造图的有向图

图 15-2 中 L_k 为子集问题解的个数,即对象的真值个数;q 为蚂蚁所找解的最大可能基数;e^k_{ij} 表示第 k 个蚁群第 j 步选择第 i 个元素。

在基于图的蚂蚁系统中使用的路径选择概率如式(15-7)。

$$h^k_{ij}(t) = \begin{cases} \dfrac{(\tau^k_{ij}(t-1))^\alpha (\eta^k_i)^\beta}{\displaystyle\sum_{e^k_{ij} \notin \text{tabu}^k_g} (\tau^k_{ij}(t-1))^\alpha (\eta^k_j)^\beta}, & e^k_{ij} \notin \text{tabu}^k_g \\ 0, & \text{其他} \end{cases} \qquad (15\text{-}7)$$

式(15-7)中，禁忌表 $\text{tabu}_g^k(g=1,2,\cdots,N)$ 记录第 k 个蚁群中第 g 只蚂蚁走过的边，α 与 β 表示信息素量和启发式因子的重要程度。$\tau_{ij}^k(t)$ 表示在 $t(t=0,1,2,\cdots)$ 时刻边 e_{ij}^k 上的信息素量。启发式因子 η_i^k 是外部信息，表示选择第 k 个蚁群中第 i 个元素的希望程度，其表达式如式(15-8)。

$$\eta_i^k = \frac{\sum_{h=1}^{m}\text{sum}_i^k[h]}{\sum_{h=1}^{m}|V_{h,k}|} \tag{15-8}$$

式(15-8)中，$\sum_{h=1}^{m}|V_{h,k}|$ 表示第 k 个对象所有观测值出现的次数之和，$\sum_{h=1}^{m}\text{sum}_i^k[h]$ 表示第 k 个对象的观测值集 $V_{*,k}$ 中第 i 个观测值出现的次数，向量 $\text{sum}_i^k[h]$ 表达式如式(15-9)。

$$\text{sum}_i^k[h] = \begin{cases} 1, & v_i \in V_{h,k} \\ 0, & v_i \notin V_{h,k} \end{cases} \tag{15-9}$$

式(15-9)中，$\text{sum}_i^k[h]$ 表示数据源 s_h 为对象 o_k 提供第 i 观测值的情况，若数据源 s_h 为对象 o_k 提供了第 i 观测值，则设置为 1，否则设置为 0。

当所有蚁群一次迭代完成后，根据计算得到的目标函数值决定是否对等效路径上的信息素进行更新，信息素更新公式如式(15-10)

$$\tau_{ij}^k(t) = \begin{cases} p(t)+\dfrac{\Phi_k'(\text{tabu}^k(t))}{Q_k}, & e_{ij}^k \in \Gamma_k(\text{tabu}^k(t)) \\ p(t), & \text{其他} \end{cases} \tag{15-10}$$

式(15-10)中，$\dfrac{\Phi_k'(\text{tabu}^k(t))}{Q_k}$ 为信息素增量公式，$\Phi_k'(\text{tabu}^k(t))$ 为第 k 个蚁群中要进行信息素更新的路径的目标函数值；$\Gamma_k(\text{tabu}^k(t))$ 表示第 k 个蚁群中要进行信息素更新的等效路径[2]；Q_k 为常数，用来调整信息素增加的量；$p(t)$ 表示挥发后的信息素矩阵

$$p(t) = (1-\rho) \times \tau_{ij}^k(t-1) \tag{15-11}$$

式中，ρ 为信息素挥发的系数，$0<\rho<1$。

为兼顾算法收敛速度和全局搜索能力，采用本次迭代最优更新和本次迭代不更新的信息素更新策略，即若本次迭代最优解好于当前全局最优解，则对本次迭代的最优路径 tabu^k 进行信息素矩阵更新；若本次迭代最优解等于或小于当前全局最优解，则本次迭代不更新，以强化同等信息素分布下的搜索力度。

2. 蚁群算法的流程描述

为尽可能多地从对象观测值集中找出真值，可假设对象观测值集的元素均为真值，蚁群 k 对其进行非真值的搜索。蚁群 k 一次迭代搜索多真值的具体流程如图 15-3 所示。

图 15-3 中，每只蚂蚁每搜索一次就根据式(15-6)进行目标函数值计算，并与当前最优值进行比较，如小于当前最优值时则退出搜索。当所有蚂蚁都搜索完后，返回当前最优目标函数值对应的真值集合。当蚁群 k 满足收敛条件后不再进行多真值寻找。蚁群算法进行

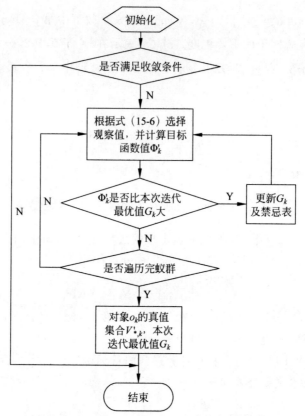

图 15-3 蚁群 k 一次迭代搜索多真值流程图

多真值发现的伪代码如表 15-3 所示。

表 15-3 蚁群搜索多真值算法伪代码

算法 2 蚁群搜索多真值

输入：数据源集合 S, 对象集合 O, Threshold[k], 蚁群收敛条件 H, Object$_k$;

输出：对象真值集合 $V'_{*,k}$, 本次迭代最优值 G_k

14. Object$_k$, 根据式(15-6)计算目标函数值 Φ'_k, $G_k = \Phi'_k$;

15. if Threshold[k]不等于 H then

16.   for $g = 1$ to N

17.   for $j = 1$ to q

18.   第 g 只蚂蚁根据式(15-7)在 $V_{*,k}$ 中进行冲突值的选择；

19.   根据式(15-6)计算目标函数值 Φ'_k ;

20.   if $\Phi'_k > G_k$ then

21. $G_k = \Phi'_k$, 并将该观测值加入禁忌表 tabu$_g^k$;

22.   else return

23.   end if

24.   end for

25.   end for

26.   根据 G_k 对应的禁忌表得到 $V'_{*,k}$;

27.   return $V'_{*,k}$, G_k

28. end if

表 15-3 中第 1 行根据对象 o_k 的历史最优值对应的真值集合 Object_k 计算其目标函数值；第 2 行判断蚁群是否收敛，若不收敛则算法继续运行；第 5～6 行表示第 g 只蚂蚁在第 j 步寻找一个冲突值，并计算目标函数值；第 7～10 行将得到目标函数值与目前保留的最大目标函数值进行比较，以此判断第 g 只蚂蚁是否继续寻找真值；第 13 行根据本次迭代最优值 G_k 对应的禁忌表计算真值集合 $V'_{*,k}$；第 14 行返回每次迭代的最优值 G_k 及其对应的真值集合 $V'_{*,k}$。

15.5　实验分析

通过在真实数据集上进行对比实验，验证多蚁群同步优化的多真值发现算法的有效性和准确性。实验环境配置与第 14 章相同。

15.5.1　实验数据及对比算法

本节所提算法解决的是多真值发现问题，因此实验采用的数据集应具有多值属性，如图书的作者属性、电影的导演属性等。采用 2 个真实数据集：Books-Authors 数据集，包含多个网站提供的图书和作者的信息；Movies-Directors 数据集，包含多个电影网站提供的电影和导演的信息。

(1) Books-Authors 数据集[3]。该数据集是真值发现算法常用的数据集，其中包括 877 个数据源，1263 本书籍以及 33971 条记录，且其提供了 100 本书籍作者的真实信息。首先去掉原始数据集中的重复记录和无作者信息的记录，然后对作者姓与名进行分割，经过处理后的数据集包含 877 个数据源，1263 本书籍以及 25604 条记录，其中作者可能值集大小范围为 [1,54]，平均可能值集大小为 7.7。该数据集的标准集为随机挑选出 100 本图书并对其作者信息进行手工标注后的记录。

(2) Movies-Directors 数据集[4]。一部电影的导演可以有多个，因此电影的导演属性是一个多真值属性。Movies-Directors 数据集包含了 15 个国外电影网站的各种类电影 468607 部，共 1134432 条记录。根据电影上映年份，抽取 2010—2017 年间上映电影的记录，经去掉重复记录和无导演信息的记录，并对导演姓与名进行分割，最终得到的数据集包含 15 个数据源，36242 部电影以及 104591 条记录。其中导演可能值集大小范围为 [1,71]，平均可能值集大小为 3.1。该数据集的标准集为随机挑选出 188 部电影并对其导演信息进行手工标注后的记录。

将本章所提方法分别与 Voting 算法和 Mtruths_Greedy 算法和遗传算法[5]（Genetic Algorithm，GA）进行对比，设置如下。

方法 1：Voting-K。该算法采用投票机制计算真值，本节选择投票比重大于 K 的作为真值；

方法 2：Mtruths_Greedy。该算法是 Mtruths 算法提出的一种算法，在真值计算过程中采用贪心策略来判断真值集合；

方法 3：MGA-MTD。该方法框架与本章所提算法框架相同，其中多真值寻找过程采用经典遗传算法同步进行搜索,算法停止条件与 MAC-SO-MTD 算法一致。其中 Books-Authors 数据集中 MGA-MTD 算法参数设置为交叉率为 0.5,变异率为 0.01,染色体个数为 30;Movies-Directors 数据集中 MGA-MTD 算法参数设置为:交叉率为 0.6,变异率为 0.01,染色体个数为 50。

方法 4:MAC-SO-MTD。该算法采用多蚁群同步进行寻找真值集合,其中根据文献 [2,6]和结合数据集特点,Books-Authors 数据集中 MAC-SO-MTD 算法参数设置为:信息素初始化浓度 $\tau_{ij}(0)=100$,信息素重要程度 $\alpha=0.8$,启发式信息重要程度 $\beta=0.65$,信息素挥发系数 $\rho=0.1$,常数 $Q=20$,蚂蚁个数 $N=15$;Movies-Directors 数据集中 MAC-SO-MTD 算法参数设置为:信息素初始化浓度 $\tau_{ij}(0)=100$,信息素重要程度 $\alpha=1$,启发式信息重要程度 $\beta=0.6$,信息素挥发系数 $\rho=0.1$,常数 $Q=400$,蚂蚁个数 $N=20$。

15.5.2 评价指标

实验结果采用文献[1]中的衡量真值发现算法准确性的三个指标来衡量算法的优劣。

(1) 查准率(Precision):表示算法得到对象的真值集合中正确真值所占的比例,计算公式如下:

$$P = \frac{|T_k \cap V'_{*,k}|}{|V'_{*,k}|} \times 100\% \tag{15-12}$$

式中,T_k 表示对象 o_k 所有的真值集合,$V'_{*,k}$ 表示算法得到的对象 o_k 的真值集合,$T_k \cap V'_{*,k}$ 表示算法得到的真正为对象 o_k 真值的集合。

(2) 查全率(Recall):表示算法得到的真值集合中正确真值占对应正确真值集的比例,计算公式

$$R = \frac{|T_k \cap V'_{*,k}|}{|T_k|} \times 100\% \tag{15-13}$$

(3) F1 指标:表示查准率和查全率的调和平均数,计算公式

$$F1 = \frac{2 \times P \times R}{P + R} \tag{15-14}$$

15.5.3 参数敏感性分析

MAC-SO-MTD 算法中采用目标函数值未更新次数 H 作为蚁群收敛的条件,因此需要对 H 值的敏感性进行分析。

在 Books-Authors 数据集与 Movies-Directors 数据集上对 H 值取不同值,分别运行 10 次,计算其对应 P、R 和 F1 的均值,实验结果如图 15-4 所示。

由图 15-4 可看出,在 Books-Authors 数据集上,MAC-SO-MTD 算法的查准率 P 和 F1 指标随 H 值的增大而增大,查全率 R 随 H 值的增大而逐渐减小。当 H 值大于或等于 11 时,MAC-SO-MTD 算法的 F1 指标趋于稳定,因此在 Books-Authors 数据集中蚁群的收敛条件可设置为对应目标函数值未更新 11 次。

而在 Movies-Directors 数据集上,MAC-SO-MTD 算法的查准率 P、查全率 R 和 F1 指

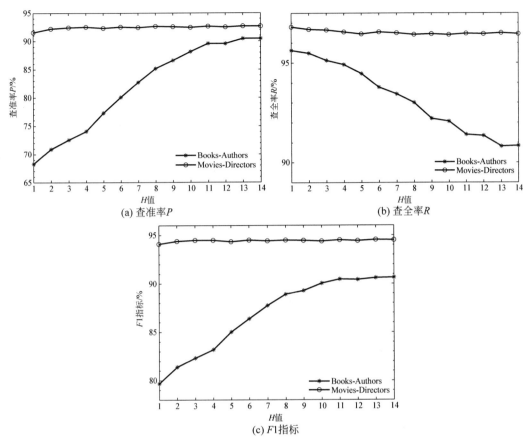

图 15-4 H 值对查准率 P、查全率 R 和 F1 指标的影响

标波动性较小。当 H 值大于或等于 6 时 F1 指标趋于稳定,因此在 Movies-Directors 数据集中蚁群的收敛条件可设置为对应目标函数值未更新 6 次。

15.5.4　对比结果分析

本章所提 MAC-SO-MTD 算法分别对比于 Voting 算法和、Mtruths_Greedy 算法和 MGA-MTD 算法。其中 Voting 算法为真值发现的基准算法;Mtruths_Greedy 算法可以直接返回对象的真值集合,且在准确性方面优于现有多真值算法;MGA-MTD 算法采用遗传算法进行多真值的寻找。

原始的 Voting 算法根据投票的多少给出观测值为真的可能性,不能直接返回真值集合,因此需要设置一个阈值 K,选择概率大于 K 的观测值为真值。实验设置 K 值分别为 15%,30%,45%。

在 2 个数据集上分别用 Voting-K、Mtruths_Greedy、MGA-MTD 及 MAC-SO-MTD 算法进行实验,分别运行 10 次,计算 P、R 和 F1 的均值和标准差,实验结果如表 15-4 与表 15-5 所列。

表 15-4　不同方法在 Books-Authors 数据集上的真值发现实验结果

方法	P	R	$F1$
Voting-15%	98.57±0	62.64±0	76.60±0
Voting-30%	100±0	19.82±0	33.08±0
Voting-45%	100±0	5.47±0	10.37±0
Mtruths_Greedy	89.85±0	80.64±0	85.00±0
MGA-MTD	89.7±0.93	90.82±0.83	90.25±0.66
MAC-SO-MTD	89.58±1.66	91.41±0.80	90.47±0.68

表 15-5　不同方法在 Movies-Directors 数据集上的真值发现实验结果

方法	P	R	$F1$
Voting-15%	98.29±0	88.31±0	93.04±0
Voting-30%	99.07±0	60.92±0	75.45±0
Voting-45%	98.66±0	42.34±0	59.25±0
Mtruths_Greedy	95.78±0	91.19±0	93.43±0
MGA-MTD	90.54±0.3	97.17±0.16	93.74±0.15
MAC-SO-MTD	92.52±0.12	96.47±0.08	94.45±0.08

由表 15-4 与表 15-5 可知，MAC-SO-MTD 算法的查全率 R 与 $F1$ 指标均优于 Mtruths_Greedy 算法，且 $F1$ 指标优于 Voting-K 算法与 MGA-MTD 算法；而 Voting-K 算法的查准率 P 虽然稍高于其他对比算法，但由于其查全率 R 较低，因此 Voting-K 算法的 $F1$ 指标明显低于其他对比算法。在 Books-Authors 数据集中，MGA-MTD 算法的查准率 P 虽然稍高于 MAC-SO-MTD 算法，但其查全率 R 与 $F1$ 指标均低于 MAC-SO-MTD 算法。而在 Movies-Directors 数据集中，MAC-SO-MTD 算法的 $F1$ 指标显著高于其他三个算法。

通过在 2 个真实数据集上的实验可知，MAC-SO-MTD 算法的准确性比 MGA-MTD 算法更高。而 Voting-K 算法中由于占比越高的观测值越可能为真值，随着阈值 K 的增大，查准率 P 越大，但其查全率 R 显著降低，因此无法返回对象完整的真值集合。Mtruths_Greedy 算法是基于贪心策略进行多真值发现，将对象观测值集里的观测值按可能为真值的概率进行排列并挑选，当对象的真值较多且分布较均匀时易陷入局部最优，故其查全率 R 和 $F1$ 指标均低于 MAC-SO-MTD 算法。

本章小结

数据在各行各业中发挥着越来越重要的作用，如何从冲突数据中挖掘出准确的数据具有重要的意义和研究价值。真值发现作为数据集成中冲突消解的有效手段，得到了广泛研究。针对多真值发现问题，提出了一种基于多蚁群同步优化的多真值发现算法 MAC-SO-MTD，将对象的多真值发现过程转换成子集问题，并设计多蚁群算法同步进行真值搜索，避免了阈值选择的问题，提高了多真值发现的准确性，在对象真值集合基数较大时能较好地进行多真值发现。同时，考虑了数据源权重对真值发现效果的影响，在计算过程中迭代进行蚁群寻找真值和数据源质量权重的计算。

本章参考文献

[1] 马如霞,孟小峰,王璐,等. MTruths：Web 信息多真值发现方法[J].计算机研究与发展,2016, 52(12)：2858-2866.

[2] 曹建军,张培林,王艳霞,等.一种求解子集问题的基于图的蚂蚁系统[J].系统仿真学报,2008, 20(22)：6146-6150.

[3] Yin X,Han J,Philip S Y. Truth Discovery with Multiple Conflicting Information Providers on the Web[J]. IEEE Transactions on Knowledge and Data Engineering,2007,20(6)：796-808.

[4] Lin X L,Chen L. Domain-Aware Mutil-Truth Discovery from Conflicting Sources[J]. Proceedings of the VLDB Endowment,2018,11(5)：635-647.

[5] 王小平,曹立明.遗传算法理论应用与软件实现[M].西安：西安交通大学出版社,2002.

[6] Dorigo M,Stützle T. 蚁群优化[M].张军,胡晓敏,罗旭耀,等译.北京：清华大学出版社,2007.

第16章

基于深度神经网络嵌入的结构化
数据真值发现

16.1 引言

基于迭代、优化及概率图模型的真值发现算法通常使用简单函数表示数据源可靠度与观测值可信度间的依赖关系,设计迭代规则或假设概率分布进行真值发现。而人工定义的条件通常难以反映数据的真实底层分布,导致真值发现结果准确性不高。针对此问题,提出基于深度神经网络嵌入的真值发现算法(Truth Discovery Based on Neural Network Embedding,TDBNNE)。首先利用"数据源-数据源","数据源-观测值"关系及真值发现的假设构造双损失深度神经网络;然后利用该网络将数据源与观测值嵌入到高维空间,分别表示数据源可靠度与观测值可信度;通过训练网络,使可靠数据源彼此靠近,可靠数据源与可信观测值靠近(同时,不可靠数据源与不可信观测值靠近);最后基于嵌入空间进行真值发现。与传统方法相比,TDBNNE 真值发现算法不需要人工定义迭代规则或数据分布,而是利用神经网络自动学习数据源观测值间复杂的依赖关系。

16.2 问题定义

由于缺乏有效的控制手段,不同机构提供的结构化情报数据质量存在差异,错误、过时、不完整的情报数据导致多个情报机构提供的针对同一实体的描述存在冲突,例如不同机构对同一装备的各项指标提供不同的信息等。低质量的冲突数据可能导致错误的战场分析与决策,而真值发现研究如何从多个数据源提供的多个对象的冲突描述中为每一个对象找出最准确的描述。传统真值发现方法分为基于迭代、优化和概率图模型的方法,这几类方法假设数据源可靠度与观测值可信度之间的关系可用简单函数表示,通过人工定义迭代规则或假设数据分布进行真值发现。而实际上,源可靠度和观测值可信度之间的关系通常是未知的,简单函数不足以表达这种复杂的关系,同时人工定义的条件难以反映数据的真实分布,导致真值发现的结果准确性不高。近年来,神经网络被应用到与真值发现类似的场景中,有学者利用神经网络学习数据源可靠度与观测值可信度之间的关系,提高了真值发现的效率和稳定性,但仅适用于二值属性的真值发现,不能适用于冲突消解的一般场景。下面介绍结构化数据真值发现问题及相关定义。

表 14-1 所列的是 6 个网站关于同一航班 AA-1223-DFW-DEN 的不同属性提供不一致的描述。首先每个网站提供的航班信息均有所缺失,其次多个数据源提供的航班信息之间存在冲突,即不同数据源提供的观测值可能不同,且只有一个观测值为真值。真值发现旨在从多个网站提供的关于同一对象的冲突描述中找到正确的描述。

给定对象集合 $E=\{e_i|i=1,2,\cdots,Q\}$,其中 Q 是对象总数,e_i 表示第 i 个对象;数据源集合 $S=\{s_j|j=1,2,\cdots,M\}$,数据源提供对象的描述信息,其中 s_j 表示第 j 个数据源,M 表示数据源数量;对象 e_i 的观测值集合 $C_i=\{c_{ik}|k=1,2,\cdots,N\}$,其中 c_{ik} 表示对象 e_i 第 k 个观测值,N 表示该对象观测值数量;c_{i^*} 表示对象 e_i 的真值。

结构化数据真值发现问题描述如下:在不进行人工标注的情况下,从多个数据源提供的多源冲突观测值中找到对象信息的真值,即给定对象集合 E 及提供其描述的数据源集合 S,评估数据源质量,找出各个对象对应的真值。

16.3　TDBNNE 算法描述

随着国防数字环境现代化进程的推进,数据发挥着越来越重要的作用,但数据中存在的各种问题也日益凸显。大量错误、过时及不完整情报数据导致多源情报对同一实体的描述存在冲突。低质量的冲突情报数据将直接导致错误的分析决策,对战争规划产生巨大的影响,解决数据冲突问题格外关键且迫在眉睫。真值发现过程能够完成多源情报数据的冲突消解,提高情报数据的一致性、准确性,是情报数据清洗的重要步骤。

真值发现是解决数据冲突的重要手段,假设越可靠的数据源提供的事实越可信,提供越多可信事实的数据源越可靠,传统的真值发现方法可概括为基于迭代的方法、基于优化的方法和基于概率图模型的方法 3 类。这些方法人工定义底层数据的分布,使用简单函数表示数据源观测值间的依赖关系,若条件不符合真实情况,将导致真值发现结果准确性不高。近年来,神经网络被应用到与真值发现类似的场景中,部分学者利用神经网络学习数据源可靠度与观测值可信度之间的关系,提高了真值发现的效率和稳定性,但仅适用于二值属性的真值发现,不能适用于冲突消解的一般场景。TDBNNE算法利用神经网络强大的表达能力学习数据源与观测值间的依赖关系,并将其嵌入到高维空间,以投票规则为基础进行真值发现,包括数据源观测值嵌入空间构建和基于嵌入空间的真值发现两个步骤。

神经网络嵌入层的学习过程采用反向传播算法,使用全部的观测值作为训练数据。输入原始数据即数据源可靠度与观测值可信度初始化向量,通过双路神经网络先各自前向计算神经元的激活值,得到数据源可靠度嵌入向量与观测值可信度嵌入向量,然后综合两路信息,反向计算双损失,同时对误差求各个权值和偏置的梯度,并据此调整前馈神经网络中各个参数值,得到最终的数据源可靠度与观测值可信度嵌入空间。采用修正线性单元

(Rectified Linear Unit, ReLU)作为激活函数，将非线性特性引入到嵌入网络中，有效防止梯度弥散，同时提升收敛速度。

16.3.1 数据源观测值嵌入空间构建

首先介绍用于数据源观测值嵌入空间构建的"数据源-数据源"损失及"数据源-观测值"损失，然后介绍用于嵌入的双路神经网络结构设计，最后介绍数据源观测值嵌入空间的构造及网络参数的学习过程。

1. "数据源-数据源"损失

假设经常提供相同观测值的数据源应具备相似的可靠度，引入"数据源-数据源"损失对此假设进行度量，从而对数据源进行嵌入。设数据源 s_i 和 s_j 的嵌入向量分别为 $\boldsymbol{u}_i \in \boldsymbol{R}^d$ 和 $\boldsymbol{u}_j \in \boldsymbol{R}^d$，$d$ 表示数据源嵌入向量的维度。在嵌入空间，$\boldsymbol{u}_i$ 和 $\boldsymbol{u}_j$ 分别表示数据源 s_i 和 s_j 的可靠度。

首先，定义两数据源联合概率 q_{ij} 如式(16-1)。

$$q_{ij} = p(s_i, s_j) = \frac{1}{1 + \exp(-\operatorname{dis}(\boldsymbol{u}_i, \boldsymbol{u}_j))} \tag{16-1}$$

式(16-1)中，$\operatorname{dis}(\boldsymbol{u}_i, \boldsymbol{u}_j)$ 表示数据源嵌入向量 $\boldsymbol{u}_i$ 与 $\boldsymbol{u}_j$ 规范化后的余弦距离，可表示为两数据源可靠度的相似程度，如式(16-2)。

$$\operatorname{dis}(\boldsymbol{u}_i, \boldsymbol{u}_j) = \frac{1}{\pi} \cos^{-1}\left(\frac{\boldsymbol{u}_i \boldsymbol{u}_j}{\sqrt{\boldsymbol{u}_i} \ \sqrt{\boldsymbol{u}_j}}\right) \tag{16-2}$$

联合概率 q_{ij} 越大，则数据源 s_i 和 s_j 的可靠度越相似，q_{ij} 服从伯努利分布，数据源 s_i 和 s_j 提供相同观测值的概率为 q_{ij}，提供不同观测值的概率为 $1-q_{ij}$。然后，定义 n_{ij} 为数据源 s_i 和 s_j 提供相同观测值的个数，在给定联合概率 q_{ij} 的条件下，产生 n_{ij} 的条件概率如式(16-3)。

$$p(n_{ij} \mid q_{ij}) = q_{ij}^{n_{ij}} \tag{16-3}$$

最后，通过最大化式(16-3)观测值条件概率，可靠度相似的数据源将在嵌入空间靠近。定义"数据源-数据源"损失函数 L_{SS} 如式(16-4)。

$$L_{SS} = -\sum_{i=1}^{Q}\sum_{j=1}^{M} n_{ij} \log(q_{ij}) \tag{16-4}$$

L_{SS} 损失函数衡量数据源的实际可靠度与其所在嵌入空间中的位置是否一致，L_{SS} 越小，则数据源可靠度嵌入越准确。使用实数表达数据源可靠度在直观上比较好理解，数字越大则数据源可靠度越高，而 TDBNNE 采用嵌入向量的形式，直接将可靠度嵌入到向量空间，不具备直观的物理意义，但是针对整个向量空间，可靠度相似的数据源或可信度相似的观测值在嵌入空间接近，隐藏了数据源可靠度之间的关系。

2. "数据源-观测值"损失

假设可靠数据源更可能提供可信观测值，不可靠数据源更可能提供不可信观测值，引入

"数据源-观测值"损失对此假设进行度量。以数据源嵌入空间为基础,对观测值进行嵌入。设观测值 c_{ik} 的嵌入向量为 $\boldsymbol{v}_{ik} \in R^d$,在嵌入空间表示对象 e_i 的观测值 c_{ik} 的可信度,d 表示观测值向量的维度,与数据源向量维度相同。

首先,对于对象 e_i,定义数据源 s_j 提供观测值 c_{ik} 的条件概率如式(16-5)。

$$p(c_{ik} \mid s_j) = \frac{\exp(\mathrm{dis}(\boldsymbol{v}_{ik}, \boldsymbol{u}_j))}{\sum_{c_{ir} \in C_i} \exp(\mathrm{dis}(\boldsymbol{v}_{ir}, \boldsymbol{u}_j))} \tag{16-5}$$

式(16-5)中,$\mathrm{dis}(\boldsymbol{v}_{ik}, \boldsymbol{u}_j)$ 表示嵌入向量 $\boldsymbol{v}_{ik}$ 与 $\boldsymbol{u}_j$ 的规范化后的余弦距离,嵌入向量 $\boldsymbol{v}_{ik}$ 与 $\boldsymbol{u}_j$ 在嵌入空间越靠近,则其值越小。一方面,$p(c_{ik} \mid s_j)$ 服从多项式分布,其分母包含对象 e_i 的全部观测值,能够模拟从数据源集合 S 中产生对象观测值的过程,符合真值发现各个数据源提供观测值且可能存在冲突的特性。另一方面,$p(c_{ik} \mid s_j)$ 越大,则观测值 c_{ik} 和数据源 s_j 的嵌入向量越靠近,即数据源可靠度与观测值可信度越相似,符合可靠数据源通常提供可信观测值的假设,反之同样成立。

通过最大化条件概率,使得可靠的数据源与可信观测值在嵌入空间靠近(反之,不可靠的数据源与不可信观测值在嵌入空间远离),最终定义"数据源-观测值"损失函数 L_{SC} 如式(16-6)。

$$L_{SC} = -\sum_{i=1}^{Q} \sum_{k=1}^{N} w_{ik}^j \log(p(c_{ik} \mid s_j)) \tag{16-6}$$

式(16-6)中,w_{ik}^j 表示数据源 s_j 是否为对象 e_i 提供观测值 c_{ik},如式

$$w_{ik}^j = \begin{cases} 1, & \text{数据源 } s_j \text{ 提供观测值 } c_{ik} \\ 0, & \text{数据源 } s_j \text{ 不提供观测值 } c_{ik} \end{cases} \tag{16-7}$$

3. 双损失嵌入网络

结合"数据源-数据源"损失和"数据源-观测值"损失,数据源观测值嵌入最终损失函数如式(16-8)。

$$L = L_{SS} + L_{SC} \tag{16-8}$$

基于式(16-8),设计如图 16-1 所示的双路双损失神经网络,对数据源与观测值进行嵌入,将数据源可靠度与观测值可信度嵌入到低维空间。整个嵌入网络由 3 部分构成:第一层为输入层,对数据源与观测值向量进行初始化输入;第二层为嵌入层,利用前馈神经网络对数据源可靠度与观测值可信度进行嵌入;第三层为输出层,输出嵌入向量以及数据源观测值间相似度矩阵,同时计算损失函数。

(1) 输入层。数据源嵌入网络输入样本为 $M \times d$ 的输入矩阵,其中 M 表示数据源个数,d 表示数据源可靠度向量的维度;观测值嵌入网络输入样本为 $(Q \times M) \times d$ 的输入矩阵,其中 Q 表示对象个数,M 表示对象观测值的个数即数据源个数,d 表示观测值可信度向量的维度。

(2) 嵌入层。主要是对数据源可靠度向量与观测值可信度向量进行嵌入,构造用于真值发现的数据源观测值嵌入空间。该层与输入层连接,并且前后都是全连接,嵌入层第一个隐含层节点个数为 d。

(3) 输出层。数据源嵌入网络的输出样本为 $M \times d$ 的输出矩阵,用来计算"数据源-数

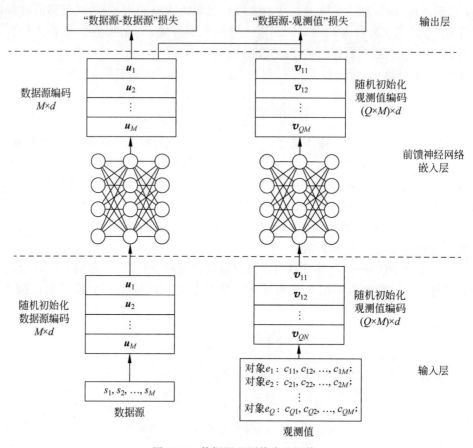

图 16-1　数据源观测值嵌入网络

据源"损失；观测值嵌入网络的输出样本为$(Q\times M)\times d$的输出矩阵，将其与数据源嵌入网络的输出计算得到"数据源-观测值"损失。综合数据源嵌入网络与观测值嵌入网络的输出，计算如式(16-8)的损失函数，进而对双路前馈神经网络的参数进行优化，得到最终的数据源观测值嵌入空间。

16.3.2　基于嵌入空间的真值发现

通过双损失深度神经网络嵌入，将数据源与观测值嵌入到高维空间，分别表示数据源可靠度与观测值可信度。通过投票机制，产生每个对象得票最多的观测值，并将其对应向量的均值作为"参考真值"向量，如对于对象e_i，其参考真值向量由式(16-9)计算。

$$\boldsymbol{v}'_{i*}=\frac{1}{L}\sum_{r=1}^{L}\boldsymbol{v}_{ir},\quad i=1,2,\cdots,L;\quad L\in N \tag{16-9}$$

其中，$\boldsymbol{v}_{ir}$表示通过投票机制产生的最高可信度的多个嵌入向量，L表示提供该观测值的数据源个数。定义距离"参考真值"最近的向量为对象真值向量，该向量对应的观测值为真值，如式(16-10)。

$$\boldsymbol{v}_{i*}=\mathrm{argmax}_k(\mathrm{dis}(\boldsymbol{v}_{ik},\boldsymbol{v}'_{i*})) \tag{16-10}$$

16.4 实验与分析

在真实数据集上进行实验,验证 TDBNNE 算法的有效性与优越性。首先将 TDBNNE 与传统真值发现方法进行对比,然后研究学习率对 TDBNNE 算法的影响,最后对嵌入空间进行可视化,直观展示嵌入产生的数据源可靠度与观测值可信度。

16.4.1 实验设置

在真实数据集 Weather、Flight 上进行实验,验证 TDBNNE 算法的有效性与准确性。两数据集统计信息如表 16-1 所示。

表 16-1 数据集统计信息

数据集	属性个数	数据源个数	观测值个数	对象个数
Weather	5	16	365890	6375
Flight	6	38	2864985	34652

Weather 数据集包含了 16 个网站关于不同地点不同时间的天气信息,包括温度(Temperature)、体感温度(Real Feel)、湿度(Humidity)、气压(Pressure)以及能见度(Visibility)5 个属性,该数据集提供了各个对象的真值,解决从多个网站提供的冲突信息中找到各个地区每天天气的真值。对于数据集中的空值,采用投票的方法进行填充。Flight 数据集包含了 38 个不同网站提供的不同航班信息,包括实际出发时间(Actual Departure Time,ADT)、实际到达时间(Actual Arrival Time,AAT)、登机口(Departure Gate,DG)、预计出发时间(Expected Departure Time,EDT)、预计到达时间(Expected Arrival Time,EAT)5 个属性,该数据集提供了 2011 年 12 月及 2012 年 1 月的航班信息真值,解决从多个网站提供的冲突航班信息中找到各个航班的真实信息。对于数据集中的空值,同样采用投票的方法进行填充。

将 TDBNNE 与多个真值发现方法进行对比,分别是基于迭代的真值发现方法 Accu、Depen、AccuSim[1],基于概率图模型的真值发现方法 Cosine、3-Estimates[2];基于优化的真值发现方法 CRH[3],以及基于神经网络的真值发现方法 FFMN[4]。

Depen:该方法考虑真值发现中数据源间的复制情况,若两个数据源提供大量公共值,并且大部分的公共值很少由其他数据源提供,则很可能该数据源间存在复制行为。使用贝叶斯分析来确定数据源之间的依赖关系,并设计一种迭代方法检测这种依赖,从冲突信息中发现真值,是一种可拓展的真值发现模型。

Accu:该方法是 Depen 方法的拓展,对数据源间是否发生复制的判定条件进行了优化改进。通过计算特定对象在底层数据中观测值的概率分布发现真值。

AccuSim:该方法针对枚举型数据进行真值发现,充分考虑了观测值间的相似性,同时采用文献[5]。提出的相似度度量模型对观测值进行度量,该方法是 Accu 的拓展。

Cosine:该方法基于概率图模型,综合考虑了 Web 数据中真值与观测值间的相关性,能够有效估计数据源可靠度与观测值的可信度。使用余弦函数对观测值相似度进行度量,并通过迭代的方法计算模型参数。

3-Estimates:该方法针对单真值发现问题,假设同一对象有且仅有一个真值。基于投票的方法,综合考虑了每个对象为真值的可信度,是 Cosine 方法的拓展。

CRH:该方法假设真值应当与各个数据源提供的观测值相似度加权和达到最大,相较于其他真值发现算法准确率更高,是目前较优的非神经网络真值发现算法。

FFMN:该方法假设对象的真值情况应该尽可能与各数据源提供的观测值接近,数据源的质量越高则其提供的对象属性集合与真值集合越相似。将数据源与观测值之间的关系依赖利用前馈神经网络进行表达,将真值发现问题抽象为分类问题。

16.4.2 评价指标

采用准确率 Pre 评价实验结果,其计算方式如式

$$\text{Pre} = \frac{\text{TP}}{\text{RP}} \tag{16-11}$$

其中,RP 为观测值真值总数量,TP 为方法得到的正确观测值真值的数量。Pre 表示为方法得到的正确观测值真值数量占总观测值真值数量的比例,Pre 越高,真值发现方法效果越好。

16.4.3 实验结果分析

1. 对比实验结果

表 16-2、表 16-3 列出了 TDBNNE 及不同真值发现算法在数据集 Weather、Flight 上的对比实验结果。

表 16-2　Weather 数据集对比实验结果

方法 Pre	数据集				
	Temperature	Real Feel	Humidity	Pressure	Visibility
AccuSim	0.4853	0.3004	0.7033	0.8448	0.2176
Accu	0.5005	0.3152	0.7184	0.8572	0.2321
3-Estimates	0.6053	0.4192	0.8231	0.9647	0.3365
Cosine	0.6057	0.4201	0.8233	0.9651	0.3371
Depen	0.6078	0.4227	0.8254	0.9677	0.3392
CRH	0.6102	0.4245	0.8279	0.9692	0.3416
FFMN	0.6132	0.4237	0.8277	0.9684	0.3417
TDBNNE	**0.6168**	**0.4313**	**0.8347**	**0.9760**	**0.3483**

表 16-3 Flight 数据集对比实验结果

方法 Pre	数据集				
	ADT	AAT	DG	EDT	EA
AccuSim	0.9047	0.8512	0.9347	0.8749	0.8812
Accu	0.9081	0.8533	0.9312	0.8812	0.8964
3-Estimates	0.7434	0.7858	0.8587	0.7928	0.7851
Cosine	0.8823	0.8496	0.9172	0.8592	0.8716
Depen	0.8294	0.8147	0.8916	0.8179	0.8037
CRH	0.9048	0.8533	0.9314	0.8813	0.9082
FFMN	0.9012	0.8614	0.9292	0.8752	0.8976
TDBNNE	**0.9132**	**0.8658**	**0.9373**	**0.8876**	**0.9078**

由表 16-2、表 16-3 可以看出，TDBNNE 真值发现算法优于基于迭代、优化、概率图模型和神经网络的真值发现算法。CRH 在非神经网络的真值发现算法中，表现相对较好。

基于迭代、优化及概率图模型的真值发现算法人工定义了真值计算过程和数据源可靠度估计函数，不足以表达两者之间的复杂关系，通过迭代的方法求得的数据源可靠度不准确，导致真值发现结果准确率不高。FFMN 真值发现方法假设真值应与大多数观测值相似，而此假设在特殊情况下可能并不适用，导致真值发现结果不理想。TDBNNE 利用神经网络嵌入的思想来表示数据源可靠度与观测值可信度，一方面，使用高维向量更能全面表达数据源与观测值间的关系依赖，更准确描述数据源可靠度；另一方面，利用前馈神经网络将数据源与观测值嵌入到高维空间，不需要假设数据的分布，TDBNNE 真值发现的假设更接近真实情况，结果也更准确。

2. 学习率对实验结果的影响

在神经网络优化过程中，学习率控制参数的更新速度，学习率过小，会极大降低收敛速度，可能陷入局部最优，而学习率过大，则可能导致参数在最优解两侧来回振荡。以 Weather 数据集 Temperature 为例，本节使用 0.1,0.01,0.001,0.0001,0.00001 五组学习率进行实验，验证学习率对 TDBNNE 实验结果的影响，结果如图 16-2 所示。

由图 16-2 可以看出，TDBNNE 算法受学习率的影响较小，学习率为 0.1 及 0.01 时，效果相对较好。

3. 嵌入空间可视化

为直观展示数据源嵌入的有效性，以 Weather 数据集属性 Temperature 为例，对所有数据源以"数据源-数据源"损失进行嵌入，对真实的数据源相似度矩阵与嵌入产生的数据源相似度矩阵进行可视化。

图 16-3 所示为 16 个数据源的实际相似度矩阵的真实分布，横纵坐标分别为 16 个数据源的编号，图中颜色表示数据源之间相同观测值的个数。图 16-4、图 16-5 所示为嵌入维度分别为 5 和 20 时得到的数据源嵌入向量间的相似度矩阵，图中颜色表示最终数据源可靠度嵌入向量间的相似度。

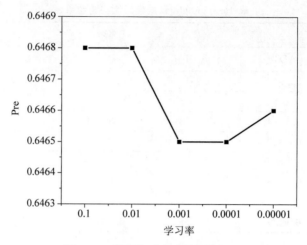

图 16-2　学习率对实验结果的影响

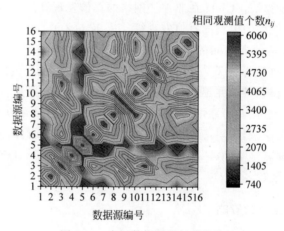

图 16-3　实际数据源相似度矩阵

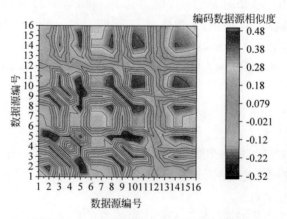

图 16-4　$d=5$ 数据源嵌入向量相似度矩阵

首先,对比图 16-3 与图 16-4～图 16-5 可以看出 TDBNNE 设计的嵌入网络及损失函数能够有效还原数据源可靠度间的关系。将数据源嵌入到高维空间后,嵌入空间的数据源相

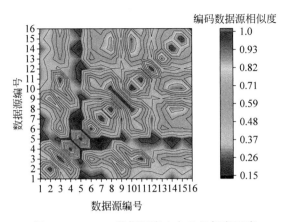

图 16-5　$d=20$ 数据源嵌入向量相似度矩阵

似度矩阵与数据源真实相似度矩阵基本一致，即数据源的相似度关系与数据源间相同观测值比例关系保持一致，有效证明了数据源嵌入网络的有效性。其次，对比图 16-4～图 16-5 可以看出数据源嵌入维度影响嵌入准确性，随着数据源维度增加，嵌入空间与真实分布逐渐相似，当维度 d 为 20 时，图 16-3 与图 16-5 几乎一致，此时数据源嵌入空间有效还原了数据源间的可靠度关系，高维向量很好地表征了数据源可靠度。最后，为验证该嵌入方法是否能真正反映数据源可靠度，根据数据集提供的标准真值，对不同数据源的真实准确率进行了计算，以准确率最高的数据源 s_{14}（Pre＝0.77）为例，由图 16-5 可知，在嵌入空间，与其可靠度相似性高的数据源为 s_8（Pre＝0.63）和 s_{10}（Pre＝0.57）；相似度相对较高的数据源为 s_3（Pre＝0.37）、s_7（Pre＝0.43）、s_{11}（Pre＝0.42）和 s_{15}（Pre＝0.47）等；相似度低的数据源为 s_1（Pre＝0.34）、s_5（Pre＝0.19）和 s_{12}（Pre＝0.23）。可见，数据源间相似度与其实际正确率的相似度是基本一致的，可靠度相似的数据源在嵌入空间同样靠近。同时，数据源 s_5 与所有数据源在嵌入空间相似度均较低，所以在嵌入空间，数据源 s_5 的可靠度明显区别于其他数据源（表现为与其他所有数据源相似度均较低）。所以，通过数据源嵌入，准确率相似的数据源在嵌入空间也相互靠近，TDBNNE 提出的数据源嵌入方法能够使可靠数据源在嵌入空间彼此靠近，并与不可靠的数据源远离。

为直观展示观测值嵌入的有效性，以 Weather 数据集 Temperature 属性为例，对所有数据源提供的部分观测值以"数据源-观测值"损失进行嵌入，从每个数据源中随机抽取 200 个观测值，使用 T-SNE 方法将观测值嵌入的维度由 20 维降至 2 维[6]，并对其嵌入空间进行可视化，图中各点分别代表观测值嵌入向量经 T-SNE 方法降维后在 2 维空间中的位置，点的颜色表示不同的数据源编号，如图 16-6 所示。

由图 16-6 可知，通过观测值嵌入，各数据源提供的观测值向各数据源中心聚拢。同时，观测值嵌入空间被大致分为 3 部分，准确度相似的数据源在嵌入空间也相对靠近。同时数据源相似度越高，则其距离也越近，如 s_{14} 与 s_8 以及 s_{12} 与 s_5 等。经过神经网络嵌入，可靠数据源更可能提供可信观测值，经常提供相同观测值的数据源具备相似的可靠度。

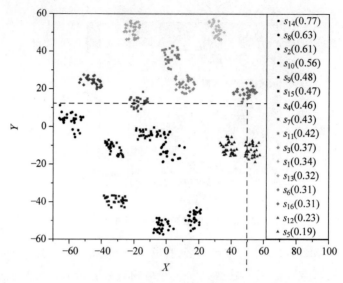

图 16-6　观测值嵌入可视化

本章小结

　　传统真值发现算法强假设数据，人工定义迭代规则，难以准确描述数据源观测值间依赖关系，导致真值发现结果准确性不高。针对此问题，提出了 TDBNNE 真值发现算法。利用神经网络表达数据源可靠度与观测值可信度间复杂的关系，避免了人工定义和强假设数据分布对真值发现结果的影响，更准确描述数据源与观测值间的关系依赖；设计了更符合真值发现场景的损失函数，嵌入向量能够更准确地表达数据源可靠度与观测值可信度。真值发现过程不需要人工定义迭代规则，前馈神经网络自动学习其未知的关系。在真实数据集上的实验结果表明 TDBNNE 结构化数据真值发现算法准确性更高。本章介绍了结构化数据的真值发现问题，没有考虑观测值的语义信息，没有对对象属性进行细粒度的划分，为单真值发现问题。而第 17 章、第 18 章则考虑更为复杂的文本数据真值发现场景。

本章参考文献

[1]　Dong X L，Berti-Equille L，Srivastava D. Integrating Conflicting Data：The Role of Source Dependence[J]. Proceedings of the VLDB Endowment，2009，2(1)：550-561.

[2]　Marian A，Wu M. Corroborating Information from Web Sources[J]. IEEE Data Engineering Bulletin，2011，34(3)：11-17.

[3]　Li Q，Li Y，Gao J，et al. Resolving Conflicts in Heterogeneous Data by Truth Discovery and Source Reliability Estimation[C]//the ACM SIGMOD International Conference on Management of Data. ACM，2014，1187-1189.

[4]　Li L，Qin B，Ren W，et al. Truth Discovery with Memory Network[J]. Tsinghua Science Technology，

2017,22(6)：609-618.

[5] Yin X,Han J,Philip S Y. Truth Discovery with Multiple Conflicting Information Providers on the Web[J]. IEEE Transactions on Knowledge and Data Engineering,2007,20(6)：796-808.

[6] Maaten L,Hinton G. Visualizing Data Using t-SNE[J]. Journal of Machine Learning Research,2008,9 (2605)：2579-2605.

第**17**章

基于蚁群优化的文本数据真值发现

17.1 引言

近年来,基于众包模式的问答系统快速发展。由于互联网用户水平的差异,用户答案质量参差不齐,如何从网络用户提供的文本答案中找到可靠答案成为新的挑战。针对传统真值发现算法难以进行细粒度语义分析,无法直接应用于文本数据的问题,提出基于蚁群优化的文本数据真值发现算法(Truth Discovery from Multi-source Text Data Based on Ant Colony Optimization,Ant_Truth)。首先根据文本答案的多因素性,词语使用的多样性、文本数据稀疏性等特点,对用户答案进行细粒度的划分,组成关键词候选集合;然后将文本数据真值发现问题转化为子集问题,采用多蚁群同步优化的方法寻找正确答案应当包含的关键词集合;最后依据用户答案与正确答案关键词集合的相似性对其评分并排序。

17.2 问题定义

随着国际情报数据形式越来越多样化,情报数据由单一模态的结构化数据逐渐发展为非结构化的文本数据(如综合报文、情报文本等)。这些文本中蕴含着丰富的国际情报信息,对战场分析与决策至关重要。然而,由于不同情报机构从不同的数据源中相互独立地采集信息,这些多源信息可能存在错误或者冲突,而大部分已有的真值发现算法无法直接适用于文本数据的冲突消解需求。对于大量文本情报数据,如何挖掘其内在联系,完成数据融合,发现有用且相对可靠的情报,对于完成情报认知,获得全面的战场信息,完成指挥决策,具有重要意义。

考虑文本数据真值发现的一般场景,给定问题集合 $Q=\{q_i|i=1,2,\cdots,B\}$,其中 q_i 表示第 i 个问题,B 表示问题的个数;用户集合 $U=\{u_j|_j=1,2,\cdots,P\}$,$P$ 表示用户的个数,

其中 u_j 表示第 j 名用户；每个问题 q_i 由多名用户回答,并构成 q_i 的候选答案集合 Ψ_i；每名用户 u_j 回答多个问题,并构成 u_j 的回答问题集合 Γ_j。与结构化数据中的冲突概念不同,此时不同用户提供的文本答案可能是完全正确、部分正确或完全错误的,其冲突表现在不同用户答案间语义的不一致性,不能将用户答案作为整体看待。本章研究用户答案为简短回答时的真值发现问题,所有文本数据均为较短的答案语句,旨在从不同用户提供的众多文本答案中找到每个问题的可靠答案。

表 17-1 列出了一个不同用户对同一问题进行回答的实例。

表 17-1 不同用户对同一问题回答实例

问题	用户	答案
What are	u_1	People will feel cold and cough,sometimes they will feel exhausted.
the symptoms	u_2	The symptoms of flu are fever and freezing.
of flu?	u_3	Maybe chills,cough,and fatigue.

以表 17-1 为例,文本数据真值发现相较结构化数据真值发现需要解决以下几个问题。

文本数据的表示：当应用真值发现算法于文本答案时,应该考虑答案之间的语义相关性,以便更准确估计用户可靠度。然而,当答案段落的上下文语料不足时,学习整个答案的准确矢量表示是困难的。因此,如何将文本答案的语义信息与真值发现过程紧密融合是一个挑战性的问题。

文本答案的多因素属性(即答案可能包含多个关键因素)：多个数据源对事实问题的回答可能是多因素的,并且网络用户提供的文本答案通常很难涵盖所有的因素。如对于表 17-1 中提到的问题"What are the symptoms of flu?",正确答案包含 fever、chills、cough、nasal symptom、ache、fatigue 等。即使用户提供的答案涵盖部分因素,如用户 2 提供的 fever 和 freezing,现有的真值发现方法将确定该答案是完全错误的并且为该用户分配较低可靠度。这类方法将整个答案视为一个整体单元。但是,若考虑更细粒度的答案因素,这名用户提供的答案是部分正确的,应当适量提高该用户的可靠度以及该答案的可信度。因此,如何识别文本答案中的部分正确答案和关键因素对于文本数据的真值发现任务至关重要。

词语使用的多样性(即不同的单词可能具有相似的语义)：在线用户可能会使用不同关键字表达非常相似的含义。例如用户 1 使用 exhausted 而用户 3 使用 fatigue 来表达诸如疲惫之类的症状。然而,现有的真相发现方法可能将它们视为完全不同的答案因素。因此,文本数据真值发现要克服词语使用多样性对结果的影响。

17.3 Ant_Truth 算法描述

Ant_Truth 算法包括文本答案预处理、文本数据真值发现两个步骤。预处理步骤对用户答案进行细粒度的划分,消除语义使用的多样性并得到候选关键词集合。真值发现步骤将文本数据的真值发现问题转化为子集问题,假设真值集合应尽可能与各用户提供的关键词集合接近,用户可靠度越高则其提供的关键词集合与真值集合越相似,利用多蚁群优化寻找每个问题关键词集合的子集作为正确答案应当包含的关键词集合。最后根据该集合与各个答案的相似度作为答案的可信度。

17.3.1 文本答案预处理

Ant_Truth 文本答案预处理步骤如图 17-1 所示。

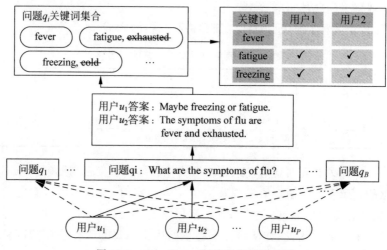

图 17-1 Ant_Truth 预处理步骤流程图

　　如图 17-1，以问题 q_i 为例，将所有用户答案进行细粒度划分，抽取该问题答案包含的所有关键词，抽取过程删除对答案可信度判断无意义的词，然后利用自然语言工具包（Natural Language Toolkit）[1]对答案中所有同义词进行替换，使用一个关键词替代所有的同义词（如使用 fatigue 替换 exhausted 等表示疲劳的词），接着消除关键词的时态、语态及单复数形式对真值发现结果的影响，最后将所有用户答案中的关键词整合并得到问题 q_i 候选关键词集，记为 V_i。模型对所有问题进行并行化预处理，得到所有问题的关键词集合，作为正确答案可能包含的关键词集。

17.3.2 文本数据真值发现

　　Ant_Truth 文本数据真值发现步骤如图 17-2 所示。

　　Ant_Truth 将文本数据的真值发现问题转化为子集问题，采用多蚁群同步优化的方法，同步寻找每个问题关键词集的子集，作为正确答案应当包含的关键词集合，即真值集合。根据假设，真值集合应尽可能与各用户提供的关键词集合接近；用户可靠度越高则其提供的关键词集合与真值集合越相似[2]，Ant_Truth 设置多蚁群同步优化的目标函数如式（17-1）。问题正确答案集合

$$\max_{\langle r_j, V_i^* \rangle} \sum_{j=1}^{P} r_j \frac{1}{|\Gamma_j|} \sum_{q_i \in \Gamma_j} s(V_i^j, V_i^*)$$

$$\text{s.t.} \sum_{j=1}^{P} r_j = 1, \quad r_j > 0 \tag{17-1}$$

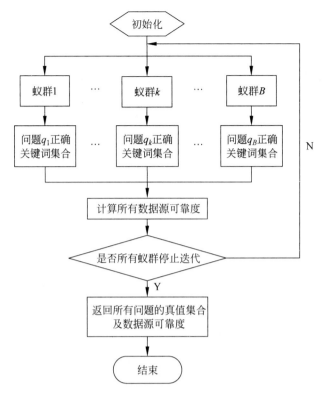

图 17-2　Ant_Truth 真值发现步骤流程图

式中，r_j 表示第 j 名用户的可靠度，V_i^* 表示第 i 个问题的关键词真值集合，Γ_j 表示第 j 名用户回答的所有问题的集合，V_i^j 表示第 j 名用户为第 i 个问题提供的关键词集合，$s(V_i^j, V_i^*)$ 定义为集合 V_i^j 与集合 V_i^* 间的 Jaccard 相似度，如式

$$s(V_i^j, V_i^*) = \frac{V_i^j \cap V_i^*}{\mid V_i^j \cup V_i^* \mid} \tag{17-2}$$

优化目标设定为对于所有用户，其所有回答问题的关键词集合与真值集合的 Jaccard 相似度加权和达到最大。一方面，权重 r_j 调整用户可靠度，与真值发现假设用户可靠度越高则其提供的关键词集合与真值集合越相似保持一致，另一方面，相似度加权和达到最大则与真值集合应尽可能与各用户提供的关键词集合接近的假设保持一致。

1. 真值计算

由于算法为多蚁群同步优化，式(17-1)中的优化问题可以拆分为 R 个并行的蚁群算法优化问题，每一个蚁群对应一个问题，用来寻找相应问题的关键词真值集合，该集合是候选关键词集合的子集。

以问题 q_i 为例，首先固定用户可靠度 $\{r_j\}$，寻找关键词真值集合 V_i^*，对于第 i 个蚁群，其优化目标如式

$$\max_{V_i^*} \sum_{u_j \in \Psi_i} r_j s(V_i^j, V_i^*) \tag{17-3}$$

式中，r_j 表示第 j 名用户的可靠度，$s(V_i^j, V_i^*)$ 定义为集合 V_i^j 与集合 V_i^* 的 Jaccard 相似

度。该蚁群的优化目标为对于问题 q_i，其所有答案的关键词集合与真值集合的加权相似度达到最大。

首先构造该子集问题的有向图如图 17-3 所示。

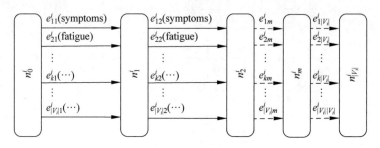

图 17-3 问题 q_i 寻找真值构造的有向图

图 17-3 中，关键词为有向图的边，e_{km}^i 表示对于问题 q_i，当前蚂蚁的第 m 步选择第 k 个关键词，$|V_i|$ 为问题 q_i 候选关键词集合中关键词的个数。$\tau_{km}^i(t)$ 表示 t 时刻边 e_{km}^i 上的信息素，初始时刻 $\tau_{km}^i(0)=\zeta$（$\zeta>0$ 且为常数）。t 时刻在初始结点 n_0^i 处生成蚁群，每只蚂蚁根据有向图边上的信息素和启发式信息独立地选择某一边向下一结点移动。用禁忌表 tabu_n^i 记录第 n 只蚂蚁走过的边，即当前蚂蚁选择的关键词。t 时刻第 n 只蚂蚁从结点 n_m^i 沿边 e_{km}^i 转移到结点 n_{m+1}^i 的概率如式（17-4）。

$$
h_{km}^i(t)=\begin{cases}\dfrac{(\tau_{km}^i(t-1)^\alpha(\eta_k^i)^\beta)}{\sum\limits_{e_{km}^i\notin \mathrm{tabu}_n^i}(\tau_{km}^i(t-1)^\alpha(\eta_k^i)^\beta)}, & e_{km}^i\notin \mathrm{tabu}_n^i \\ 0, & \text{其他}\end{cases}
\tag{17-4}
$$

式（17-4）中，α 与 β 分别表示信息素和启发式因子的重要程度。启发式因子 η_k^i 是外部信息，表示对于问题 q_i，选择第 k 个关键词的期望程度，如

$$
\eta_k^i=\frac{\mathrm{count}(v_k^i)}{\sum_{v_{k'}^i\in V_i}\mathrm{count}(v_{k'}^i)}
\tag{17-5}
$$

式中，$\mathrm{count}(v_k^i)$ 表示问题 q_i 的所有答案中第 k 个关键词出现的次数，$\sum_{v_{k'}^i\in V^i}\mathrm{sum}(v_{k'}^i)$ 表示问题 q_i 所有关键词出现的次数之和，蚂蚁选择该关键词的期望程度与该关键词在用户答案中出现的次数呈正相关。当所有蚁群完成一次迭代后，根据式（17-3）计算本次迭代各个蚂蚁的目标函数值，选择最好的路径作为本次迭代该蚁群的最优路径，同时决定是否对有向图路径上的信息素进行更新，信息素更新公式如

$$
\tau_{km}^i(t)=\begin{cases}(1-\rho)\tau_{km}^i(t-1)+\dfrac{\Phi(\mathrm{tabu}^i(t))}{C_i}, & e_{ij}^k\in \mathrm{tabu}^i(t) \\ (1-\rho)\tau_{km}^i(t-1), & \text{其他}\end{cases}
\tag{17-6}
$$

式中，$(1-\rho)\tau_{km}^i(t-1)$ 为信息素挥发公式，$\dfrac{\Phi_i(\mathrm{tabu}^k(t))}{C_i}$ 为信息素增量公式，$\Phi(\mathrm{tabu}^i(t))$ 为第 i 个蚁群本次迭代最优路径的目标函数值；$\mathrm{tabu}^i(t)$ 表示第 i 个蚁群中本次迭代最优

路径,即进行信息素更新的路径,C_i 为常数,用来调整信息素的增量。当本次迭代最优解大于当前全局最优解时,对本次迭代的最优解对应的路径进行信息素更新,若本次迭代蚁群产生的目标函数值小于当前全局最优,则不进行信息素更新。最终,通过多蚁群同步优化,找到当前用户可靠度 $\{r_j\}$ 下,最优真值集合 $\{V_i^*\}$。蚁群 k 一次迭代搜索关键词的具体流程如图 17-4 所示。

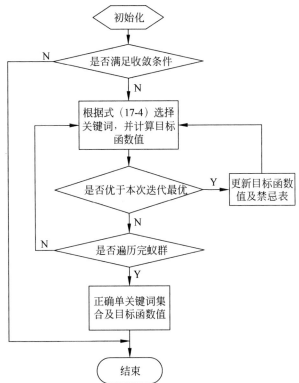

图 17-4 蚁群 k 一次迭代搜索正确关键词集合流程图

2. 用户可靠度估计

当所有蚁群连续 H_1 次(Ant_Truth 设置 $H_1=10$)迭代均未找到更优解,则停止所有蚁群的迭代,并根据本次真值发计算步骤找到的真值集合 $\{V_i^*\}$ 对用户可靠度进行更新。

$$r_j = \frac{\dfrac{1}{|\Gamma_j|}\sum_{q_i \in \Gamma_j} s(V_i^j, V_i^*)}{\sum_{j'=1}^{P} \dfrac{1}{|\Gamma_{j'}|}\sum_{q_i \in \Gamma_j} s(V_i^j, V_i^*)} \tag{17-7}$$

式(17-7)中,$\dfrac{1}{|\Gamma_j|}\sum_{q_i \in \Gamma_j} s(V_i^j, V_i^*)$ 表示第 j 名用户所有回答问题关键词集合与本轮真值集合的平均相似度,$\sum_{j'=1}^{P} \dfrac{1}{|\Gamma_{j'}|}\sum_{q_i \in \Gamma_j} s(V_i^j, V_i^*)$ 为所有用户的平均相似度之和。用户可靠度与用户答案与本轮识别真值集合的相似度成正比。

3. 用户答案评分

通过用户可靠度计算真值集合,通过本次迭代产生的真值集合计算用户可靠度,将此过程建模为蚁群优化寻找真值和用户可靠度估计的迭代过程。当经过 H_2 次迭代(Ant_Truth 设置 $H_2 = 10$),若式(17-3)所示目标函数值未提升,则输出当前真值集合为 Ant_Truth 发现的最优真值集合。同时,以用户答案提供的正确信息量评估其可信度,与真值集合相似度越高,则该答案越可靠。由此,对于第 i 个问题,第 j 名用户答案的分数由式(17-8)计算。

$$\mathrm{score}_i^j = \frac{|\ V_i^j \bigcap V_i^*\ |}{|\ V_i^j \bigcup V_i^*\ |} = s(V_i^j, V_i^*) \tag{17-8}$$

式中,V_i^j 表示第 j 名用户为第个 i 问题提供的关键词集合,V_i^* 表示第个 i 问题的关键词真值集合,score_i^j 定义为集合 V_i^j 与集合 V_i^* 的 Jaccard 相似度。

17.3.3 实验与分析

1. 实验设置

实验采用 Matlab 实现所有算法,软件开发环境为 MATLAB R2017a。实验内存大小为 8GB,处理器为 Intel(R) Core(TM) i7-4770,采用 Windows 7 64 位操作系统。

Ant_Truth 算法针对观测值较少时的文本数据真值发现问题,选择真实数据集 Questions/Student Answers with Grades[3] 验证 Ant_Truth 算法的有效性。该数据集由 3 个作业组成,每个作业包括 7 个问题,由 31 名学生回答,两名教师对学生答案进行评分。学生回答均为非结构化文本答案,平均长度 50 个单词,每个问题均有正确答案、部分正确答案和完全错误的答案。

将 Ant_Truth 算法分别与词袋相似度、主题相似度、CRH[4] + Topic 以及 CRH + Word2Vec[5] 等 4 种方法进行对比。

词袋相似度(BoW Similarity):对答案和问题分别提取词袋向量,根据答案与问题的相似度决定答案的可靠度,是一种基于检索的方法。

主题相似度(Topic Similarity):与词袋相似度方法类似,对答案和问题分别提取 LDA[6] 量,根据答案与问题的相似度决定答案的可靠度,是另外一种基于检索的方法。

CRH + Topic:对答案提取 LDA 向量,利用 CRH 真值发现算法进行文本数据的真值发现,并使用欧氏距离度量文本答案间的相似性。

CRH + Word2Vec:与 CRH + Topic 方法类似,对答案提取 Word2Vec 向量,利用 CRH 真值发现算法进行文本数据的真值发现,并使用欧氏距离度量文本答案间的相似性。

2. 评价指标

文本数据真值发现旨在寻找众多用户答案中的可靠答案,以 Top-k($k = 1 \sim 10$)学生答案的平均分作为评价指标。

3. 对比实验结果分析

在数据集上分别将 Ant_Truth 与对比算法进行实验,测试 1 由该数据集中的所有问题组成,测试 2 和测试 3 从数据集中随机抽取 7 个问题,对比实验结果如图 17-5～图 17-7所示。

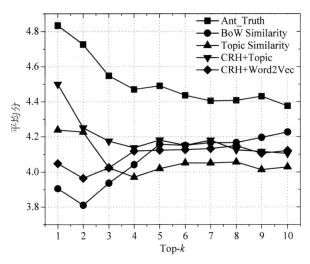

图 17-5　测试 1 对比实验结果

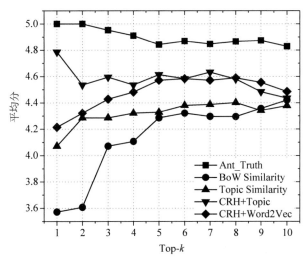

图 17-6　测试 2 对比实验结果

由图 17-5～图 17-7 可知,Ant_Truth 算法所得平均分在三个子数据集上均优于其他对比算法。一方面,基于检索的方法词袋相似度与主题相似度依据问题与答案的相似度判断该答案是否可信,而实际问题中常常不包含答案需要的关键因素及语义信息,基于检索的方法只是找到了与问题相关且语义相似的答案,而不一定是正确答案。真值发现方法 CRH能够有效评估用户可靠度,但该方法将整个用户答案视为整体,没有对用户答案进行细粒度的划分,当其应用于文本数据的真值发现问题时,效果并不好。同时,CRH 对真值发现过程

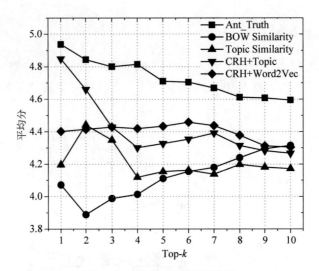

图 17-7　测试 3 对比实验结果

的假设不足以应用于文本数据真值发现的复杂场景。另一方面，从每个测试集 Top-1 到 Top-10 的平均分趋势可以看出，Ant_Truth 与 CRH＋Topic 两种算法返回 Top-k 名学生答案的平均分随 k 增长而下降，这符合实际情况，也从另一方面体现了这两种真值发现方法的有效性。通过实验验证，考虑用户答案过多时需要增加蚁群的数量及迭代的次数，认为用户答案规模小时，Ant_Truth 有效且效果较好。

4. 参数敏感性分析

信息启发因子 α，期望启发因子 β 以及挥发系数 ρ 是影响蚁群算法性能的三个重要参数，为测试模型参数对实验结果的影响，基于均匀测试的思想[7]，选择 $U_{15}(15^3)$ 均匀测试表对模型参数进行敏感性分析，$U_{15}(15^3)$ 均匀测试表如表 17-2 所示。

表 17-2　$U_{15}(15^3)$ 均匀测试表

分组编号	α	β	ρ
1	2.45	4.19	0.303
2	4.19	2.45	0.129
3	1.58	1.29	0.129
4	3.32	3.32	0.5
5	3.03	5	0.187
6	5	1.87	0.332
7	1	2.74	0.245
8	4.48	4.77	0.448
9	1.87	3.61	0.1
10	3.61	1	0.274
11	2.16	2.16	0.477
12	4.77	3.9	0.216
13	1.29	4.48	0.361
14	2.74	1.58	0.158
15	3.9	3.03	0.39

以测试 1 数据集为例,15 组参数组合下,Ant_Truth 及对比算法的实验结果如图 17-8 所示。

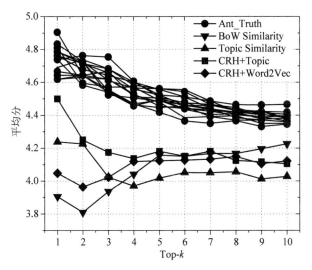

图 17-8 Ant_Truth 参数敏感性分析

由图 17-8 可知,Ant_Truth 算法结果受参数影响,但所有参数组合下均优于对比算法。对于测试 1 数据集,模型最终的最优参数组合为 $\alpha = 4.19, \beta = 2.45, \rho = 0.129$。

5. 用户可靠度估计结果分析

由于该数据集未提供用户的实际可靠度,将用户回答问题集合的实际平均分作为该用户的可靠度。以测试 1 数据集为例,用户可靠度评估结果如图 17-9 所示。图中每个点代表一名用户,横坐标为 Ant_Truth 算法返回的用户可靠度,纵坐标为实际用户可靠度。

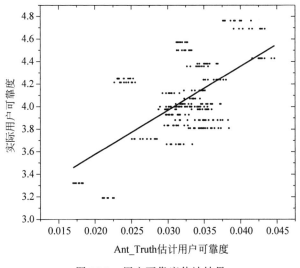

图 17-9 用户可靠度估计结果

由图 17-9 可知,随着 Ant_Truth 算法估计的用户可靠度增长,实际用户可靠度也增长,这种正相关关系表明 Ant_Truth 能够成功估计用户可靠度,并以此为基础发现可信的用户答案。

17.4　蚁群算法参数选择

Ant_Truth 算法使用蚁群优化解决文本数据的真值发现问题,参数敏感性分析表明,其性能受蚁群算法参数的影响。在使用 Ant_Truth 算法时确定算法参数的时间往往多于算法实际运行的时间,这种现象在启发式算法的使用过程中普遍存在,合适的参数设置对于算法的性能影响巨大。有效地调整算法参数能够充分简化 Ant_Truth 的使用过程,提高其性能。本节设计一种基于进化强度的蚁群优化参数选择方法(Ant Colony Optimization Parameters Control Based on Evolutionary Strength,ACOP_ES),确定蚁群算法运行时的最优参数。首先介绍用于评价蚁群算法性能的进化强度指标,然后介绍基于进化强度的蚁群算法参数选择方法。

17.4.1　进化强度

为了评价蚁群算法的过程性能,文献[8]提出了一种基于进化强度的蚁群算法性能评价方法。

首先,设 R_i,R_j 为某无序组合优化问题的可行解,引入谷元距离 μ_{ij} 度量解的差异,如

$$\mu_{ij} = \frac{|R_i|+|R_j|+2|R_i \cap R_j|}{|R_i|+|R_j|-|R_i \cap R_j|} \tag{17-9}$$

式中,$|R_i|$ 为集合 R_i 的基数,$R_i \cap R_j$ 为集合 R_i 和 R_j 的交集,$\mu_{ij} \in [0,1]$。若 R_i 和 R_j 完全相同,则 $\mu_{ij}=0$,若 R_i 和 R_j 完全不同,则 $\mu_{ij}=1$。

然后,定义第 i 次迭代的进化幅度 ϕ_i 如

$$\phi_i = \frac{O_i-O_{i-1}}{O_b-O_{i-1}} = \begin{cases} 1, & i=1 \\ 0, & O_b=O_{i-1} \quad i=1,2,3\cdots \\ O_b-O_{i-1}, & \text{其他} \end{cases} \tag{17-10}$$

式中,O_i 为蚁群算法第 i 次迭代的目标函数值,O_b 为全局最优目标函数值。

最后,定义第 i 次迭代的进化强度 I_i 如

$$I_i = \frac{\phi_i}{\mu_{i(i-1)}} = \begin{cases} 0, & D_{i(i-1)}=0 \\ \dfrac{\phi_i}{\mu_{i(i-1)}}, & \text{其他} \end{cases} \quad i=1,2,3\cdots \tag{17-11}$$

上式表明,第 i 次的相对进化幅度越大,且 R_i 和 R_{i-1} 的差异越小,则第 i 次迭代的进化强度越大。

进化强度通过定义相对进化幅度和无序组合优化问题解的差异度,对蚁群算法的过程性能进行评价。而蚁群算法参数选择影响算法性能,不同的参数组合将产生不同的进化强度曲线,图 17-10 所示为三种典型的进化强度曲线。

由图 17-10 可知,对于曲线 1,在进化强度到达峰值后很快趋于零,说明相对于全局最

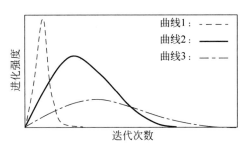

图 17-10 典型进化强度曲线

优,该参数使得蚁群算法运行不充分,更容易陷入局部最优。对于曲线 3,算法收敛速度缓慢,难以尽快找到全局最优。对于曲线 2,峰值较高,且在到达峰值后仍然具备一定的进化强度,性能优越。所以,进化强度曲线反应蚁群算法运行时参数选择的优劣,可通过进化强度曲线特征反馈调节蚁群算法的参数,从而寻找算法运行时的最优参数。ACOP_ES 旨在通过刻画最优的进化强度曲线,同时找到最优参数。

17.4.2 ACOP_ES 算法描述

本节介绍 ACOP_ES 基本思想,蚁群算法参数选择过程如图 17-11 所示。

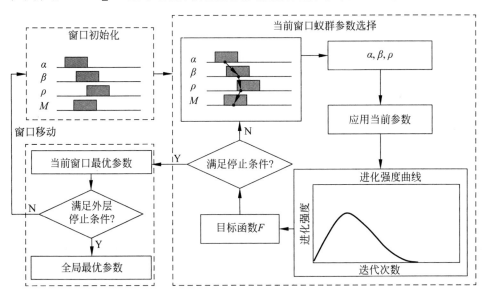

图 17-11 ACOP_ES 参数选择算法流程

首先,假设蚁群算法共进行 J 次迭代,使用进化强度曲线的积分 IN、峰值 PE 和峭度 KU 对其进行刻画,如式(17-12)~式(17-14)。

$$\text{IN} = \sum_{i=1}^{J} I_i \tag{17-12}$$

$$\text{PE} = \max_{0 < i < J} I_i \tag{17-13}$$

$$KU = \frac{1}{J} \sum_{i=1}^{J} \left(\frac{I_i - \bar{I}}{\sigma} \right)^4 \qquad (17\text{-}14)$$

式(17-12)~式(17-14)中，I_i 为蚁群算法第 i 次迭代的进化强度，$\bar{I}$ 和 σ 分别为 J 次迭代的均值和方差。IN 为 J 次迭代进化强度的和，PE 为 J 次迭代进化强度的最大值，KU 为 J 次迭代进化强度的分散程度。为了得到最优进化曲线，将三个目标加权求和，提出 ACOP_ES 的目标函数如下：

$$F = \max(\lambda_0 \text{IN} + \lambda_1 \text{PE} + \lambda_2 \text{KU}; \ \alpha_1, \beta_1, \rho_1, M_1)$$
$$\text{s.t.} \lambda_0, \lambda_1, \lambda_2 > 0, \quad \lambda_0 + \lambda_1 + \lambda_2 = 1 \qquad (17\text{-}15)$$

式中，$\alpha_1, \beta_1, \rho_1, M_1$ 为蚁群算法 4 个重要参数：信息启发因子、期望启发因子、信息素挥发系数和每个蚁群的蚂蚁数量。

然后，ACOP_ES 将参数选择问题转化为连续域单目标优化问题，使用连续域蚁群算法求解。算法伪代码如表 17-3 所示。

表 17-3　ACOP_ES 算法伪代码

算法　ACOP_ES
输入：信息启发因子,期望启发因子,信息素挥发系数,窗口精度,搜索窗口,停止条件
输出：蚁群算法最优参数
23. begin
24.　　　while(窗口停止移动次数小于 H_3)
25.　　　　　初始化信息素矩阵;
26.　　　　　while(迭代次数小于等于 H_4)
27.　　　　　　　for 每只蚂蚁
28.　　　　　　　　选择参数,计算目标值,更新本次迭代的最优解;
29.　　　　　　　end for
30.　　　　　　更新信息素矩阵;
31.　　　　　　更新当前窗口下的最优解;
32.　　　　　end while
33.　　　　窗口平移;
34.　　　　比较更新最优解;
35.　　　end while
36.　　　输出最优参数 $\alpha_1, \beta_1, \rho_1, M_1$;
37.　　end

ACOP_ES 通过设定参数选择的目标函数，利用连续域蚁群算法将参数选择问题转化为多级决策问题，共分为窗口设置、参数选择和窗口移动三个步骤。

窗口设置：设第 D 组窗口为 $W_D^{P_k} = [W_D^{P_k L}, W_D^{P_k R}], k = 1, 2, 3, 4$，其中 $W_D^{P_k L}, W_D^{P_k R}$ 分别当前窗口的左右边界。当 $D = 0$ 时，表示蚁群搜索的起始位置。窗口的网格数设置为 L，网格精度为 $\Delta l_k, k = 1, 2, 3, 4$，表示待选参数的搜索精度。根据文献[9]给出的参考范围，确定 4 个参数的搜索范围分别为 $0 < \alpha_1 < 5, 0 < \beta_1 < 5, 0 < \rho_1 < 0.5, 0 < M_1 < 30$，网格数 L 设置为 10，4 个待确定参数的精度分别为 $\Delta l_1 = \Delta l_2 = 0.1, \Delta l_3 = 0.01, \Delta l_4 = 0.6$。如图 17-12 所示。

采用均匀设计[7]的方法确定蚁群算法的初始窗口中心，从初始位置开始，根据当前最

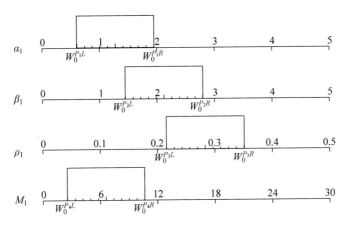

图 17-12　参数选择初始窗口设定

优解,对窗口进行平移,以到达更好的解区域。

蚁群搜索:图 17-13 所示所示为第 D 组窗口下的蚁群搜索,蚂蚁将根据网格点的信息素和启发式信息独立地逐级选择,此过程迭代 H_4 次,且不断更新当前窗口下的最优解。

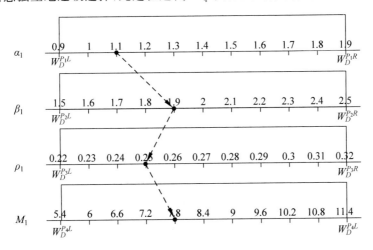

图 17-13　第 D 组联合搜索窗下蚂蚁搜索

图 17-13 中,不同网格点表示不同参数的取值,此时该蚂蚁为蚁群算法选择的参数为 $\alpha_1=1.1,\beta_1=1.9,\rho_1=0.25,M_1=8$。过程中,蚂蚁根据网格点的信息素和启发式信息进行转移,由式(17-16)计算。

$$h_{yk}(d)=\frac{\tau_{yk}^{\alpha}(d-1)\eta_{yk}^{\beta}}{\sum_{l=0}^{L}\tau_{lk}^{\alpha}(d-1)\eta_{lk}^{\beta}}\quad\begin{array}{l}K=1,2,3,4\\l=1,2,3,\cdots,L\\d=0,1,2,\cdots,d_{\max}\end{array}\qquad(17\text{-}16)$$

针对第 k 个参数,$h_{yk}(d)$ 表示当前窗口第 d 次迭代时选择第 y 个网格点的概率;$\tau_{yk}^{\alpha}(d-1)$ 表示经过 $d-1$ 次迭代后第 y 个网格点的信息素;η_{yk} 表示第 y 个网格点的启发式信息,如

$$\eta_{y1}=|\ W_D^{P_1L}\ |+y\Delta l_1-W_0^{P_1C}\ |$$

$$\eta_{y2}=|\ W_D^{P_2L}\ |+y\Delta l_2-W_0^{P_2C}\ |$$

$$\eta_{y3} = \mid W_0^{P_3 R} \mid - (W_D^{P_2 L} + y\Delta l_3)\frac{\Delta l_1}{\Delta l_4}$$

$$\eta_{y4} = \mid W_0^{P_4 R} \mid - (W_D^{P_4 L} + y\Delta l_4)\frac{\Delta l_1}{\Delta l_4} \tag{17-17}$$

上式表明,在同等条件下,蚂蚁将优先选择距离当前窗口中心较远的网格点,能够有效提高蚁群的搜索效率,拓展蚂蚁的搜索空间。蚂蚁的本次选择结果更新了当前窗口各网格点信息素,如

$$\tau_{yk}(d) = \begin{cases} (1-\rho)\tau_{ky}(d-1) + \dfrac{f(\text{tabu}_d)}{C}, & (y,k) \in \text{tabu}_d \\ (1-\rho)\tau_{ky}(d-1), & \text{其他} \end{cases} \tag{17-18}$$

其中,ρ 表示信息素挥发系数;f_d 表示第 d 次迭代的目标函数值;C 表示调整信息素增量的常数;tabu_d 记录了当前最优解。

窗口移动:当前窗口的蚁群搜索结束后,根据最好解,以其作为窗口中心进行窗口平移,得到下一组窗口,再次进行蚁群搜索。当连续 H_3 次窗口未移动且无更优解产生时,算法结束,输出全局最优解为 ACOP_ES 参数选择结果。

17.4.3 实验与分析

1. 实验设置

ACOP_ES 完成蚁群算法参数选择,使用背包问题 WEISH ∗ . DAT[10] 和 WEING ∗ . DAT[11] 数据集测试所选参数的优劣,两数据集统计信息如表 17-4 所列。设置连续域蚁群算法信息素重要程度为 1,启发式信息重要程度为 1,挥发系数为 0.08,蚂蚁数量为 5。蚁群算法迭代 300 次,重复 50 次。

表 17-4 数据集统计信息

数据集	背包个数	背包体积	最优解
WEISH1	5	30	4554
WEISH2	5	30	4536
WEISH3	5	30	4115
WEING2	2	28	119377
WEING3	2	105	98396

将 ACOP_ES 分别与均匀设计[7]、FAACO[12]、PSACO[13] 三种参数选择方法进行对比。

均匀设计:均匀设计是一种蚁群算法参数的离线选择方法,是一种非常有效且稳健的部分因子实验方法。该方法根据多因素多水平的均匀设计表编制实验方案。通过几组实验代表各个参数组合下最好及最坏的情况。

FAACO:FAACO 是一种在线的蚁群算法参数调整方案。通过设计蚁群算法参数更新机制,在蚁群算法迭代过程中根据目标函数进行参数的动态调整。

PSACO:PSACO 同样是一种基于反馈的蚁群算法参数更新策略。该方法将蚁群算法本次运行产生的目标函数进行反馈,调整蚁群算法的参数组合。

2. 评价指标

蚁群算法参数选择旨在寻找蚁群算法运行时的最优参数,以解决背包问题时蚁群算法最终解的相对偏差 RPD 作为评价指标,如

$$\text{RPD} = \frac{\text{已知最优结果} - \text{方法最优结果}}{\text{已知最优结果}} \tag{17-19}$$

式中,RPD 值越小,蚁群算法解更优,该参数效果更好。

3. 对比实验结果分析

四种蚁群算法参数选择方案在解决背包问题时,独立运行 50 次 RPD 的均值和方差如图 17-14~图 17-15 所示。

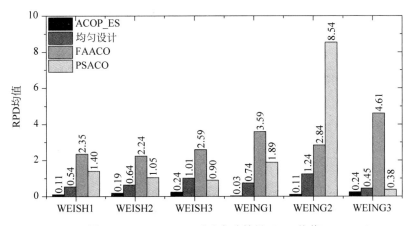

图 17-14 ACOP_ES 对比实验结果(RPD 均值)

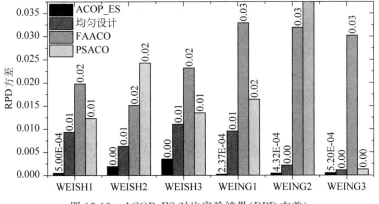

图 17-15 ACOP_ES 对比实验结果(RPD 方差)

由图 17-14、图 17-15 可知,ACOP_ES 产生 RPD 值的均值和方差均小于其他三种对比算法。均匀设计通过均匀设计表进行蚁群算法的离线参数选择,能够得到相对较优的参数组合,但由于搜索空间有限,无法得到最优的参数,只能作为初步的参数确定方法使用。FAACO 提出的参数动态更新策略对背包问题的结果几乎没有影响,甚至对于某些数据集起到了反作用。实际上,从一个较小的参数值,通过动态调整找到更优的参数组合是很困难

的,这点在文献[14]中也得到了证实。PSACO 直接将背包问题的结果反馈到蚁群算法的参数调整过程而没有考虑算法运行的过程性能,导致最终确定的蚁群算法参数并不理想。然而,ACOP_ES 利用进化强度对蚁群算法的过程性能进行评价,为参数反馈过程引入更多的信息,能够找到相对更优的参数组合。

4. 参数敏感性分析

使用连续域蚁群算法为离散域蚁群算法寻找最优的参数。方法自身参数对参数选择结果有影响,因此需要对模型自身参数的敏感性进行分析,同样采用均匀设计的思想,设计 15 组平行实验,验证在不同参数组合条件下,ACOP_ES 参数选择方法的稳定性。图 17-16 所示为 15 组不同参数组合下的 ACOP_ES 与其他三种对比实验的结果,采用 WEISH1 数据集,独立运行 50 次。

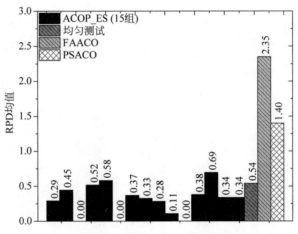

图 17-16 ACOP_ES 参数敏感性分析结果

由图 17-16 可知,对于大多数情况,ACOP_ES 的结果优于其他三种方法。在使用该算法时,只要对参数进行适当的尝试,就能得到相对较优的实验结果。

5. 收敛性分析

图 17-17 所示为模型目标函数 F 与窗口移动次数的关系,采用 WEISH1 数据集,该结果展示了模型自身参数为均匀设计第一组、第二组的情况。对于模型的其他参数组合,得到了相似的目标函数趋势。

由图 17-17 可知。模型在经历大约 10 次窗口移动后收敛,同时,模型自身的参数对收敛速率影响较小。

6. 进化曲线实例分析

以 WEISH3 和 WEING3 为例,图 17-18 和图 17-19 所示为 ACOP_ES 选择的参数在解决背包问题时产生的进化曲线与目标函数曲线。

由图 17-18、图 17-19 可知,在解决背包问题时,产生的进化曲线与预先设定的目标一致。蚁群算法在运行过程中,进化强度大,且迭代的次数多,在到达峰值后不会立刻陷入局部最优。

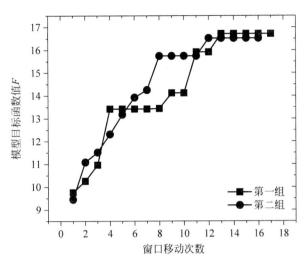

图 17-17　模型目标函数与窗口移动次数关系

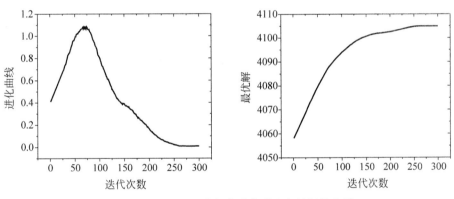

图 17-18　WEISH3 数据集进化强度与目标值曲线

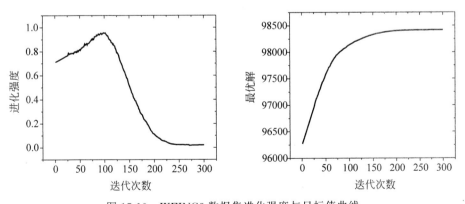

图 17-19　WEING3 数据集进化强度与目标值曲线

本章小结

由于文本数据的自然语言特性,传统真值发现方法无法对其进行语义分析,难以直接应用于文本数据的真值发现。本章提出基于多蚁群同步优化的文本数据真值发现算法,对文本答案进行细粒度语义特征提取,将真值发现问题转化为子集问题,设计多蚁群同步优化算法求解该问题。通过实验验证,本算法适用于文本数据真值发现场景,优于基于检索的方法与 CRH 真值发现算法效果更好。同时,为解决蚁群算法应用的参数选择问题,提出基于进化强度的蚁群算法参数选择方法,以产生最优进化强度曲线为目标,将参数选择问题转化为多级决策问题,利用连续域蚁群算法确定离散域蚁群算法运行时的最优参数,确保蚁群算法发挥最优性能。

Ant_Truth 真值发现算法适用于小规模文本数据真值发现场景,当用户答案过多时,候选关键词集合过大,需要更大的蚁群和更多的迭代次数,时间消耗增加。为克服这一问题,第 18 章提出针对大规模文本数据的基于神经网络的真值发现算法,利用大量文本答案自身的丰富语义信息挖掘真值,而不需要用户的个人信息及对其可靠度的评估。

本章参考文献

[1] Steven B,Ewan K,Edward L. Natural Language Processing with Python[M]. O'Reilly,2010.

[2] 马如霞,孟小峰,王璐,等. MTruths:Web 信息多真值发现方法[J]. 计算机研究与发展,2016,52 (12):2858-2866.

[3] Michael Mohler M. Text-to-text Semantic Similarity for Automatic Short Answer Grading[C]// Proceedings of the Conference of the European Association of Computational Linguistics. ACL,2009: 567-575.

[4] Li Q,Li Y,Gao J,et al. Resolving Conflicts in Heterogeneous Data by Truth Discovery and Source Reliability Estimation[C]//the ACM SIGMOD International Conference on Management of Data. ACM,2014,1187-1189.

[5] Mikolov T,Chen K,Corrado G S,et al. Efficient Estimation of Word Representations in Vector Space [C]//International Conference on Learning Representations,2013:arXiv Preprint arXiv:1301.3781.

[6] Blei D,Ng A,Jordan M. Latent Dirichlet Allocation[J]. Journal of Machine Learning Research,2012, 3:993-1022.

[7] 黄永青,梁昌勇,张祥德. 基于均匀设计的蚁群算法参数设定[J]. 控制与决策,2006,21(1):95-98.

[8] 曹建军,刁兴春,李凯齐,等. 基于进化强度的蚁群算法过程性能评价[J]. 解放军理工大学学报, 2013,14(1):37-41.

[9] Dorigo M,Maniezzo V,Colorni A. Positive Feedback as a Search Strategy[R]. Technical Report 91-016,Department of Electronic,Politecnico diMilano,IT. 1991.

[10] Wei S. A Branch and Bound Method for the Multi Constraint Zero One Knapsack Problem[J]. Opl. Res. Soc,1979,369-378.

[11] Weingartner H,Ness D. Methods for the Solution of the Multi-Dimensional 0/1 Knapsack Problem [J]. Operations Research,1967,15:88-103.

［12］ Yuan L,Yuan C A,Huang D S. FAACOSE：A Fast Adaptive Ant Colony Optimization Algorithm for Detecting SNP Epistasis［J］. Complexity,2017,1：1-10.

［13］ Sagban R,Ku-Mahamud K R,Bakar M S A. Nature-Inspired Parameter Controllers for ACO-Based Reactive Search［J］. Applied Sciences Engineering Technology,2015：11(1)：109-117.

［14］ Pellegrini P,Stützle T,Birattari M. A Critical Analysis of Parameter Adaptation in Ant Colony Optimization［J］. Swarm Intell,2012,6：23-48.

第**18**章

基于图卷积神经网络的文本数据真值发现

18.1 引言

Ant_Truth 真值发现算法通过构造用户关键词无向图,将真值发现问题转化为子集问题求解,应用于大规模数据时,需要大量增加蚁群的数量及迭代次数。同时,传统真值发现算法依赖用户提供的众多观测值进行可靠度评估,从而发现可信信息。而当答案众多或用户信息缺少时,用户可靠度评估困难。针对以上问题,提出基于图卷积神经网络的文本数据真值发现算法(Truth Discovery Based on Graph Convolutional Neural Network,GCN_Truth)。根据文本答案的自然语言特性、数据量大、稀疏性等特点,为每个问题构造用户答案无向图,利用图卷积神经网络进行用户答案的语义融合,利用全连接神经网络挖掘用户答案可信度。不同于依赖源可靠度评估以发现可信信息的传统思想,利用神经网络挖掘观测值间隐藏的关系依赖,找到可信信息。

18.2 问题定义

Ant_Truth 真值发现算法解决用户答案规模较小时的文本数据真值发现问题,将其转化为用户答案关键词的子集问题进行求解。与第 17 章文本数据真值发现场景略有不同,本章解决在用户答案众多而用户信息缺少的情况下,通过挖掘答案间的关联,基于答案空间为每个问题找到可靠的答案。给定问题 q 及候选答案集合 $Y=\{a_i|i=1,2,\cdots,T\}$,其中 a_i 表示第 i 个用户答案,T 表示用户答案个数。大规模文本数据真值发现解决在不利用用户信息的条件下,挖掘答案自身的语义相关性,从众多候选文本答案中找到每个问题的可靠答案。

18.3 GCN_Truth 算法描述

GCN_Truth 共分为 4 个步骤：首先,使用文本语义表征方法对用户答案进行语义表征。然后利用已有的答案向量为每个问题构造无向图,其中具有相似语义信息的答案向量将互相关联。接着,使用图卷积神经网络为该问题寻找可靠答案,逐层卷积操作能够充分融合相邻答案间的语义信息。然后,全连接神经网络基于真值发现的基本假设无监督地挖掘答案间的依赖关系,并嵌入正确的答案向量。最后,根据各答案向量与正确答案向量的相似度输出该问题各个用户答案的排名。

18.3.1 基于 SIF 的文本答案语义表征

在进行真值发现步骤之前,答案的语义表征方法至关重要,常用的语义表征模型有以下四种。

词袋模型（Bag-of-Word,BoW）：以词为最小单元,将用户答案看作是词的集合,忽略词序及句法信息。将答案表示为一个多维向量（维度为词表的大小）。向量中某个维度的值为 1 代表当前词存在词表中,不存在则为 0。

词频-逆文档频次算法（Term Frequency-Inverse Document Frequency,TF-IDF）：基于分布假说"上下文相似的词,其语义也相似",能够反映一个词在答案中的重要程度,模型假设词与词之间相互独立。

全局词频统计词表征（Global Vectors for Word Representation,GloVe）[1]：将答案所包含的关键词使用 GloVe 工具进行向量化,之后使用答案内关键词向量的平均作为答案向量。此方法获得的句向量与单词的顺序无关,且所有单词在构造答案向量时具备相同的权重。

平滑逆频率（Smooth Inverse Frequency,SIF）[2]：简单有效的加权词袋模型,对答案中的每个词向量,乘以一个权重,出现频率越高的词,其权重越小,计算句向量矩阵的第一个主成分,并让每个句向量减去它在第一主成分上的投影,对句向量进行修正。

在以上四种语义表征方法中,BoW 与 TF-IDF 方法不对答案中关键词的语义相似性进行细粒度度量,对答案的准确性要求较高,要求用户提供准确一致的答案关键因素。GloVe 与 SIF 向量由于包含了答案中关键词的语义信息,能够对答案进行更加细粒度的度量,有效克服词语使用多样性带来的影响,适用于比较开放和主观的问题。经过对比,最终选择表现相对稳定的 SIF 方法作为答案语义表征方法。SIF 是一种简单但功能强大的文本语义表征方法。它在不同文本数据集、各种文本相似性度量任务上都表现良好,甚至击败了一些复杂的监督方法如 RNN 和 LSTM 等。此外,该方法也具有较强的领域自适应能力。

设用户答案 a_i 经 SIF 文本语义表征后的答案向量为 $\boldsymbol{x}_i (i=1,2,\cdots,T)$。SIF 方法首先利用 Word2Vec 或 GloVe 词嵌入工具获得词向量,然后用词向量的加权平均来表示句子向量,句中每个词的权重如

$$w_t = \frac{a}{a+p(t)} \tag{18-1}$$

式中,t 表示句中的单词,w_t 表示词 t 的权重,$p(t)$ 表示词 t 的词频。对于 the、and 等与答案本身语义联系不大的高频词,式(18-1)能够有效减小该词在计算加权平均时的权重,进一步提高句向量的表达能力。$a(10^{-4} \leqslant a \leqslant 10^{-3})$ 为权重 w_t 的调整参数,通过对权重参数的调整,可以迅速获得最优值,用户答案 a_i 的向量表示 $\boldsymbol{x}_i$ 如下:

$$\boldsymbol{x}_i = \frac{1}{|a_i|} \sum_{t \in a_i} w_t \boldsymbol{v}_t$$

$$= \frac{1}{|a_i|} \sum_{t \in a_i} \frac{a}{a + p(t)} \boldsymbol{v}_t \tag{18-2}$$

式(18-2)中,$|a_i|$ 表示用户答案 a_i 中词的个数,$\boldsymbol{v}_t$ 表示词 t 对应的 Word2Vec 或 GloVe 词向量。对于所有答案向量组成的矩阵 $\boldsymbol{X} = [\boldsymbol{x}_1, \boldsymbol{x}_2, \cdots, \boldsymbol{x}_T]$,利用 PCA 方法获得第一主成分上平均向量的投影来进行答案句向量的修改,以去除答案中其他语义无关词对用户答案语义表征造成的影响,更加有效地提取文本的语义信息,如

$$\boldsymbol{x}_i = \boldsymbol{x}_i - \boldsymbol{u}\boldsymbol{u}^{\mathrm{T}}\boldsymbol{x}_i \tag{18-3}$$

式中,$\boldsymbol{u}$ 表示 PCA 求得的 $\boldsymbol{X}$ 的第一主成分。

SIF 语义表征方法通过调整权重参数 a 可以获得最优权重,从而使得用不同领域的语料库获得的词频不会影响对应的权重计算。避免了不同领域语料库的词频对权重算法的影响,相较于一般的基于词向量加权求和的方法更具优势。

18.3.2 文本数据真值发现

本节为每个问题的用户答案构造用户答案无向图以引入答案空间的结构信息,GCN_Truth 基于用户答案语义信息及答案空间结构信息进行无监督真值发现。网络根据真值发现损失函数进行梯度下降并最终得到表示正确答案的向量。根据用户各个答案向量与正确答案向量的相似度确定用户答案的分数。

1. 用户答案无向图构造

图 18-1 所示为用户答案无向图构造流程图。

将用户答案进行 SIF 语义表征,得到用户答案的向量表示。然后将答案设置为无向图 $\mathcal{G} = (\mathcal{V}, \mathcal{E})$ 的节点。当两答案相似度大于阈值 γ 时,对应两节点间建立边,表示该节点间存在较多相似的语义信息。设 $\boldsymbol{A} \in \boldsymbol{R}^{T \times T}$ 与 $\boldsymbol{D}_{ii} = \sum_j \boldsymbol{A}_{ij}$ 分别为该图的 0/1 邻接矩阵与度矩阵。两节点相似度 $s(\boldsymbol{x}_i, \boldsymbol{x}_j)$ 定义为归一化的余弦相似度,如

$$s(\boldsymbol{x}_i, \boldsymbol{x}_j) = 1 - \frac{1}{\pi} \cos^{-1}\left(\frac{\boldsymbol{x}_i \cdot \boldsymbol{x}_j}{\sqrt{\boldsymbol{x}_i}\ \sqrt{\boldsymbol{x}_j}}\right) \tag{18-4}$$

式中,$\boldsymbol{x}_i$ 为第 i 名用户答案的 SIF 向量表示。$s(\boldsymbol{x}_i, \boldsymbol{x}_j) \in [0, 1]$,当两用户答案 a_i 与 a_j 完全相同时 $s(\boldsymbol{x}_i, \boldsymbol{x}_j) = 1$,当两答案完全不同时,$s(\boldsymbol{x}_i, \boldsymbol{x}_j) = 0$。

文本答案由非专家用户提供,对于大多数情况,用户能够提供部分正确的答案。但也存在部分恶意用户提供的答案与问题毫无关系,比如错误的拼写等,这些答案在答案空间中不存在或很少存在与其相似的文本答案。在无向图中,其度远小于其他节点。为排除这些噪

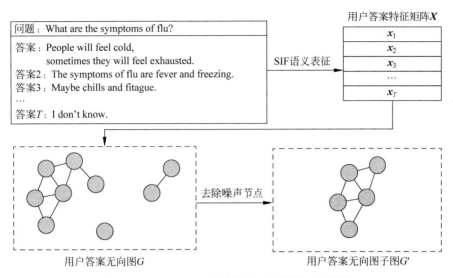

图 18-1 GCN_Truth 用户答案无向图构造流程图

声答案对真值发现过程的影响,引入阈值 δ 对无向图中的节点进行过滤,旨在删除噪声答案。对于无向图 $\mathcal{G}$ 中的节点,当其度大于 $\delta(\delta>0)$ 时,则保留该节点,否则删除该节点。

经过用户答案去噪,得到子图 $\mathcal{G}' = (\mathcal{V}', \mathcal{E}')$。一方面缩小了答案空间的规模,提高了真值发现步骤的效率,另一方面也减少了噪声答案对真值发现过程的干扰,提高了真值发现结果的准确性。设 $X' \in R^{T' \times K}$ 为用户答案向量矩阵,其中 T' 表示剩余答案的个数,K 表示答案经 SIF 语义表征之后的维度;$A' \in R^{T' \times T'}$ 和 $D'_{ii} = \sum_j A'_{ij}$ 分别表示子图 $\mathcal{G}'$ 的邻接矩阵与度矩阵。

2. 基于图卷积神经网络的文本数据真值发现

1) 双层 GCN 网络结构设计

受文献[3]启发,利用无向图 $\mathcal{G}'$、答案向量矩阵 X' 和邻接矩阵 A' 进行无监督真值发现。邻接矩阵蕴含了答案向量矩阵中没有包含的答案空间结构信息。基于图卷积神经网络的文本数据真值发现模型如图 18-2 所示。

GCN_Truth 使用两层 GCN 网络,其传递规则如

$$Z = f(X', A') = \sigma(A'\sigma(A'X'W^{(0)})W^{(1)}) \tag{18-5}$$

式中,$W^{(0)}$ 和 $W^{(1)}$ 分别表示两层神经网络的权重矩阵,存储了用户答案可信度。相较于传统真值发现方法使用实数表示用户答案的可信度,使用向量矩阵更准确,表达能力也更强。$\sigma(\cdot)$ 表示非线性激活函数(如 ReLU 等),Z 表示输出矩阵。

尽管以上传递规则能够实现语义融合与用户答案可信度的估计,但仍存在两个问题。首先,特征矩阵乘邻接矩阵表明对于无向图中的每一个节点,能够整合相邻节点的语义信息,但丢失了自己的语义信息。于是,将邻接矩阵的对角线元素设置为1,使图中的每个节点能够较大程度保持自身的语义信息。另外,由于邻接矩阵没有进行归一化,特征矩阵乘邻接矩阵将改变特征其比例,于是,对邻接矩阵进行如式(18-6)的归一化操作。

$$A' = D'^{-\frac{1}{2}} A' D'^{-\frac{1}{2}} \tag{18-6}$$

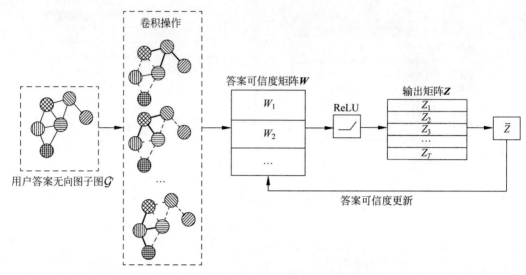

图 18-2　GCN_Truth 真值发现步骤流程图

根据以上修正规则,两层 GCN 网络最终的传递规则如

$$Z = f(X', A') = \sigma(\widetilde{D}'^{-\frac{1}{2}}\widetilde{A}'\widetilde{D}'^{-\frac{1}{2}}\sigma(\widetilde{D}'^{-\frac{1}{2}}\widetilde{A}'\widetilde{D}'^{-\frac{1}{2}}X'W^{(0)})W^{(1)}) \tag{18-7}$$

式中,$\widetilde{A}' = A' + I_N$,$W^{(0)} \in R^{K \times H}$ 为输入层到隐含层可信度矩阵,H 表示隐含层节点的个数,K 表示 SIF 答案向量的维度。$W^{(1)} \in R^{H \times K}$ 为隐含层到输出层可信度矩阵。最终识别真值定义为输出矩阵的均值,如

$$\overline{Z} = \frac{1}{T'}\sum_{i=1}^{T'} Z_i \tag{18-8}$$

2) 损失函数设计

根据真值发现的假设[4]:(1)正确答案应当尽可能与各个用户提供的答案接近;(2)用户可靠度越高,则其答案与正确答案越相似,GCN_Truth 网络损失函数如

$$\mathcal{L} = \sum_{i=1}^{T'} d(\theta; \overline{Z}, x_i) \tag{18-9}$$

模型的优化目标为为用户答案向量与正确答案向量的距离和达到最小。θ 表示模型中的所有参数;$d(\theta; \overline{Z}, x_i)$ 表示用户答案向量 x_i 与模型输出的识别正确答案向量 $\overline{Z}$ 的归一化余弦距离,由式(18-10)计算。

$$d(\theta; \overline{Z}, x_i) = \frac{1}{\pi}\cos^{-1}\left(\frac{\overline{Z} \cdot x_i}{\sqrt{\overline{Z}}\ \sqrt{x_i}}\right) \tag{18-10}$$

网络利用反向传播算法进行训练。输入原始数据即用户答案无向图子图,通过双层 GCN 神经网络前向计算各神经元的激活值,得到模型的识别正确答案向量,然后反向计算损失,调节答案可信度矩阵参数 $W^{(0)}$ 和 $W^{(1)}$。该模型的空间复杂度为 $\mathcal{O}(|\mathcal{E}'|)$,时间复杂度为 $\mathcal{O}(|\mathcal{E}'|K^2 H)$。

3. 用户答案评分

通过用户提供的答案向量与识别真值向量的相似度定义各个答案的分数,如

$$\text{Score}_{a_i} = s(\overline{Z}, x_i) = 1 - \frac{1}{\pi}\cos^{-1}\left(\frac{\overline{Z} \cdot x_i}{\sqrt{\overline{Z}}\sqrt{x_i}}\right) \tag{18-11}$$

式中,分数越高,则答案越可靠。根据分数对该问题的各个用户答案进行排名,找到众多回答中的可靠回答。

18.4 实验与分析

18.4.1 实验设置

通过在真实数据集上进行对比实验,验证 GCN_Truth 的有效性与准确性。使用 Tensorflow 框架实现网络并进行训练,CPU 为 Inter Xeon E5-2630,内存 192GB,GPU 为 Nvidia Tesla P40×2,采用 CentOS 7 64 位操作系统。

使用 Short Answer Scoring、Automated Essay Scoring 两个数据集验证 GCN_Truth 算法的有效性与优越性,每个问题的答案个数从 1500 到 2000。Short Answer Scoring 来源于 Kaggle 竞赛 The Hewlett Foundation: Short Answer Scoring,涉及科学、英语与艺术、生物、英语 4 个学科,每个数据集由问题及学生回答组成,回答的平均长度为 50 个单词,所有的答案均由学生撰写,并经过相关人员手动打分。Automated Essay Scoring 数据集来源于 Kaggle 竞赛 The Hewlett Foundation: Automated Essay Scoring,所有用户答案来源于阅读理解,用户答案的平均长度为 150 到 550 个单词,用户答案相互独立且同样经过相关人员手动打分。

将 GCN_Truth 方法分别与平滑逆频率相似度、CRH[5]＋SIF 和 NN[6]＋SIF 进行对比。

平滑逆频率相似度(SIF Similarity):对答案和问题分别提取 SIF 向量,根据答案与问题的相似度决定答案的排名,是一种基于检索的方法。

CRH＋SIF:对答案提取 SIF 向量,利用 CRH 真值发现算法进行文本数据的真值发现,并使用欧氏距离度量文本答案间的相似性。

NN＋SIF:对答案提取 SIF 向量,利用 NN 真值发现算法进行文本数据的真值发现,并使用欧氏距离度量文本答案间的相似性。

18.4.2 评价指标

与 17.4.2 节所提文本数据真值发现评价指标一致,本章同样旨在寻找众多用户答案中的可靠答案,以 Top-k(k=10,30,50,100,200)学生答案的平均分作为评价指标。

18.4.3 实验结果分析

1. 对比实验结果

将 GCN_Truth 分别与基于检索的方法平滑逆频率相似度及表现优异的真值发现算法 CRH,NN 进行比较,对比结果如图 18-3 和图 18-4 所示。

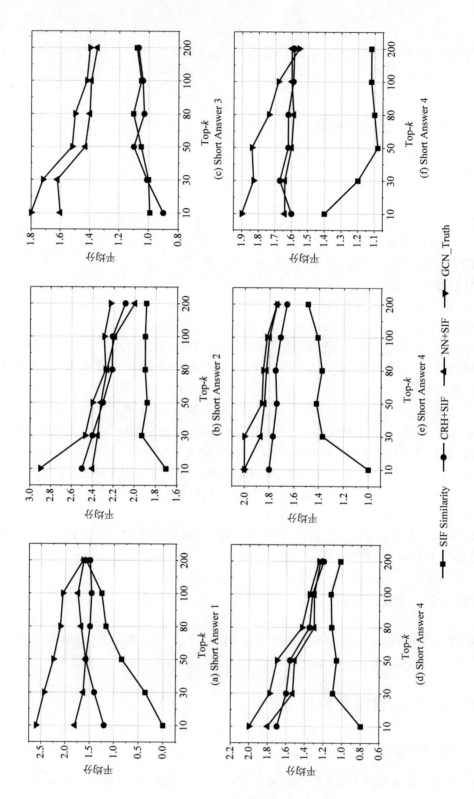

图 18-3　Short Answer Scoring 对比实验结果

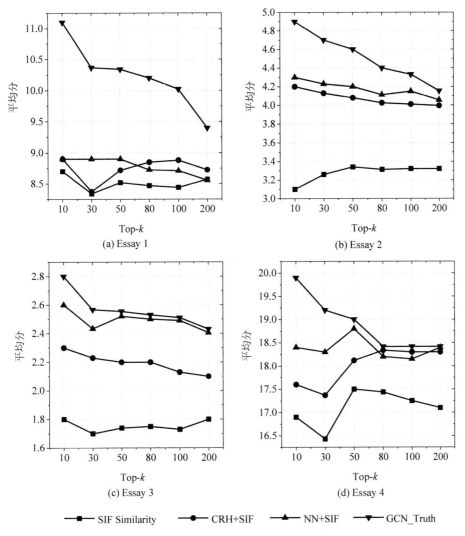

图 18-4　Automated Essay Scoring 对比实验结果

由图 18-3 和图 18-4 可知,GCN_Truth 真值发现算法优于所有对比算法。基于检索的方法根据答案与问题的相似度对答案进行排名,只是找到了与问题相似的答案,而不一定是正确的答案。CRH 真值发现算法假设数据源可靠度与观测值可信度之间的关系可用简单函数表示,而这种关系实际上是未知的,强假设会对真值发现的结果产生影响。同时,该算法通过数据源提供的各个对象的大量观测值,迭代计算数据源可靠度,直至收敛,而对于本章定义的文本数据真值发现场景,数据源众多,而每个数据源的观测值较少,算法针对同一对象进行迭代,很快收敛,对数据源可靠度的估计不准确,导致真值发现结果不理想。NN 真值发现算法利用前馈神经网络学习答案的可信度,但忽略了用户答案间的语义融合,导致效果不理想。由于 GCN_Truth 参数较多,当用户答案较少时,算法难以收敛,通过实验,当用户答案数量大时,GCN_Truth 有效且效果较好。

2. 学习率对实验结果的影响

本节使用 $0.01,0.001,0.0001,0.00001$ 进行实验,以 Automated Essay Scoring1 数据集为例,验证学习率对 GCN_Truth 算法的影响,结果如图 18-5 所示。

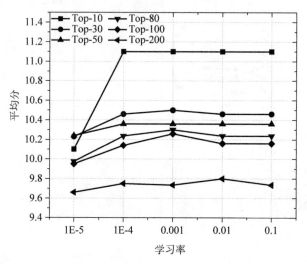

图 18-5　学习率对实验结果的影响

由图 18-5,实验结果受学习率的影响较小,部分数据集在学习率为 0.01 时,结果有所下降,对于大部分数据集,学习率为 0.001 时,效果最好。

3. 阈值对实验结果的影响

在用户答案无向图构造时,GCN_Truth 通过设置相似度阈值 γ 以及节点度的阈值 δ 去除用户答案中的噪声节点,本节对阈值 γ 及 δ 的敏感性进行分析。设置相似度阈值 γ 的范围为 $0.3\sim0.7$,节点度的阈值 δ 的范围为 $0\sim500$,以数据集 Automated Essay Scoring 1 为例,其 Top-10 和 Top-100 的实验结果如图 18-6 所示。

由图 18-6 可知,γ 和 δ 影响 GCN_Truth 的性能,γ 能够有效控制无向图中用户信息融合的程度。随着 γ 和 δ 的增加,评价指标先增大减小,最终相对较优的阈值范围为 $\gamma\in[0.55,0.65],\delta\in[200,300]$。

4. 子图构造实例分析

为直观展示用户答案构造的无向图及阈值对于噪声用户答案去除的有效性,从数据集 Short Answer Scoring 中随机抽取 100 个用户答案进行可视化。经统计,在 100 个答案中,有 17 个用户答案为 0 分,34 个用户答案为 1 分,35 个用户答案为 2 分以及 14 个用户答案为 3 分,γ 设置为 0.55,GCN_Truth 构造的用户答案无向图如图 18-7 所示。

由图 18-7 可知,大部分错误及不可靠的答案分布在无向图的边缘,相应的节点度较小。而可靠答案和部分正确答案分布在无向图的中央,相应节点度比较大,表明正确答案间共享了部分正确的语义信息,这与算法真值发现的假设是一致的。将 δ 设置为 10,去除以上无向图中的噪声用户答案,得到了如图 18-8 所示的用户答案无向图子图。

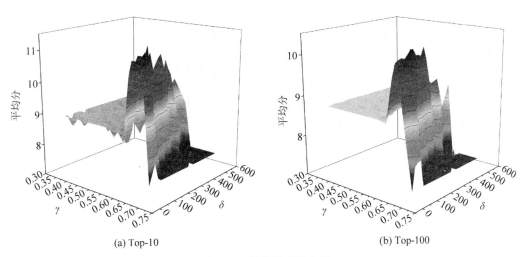

(a) Top-10　　　　　　　　　(b) Top-100

图 18-6　阈值敏感性分析

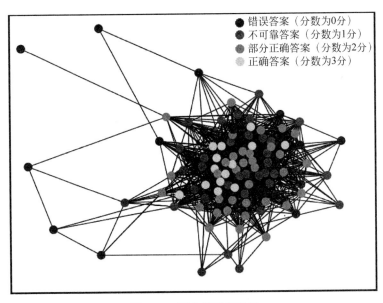

图 18-7　用户答案无向图

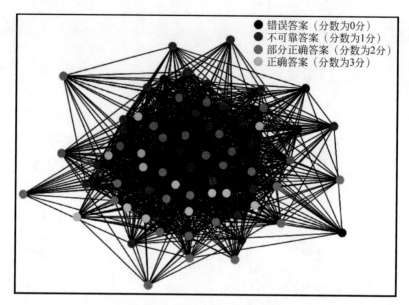

图 18-8　用户答案无向图子图

由图 18-8 可知,去噪操作消除了大部分的错误答案和少量的部分正确答案。一方面,能够提升之后真值发现的准确率,消除恶意的噪声用户答案对真值发现结果的影响;另一方面,也有效提高利用图卷积神经网络进行真值发现的效率。

本章小结

由于文本数据的自然语言特性,传统真值发现方法无法直接应用于文本数据的真值发现。而第 17 章提出的基于多蚁群同步优化的文本数据真值发现算法在处理大规模数据时需要大量增加蚁群的数量,提出基于图卷积神经网络的文本数据真值发现算法。该方法对文本答案进行向量化表示,并利用图卷积神经网络寻找答案真值,不同于传统真值发现算法依赖数据源可靠度估计的思路,而是利用答案本身,使用网络无监督学习这种复杂的关系,减少对数据源可靠度估计的依赖。真值发现过程中,用户答案的结构信息和语义信息得到充分的利用。通过实验验证,本算法适用于数据源众多而观测值较少的文本数据真值发现且效果较好。

GCN_Truth 文本数据真值发现算法适用于用户答案规模大时的真值发现场景。当用户答案过少时,由于 GCN 网络参数较多,模型训练数据不足将导致模型很难收敛,而 Ant_Truth 则能很好地克服这个问题。所以,Ant_Truth 和 GCN_Truth 分别适用于数据规模较小和较大时的文本数据真值发现场景,两种算法分别具备不同的优点及适用场景。

本章参考文献

[1] Pennington J,Socher R,Manning C. Glove: Global Vectors for Word Representation[C]//Conference on Empirical Methods in Natural Language Processing. ACL,2014,14:1532-1543.

[2] Arora S, Yingyu L, Tengyu M. A Simple but Tough-to-Beat Baseline for Sentence Embeddings[C]// International Conference on Learning Representations, 2017：ArXiv Preprint arXiv：1707.03264.

[3] Kipf T, Welling M. Semi-Supervised Classification with Graph Convolutional Networks [C]// International Conference on Learning Representations, 2016：ArXiv Preprint arXiv：1609.02907.

[4] 马如霞,孟小峰,王璐,等. MTruths：Web 信息多真值发现方法[J]. 计算机研究与发展, 2016, 52 (12)：2858-2866.

[5] Li Q, Li Y, Gao J, et al. Resolving Conflicts in Heterogeneous Data by Truth Discovery and Source Reliability Estimation[C]//the ACM SIGMOD International Conference on Management of Data. ACM, 2014, 1187-1189.

[6] Marshall J, Argueta A, Wang D. A Neural Network Approach for Truth Discovery in Social Sensing [C]//Proceedings of the IEEE International Conference on Mobile Ad Hoc and Sensor Systems. IEEE, 2017：343-347.

第4部分

基于数据依赖的
数据质量控制技术

第**19**章

数据录入辅助预测与推理方法研究

19.1　引言

随着信息技术的发展,数据收集的手段日新月异,但数据录入仍然是关系型数据收集的重要方式。相关数据表明,美国超过 59%（约 7000 万）的专业人员需要经常填写各类表格[1]。在很多情况下,人们还需要经常填写类似甚至相同的关系数据表,比如淘宝卖家需要频繁地录入相似的订购单,学生须向学校的不同部门提供内容相近的个人信息表。因此,数据录入质量是数据收集质量的重要组成部分,用于辅助用户录入的预测模型是主要的数据收集质量控制模型。

在数据收集阶段解决数据质量问题,不仅可以减少数据质量问题的累积,对于数据工程师数量有限、基础设施缺乏的欠发达国家和地区（比如偏远的农村、偏僻的山区甚至贫穷的第三世界国家）的意义更是非比寻常。在网络工程领域中,研究人员常常把数据传输所依赖的电力、带宽、计算机等比喻成网络可达的"最后 1 公里",而这"最后 1 公里",又恰恰是是数据生命周期的"第 1 公里",因为数据的收集、录入和上报从这里开始[2]。这"第 1 公里"对于试图构建现代化"数据通道"的欠发达地区来讲,通常缺乏很重要的专业数据工程师和数据处理机构[3]。

Somani Patnaik 等对普通非智能手机的 3 种数据收集方式——电子表单、短信和语音的研究发现,虽然总的错误率（即错误字段占所有字段的比例）均不超过 5%,但是平均每 26 份报告中有 10 份存在问题,高达 38%[4]。另外一个有趣的现象是,这 3 种方式的错误率分别为 4.2%,4.5% 和 0.45%。语音上报的错误率最低,究其原因,接线员常要求上报者复述以确认自己是否听清楚,是一种潜在的数据校验。该研究直接导致了 Somani Patnaik 等改变了数据接口设计——由电子表单转向了语音。当然,作者也指出了它们的实际应用背景,即在人力资源充足且廉价的劳动密集型地区,通过语音通话上报数据不失为一种技术要求低、准确率高、极具性价比数据收集方式。但是如果能够解决好移动设备上数据收集软件的校验问题,则基于电子化表单的数据收集方式在效率和质量上就能够取得更好的效果。

目前已经有不少用于数据预测和推理的模型以辅助数据录入,最常见的接口形式就是下拉式推荐列表,即当用户想要录入一个数据值时(一般是键入首字母或部分单词时),系统自动生成一个下拉列表,提供一些用户最可能输入的值。现有的模型在进行数据推荐时,大多只考虑当前用户的历史录入,而不考虑属性之间的依赖关系。

主流的数据录入辅助预测模型存在两个问题:①大部分模型主要考虑辅助预测对用户录入效率提升,并不关注数据收集质量本身;②数据收集是一个动态的过程,大部分模型没有考虑数据样本容量对推理的影响,模型训练缺乏可信的依据。

本章首先简要介绍几个主流的数据预测模型,重点关注贝叶斯网络模型在数据录入辅助预测中的应用,对基于贝叶斯网络的数据预测和校验基本组件和数据流进行了抽象。讨论了数据收集过程中数据积累对贝叶斯网络拓扑学习、参数学习以及基于贝叶斯网络预测效果的影响,并提出了一种基于贝叶斯网络拓扑的字段排序方法。通过实验定性分析了数据积累对贝叶斯网络拓扑学习的影响,并定量验证了所提的排序方法对数据辅助预测效果的优越性。

19.2 数据预测模型

一般地,数据录入分为单值修改和新增记录两种情况:单值修改是指用户对一条记录中的单个属性进行修改;新增记录则要求用户对整条记录的每个属性赋值。

在过去的研究中,数据录入模型主要为了减少用户录入时间,提高数据收集效率。本节重点介绍几个常用的用于辅助数据录入的预测模型[5]:最频繁使用模型(Most Frequently Used Model,MFU)、最近使用模型(Most Recently Used Model,MRU)、协同式模型(Collaborative Model)、决策性模型(Deterministic Model)、基于上下文的协同式频繁模型(Collaborative & Contextually Frequently Used Model,CCFU)等。

19.2.1 最频繁使用模型

最频繁使用模型基于当前用户最经常的输入值作为推荐值。对于用户即将录入的属性值,模型从当前用户的历史输入中获得推荐值,并按照数据出现的频率进行排序,对用户的录入行为进行预测。

因为该模型仅仅获取当前用户的历史输入,所以被称为"个性化"的模型[5]。这种模型一般用于差别较大的实体数据录入,对于某些有很多共性的实体,比如统计某公司同一个部门员工负责的业务、专业特长等,使用协同式模型(Collaborative Model)效果更好,协同式模型同时考虑当前用户和所有相似用户对某个属性输入值的频率。

19.2.2 最近使用模型

顾名思义,最近使用模型基于当前用户最近时间的输入值作为预测推荐。对于用户即各录入的数据值,模型从当前用户的历史输入中获得推荐值,按照数据值出现的时间顺序排序,对用户的录入行为进行预测。

19.2.3 确定性模型

与上述两个模型通过排序提供推荐的机制不同,确定性模型在检测到用户对某个属性值的录入行为时,会直接根据历史数据键入相应的值。该模型有一些明显的缺点:①需要对每一个用户的历史输入进行训练;②模型是静态的(上述两个模型通常是动态更新的,比如用户在填写电子邮箱信息时,经常会根据需要填写不同的邮箱地址);③对每一个用户的模型通常都需要额外的存储空间;④当模型键入的值不是用户需要的值,会增加用户修改的时间。

因此,在商业信息系统中,应用最为广泛的是最频繁使用模型、最近使用模型和协同式模型。这些模型有一些改进的方法,例如通过某些过滤机制对排序列表进行筛选。最常用的过滤机制就是"前缀过滤",即删去排序列表中不满足用户输入的首字母的推荐值。另外,还可以通过通配符的方式输入属性值的部分字母进行筛选。这种情况尤其适合用户对属性值的拼写记忆比较模糊的场景。

19.2.4 基于上下文的协同式频繁使用模型

基于上下文的协同式频繁使用模型综合了协同式模型和最频繁使用模型的优点,并且吸收了概率模型的理论。该模型有如下基本假设:①关系数据表的所有字段是已知的,且每个字段可能的取值也是已知的;②每一条记录的值是按照默认的字段排序录入的。也就是说,对字段 F_j 取值的预测是基于当前记录中已经录入的属性值 $F_i (1 < i < j)$ 和 F_j 值的历史录入值,如

$$P(F_i = f_i \mid \text{context}(F_i), \text{history}(F_i) \mid) = \frac{P(F_i = f_i, \text{context}(F_i), \text{history}(F_i))}{P(\text{context}(F_i), \text{hintory}(F_i))}$$

(19-1)

上式说明,基于上下文的协同式频繁使用模型利用条件概率公式对当前录入进行预测,比如通常认为一个人的薪资水平和工龄、职位都有关系,那么"薪资水平"的上下文字段就是已经输入的"工龄"、"职位"等,历史值则是该用户曾经填写过的薪资水平。

但是并非所有已经录入的属性值都对 F_j 取值的预测有贡献,比如某人的出生年月和性别显然不会存在明显的依赖关系。因此该模型的改进版本借助了贝叶斯网络和条件独立性假设理论[6-7],即首先在历史数据上学习一个反映属性之间依赖关系的网络,然后学习其依赖程度(条件概率表)。考虑到用户在录入数据时,可能不按默认顺序或故意"留白",在预测用户录入时,模型采用能够灵活处理缺失数据的联合树算法推理当前字段取值的后验概率。

该模型成为数据录入的基础模型,结合上述传统的模型有很多衍生版本,如 CMFU、CMRU、CCFUC 等。这些版本的出现,使得基于贝叶斯网络的数据录入预测模型趋于成熟。

19.2.5 Usher：动态监控数据收集质量的系统

Usher 是一个端对端的、在数据录入中实现动态质量控制的系统[8]。如图 19-1 所示为 Usher 数据收集系统的组件和数据流。

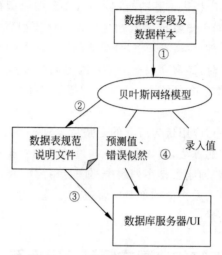

图 19-1 Usher 系统组件和数据流

需要进行数据获取的机构在 Usher 客户端按要求提交格式化的表格规范说明文件（包括字段名、数据类型、控件样式和基本约束等明细）和训练数据，Usher 服务器生成相应的表格，并根据训练数据学习一个概率模型。用户录入过程中，系统将用户的录入值实时提交给该模型，模型对用户的录入值进行预测或给出错误概率以提示用户。

Usher 根据"贪婪信息获取原则"，将可以获得最大信息量的字段靠前排序，有利于第一时间获取到最大信息量，对后续字段的预测大有裨益，然后通过贝叶斯网络预测包含因果依赖关系的字段值。

Usher 提供一种针对疑似错误重新提问的机制，因此首先需要对输入值的错误概率进行计算，这个模型被称为"错误评估模型"，如图 19-2 所示。

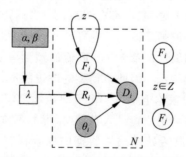

图 19-2 Usher 系统的错误评估模型

图 19-2 的模型中阴影部分是观测变量（D_i 为用户的输入值，θ_i 为答案的可能分布，α、β 为 Beta 分布的参数），透明部分是隐藏变量（F_i 为真实值，R_i 为二值指示变量，指示输入值

与真实值是否相符）。通过该模型评估输入值的正确概率，确定是否需要重新提问。该模型实际上是由贝叶斯网络扩展而来，每个字段的"错误评估模型"构成一个庞大的贝叶斯网络，如图 19-3 所示。

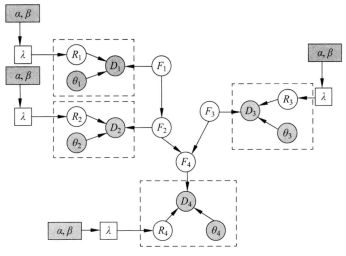

图 19-3　基于贝叶斯网络的错误评估模型

19.3　基于统计依赖的辅助录入流程

从上文可以看出，数据预测模型主要依赖统计依赖理论对数据进行估计。过去基于条件概率、贝叶斯网络等辅助用户录入主要目标是提高数据收集的效率、提升用户录入体验，很少关心数据质量。通过分析各类数据预测方法和数据收集质量研究的成果，以 Usher 系统为基础，抽象出如图 19-4 所示的面向数据质量控制的辅助录入流程。

如图 19-4 所示，该流程的核心是统计依赖模型，模型相关的工作流包括基于模型的推理和模型构建两部分。其中：

（1）基于模型的推理主要包括数据预测、监控和校验。用户在当前数据表中录入数据前，系统基于模型预测数据，辅助用户录入；录入过程中，模型对输入实时监控，根据输入的部分字符调整预测值，并对疑似错误输入进行提示；录入后，模型会校验当前录入，检测是否存在拼写错误和问题数据等，并估计错误的概率。

例如，模型学习到某企业员工的"职位"和"出行方式"之间的依赖关系。当某"员工"的"职位"字段已经填写"manager"的条件下，模型对"出行方式"的预测为"car"；当用户输入"b-"时，模型可能依概率将预测值的排序更新为"bus/bike/…"；当用户输入"bicycle"时，模型可能提示用户应将值修改为满足主数据定义的"bike"。

（2）模型的构建主要依赖数据库、领域知识库、专家经验和互联网资源等。数据库中存储用户已经提交的数据表，是训练模型的主要样本来源。领域知识库和互联网资源能够为辅助录入提供基本信息，同时也是模型训练的重要补充信息。

例如，当系统尚未收集到足够的训练样本时，用户需要填写的字段值可以通过、互联网

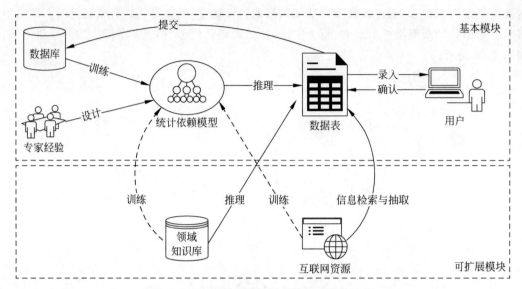

图 19-4   面向数据质量控制的辅助录入流程

获得相关信息,或者基于领域知识库的语义规则推理出相关信息,供用户参考。在获得足够的样本后,模型能够学习到这些信息。事实上,通过互联网检索和抽取信息也经常借助统计依赖模型,如 2.8.1 节中提到的 iForm 模型等。

19.3.1   基于贝叶斯网络的数据预测和推理研究

作为不确定知识表达和推理领域最有效的理论模型之一,贝叶斯网络已经成为数据录入系统中应用最为广泛的统计依赖模型[9]。第 2 章已经介绍了贝叶斯网络的相关定义和关系数据的贝叶斯网络表达方法。贝叶斯网络理论主要包含贝叶斯网络结构学习、参数学习、推理等[10-15]。其中建立关系数据表的贝叶斯网络是对数据之间的概率依赖关系进行描述。

基于贝叶斯网络的数据预测和推理的基本步骤如图 19-5 所示。

图 19-5 中的基本步骤如下:

(1)学习关系数据表的贝叶斯网络结构 S。根据数据样本、历史数据或局部数据学习最匹配的贝叶斯网络结构。目前的贝叶斯网络结构学习算法主要分为两类[16]:一类是基于独立性测试的算法,另一类是基于评分与搜索的算法。

(2)学习贝叶斯网络的参数 P,即条件概率表。贝叶斯网络结构反映的是关系数据字段的依赖关系,条件概率表则反映的是存在依赖关系的字段的依赖程度。参数学习也有相应的算法:EM 算法、最大似然估计、贝叶斯估计等。

(3)基于贝叶斯网络进行数据预测和校验。这一步实际上是将贝叶斯网络理论的各类推理应用到数据录入质量控制中,如数据预测、数据校验、出错概率计算等。

数据录入辅助预测模型大多数是在图 19-5 基础上进行扩展。如上节中介绍的 CCFU 模型在计算字段的条件概率时,不仅考虑了贝叶斯网络指示的字段上下文 context(F_i),同时考虑了该字段的历史输入值 history(F_i)。假设 F_i 在历史记录上满足马尔可夫性,则预

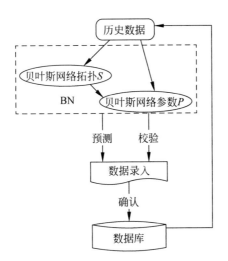

图 19-5　基于贝叶斯网络的数据录入质量控制

测概率可以通过加权概率实现,如图 19-6 所示。

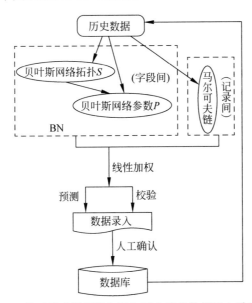

图 19-6　基于贝叶斯网络和马尔可夫链的数据录入质量控制

$$P_M(F_i) = \alpha_3 p_M(F_{ij} \mid F_{i,j-1}, F_{i,j-2}) + \alpha_2 p_M(F_{ij} \mid F_{i,j-1}) + \alpha_1 p_M(F_{ij}) \quad (19\text{-}2)$$

$$P(F_i) = \alpha P_M(F_i) + \beta P_B(F_i) \quad (19\text{-}3)$$

式(19-2)和(19-3)中,$P_M(F_i)$ 为 F_i 在历史记录上的马尔可夫概率,$P_B(F_i)$ 为基于上下文字段的贝叶斯概率。式中的加权系数 $\alpha_3 + \alpha_2 + \alpha_1 = 1, \alpha + \beta = 1$。

19.3.2　数据积累对基于贝叶斯网络推理的影响

基于贝叶斯网络的数据收集质量控制,本质上是借助基于贝叶斯网络的推理,主要分为 2 个任务,分别如图 19-7、图 19-8 所示:①数据预测:从上文的字段推理当前待输入字段值的概率；②数据校验：从当前输入的字段值推理上文中已输入字段值出错的概率。贝叶斯网络可以很好地处理数据缺失情况的预测，如图 19-9 所示。

图 19-7　数据预测　　　　图 19-8　数据校验　　　　图 19-9　包含缺失值的数据预测

学习贝叶斯网络结构和参数需要一定量的数据样本。一个显然的事实是，数据量过小，学习出来的贝叶斯网络结构和参数与潜在真实网络之间的偏差较大，基于这样的贝叶斯网络进行预测，正确率会较低。

在数据收集过程中，数据积累会导致贝叶斯网络结构和参数的更新。因此，在数据收集中，对关系数据进行贝叶斯网络结构和参数学习有两种自然的思路。①批量学习：设定一个增量间隔，当数据的增量达到设定的间隔时，更新历史数据作为训练样本，重新学习模型；②增量学习：当数据的增量达到设定的间隔时，只在增量数据上进行学习，根据设定的阈值更新现有的模型。

理论上，贝叶斯网络结构和参数都会在数据更新中发生变化，但两者存在一定的差异[17]：参数反映的是关系字段之间的依赖程度（多少），对数据的积累更加敏感，其更新具有渐进和连续特征；而结构反映的是关系字段之间的依赖关系（有无），在数据总体处于同一分布时，相对稳定，其更新具有离散和跳跃特征。

理解这种差异对在实际情况中合理选择贝叶斯网络学习的方式有很好的帮助。一般地，贝叶斯网络的增量学习分为两种情况：一种是假设网络结构稳定，只更新参数；另一种是先更新网络结构，在新结构上重新学习参数。前一种情况主要是基于所有数据都来源于同一分布的先验知识，参数更新会收敛并趋于稳定；而后一种情况则是考虑到数据来自不同的分布，当现有结构与数据的匹配程度下降到一定的阈值时，会导致结构的调整和参数的再学习。

可以看出，如果在数据收集中，关系型数据样本来自同一分布，则增量学习的任务简化为参数更新，而参数的更新是为了求取参数的稳定值。对于数据的预测而言，其效果提升是有限的。以两个字段的条件概率表为例（如图 19-10），假设其随着数据积累的变化从左至右。如果按照最大概率的预测方法，在已知 F_i 取值的条件下，对 F_j 的预测不会随着参数的收敛而变化，即当用户给出 $F_i = 0$ 后，对 F_j 的预测都是 0。因此，基于贝叶斯网络的数据预测模型并不需要参数特别精确。

$$F_i \rightarrow F_j$$

	F_i=0	F_i=1		F_i=0	F_i=1		F_i=0	F_i=1
F_j=0	0.8	0.1	F_j=0	0.85	0.08	F_j=0	0.83	0.07
F_j=1	0.2	0.9	F_j=1	0.15	0.92	F_j=1	0.17	0.93

图 19-10　贝叶斯网络参数的增量更新

值得注意的是，参数的更新也并非对数据质量控制完全没有影响，例如在缺失值填充的研究中，除了采用最大概率填充的方式，也可能会选择概率分布填充的方式。当数据是完全随机缺失时，采用最大后验概率填充会使得关联规则挖掘这样的数据分析场景的指标严重偏离真实情况[18]。

如果在数据收集过程中,数据样本来自不同的分布,则需要首先更新贝叶斯网络结构,在新的结构下更新参数。但在现实中,来自不同分布的关系数据样本应该考虑独立训练。例如,收集同一个公司的两个任务差异较大的员工的信息,劳动密集型部门的员工的收入水平可能与其工龄存在很强的依赖关系,而知识密集型部门员工的收入水平可能与工龄关系很小(与学历等关系很大)。因此,将来自不同分布的数据样本看作一个增量的过程并不是最佳的选择,独立训练来自不同分布数据的贝叶斯网络更加科学,也是实际中常用的做法。

贝叶斯网络结构的增量学习更适合应用于流式数据的学习,比如打印机的故障排查、网络数据流的监控、通信系统的编码解码等。在数据录入的场景中,是否有必要使用贝叶斯网络的增量学习需要考虑资源消耗和数据辅助预测的效果。

19.3.3 基于贝叶斯网络的关系数据字段排序算法

在工程学中,有些子任务的执行是以它所有前序子任务的完成为前提的,但有些子任务可以安排在任何时间开始。为了反映出整个工程中各子任务之间的先后顺序,可用有向图表示,图中的节点代表子任务,有向边代表任务的先后顺序。通常把这种顶点表示任务、边表示任务间先后关系的有向图称作顶点活动网(Activity On Vertex Network,AOV 网)。

将全局任务描述成 AOV 网是为了找出任务之间的先后顺序,并按照顺序执行以提高工程的效率(否则会出现任务等待的情况)。在实际工程中,任意两个任务之间的要么存在先后顺序,要么没有先后顺序,但绝对不存在互相矛盾的顺序,即互为执行的前提。从有向图的角度看,即两个顶点之间不存在环路。显然,只有有向无环图才可以进行排序。基于有向无环图对任务进行先后排序称为"拓扑排序"。

贝叶斯网络不仅是有向无环图,并且其反映的字段之间的依赖关系,是一种"因果关系"。从数据录入的角度而言,虽然字段之间的排序并没有 AOV 网表示的任务之间的顺序那么严格,因为基于贝叶斯网络的多种推理形式都可以用于数据辅助预测,但是仍然希望通过父节点推理子节点以获得最佳的预测准确率。因此,一个自然的思路就是基于贝叶斯网络对关系数据的字段进行排序,如表 19-1 所列,其本质上为"拓扑排序"的思想。

表 19-1 基于贝叶斯网络的字段排序算法

算法	BNSort
输入:贝叶斯网络 Net(V,E)	
输出:字段的先后顺序 SortedV	
1.	初始化节点排序集合 SortedV = ∅;
2.	**for each** V_i
3.	初始化 V_i 所有的入边:inE(V_i);
4.	初始化 V_i 所有的出边:outE(V_i);
5.	初始化 V_i 所有的边:E(V_i) = inE(V_i) ∪ outE(V_i)
6.	**end**
7.	**while** ∃ inE(V_i) = ∅ **do**
8.	选择一个 V_i ∈ {V_i | inE(V_i) = ∅},输出:SortedV = SortedV ∪ V_i;

9.	从 Net(V,E) 删去节点: $V = V \backslash V_i$;
10.	从 Net(V,E) 删去节点 V_i 所有的边: $E = E \backslash E(V_i)$;
11.	**end**

显然,拓扑排序不是唯一的,即基于贝叶斯网络排序也不唯一。对于一个包含 n 个节点和 e 条边的贝叶斯网络,字段排序的复杂度为 $O(n+e)$。最常用的拓扑排序算法有 Kahn 算法[19]、深度搜索[20]、广度搜索等。

19.4 实验验证与结果分析

为了验证数据录入过程中,数据积累对贝叶斯网络结构学习、参数学习、数据预测的影响,使用 3 个数据集进行定性或定量的分析。这 3 个数据集均由著名的贝叶斯网络生成:Visit to Asia[21](由 Matlab 生成训练数据)、Alarm[22](模拟数据来源于 Center for Causal Discovery)、Breast Cancer(模拟数据来源于荷兰人工智能领域著名学者 Peter Lucas 的个人主页)。数据集的相关信息如表 19-2 和表 19-3 所列。

表 19-2 实验数据集信息

数据集	字段数	记录数
Vist to Asia	8	20000
Alarm	37	10000
Breast Cancer	16	20000

表 19-3 实验数据集字段的默认排序

数据集	字段排序
Vist to Asia	Visit to Aisa, Smoking, Tuberculosis, Lung Cancer, Bronchitis, Either Tuberculosis or Lung Cancer, Xray, Dyspnoea;
Alarm	HYP, LVF, LVV, STKV, CVP, PCWP, ANES, PMB, INT, SHNT, KINK, MVS, VMCH, DISC, VTUB, VLNG, VALV, FIO2, PVS, SAO2, APL, TPR, ACO2, CCHL, HR, CO, HIST, BP, ERCA, HREK, HRSA, ERLO, HRBP, ECO2, PAP, PRSS, MINV
Breast Cancer	Breast Density, Location, Age, Breast Cancer, Architectural Distort, Microcalcifications, Size, Shape, Fibrous Tissue Develop, Lymph Nodes, Skin Retraction, Nipple Discharge, Spiculation, Margin

类似 Dr. Chen 等人的研究,本文使用一个开源工具包 Banjo 来学习数据的贝叶斯网络[8],选择该工具包内置的贪婪算法和模拟退火算法学习贝叶斯网络结构,Banjo 使用的评分函数为 BDe 评分函数。

19.4.1 贝叶斯网络学习

为了模拟数据动态积累的场景,以递增记录数的数据样本作为贝叶斯网络结构算法的输入,并对贝叶斯网络结构和参数变化作定性的分析。由于 Alarm 数据集和 Breast 数据集属性相对较多,网络相对复杂,为了直观地反映贝叶斯网络学习的趋势,这里只给出了字段较少的 Asia 网络的示意图(图 19-11、图 19-12),具体的网络有向边统计数据参考表 19-4~表 19-9。

图 19-11 为基于贪婪算法在不同容量的历史数据上学习出来的 Asia 贝叶斯网络结构。从图中可以看出,(300,400)、(500,600)、(7000,9000,10000)的记录对应网络拓扑是相同的,且并不是数据样本越大,学习的模型越精确(例如 7000 条数据和 10000 条数据对应的网络结构相同)。从表 19-4~表 19-6 中也可以看出,当训练样本能够稳定地反映数据分布时,并不是样本容量越大,输出的贝叶斯网络越准确。表中阴影部分为相对较好的训练结果。这验证了贝叶斯网络结构更新的跳跃特征,说明了在提高数据质量的应用中,在选择模型学习的样本时,应考虑实际情况和学习成本。

图 19-12 为基于模拟退火算法在不同容量的历史数据上学习出来的 Asia 贝叶斯网络结构。在相同的样本容量下,其输出与贪婪算法类似。从表 19-7~表 19-9 可以看出,对于字段较少的数据,不同的算法训练出的网络接近程度更高;而字段越多,算法的性能对输出的结果影响更大。因此对于数据质量的应用研究而言,应根据数据集的具体特征选择"性价比"较高的算法。

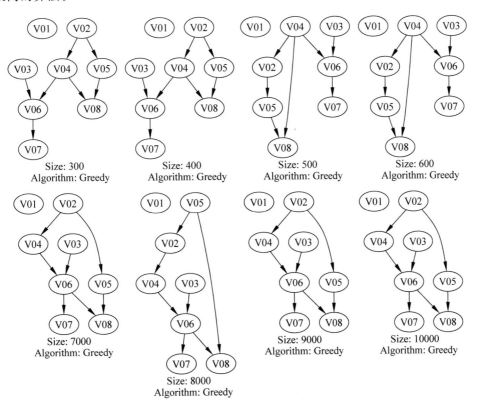

图 19-11 在不同容量的样本上训练出的 Asia 网络(贪婪算法)

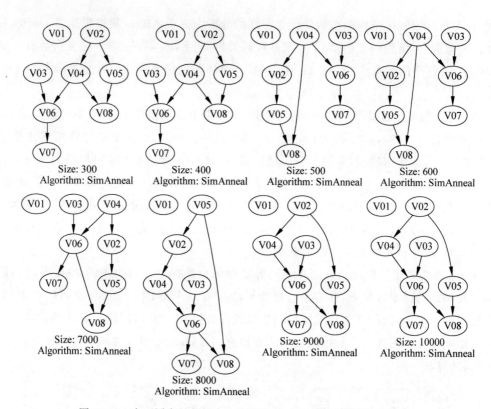

图 19-12 在不同容量的样本上训练出的 Asia 网络（模拟退火算法）

表 19-4 基于样本训练出的 Asia 网络包含的正确有向边

样本数	2000	4000	6000	8000	10000	12000	14000	16000	18000	20000
贪婪	6/9	6/7	6/7	6/7	7/7	6/7	6/8	7/8	6/8	6/8
模拟退火	6/9	6/7	6/7	6/7	7/7	6/7	6/8	7/8	6/8	6/8

表 19-5 基于样本训练出的 Breast Cancer 网络包含的正确有向边

样本数	2000	4000	6000	8000	10000	12000	14000	16000	18000	20000
贪婪	15/16	14/16	13/17	14/18	14/18	14/18	14/18	15/18	15/18	15/18
模拟退火	14/16	14/16	13/17	17/18	15/18	16/18	14/18	17/18	15/18	14/18

表 19-6 基于样本训练出的 Alarm 网络包含的正确有向边

样本数	1000	2000	3000	4000	5000	6000	7000	8000	9000	10000
贪婪	39/53	30/51	31/52	33/54	35/51	30/52	38/52	31/54	31/51	22/64
模拟退火	41/50	42/47	45/48	43/48	43/47	42/46	43/48	44/48	43/46	42/48

表 19-7 基于不同算法训练出的 Asia 网络包含的公共有向边

样本数	2000	4000	6000	8000	10000	12000	14000	16000	18000	20000
贪婪	9/9	7/7	7/7	7/7	7/7	7/7	6/8	8/8	8/8	6/8
模拟退火	9/9	7/7	7/7	7/7	7/7	7/7	6/8	8/8	8/8	6/8

表 19-8 基于不同算法训练出的 Breast Cancer 网络包含的公共有向边

样本数	2000	4000	6000	8000	10000	12000	14000	16000	18000	20000
贪婪	15/16	14/16	17/17	15/18	17/18	16/18	18/18	16/18	16/18	17/18
模拟退火	15/16	14/16	17/17	15/18	17/18	16/18	18/18	16/18	16/18	17/18

表 19-9 基于不同算法训练出的 Alarm 网络包含的公共有向边

样本数	1000	2000	3000	4000	5000	6000	7000	8000	9000	10000
贪婪	40/53	33/51	30/52	31/54	35/51	34/52	38/52	32/54	33/51	21/64
模拟退火	40/50	33/47	30/48	31/48	35/47	34/46	38/48	32/48	33/46	21/48

19.4.2 基于贝叶斯网络的预测

前一小节已经定性对比了不同容量的数据样本下,贝叶斯网络结构变化。在数据录入中,贝叶斯网络结构和参数的学习都是为数据预测服务的。实际上,并不期待在数据录入的动态过程中获得特别精准的贝叶斯网络和参数,因为对于数据收集质量的控制而言,更关注模型的学习效率和基于模型的辅助预测效果。

为了验证利用递增容量的样本学习出来的模型对数据预测的影响,进行了两方面实验:①在不同的数据样本上,先学习贝叶斯网络结构,基于结构再学习参数,最后进行数据预测(图 19-13);②以一个贝叶斯网络结构为基准,在不同的数据样本上,基于该结构学习参数,最后进行数据预测(图 19-14)。

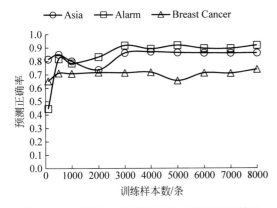

图 19-13 更新贝叶斯网络结构的数据预测效果

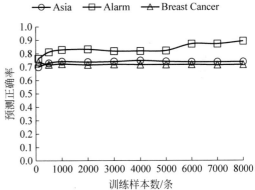

图 19-14 更新贝叶斯网络参数的数据预测效果

数据预测则模拟数据录入的场景,假设用户按照默认的字段排序进行输入,按照如下步骤执行:

(1)输入第 1 个字段时,模型基于先验概率给出第 1 个字段的预测结果推荐给用户,记录该预测值;

(2)无论第 1 个字段是否预测正确,假设用户输入了正确的值;输入第 2 个字段时,模型根据已有的第 1 个字段的证据值,基于后验概率给出第 2 个字段的预测结果推荐给用户,记录该预测值;

(3)无论第 2 个字段是否预测正确,假设用户输入了正确的值;输入第 3 个字段时,模

型根据已有的第 1、2 个字段的证据值,基于后验概率给出第 3 个字段的预测结果推荐给用户,记录该预测值;

(4) 以此类推,在假设每一次用户都进行了正确输入的前提下,基于已经输入的所有证据值进行预测,记录所有的预测值。

从图 19-13 可以看出,当历史数据积累到一定程度时,虽然从样本中学习的贝叶斯网络和参数仍然存在差异,但基于贝叶斯网络的推理正确率已经相对稳定,通过扩大训练样本容量提高推理效果的空间非常有限。图 19-14 的实验中,以 2000 条数据样本上学习出来的贝叶斯网络为基准网络,在不同的样本上进行参数训练,然后进行推理预测。可以发现,Asia 和 Brecan 数据集上预测的正确率几乎没有变化,但在 Alarm 数据集上预测效果会有小幅提升,这也很容易理解:Alarm 数据集有 37 个字段,需要更多的数据才能获得较为稳定准确的参数。

这两个实验都说明,当数据来源于同一分布且依赖关系均匀的情况下,并非样本越大基于模型的预测能力越好。当训练样本已经能够全面反映所收集的数据的分布特征时,逐步积累的历史数据包含的更多的是冗余信息,不再为数据预测提供新的证据。因此,在实际数据收集中,如果使用增量学习,需要考虑数据质量控制的效果和模型训练的成本,资源的消耗等。

19.4.3 排序算法

一般情况下,用户会按照默认的排序录入数据。我们期望通过优化的排序实现录入推荐的最佳效果。这里对字段的默认排序、随机排序、基于贝叶斯网络的排序进行了实验对比。数据预测仍采用上一小节介绍的方式,分别在 500、2000、8000 条训练数据上比较了这 3 种排序方式对数据预测的影响,如图 19-15、图 19-16、图 19-17 所示。

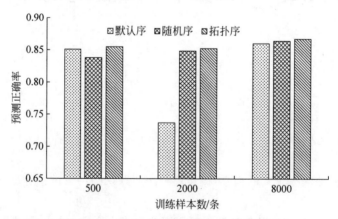

图 19-15　不同排序的数据预测效果(数据集 Asia)

从图中可以看出:

(1) 一般情况下,基于贝叶斯网络拓扑的字段排序的数据预测效果要好于默认排序和随机排序。这一结果符合预期,说明用户录入数据字段值的先后顺序对模型的预测能力有影响。

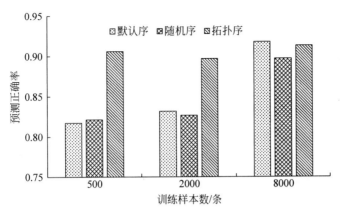

图 19-16　不同排序的数据预测效果(数据集 Alarm)

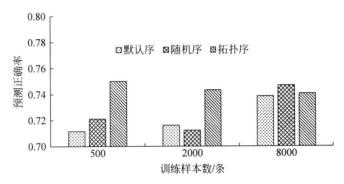

图 19-17　不同排序的数据预测效果(数据集 Breast Cancer)

　　(2) 在历史数据较少的条件下,基于贝叶斯网络拓扑的字段排序的优势更加明显。这说明在训练样本不太充分的条件下,排序对数据收集质量控制影响更大。

　　(3) 对于字段较多的关系数据表(如 Alarm),基于贝叶斯网络拓扑的字段排序的优势更加明显。这说明可提供给数据预测的证据值越多,证据值的先后顺序对预测效果的影响越大。

　　由此可见,在大多数情况下,基于贝叶斯网络拓扑的字段排序对数据录入的辅助预测是一种良好的排序方式。

本章小结

　　本章在已有的数据预测模型研究成果的基础上,重点研究贝叶斯网络模型在数据收集质量控制中的应用。通过分析已有的研究成果,抽象出基于贝叶斯网络的数据收集质量控制的一般组件与数据流。针对数据收集中数据积累的动态特点,分析了贝叶斯网络拓扑学习的"跳跃性"特征、参数学习的"渐进性"特征以及模型精度对预测、推理的影响,讨论了在数据收集质量控制中使用贝叶斯网络增量学习和批量学习的场合。为更好地利用贝叶斯网络蕴含的"因果"信息,提高数据收集的准确性,根据拓扑排序的概念,提出了一种基于贝叶斯网络结构的关系型数据字段排序方法。该排序方法基于贝叶斯网络结构的节点顺序对关系表单的字段进行排序,充分利用了字段之间的因果关系。

实验证明,贝叶斯网络是辅助关系型数据录入的有效预测模型。在数据样本服从同一分布的情况下,贝叶斯网络的结构和参数会随着训练样本的变化逐步收敛。当数据样本达到一定程度时,由增量数据引起的模型精度的提升对数据预测和推理的影响很小。因此,对数据录入的需求而言,根据实际需求选择批量学习和增量学习的方式,可以避免冗余学习和不必要的资源消耗。实验证明了基于贝叶斯网络拓扑的字段排序对辅助数据录入预测的准确性有明显提升,尤其是在可供训练的样本较少的情况下,以及关系字段较多时,贝叶斯网络拓扑排序对数据预测更具优势。

本章参考文献

[1] Viola P, Narasimhan M. Learning to Extract Information from Semi-Structured Text Using a Discriminative Context Free Grammar[C]//Proceedings of the 28th Annual International ACM SIGIR Conference on Research and Development in Information Retrieval (SIGIR'05), Salvador, Brazil, Aug. 15-19, 2005: 330-337.

[2] Chen K, Hellerstein J M, Parikh T S. Data in the First Mile[C]//The 5th Biennial Conference on Innovative Data Systems Research (CIDR'11), Asilomar, CA, USA, Jan. 9-12, 2011: 203-206.

[3] Parikh T S. Engineering Rural Development[J]. Communications of The ACM, 2009, 52(1): 54-63.

[4] Patnaik S, Brunskill E, Thies W. Evaluating the Accuracy of Data Collection on Mobile Phones: A Study of Forms, SMS, and Voice[C]//Proceedings of the 3rd IEEE International Conference on Information and Communication Technologies and Development (ICTD'09), Doha, Qatar, Apr. 17-19, 2009: 74-84.

[5] Ali A, Meek C. Predictive Models of Form Filling[J]. Algorithmic Bioproceses, Lecture Notes in Computer Science, 2009, 7(7): 155-158.

[6] Chickering D M. Optimal Structure Identification with Greedy Search[J]. Journal of Machine Learning Research, 2003, 3(3): 507-554.

[7] Heckerman D, Chickering D M, Meek C, et al. Dependency Networks for Inference, Collaborative Filtering, and Data Visualization[J]. Journal of Machine Learning Research, 2000, 1: 49-75.

[8] Chen K, Chen H, Conway N, et al. Usher: Improving Data Quality with Dynamic Forms[J]. IEEE Transactions on Knowledge & Data Engineering, 2011, 23(8): 1138-1153.

[9] 胡玉胜,涂序彦,崔晓瑜,等. 基于贝叶斯网络的不确定性知识的推理方法[J]. 计算机集成制造系统, 2001, 7(12): 65-68.

[10] Cheng J, Greiner R. Learning Bayesian Belief Network Classifiers: Algorithms and System[J]. Lecture Notes in Computer Science, 2001: 141-151.

[11] Cheng J, Bell D A, Liu W. Learning Bayesian Networks from Data: An Efficient Approach Based on Information Theory[C]//Proceedings of the 7th International World Wide Web Conference (WWW'98), Brisbane, Australia, Apr. 14-18, 1998: 1-41.

[12] Cheng J, Bell D A, Liu W. Learning Belief Networks from Data: An Information Theory Based Approach[C]//Proceedings of the 6th International Conference on Information and Knowledge Management (CIKM'97), Las Vegas, Nevada, Nov. 10-14, 1997: 325-331.

[13] Friedman N, Nachman I, Peer D. Learning Bayesian Network Structure from Massive Datasets: the "

Sparse Candidate" Algorithm[C]//Proceedings of the 29th Conference on Uncertainty in Artificial Intelligence (UAI'13),Bellevue,WA,USA,Aug. 11-15,2013:206-215.

[14] Grossman D,Domingos P. Learning Bayesian Network Classifiers by Maximizing Conditional Likelihood[C]//Proceedings of the 21st ACM International Conference on Machine Learning ((ICML'04),Banff,Alberta,Canada,Jul 4-8,2004:361-368.

[15] Lam W,Bacchus F. Learning Bayesian Belief Networks:An Approach Based on the MDL Principle [J]. Computational Intelligence,2000,10(3):269-293.

[16] Cheng J,Bell D A,Liu W. An Algorithm for Bayesian Belief Network Construction from Data[C]// Proceeding of the 6th International Workshop on Artificial Intelligence and Statistics (AI & STAT' 97),Fort Lauderdale,Florida,USA,January,1997:83-90.

[17] 王双成,冷翠平,杜瑞杰.一种新的贝叶斯网络增量学习方法[J].系统仿真学报,2009,21(17): 5436-5439.

[18] Li X. A Bayesian Approach for Estimating and Replacing Missing Categorical Data[J]. ACM Journal of Data and Information Quality,2009,1(1-3):1-11.

[19] Kahn A B. Topological Sorting of Large Networks[J]. Communications of The ACM,1962,5(11): 558-562.

[20] Cormen T H,Leiserson C E,Rivest R L,et al. Introduction to Algorithms[M]. MIT Press,2009.

[21] Lauritzen S L,Spiegelhalter D J. Local Computations with Probabilities on Graphical Structures and Their Application to Expert Systems[J]. Journal of the Royal Statistical Society,1988,50(2): 157-224.

[22] Beinlich I A,Suermondt H J,Chavez R M,et al. The ALARM Monitoring System:A Case Study with Two Probabilistic Inference Techniques for Belief Networks[C]//Proceedings of the 2nd European Conference on Artificial Intelligence in Medicine (CAIM'89),London,UN,Aug. 29-31, 1989:247-256.

第**20**章

不一致数据检测与修复方法研究

20.1 引言

在数据收集阶段,数据质量控制的具体任务主要为数据预测、检测和修复。实际上,本书第 19 章研究的基于贝叶斯网络的反向推理也属于针对数据质量的检测和修复。在提交每一份关系数据表前,有必要对数据中存在的不一致进行检测,并尽可能对检测出的问题数据进行可靠的修复。

事实上,不一致数据的检测和修复也是数据清洗的重要任务。数据检测的主要目的是通过检测规则尽可能多地发现关系数据表中的存疑数据,数据修复的主要目的是通过修复规则尽可能在不引入新的错误前提下修复不一致的数据。可见,数据检测和修复都需要相应的依赖规则及其对应的自动挖掘或生成算法。

不同于数据检测规则,数据修复规则中一般要同时包含"错误模式"和"证据模式",如何在数据样本中自动鉴别这两种模式一直是研究的难点。针对数据检测的条件函数依赖规则已经拥有相当丰富的研究成果,而关于数据修复的依赖规则及其相应的自动挖掘或生成算法的研究还很少。

本章主要研究数据修复规则的自动生成和不一致数据检测、修复方法。针对一种新颖可靠的数据修复规则——Fixing Rule 的自动挖掘和生成算法相对缺乏的现状,提出了一种基于常量条件函数依赖的生成算法 GenConFRs,并对算法的正确性和可靠性进行了形式化的证明,填补了修复规则 Fixing Rule 自动生成方法的空白。通过分析常量条件函数依赖和 Fixing Rule 的紧密联系和互补特征,提出了一种融合的不一致数据检测与修复算法 DetecRep,该算法可以同时进行数据检测和修复,在检测和修复上分别具有较高的召回率和准确率。

20.2　数据的检测与修复

数据质量规则主要包括检测规则和修复规则。虽然函数依赖不是针对数据质量的研究而提出,但仍然可以用于检测数据表中的不一致数据(只是效果不如条件函数依赖好[1]);同理,条件函数依赖主要用于检测数据表中不一致的数据,也可以用于不一致数据的修复[2-3]。

以表 20-1 的关系数据为例,介绍传统函数依赖和条件函数依赖检测或修复数据的方法。表 20-1 描述了某单位人员参加学术会议的情况,每条记录包含参会人姓名(Name)、会议举办国家(Country)、城市(City)、首都(Capital)以及会议名称缩写(Conference)。表中的记录包含一些错误的值(阴影标出),正确的数据标识在相应的括号中。

表 20-1　学术参会记录

	Name	Country	Capital	City	Conference	Year
t_1	George	China	Beijing	Beijing	SIGMOD	2007
t_2	Ian	China	Shanghai (Beijing)	Hongkong (Shanghai)	ICDE	2009
t_3	Peter	China (Japan)	Tokyo	Tokyo	ICDE	2005
t_4	Mike	Canada	Toronto (Ottawa)	Toronto	VLDB	2004

规则 20-1　φ_0：Country→Capital

φ_0 是一个传统的函数依赖的形式,表示数据表中"Country"属性的值唯一地决定"Capital"属性的值,即如果任意两条记录中的"Country"属性值一致,则"Capital"属性值也应一致。显然,表 20-1 中 t_2、t_3 和 t_4 的"Country"或"Capital"属性值包含错误。可见,传统的函数依赖可以被用来进行数据质量检测,并且较好地发现数据中存在的不一致数据。

为了修复 t_2、t_3 和 t_4 中的不一致数据,通常需要遵循一定的修复原则,如最小修复代价原则。根据最小修复代价原则,自动修复程序会将 t_2[Capital]修复为"Beijing",将 t_3[Capital]修复为"Beijing"。显然,这样的修复对于 t_2 是正确的,而对于 t_3 是错误的。

规则 20-2　φ_1：((Capital,City,Conf)→Country,(Tokyo,Tokyo,ICDE)‖Japan)

φ_1 是一个条件函数依赖,表示对于实例表的任意一条记录,如果学术会议"ICDE"召开的地点为"Tokyo",Capital 也为"Tokyo",则相应的"Country"属性值应该为"Japan"。条件函数依赖为传统函数依赖的扩展形式,可以看出,条件函数依赖包含更具体的证据模式。虽然证据值本身也可能包含错误,但是所有证据模式同时出错的概率很低,因此,该条件函数依赖可以修复 t_3 中的不一致数据。

规则 20-3　φ_2：(Country→Capital,China‖Beijing)

规则 20-4　φ_3：(Country→Capital,Japan‖Tokyo)

φ_2 和 φ_3 是在 φ_0 基础上扩展而来的条件函数依赖。相对传统函数依赖,它们的证据值更加具体,对于检测数据中的错误针对性更强。但是,在面向类似记录 t_3 的错误时,自动修复程序无法判断使用哪一条规则对其进行修复。

为了能够进行准确率更高的修复,给数据修复提供更充分的证据,Jiannan Wang 和 Nan Tang 提出了一种修复规则的形式,命名为"Fixing Rule"[4],简称 FR。首先通过几个例子介绍 Fixing Rule 的形式和语义。

规则 20-5　φ_4:(([Capital,City,Conf],[Tokyo,Tokyo,ICDE])(Country,{China, Canada}))→Japan

φ_4 是一条修复规则 Fixing Rule,它的语义为:如果一条记录的"Conference""City" "Capital"分别为"ICDE""Tokyo""Tokyo",且"Country"属性值为"China"或"Canada",那么需要将"Country"属性值修复为"Japan"。可以看出,Fixing Rule 的证据模式不仅包含了正确的值,同时也指明了记录获得修复必须满足的错误模式。

规则 20-6　φ_5:(([Country],[China])(Capital,{Shanghai,Hongkong}))→Beijing

φ_5 也是一条修复规则 Fixing Rule,它的语义为:如果一条记录的"Country"属性值为 "China",而"Capital"属性值为"Hongkong"或"Shanghai",则将"Capital"属性值修复为 "Beijing"。可以看出,因为增加了疑似错误值的证据,φ_5 可以正确修复 t_2 的错误,且不会对记录 t_3 引入更多的错误。

修复规则 Fixing Rule 是一类针对数据修复的依赖规则,其包含一个证据模式、一个拒绝模式以及一个事实值,能够正确地引导用户或自动修复程序对数据进行可靠的修复。实际上,除了 Fixing Rule 这种修复规则,还有一些其他的数据修复规则,如编辑规则(Editing Rules)等[5]。

虽然利用上述几类规则都能够在一定程度上完成对数据的检测和修复,但是检测和修复任务的目标又存在一定的差异——人们通常希望尽可能多地发现数据中的错误(不遗漏掉脏数据),而谨慎地修复发现的错误(介于修复规则和标准的局限性,不引入新的错误),这也是很多数据检测可以借助自动的方式进行,而数据修复则通常需要业务人员参与[6-8]。因此,一般地,要求数据检测算法的召回率足够高、数据修复算法的准确率足够高。另外,由于领域专家资源有限,人们希望能够从数据中自动地挖掘出相关的规则或借助有限的专家资源生成相关的规则。

如前文所述,常量条件函数依赖是面向不一致数据检测的依赖规则,Fixing Rule 是面向不一致数据修复的依赖规则。但是上面的例子说明,常量条件函数依赖虽然也能够进行数据修复,但是需要考虑其修复的准确率。而 Jiannan Wang 在研究中指出,由于 Fixing Rule 包含了更多的证据模式,使得其拥有很高的准确率和较低的召回率的特点,满足了人们相对"保守"的数据修复需求[4]。

本章结合数据质量检测和修复的需求特征,研究了在只有一种规则的背景下,抽取或生成另一种规则的方法,并提出了一种基于这两种依赖规则的数据质量控制方法。

20.3　检测规则与修复规则的转换

目前,条件函数依赖的自动挖掘算法已经相对成熟,可以直接从经过校验的数据样本中挖掘,或由领域专家设计;而修复规则 Fixing Rule 尚没有自动挖掘算法或生成方法,只能通过领域专家指定[4]。从上节的规则举例不难看出,常量 CFD 与 Fixing Rule 在形式上是相似的,期望从常量条件函数依赖中产生相应的修复规则。为了研究这两种规则的转换方法,首先分析这两种规则的定义。常量条件函数依赖的定义参见《数据质量导论》的 3.4 节(第 1 章参考文献[47]),这里只介绍 Fixing Rule 的定义。

20.3.1　修复规则 Fixing Rule 的形式化定义

定义 20-1　(**Fixing Rule**)某关系 R 上的一个 Fixing Rule 为 $((X, t_p[X]), (A, T_p^-[A])) \to t_p^+[A]$,其中:①$X$ 是 **Attr**(R) 的一个属性子集,A 是 **Attr**$(R) \backslash X$ 上的一个属性;②$t_p[X]$ 是属性集 X 上的一个证据模式,即对于 $\forall B \in X, t_p[B] \in$ **Dom**(B);③$T_p^-[A]$ 的值来源于 **Dom**(B),是 **Dom**(B) 的一个非空子集,为属性 A 的拒绝模式;④$t_p^+[A]$ 是 Dom$(A) \backslash T_p^-[A]$ 中的某一个值,表示属性 A 在该规则中的事实取值。

通过比较第 2 章中常量条件函数依赖的定义,不难发现:①修复规则 Fixing Rule 中的证据模式 $t_p[X]$ 等价于常量条件函数依赖的 LHS 模式;事实取值 $t_p^+[A]$ 等价于常量条件函数依赖的 RHS 模式;②相对于利用常量条件函数依赖进行不一致数据的检测,修复规则 Fixing Rule 需要更多的证据(即拒绝模式 $T_p^-[A]$)来对数据进行可靠的修复。

20.3.2　基于修复规则 Fixing Rule 抽取常量 CFD

用于不一致数据检测的常量条件函数依赖有三种获取方式:①直接抽取业务规则;②由领域专家结合领域知识、经验设计;③从数据中自动挖掘。前两种方式都需要领域专家直接参与,第三种方式虽然不需要领域专家直接参与,但需要经过校验的干净的数据样本(否则挖掘的规则同样会存在质量问题)。也就是说,即便是借助自动挖掘算法从数据中搜索数据质量规则,同样需要一定的先验知识。

目前,修复规则 Fixing Rule 只能通过专家设计获得。在已经获得高质量的 Fixing Rule 集合的背景下,可以考虑从 Fixing Rule 集合中抽取常量条件函数依赖。

基于上文中对常量条件函数依赖和 Fixing Rule 的比较,从 Fixing Rule 集合中抽取常量条件函数依赖思路非常自然,即对于 Fixing Rule 集合中某一个规则 $\varphi_1^F = ((X, t_p[X]), (A, T_p^-[A])) \to t_p^+[A]$,删去其拒绝模式,即可得到相应的常量条件函数依赖 $\varphi_1^C = (X \to A, t_p[X] \| t_p^+[A])$。为了叙述方便,将某个 $FR_{\varphi_i^F}$ 和相应的常量条件函数依赖 φ_i^C 所属的集合分别记作 Σ^F 和 Σ^C。

对于任意数据质量规则集,首先要证明其一致性,即保证其中没有矛盾的规则。包含冲突依赖的规则集是没有意义的,不能用于数据质量检测,甚至可能导致程序运行出错。对于任意给定的常量条件函数依赖集合,证明其一致性(即没有冲突矛盾的依赖)是 NP- 完全问题[1,9](但自动挖掘算法能够保证其输出的常量条件函数依赖集合是完全的、一致的)。在这里需要证明,从一致集 Σ^F 抽取出的常量条件函数依赖集合 Σ^C 是一致的。为了证明这个结论,首先分别介绍常量条件函数依赖集和 Fixing Rule 集的一致性定义。

定义 20-2　(**常量条件函数依赖集的一致性**[1,9])定义在一个关系 R 上的常量条件函

数依赖集 Σ，若存在一个满足 R 的关系实例 I，使得 $I \models \Sigma$，则该函数依赖集 Σ 是一致的。

定义 20-3　（**Fixing Rule 集的一致性**[4]）对于关系 R 上的任意元组（记录）t，若 t 在 Fixing Rule 集 Σ 下有唯一的修复，则 Σ 是一致的。

定理 20-1　从一致集 Σ^F 抽取出的常量条件函数依赖集合 Σ^C 也是一致的。

证明：因为 Σ^F 是一致的，根据定义 20-3，存在一个关系 R 上的任意元组（记录）t 在 Σ^F 下都有唯一的修复 t'。

假设 t 是由一个子集 $\Sigma_1^F \subseteq \Sigma^F$ 修复，其唯一的输出为 t'，则 t' 必然满足 Σ_1^F 中任意 φ_i^F 的证据模式和事实取值。显然有 $t' \models \Sigma_1^C$，且 t' 与 $\forall \varphi \in \Sigma^C \backslash \Sigma_1^C$ 的 LHS(φ) 均不匹配，因此，$t' \models \Sigma^C$。

以此类推，假设 t_1 由 $\Sigma_1^F \subseteq \Sigma^F$ 修复，t_2 由 $\Sigma_2^F \subseteq \Sigma^F$ 修复……t_n 由 $\Sigma_n^F \subseteq \Sigma^F$ 修复，其中 $\Sigma^F = \Sigma_1^F \cup \Sigma_2^F \cup \cdots \cup \Sigma_n^F$，那么有 $\forall t'_i \models \Sigma^C (i \in \{1, 2, \cdots, n\})$ 且对于每一个 $\varphi^C \in \Sigma^C$，至少存在一个 $t' \in I = t'_1 \cup t'_2 \cup \cdots \cup t'_n$ 可以匹配 LHS(φ^C)。也就是说，至少可以找到一个实例 $I(= t'_1 \cup t'_2 \cup \cdots \cup t'_n) \models \Sigma^C$（满足定义 20-2）。因此，从一致集 Σ^F 抽取出的常量条件函数依赖集合 Σ^C 也是一致的。

定理 20-1 能够保证从 Fixing Rule 集合中抽取的常量条件函数依赖集是一致的，其中不存在冲突的依赖规则，可以用于不一致数据的检测。

20.3.3　基于常量条件函数依赖生成 Fixing Rule

1. Fixing Rule 集生成流程

前文已经提到，目前 Fixing Rule 主要依赖领域专家指定，尚没有从数据中自动挖掘的算法。因为常量条件函数依赖的自动挖掘算法已经相对成熟，如 CFDMiner，CCFD-FPGrowth 和 CFun 等[10-12]。基于常量条件函数依赖和 Fixing Rule 在形式上相似和语义上相近的特征，给出如图 20-1 所示的从样本数据或常量条件函数依赖中产生 Fixing Rule 的流程。

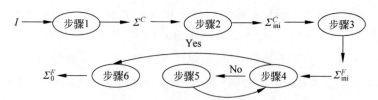

图 20-1　基于常量条件函数依赖生成 Fixing Rule 集的流程

步骤 1：基于上述成熟的算法在数据实例 I 上挖掘条件函数依赖的正则覆盖集 Σ^C；

步骤 2：根据一定的标准或原则从 Σ^C 中筛选一个子集 Σ_{ini}^C；

步骤 3：通过对每一个 $\varphi^C \in \Sigma_{ini}^C$ 增加拒绝模式的方式，生成 Fixing Rule 的初始集 Σ_{ini}^F；

步骤 4：检测 Σ_{ini}^F 的一致性；如果存在不一致的规则，转入第 5 步；否则，转入步骤 6；

步骤 5：检测并处理 Σ_{ini}^F 中不一致的规则，返回第 4 步；

步骤 6：输出 Fixing Rule 的一致集 Σ_o^F。

Σ^C 是数据实例 I 上的正则覆盖集,意味着其包含 I 上所有的不平凡、非冗余、k-频繁的条件函数依赖。相对于领域专家的直接指定,自动挖掘算法不会遗漏任何数据中有用的或重要的依赖规则,为产生相对"完整"的 Fixing Rule 集合奠定了良好的基础。

不同于第 1 步,在第 2 步中领域专家的参与能够获得更有意义的、满足实际需求的规则。专家可以结合领域知识从 Σ^C 中选择有意义的依赖或者删去一些偶然的依赖。在没有专家资源的情况下,也可以通过一些标准筛选出一个子集,比如支持度排名前 n 的依赖、LHS 的证据值超过 k 个的依赖等等(通常认为这些依赖不是偶然的依赖)。很容易证明在该步骤中筛选出的依赖子集是一致的。

定理 20-2　条件函数依赖正则覆盖集 Σ^C 的子集 Σ^C_{ini} 是一致集。

证明:因为 Σ^C 是从数据实例 I 中挖掘的正则覆盖集,显然存在一个非空的数据实例 $I \vDash \Sigma^C$。因为 $I \vDash \Sigma^C$,$\Sigma^C_{\text{ini}} \subseteq \Sigma^C$,故 $I \vDash \Sigma^C_{\text{ini}}$,即存在一个非空的数据实例满足 Σ^C_{ini},根据定理 20-2,Σ^C_{ini} 是一致集。

在第 3 步中,通过加入拒绝模式可以产生 Fixing Rule 的初始集。值得注意的是,尽管输入的 Σ^C_{ini} 已经被证明是一致集,输出的 Fixing Rule 初始集 Σ^F_{ini} 不能保证是一致的。例如,

$$\varphi^C_1 : (A \to B, 10 \parallel 20)$$
$$\varphi^C_2 : (B \to A, 21 \parallel 11)$$

其中,$\mathbf{Dom}(A) = \{10, 11, 12, 13\}$,$\mathbf{Dom}(B) = \{20, 21, 22, 23\}$。按照 Fixing Rule 的定义,通过抽取相应属性的值域加入拒绝模式后,

$$\varphi^F_1 : (([A], [10]), (B, \{21, 22\})) \to 20$$
$$\varphi^F_2 : (([B], [21]), (A, \{10, 12\})) \to 11$$

很容易验证 φ^C_1 和 φ^C_2 是一致的,但 φ^F_1 和 φ^F_2 是矛盾的。因此,有必要在第 4、5 步中检测产生的 Fixing Rule 初始集的一致性,并处理不一致的规则。

避免产生冲突规则的另一种方式是对添加的拒绝模式进行必要的约束,自动生成一致的 Fixing Rule 集合。通过这种方式,步骤 4~6 可以简化为一步,而且在整个由常量条件函数依赖集产生 Fixing Rule 集的流程中,无须领域专家的参与。下一节提出这种自动生成算法。

2. 基于常量条件函数依赖集的 Fixing Rule 集生成算法

在提出基于常量条件函数依赖集的 Fixing Rule 集生成算法之前,首先介绍任意两个 Fixing Rule 可能冲突的情形。假设有如下两个 Fixing Rule

$$\varphi^F = ((Y, s_p[Y]), (C, S_p^-[C]) \to s_p^+[C])$$
$$\varphi^F = ((X, t_p[X]), (A, T_p^-[A]) \to t_p^+[A])$$

这两个 Fixing Rule 包含冲突的所有情形如下[4]:①若 $A = C$,则 ϕ^F 和 φ^F 只有在 $S_p^-[C] \bigcap T_p^-[A] \neq \varnothing$,$t_p^+[A] \neq s_p^+[C]$ 的情况下才可能冲突;②若 $A \neq C$,$C \in X$,$A \notin Y$,则 ϕ^F 和 φ^F 只有在 $t_p[C] \in S_p^-[C]$ 的情况下才可能冲突;③若 $A \neq C$,$C \notin X$,$A \in Y$,则 ϕ^F

和 φ^F 只有在 $s_p[A] \in T_p^-[A]$ 的情况下才可能冲突；④若 $A \neq C, C \in X, A \in Y$，则 ϕ^F 和 φ^F 只有在 $s_p[A] \in T_p^-[A]$ 和 $t_p[C] \in S_p^-[C]$ 的情况下才可能冲突。

根据这 4 种情形，并结合图 20-1 的流程，提出了基于常量条件函数依赖集的 Fixing Rule 集生成算法，如表 20-2 所示。该算法能够保证生成的 Fixing Rule 集合是一致的。

该算法输入一个常量条件函数依赖一致集 Σ_{ini}^C，输出一个 Fixing Rule 一致集 Σ_o^F。对于每一个 $\varphi^C \in \Sigma_{\text{ini}}^C$（第 2 行），将其 LHS/RHS 映射为对应的 φ^F 的证据模式和事实取值（第 3 行），将 φ^F 的拒绝模式初始化为相应属性的域（除去事实取值）。通过检测 Σ_o^F 中已经存在的 ϕ^F 与当前 φ^F 的关系，删去 φ^F 的拒绝模式的冲突值（第 5 ～ 17 行）。

表 20-2　基于常量条件函数依赖集的 Fixing Rule 集生成算法

算法	GenConFRs

输入：常量条件函数依赖一致集 Σ_{ini}^C，以及依赖集涉及的属性的域 $\text{Dom}(A), A \in R$；

输出：Fixing Rule 一致集 Σ_0^F；

1.　　　初始化 $\Sigma_0^F = \varnothing$；
2.　　**for each** $\varphi^C = (X \to A, t_p[X] \parallel t_p[A]) \in \Sigma_{\text{ini}}^C$ **do**
3.　　　　φ^F: $t_p[X] = t_p[X], t_p^+[A] = t_p[A], T_p^-[A] = \text{Dom}(A) \backslash t_p^+[A]$；
4.　　　　**for each** $\varphi^F = (((Y, s_p[Y]), (C, S_p^-[C])) \to s_p^+[C] \Sigma_0^F)$ **do**
5.　　　　　　**if** $X \cap Y = \varnothing$ **or** $X \cap Y = Z, t_p[Z] = s_p[Z]$ **do**
6.　　　　　　　　**if** $A = C$ **do**
7.　　　　　　　　　　**if** $t_p^+[A] \neq s_p^+[C]$ **do**
8.　　　　　　　　　　　　$T_p^-[A] = T_p^-[A] \backslash S_p^-[C]$；
9.　　　　　　　　　　**end**
10.　　　　　　　　**else if** $A \in Y$ **and** $C \notin X$
11.　　　　　　　　　　$T_p^-[A] = T_p^-[A] \backslash s_p[A]$
12.　　　　　　　　**else if** $A \notin Y$ **and** $C \in X$
13.　　　　　　　　　　$S_p^-[C] = S_p^-[C] \backslash t_p[C]$
14.　　　　　　　　**else if** $A \in Y$ **and** $C \in X$
15.　　　　　　　　　　$T_p^-[A] = T_p^-[A] \backslash s_p[A], S_p^-[C] = S_p^-[C] \backslash t_p[C]$
16.　　　　　　　　**end**
17.　　　　　　**end**
18.　　　　**end**
19.　　　　$\Sigma_0^F = \Sigma_0^F \cup \varphi^F$；
20.　　**end**
21.　　**return** Σ_0^F；

GenConFRs 的第 5 ～ 17 行能够保证输出的 Σ_0^F 是一致集。在证明该算法的正确性之前，首先证明几个引理。

引理 20-1　若两个 Fixing Rule ϕ^F 和 γ^F 是一致的，则从其中任意一个的拒绝模式中删去一些值，它们仍然一致。

证明：因为 ϕ^F 和 γ^F 是一致的，则它们不会是上述列举的冲突情形中的任意一种。很容易验证当从其中任意一个的拒绝模式中删去一些值，这两个 Fixing Rule 仍然不会满足上述列举的情形,因此该结论正确。

引理 20-2　当且仅当 Fixing Rule 集 Σ 中的任意两个规则都一致时,Σ 是一致集。

证明:该引理已经被证明[4]。该结论说明,如果要证明一个 Fixing Rule 集 Σ 是一致集,只要证明其中的任意两个 Fixing Rule 不是冲突的规则即可。

下面证明算法的正确性:

定理 20-3　GenConFRs 能够从常量条件函数依赖一致集 Σ_{ini}^{C} 中产生 Fixing Rule 一致集 Σ_{0}^{F}。

证明:首先证明任意两个 $\phi^{F},\varphi^{F} \in \Sigma^{F}$ 是一致集。

显然,第 5 ~ 17 行通过检测当前的 φ^{F} 与 Σ_{0}^{F} 中已经存在的 ϕ^{F},删去这两个 Fixing Rule 中拒绝模式的冲突值(依据上述列举的 4 种情形),可以保证当前的 φ^{F} 与 Σ_{0}^{F} 中已经存在的 ϕ^{F} 是一致的。

所以,只要证明,已经存在的 ϕ^{F} 在删去拒绝模式中相关的冲突值后,与在 ϕ^{F} 之前添加进 Σ_{0}^{F} 的每一个规则 $\gamma^{F} \in \Sigma_{0}^{F}$ 是否一致即可。这个结论已经在引理 20-1 中进行了证明。

因此,任意两个 $\phi^{F},\varphi^{F} \in \Sigma^{F}$ 都是一致的。根据引理 20-2,GenConFRs 的输出 Σ_{0}^{F} 也是一致的。

3. GenConFRs 算法的复杂度分析

不难发现,在 GenConFRs 算法中每增加一个 Fixing Rule,都要和已经存在于 Σ_{0}^{F} 中的 ϕ^{F} 进行比较检测。因此,GenConFRs 算法相对于输入 Σ_{ini}^{C} 的复杂度是 $O(|\Sigma_{ini}^{C}|^{2})$,其中 $|\Sigma_{ini}^{C}|$ 是 Σ_{ini}^{C} 的模,也就是 Σ_{ini}^{C} 中包含的依赖的数目。

4. GenConFRs 算法的实验验证

为了验证 GenConFRs 算法的效果和效率,选取了 3 个数据集作为样本。数据集的相关信息如表所示,实验中已经将数据集中包含缺失值的记录、连续型的属性和无意义的属性删去以适应算法。

因为 GenConFRs 算法的输入是常量条件函数依赖一致集,所以首先借助上一章中提及的 CFDMiner 算法在这 3 个数据集上挖掘常量条件函数依赖一致集。通过约束常量条件函数依赖的支持度、选取子集等方式可以控制输入的常量条件函数依赖的数目。根据定理 20-2,一致集的子集也是一致的。

为了解释实验结果,首先介绍"不平凡的 Fixing Rule"的定义。

表 20-3　实验数据集信息

数据集	记录数	数据源	属性名称
Adult	32K	UCI machine learning repository (http://archive.ics.uci.edu/ml/)	Age,Work Class,Education,Education-Num,Marital Status,Occupation,Relationship,Race,Sex,Hours Per Week,Native Country,Class

数据集	记录数	数据源	属性名称
HOSP	180K	US Department of Health & Human Services(https://physionet.org/content/mimiciv/1.0/)	Provider Number, Hospital Name, Address, City, State, Zip, County, Phone Number, Hospital Type, Hospital Owner, Emergency Service, Measure Code, Measure Name, Condition
OnTime	471K	US Department of Transportation (http://www.transtats.bts.gov)	Origin Airport, Origin City Name, Origin State Name, Tail Number, Departure Time, Arrival Time, Destination Airport, Destination City Name, Destination State Name, Distance, Distance Group

定义 20-4 （**不平凡的 Fixing Rule**）对于一个 Fixing Rule $((X, t_p[X]), (A, T_p^-[A])) \to t_p^+[A]$，将拒绝模式的最大子集标记为 $T_P^{D-}[A]$（$T_P^{D-}[A]$中的每一个元素 $\upsilon \in \mathbf{Dom}(A)$）。如果 $T_P^{D-}[A]$中的元素满足 $0 < |T_P^{D-}[A]| < |\mathbf{Dom}(A)| - 1$，则$((X, t_p[X]), (A, T_p^-[A])) \to t_p^+[A]$是不平凡的 Fixing Rule。

举如下 3 个例子说明这个定义：

$\varphi_a: (([A],[10]), (B,\{21\})) \to 20$；

$\varphi_b: (([A],[10]), (B,\{21,22\})) \to 20$；

$\varphi_c: (([A],[10]), (B,\{21,22,23\})) \to 20$；

如果 $\mathbf{Dom}(B) = \{20,21,22,23\}$，那么 φ_a 和 φ_b 是不平凡的 Fixing Rule，但 φ_c 不是。直观上，如果一个 Fixing Rule 的拒绝模式为其属性的值域减去事实值，则该 Fixing Rule 在语义上基本等价于相应的条件函数依赖，即 φ_c 等价于$(A \to B, 10 \| 20)$。从使用角度而言，不平凡的 Fixing Rule 的语义价值更大（否则可以直接使用对应的常量条件函数依赖）。

下面以实验图表说明 GenConFRs 算法的效率和效果。

表 20-4 和图 20-2(a)、(b)给出了在上述 3 个不同的数据集上，不同输入条件下（即输入不同数量的常量条件函数依赖）输出的 Fixing Rule 的总数目以及输出输入比。

表 20-4　算法 GenConFRs 生成 Fixing Rules 测试结果

输入	Adult	HOSP	OnTime
10	10 (1.0000)	10 (1.0000)	10 (1.0000)
20	20 (1.0000)	20 (1.0000)	20 (1.0000)
30	30 (1.0000)	30 (1.0000)	30 (1.0000)
40	40 (1.0000)	40 (1.0000)	40 (1.0000)
50	38 (0.7600)	50 (1.0000)	50 (1.0000)
60	47 (0.7830)	60 (1.0000)	60 (1.0000)
70	56 (0.8000)	70 (1.0000)	70 (1.0000)
80	60 (0.7500)	80 (1.0000)	80 (1.0000)

续表

输入	Adult	HOSP	OnTime
90	66 (0.7333)	90 (1.0000)	90 (1.0000)
100	71 (0.7100)	100 (1.0000)	100 (1.0000)
200	134 (0.6700)	186(0.9300)	200 (1.0000)
300	192 (0.6400)	253(0.8433)	300 (1.0000)
400	250 (0.6250)	319 (0.7975)	400 (1.0000)
500	303 (0.6060)	388 (0.7660)	500 (1.0000)
600	338 (0.5633)	453 (0.7550)	600 (1.0000)
700	305 (0.4357)	513 (0.7329)	700 (1.0000)
800	347 (0.4338)	578 (0.7225)	800 (1.0000)
900	379 (0.4211)	613 (0.6811)	900 (1.0000)
1000	315 (0.3150)	663 (0.6630)	999 (0.9990)

从表 20-4 和图 20-2(a)可以看出,输出的 Fixing Rule 的数目总体上是随着输入的常量条件函数依赖数目的增加而增加的。例如,对于 Adult 数据集,输入 200 个常量条件函数依赖,GenConFRs 可以输出 134 个 Fixing Rule,输出与输入的比为 67%。图 20-2(a)、(b)中的结果显示,对于大部分数据集(例如 Adult & HOSP),虽然 GenConFRs 的输出对于输入是单调增函数,但是输出输入比却是下降的。这是因为随着输入的常量条件函数依赖的增多,输出的 Fixing Rule 的拒绝模式中的值冲突的几率会逐渐变大。为了保证输出 Fixing Rule 的一致集,(当前或已经保存在 $\Sigma_\circ^F$ 中的)Fixing Rule 的拒绝模式中的值会被删除。当某一个 Fixing Rule 的拒绝模式的值因为冲突原因被全部删除,则该 Fixing Rule 退化为普通的常量条件函数依赖(会被从输出 $\Sigma_\circ^F$ 中移除)。但是,这种情况对于某些属性中包含很多值的数据集是例外的,比如,OnTime 数据集。这类数据集的属性中包含大量的枚举值,以致输出 $\Sigma_\circ^F$ 中很少会有 Fixing Rule 的拒绝模式因为冲突原因被"清空",即很少有 Fixing Rule 退化为普通的常量条件函数依赖,因此这样的数据集可以有近似 1:1 的输出特征。

表 20-5 和图 20-2(c)描述了不同输入条件下,输出的不平凡的 Fixing Rule 的数目,以及其占整个输出的比例。

需要注意的是,表 20-5 中括号内的百分比是由相应的数值除以表 20-4 中对应的数值得到的,即输出的不平凡的 Fixing Rule 占整个输出的比例。例如,对于 HOSP 数据集,当输入为 400 条常量条件函数依赖时,输出的 Fixing Rule 为 319 条(表 20-4),其中不平凡的 Fixing Rule 为 265 条(表 20-5),占整个输出的比例约 83.07%。从图 20-2(c)中可以看出,输入越多,获得的不平凡的 Fixing Rule 的占比越大。这很容易理解,与上面的原因相似,当 Fixing Rule 的拒绝模式满足 $0 < |T_P^{D^-}[A]| < |\mathbf{Dom}(A)| - 1$(定义 20-4)时,该 Fixing Rule 才可能成为不平凡的 Fixing Rule。因此,只有当输入的常量条件函数依赖达到一定的数量(如 200 条以上)时,才可能造成这样的冲突,使得大部分 Fixing Rule 的拒绝模式中不止"缺失"一个事实值。当然,输出的不平凡的 Fixing Rule 的占比和输入的常量函数依赖的顺序也有一定的关系,如图 20-2(c),对于 HOSP 数据集,前 100 条输入的常量条件函数依赖相互就产生了"足够"的冲突,使得输出的不平凡的 Fixing Rule 的占比接近 100%,而一般情

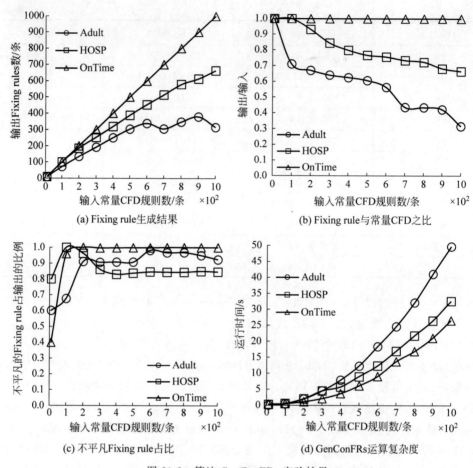

图 20-2 算法 GenConFRs 实验结果

况下，Fixing Rule 中的"冲突量"需要一个逐步累积的过程。在实际应用中，希望获得更多不平凡的 Fixing Rule，否则使用 Fixing Rule 进行数据修复的效果基本等价于相应的常量条件函数依赖。

图 20-2(d) 验证了 GenConFRs 算法的复杂度。前面的理论分析说明了 GenConFRs 算法相对于输入的复杂度是 $O(|\Sigma_{\text{ini}}^C|^2)$，其中 $|\Sigma_{\text{ini}}^C|$ 是输入 Σ_{ini}^C 的模。在 3 个不同的数据集上进行了实验，使用不同的输入测试算法的运行时间，每一个输入的运行时间测试 10 次取平均值，得到如图所示的结果。在 3 个数据集上的运行时间是标准的二次函数抛物线，这和理论分析是一致的。

表 20-5 算法 GenConFRs 生成不平凡的 Fixing Rule 测试结果

输入	Adult	HOSP	OnTime
10	6 (0.6000)	8 (0.8000)	4 (0.4000)
20	7 (0.3500)	18 (0.9000)	16 (0.8000)
30	9 (0.3000)	30 (1.0000)	26 (0.8667)
40	12 (0.3000)	40 (1.0000)	36 (0.9000)

续表

输入	Adult	HOSP	OnTime
50	27 (0.7105)	50 (1.0000)	46 (0.9200)
60	28 (0.5957)	60 (1.0000)	56 (0.9333)
70	34 (0.6071)	70 (1.0000)	66 (0.9429)
80	37 (0.6167)	80 (1.0000)	76 (0.9500)
90	42 (0.6363)	90 (1.0000)	86 (0.9556)
100	48 (0.6761)	100 (1.0000)	96 (0.9600)
200	122 (0.9104)	179 (0.9624)	200 (1.0000)
300	174 (0.9063)	218 (0.8617)	299 (0.9967)
400	227 (0.9080)	265 (0.8307)	399 (0.9975)
500	275 (0.9076)	325 (0.8376)	499 (0.9980)
600	332 (0.9822)	383 (0.8455)	599 (0.9983)
700	295 (0.9672)	433 (0.8441)	700 (1.0000)
800	336 (0.9683)	488 (0.8443)	800 (1.0000)
900	360 (0.9499)	521 (0.8499)	900 (1.0000)
1000	291 (0.9238)	561 (0.8462)	999 (1.0000)

最后验证 GenConFRs 算法输出的 Fixing Rule 的可用性。在此实验中,使用了类似研究的配置[4]:以原始数据集为干净的数据,在其中加入和 Fixing Rule 属性相关的噪声数据表示录入的错误值,噪声的比例为 10%。噪声数据有两种形式:无法识别的拼写错误和来自领域值的错误。

为了和上面的对比形式一致,在表 20-6 中只给出了输入的常量条件函数依赖的数目,实际修复使用的是输出的 Fixing Rule(对于不同的数据集,输出的 Fixing Rule 数目是不同的,见表 20-4)。实验同样使用 cRepair 或 IRepair 算法验证 GenConFRs 算法输出的 Fixing Rule 的可用性。

表 20-6 算法 GenConFRs 生成的 Fixing Rule 可用性分析

数据集	Adult		HOSP		OnTime	
输入	查准率	查全率	查准率	查全率	查准率	查全率
10	0.9953	0.2964	0.8865	0.3076	0.9980	0.3800
20	0.9954	0.2983	0.8588	0.3340	0.9963	0.3793
30	0.9941	0.2824	0.9035	0.3635	0.9956	0.4154
40	0.9886	0.2531	0.9433	0.3732	0.9965	0.4502
50	0.9859	0.2135	0.9277	0.3376	0.9961	0.4492
60	0.9864	0.2213	0.9237	0.3183	0.9958	0.4482
70	0.9873	0.2047	0.9207	0.3033	0.9954	0.4474
80	0.9873	0.2047	0.9154	0.2828	0.9953	0.4456
90	0.9873	0.2047	0.9104	0.2654	0.9950	0.4443

续表

数据集	Adult		HOSP		OnTime	
输入	查准率	查全率	查准率	查全率	查准率	查全率
100	0.9878	0.2144	0.9061	0.2470	0.9946	0.4434
200	0.9821	0.1299	0.9562	0.1234	0.9960	0.4558
300	0.9776	0.0606	0.7385	0.0508	0.9940	0.4395
400	0.9760	0.0622	0.7652	0.0512	0.9933	0.4259
500	0.9727	0.0942	0.8193	0.0616	0.9944	0.4009
600	0.9701	0.0813	0.9124	0.0662	0.9938	0.3885
700	0.9750	0.0758	0.9138	0.0618	0.9936	0.3748
800	0.9855	0.0376	0.7394	0.0556	0.9921	0.3614
900	0.9663	0.0597	0.8638	0.0717	0.9919	0.3565
1000	0.9682	0.0422	0.8849	0.0516	0.9922	0.3465

表 20-6 的数据表明，GenConFRs 算法输出的 Fixing Rule 拥有 Jiannan Wang 等人的研究中所描述的特征[4]：在数据修复中，查准率很高，查全率相对较低。证明了由 GenConFRs 算法生成的 Fixing Rule 可以拥有可靠的数据修复能力。不同的是，在某些数据集上（如 Adult & HOSP），提供的 Fixing Rule 数目越多，查全率越低。这是因为本文的方法生成的 Fixing Rule 的拒绝模式是从属性的值域中抽取的。所以，当由相应的常量条件函数依赖生成的 Fixing Rule 越多时，Fixing Rule 集中拒绝模式中包含的值就越少。因此，很多错误值会因为得不到相应的匹配失去被检测修复的机会。

20.4 基于常量 CFD 和 Fixing Rule 的不一致数据检测与修复

从上文的实验可见，Fixing Rule 主要用于数据修复，所以这是一种"保守"的数据质量规则。在数据质量控制中，一方面，它的修复查准率很高；另一方面，它的查全率相对较低。上文已经说明原因：因为数据需要同时匹配上该规则的证据模式和拒绝模式才能被"发现"并修复。例如下面的 Fixing Rule：

$$(([Country],[China])(Capital,\{Nanjing\})) \rightarrow Beijing$$

虽然这条规则不会将表 20-1 中的记录 t_3 的"Capital"属性修复为"Beijing"导致引入新的错误，但是该规则也不能够发现并修复表 20-7 中的记录 $t_5 \sim t_7$ 中的错误，因为拒绝模式不能够匹配。但是，相应的常量条件函数依赖却能够检测出记录中的异常值。

表 20-7 学术参会记录

	Name	Country	Capital	City	Conference	Year
t_5	Tom	China	Hefei (Beijing)	Hefei	CCFBigData	2015

续表

	Name	Country	Capital	City	Conference	Year
t_6	Jim	China	Qingdao (Beijing)	Qingdao	ICAL	2008
t_7	Lily	China	Hangzhou (Beijing)	Hangzhou	VLDB	2014

20.4.1　不一致数据检测与修复算法 DetecRep

基于上文分析的常量条件函数依赖和 Fixing Rule 的紧密关系,以及在数据检测和修复上的互补特征,提出了如表 20-8 的数据质量控制的算法。

表 20-8　基于 Fixing Rule 的不一致数据检测与修复算法

算法　DetecRep
输入:记录 t, Fixing Rule 一致集 Σ^F;
输出: t 的存疑属性子集$\mathcal{S}$以及修复的记录 t';

1.　　　　Initialize $\mathcal{A} = \varnothing, \mathcal{S} = \varnothing, t' = t$;
2.　　　**for each** $\varphi^F = ((X, t_p[X]), (A, T_p^-[A])) \rightarrow t_p^+[A] \in \Sigma^F$ **do**
3.　　　　**if** $t'[X] = t_p[X]$ **and** $t'[A] \neq t_p^+[A]$
4.　　　　　$\mathcal{S} = \mathcal{S} \bigcup A$
5.　　　　　**if** $t'[A] \in T_p^-[A]$
6.　　　　　　**if** $A \notin \mathcal{A}$
7.　　　　　　　$t'[A] = t_p^+[A]; \mathcal{A} = \mathcal{A} \bigcup X \bigcup A$;
8.　　　　　　**end**
9.　　　　　**end**
10.　　　**end**
11.　　**end**
12.　　**return** $t', \mathcal{S}$

由前文可知,修复规则 $\varphi^F((X, t_p[X]), (A, T_p^-)[A])) \rightarrow t_p^+[A]$ 中蕴含了相应的检测规则 φ^C。因此,算法实际的执行步骤为:

(1)单独抽取$(X, t_p[X])$和 $t_p^+[A]$,即($\varphi^C = (X \rightarrow A, t_p[X] \parallel t_p^+[A])$),检测数据中可能的错误,并进行标记。

(2)进一步对错误模式 $T_p^-[A]$ 进行匹配,如能进一步修复,则标记修复的属性值(根据定义 20-3,在修复规则集为一致集的条件下,该修复是唯一的,无须重复修复操作)。

可以看出,相对于 cRepair 或 IRepair 算法单纯使用 Fixing Rule 进行数据修复,DetecRep 实际上综合了常量条件函数依赖和 Fixing Rule 的优势,不仅能够对数据进行可靠的修复,还能够对不能给出可靠修复的数据进行标记,为后续人工检测和判断提供更加全面的参考。

20.4.2　DetecRep 算法复杂度分析

根据算法步骤,很容易分析出 DetecRep 的时间复杂度。设 Fixing Rule 一致集中规则

的数目 $|\Sigma^F|=n$，且规则的平均长度为 l（即 $\varphi^F=((X,t_p[X]),(A,T_p^-[A]))\to t_p^+[A]$ 中 $|X|+|A|$ 的平均长度），数据集记录的条数为 N。对于每一条记录，需要扫描所有规则，消耗 nl 个时间单位。因此，对于整个数据集，执行算法的时间复杂度为 $O(Nnl)$。

由于该算法是从修复规则 Fixing Rule φ^F 中直接解析出相应的检测规则 φ^C，相对于传统上独立执行数据检测和修复的过程，能够大大缩短不一致数据检测与修复的时间消耗。

20.4.3 实验验证与结果分析

本节仍然使用类似上文中验证 Fixing Rule 可用性的实验配置：分别在 3 个数据集上测试 DetecRep 算法对于两类错误（领域值错误和无关噪声）的效果。

在验证算法对领域值错误的检测和修复效果时，假设数据中仅包含 10% 的拼写错误，按比例数据中引入 10%～90% 的领域值错误；在验证算法对拼写错误的检测和修复效果时，假设数据中的错误比例为 20%，其中拼写错误占 10%～90%。实验使用的 Fixing Rule 集是由 100 条常量条件函数依赖生成的（参考表 20-4）。

因为按指定概率在数据中混入数据噪声有随机性，所以图 20-3 至图 20-5 的结果是在 10 次实验基础上求均值得出的。

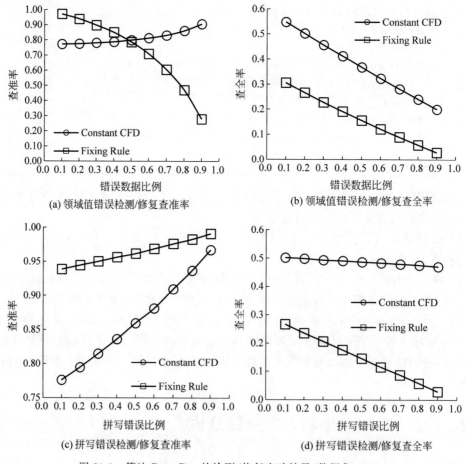

图 20-3　算法 DetecRep 的检测/修复实验结果（数据集 Adult）

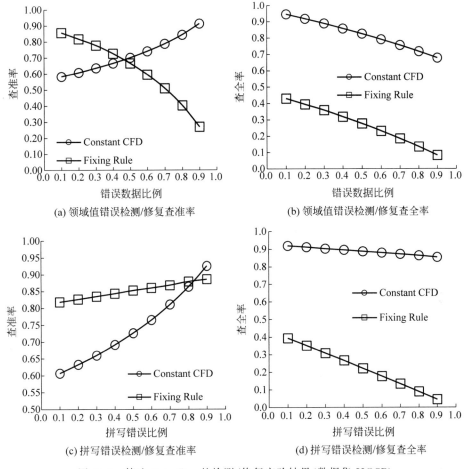

图 20-4　算法 DetecRep 的检测/修复实验结果（数据集 HOSP）

因为 DetecRep 算法实际上是基于 Fixing Rule 和常量条件函数依赖的内在联系，将这两类规则集成到一个数据质量控制的流程中的应用。因此，使用查准率和查全率分别度量这两类规则对于数据质量控制的效果。

对用于不一致数据检测的常量条件函数依赖，其查准率是指基于常量条件函数依赖检测到的真实脏数据占所有检测到的疑似脏数据的比例，其查全率是指检测到的真实脏数据占所有真实脏数据的比例；对用于数据修复的 Fixing Rule，其查准率是指基于 Fixing Rule 修复的真实脏数据占所有修复的疑似脏数据的比例，其查全率是指修复的真实脏数据占所有真实脏数据的比例。

从实验结果（图 20-3～图 20-5）可以看出：

（1）DetecRep 算法结合了常量条件函数依赖和 Fixing Rule 各自的优点，在 3 个数据集上的检测和修复效果基本一致：Fixing Rule 在查准率上占优势，而常量条件函数依赖能发现更多的可疑错误（查全率相对较高）。

（2）当数据中的领域值错误比例上升时，Fixing Rule 能够发现和修复的数据越来越少，而常量条件函数依赖的检测准确率却越来越高，原因是 Fixing Rule 对数据错误的匹配要求更为苛刻。

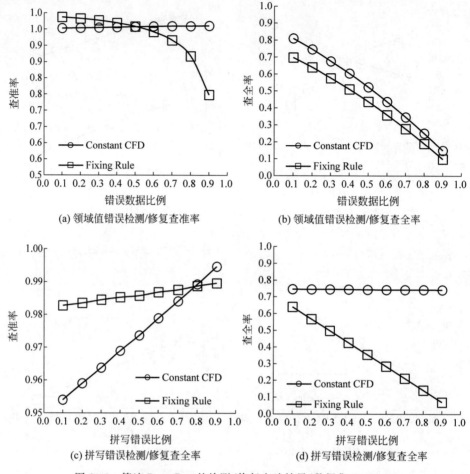

图 20-5 算法 DetecRep 的检测/修复实验结果(数据集 OnTime)

（3）当数据中的拼写错误或无关噪声比例上升时，Fixing Rule 的召回率下降明显，而常量条件函数依赖则几乎不受影响，这是因为 Fixing Rule 无法匹配不能预知的错误值模式，对无关噪声类的错误几乎没有查全能力，而常量条件函数依赖则没有此限制。

（4）DetecRep 算法利用 Fixing Rule 和常量条件函数依赖的关系与在数据质量控制上的互补性，可以很好地实现数据质量控制：期望数据检测的查全率越高越好，数据修复的准确率越高越好，即"保守地"进行自动数据修复，同时将不能修复的可疑错误反馈给用户。

本章小结

本章主要研究数据质量控制的两个主要手段：数据检测和修复。无论是检测还是修复，人们都希望获得相应数据质量规则的自动挖掘或生成方法。数据修复规则的自动挖掘和自动生成算法一直研究的重点、难点。针对一种可靠的数据修复规则——Fixing Rule，提出了基于常量条件函数依赖自动生成 Fixing Rule 的流程。基于此流程,提出了相应的算法 GenConFRs,并给出了理论证明以保证所提的方法生成的是 Fixing Rule 规则一致集。实验证明了该方法生成的 Fixing Rule 的特点和可用性。最后基于常量条件函数依赖和 Fixing Rule 的紧密联系和互补特征,提出了面向不一致数据检测与修复的 DetecRep 算法,该算法同时结合了常量条件函数依赖和 Fixing Rule 的优点。实验在 3 个不同的实际数据集上测试了 GenConFRs 和 DetecRep,结果表明,GenConFRs 能够基于常量条件函数依赖一致集生成修复规则 Fixing Rule 一致集,并具备规则冲突检测能力;DetecRep 在数据质量控制中效果良好,能够很好地满足数据检测和修复的实际需求。

在一定程度上,所提的流程和算法给 Fixing Rule 自动生成的研究提供了一种有价值的参考。这种方法产生的 Fixing Rule 的拒绝模式来源于属性的值域,也就是说,对于某些记录而言,该值是错误的,而对于其他记录,却是正确的。Jiannan Wang 等人研究的 Fixing Rule 却有些区别[4]。例如对于表 20-1 中的“Capital”属性,无论是对于哪一条记录,“Shanghai”都不是正确的值。因此,本文的方法自动生成的 Fixing Rule 有一定的局限性和适用范围。它特别适用于由“复制”“粘贴”带来的数据错误—在很多场景下,某些记录之间拥有一些共同的属性值和个别不同的属性值,数据录入者经常通过“复制”—“粘贴”—“修改”的操作来新建一条记录,个别理应得到修改的属性值却被遗忘而导致数据错误。

本章参考文献

[1] Fan W,Geerts F,Jia X,et al. Conditional Functional Dependencies for Capturing Data Inconsistencies [J]. ACM Transactions on Database Systems,2008,33(2):1-48.

[2] 钟评,李战怀,陈群. 关系数据中函数依赖检测方法[J]. 计算机学报,2017(1):207-222.

[3] Bi Z,Shan M. Review of Data Dependencies in Data Repair [J]. Journal of Information & Computational Science,2012,9(15):4623-4630.

[4] Wang J,Tang N. Towards Dependable Data Repairing with Fixing Rules[C]. Proceedings of the ACM SIGMOD International Conference on Management of Data (SIGMOD'14),Snowbird,Utah,USA, Jun. 22-27,2014:457-468.

[5] Fan W,Li J,Ma S,et al. Towards Certain Fixes with Editing Rules and Master Data[J]. The VLDB Journal,2012,21(2):213-238.

[6] Bohannon P,Fan W,Flaster M,et al. A Cost-Based Model and Effective Heuristic for Repairing Constraints by Value Modification[C]. Proceedings of the ACM SIGMOD International Conference on Management of Data (SIGMOD'05),Baltimore,Maryland,USA,Jun. 14-16,2005:143-154.

[7] Mayfield C,Neville J,Prabhakar S. ERACER:A Database Approach for Statistical Inference and Data Cleaning[C]. Proceedings of the ACM SIGMOD International Conference on Management of Data (SIGMOD'10),Indianapolis,Indiana,USA,Jun. 6-11,2010:75-86.

[8] Yakout M,Elmagarmid A K,Neville J,et al. Guided Data Repair [C]. Proceedings of the 37th International Conference on Very Large Data Bases (VLDB'11),Westin,Seattle,WA,4,Aug. 29-Sep. 3,2011,4(5):279-289.

[9] Fan W,Geerts F. Foundations of Data Quality Management[M]. Morgan & Claypool,2012.

[10] Fan W,Geerts F,Li J,et al. Discovering Conditional Functional Dependencies[J]. IEEE Transactions

on Knowledge & Data Engineering,2011,23(5):683-698.

[11]　Diallo T,Novelli N,Petit J. Discovering (Frequent) Constant Conditional Functional Dependencies [J]. International Journal of Data Mining,Modelling and Management,2012,4(3):205-223.

[12]　Kalyani D. Mining Constant Conditional Functional Dependencies for Improving Data Quality[J]. International Journal of Computer Applications,2013,74(15):12-20.

第**21**章

有限先验知识下的全局数据质量评估

21.1 引言

目前,专业的数据工程师尚属于稀缺资源。数据质量评估经常面临两方面现状:① 数据调查员对数据质量认识模糊,不清楚通过什么渠道、采用什么方式获得高质量的数据;② 数据管理员精力有限,很难调查清楚来源广泛的数据集的质量状况,无法判断某个来源的数据是否达到入库质量标准。实际中,很多集成的数据集都有广泛的来源,例如公安执法机构经常从不同的省份、城市、民族甚至跨国组织中收集数据。这些拥有多样来源的数据质量参差不齐,如何快速判断不同来源的数据的可用性,以选择满足辅助决策需求的数据,是数据质量领域关注的一个重要课题。

对于小规模的数据表,主要通过人工或自动的方式对每一个字段值进行检测以评估数据质量。但对于规模较大的数据表,使用人工方式评估耗时耗力,可行性不高;使用自动方式对每一个字段值进行检测,对于只需要掌握全局数据质量的应用场景而言,效率偏低(因为这些场景通常只需要数据质量的全局分析报告,而非对数据中的每一个存疑值进行定位[1])。因此,对较大的数据表进行数据质量评估,经常通过抽样方法。显然,样本容量很大程度上影响着最终的评估结果和评估效率:样本过大导致评估时间偏长,降低效率;样本过小不能合理科学地反映数据总体的质量水平,尤其是在数据集质量水平不均匀的情况下,结果可信度不高。

V. Sessions 等提出了一种使用贝叶斯网络结构学习算法——PC 算法对全局数据准确性进行评估的方法[1-2]。PC 算法是一种典型的基于独立性测试的贝叶斯网络学习算法。在没有先验知识的情条件下,基于 PC 算法的准确性评估方法可以较好地评估全局数据质量,且避免了由于抽样导致的评估失准等问题。但是研究同时发现,PC 算法在学习节点较多的"大型"贝叶斯结构时,即使样本数据中混有少量的"脏数据"($<5\%$),会使得运算内存急剧上升甚至无法进行计算。因此,当关系数据表的字段较多时,即使记录数很少,也会因

为其中存在少量的脏数据而不能有效地应用 PC 算法对全局数据准确性进行评估。

本章以分析全局数据质量为应用背景,主要研究全局数据准确性评估方法。结合数据抽样的先验知识,对现有数据准确性评估的方法进行拓展和改进,提出了利用基于搜索和评分的贝叶斯网络结构学习算法进行数据准确性评估的方法,有效地弥补了基于独立性测试的方法的不足。在全局数据准确性评估中,进一步引入了基于邻接矩阵的度量标准,以更多维的视角评估数据准确性,避免了由单一标准引起的评估偏差。实验通过 2 个主流的基于评分和搜索的贝叶斯网络结构学习算法——贪婪策略和模拟退火进行实验,证明了所提的方法和相关度量标准在数据全局准确性评估上的可行性和有效性,并分别验证了方法在数据中包含非随机噪声和随机噪声时的适应能力。

21.2 基于贝叶斯网络结构学习的全局数据质量评估

目前对于全局数据质量评估的研究相对较少,为了能够快速判断不同来源数据的可用性,V. Sessions 等人进行了一些探索性的研究[1-2]。他们利用一种基于独立性测试的贝叶斯网络结构学习算法——PC 算法对数据集进行学习,然后通过评价贝叶斯网络拓扑结构的优劣来判断数据集的质量水平。研究指出:①正常数据集对应的贝叶斯网络拓扑结构的平均度为 2.22,如果数据集存在严重的数据质量问题,则平均度可能过大或过小;②PC 算法的效率会随着数据集中脏数据比例的增加而降低。相关研究指出,在正常的数据集下,PC 算法不会达到理论上的最坏情形,而在有严重质量问题的数据集下可能达到[1,3]。

这是因为 PC 算法是典型的基于独立性测试的结构学习算法,这类算法通过计算节点之间的依赖关系确定边的增减。PC 算法采用 G^2 指标度量节点之间的依赖程度[3],G^2 表示节点之间相互独立,$G^2 > 0$ 示节点之间存在依赖关系。理论上,只要一条记录中的这两个字段存在依赖,则相应的 $G^2 > 0$,应保留这两个节点之间的边。在结构学习过程中,过多错误边的保留会导致算法复杂度增加,使得最终输出的贝叶斯网络的平均度偏离正常水平较大。基于此特征,Sessions 等设计了 DQ(Data Quality)算法和 AA(Accuracy Assesssment)算法,以评价数据集的全局准确性程度。这两个算法的本质相同,只是针对不同应用场景,输出有所差异。表 21-1 总结了这两个算法的基本框架。

表 21-1　算法 DQ & AA 框架

算法　DQ&AA
输入: 数据集; 4 个不同的显著性水平(SL): 0.05, 0.005, 0.0005, 0.00005.
输出: 不同显著性水平下得分最低的网络结构(DQ); 　　　　最低分和相应的显著性水平 SL(AA).

1.	**for each** SL
2.	基于 PC 算法学习网络的拓扑结构;
3.	基于 EM 算法学习网络的条件概率表;
4.	输出 .net 文件;
5.	计算拓扑结构中节点的平均度;
6.	score = |2.22 − 平均度|
7.	**return** score, .net 文件, SL;

PC 算法效率随着数据集中脏数据比例增加而降低的特性是基于独立性测试的结构学习算法的共性。这种特性使得利用其评估数据质量成为可能，同时也带来另外一个问题，即当算法学习字段较多的数据集时，即便是较小比例的数据也可能导致内存溢出、不能完成计算的情况。因此，此类算法很难胜任字段较多的数据集的质量评估任务。

事实上，基于独立性测试的结构学习算法对于学习实际中真实的数据集效果很好，因为实际中的数据集字段之间的依赖关系是稀疏的[4]。但是对于数据质量评估的场景而言，这种类型的算法却不能很好地胜任。显然，一般在需要进行数据质量评估的场景下，数据的质量水平通常受到怀疑，甚至已经有证据表明数据存在严重的质量问题。因此，根据上一节对两类贝叶斯网络结构算法特点的分析，本章对现有利用贝叶斯基于独立性测试的贝叶斯网络结构学习算法进行数据准确性评估的方法进行拓展研究。

21.3　全局数据准确性评估拓展研究

在较小的数据集中，可以通过人工的方式检测每一条记录的属性值以定位数据错误，从而获得数据准确性。基于人力、物力、财力的限制，这种方式在较大的数据集中显然并不可行。很多情况下，全局数据质量评估并不需要对每一个数据错误进行定位，只需要给出数据可用性程度的报告。V. Sessions 等人提出的基于贝叶斯网络学习的数据准确性评估方法给出了一些启示，但是仍然存在如下两个明显的缺点：

（1）该方法不借助任何关于数据集的先验知识，仅通过将当前数据集对应的贝叶斯网络节点的平均度与"权威""正常"的贝叶斯网络节点的平均度进行对比，借助网络的优劣判断数据的全局准确性。此方法节省了专家资源，但是忽略了数据集的"个性"（虽然统计分析显示，大部分"正常的"贝叶斯网络节点的平均度为 2.22，但仍然不能排除个例存在）。

（2）该方法所使用的贝叶斯网络学习算法是基于独立性测试的，这类算法复杂度受数据错误严重影响的特征使得利用其进行全局准确性评估成为可能，同时也受到数据错误的制约。

21.3.1　基于评分和搜索全局准确性评估方法

显然，一个不能确定数据质量水平的数据集所对应的潜在的贝叶斯网络是很难获得的：一方面，不可能通过检测和清洗所有数据的方式获得准确的贝叶斯网络（否则就没有必要再利用贝叶斯网络评估数据质量，而且由于贝叶斯网络学习算法一般不可能找到匹配网络的最优解）；另一方面，通过贝叶斯网络的设计需要丰富的领域先验知识，通常这样的领域专家资源极其有限。但是，对数据进行抽样检测校验是可行的。

因此，设想这样的数据质量评估情景：企业或机构有能力对 20%～30% 的数据进行抽样检测、校对，实际上这是数据质量规则挖掘的必要步骤[5]，在经校验的小样本上学习贝叶斯网络结构以近似潜在的网络（第 19 章的实验说明了 20%～30% 的数据样本上学习出的贝叶斯网络是接近数据总体上的贝叶斯网络结构的）。以此样本上学习出的贝叶斯网络为基准,对比整个数据集上学习贝叶斯网络,进而评估数据的全局准确性水平。表 21-2 给出了该方法的具体步骤。

表 21-2 利用基于搜索和评分的贝叶斯网络学习算法评估数据准确性

算法 BNLearn4DA

输入: 数据集 D_i

输出: $\mathcal{B}(D_\alpha),\mathcal{B}(D),\text{Metric}_{\mathcal{B}(D_\alpha)},\text{Metric}_{\mathcal{B}(D)},\text{Diff}$;

1. 以一个很小的比例 α 对数据集 D 进行抽样,经过校验清洗后的数据样本记作 α_a;
2. 利用基于搜索和评分的贝叶斯网络学习算法在数据样本 D_α 上学习网络结构,记作 $\mathcal{B}(D_\alpha)$;
3. 利用基于搜索和评分的贝叶斯网络学习算法在数据样本 D 上学习网络结构,记作 $\mathcal{B}(D)$;
4. 基于指定的度量计算贝叶斯网络 $\mathcal{B}(D_\alpha)$ 和 $\mathcal{B}(D)$ 之间的距离: $\text{Diff} = |\text{Metric}_{\mathcal{B}(D_\alpha)} - \text{Metric}_{\mathcal{B}(D)}|$;
5. 基于距离 Diff 分析和评估数据的全局准确性质量水平;

不同于 V. Sessions 等人的 DA 或 AA 算法,本文的方法提出了两点改进:

(1) 使用数据相关的贝叶斯网络代替数据无关的贝叶斯网络作为全局准确性评估的参照标准,其代价为需要借助少量的先验知识(在可接受和执行的范围内,耗费一定的数据样本清洗和校验的领域内专家或工程师的人力成本);

(2) 为了克服基于独立性测试的贝叶斯网络学习算法的局限性,使用基于搜索和评分的贝叶斯网络学习算法进行结构学习。

如表 21-2 步骤 1 中,对数据进行小样本抽样(一般 $\alpha=10\%\sim30\%$),可以根据实际情况运用各种抽样方法。在步骤 2 和 3 中,利用基于搜索和评分的贝叶斯网络学习算法(如贪婪算法、模拟退火算法等)分别在经验证的小样本和全体数据 D 上学习贝叶斯网络,记作 $\mathcal{B}(D_\alpha)$ 和 $\mathcal{B}(D)$。在步骤 4 和 5 中,计算 $\mathcal{B}(D_\alpha)$ 和 $\mathcal{B}(D)$ 之间的距离,基于该距离评价数据的全局准确性水平。

21.3.2 基于邻接矩阵的度量标准

节点的平均度是贝叶斯网络的重要特征,所以可以被用来度量网络的优劣。但是人们常用邻接矩阵表示贝叶斯网络。如图 21-1 所示为贝叶斯网络与其对应的邻接矩阵。例如 A_3 有两个父节点 A_1 和 A_2,则 $\alpha_{13}=1,\alpha_{23}=1$。

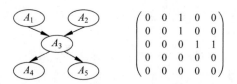

图 21-1 基于邻接矩阵的贝叶斯网络表示

比较贝叶斯网络的差异,可以从相应的邻接矩阵中抽取某个特征值进行比较,也可以比较邻接矩阵之间的"距离"。

矩阵的距离有多种定义方式,最常用的如欧氏距离(Euclidean Distance)、马氏距离(Mahalanobis Distances)、杰卡德距离(Jaccard Distance)等。

1. 矩阵的欧氏距离

欧氏距离是最常使用的距离度量方式,其几何意义是欧氏空间中两个点的直线距离。类似点、向量的欧氏距离的定义方式,矩阵 A 和 B 的欧氏距离定义如

$$\text{dist}(\boldsymbol{A},\boldsymbol{B}) = \sqrt{\sum_{i=1}^{m}\sum_{j=1}^{n} |a_{ij}-b_{ij}|^2} \tag{21-1}$$

式中,a_{ij} 和 b_{ij} 分别是矩阵 $\boldsymbol{A}$ 和 $\boldsymbol{B}$ 在第 i 和 j 上的元素。矩阵的欧氏距离,又被称为矩阵的 E-范数或 F-范数(注意,不同于向量,矩阵的 2-范数并不是矩阵的欧氏距离)。

2. 矩阵的杰卡德距离

杰卡德距离主要用于度量两个集合的距离,即衡量两个集合之间不同元素的差异程度。与杰卡德距离相关的一个概念为杰卡德系数(Jaccard Coefficient)。两个集合 $\boldsymbol{A}$ 和 $\boldsymbol{B}$ 的杰卡德距离定义式如

$$\text{dist}_J(\boldsymbol{A},\boldsymbol{B}) = 1 - J(\boldsymbol{A},\boldsymbol{B}) = \frac{|A \cup B|-|A \cap B|}{|A \cup B|} \tag{21-2}$$

式(21-2)中,$|A \cup B|$ 表示集合 A 和 B 并集元素的数目,$|A \cap B|$ 表示集合 A 和 B 交集元素的数目,$J(A,B)=|A \cap B|/|A \cup B|$ 为杰卡德系数。可见,杰卡德系数越大,则杰卡德距离越小,集合 A 和 B 中相同的元素越多。显然,杰卡德系数和杰卡德距离都是介于 0~1 之间的数。

从表示贝叶斯网络的邻接矩阵的形式可以看出,相对欧氏距离,杰卡德距离更适合衡量两个贝叶斯网络的差异。因为邻接矩阵一般为稀疏矩阵,其中的元素 1 才有实际的意义。因此,对于矩阵 $\boldsymbol{A}$ 和 $\boldsymbol{B}$ 的杰卡德距离,$|A \cap B|$ 表示矩阵 $\boldsymbol{A}$ 和 $\boldsymbol{B}$ 中出现在相同位置上的 1 的个数(贝叶斯网络中完全相同的有向线段的条数),而 $|A \cup B|$ 表示矩阵 $\boldsymbol{A}$ 和 $\boldsymbol{B}$ 中所有的 1 占的位置总数。例如,对于图 21-2 中的邻接矩阵 A 和 B 的杰卡德距离而言,$|A \cap B|=1$,$|A \cup B|=3$,因此,这两个网络的杰卡德距离 $\text{dist}_J(A,B)=1-J(A,B)=1-1/3=0.667$。

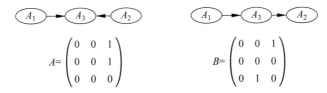

图 21-2　两个相似贝叶斯网络的邻接矩阵

作为 V. Sessions 等人研究成果的拓展性初探,本文将沿用前人研究中一些类似的假设检验方法:

原假设 21-1:利用算法 A 学习贝叶斯网络的条件下,不同准确性程度的数据集(与已校验的基准数据集)的 X 距离相同。

原假设 21-2:在不同准确性程度的数据集上使用算法 A 和算法 B 学习出的贝叶斯网络(与已校验的基准数据集上学习出的网络)的 X 距离相同。

原假设 1 主要是为了检验对于某一个特定的学习算法,不同准确性程度的数据集对应

的贝叶斯网络的差异是否明显,如果差异明显,则可以作为定性判断数据集质量的依据;原假设 2 主要是为了检验在同一个数据集上使用不同的学习算法学习出来的贝叶斯网络差异是否明显,如果明显,则不能依据某个特定的算法输出的结果判断数据集的准确性程度;反之,则说明与算法本身关系不大,只要参数设置合理,大部分算法的输出结果都可以作为判断数据准确性的依据。

21.4 实验验证与结果分析

21.4.1 实验设置

使用第 20 章实验中的 3 个数据集来测试所提的方法:数据集的相关信息如表 21-3 所列。

表 21-3 实验数据集信息

数据集	Vist toAsia	Alarm	Breast Cancer
字段数	8	37	16
记录数	20000	10000	20000

在 V. Sessions 等人的研究中,不准确的数据由一个"假的"贝叶斯网络产生,即假设原始贝叶斯网络的条件概率表遭到篡改,所有的概率按可能状态值的数目设置为同等概率。以 Vist to Asia 中的"Dyspnoea"字段和 Alarm 中的"HRSat"为例说明原始条件概率表(用于产生正确的数据)和被篡改的条件概率表(用于模拟不正确的数据)。表 21-4 和表 21-5 中为节点的原始条件概率,括号内为篡改的条件概率。

表 21-4 贝叶斯网络 Asia 中节点 Dyspnoea 的条件概率表

P(Dyspnoea｜EitherOr,Bronchitis)		Dyspnoea＝Present	Dyspnoea＝Absent
EitherOr＝True	Bronchitis＝Present	0.9 (0.5)	0.1 (0.5)
	Bronchitis＝Absent	0.7 (0.5)	0.3 (0.5)
EitherOr＝False	Bronchitis＝Present	0.8 (0.5)	0.2 (0.5)
	Bronchitis＝Absent	0.1 (0.5)	0.9 (0.5)

表 21-5 贝叶斯网络 Alarm 中节点 HRSat 的条件概率表

P(HRSat｜HR,ErrCauter)		HRSat＝Low	HRSat＝Normal	HRSat＝High
HR＝Low	ErrCauter＝True	1/3 (1/3)	1/3 (1/3)	1/3 (1/3)
	ErrCauter＝False	0.98 (1/3)	0.01 (1/3)	0.01 (1/3)
HR＝Normal	ErrCauter＝True	1/3 (1/3)	1/3 (1/3)	1/3 (1/3)
	ErrCauter＝False	0.01 (1/3)	0.98 (1/3)	0.01 (1/3)
HR＝High	ErrCauter＝True	1/3 (1/3)	1/3 (1/3)	1/3 (1/3)
	ErrCauter＝False	0.01 (1/3)	0.01 (1/3)	0.98 (1/3)

　　显然,这种错误数据属于非随机噪声,它假设字段之间的依赖关系没有变化,但依赖程度有变化。但是在实际中,一般不能够判断噪声的来源和成因。为了分析不同噪声数据对贝叶斯网络结构学习的影响,考虑了包括这种噪声在内的两种噪声形式,另一种为随机噪声,即按照设定的概率修改原始数据值,模拟错误数据。

　　根据表21-2,假设 $\alpha=0.1/0.2/0.3$,即抽样小于30%的原始数据进行校验,作为基准数据,学习出一个"近似的"基准贝叶斯网络,在剩余的数据中按设置的比例加入噪声。对于非随机噪声,参照 V. Sessions 等人的实验设置,按比例混入由经"篡改"的网络产生的记录;对于随机噪声,直接按比例修改原始数据。具体设置如表21-6所列。

表 21-6　实验数据集的抽样比例（模拟经校验的基准数据）

数据集	抽样比例 α	经校验的样本数目/条
Asia	0.1	2000
	0.2	4000
	0.3	6000
Alarm	0.1	1000
	0.2	2000
	0.3	3000
Brest Cancer	0.1	2000
	0.2	4000
	0.3	6000

　　类似前面的章节,使用一个开源工具包 Banjo 来学习数据的贝叶斯网络,该工具内置了两种基于搜索与评分的网络拓扑学习算法:贪婪算法和模拟退火算法,评分函数为 BDe 评分函数。

21.4.2　实验结果与分析

　　贝叶斯网络节点的平均度直接从拓扑结构中计算。对于非随机噪声和随机噪声,表21-9列出了在这3个数据集上学习出的贝叶斯网络的实验结果。

　　为了便于对比,给出了不含任何噪声的数据集上(噪声比例为0%)学习出的贝叶斯网络节点的平均度。从表中可见:

　　(1) 利用不同的算法在同一数据集上学习出的贝叶斯网络节点的平均度差异很小,可以认为,贝叶斯网络节点的平均度与算法本身关系不大。

　　(2) 节点的平均度可以在一定程度上反映数据集的准确性程度,一般地,数据集中混入的噪声数据越多,平均度偏离正常范围(2.22)越远。

　　(3) 节点的平均度可以在一定程度上反映数据中混入的噪声类型,数据集中非随机噪声的比例越大,平均度越大;数据集中随机噪声的比例越大,平均度越小。

　　数据集 Asia 上设置非随机噪声的方法,如表21-7所列,其他数据集以此类推(表21-8和表21-9),不再赘述。随机噪声数据的设置方法参照上一章的实验,直接按比例在属性值上修改。

表 21-7　数据集 Asia 上非随机噪声设置

非随机噪声比例/%	正确的记录数/条	错误的记录数/条
0	20000	0
1	19800	200
2	19600	400
3	19400	600
4	19200	800
5	19000	1000
10	18000	2000
15	17000	3000
20	16000	4000
25	15000	5000
30	14000	6000
35	13000	7000
40	12000	8000
45	11000	9000
50	10000	10000

表 21-8　混入非随机噪声的贝叶斯网络节点平均度

非随机噪声比例/%	Asia		Alarm		Breast Cancer	
	贪婪	模拟退火	贪婪	模拟退火	贪婪	模拟退火
0	2.00	2.00	3.46	2.59	2.25	2.25
1	3.75	3.75	4.00	4.00	2.88	3.00
2	4.00	4.00	4.32	4.54	3.13	3.13
3	4.50	4.50	5.14	5.03	3.50	3.50
4	4.25	4.25	5.03	4.81	3.88	3.88
5	4.25	4.25	5.14	5.24	4.00	4.00
10	4.50	4.50	5.89	5.57	4.38	4.25
15	4.75	4.75	6.11	5.95	4.75	4.88
20	4.50	4.50	5.84	5.89	4.88	5.25
25	5.00	5.00	6.32	6.22	5.13	5.13
30	5.25	5.25	6.11	6.22	5.13	5.00
35	5.00	5.00	6.59	6.05	5.38	5.13
40	5.00	5.00	6.54	5.78	5.13	5.25
45	4.75	4.75	6.22	6.27	5.25	5.25
50	4.75	4.75	6.54	6.38	5.25	5.25

表 21-9 混入随机噪声的贝叶斯网络节点平均度

随机噪声 比例/%	Asia		Alarm		Breast Cancer	
	贪婪	模拟退火	贪婪	模拟退火	贪婪	模拟退火
0	2.00	2.00	3.46	2.59	2.25	2.25
1	2.75	2.75	4.11	3.41	2.88	2.88
2	2.75	2.75	3.68	3.62	3.13	3.13
3	2.75	2.75	3.89	3.68	3.38	3.38
4	2.75	2.75	3.84	3.78	3.88	3.88
5	2.75	2.75	3.73	3.73	3.88	3.88
10	3.50	3.50	3.84	3.73	4.00	4.00
15	3.25	3.25	3.51	3.51	3.75	3.75
20	2.25	2.25	3.08	3.19	3.38	3.38
25	2.00	2.00	2.81	2.76	3.13	3.13
30	1.25	1.25	2.32	2.32	2.50	2.50
35	0.75	0.75	1.89	2.05	2.38	2.38
40	0.25	0.25	1.46	1.41	1.25	1.25
45	0.00	0.00	0.81	0.92	0.38	0.38
50	0.00	0.00	0.27	0.27	0.25	0.25

除了节点的平均度,本文进一步引入了基于邻接矩阵的距离度量来评估数据集的准确性程度。在第 2 章中已经分析过,在数据来自同一分布的条件下,并不是数据样本越大,学习的模型越精确。实验也证明,在训练样本达到一定的规模(能够反映数据分布特征时),学习出的网络结构已经接近真实的结构。因此,对于不同准确程度的数据集学习出的贝叶斯网络,分别使用 10%、20%、30% 的正确样本($\alpha=0.1/0.2/0.3$)对应的贝叶斯网络进行对比,计算其欧氏距离和杰卡德距离。对于同一个准确程度的数据集,通过比较分别使用贪婪算法和模拟退火算法学习出的贝叶斯网络的差异,以验证原假设 2。

表 21-10 至表 21-15 只给出 $\alpha=0.3$ 的实验结果($\alpha=0.1$ 和 $\alpha=0.2$ 的结果请参考附录)。表中,$\mathcal{B}(D_{\alpha})$ 指在经抽样和检验的小数据样本 D_{α} 上学习出的贝叶斯网络结构;$\mathcal{B}(D_{x\text{per}})$ 指在混入了 $x\%$ 比例噪声的数据集 $D_{x\text{per}}$ 上学习出的贝叶斯网络结构。表中同时给出了真实的网络结构 $\mathcal{B}_{\text{True}}$ 作为参考。

表 21-10 待评估 Asia 数据集与基准贝叶斯网络的距离(非随机噪声)

非随机噪声比例/%	欧氏距离		杰卡德距离	
	贪婪	模拟退火	贪婪	模拟退火
$\lvert \mathcal{B}_{\text{True}} - \mathcal{B}(D_{\alpha}) \rvert$	1.73	1.73	0.33	0.33
$\lvert \mathcal{B}(D_{1\text{per}}) - \mathcal{B}(D_{\alpha}) \rvert$	3.16	3.74	0.63	0.78
$\lvert \mathcal{B}(D_{2\text{per}}) - \mathcal{B}(D_{\alpha}) \rvert$	3.87	3.87	0.79	0.79
$\lvert \mathcal{B}(D_{3\text{per}}) - \mathcal{B}(D_{\alpha}) \rvert$	4.12	4.12	0.81	0.81
$\lvert \mathcal{B}(D_{4\text{per}}) - \mathcal{B}(D_{\alpha}) \rvert$	4.00	4.00	0.80	0.80

续表

非随机噪声比例/%	欧氏距离		杰卡德距离	
	贪婪	模拟退火	贪婪	模拟退火
$\|\mathcal{B}(D_{5per})-\mathcal{B}(D_a)\|$	3.74	3.74	0.74	0.74
$\|\mathcal{B}(D_{10per})-\mathcal{B}(D_a)\|$	4.36	4.36	0.86	0.86
$\|\mathcal{B}(D_{15per})-\mathcal{B}(D_a)\|$	4.24	4.00	0.82	0.76
$\|\mathcal{B}(D_{20per})-\mathcal{B}(D_a)\|$	3.61	3.61	0.68	0.68
$\|\mathcal{B}(D_{25per})-\mathcal{B}(D_a)\|$	4.36	4.12	0.83	0.77
$\|\mathcal{B}(D_{30per})-\mathcal{B}(D_a)\|$	4.47	4.47	0.83	0.83
$\|\mathcal{B}(D_{35per})-\mathcal{B}(D_a)\|$	4.36	4.36	0.83	0.83
$\|\mathcal{B}(D_{40per})-\mathcal{B}(D_a)\|$	4.36	4.36	0.83	0.83
$\|\mathcal{B}(D_{45per})-\mathcal{B}(D_a)\|$	4.24	4.24	0.82	0.82
$\|\mathcal{B}(D_{50per})-\mathcal{B}(D_a)\|$	4.24	4.24	0.82	0.82

表 21-11　待评估 Asia 数据集与基准贝叶斯网络的距离（随机噪声）

随机噪声比例/%	欧氏距离		杰卡德距离	
	贪婪	模拟退火	贪婪	模拟退火
$\|\mathcal{B}_{True}-\mathcal{B}(\mathcal{D}_a)\|$	1.73	1.73	0.33	0.33
$\|\mathcal{B}(D_{1per})-\mathcal{B}(D_a)\|$	3.16	3.16	**0.71**	0.71
$\|\mathcal{B}(D_{2per})-\mathcal{B}(D_a)\|$	2.83	2.83	**0.62**	0.62
$\|\mathcal{B}(D_{3per})-\mathcal{B}(D_a)\|$	3.16	3.16	**0.71**	0.71
$\|\mathcal{B}(D_{4per})-\mathcal{B}(D_a)\|$	2.83	3.16	**0.62**	0.71
$\|\mathcal{B}(D_{5per})-\mathcal{B}(D_a)\|$	3.16	3.16	**0.71**	0.71
$\|\mathcal{B}(D_{10per})-\mathcal{B}(D_a)\|$	3.61	3.61	**0.76**	0.76
$\|\mathcal{B}(D_{15per})-\mathcal{B}(D_a)\|$	3.74	3.74	**0.82**	0.82
$\|\mathcal{B}(D_{20per})-\mathcal{B}(D_a)\|$	4.00	4.00	**1.00**	1.00
$\|\mathcal{B}(D_{25per})-\mathcal{B}(D_a)\|$	3.00	2.65	**0.75**	0.64
$\|\mathcal{B}(D_{30per})-\mathcal{B}(D_a)\|$	3.16	3.16	**0.91**	0.91
$\|\mathcal{B}(D_{35per})-\mathcal{B}(D_a)\|$	2.83	2.45	**0.89**	0.75
$\|\mathcal{B}(D_{40per})-\mathcal{B}(D_a)\|$	2.45	2.45	**0.86**	0.86
$\|\mathcal{B}(D_{45per})-\mathcal{B}(D_a)\|$	2.65	2.65	**1.00**	1.00
$\|\mathcal{B}(D_{50per})-\mathcal{B}(D_a)\|$	2.65	2.65	**1.00**	1.00

表 21-12　待评估 Alarm 数据集与标准样本的贝叶斯网络的距离（非随机噪声）

非随机噪声比例/%	欧氏距离		杰卡德距离	
	贪婪	模拟退火	贪婪	模拟退火
$\|\mathcal{B}_{True}-\mathcal{B}(\mathcal{D}_a)\|$	6.00	2.00	0.54	0.08
$\|\mathcal{B}(D_{1per})-\mathcal{B}(D_a)\|$	7.48	5.66	0.62	0.42

续表

非随机噪声比例/%	欧氏距离		杰卡德距离	
	贪婪	模拟退火	贪婪	模拟退火
$\lvert \mathcal{B}(D_{2per}) - \mathcal{B}(D_\alpha) \rvert$	8.60	6.32	0.72	0.47
$\lvert \mathcal{B}(D_{3per}) - \mathcal{B}(D_\alpha) \rvert$	9.85	7.42	0.80	0.56
$\lvert \mathcal{B}(D_{4per}) - \mathcal{B}(D_\alpha) \rvert$	9.00	7.00	0.72	0.53
$\lvert \mathcal{B}(D_{5per}) - \mathcal{B}(D_\alpha) \rvert$	9.11	7.55	0.72	0.56
$\lvert \mathcal{B}(D_{10per}) - \mathcal{B}(D_\alpha) \rvert$	10.63	8.06	0.82	0.60
$\lvert \mathcal{B}(D_{15per}) - \mathcal{B}(D_\alpha) \rvert$	10.63	8.12	0.81	0.59
$\lvert \mathcal{B}(D_{20per}) - \mathcal{B}(D_\alpha) \rvert$	10.30	8.66	0.80	0.65
$\lvert \mathcal{B}(D_{25per}) - \mathcal{B}(D_\alpha) \rvert$	10.63	8.66	0.80	0.63
$\lvert \mathcal{B}(D_{30per}) - \mathcal{B}(D_\alpha) \rvert$	10.72	9.22	0.82	0.69
$\lvert \mathcal{B}(D_{35per}) - \mathcal{B}(D_\alpha) \rvert$	10.68	9.06	0.79	0.68
$\lvert \mathcal{B}(D_{40per}) - \mathcal{B}(D_\alpha) \rvert$	11.09	8.31	0.83	0.62
$\lvert \mathcal{B}(D_{45per}) - \mathcal{B}(D_\alpha) \rvert$	10.91	9.38	0.83	0.70
$\lvert \mathcal{B}(D_{50per}) - \mathcal{B}(D_\alpha) \rvert$	11.53	9.27	0.87	0.68

表 21-13　待评估 Alarm 数据集与基准贝叶斯网络的距离（随机噪声）

随机噪声比例/%	欧氏距离		杰卡德距离	
	贪婪	模拟退火	贪婪	模拟退火
$\lvert \mathcal{B}_{True} - \mathcal{B}(\mathcal{D}_\alpha) \rvert$	6.00	2.00	0.54	0.08
$\lvert \mathcal{B}(D_{1per}) - \mathcal{B}(D_\alpha) \rvert$	8.83	5.57	0.76	0.44
$\lvert \mathcal{B}(D_{2per}) - \mathcal{B}(D_\alpha) \rvert$	8.25	6.40	0.72	0.53
$\lvert \mathcal{B}(D_{3per}) - \mathcal{B}(D_\alpha) \rvert$	8.00	6.78	0.68	0.57
$\lvert \mathcal{B}(D_{4per}) - \mathcal{B}(D_\alpha) \rvert$	8.54	8.25	0.74	0.73
$\lvert \mathcal{B}(D_{5per}) - \mathcal{B}(D_\alpha) \rvert$	8.31	8.77	0.73	0.79
$\lvert \mathcal{B}(D_{10per}) - \mathcal{B}(D_\alpha) \rvert$	8.89	8.89	0.78	0.81
$\lvert \mathcal{B}(D_{15per}) - \mathcal{B}(D_\alpha) \rvert$	9.43	9.22	0.86	0.86
$\lvert \mathcal{B}(D_{20per}) - \mathcal{B}(D_\alpha) \rvert$	9.22	9.54	0.88	0.92
$\lvert \mathcal{B}(D_{25per}) - \mathcal{B}(D_\alpha) \rvert$	8.60	9.00	0.83	0.90
$\lvert \mathcal{B}(D_{30per}) - \mathcal{B}(D_\alpha) \rvert$	8.06	8.19	0.81	0.85
$\lvert \mathcal{B}(D_{35per}) - \mathcal{B}(D_\alpha) \rvert$	8.06	8.25	0.86	0.88
$\lvert \mathcal{B}(D_{40per}) - \mathcal{B}(D_\alpha) \rvert$	7.81	7.48	0.87	0.86
$\lvert \mathcal{B}(D_{45per}) - \mathcal{B}(D_\alpha) \rvert$	7.28	7.28	0.88	0.90
$\lvert \mathcal{B}(D_{50per}) - \mathcal{B}(D_\alpha) \rvert$	7.55	7.14	1.00	0.98

表 21-14　待评估 Breast Cancer 数据集与基准贝叶斯网络的距离（非随机噪声）

非随机噪声比例/%	欧氏距离		杰卡德距离	
	贪婪	模拟退火	贪婪	模拟退火
$\lvert \mathcal{B}_{\text{True}} - \mathcal{B}(\mathcal{D}_\alpha) \rvert$	3.00	3.00	0.41	0.41
$\lvert \mathcal{B}(D_{1\text{per}}) - \mathcal{B}(D_\alpha) \rvert$	3.74	3.61	0.52	0.48
$\lvert \mathcal{B}(D_{2\text{per}}) - \mathcal{B}(D_\alpha) \rvert$	3.74	3.74	0.50	0.50
$\lvert \mathcal{B}(D_{3\text{per}}) - \mathcal{B}(D_\alpha) \rvert$	4.12	4.12	0.55	0.55
$\lvert \mathcal{B}(D_{4\text{per}}) - \mathcal{B}(D_\alpha) \rvert$	4.24	4.24	0.55	0.55
$\lvert \mathcal{B}(D_{5\text{per}}) - \mathcal{B}(D_\alpha) \rvert$	4.80	4.36	0.64	0.56
$\lvert \mathcal{B}(D_{10\text{per}}) - \mathcal{B}(D_\alpha) \rvert$	5.66	4.80	0.76	0.62
$\lvert \mathcal{B}(D_{15\text{per}}) - \mathcal{B}(D_\alpha) \rvert$	5.20	5.29	0.66	0.67
$\lvert \mathcal{B}(D_{20\text{per}}) - \mathcal{B}(D_\alpha) \rvert$	6.00	6.24	0.78	0.80
$\lvert \mathcal{B}(D_{25\text{per}}) - \mathcal{B}(D_\alpha) \rvert$	5.66	5.66	0.71	0.71
$\lvert \mathcal{B}(D_{30\text{per}}) - \mathcal{B}(D_\alpha) \rvert$	6.16	5.57	0.79	0.70
$\lvert \mathcal{B}(D_{35\text{per}}) - \mathcal{B}(D_\alpha) \rvert$	6.32	6.16	0.80	0.79
$\lvert \mathcal{B}(D_{40\text{per}}) - \mathcal{B}(D_\alpha) \rvert$	6.32	6.24	0.82	0.80
$\lvert \mathcal{B}(D_{45\text{per}}) - \mathcal{B}(D_\alpha) \rvert$	5.92	5.92	0.74	0.74
$\lvert \mathcal{B}(D_{50\text{per}}) - \mathcal{B}(D_\alpha) \rvert$	6.08	6.24	0.77	0.80

表 21-15　待评估 Breast Cancer 数据集与基准贝叶斯网络的距离（随机噪声）

随机噪声比例/%	欧氏距离		杰卡德距离	
	贪婪	模拟退火	贪婪	模拟退火
$\lvert \mathcal{B}_{\text{True}} - \mathcal{B}(\mathcal{D}_\alpha) \rvert$	3.00	3.00	0.41	0.41
$\lvert \mathcal{B}(D_{1\text{per}}) - \mathcal{B}(D_\alpha) \rvert$	3.46	3.46	0.46	0.46
$\lvert \mathcal{B}(D_{2\text{per}}) - \mathcal{B}(D_\alpha) \rvert$	4.00	4.00	0.55	0.55
$\lvert \mathcal{B}(D_{3\text{per}}) - \mathcal{B}(D_\alpha) \rvert$	3.74	3.74	0.48	0.48
$\lvert \mathcal{B}(D_{4\text{per}}) - \mathcal{B}(D_\alpha) \rvert$	4.24	4.24	0.55	0.55
$\lvert \mathcal{B}(D_{5\text{per}}) - \mathcal{B}(D_\alpha) \rvert$	4.24	4.24	0.55	0.55
$\lvert \mathcal{B}(D_{10\text{per}}) - \mathcal{B}(D_\alpha) \rvert$	5.20	5.20	0.71	0.71
$\lvert \mathcal{B}(D_{15\text{per}}) - \mathcal{B}(D_\alpha) \rvert$	4.80	4.58	0.66	0.62
$\lvert \mathcal{B}(D_{20\text{per}}) - \mathcal{B}(D_\alpha) \rvert$	4.47	4.47	0.63	0.63
$\lvert \mathcal{B}(D_{25\text{per}}) - \mathcal{B}(D_\alpha) \rvert$	4.69	4.90	0.69	0.73
$\lvert \mathcal{B}(D_{30\text{per}}) - \mathcal{B}(D_\alpha) \rvert$	4.58	4.58	0.72	0.72
$\lvert \mathcal{B}(D_{35\text{per}}) - \mathcal{B}(D_\alpha) \rvert$	4.69	4.69	0.76	0.76
$\lvert \mathcal{B}(D_{40\text{per}}) - \mathcal{B}(D_\alpha) \rvert$	4.58	4.58	0.88	0.88
$\lvert \mathcal{B}(D_{45\text{per}}) - \mathcal{B}(D_\alpha) \rvert$	4.24	4.00	0.95	0.89
$\lvert \mathcal{B}(D_{50\text{per}}) - \mathcal{B}(D_\alpha) \rvert$	4.12	4.12	0.94	0.94

从表中的数据可以看出：

（1）小样本 D_α 上学习出的网络结构 $\mathcal{B}(D_\alpha)$ 与真实的网络结构距离 $\mathcal{B}(D_{True})$ 很小，比较附录中 $\alpha=0.1$ 和 $\alpha=0.2$ 和的表格也可以发现，抽样样本容量越大，评估效果越明显。因此，在专家资源和先验知识有限的条件下，$\mathcal{B}(D_\alpha)$ 可以用于作为评估数据准确性的基准网络。

（2）对于同一个数据集的准确性，欧氏距离和上文中的节点平均度有类似的度量效果。相对杰卡德距离，欧氏距离在反映非随机噪声的程度上更有优势：一般地，数据集中的非随机噪声比例越高，欧氏距离越大。

（3）相对欧氏距离，杰卡德距离在反映随机噪声的程度上更有优势：一般地，数据集中的随机噪声比例越高，杰卡德距离越大；特别地，当杰卡德距离为 1 时，一般为随机噪声程度很高（>45%）的数据集。

（4）通过结合节点平均度、欧氏距离、杰卡德距离，可以更多维地反映数据集的准确性程度。

从上面各表可以初步判断所提方法和度量标准的适用性，某种算法、距离度量对特定的数据集以及特定噪声的评估是否可信，需要通过假设检验的方式来判断。

下面利用表中的数据对原假设 1 进行检验以讨论对于某一个特定的学习算法，不同准确性程度的数据集对应的贝叶斯网络的差异是否明显。根据不同数据集、特定的算法、噪声类型、距离度量方式对原假设 1 具体化，例如对于 Asia 数据集、随机噪声、杰卡德距离，原假设 1 可以描述为：

原假设 21-1(a)利用贪婪算法在混入不同比例随机噪声的 Asia 数据集上学习出的贝叶斯网络，与在已校验的数据抽样上学习出的网络的杰卡德距离相同。

这个假设实际上是检验上述结论（3）的可信程度。首先根据表 21-11 中加粗的数据画出散点图 21-3：

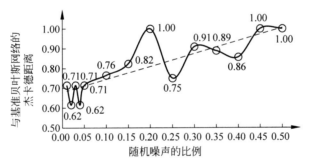

图 21-3　含随机噪声的贝叶斯网络 Asia 与基准网络的杰卡德距离

根据表中的数据进行回归分析的结果如表 21-16：

表 21-16　原假设 1.1 的回归分析结果

回归统计	
Multiple R	0.834454
R Square	0.696313
Adjusted R Square	0.671006
标准误差	0.077213
观测值	14

续表

方差分析					
	df	SS	MS	F	Significance F
回归分析	1	0.164038	0.164038	27.51437449	0.000205941
残差	12	0.071543	0.005962		
总计	13	0.235581			

根据回归分析结果,F-显著值为 0.0002≪0.05(α 显著性水平),因此拒绝原假设 21-1,即认为利用贪婪算法在混入不同比例随机噪声的 Asia 数据集上学习出的贝叶斯网络,与在已校验的数据抽样上学习出的网络的杰卡德距离是不同的,实际上,读者可以自行验证原假设 21-1(a)在 Alarm 和 Breast Cancer 数据集上的情况,F-显著值分别为 0.000437 和 0.000000188,均可以拒绝原假设 1。因此,结论(3)—"杰卡德距离能够反映随机噪声对贝叶斯网络结构学习的影响"是可信的。

用同样的方法可以检验如下假设:

原假设 21-1(b)利用贪婪算法在混入不同比例非随机噪声的 Asia 数据集上学习出的贝叶斯网络,与在已校验的数据抽样上学习出的网络的欧氏距离相同。

类似地,这个假设实际上是检验上述结论(2)的可信程度。在 Asia、Alarm 和 Breast Cancer 3 个数据集上进行回归分析,其 F-显著值分别为 0.033、0.00039 和 0.00012,均可以拒绝原假设 21-1(b)。因此,结论(2)—"欧氏距离能够反映非随机噪声对贝叶斯网络结构学习的影响"是可信的。

当然,读者也可以通过表中的数据检验杰卡德距离度量非随机噪声和欧氏距离度量随机噪声的情况。可以发现,它们并不总是能拒绝原假设,因此对于评估数据集中不同类型的噪声程度而言,选择合适的距离度量标准是必要的。

对于原假设 2 的抽象描述,同样将其实例化为如下假设形式(举例):

原假设 21-2(a)利用贪婪算法和模拟退火算法在混入非随机噪声的 Asia 数据集上学习出的贝叶斯网络的欧氏距离相同。

原假设 21-2(b)利用贪婪算法和模拟退火算法在混入随机噪声的 Asia 数据集上学习出的贝叶斯网络的欧氏距离相同。

为了检验上述假设,比较了 3 个数据集上贪婪算法和模拟退火算法学习贝叶斯网络的差异,如表 21-17 和表 21-18 所示。

表 21-17　两种算法学习贝叶斯网络的差异(含非随机噪声)

非随机噪声 比例/%	Asia		Alarm		Breast Cancer	
	欧氏距离	杰卡德距离	欧氏距离	杰卡德距离	欧氏距离	杰卡德距离
0	2.00	0.40	8.37	0.77	1.41	0.11
1	2.00	0.24	8.72	0.68	2.24	0.19
2	0.00	0.00	9.38	0.70	0.00	0.00
3	0.00	0.00	11.05	0.79	0.00	0.00
4	0.00	0.00	10.86	0.79	1.41	0.06
5	1.41	0.11	10.10	0.69	2.45	0.17
10	0.00	0.00	11.92	0.80	4.36	0.43

续表

非随机噪声比例/%	Asia		Alarm		Breast Cancer	
	欧氏距离	杰卡德距离	欧氏距离	杰卡德距离	欧氏距离	杰卡德距离
15	**1.41**	0.10	11.18	0.72	3.87	0.33
20	**0.00**	0.00	11.70	0.77	3.00	0.20
25	**1.41**	0.10	12.65	0.82	4.47	0.39
30	**1.41**	0.09	12.08	0.78	5.92	0.60
35	**0.00**	0.00	12.49	0.80	4.90	0.44
40	**0.00**	0.00	11.92	0.77	3.32	0.23
45	**1.41**	0.10	12.85	0.83	5.29	0.50
50	**0.00**	0.00	12.45	0.79	5.29	0.50

表 21-18　两种算法学习贝叶斯网络的差异（含随机噪声）

随机噪声比例/%	Asia		Alarm		Breast Cancer	
	欧氏距离	杰卡德距离	欧氏距离	杰卡德距离	欧氏距离	杰卡德距离
0	2.00	0.40	8.37	0.77	1.41	0.11
1	0.00	0.00	9.00	0.74	0.00	0.00
2	0.00	0.00	7.14	0.55	0.00	0.00
3	0.00	0.00	8.94	0.73	2.00	0.14
4	1.41	0.17	7.42	0.56	0.00	0.00
5	0.00	0.00	8.12	0.65	0.00	0.00
10	0.00	0.00	8.37	0.67	0.00	0.00
15	1.41	0.14	7.07	0.56	1.41	0.06
20	1.41	0.20	7.87	0.70	1.41	0.07
25	1.41	0.22	7.28	0.68	3.74	0.44
30	0.00	0.00	6.48	0.66	2.00	0.18
35	2.00	0.80	6.40	0.72	0.00	0.00
40	0.00	0.00	4.58	0.57	0.00	0.00
45	0.00	0.00 (NaN)	4.47	0.77	1.41	0.50
50	0.00	0.00 (NaN)	1.41	0.33	0.00	0.00

根据杰卡德距离的定义,计算公式中的分母不能为 0。显然,当两个网络所有的边的并集为 0 时,表示这两个网络的边集合都是空集,显然其差异的边也是空集。这种情况,认为杰卡德距离为 0。在数据中混入了很高比例的随机噪声情况下,可能出现这种情况,比如表 21-17 中 Asia 数据集中混入了 50% 的随机噪声时,理论杰卡德距离是无法计算的 (NaN),将其修正为 0。为便于分析,表中同时给出了贪婪算法和模拟退火算法在不含噪声的数据集上学习出的贝叶斯网络差异。假设检验的 F-显著值如表 21-19 所示。

表 21-19　原假设 2 的回归分析 F-显著值

数据集	距离度量	非随机噪声	随机噪声
Asia	欧氏距离	0.8035（接受）	0.9277（接受）
	杰卡德距离	0.5199（接受）	0.5166（接受）

续表

数据集	距离度量	非随机噪声	随机噪声
Alarm	欧氏距离	0.0006(拒绝)	0.00005(拒绝)
	杰卡德距离	0.0274(拒绝)	0.3991(接受)
Breast Cancer	欧氏距离	0.0012(拒绝)	0.7086(接受)
	杰卡德距离	0.0026(拒绝)	0.2113(接受)

从表中的回归分析结果可以看出,对于随机噪声或字段较少的数据集,原假设 21-2 一般是被接受的。这说明对于非随机噪声或字段较多的数据集,贝叶斯网络结构学习的输出和算法关系较大;而对于随机噪声或字段较少的数据集,不同算法输出的贝叶斯网络结构基本相同。从表 21-17 和表 21-18 也可以看出,在不含噪声的基准数据集 Alarm 上,贝叶斯网络结构的欧氏距离和杰卡德距离就相对较大。因此,在利用贝叶斯网络结构对数据的准确性进行评估时,一方面,对于字段较多的数据集或对于非随机噪声引起的质量问题,要使用多个贝叶斯网络学习算法进行对结果进行观察;另一方面,选择更合理的网络距离度量方式也是值得进一步探索的课题。

事实上,通过贝叶斯网络拓扑结构图,也可以直观地判断数据中的噪声类型。图 21-4、图 21-5 和图 21-6 分别给出了不含噪声、含 25% 非随机和随机噪声的数据集对应的 Alarm

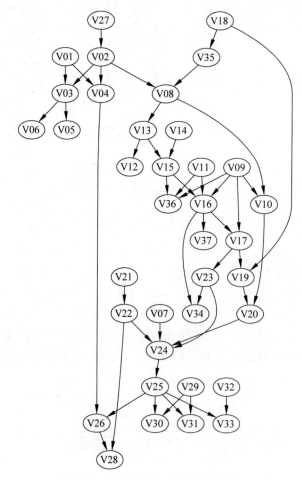

图 21-4 基准 Alarm 贝叶斯网络

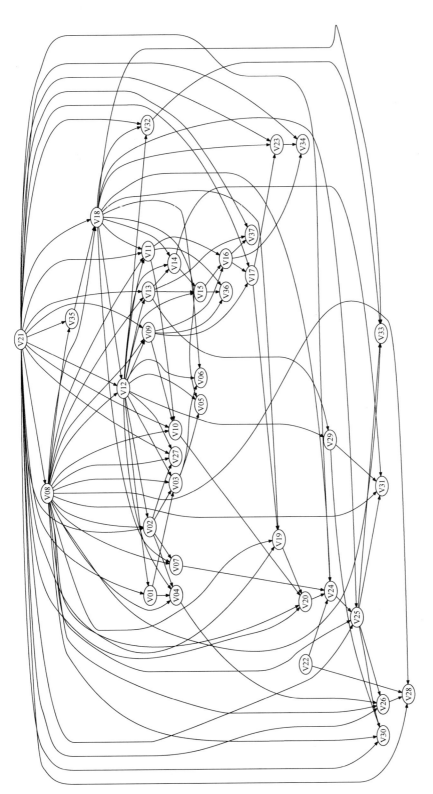

图 21-5　含 25% 非随机噪声的 Alarm 贝叶斯网络

网络拓扑。显然,非随机噪声会使得关系数据字段的依赖关系变得异常复杂(图 21-5),而随机噪声则会削弱字段的依赖关系(图 21-6)。

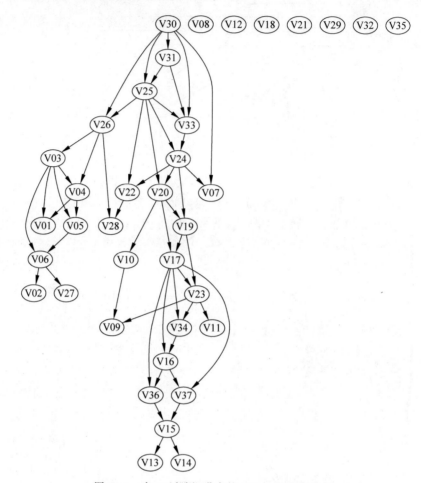

图 21-6　含 25％随机噪声的 Alarm 贝叶斯网络

　　V. Sessions 等人的研究指出,基于独立性测试的贝叶斯网络结构学习算法不能处理字段很多的数据集的准确性评估问题。例如,对于 Alarm 数据集(包含 37 个字段),当数据集中混入的非随机噪声比例超过 5％时,算法会消耗大量的内存,甚至不能顺利完成结构学习。从图 21-5 也可以发现,非随机噪声的混入会使得字段之间的依赖关系变得异常复杂,而基于独立性测试的算法通过对这些依赖关系进行条件独立性测试以判断节点之间边的连接情况。显然,这种缺陷极大地限制了这种方法的应用范围。本文中采用的基于搜索与评分的算法则可以顺利处理这种情况。为了说明所提的方法可以胜任不同数据集的准确性评估,且与计算机的性能无关,本文在不同的数据集上对比了算法所消耗的内存情况,如表 21-20 所示。文中只列出了非随机噪声混入的情况,事实上,从表中可以看出,基于搜索与评分的算法学习贝叶斯网络的计算量只与数据集的属性个数和记录条数有关,与其中混入的噪声类型、比例没有关系。因此,基于基于搜索与评分的算法可以很好地适应各种数据集的数据质量问题的评估,且不受准确性程度的限制。将该类算法引入数据准确性评估中,扩大了贝叶斯网络结构学习算法对数据准确性评估的适用范围。

表 21-20 基于搜索与评分的贝叶斯网络学习算法内存消耗测试

非随机噪声比例/%	Asia	Alarm	Breast Cancer
0	32 M	1265 M	1068 M
5	32 M	1262 M	1068 M
10	32 M	1262 M	1068 M
20	32 M	1264 M	1068 M
30	32 M	1265 M	1066 M
40	30 M	1265 M	1067 M
50	32 M	1265 M	1066 M

本章小结

本章主要研究了数据全局质量评估问题。针对专家资源有限的实际情况,提出了基于贝叶斯网络结构评估数据全局准确性的方法。该方法基于搜索与评分的贝叶斯网络结构学习算法,继承了基于独立性测试的算法评估数据准确性的优势,进一步解决了独立性测试的算法无法处理的情况,扩大了贝叶斯网络结构学习算法在数据准确性评估上的应用范围。同时引入了欧氏距离、杰卡德距离以度量网络的优劣,进而多方位地判断数据集的准确性程度。实验证明,所提的方法对于随机噪声和非随机噪声引起的数据准确性问题均有良好的识别效果,可以应用于实际有限先验知识条件下的数据集全局质量评估中。

本章参考文献

[1] Sessions V, Valtorta M. Towards a Method for Data Accuracy Assessment Utilizing a Bayesian Network Learning Algorithm[J]. ACM Journal of Data and Information Quality, 2009, 1(3-14): 1-33.

[2] Sessions V, Valtorta M. The Effects of Data Quality on Machine Learning Algorithms [C]// Proceedings of the 11th International Conference on Information Quality(ICIQ'06), Cambridge, MA, USA, Nov. 10-12, 2006: 485-498.

[3] Spirtes P, Glymour C, Scheines R. Causation, Prediction, and Search[M]. New York: Springer, 1993.

[4] Cheng J, Bell D A, Liu W. An Algorithm for Bayesian Belief Network Construction from Data[C]// Proceeding of the 6th International Workshop on Artificial Intelligence and Statistics (AI & STAT' 97), Fort Lauderdale, Florida, USA, January, 1997: 83-90.

[5] 周金陵. 基于数据依赖的数据质量控制方法研究[D]. 南京:陆军工程大学, 2017.

第5部分

系统与平台

第**22**章

数据质量控制系统

22.1 引言

　　数据是信息系统的核心,无论何种信息环境,都或多或少存在着数据质量问题,数据质量问题是信息系统必须面对的挑战,数据质量控制也是信息系统的内在需求。随着信息化的不断深入,以及大数据技术的广泛应用,数据质量问题呈现出了许多新的特点,数据质量控制技术也随之不断发展。

　　在计算机发展的初级阶段,计算机通常作为孤立的节点,彼此尚未通过网络进行连接。此时的信息系统多由单机桌面程序构成,信息系统运行所需的资源以及输入、输出设备均位于一台计算机上。由于只涉及单一节点,数据的源头单一,数据量也相对较少,数据录入由熟练的人员负责,数据质量问题还不是很突出,但仍可能因录入端对数据校验不足,造成数据错误、数据缺失、数据不一致等问题。

　　随着计算机网络技术的发展,计算机之间的互联互通极大地推动了信息系统的演化。为了应对复杂度的提高,信息系统多采用分层架构,从而做到可扩展和可复用。就 C/S 架构而言,客户端提供用户接口,服务端实现业务逻辑,客户端和服务端通过计算机网络进行通信。HTML、CSS、Javascript 技术栈的成熟,使得浏览器可以提供不亚于传统客户端的用户操作体验,又因其易于部署而逐渐成为客户端的主流。与此同时,出现了许多面向特定主题的中间件,如消息中间件、工作流中间件等,一方面可以将开发人员从复杂的代码逻辑中解放出来,将精力集中于业务逻辑,另一方面成熟稳定的中间件解决方案,还可以使信息系统的可靠性得到提升。此时,数据采集端数据质量控制不足、各中间件的数据标准不统一等,都可能导致数据质量问题;此外,信息系统各部分还面临数据同步的难题,要保证数据一致性也面临着挑战。

　　随着移动互联网、云计算、大数据技术的兴起,信息系统逐渐向虚拟化、服务化演进,呈现出分散、异构、自治等特点,组成信息系统的各个部分被抽象为服务,服务之间通过标准的协议进行交互,从而屏蔽服务的实现细节。由于数据采集面向普通用户,对数据录入时的数据校验提出了更高的要求;而数据标准的缺失,使得各自治系统之间数据的一致性难以保证,数据集成过程也面临着数据标准不统一、数据重复等问题;大数据技术采用"一次写、多次读"的策略,数据存在多副本、多版本问题,对确保数据一致性带来了挑战;机器学习算法本身对数据质量的要求比较高,由于借助图形加速卡等硬件设备提升存储和计算的效率,数据格式、标准等更加具有专有性和平台依赖性,需要在缺少先验知识的情况下对数据进行预处理,涉及数据探查、数据转换和数据清洗等,这一过程也存在数据质量风险。

22.2 数据质量控制系统的发展现状

在信息系统发展的不同阶段,所面临的数据质量挑战呈现出不同的特点,数据质量控制技术也随之发展成熟,但数据质量问题却有增无减。随着移动互联网、物联网、大数据技术的发展,数据采集、数据处理、数据存储问题得到了有效解决,同时也出现了数据价值密度低、数据可用性差等数据质量问题,这一趋势引起了越来越多的关注,数据质量控制技术的重要作用也日益凸显。作为数据质量控制技术的具体实现落地,数据质量控制系统的发展与信息系统的架构有着密切的关系。从信息系统架构的角度,可将数据质量控制系统的发展分为存储层数据质量控制、应用层数据质量控制、独立数据质量工具等。此外,针对流数据、大数据等新型应用场景中的数据质量控制问题,出现了有别于传统信息系统架构的新型数据质量控制系统。

22.2.1 存储层数据质量控制

关系数据库建立在完善的理论基础之上,是使用最为广泛的数据管理技术。关系数据库通过域约束、完整性约束等实现数据质量控制。关系数据库使用数据定义语言(Data Definition Language,DDL)来定义关系,提供定义关系模式,删除关系以及修改关系模式的命令,还包括定义保存在数据库中的数据必须满足的完整性约束条件的命令,破坏完整性约束条件的更新将被禁止[1],从而可以防止低质量数据进入数据库。

1. 域约束

通过域约束,可以保证关系属性的值必须符合一定的格式或者精度要求,可以在一定程度上防止错误数据插入到数据库中,从而保证数据的质量。DDL 使用 SQL 语法表达数据模式,而 SQL 标准支持多种域类型,如:

(1)字符串类型。使用 char(n)定义固定长度的字符串,参数 n 用于指定字符串长度;使用 varchar(n)定义可变长度的字符串,参数 n 用于指定字符串的最大长度。

(2)整数类型。分别使用 smallint、int、bigint 定义小整数类型、整数类型和大整数类型,所能存储的整数范围与机器相关。

(3)浮点数类型。使用 real 定义小浮点数类型;使用 double precision 定义双精度浮点数类型；使用 float(n) 定义浮点数类型，其精度至少为 n 位；使用 numeric(m,n) 定义浮点数类型，其中属性值具有 m 位数字，其中 n 位为小数位。

（4）日期类型。使用 date 定义日历日期类型，包括年、月和日；使用 time(p) 定义一天中的时间，参数 p 表示秒的小数点后的位数；使用 timestamp 定义 date 和 time 类型的组合类型。

2. 完整性约束

完整性约束可以保证数据库中数据的一致性，即如果用户提交的数据插入、修改操作会破坏数据的一致性，则拒绝执行操作。完整性约束包括：

（1）not null 约束。根据 SQL 的定义，null 值可以是所有域的合法成员，当某个属性不能接受 null 值时，可以使用 not null 约束，即禁止在该属性上插入空值，任何向一个声明为 not null 的属性插入空值的操作都将导致错误。

（2）unique 约束。要求关系中的所有记录在声明为 unique 的属性或属性集合上不能取相同的值，即避免该属性或属性集合出现重复值。

（3）check 子句约束。可以指定一个谓词，用于对关系声明和域声明进行约束。当用于关系声明时，关系中的所有元组都应满足该谓词；当用于域声明时，对类型属于该域的属性所赋的值必须满足该谓词。

（4）参照完整性。保证一个关系中给定属性集合上的取值也在另一个关系的属性集的取值中出现。当数据操作将违反参照完整性约束时，通常会通过抛出异常来拒绝该操作的执行，也可以明确采取一些步骤修改参照关系中的元组来恢复完整性约束。例如，如果删除被参照表中的元组时，级联删除参照表中相关的元组，或者将参照表中对应的属性置为空。

关系数据库管理系统通过域约束和完整性约束提供数据质量控制能力，然而关系数据库中的约束会引起约束检查，造成数据库管理系统性能的降低，当数据达到一定规模时，性能的降低愈发明显。所以，在一些场景中，为了保证良好的性能，往往放宽数据约束，从而使数据更新、插入、删除等操作能够更加高效，但这将给低质量数据得以进入数据库的机会。

22.2.2 应用层数据质量控制

1. 数据校验与正则表达式

在信息系统发展的早期，硬编码是最常见的数据校验方式，即通过在应用程序中包含数据校验逻辑实现数据校验。硬编码方式的数据校验可以在信息系统的各层中实现，具有执行效率高、时效性好的优点，但硬编码的明显缺点是缺乏灵活性，一旦业务逻辑或者数据校验规则发生变化，就需要修改代码、重新部署，并给应用程序的维护带来挑战。

为了提高硬编码式数据校验方法的灵活性，常采用正则表达式描述数据校验规则。正则表达式以字符串形式描述数据项应当满足的格式、类型等约束，正则表达式语法如表 22-1

所示。正则表达式可以字符串形式独立于代码逻辑进行单独存储和管理,一旦数据校验规则发生变化,只需要修改正则表达式即可,而无须修改应用程序。但正则表达式语法规则较为复杂,需要熟练掌握语法规则才能正确定义正则表达式,另一方面,正则表达式只能匹配文本字面规则,而无法对数值范围等支持不足,此外,由于正则引擎执行方式的原因,大量使用正则表达式还会引起性能问题。

2. 前端数据校验

前端开发工作中,开发人员往往要花费大量精力实现数据校验逻辑,一般采用JavaScript 实现校验逻辑,结合 CSS 将校验结果反馈到用户界面。这种方式一方面增加了开发工作的复杂性,另一方面还降低了代码的可维护性。伴随着信息系统架构的发展,出现了很多开发框架,这些开发框架融合了良好的设计模式和开发经验,可以为开发人员提供良好的支撑,方便开发工作。为了缓解前端开发面临的数据校验方面的挑战,前端开发框架提供了数据校验方面的支持。

表 22-1　正则表达式语法

类别	符号	描述
普通字符	A-Z	大写字母区间中的字符
	a-z	小写字母区间中的字符
	0-9	数字字符区间中的字符
	.	匹配除换行符(\n、\r)之外的任何单个字符
	\s	匹配所有空白符,包括换行
	\S	匹配所有非空白符,不包括换行
	\w	匹配字母、数字、下画线
	\d	匹配数字
特殊字符	()	标记一个子表达式的开始和结束位置
	[]	标记一个中括号表达式的开始和结束
	\	将下一个字符标记为特殊字符
	{}	标记限定表达式的开始和结束
	|	指明两项之间的一个选择
限定符	*	匹配前面的子表达式零次或多次
	+	匹配前面的子表达式一次或多次
	?	匹配前面的子表达式零次或一次
	$\{n\}$	匹配确定的 n 次
	$\{n,\}$	至少匹配 n 次
	$\{n,m\}$	最少匹配 n 次且最多匹配 m 次
定位符	^	匹配输入字符串的开始位置
	$	匹配输入字符串的结尾位置
	\b	匹配一个单词边界
	\B	匹配非单词边界

以前端开发框架 Bootstrap 为例,提供了 Bootstrap Validation 让开发人员能对用户提交的 HTML 表单进行验证。如表 22-2 为 Bootstrap 表单校验示例。

表 22-2　Bootstrap 表单校验示例[2]

```
1.    < form class = "row g - 3 needs - validation" novalidate >
2.        < div class = "col - md - 4" >
3.            < label for = "validationCustom01" class = "form - label" > Name </label >
4.            < input type = "text" class = "form - control" id = "validationCustom01" value = "Mark"
5.    required >
6.            < div class = "valid - feedback" >
7.                Looks good!
8.            </div >
9.            < div class = "invalid - feedback" >
10.                Please enter a valid name!
11.        </div >
12.    </div >
13.    < div class = "col - 12" >
14.        < button class = "btn btn - primary" type = "submit" > Submit form </button >
15.    </div >
16.</form >
```

　　如表 22-2 所示,定义了一个包含一个文本框和一个提交按钮的表单,文本框有默认值。当表单提交时,对文本框调用了名为 validationCustom01 的校验函数,如果用户输入内容通过了校验,则在文本框下显示"Looks good!",反之则显示"Please enter a valid name!"。

3. 后端数据校验

　　在企业级应用开发中,Java EE 占据着主导地位,在其标准规范中,专门针对 JavaBean 的验证定义了元数据模型和 API。Hibernate Validation 实现了 JSR-303/JSR-349 的所有内置约束,同时提供了一些新的约束。作为后端开发的常用框架,Spring 对 Hibernate Validation 进行了封装,在进行 JavaBean 校验时可以选择使用 Hibernate Validation 或 Spring Validation,而 Spring Validation 在 Spring MVC 模块中添加了自动校验,这大大方便了开发人员的工作。

　　Spring Validation 提供了支持属性校验的注解,在需要校验的属性前加入对应的注解,即可实现对属性数据的校验,如表 22-3 所示。

表 22-3　通过注解实现数据校验

```
1. public class Person{
2.    @NotEmpty
3.     private String name;
4.    @Range(min = 0, max = 114)
5.    private int age;
6.    … …
7. }
```

　　如表 22-3 所示,Person 类的两个属性都使用了注解进行校验,name 属性要求不为空,age 属性则要求在 0～114 范围内。常见的 Spring Validation 注解见表 22-4。

表 22-4 Spring Validation 常见注解[3]

注 解	含 义
@Null	被标注的对象必须为 null
@NotNull	被标注的对象必须不为 null
@Max(n)	被标注的对象必须为数字,且值不大于给定的值 n
@Min(n)	被标注的对象必须为数字,且值不小于给定的值 n
@DecimalMax(s)	被标注对象必须为数字,且值不大于给定的值 s
@DecimalMin(s)	被标注对象必须为数字,且值不小于给定的值 s
@Size(min,max)	被标注对象的大小(长度)必须在给定范围内,包含边界
@Digits(i,f)	被标注对象数字必须符合指定精度,i、f 均为整数,分别代表整数部分和小数部分的精度位数
@Future	被标注对象必须为日期格式,且比验证发生时的时间晚
@Past	被标注对象必须为日期格式,且比验证发生时的时间早
@Pattern(regex,flag)	被验证对象必须为字符串,且满足给出的正则表达式 regex
@Valid	递归地验证关联对象。如目标是集合或列表,其内对象将被递归地验证
@Range(min,max)	被标注的对象必须在给定范围内,含边界
@Length(min,max)	被标注字符串对象的长度必须在给定范围内,含边界
@Email	被标注的对象必须满足电子邮件格式
@NotEmpty	检查被标注对象是否为 null 或不含任何元素
@NotBlank	被标注的字符串对象必须不为 null 且长度应大于 0
@Range(min,max)	被标注对象必须在给定范围内,含边界

22.2.3 独立数据质量工具

随着对数据质量控制的需求越来越多样化,逐渐出现了独立的数据质量工具。数据质量工具通常涉及数据清洗、数据集成、主数据管理和元数据管理等领域,不仅致力于消除格式错误、数据冗余等问题,还确保数据满足业务规则。为了满足各种各样的数据质量控制需求,每个数据质量工具都有各自的特点,提供了丰富的功能,有的面向特定应用,专门为专业软件设计,有的面向特定领域,如发现邮件地址中的错误和重复等。Gartner 每年从前瞻性和执行力 2 方面、共 15 项衡量指标对数据质量工具的供应商进行评估[4],根据 2011—2019 年的"Gartner 数据质量工具魔力象限报告",Informatic、IBM 和 SAP 持续位于数据质量工具供应商的领导者地位。

1. Informatica

作为全球领先的数据管理软件提供商,Informatica 常年在 Gartner 魔力象限报告中位于领导者地位。Informatica 的数据质量解决方案可以为业务人员和 IT 人员提供一个建立和完善度量标准的共同平台,其数据质量工具支持常见的数据质量控制,如探查、清洗、标准化、名称与地址匹配等,能够帮助不同角色的人员参与数据质量流程,使用户可以在面向服务的架构中集中管理数据质量服务,并从任何位置跨越应用程序的限制使用数据质量服务。此外,Informatica 数据质量分析工具提供数据质量异常捕获和告警的功能,以便支持对数据质量进行更进一步的探查和分析；提供记分卡、仪表板和报告功能，实现数据质量的动态报告和可视化呈现[5]。

2. IBM

IBM 的数据质量工具为数据清洗和数据管理提供了广泛而全面的支持，从而帮助维护客户、供应商、地点和产品的一致性，并建立准确的视图[6]。IBM 数据质量解决方案使用可定制的规则来约束业务实体信息，提供端到端的数据质量服务持续分析和监控数据质量；提供用于设计和测试匹配的匹配设计器和一组称为 Stage 的数据清洗操作，能够自动地将数据转换成标准格式，并在唯一标识不可用时进行数据匹配；维护数据世系信息，可以清晰显示数据及其关系，从而实现持续的数据质量监控和数据清洗；基于元数据和主动策略管理，提供一种开放式智能数据目录，实现对数据以及模型的质量管理。

3. SAP

作为全球领先的业务流程管理软件供应商，SAP 为数据集成、数据质量、数据剖析和文本数据处理提供了整体的企业级解决方案，发现、评估、定义、监控和提高数据资产的质量，从而将可信数据集成、转换、改进和交付到关键业务流程。提供了数据洞察能力，可以分析数据创建活动，并运行验证规则，通过记分卡监控数据质量；提供元数据管理能力，对整个数据环境中的元数据进行编目，分析和理解数据之间的关系；提供清洗工具包生成能力，可以定义数据清洗工具包，以解析和标准化数据；提供匹配审核能力，能够定期审核数据匹配的结果，并进行必要的更正。

22.2.4　大数据质量控制

随着移动互联网、物联网等技术的发展，所采集的数据也呈现出几何级的增长，甚至超出了传统数据管理技术所能处理的范围，从而导致了大数据技术的诞生，并出现了许多大数据分析应用。然而，大数据的显著特点之一就是价值密度低，如何改善大数据的质量，提升大数据的价值，已经成为人们越来越关注的问题。

文献[7]提出了一个可拓展的、通用的、易部署的数据清洗框架 NADEEF。NADEEF 将交互界面与内核区分开来实现通用性和可拓展性，交互界面通过指定数据质量规则来以定义什么数据是错误的及如何去修复。检测与清洗算法模块使用规则编译器编译所有的数据规则，并进行统一的规则管理；问题数据检测模块以数据和已编译规则作为输入，计算出数据错误；数据修复模块管理修复算法，针对检测出的问题数据，以最小化提前定义的损失度量为目标，计算数据修复规则；元数据管理模块负责维护和查询与数据错误有关的元数据及可能的修正；数据质量仪表板使得领域专家和用户可以轻易地与系统交互。

文献[8]提出了大数据清洗框架 BigDansing，提供了一个用户友好的编程界面，用户通过几行代码就可以获得并行数据处理框架的优势，而无需了解分布式平台的逻辑。定义了五个逻辑操作：

（1）Scope 操作定义规则相关的数据；

（2）Block 操作定义可能发生冲突的数据单元组；

（3）Iterate 操作枚举候选冲突；

（4）Detect 操作决定候选冲突是否是真的冲突；

（5）GenFix 操作为每一个冲突生成一个可能的修复集合。

逻辑层允许用户通过定义逻辑操作以及操作顺序，或者提供声明性的规则，以简单的方式表达各种数据质量规则。物理层收到逻辑计划后，通过计划整合、数据访问优化等步骤，将其转化成由物理操作组成的优化过的物理计划。执行层决定如何在底层的并行数据处理框架中执行物理计划，将物理计划转换为由一系列依赖于系统的操作组成的执行计划，并在底层系统上运行生成的执行计划。

22.3 基于规则的数据质量控制系统

22.3.1 系统功能

数据质量控制的关键一环是发现数据中的质量问题，基于规则的数据质量控制系统旨在提供灵活、高效的数据处理能力，为自动发现违反数据质量规则的数据提供工具支撑。基于规则的数据质量控制系统的具有如下特点：

（1）灵活，提供灵活的规则表达能力；

（2）高效，提供高效的数据处理能力；

（3）可伸缩，能够应对大规模数据的质量检查任务；

（4）可扩展，能够根据需要对数据质量检查功能进行扩展。

基于规则的数据质量控制系统分为前端管理工具和后端执行引擎两部分，主要提供数据源管理、作业管理、执行方案管理和任务调度 4 大功能，其中：

（1）数据源管理。提供数据源访问信息的管理，并获取数据源中各个数据对象的信息，为数据质量检查规则的定义提供元数据。

（2）作业管理。提供数据操作工具箱和图形化的数据质量检查规则编辑器，通过有向无环图表示数据处理流程，并设置数据处理步骤的参数，从而定义数据质量检查规则。

（3）执行方案管理。执行方案是提交执行的基本单元，每个执行方案包含一组作业，可以为作业定义优先级，以便确定作业的执行顺序。

（4）任务调度。包括执行方案的定时调度，以及执行方案内部的作业调度。

文献[10]描述了作业定义以及作业调度算法，作业调度算法可以根据当前资源使用情况以及作业优先级，确保作业按照定义高效执行。

22.3.2 系统架构

1. 规则表示

为了提供灵活的规则表达能力，基于规则的数据质量控制系统使用有向无环图表示数据质量检查规则,一个有向无环图也是一个完整的数据处理流程。

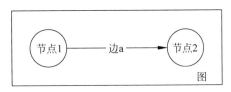

图 22-1 表示数据质量检查规则的有向无环图

如图 22-1 所示,有向无环图中的节点表示独立的数据处理步骤,定义 4 种数据处理步骤,其中,数据抽取步骤从数据源中读取数据并封装为内部数据表示;数据转换步骤对数据进行加工处理,如格式转换、信息提取等;数据过滤步骤根据定义的逻辑将数据分为满足条件的数据和不满足条件的数据;数据加载步骤负责将数据写入到数据源中。

有向无环图中带标签的边表示数据处理步骤之间的数据交换,即边的起始节点所表示的数据处理步骤执行完成后,将经过处理的数据交换给边的终止节点所表示的数据处理步骤。定义了 3 种带标签的边,其中,带"True"标签的边表示满足起始节点过滤条件的数据被交换到终止节点,带"False"标签的边表示不满足起始节点过滤条件的数据被交换到终止节点,带"Normal"标签的边表示数据无差别地从起始节点交换到终止节点。

数据抽取、数据转换、数据过滤、数据加载都作为数据处理流程中的一个步骤,在定义数据处理流程时,需要遵循如下约束:

(1)表示数据抽取步骤的节点只能作为带"Normal"标签的边的起始节点,且不能作为任何边的终止节点;

(2)只有表示数据过滤步骤的节点可以作为带"True"标签边和带"False"标签边的起始节点;

(3)表示数据加载步骤的节点只能作为终止节点,不能作为任何边的起始节点。

通过上述有向无环图可以表示复杂的数据质量检查规则,串行流程表达逻辑"与"语义,并行流程表达逻辑"或"语义,"False"标签可以表达逻辑"非"语义。图 22-2 所示为数据质量检查规则的一部分。

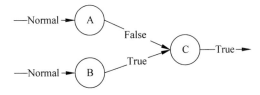

图 22-2 使用有向无环图表示逻辑语义

在如图 22-2 所示,A、B 和 C 分别表示数据过滤步骤,所表达的语义为

$$(\neg A \wedge C) \vee (B \wedge C)$$

即选择不满足步骤 A 过滤条件并满足步骤 C 过滤条件,或者满足步骤 B 过滤条件并满足步骤 C 过滤条件的数据。

2. 内部数据表示

基于规则的数据质量控制系统内部数据表示包括元素、记录和视图 3 个部分：

(1) 元素：键值对形式的最小数据单元，对应于关系中的属性；

(2) 记录：多个元素组成的集合，对应于关系中的元组；

(3) 视图：多个记录组成的集合，对应于关系。

视图是各个数据处理步骤之间通过交换区交互的对象。视图的结构是松散的，视图中的记录可以具有相同的元素，也可以具有不同的元素，并且不同记录中的元素可以具有不同的语义和数据类型，数据处理步骤需要依赖所数据质量检查规则提供的元数据对记录进行解析。

3. 多线程架构

在执行引擎端，使用有向无环图表示的数据质量检查规则被映射到具体的线程和内存对象，线程之间通过共享内存进行交互，线程的执行互不影响。

(1) 步骤，独立运行的线程，对应于有向无环图中的节点，或数据质量检查规则中的数据操作；

(2) 交换区，两个步骤共享的内存区域，对应于有向无环图中的带标记边，采用生产者-消费者模式，一个步骤向交换区中写入数据，另一个步骤从交换区读取数据；

(3) 作业，由多个步骤和多个交换区构成的数据处理流程，对应整个有向无环图或者数据质量检查规则。

如图 22-3 所示，执行引擎根据数据质量检查规则的定义，将有向无环图中的节点和带标记边分别映射到步骤线程和交换区对象，执行引擎根据参数实例化并启动步骤线程，每个步骤线程从其输入交换区读取数据，对数据进行处理后，将结果写入输出交换区。

4. 集群架构

为了应对大规模数据带来的挑战，基于规则的数据质量控制系统可以采用集群架构实现。对应于多线程架构中的步骤线程和交换区对象，集群架构中具体的数据处理步骤和交换任务由计算节点和交换节点完成，计算节点提供步骤线程的执行环境，交换节点为步骤线程提供数据交换服务，调度节点负责管理计算节点和交换节点的状态，并将管理工具提交的作业分配给计算节点和交换节点。管理工具实现可视化的数据质量规则定义，并与集群中的调度节点协调实现对集群的管理和监控。

如图 22-4 所示，集群架构下，一个作业由多个计算域和交换域构成，每个计算节点可以运行多个步骤线程或者步骤线程副本，运行相同步骤线程副本的多个计算节点构成一个逻辑上的计算域；计算节点中的步骤线程通过交换节点进行数据交互，每个交换节点可为多个步骤线程提供数据交换服务，为两个计算域提供数据交换服务的多个交换节点构成一个逻辑上的交换域。由有向无环图中的节点所定义的数据处理步骤被分配给对应计算域中的多个计算节点，数据被分成多个数据块，计算域中的多个计算节点分别处理不同的数据块。有向无环图的边对应交换节点，每个交换节点包含多个消息队列，任意两个需要交互的步骤线程之间通过消息队列完成数据交互。

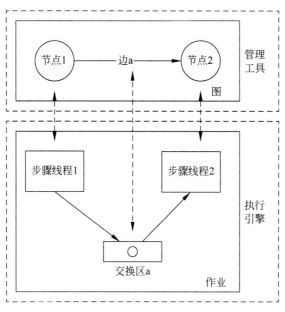

图 22-3　多线程架构

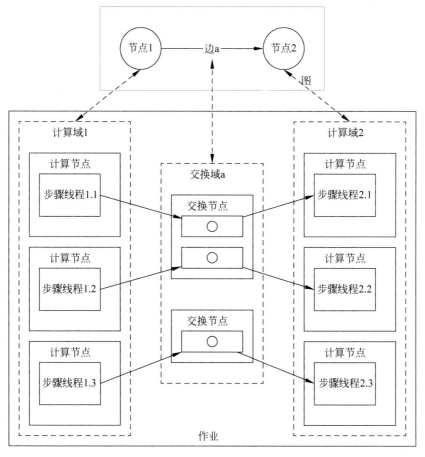

图 22-4　集群架构

5. 拓扑优化

在集群架构中,使用有向无环图表示流数据处理过程,节点对应数据处理步骤,有向边对应数据交换队列,每个数据处理步骤执行特定的数据操作,数据处理步骤之间通过数据交换队列交换数据。集群架构支持有限容错和自动弹性伸缩,能有效提升数据处理的效率、提高资源利用率和鲁棒性。在集群架构中,调度节点对数据处理过程进行静态拓扑优化,并将数据处理步骤和数据交换队列分配到数据处理节点和数据交换节点,在数据处理过程中,调度节点通过监视数据交换情况动态增减数据处理节点,对数据处理过程进行动态拓扑优化,从而提升集群资源的利用效率。

静态拓扑优化的核心思想是:对有向无环图中的节点进行合并,优化前节点只包含 1 个数据处理步骤,优化后节点包含至少 1 个数据处理步骤。静态拓扑优化算法如表 22-5 所示。

表 22-5　静态拓扑优化算法

输入:	原始有向无环图
输出:	优化后的有向无环图
Step1:	遍历有向边,计算各个节点的入度和出度,并由出度不等于 1 的节点组成终止节点集合 T
Step2:	对 T 中的独立节点,遍历有向边,将以独立节点为目的节点的有向边的源节点加入 T
Step3:	如果 T 中不存在非独立节点,则返回,否则,取 T 中的非独立节点 v
Step4:	如果 v 的入度为 0,将 v 置为独立节点,转到 Step3
Step5:	如果 v 的入度大于 1,将 v 置为独立节点,将以 v 为目的节点的有向边的源节点加入 T,转到 Step3
Step6:	取以 v 为目的节点的有向边 e,如果 e 的源节点 p 是独立节点或者在 T 中,将 v 置为独立节点,转到 Step3
Step7:	将 e 的源属性值赋给 p 的操作的后继属性,将 e 的目的属性值赋给 v 的第一个操作的前驱属性,并将 p 的操作插入 v 的操作列表的头部
Step8:	将 p 的入度赋给 v 的入度,如果 p 的入度不等于 0,则取目的节点为 p 的有向边,并将有向边的目的节点变更为 v
Step9:	删除 e,删除 p,转到 Step4

在数据处理任务执行过程中,监视数据交换情况,并进行动态拓扑优化,以便根据任务情况适时对资源分配情况进行调整。具体包括:

(1) 对每个数据处理过程,以固定时间间隔连续 n 次读取各个数据交换队列中的数据包数量;

(2) 如果各个数据交换队列中的数据包总数持续增加,则选择平均数据包数量最多的交换队列对应的有向边,以该有向边目的节点初始化数据处理步骤副本,并分配到当前可用且负载最小的数据处理节点;

(3) 如果各个数据交换队列中平均数据包数目持续小于 1,则移除当前拓扑中每个数据处理节点的多余副本,即每个节点只保留一个数据处理步骤。

22.4 大数据质量控制系统

22.4.1 系统功能

随着大数据技术的广泛应用,对大数据的质量控制的需求越来越迫切,而面向传统数据管理的工具已经无法满足大数据场景下的数据质量控制需求。为了应对大数据带来的挑战,需要基于大数据技术的数据清洗软件。大数据质量控制系统基于 Hadoop 平台提供的分布式文件系统、Spark 计算引擎等大数据技术,通过建立清洗规则、引用清洗算法,实现对海量数据的清洗,提供了数据质量元数据管理、数据清洗算法管理、数据清洗规则管理、数据剖析、数据检测、数据增强和任务调度管理等功能,支持对相似重复数据、缺失数据、逻辑错误数据、不一致数据的检测和辅助修正,可以为提升大数据的质量提供有力支撑。

22.4.2 系统架构

1. 逻辑架构

大数据质量控制系统的逻辑构成如图 22-5 所示。

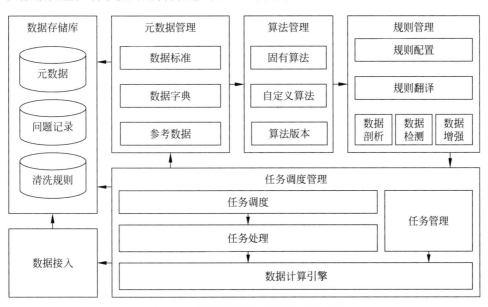

图 22-5 大数据质量控制系统逻辑架构

如图 22-5 所示,大数据质量控制系统主要由元数据管理、算法管理、规则管理、任务调度管理、数据存储库、数据接入 6 部分组成。

(1) 数据接入管理提供目标数据源访问信息注册服务,实现对不同目标数据源的访问适配,以便访问不同目标数据源中的数据。

（2）数据存储库提供数据存储服务，包括元数据信息、数据质量问题记录、数据清洗规则信息等。

（3）元数据管理对接入的数据源进行结构扫描和参考数据配置，把元数据信息保存到数据存储库中，为算法提供数据结构信息。

（4）算法管理对软件提供的固有算法包以及用户自定义算法包进行统一管理，以便在定义规则时选择和配置具体算法。

（5）规则管理将数据清洗分为数据剖析、数据检测、数据增强 3 个类别，通过规则翻译将用户定义的规则转换为包含数据清洗规则的任务，以便调度执行。

（6）任务调度管理将包含数据清洗规则的任务发布到大数据环境中，利用分布式计算引擎对数据进行清洗，并将结果数据保存到数据存储库中。

在逻辑架构中，元数据管理模块通过扫描获取目标数据源的元数据，将元数据保存到数据存储库中，数据清洗所涉及的算法及算法历史版本信息也保存在数据存储库中。规则管理模块根据目标数据源的元数据，选择并配置具体的数据清洗算法，并结合数据清洗逻辑，将算法进行串行或并行组合，从而定义数据清洗规则。任务调度管理模块定义任务调度策略，由任务调度器根据调度策略执行包含数据清洗规则的数据清洗任务；任务处理器解析数据清洗规则，并将数据清洗规则拆分成不同逻辑任务；计算引擎将解析后的每个逻辑任务拆分成多个物理任务，以并行模式在集群环境中执行，实现对数据的清洗；任务管理器通过计算引擎提供的接口获取任务执行情况，实现对任务执行情况的监控；数据清洗完成后结果被保存到目标数据源中，同时生成报告，以便对数据清洗过程进行审计。

2. 技术架构

大数据质量控制系统的技术架构基于 Hadoop、Hive、Spark、Storm、ZooKeeper 等开源组件构建，共同保障大数据清洗任务稳定、可靠、高效的执行。

（1）Hadoop 是一个分布式计算系统，其中，HDFS（Hadoop Distributed File System）是运行在通用硬件上提供高吞吐量、高度容错的分布式文件系统，包括一个 NameNode 和多个 DataNode；并行编程模型 MapReduce 包括一个 JobTracker 和多个 TaskTracker，通过将任务过程分为 map 阶段和 reduce 阶段，以可靠、高效、可伸缩的方式实现对大量数据的分布式处理。

（2）YARN（Yet Another Resource Negotiator）是一种通用资源管理平台，由一个 ResourceManager 和多个 NodeManager 组成，通过将集群中所有节点的资源抽象为 Container，实现资源隔离，通过给 ApplicationMaster 分配空闲 Container 并监控其运行状态，实现资源的统一管理和调度。

（3）ZooKeeper 是一个针对分布式应用的可靠协调系统，可为分布式应用提供一致性服务，如配置维护、域名服务、分布式同步、组服务等，通过提供可靠的、可扩展的、分布式的、可配置的协调机制来协调分布式应用的状态。

（4）Hive 是基于 Hadoop 的一个数据仓库工具，能将结构化的数据文件映射为一张数据库表，并提供 SQL 查询功能，能将 SQL 语句转变成 MapReduce 任务来执行，从而可以查询和分析存储在 Hadoop 中的大规模数据。

（5）Storm 是一个分布式实时计算系统，包括 Nimbus 控制节点和 Supervisor 工作节点,任务被提交给控制节点,控制节点将任务分片,再通过 ZooKeeper 将任务分配给工作节点进行处理。Storm 实现了一种数据流模型,将数据流抽象为一个无限的元组序列,并持续地流经一个由 Spout 和 Bolt 组成的拓扑结构,数据流经 Spout 流入拓扑结构,由 Bolt 进行数据处理。

（6）Spark 是基于内存计算的分布式计算框架,通过 RDD（Resilient Distributed Dataset,弹性分布式数据集）将频繁使用的中间数据存储在内存中,提高了在大数据环境下数据处理的实时性,同时保证了高容错性和高可伸缩性。Spark 提供了大量的库,包括 Spark Core、Spark SQL、Spark Streaming、MLlib、GraphX 等,其中,通过 Spark SQL 可以使用 SQL 来查询多种数据源中的数据。

（7）Quartz 是一个开源的企业级任务调度框架,包括任务、触发器、调度器 3 个核心概念,其中,任务定义工作的具体内容,触发器定义时间触发规则,调度器将任务和调度器绑定,保证任务可以在定义的时间执行。

大数据质量控制系统技术架构如图 22-6 所示。

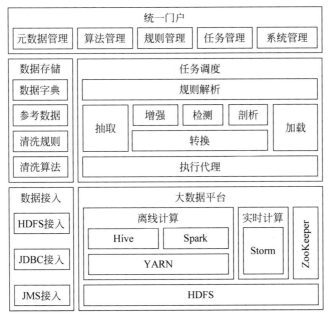

图 22-6　大数据质量控制系统技术架构

大数据质量控制系统技术架构分为三层:最底层为接入服务层,实现外部数据源的数据接入,以及与 Spark、Storm 等计算服务组件的交互;中间层是业务逻辑层,通过元数据管理、规则管理、算法管理、任务调度等,实现数据清洗业务逻辑;最上层是展现层,为用户提供统一操作界面,通过统一门户对各个功能模块进行集成展现。

（1）数据接入。支持 JDBC、HDFS、JMS 等不同类型数据源的接入,JDBC 接入用于访问关系数据库等提供 JDBC 接口的数据源;HDFS 接入用于访问存储于 HDFS 分布式文件系统中的数据文件;JMS 接入用于访问提供 JMS 接口的流式数据源。

（2）大数据平台。提供基于 Spark 的离线计算能力和基于 Storm 的实时计算能力,依托 YARN 实现资源统一管理,使用 ZooKeeper 实现数据一致和集群高可用。对于从外部数据源批量加载数据,通过基于内存运算的 Spark SQL 以及 Hive 实现数据清洗,提高执行效率的同时,能够使结构化数据的操作更加高效和方便;对于流式数据,基于 Storm 实时计算引擎提供实时数据处理能力。

(3)数据存储。基于 MySQL 数据库,实现数据字典、参考数据、清洗规则、清洗算法等信息的存储和管理。数据字典由数据接入时注册或者从数据源读取,包括数据源访问信息以及数据源结构信息等,以便在配置清洗规则和执行清洗任务时使用;参考数据支持从外部数据源接入,也可以直接访问外部数据源,以便在数据清洗过程中使用;清洗规则信息具体为数据清洗规则的定义,包括描述、清洗步骤及其参数等;清洗算法信息涉及系统提供的数据清洗算法的标识、描述、算法包等,在定义数据清洗规则是引用其标识信息,在执行数据清洗任务调用其算法包。

(4)任务调度。根据任务调度策略初始化数据清洗任务并提交执行。任务调度策略使用 Cron 表达式描述,并基于 Quartz 实现任务调度;首先由规则解析器根据规则定义解析规则内容、汇总参数信息,并根据由抽取、转换、加载构成的逻辑模型,将规则定义转换成逻辑任务;执行代理获取清洗算法包,将逻辑任务转换成大数据平台的物理任务,并提交给大数据平台执行。

(5)统一门户。为各个功能模块提供统一的可视化操作界面。元数据管理负责注册数据源信息的注册以及管理;算法管理提供数据清洗算法的定义、查询检索以及算法包上传等功能;规则管理提供数据清洗规则的定义、存储等功能;任务管理提供数据清洗任务及其调度策略的定义与管理能力;系统管理提供访问控制、日志管理以及集群监控等服务。

本章小结

本章从信息系统的演变过程出发,介绍了数据质量控制技术及系统的发展历程。在此基础上,介绍了基于规则的数据质量控制系统和大数据质量控制系统的设计与实现:基于规则的数据质量控制系统用于发现传统关系数据库中的数据质量问题,具有良好的可扩展性和较高的效率;大数据质量控制系统则针对大数据场景下的数据质量控制需求,提供基于大数据技术的数据剖析、数据清洗服务。

本章参考文献

[1] 西尔伯沙茨,科思,苏达尔尚.数据库系统概念[M].马秀莉,杨冬青,等译.5 版.北京:机械工业出版社,2008.

[2] Twitter. Bootstrap Doc[S/OL]. https://getbootstrap.com/docs/5.1/forms/validation/.

[3] Pivotal. Spring Boot Reference Documentation[S/OL]. https://docs.spring.io/spring-boot/docs/2.5.6/reference/pdf/spring-boot-reference.pdf.

[4] Gartner. 数据质量工具魔力象限[S/OL]. https://www.gartner.com/doc/reprints.

[5] Informatica. Informatica 数据质量控制方法白皮书[R].北京:Informatica 中国,2010.

［6］　IBM. IBM Information Server 简介［R］.北京：IBM 中国,2008.

［7］　Dallachiesa M,Ebaid A,Eldawy A,et al. Nadeef：a commodity data cleaning system［C］. International Conference on Management of Data,2013.

［8］　Khayyat Z,Ilyas I F,Jindal A,et al. BigDansing：A System for Big Data Cleansing［C］. International Conference on Management of Data,2015.

［9］　曹建军,刁兴春.数据质量导论［M］.北京：国防工业出版社,2017.

第**23**章

数据治理平台

23.1　引言

随着移动互联网的兴起，人类社会正面临着数据的爆炸式增长，数据思维被作为第四范式，正史无前例地推动着经济、社会、科技等各领域的发展，业务数据化、数据业务化已经成为趋势。在这一背景下，数据已经越来越多地被视为核心资产。但随着数据的日益丰富，带来存储和维护成本的不断提高，同时数据质量低下，无法满足应用需求，导致数据的价值不高。

尽管关系型数据库管理系统、大数据技术等数据管理技术日臻完善，但数据管理仍然面临诸多挑战，如数据多头重复采集、数据标准不一致、数据校验机制不完善等问题，造成数据质量和数据可用性降低。随着数据量的增加，数据管理维护的成本不断上升，但数据所产生的效益却不见增加，甚至出现下降，特别是多数据源头、多数据副本、多数据版本等，使得问题愈发严重，如何通过数据治理提升数据资产的价值已经成为亟待解决的问题。数据治理可以确保根据策略和最佳实践来正确地管理数据，为将数据作为资产进行管理和使用提供支撑，从而推动数据质量的持续改进和数据价值的持续提升。

23.2　数据治理平台的发展现状

23.2.1　数据治理平台概述

根据 DAMA 的权威定义，数据治理(Data Governance)是在管理数据资产过程中行使权力和管控，包括计划、监控和实施[1]。数据治理的目标包括：定义、审批、沟通数据战略、政策、标准、架构、流程和度量体系；追踪并保证数据政策、标准、架构和流程的监管合规性和一致性；发起、追踪并监控数据管理项目和服务的可交付成果；管理并解决数据相关问题；理解并提升数据资产价值。数据治理根据业务的需要，通过对数据管理活动进行计划、监督和控制，建设数据文化，明确数据的决策、使用主体，确保数据符合业务要求，提升数据对业务的贡献率。数据治理应当围绕数据管理组织的职能使命，遵循目标、计划、实施、评价的过程，并进行迭代优化，从而形成了数据治理环路。

如图 23-1 所示，数据治理环路揭示了数据治理过程的一般规律。使命是核心，数据治理必须围绕组织的职能使命开展，所制定的数据治理目标必须和组织的职能使命相一致；目标是实施数据治理的遵循，分为长期目标和阶段目标，目标必须可分解、可度量，以便于实施和评价；计划环节将数据治理目标分解为便于实施的子目标，拟定具体实施步骤和流程；实施环节根据计划明确的步骤和流程，实现子目标；评价环节是根据目标中明确的指标对数据治理实施结果进行评价，分析总结数据治理的经验教训，为下一步数据治理目标的定义提供依据。

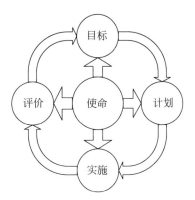

图 23-1　数据治理环路

数据治理是一项长期的基础性工作，无法一蹴而就，或者通过个别项目的实施达到数据治理的目的。技术层面上，数据治理需要与业务流程紧密结合，元数据管理、主数据管理等关键技术也需要长期的积累，且需要与数据环境进行整合。文化的差异往往导致关键技术难以落地，通过采购获得的工具无法适应实际业务流程就很难应用。一方面，不同领域的数据有其自身的文化背景，在数据治理实施过程中需要联系实际定制数据管理方案；另一方面，随着业务的变化，往往需要对数据管理系统进行升级改造，因此信息系统应能够灵活适应业务流程的变化；此外，随着技术的发展，信息管理系统也需要实时更新换代，信息系统应能够适应技术发展的潮流和趋势。而现有厂商的产品或者解决方案往往需要使用其专有的格式存储数据，是不开放的，给后期的维护和升级带来了不便，有可能给业务的发展造成不良的影响。因此，遵循业务数据化、数据业务化的发展趋势，应当将数据与管理系统解耦，从业务长远发展的角度，采用循序渐进的策略，先从理念和方法入手，线上与线下相结合，平台支撑与工具手段相结合，构建数据治理平台的基础框架。随着数据治理工作的普及与推进，需求将进一步明确，逐步完善数据治理平台的功能，丰富数据治理平台对数据活动的支持，逐步过渡到以数据治理平台为主实施数据治理。

23.2.2　典型数据治理解决方案

1. IBM 数据治理解决方案

IBM 数据治理解决方案致力于为企业提供数据分类目录、保护和治理敏感数据、追踪数据世系、管理数据湖等，从而可以为人工智能和机器学习的部署做好准备。该解决方案可以多路接入，采用适合组织目标的数据治理策略，并以独特的方式管理企业信息，以满足不同的需求；使用基于机器学习的数据分类目录，提升知识工作者的效率，高效实施元数据采集、数据资产整编和知识共享；提供干净、完整、一致和及时的数据，使用这些信息可以驱动大数据项目和应用，并实现数据治理目标；识别数据的含义，评估数据的价值与风险，保护个人身份信息，并帮助满足隐私保护相关的法规[2]。

该解决方案由 IBM Watson Knowledge Catalog、IBM InfoSphere Information Governance Catalog、IBM InfoSphere Information Analyzer、IBM StoredIQ Suite、IBM Optim、Industry models 等软件产品构成。

（1）IBM Watson Knowledge Catalog。与治理平台集成的企业数据分类目录，可以帮助用户迅速查找、整编、分类、治理、分析和共享业务数据。

（2）IBM InfoSphere Information Governance Catalog。允许用户创建、管理和共享公共业务语言的企业数据分类目录，以便查找、理解和分析信息。

（3）IBM InfoSphere Information Analyzer。提供数据剖析和分析能力，准确评价数据的内容和结构，以确保数据的一致性和数据质量。

（4）IBM StoredIQ Suite。实现非结构化数据策略的自动化执行，并帮助将业务决策传达到操作相关数据的人。

（5）IBM Optim。数据从需求到报废的全生命周期管理，帮助改进业务敏捷性，并降低成本。

（6）Industry models。以可用的方式结合深度实践和业界最佳实践，帮助业务部门和IT 部门落地解决方案。

2. Oracle 数据治理解决方案

Oracle 数据治理解决方案的目标是建立企业对数据的信心，包括准确性、合规性等。实施数据治理的途径包括：定义每个数据元素的运维控制和质量控制，并监视控制的效果；监视数据元素的关键指标、趋势和变化；定义、维护并追踪合规性报告的提交；完善数据质量看板[3]。

Oracle 数据治理解决方案包括两大产品，即企业元数据管理、企业数据质量管理。

（1）企业元数据管理。支持从任意数据挖掘、数据仓库、数据集成、BI 工具、云端和大数据中获取元数据，支持元数据的版本化管理和模型比对、从报表和业务应用层可追溯，支持多样的元数据标准、注解和标记、血缘分析、业务术语库，通过评论回馈和回顾面板、可分类的元数据标签实现元数据的管理与协作。

（2）企业数据质量管理。通过快速数据提取、操作和分析加速数据洞察，使业务用户直接使用他们知道的数据，通过协作理解和改进数据，设计可重用的数据服务，并可轻松集成到任何应用程序或数据流中，从而有效提升数据的可用性；提供广泛的协作和治理功能，并在数据管家需要更改规则或做出人工决策时为其提供灵活的规则管理、审核和补救选项；提供大量数据标准化处理器以及实时和批处理流程，数据标准化规则完全可配置，并保持完整的数据标准化变动痕迹，使其有迹可循。

3. Informatica 数据治理解决方案

Informatica 数据治理解决方案的目的是通过提供对数据的普遍访问，以及促进组织各部门之间的协作来治理数据，从而实现企业的数字化转型。Informatica 数据治理解决方案由一系列基于 Informatica 智能数据平台的产品组成。Axon、Secure@Source 和 Enterprise Information Catalog 三大产品,以及 Informatica 著名的数据剖析和清洗产品,一起构成了完整的数据治理解决方案,能够处理数据质量、数据编目、合规性和隐私、政策管理这些核心治理问题[4]。

（1）数据编目。Informatica 的数据编目功能通过 Enterprise Information Catalog 以企业信息目录的形式呈现。Enterprise Information Catalog 适用于云、内部部署和大数据存储,可自动扫描企业数据并将这些数据编入索引,然后通过数据目录供用户浏览。

（2）数据质量和数据治理。Informatica 的数据质量和数据治理产品分别为 Data Quality 和 Axon。Axon 主要用于帮助了解组织的数据,从而制定相应的政策,而 Data Quality 则通过数据转换和管理来支持这些政策。

（3）数据安全和隐私。Axon 还提供与数据隐私相关的仪表盘,关注数据的合规性。可通过导航查看关于资产的详细信息,从而可以准确了解关于数据的使用、访问和报告情况。Secure@Source 主要关注安全和隐私问题,即 Axon 旨在帮助了解数据,而 Secure@Source 的主要任务是发现和分析敏感数据,并对这些数据进行监控和保护。

（4）政策管理。在通用政策管理方面,Informatica 的 Enterprise Information Catalog 充当企业数据资产(包括政策)的存储和管理中心,包括业务术语表。此外,Axon 可为数据质量和数据隐私相关政策的制定和实施提供重要支持。

4. 华为数据湖治理平台解决方案

华为数据湖框架基于"统筹推动、以用促建"的建设策略,严格按照六项标准,通过物理与虚拟两种入湖方式,汇聚华为内部和外部的海量数据,形成清洁、完整、一致的数据湖。数据治理则为保障各业务领域数据工作的有序开展,需建立统一的数据治理能力,如数据体系、数据分类、数据感知、数据质量、安全与隐私等[5]。华为数据湖治理包括数据模型、元数据管理、数据标准、数据质量管理、数据生命周期管理、数据分布与存储、数据交换、数据安全、数据服务 9 个部分。

（1）数据模型:包括数据结构、数据操作、数据约束等。

（2）元数据管理:包括业务元数据、技术元数据、操作元数据的管理。

（3）数据标准:包括业务定义、技术定义、管理信息相关的标准规范。

（4）数据质量管理:数据质量问题发生在各个阶段,需要明确各个阶段的数据质量管理流程,如需求和设计阶段需要明确数据质量的规则定义,从而指导数据结构和程序逻辑的设计;在开发和测试阶段需要对前面的规则进行验证,确保相应的规则能够生效;最后在投产后要有相应的检查,从而将数据质量问题尽可能消灭在萌芽状态。

（5）数据生命周期管理:将极少或者不再使用的数据从系统中剥离出来,并通过合适的存储设备进行保留,不仅能够提高系统的运行效率,还能大幅减少因为数据长期保存带来的存储成本。数据生命周期一般包含在线阶段、归档阶段、销毁阶段。

（6）数据分布与存储:只有对数据进行合理的分布和存储,才能有效地提高数据的共享程度,才能尽可能减少数据冗余带来的存储成本。综合数据规模、使用频率、使用特性、服务时效等因素,从存储体系角度,可将数据存储划分为四类存储区域,即交易型数据区、集成型数据区、分析型数据区、历史型数据区。

（7）数据交换：建立统一的数据交换系统，一方面可以提高数据共享的时效性，另一方面也可以精确掌握数据的流向。

（8）数据安全：包括存储安全、传输安全、使用安全等方面。

（9）数据服务：建立结构化数据处理分析平台以及数据资产视图。

23.3　跨域数据质量控制系统

23.3.1　系统功能

随着业务领域对数据越来越重视，各业务领域着手开展数据资源建设工作，上马了一批数据资源建设项目。数据资源建设项目存在不同的视角：从项目实施的视角，数据资源建设项目需要遵循项目管理的周期，经历需求、立项、实施、验收等环节；从数据管理的视角，要遵循数据工作和数据管理的规律，实施过程分为抽取采集、转换整编、加载入库、分析应用等。如果两个视角各行其是，必然会导致项目实施与数据管理步调不一致、甚至脱节的风险。只有将两个视角统一起来，确保项目实施与数据管理紧密配合，才能稳步推进数据资源建设工作，确保数据资源建设项目的质量。

跨域数据质量控制系统通过定义数据生命周期、项目生命周期和数据活动流程，并建立数据生命周期和项目生命周期、项目生命周期和数据活动流程之间的映射关系，实现数据生命周期与项目生命周期的有机统一与紧密联系。通过建立数据生命周期、项目生命周期和数据活动流程之间的联系，分别提供数据管理视角和项目实施视角，便于项目管理角色用户和数据管理角色用户能够从各自角度把控数据资源建设项目，形成组织内不同部门、不同角色之间的协调联动，推动数据资源建设工作的有效开展。跨域数据质量控制系统根据数据生命周期、项目生命周期和数据活动流程之间的联系，为不同角色的用户提供个性化的统计视图，通过元数据实现对数据字典、数据标准、数据资源、数据流程等对象的统一管理，并利用所采集的数据血缘关系生成数据地图，实现对数据资源全方位的监视与控制。跨域数据质量控制系统还提供了数据稽核、数据清洗、数据采集等数据活动模块以及相关 API，便于进行扩展和二次开发。

23.3.2　系统架构

1. 逻辑架构设计

跨域数据质量控制系统逻辑架构如图 23-2 所示。跨域数据质量控制系统逻辑架构的核心是对数据生命周期、项目生命周期和数据活动流程的管理。

（1）数据生命周期。数据生命周期由多个阶段组成，包括规划、获取、分析/处理、存储、维护、应用、归档/报废等。

（2）项目生命周期。项目生命周期是描述项目从开始到结束所经历的各个阶段，项目生命周期由项目环节组成，包括项目立项、项目计划、项目监控、风险控制等环节。

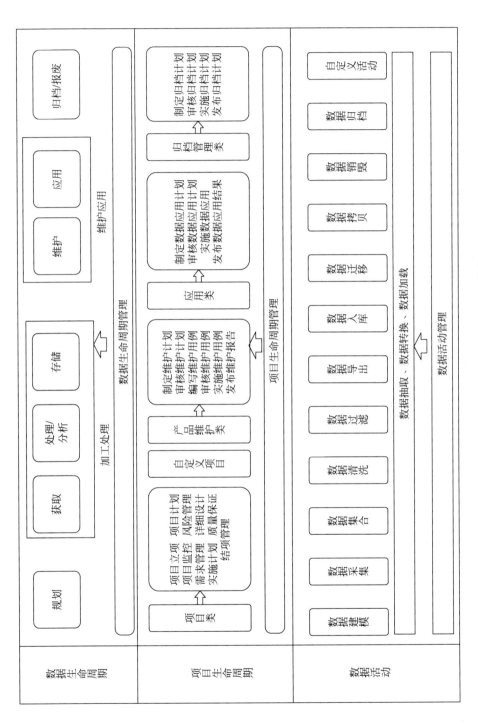

图 23-2 跨域数据质量控制系统逻辑架构

（3）数据活动流程。在数据活动定义模块下，用户通过可视化的流程编辑器定义数据活动流程，并通过表单配置具体数据活动的参数，以便系统能够调度执行数据活动流程。

通过数据生命周期管理、项目生命周期管理以及数据活动流程管理，建立数据生命周期和项目生命周期之间的映射，以及项目生命周期和数据活动流程之间的映射，从而可以为不同角色的用户提供专门的视图。

如图 23-3 描述了典型的数据处理过程。首先，定义数据生命周期中的各个阶段，并将数据生命周期阶段组合起来，定义数据生命周期；其次，定义项目环节，将项目环节组合起来，定义项目生命周期，并建立数据生命周期与项目生命周期的映射关系；然后，注册数据活动，通过组合数据活动定义数据活动流程，并建立数据活动流程与项目生命周期的映射；最后，启动数据活动流程，工作流程引擎驱动数据活动流程中各个数据活动的流转，典型的数据活动如调用 ETL 引擎执行数据抽取、转换、加载操作，或者基于 ETL 引擎执行数据清洗、数据稽核等操作，实施数据管理和质量控制。

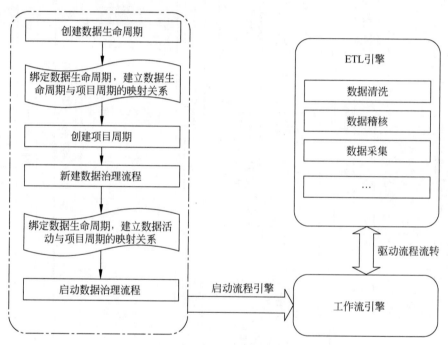

图 23-3　跨域数据质量控制系统数据处理过程

2. 技术架构设计

跨域数据质量控制系统技术架构如图 23-4 所示。跨域数据质量控制系统技术架构分为应用展现层、服务及计算层、存储层、设备层 4 个层次。

（1）应用展现层。为用户提供统一的操作界面，实现数据生命周期管理、项目生命周期管理、数据活动流程管理、数据活动管理、数据世系展示、元数据管理、系统管理等功能。

（2）服务及计算层。作为系统的核心功能层，集成了 ETL 引擎、工作流引擎等，并提供二次开发接口，为数据建模、数据采集、数据稽核、数据清洗等数据活动提供支撑。

（3）存储层。将数据环境作为逻辑整体，包含各类业务数据的存储服务，以及数据访问

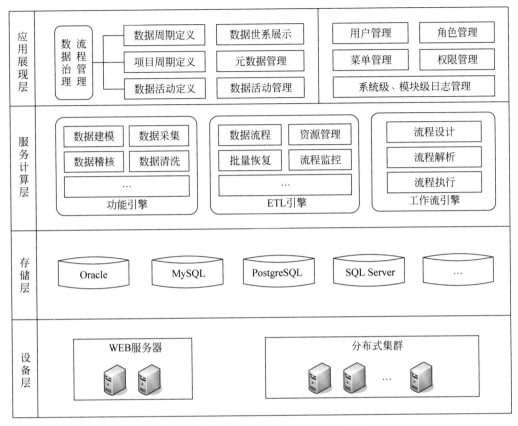

图 23-4　跨域数据质量控制系统技术架构

服务。除了诸如 Oracle、MySQL、PostgreSQL 等通用的数据管理系统,还包含专有的数据管理系统,各数据管理系统通过标准接口提供数据访问服务。

（4）设备层。为数据环境提供服务器、网络设备等硬件基础设施。使用云计算技术,通过虚拟化提升数据环境的整体计算和存储能力,为数据管理和数据质量控制提供充足的资源保障。

23.4　目标驱动的数据治理平台

23.4.1　平台功能

目标驱动的数据治理平台致力于实现数据治理的目标,即将数据作为组织资产加以管理,围绕数据全生命周期开展计划、控制、评价和风险管理,保障数据及其应用过程中的运营合规、风险可控和价值提升。通过目标驱动的数据治理平台可以推进数据资源在组织各部门间的高效整合、对接共享,从而提升数据的价值,促进数据的应用。

目标驱动的数据治理平台总的原则是通过法规/标准、流程、规则、参考数据/主数据等来约束数据及其管理活动。目标驱动的数据治理平台主要包括工单管理、数据源管理、治理流程管理、元数据管理、数据世系管理、数据活动管理、主数据管理和系统管理等功能模块。

（1）工单管理。包括待办工单和历史工单，将系统根据流程生成的工单推送到具体用户，用户可处理数据治理过程中生成的各种工单。

（2）数据源管理。包括数据源维护、数据服务和数据统计，其中，数据源维护负责维护数据源访问信息及其管理员、采用的数据流程等信息；数据服务定义为数据使用方提供数据服务接口，并通过令牌实现访问控制；数据统计对数据量、数据访问量等进行统计展现，分为总数据量统计、当天访问统计和历史访问统计等。

（3）治理流程管理。包括治理目标管理、生命周期管理、流程管理，其中，治理目标管理又包括目标维护、目标评审、绩效考核，目标维护实现数据治理目标的管理，目标评审是指针对数据治理目标是否完成而进行的专家评审，绩效考核通过对个人参与数据治理过程的相关数据统计来评价个人对数据治理的贡献；数据生命周期管理提供对数据生命周期及其阶段的维护和管理；流程管理提供对数据治理过程中的工作流程进行管理。

（4）元数据管理。包括元数据采集、元数据检索、元数据服务，其中，元数据采集包括采集接口、采集表单和采集任务三种方式，采集接口方式是将接口提供给第三方应用，由第三方应用推送对应数据源的元数据信息而实现元数据的采集，采集表单为直接通过页面表单导入元数据信息，采集任务则是直接通过各数据源接口直接读取元数据信息；元数据检索提供对所有已采集的元数据按数据源或数据对象进行检索的功能；元数据服务提供和维护元数据服务接口，为服务接口分配专属令牌，以实现访问控制，并提供元数据服务情况统计。

（5）数据世系管理。包括问题溯源、影响分析、数据地图，其中，问题溯源是指通过数据的血缘关系，可以对出现问题的数据源进行溯源，查找该数据源的上游数据源，从而追溯问题的根本原因；影响分析是指通过数据的血缘关系，查看该数据源的下游数据源信息，对出现问题的数据源进行影响分析，从而控制问题的影响范围；数据地图实现对所有数据源或数据对象之间的数据世系地图的展现。

（6）数据活动管理。包括数据剖析、数据稽核、活动接口，其中，数据剖析包括剖析规则的维护以及剖析任务的管理，实现对数据的列剖析和键剖析等；数据稽核包括稽核规则的维护以及稽核任务的管理，实现对数据的一致性稽核、完整性稽核和相似重复稽核；活动接口为数据治理流程中使用第三方工具产生的活动结果提供接入服务，从而将第三方工具纳入数据治理范畴。

（7）主数据管理。包括参照数据管理和主数据管理，其中，参照数据管理提供分类目录和分类编码维护管理，分别提供分层结构和键值对形式的参照数据的维护、管理与服务；主数据管理包含服务接入、主数据维护和服务接口，服务接入实现第三方主数据服务的注册管理，主数据维护实现系统内置主数据的维护、发布和管理，服务接口为主数据使用方提供主数据服务接口，通过专属令牌实现访问控制，并提供主数据服务情况统计。

（8）系统管理。包括态势展现、用户管理、角色管理、日志管理和系统配置。态势展现以图表形式动态展现平台覆盖的数据源的状态，包括数据概貌、服务统计等，为调整数据治理环境中的资源分配提供依据；用户管理提供平台用户的注册、角色分配、访问控制等功能；角色管理实现平台用户角色的定义、权限分配等功能；日志管理实现平台运行情况的记录，以及历史信息的查询检索等功能；系统配置实现平台运行参数的管理，如数据处理、数据存储系统的接入信息等。

23.4.2 平台架构

1. 逻辑架构

目标驱动的数据治理平台的逻辑架构如图 23-5 所示。目标驱动的数据治理平台逻辑架构包含数据层、业务支撑层、业务层和展现层等部分。

（1）数据层：包括关系型数据和非关系型数据的存储，存储数据治理的目标对象和元数据，包括元数据、各类标准、数据规则、治理流程信息、主数据等。

（2）业务支撑层：为整个平台提供基础支撑服务，包括工作流引擎、权限控制、日志组件、数据源接入服务、大数据组件、数据缓存服务、第三方接口服务、模板引擎等。

（3）业务层：实现平台的业务功能，包括数据源管理、治理流程管理、元数据管理、数据世系管理、主数据管理、数据活动管理、系统管理、工单管理等。

（4）展现层：为用户提供访问平台功能、实施数据治理的门户。

2. 技术架构

目标驱动的数据治理平台基于 Spark、Camunda、MyBatis、Beetl、OAuth2、HttpClient、SpringBoot、Bpmn.js、Vue.js、G2plot.js 等开源组件，实现目标驱动的数据治理平台各功能模块。

（1）Spring 是一种轻量级 JavaEE 企业级应用开源框架，以 IOC（Inverse Of Control，控制反转）和 AOP（Aspect Oriented Programming，面向切面编程）思想为内核，整合众多著名的开源框架和类库，提供展现层、持久层、业务层等企业级应用技术支持。Spring Boot 继承了 Spring 框架原有的优秀特性，通过简化配置进一步简化了 Spring 应用的整个搭建和开发过程。Spring Security 为基于 Spring 的应用提供声明式的安全访问控制，从而避免为安全访问控制编写大量重复代码。

（2）Camunda 是一个轻量级的工作流框架，支持 BPMN、CMMN 和 DMN 规范，提供的 BPMN 2.0 流程引擎，可以嵌入到 Java 应用程序或运行的容器中，以实现流程自动化。

（3）MyBatis 是一款优秀的持久层框架，支持对象关系映射，即将接口和普通 Java 对象映射成数据库中的记录，从而解除 SQL 与程序代码的耦合。

（4）HttpClient 是一种高效的 HTTP 客户端编程工具包，用于向 HTTP 服务端发送请求，并接受来自服务端的响应，具有良好的性能和灵活性。

（5）OAuth 2.0 是一种用户验证和授权开放标准，允许用户通过提供一个令牌，而不是用户名和密码，授权第三方应用在特定的时间段内访问特定的资源。

（6）Ehcache 是一种高效的轻量级进程内缓存，支持 read-only 和 read/write 缓存模式，同时支持内存和磁盘存储，可提升系统性能、减小数据库负载。

（7）Log4j 是一种开源日志项目，可以控制日志的输出格式，并将日志信息输送到控制台、文件、GUI组件、套接字流等，通过定义日志信息的级别，可以更加细致地控制日志的生成过程。

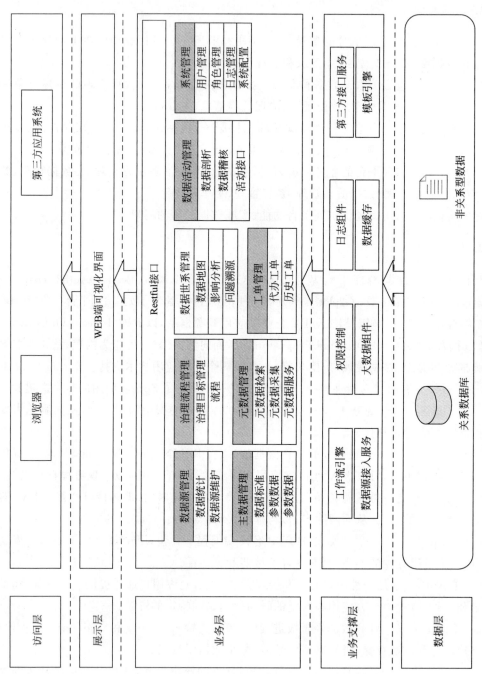

图 23-5 目标驱动的数据治理平台逻辑架构

(8) JSch 是 SSH2 的一个纯 Java 实现,可以方便地嵌入到 Java 应用程序中,用于连接到一个 sshd 服务器,并与其交互。

(9) BeeTL(Bee Template Language)是新一代的模板引擎,具有体积小、功能强、性能优的特点,提供解释执行引擎与运行时编译引擎双引擎设计,即适合代码生成,也适合高并发。

(10) Bpmn.js 是一个开放的渲染工具包,用来在浏览器中创建、嵌入和扩展 BPMN 图表,从而将 BPMN 2.0 流程图嵌入到应用中。

(11) Vue.js 是一套用于构建用户界面的渐进式 JavaScript 框架,聚焦于视图层,便于与第三方库或既有项目整合,其目标是通过尽可能简单的 API 实现视图组件和数据绑定。

(12) G2plot.js 是一个交互式和响应式图表库,提供了标准和优雅的视觉风格以及简洁的配置选项,仅通过几行代码就可以制作出优质的统计图表。

目标驱动的数据治理平台技术架构如图 23-6 所示。目标驱动的数据治理平台技术架构包括数据存储层、计算引擎层、基础组件层、接口服务层、应用展现层。

(1) 数据存储层:存储平台运行过程中使用的和产生的数据,包括结构化数据和非结构化数据,其中,MySQL 关系数据库主要存储结构化的数据,HDFS 文件系统存储非结构化的数据和体量较大的数据。

(2) 计算引擎层:Spark 分布式系统针对大数据场景,为平台提供数据计算和处理服务,为数据处理、数据剖析、数据稽核等数据活动提供支持;Camunda 工作流引擎提供工作流管理以及任务节点的触发调度等服务,为审批、评审等流程的自动流转提供支撑。

(3) 基础组件层:包括数据源适配器、HTTP 请求、日志组件、数据缓存、权限控制、模板引擎、持久化框架、SSH 连接等,为接口服务层提供支撑。其中,数据源适配器为数据源的访问和元数据采集提供驱动程序和接口;HTTP 请求通过 HttpClient 实现与 Camunda 工作流引擎的交互;日志组件采用 Log4j 控制日志的优先级、输出路径和介质等;数据缓存使用 Ehcache 实现数据查询结果的缓存;权限控制通过 Spring Security 权限控制框架实现,完成认证、授权、加密、会话管理等;通过模板引擎 Beetl 管理由用户定义的 Spark SQL 函数代码;持久化框架采用 MyBatis 实现对象关系映射,为数据持久化提供支撑;SSH 连接通过 JSch 组件访问主机,然后通过 Shell 调度 Spark 任务,执行数据剖析和数据稽核。

(4) 接口服务层:平台后端基于 Spring Boot 框架开发,在基础组件的基础上为上层应用提供服务接口;后端接口采用 Restful 风格,包括元数据采集接口、元数据服务接口、主数据服务接口和数据活动扩展接口等;依托 OAuth2 提供服务接口令牌管理,为每个服务接口提供单独的令牌权限控制。

(5) 应用展示层:应用展示页面采用了 Vue.js、Bpmn.js、G2plot.js 等可视化组件,为用户依托平台功能实施数据治理提供丰富的操作界面。

(6) 数据源支持:针对数据治理的对象,包括多种关系数据库和非关系数据库等,对于提供 JDBC 规范接口的数据源,通过各自的 JDBC 驱动连接,如 Oracle、MySQL、PostgreSQL、SQL Server、HBase、Hive、Neo4j 等数据源,对于不支持 JDBC 标准接口的数据源则使用专属的驱动,并进行必要的适配,如使用 MongoDB Driver 驱动连接 MongoDB 数据源。

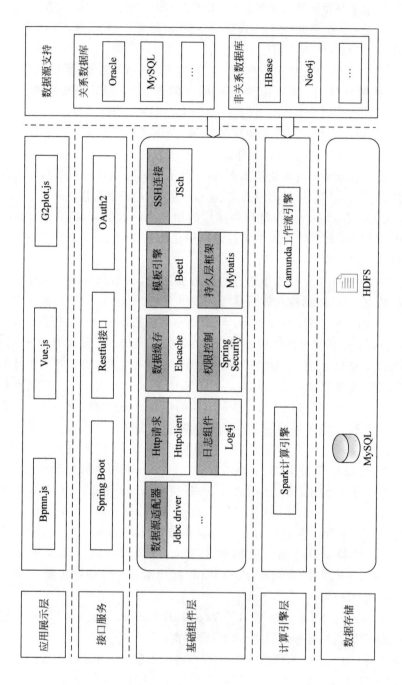

图 23-6　目标驱动的数据治理平台技术架构

本章小结

　　本章从数据治理的需求出发，讨论了数据治理平台的现状，以及典型数据治理解决方案，然后分别介绍了跨域数据质量控制系统和目标驱动的数据治理平台的设计与实现。通用数据质量控制系统通过三层架构、两级映射为不同角色的用户实施数据质量管理提供专门的视角，体现了数据治理的思想；目标驱动的数据治理平台以组织的业务目标和使命为根本着眼点，通过数据源管理、治理流程管理、元数据管理、数据世系管理、数据活动管理、主数据管理等，实现对数据管理活动的计划与控制，以及数据价值的提升。

本章参考文献

［1］　美国 DAMA 国际. DAMA 数据管理知识体系指南［M］. 2 版. 北京：机械工业出版社，2020.

［2］　IBM. 数据治理［S/OL］. https://www.ibm.com.

［3］　Oracle. Oracle ADW 业务数据平台［S/OL］. https://www.oracle.com.

［4］　Informatica. Informatica 数据治理［S/OL］. https://www.informatica.com.

［5］　华为数据管理部. 华为数据之道［M］. 北京：机械工业出版社，2020.

第6部分

结束语

第**24**章

被忽视的挑战和风险

24.1 引言

　　2020 年,党的十九届五中全会提出了《国民经济和社会发展第十四个五年规划和 2035 年远景目标纲要》,其中第 5 篇 "加快数字化发展 建设数字中国",用 4 个章节、3000 多字对数字化发展进行了阐释,在顶层设计中明确了数字化转型的战略地位,将数字经济上升为国家战略。2021 年 12 月 12 日,国务院印发《"十四五"数字经济发展规划》,指出到 2025 年,数字经济迈向全面扩展期,数字经济核心产业增加值占国内生产总值(GDP)比重达到 10%[1],大数据产业测算规模将突破 3 万亿元,软件业务收入将突破 14 万亿元,在线政务服务会超 8 亿人,将建成 500 个以上智能制造示范工厂等,这一系列指标不仅明确了数字经济发展的新方向,更是做出了明确的节奏规划。2020 年,我国数据总规模为 3.9EB(1EB= 2^{10} PB= 2^{20} TB= 2^{30} GB= 2^{40} MB= 2^{50} KB= 2^{60} B),占全球数据总量的 9.3%,2030 年,我国数据规模有望达到 4YB(1YB= 2^{10} ZB= 2^{20} EB= 2^{80} B)[2]。数字经济是大数据时代特征在经济领域的直接映射!

　　从 1946 年 12 月世界公认的第一台计算机诞生开始以及之后的二三十年,计算机软件和硬件是捆绑销售的,几乎所有软件的代码都随着硬件和软件系统的交付一并提供,软件程序大多由从事学术工作的科研人员开发,软件本身是学术界合作研究的工具而非商品(软件产品);也就是说,计算机诞生后的相当长时间内,计算机软件只是计算机硬件的附属品,甚至往往随计算机硬件免费附送,不作为独立的软件产品。后来,尤其是随着操作系统和编译器的出现,与硬件捆绑的软件开发费用越来越高,纯软件开发作为一个新兴的产业开始崭露头角,直至"软件产品"发展成无时无刻不影响我们生产、生活各方面的计算机时代的代表性产品。2011 年,软件工程学科经国务院学位委员会"关于印发《学位授予和人才培养学科目录(2011 年)》的通知"(学位〔2011〕11 号)文件确定增设为一级学科(080835),标志着软件工程学科进入了一个规范发展的崭新阶段,是软件工程学科发展的一个重要里程碑。有理由预测,正如"软件工程"从"计算机科学与技术"中独立出来一样,"数据工程(或别的名称)"也将发展成为新的一级学科!

显然,"数据"的发展蓝图足以让我们热血沸腾,对未来充满憧憬,但是,现实却很骨感,甚至很惨酷,大势所趋下,形势并不容乐观。

数据质量问题不但没有得到有效解决,相反正在呈现出每况愈下的趋势。数据质量控制是数据治理的基础,也是数据治理的目标。数据治理的基本任务是"保障数据准确、全面和完整,为业务创造价值,同时严格管理数据权限,避免数据泄露带来的业务风险";数据治理就是为了确保数据在其生命周期中的高质量,确定并实施一系列的原则和实践(数据治理研究所(DGI));数据治理的不仅是数据,还有不合理的业务流程。数据治理是数字经济时代面临的重要课题,这方面的研究才刚刚开始[3]。

24.2 举步维艰的现实

数据领域正面临如下现实问题:

(1)"数据的领域业务需求不明确"依然是数据资源建设亟需解决的首要问题;

(2)缺少数据,特别是缺少可用数据,仍然是不少领域面临的现实问题;

(3)数据仍以原始状态散落各处,数据资源底数不清,没有基本的数据资源目录,数据基本没有整理入库,没有实现统一管理的状况现实存在;

(4)随着对基础设施的投入,以及数据规模的不断增加,收益却难见增长,"数据沼泽"不断出现,数据质量日益恶化;

(5)不少领域数据建设仍以"系统功能"为中心,把"系统"作为主要甚至全部交付成果,忽略了传统"业务信息系统"重在研发,而"数据系统"重在实施("业务信息系统"研发、实施比约为8∶2,而"数据系统"研发、实施比约为2∶8,这一两者之间的本质差异称之为"二八律"倒置),难以真正解决数据问题;

(6)业务领域专家负责本领域数据资源建设,缺少数据领域专业人员指导和参与,进展缓慢;

(7)能认识到数据质量控制和数据治理的重要性,但对该问题的复杂性和长期性理解不到位,甚至简单地理解为增加几个人、开发几个功能模块即可解决问题;

(8)数据资源建设和数据应用脱节,领域业务专家希望快速得到数据服务,解决现实问题,但随着投入增加和时间推移,却迟迟不见数据收益;

(9)管理制度、标准规范缺位,导致具体数据行动缺少依据和指南;

(10)缺少对整个领域数据资源建设和利用的必要规划论证,在数据没有充分积累,领域业务数据需求不明确的情况下,寄希望"数据中台"解决一切问题,一方面热火朝天地建设,另一方面问题依然存在。

以上问题正在严重制约数据资源建设和利用的进展,在火热的外表之下,其实危急四伏,甚至一些核心问题正在被回避。

24.3　不得不说的风险和挑战

24.3.1　"开源社区"是"自主可控"还是"失去自我"

根据黑鸭软件(Black Duck Software)早在 2015 年的统计(The Future of Open Source)表明,64%的企业参与开源软件实践,超过 66%的企业优先考虑利用开源,通过集成和重用开源软件来开发软件系统已经成为信息系统建设的新模式[4]。

不可否认,过去 20 多年中,开源软件在软件产业界取得了巨大成功。它不仅改变了传统意义上的软件开发模式,使得互联网上的大众可自由地加入到开源软件项目中并为此作贡献,还创造出了海量、高质量和多样化的开源软件。这些软件广泛应用于各种信息系统构建,形成了大规模的软件生态[4]。

但是,开源社区吸引了大量软件研发力量,实事上大量的软件从业者沦落为"开源平台的用户",甚至是"低端用户",把软件研发过程退化为找开源代码修改拼凑过程,整个研发过程以功能实现为主。特别是对大型系统平台而言,在不断的叠加修改后,容易出现规模失控,性能不高,安全性无法保证,还容易失去领域业务场景针对性。

24.3.2　不得不走的"主数据建设"回头路

所谓主数据(Master Data),是指业务价值高并可在企业内部各部门以及各系统之间重复使用的数据。这些数据可能仅占企业数据总量的 20%甚至更少,而却和企业 80%的收益相关联。这类数据相对稳定,更新频率很低,供组织内部不同的业务部门和业务系统共享,需要保证数据的一致、完成和准确。因主数据的高价值,也被称为"黄金数据(Golden Data)"。主数据管理是管理主数据的一套规范和方案,包含完整的方法体系和最佳实践,用于指导生成企业的主数据并维护主数据的整个生命周期。

显然,主数据建设和主数据管理是数据资源建设和利用的基础,也是数据质量控制和数据治理的基础,有了领域主数据并且实现了完备的主数据管理,相当于抓住了整个数据资源建设与利用的"牛鼻子",并且使数据质量控制和数据治理更加高效。但是,主数据建设是一个投入的过程,需要反复迭代,费时费力,见效慢。所以,在当前的数据资源建设中,主数据建设常常得不到重视,有时直接被跳过;主数据有时被简单等同于"基础数据"或"公共数据"[5]。对主数据的概念范畴、主数据管理的完整方法论,以及主数据对整个数据资源建设和利用、尤其数据质量控制与数据治理的作用认识不到位,是主数据建设和主数据管理被忽视的主要原因。

不可否认,新的技术浪潮下主数据管理要有新视角,哪些新技术可以强化主数据管理?复杂数据环境下如何创建主数据、用什么标准来选择和定义主数据?人工智能借助更大的数据量、更快的算力、更强的算法将给主数据管理带来新的提升,人工智能可以自动识别主数据,人工智能可以用来清理数据、确保必要的数据是准确和完整的,利用自然语言处理可从普通文本中识别和收集与主数据相关附加信息、并自动给主数据打上数据标签[6]。

主数据管理是一个不可跨越的阶段,数据建设必须首先要踏踏实实做好主数据建设和主数据管理。更进一步,需要牢固树立起"基于主数据管理"的数据质量控制和数据治理理念,这关系到相关工作的能否正常推进和成败。

24.3.3 "数据中台"的误导

数据中台是一套可持续"让企业的数据用起来"的机制,是一种战略选择和组织形式,是依据企业特有的业务模式和组织架构,通过有形的产品和实施方法论支撑,构建的一套持续不断把数据变成资产服务于业务的机制[7]。因此,数据中台不仅仅是技术、也不仅仅是产品,而是一套完整的让数据用起来的机制。既然是"机制",就需要从企业战略、组织、人才等方面来全方位地规划和配合,而不能仅仅停留在工具和产品层[7]。

数据中台是战略级项目,通过一整套的技术与机制建设,让数据真正为企业创造价值。启动数据中台建设前,评估企业数据基础、信息化建设基础以及需要数据中台支撑的业务场景等信息是数据中台落地成功的关前提[8]。数据中台是一种让数据用起来的机制,而不是一款标准化的解决方案或者产品。究其根本,数据中台是基于数据视角,对企业业务、流程的重构,其搭建的难点在于数据治理,而数据治理的目标是数据质量控制,要将数据与业务结合,不断优化、调整适应当下以及未来的挑战[8]。

然而,建设"数据中台"需要两个前提条件:一是领域数据得到充分积累并且有良好的质量;二是要有明确的业务数据需求。只有具备了以两个上条件,才能确定数据中台的目标需求,完成系统级数据中台的设计。否则,"数据中台"项目从一开始就具有盲目性,终将进入"温彻斯特鬼屋(The Winchester House)"怪圈。

不可否认,"数据中台"曾被推崇为解决数据问题的"万能良方",曾几何时,"数据中台"建设可谓蜂拥而上,而富有戏剧性的是,近年"数据中台"又被集体唱衰,正在迅速地被拉下"神坛",上演了一场由实践证明的"闹剧"。

"让企业的数据用起来"本身无疑是正确的,并且与数据质量控制和数据治理的目标是一致的,但数据中台是解决数据治理问题的方式之一,并不是唯一方式。"局部整合,循序渐进,迭代发展"的原则是难能可贵的最佳实践,能够在局部数据或应用上做出改进,已经非常不容易了[9];不断提供数据服务,逐步解决或优化现有问题,不断实现业务增效,不断增加相关利益方自信心,持续提升数据质量和数据应用价值,实现数据建设的长效良性发展更符合实际,具有更强的可行性。

24.3.4 脱离"业务数据需求"的盲目

单纯强调数据质量一定会影响业务的发展,一定要把数据质量和业务发现关联起来,因此需要有办法评估避免问题的成本与方法,比如发生了一个问题,是改进一个工作流程,还是改进一个工具的功能,或者短期增加一些重复的劳动?对问题的评估要从业务价值出发,能带来风险降低、成本下降或价值提升,并且不全面或错误的评估本身可能带来更多风险[10]。

一些企业花费巨资买来数据中台解决方案之后才发现:在别人那里是治病的良药,而到了自己这里却成了"埋人"的深坑[6]。数据治理的不仅是数据,还有不合理的业务流程。传统"业务信息系统"和"数据系统"本质差异的"二八律倒置",其中"数据系统"的实施阶段占到约80%,主要任务就是与领域业务深度融合,将通用的领域无关性与领域业务关联起来,并成为领域业务的一部分。

大数据治理从来都是与大数据应用相伴而生的,离开应用进行大数据治理是行不通的。数据质量控制与数据治理,和领域业务的边界会越来越模糊,尤其在某些特定领域更为明显,如审计领域,审计业务和审计数据的数据质量质量控制与数据治理,甚至在模型层面就很难界定。数据治理已呈现出业务化的趋势,"数据治理业务化,领域业务治理化"将成为常态化数据建设需求。将来数据质量控制与数据治理会成为企业业务的组成部分,而不是技术支撑部分[6]。

不在少数的数据治理企业不熟悉业务是事实,但将其视作相关企业的短板[11]也着实偏颇,甚至缺乏基本的逻辑性。术业有专功,要求数据治理企业熟悉领域业务,如同要求医疗设备或医药生产企业熟悉专科医生需掌握的诊治专业知识,需要数据治理的企业如同患者,需要数据科学专家、数据治理企业和业务领域专家联合实施数据质量控制与数据治理。事实上,这是数据建设特点决定的全新实践模式。

数据是业务的原始驱动,数据来自业务,并用于业务,不包括领域业务的数据中台建设项目、数据质量控制项目、数据治理项目,项目不可能成功! 只有业务驱动,才能真正数据驱动!

数据是符号,信息赋予数据意义,领域业务使信息产生价值,价值才是数据资源建设的最终目的。

24.3.5　尚不能预判的"挑战"

以"让企业的数据用起来"为目标,数据建设可以分为三个阶段:第一阶段为"数据质量控制",该阶段就数据说数据,以发现问题、分析问题、解决问题为主要特征,代表性技术为数据检测、分析与修正(Data Detection,Analysis and Modifica tion,Data DAM)[12],代表性数据质量控制系统框架是包括准备(Preparation)、检测(Detection)、定位(Location)、修正(Modification)、验证(Validation)五部分的 PDLMV 系统框架[13];第二阶段是数据治理,以确保数据在其全生命周期中的高质量并使所涉及的数据活动和业务流程最优为主要特征;第三阶段是生态数据湖,从全类型原始数据到提供给各类用户的数据服务进行全方位设计为主要特征,是数据建设的理想方案。前两者是被主的,通过解决实例层数据质量问题或优化影响数据质量的不合理流程来提升数据的可用性,而生态数据湖是主动的。正如文献[3]所指出,"数据治理的研究才刚开始",当前生态数据湖的概念尚在讨论中,其中的数据质量控制和数据治理的形式和技术需求还有待进一步研究。

2021 年是元宇宙元年,现实世界和虚拟世界构成了"元宇宙",是否存在"二阶元宇宙"和"高阶元宇宙"呢?"元宇宙"离我们还很遥远,"元宇宙"的实现可能需要"数据知识体系"自身的完善和发展,在"元宇宙"面前,当前的"数力、算力和智力"差距可能超出我们的想象,对数据质量控制和数据治理的需求更是未知。

本章小结

　　数据是物理世界、数字世界和认知世界相互联接转换的纽带,大规模数据交互将构成庞大的政企数据生态。目前,能称为数字化企业的企业还凤毛麟角,大部分企业还处于数字化转型过程中,这个过程会复杂而漫长。

　　作为领域一线科研人员,应视解决实际数据质量问题为本分,问题的解决最终要依赖真正实用的"招数",希望更多同仁耐得住寂寞,不断突破层出不穷的复杂数据质量控制技术难关!

本章参考文献

[1] 国务院."十四五"数字经济发展规划的通知[EB/OL].(2022-02-12)[2022-05-09].https://mp.weixin.qq.com/s/wxzwcMmHaDIw3sxu2YtKiw.

[2] 马成龙,付晓钦.数据中心IDC产业研究报告:碳中和背景下,IDC产业链的破局之路[R/OL].(2022-01-18)[2022-05-09].https://mp.weixin.qq.com/s/5vlA7nxQdFyrADdm1UxpCw.

[3] 梅宏.数据治理之论[M].北京:中国人民大学出版社,2020.

[4] 毛新军.升级软件工程教学-开源软件的启示[J].中国计算学会通讯,2021,17(10):66-71.

[5] 和秩东,张怡,曹乃刚.SAP MDM主数据管理[M].北京:清华大学出版社,2013.

[6] 用友平台与数据智能团队.一本书讲透数据治理战略、方法、工具与实践[M].北京:机械工业出版社,2021.

[7] 付登坡,江敏,任寅姿,等.数据中台:让数据用起来[M].北京:机械工业出版社,2020.

[8] 数澜科技.漫画:数据中台建设的十大误区[EB/OL].(2022-02-14)[2022-05-09].https://mp.weixin.qq.com/s/CpwOe2jyTHdM13zZcJ3Msw.

[9] 宋星.数据赋能:数字化营销与运营新实战[M].北京:电子工业出版社,2021.

[10] 高隆.数据治理——必须要一把手牵头吗?[EB/OL].(2022-02-14)[2022-05-09].https://mp.weixin.qq.com/s/28KohhWuod2LR-dverpjdg.

[11] 苗峰.不熟悉业务可能是部分数据治理相关厂商的明显短板[EB/OL].(2022-01-23)[2022-05-09].https://mp.weixin.qq.com/s/Iln0DHnYP9St-t3tAP-9Rw.

[12] 曹建军,刁兴春,汪挺.领域无关数据清洗研究综述[J].计算机科学,2010,37(5):26-29.

[13] 曹建军,刁兴春,陈爽.数据清洗及其一般性系统框架[J].计算机科学,2012,39(11A):207-211.

附录

项 目 资 助

本书内容涉及的研究工作,得到了以下基金项目资助:

1. 国家科技重大专项"核高基"项目,××数据清洗软件研制(No. 2015ZX0104201-003)。

2. 国家自然科学基金面上项目,基于蚁群算法和云模型的领域无关数据清洗(No. 61371196)。

3. 中国博士后科学基金特别资助项目,××信息质量控制方法研究及应用(No. 201003797)。

4. 中国博士后科学基金面上项目,××信息质量控制方法研究及应用(No. 20090461425)。

5. 江苏省博士后科研资助计划项目,基于蚁群算法的领域无关数据清洗方法研究(No. 0901014B)。

6. 解放军理工大学预研基金项目,业务领域无关的数据清洗方法研究(No. 20110604)。

7. 解放军理工大学预研基金项目,依赖模式挖掘及在缺失数据处理中的应用(No. 41150301)。

8. 国防科技大学自主创新科学基金项目,××数据质量控制方法及应用研究(No. 23-ZZCX-KXKY-14)。